JN202702

マンハッタン計画の科学と歴史

The History and Science of the Manhattan Project

Bruce Cameron Reed［著］
今野 廣一［訳］

丸善プラネット

First published in English under the title
The History and Science of the Manhattan Project
by Bruce Cameron Reed, edition: 1

PRINTED IN JAPAN

Bruce Camereon Reed
Department of Physics
Alma College
Alma, MI
USA

大学生用物理学講義ノート (Undergraduate Lecture in Physics: ULNP) は純粋物理学と応用物理学の話題をカバーする信頼出来る教科書として発行する．本シリーズの各々の表題は実用問題，練習問題，章の要旨，さらに読むための紹介を含む典型的な大学生訓練基礎として適切なものとなっている．

UNLP 表題は下記の少なくとも 1 つを与えなければならない：

- 大学生主題標準として特に明確で簡潔な記述．
- 大学院，先に進む，または非標準主題の大学生レベルでの信頼出来るものの導入．
- 講義主題への新たな見解または通常で無いアプローチの提起．

ULNP は，学部レベルでの物理学教育へ取り分け新しく，独創的で固有のアプローチを奨励する．

ULNP の目的は読者のアカデミック・キャリアーを通じて優先的引用文書として引き続き，興味をそそり摂取出来る書籍を供給すること．

緒　言

1945 年 8 月，合衆国空軍，B-29 爆撃機の各々が日本の都市，廣島と長崎に単一の爆弾を投下した．談話体ふうにリトルボーイ (**Little Boy**) とファットマン (**Fat Man**) として知られる，新しい “原子” (atomic) 爆弾は各々，通常積載の 1,000 機の爆撃機を同時に展開させる，通常爆薬 10,000 トンを超える爆弾と等価なエネルギーで爆発した．廣島と長崎は打ちのめされた．数日後，日本は降伏した，第 2 次世界大戦終結の天皇陛下裕仁の国民へ向けた 8 月 15 日演説で連合軍により宣言されていた降伏条件を承諾する理由の 1 つとして，明確に “新しいかつ最も無慈悲な爆弾” と引用した．合衆国戦略爆撃調査による後日解析では，爆弾投下で殺された人数は約 125,000 名と推定され，さらに 130,000-160,000 名が負傷した．

歴史家らが原爆が戦争終結に直接寄与したのか，単に終結を促進させただけなのかの論争を続ける間に，核兵器の開発と使用が人類歴史の分岐点事象として反駁できないものになってしまった．1999 年ワシントン D.C. の *Newseum* 機構が 20 世紀のトップ 100 のニュースに関する調査をジャーナリストと公衆に対して行った．リスト中の第 1 位は両グループとも廣島，長崎への原爆投下と第 2 次世界大戦の終結であった．ジャーナリストらはニューメキシコ州南部荒野での 1945 年 7 月の原子爆弾実験を 48 位にランクし，マンハッタン計画それ自体，その計画の中の爆弾開発下での合衆国軍の努力を 64 位にランク付けた．マンハッタン計画は，当時において最も複雑かつ高価な国家レベルの研究開発プロジェクトであり，その遺産（レガシー）は膨大だ：米国の戦後の軍事力と政治力，冷戦と原子兵器競争，数千個もの核兵器が様々な国の兵器庫に保持されたまま，他の国々への拡散の可能性，核テロリズムの恐怖，マンハッタン計画を起源とする放射能と原子エネルギーに伴う公衆の懸念．これらの遺産は何十年先になっても我々と伴に残り続けるだろう．

核兵器開発を題材とした本や記事は数千にのぼる，それらの多くは注意深く調査され良く書かれている．何故，今頃また行うのか，それは世界が徹底的探査をした題目でのもう 1 冊を求めていると私が確信しているからだ．

マンハッタン計画の取材源を大きく 4 つのカテゴリーに分類することが出来る．その第 1 番目は総覧的半通俗歴史書である．このジャンルは 1946 年のウイリアム・ローレンス著，「ゼロの黎明」(Dawn over Zero) と 1967 年のステファン・グロウエフ著，「マンハッタン計画：原子爆弾製造の語られざる物語」(Manhattan Project: The Untold Story of the Making of the Atomic Bomb) で始まる．このタイプの傑出した最近の例は 1986 年のリチャード・ローズ著，「原子爆弾の誕生」(The Making of the Atomic Bomb) である；本章末の「さらに読むひとのために」

で私自身が引き合いに出した“資料源”の多くが引用されている．第2番目は，主に科学界の学者らが政府および軍の公式歴史書として用意したものである．この線に沿った最初の出典源はヘンリー・デオルフ・スマイス著，「原子爆弾の完成」(Atomic Energy for Military Purposes) である，本書は陸軍省援助下で書かれ，廣島と長崎への原爆投下直後に公刊された．それ以降でさらに興味を惹かれる例はヒューレットとアンダーソンの「合衆国原子力委員会の歴史」(A History of the United States Atomic Energy Commission) とビンセント・ジョーの「第2次世界大戦での合衆国陸軍：特別研究――マンハッタン：陸軍と原子爆弾」(United States Army in World War II: Special Studies――Manhattan: The Army and the Atomic Bomb) である．第3番目はマンハッタン計画の指導者達の個性的人物像を描いた数多くの伝記，取り分け科学者達に関連する伝記である．1ダースを超える伝記が出版されたのはロバート・オッペンハイマーただ1人だけである．最後が，学部上級または大学院レベルの物理学と類似科学を完全に理解する知識を備えた読者への技術専門書である．

総覧的大著は広範囲な読者たちの理解が得られやすい，しかしその技術的カバーの程度は制限されがちである．彼らが興味を持てば，同じ物語だけを何度も読むことが出来る；結局好奇心の強い読者はさらに深い知識を焦がれるに違いない：何故ウランとプルトニウムのみが分裂兵器を造るのに用いられるのか? どの様な方法で臨界質量を計算するのか? 何故プルトニウムが天然に無く，創成させなければならないのか? 公的歴史は華麗な程，良く文書化されている，しかし非技術文書に近い；それら文書は学生の教科書としてまたは俗受けする入手可能な処方として使われることを意味するものでは無い．伝記は通常，技術的事柄を書くものでは無い，しかし異なる観点から入り込ますことは出来る．多くの伝記は個々人に関する生涯と働きの信頼できる処方を示すものであるものの，他方では，過去数10年間の事象と動機を現時点での疑問が残る心理学上または社会学上の分析に帰するものとなっている，都合が悪いのでは無く，そこでの当事者達が応答する好機を持てなかったのだ．総覧レベルの処方の幾つかは，おまけにこの災いのえじきとなっている．

学部レベルの一般教育コースのマンハッタン計画を何年も教えた後，私の奥底にマンハッタン計画の科学と歴史に詳しい物理学者によって用意されたマンハッタン計画の広範囲でわかりやすい要約のニーズが在るとの結論に至ることが出来た．基礎代数学レベルでの学部用科学コース教科書として使用出来る1巻を用意することによって中道を見つけ出す試みを行うことが私のゴールである，勿論マンハッタン計画について学びたいと望む非学生や非専門家についても入手可能となる1巻である．殆どの章末には記述的資料と技術的資料の混合物で構成している．技術指向の読者に対し，幾つかの章末に練習問題を載せた．技術的詳細のための数学的措置をスキップしたい読者のために，どこから記述的読書を再び始めるのか，テキストで明確に示した．

マンハッタン計画を話すもう1つの動機は，時が経過し，歴史的に重要な出来事に関する機微情報へのアクセスが不可避的に一層オープンになって来たからだ．これを書く時点で，スマイス報告書以来ほぼ70年，ヒューレットとアンダーソンの「新世界」(New World) から50年，ローズの「原子爆弾の誕生」(The Making of the Atomic Bomb) から25年以上の時を経ている．その間，少なからぬ数のマンハッタン計画の技術書および非技術書が現れ，しかもそれらの本の著者たちが本を書くために準備した場合に比べてさらに多くのオリジナル文書を容易に入手出来るようになった．私自身の専門的な見方と情報アクセス視点との両方から，本巻を用意する時が訪れたように思う．

数 10 年古い出来事について書くことは，両刃の剣である．その物語が如何に演じられたのかを我々が知っているが故に，後知恵は完全である．その理論と実験の研究および研究されなかったことに対して我々は既知である．間違ったスタートと袋小路を大目に見て，かつ予定された必然のセンスで直線的にこうなるから従ってこうなるとの物語を記述することはあまりにも安易過ぎるとの裏面が在る．しかし，これはマンハッタン計画に没頭した人々が直面したチャレンジ精神に依って与えられたものでは無い，数多くの様相が当てにならないことからその総力は終戦まで全く主役無しだった．核分裂発見の後，当時の研究指導者達に，核反応の霊妙性が兵器を造る開発をすべきかまたは原子炉を造る開発をすべきかを識別するのに 1 年を超える時を要させた．理論的論拠と実験データが明らかになった後でさえ，原子エネルギーの実用化への技術的障壁は，核兵器製造のアイデアが現実世界の工学であるよりも空想科学の部門がよりふさわしいと思われていたと同じように突拍子もない程と思われていた．物理学者でノーベル賞受賞者のニールス・ボーアの意見は，“合衆国を巨大工場へ変えないかぎりそれは決して起こりえない” だった．幾分，行われたことに対し正確だった．さて，私のゴールは，読者に出来事の詳細と進展のセンスを与える中道を見つけることだ，突拍子無しで・・・．

マンハッタン計画の規模はあまりにも巨大すぎるため 1 巻の歴史書で完全に包括的なものに出来るとの望みを持ったことは無い．マンハッタン計画が 1942 年中期の陸軍管轄下以降，計画が結局戦争終結まで続く数多くの並行コンポーネントへと分割された．この並行主義がこの物語を年代順に厳格に述べるのを不要にしてくれた；主要コンポーネントの各々はそれ自身の章に記載されている．これら多くのコンポーネントがそれ自身を詳細に分析され得る価値を有するとの理由から，まさにこの題材で数千冊の出版物が存在している．従って，本書は込み入った注目しないでいられないような物語への通用門として考えられるべきである，本書読了後興味有る読者はさらに深く魅力的なわき筋への探索の旅が出来よう．

次頁以降に説明された科学と歴史を楽しみ，学びかつ本気で熟考されんことを心から望む．それらがあなたの欲求をさらに増進させてくれることを希望する．マンハッタン計画の情報源は非常に広範囲なため単一の個別事象でその全ての数パーセントだけを見出すことが出来る；私はマンハッタン計画の研究に 10 年を超える専門キャリアを捧げてきた，そして私はさらに一層学ぶべきものを持っている．未来が，さらに多くの科学者と歴史家がマンハッタン計画の学者として奉仕するよう求めている．本書を読む学生達へ，私はあなた自身のキャリアの部分にこのような研究を成しえたとみなすことを請う．

出典註記

著者達（スマイス，ヒューレットとアンダーソン，ハドソンら）が進んでアクセスへ区分した情報より，その事柄に関連しその場に居合わせた個々人の記憶と学者らしい伝記より，査読済みの科学誌に刊行された技術論文より可能なかぎり 1 次資料源（下記参照）として本書の情報を引き出した．引用リストは章末の「**さらに読む人のために**」の題の下に載せた；引証の詳細なリストは www.manhattanphysics.com. で見ることが出来る.

非常に信頼出来るソースがその出来事の詳細を僅かに異なって報告するのを時折発見するであろう；日付が幾分異なるようだ，数量と資金量の違い，提示された各々のリストの一致点からの上下などなど．会合の記述記録は時々不完全なままに配布されがちである．マンハッタン計画の司令官，レスリー・グローヴズ将軍は頻繁な口頭命令だけを好んだ，そして幾らかの情報は未だに機密のまま残された．その結果，マンハッタン計画の様相の完全理解が単純可能となって無い．このギャップを埋めるため，何が起きたかからの探求と，個々人の潜在的に誤りを含む回想からの研究が必要となる．そのようなケースの場合，最も権威のあるソースで研究しようと試みたが，幾つかの間違いと矛盾が入り込んでしまったことは否めない．このことに関し，前もって読者へ詫びておきたい．

マンハッタン計画のドキュメンタリー資料の主要源は，合衆国の公文書記録館 (NARA) からマイクロフィルムで入手出来る 4 巻セットである．これらは，総計 42 本の巻フィルムで構成され，それらを探索したい動機にかられる読者は，4 巻セットの各々に含まれる複数の巻物に広げられたトピックスの情報に気付く必要がある，またある話題でのドキュメントが訳もなく年代順に現れることにも気付く必要がある．幾つかの文書は依然として機密資料であるためにフィルムから抜かれている．4 巻セットと NARA 区分番号は以下の通り：

A1218: マンハッタン管区の歴史 (MDH)（14 巻）．この大量のボリュームは戦後にグローヴス将軍の補佐官であったガヴィン・ハーデンによって用意されたマンハッタン計画の公式史である．歴史家と研究者に MDH として知られた，これらの文書はマンハッタン計画の基本的な情報源である[*1]．

M1108: 原子爆弾開発に関するハリソン-バンディのファイル，1942-1946（工兵司令長官オフィス記録；記録グループ 77；9 巻）．

M1109: マンハッタン工兵管区の対応（“トップ・シークレット”），1942-1946（工兵司令長官オフィス記録；記録グループ 77；5 巻）．

M1392: 原子爆弾開発に関するブッシュ-コナントのファイル，1940-1945（科学研究開発オフィス記録；記録グループ 227；14 巻）．

各々のセットに対するインデックスは NARA を読み込みウエーブサイトで区分番号を検索することで閲覧出来る（トップ・ページ上の表から “Microfilm” を選択して）：https://eservices.archives.gov/orderonline/start.swe?SWECmd=Start& SWEHo=eservices.archives.gov.

さらに読む人のために：単行本，論文および報告書

S. Groueff, Manhattan Project: *The Untold Story of the Making of the Atomic Bomb.* (Little, Brown and Company, New York, 1967). Authors Guild Backprint.com によって再発行さ

[*1] 本書発行中に，エネルギー省がこの MDH を<https://www.osti.gov/opennet/manhattan_ district.jsp>のオンラインへの転記を開始した．取り分け，先行編集された K-25 施設（5.4 節）に関する資料が現時点で入手可能となった．

れた (2000)

R.G. Hewlett, O.E. Anderson Jr., *A History of the United States Atomic Energy Commission, Vol.1: The New World, 1939/1946.* (Pennsylvania State University Press, University Park, PA 1962)

L. Hoddeson, P.W. Henriksen, R.A. Mead, C. Westfall, *Critical Assembly: A Technical History of Los Alamos during the Oppenheimer Years.* (Cambridge University Press, Cambridge, 1993)

V.C. Jones, *United States Army in World War II: Special Studies——Manhattan: The Army and the Atomic Bomb* (Center of Military History, United States Army, Washington, 1985)

W.L. Laurence, *Dawn over Zero: The Story of the Atomic Bomb,* Knopf, (New York, 1946)

B.C. Reed, *Resource Letter MP-1: The Manhattan Project and related nuclear research.* Am. J. Phys. **73** (9), 805-811 (2005)

B.C. Reed, *Resource Letter MP-2: The Manhattan Project and related nuclear research.* Am. J. Phys. **79** (2), 151-163 (2011)

R. Rhodes, *The Making of the Atomic Bomb* (Simon and Schuster, New York, 1986)：神沼二真, 渋谷泰一訳, 「原子爆弾の誕生——科学と国際政治の世界史　上/下」, 啓学出版, 東京, 1993

H.D. Smyth, *Atomic Energy for Military Purposes: The Official Report on the Development of the Atomic Bomb* Under the Auspices of the United States Government, 1940-1945. (Princeton University Press, Princeton 1945)：杉本朝雄, 田島英三, 川崎榮一訳, 「原子爆弾の完成——スマイス報告」, 岩波書店, 東京, 1951. 数多くのソースから電子情報媒体で入手可能である, 例えば<http://www.atomicarchive.com/Docs/SmythReport/index.shtml>にて

ウエーブ・サイトおよびウエーブ文書

Newseum story on top 100 news stories of twentieth century: <http://www.newseum.org/century/>

目次

図目次

表目次

第 1 章

はじめにと概要

合衆国軍による原子爆弾 (atomic bombs) ——より正確な用語は “核兵器” (nuclear weapons) ——開発プログラムの公式軍事名称は “マンハッタン工兵管区” (Manhattan Engineer District: **MED**) であった．公式記録において，この名称はしばしばマンハッタン管区 (Manhattan District) として契約されており，戦後用語では “マンハッタン計画” (The Manhattan Project) と称されるようになった．その規模と複雑性にもかかわらず，驚くべき秘密の中でこの事業は遂行された：このプロジェクトにおよそ 150,000 人が雇用され，彼らのほとんどは何を造っているのかさえ完全に知らされないままに働いたのだった．実際，この全体計画に詳しいのは多分 1 ダースの人物のみと推定される．合衆国が戦争のために費やした総計 3,000 億ドル以外に，1945 年秋までにこのプロジェクトのコストは 19 億ドルに達した．戦争において単一要素への 20 億ドルは途方も無い額 (monumental amount) であった；マンハッタン計画は組織面でも，技術面でも，知的作業面でも先例の無い事業だった．

本書はマンハッタン計画の科学と歴史の概要を与える．読者への道しるべとして，マンハッタン計画の一般的性格と本書構成についてここで述べておこう．

1.1　第 2 章と第 3 章：物理学

第 2 章と第 3 章で，マンハッタン計画を導き出した科学発見の背景を説明する．現在，確立されている物理学とは何なのかの学習となるのだが，短縮するために私は見込みの無い袋小路 (blind alleys) を進むことにした．それでさえも，これらの章は長たらしくなっている．

科学研究分野としての核物理学 (nuclear physics) は，1896 年の天然放射能発見から始まったと言って良い，これはほぼ廣島の半世紀前に当たる．続く何 10 年間に，主に英国，フランス，ドイツ，デンマーク，イタリアの様々な研究者による実験研究，理論研究が放射能の性質と原子内部構造を解明した．1930 年代初期まで，高等学校での当時共通の原子のイメージは，ひゅーと音を立てて “軌道を回る” (orbited) 電子雲を伴う陽子と中性子で原子核が構成されているとの認識が広く行きわたっていた．ラドンの天然過程を通じてその現象を待つのとは逆に，その期の中頃までには放射能が人間によって設定された実験条件下で人工的に造り出され

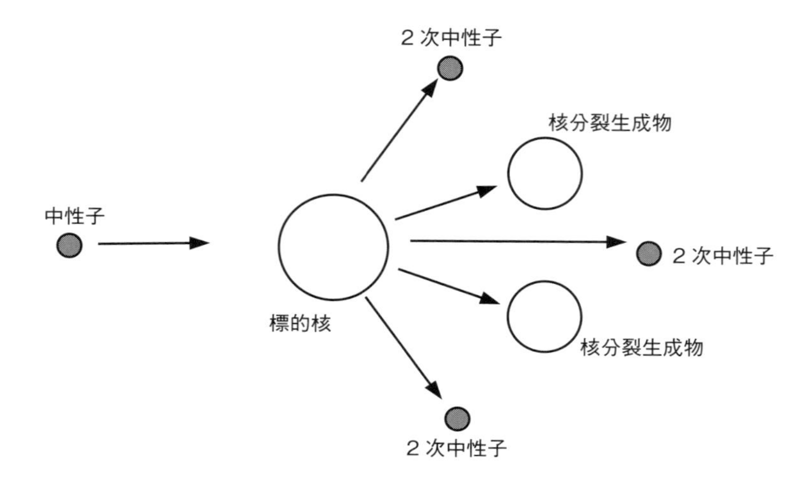

図 1.1　連鎖反応開始の図式．2 次中性子が他の標的核に衝突するであろう

た．放射線療法 (radiation therapy) を受けた数百万の人々はその発見の恩恵者たちである．第 2 章は放射能の発見から 1930 年代中期までの核物理学の歴史をカバーする．

1938 年の暮，ウラン原子の原子核が中性子によって照射された時に部分に分かれることが出来るとの驚くべき発見が目撃された．この過程で，分裂したウラン核は質量を少量失う，しかしこの質量はアルバート・アインシュタイン (Albert Einstein) の著名な $E = mc^2$ 式を介して奇想天外なエネルギー量に対応する[*1]．このケースで反応当たり放出されるエネルギー量は化学反応として知られている如何なる文献値の**数百万**倍に相当する[*2]．直ちに**核分裂** (nuclear fission) と名付けられたこの過程は何と核兵器機能の核心に通じていた．核分裂発見のわずか数週間後には，核分裂毎の副産物として 2 個ないし 3 個の中性子放出 (liberation) が検証された（幾つかの部署では予想されていた）．これは**連鎖反応** (chain reaction) の可能性を示すものだ（図 1.1）．これら "2 次" (secondary) 中性子がウランの質量から逃げ出せないならば他の原子核を分裂させ続ける．この過程が開始すると，**原理的**にはウランが分裂するまで続く．勿論，実行は理論に比べてさらに困難であることは常に実証されてきた（マンハッタン・プロジェクトでも現象的にはそのケースに当てはまる），しかしこれこそが原子炉と原子爆弾の背後に在

[*1] 訳註：　核分裂すると，ほぼ同一の 2 つの質量に分かれ，その質量合計値と分裂前の質量との差が核分裂エネルギーとして放出される（$E = mc^2 = m_0 \cdot (1/\sqrt{1-(v/c)^2}) \cdot c^2 \cong m_0c^2 + (1/2) \cdot m_0v^2$：$m_0$ は静止質量，右辺の第 2 項はニュートン力学における運動エネルギー）；エネルギー保存則は成立するが，質量保存則は厳密な意味では成立しない．

[*2] 訳註：　核分裂過程での直接的エネルギーは 1 原子当たり 200 MeV のオーダーで放出する．これは通常の燃焼過程で 1 原子当たり反応熱の 10^7 倍をかなり超える．

る基礎的なアイデアなのだ．第3章は核分裂の発見とその解釈について取り扱う．

興味を引く科学発見のどれもが常にそれを解決する以上に多くの疑問を開示するものだ．故に：核分裂する他の元素は在るのか? 何故可能なのかまたは何故不可能なのか? 1箇所内での連鎖反応の実現化を望むために必要なウラン最少量が有り得るのか? もしそうであるならば，そのエネルギー源としての可能性を与えるプロセスに人間介在による制御が可能なのか，またはその結果が制御不能な爆発となってしまうのか? または地球に在るウラン鉱石が自発核分裂を起こさずに忘却の彼方の数千年前にさかのぼっておとなしいという可能性は真実なのか*3? 1939年初頭，世界は世界紛争へと向かい，核物理学者らはこれらの疑問を探究した．

1939年9月の第2次世界大戦が勃発するまでには，全体像の断片は一緒に開始していた．非常に重い元素のウランとトリウムのみで核分裂性が発見されたのだった．第3章で説明する理由よりマンハッタン計画ではトリウムは主役の座から降りた．エネルギー源または爆発物として唯一可能なものとしてウランが残ったが，その見通しは厳しいように見えた．地殻内で自然生成したウランは，ほとんど2つの同位元素，U-235とU-238で構成されている（もしも同位体の概念について不案内なら，以下の脚註*4を参考にせよ．技術用語の数字の定義は本書末の**付録A ボールド体の語彙解釈**に在る）．しかしこれら同位体はけっして等比率では無い；天然ウランではU-235はたったの約0.7%しか含まれていない，一方ほかの99.3%はU-238なのだ．1940年初頭までに，稀な同位体U-235の原子核が中性子を入射された時に有用な確率で核分裂するものと理解されていた，一方U-238の場合には中性子を減速させ，結局核分裂せずに入射してきた中性子を吸収してしまうのが主な傾向であった．天然ウラン内のU-238の圧倒的な量により，この吸収効果は連鎖反応に対する見通しを毒する (poison) ことを約束していた．

連鎖反応を得るために，ウラン元素からU-235のサンプルを分離する，または少なくと

---

*3 その後1972年にウラン鉱石堆積層で自然発生の連鎖反応が約20億年前に起きたことがアフリカで発見された．

訳註：　オクロの天然原子炉：ガボン共和国オートオゴウェ州オクロにある天然原子炉である．天然原子炉の知られている唯一の場所は，オクロにある3つの鉱床で，自律的な核分裂反応のあった場所が16箇所見つかっている．20億年ほど前，数十万年にわたって平均で100 kW相当の出力反応が起きていた．天然原子炉が臨界に達することができた理由は，天然原子炉があった当時，天然ウランの核分裂性同位体^{235}Uの濃度が3%と現在の軽水炉とほぼ変わらなかったからである；^{235}Uの半減期は^{238}Uより短く，より早く崩壊してしまうので，天然ウランの現在の^{235}Uの比は0.72%に低下していて，地球上ではもはや天然原子炉は存在しえない（1%を超える^{235}U濃度でなければウラン-水系で臨界になりえない）．

*4 どの原子においても，軌道電子数は通常原子核内の陽子数に等しい．この数，所謂**原子番号** (atomic number) は通常 Z で記され，同一元素の全ての原子で同一値である．酸素原子では $Z = 8$；ウラン原子では $Z = 92$ となる．同一元素の異なる**同位体** (isotopes) はその原子核内に異なる数の中性子を持つものである，しかし——同じ Z を持つことから——同じ化学性質を有している．特に，U-235の核子とU-238の核子は両者共に92個の陽子を有し，各々が143個と146個の中性子を含んでいる；これら同位体の各々に対し，“U-” の次の数字に原子核内の中性子数と陽子数の合計値を与える．ウランの第3番目の同位体，U-234が存在するものの，それは142個の中性子を有するのであるが，自然生起レベルではたったの0.005%に過ぎない；我々の話しの中では何の役割も果たさない．

も U-235 の割合を増す方法が必要と見えた．そのような同位体組成比の操作は，現在**濃縮 (enrichment)** として知られている．濃縮は常に困難な事業である．どのような元素の同位体も化学性質に関する限り同一の挙動をするため，濃縮達成のために化学的分離過程を採用出来ない．2 同位体間の僅かな質量差（~ 1%）に依存する技法が可能性のある唯一の方法である．その時点で，1940 年の見通しは制約されたもの：遠心分離 (centrifugation)，質量分析 (mass spectrometry) と拡散 (diffusion) のみが既知の技法だった．不幸なことに，それらの技法は塩素 (chlorine: Cl) のような軽元素に関連するケースのみで成功裡に適用されていた，それらの同位体質量間のパーセント差異はさらに大きい値であった．核分裂過程における異なる同位体の役割の理解に最も大きな寄与を成したニールス・ボーア (Niels Bohr) が，困難な "原子エネルギー" (atomic energy) の見通しに懐疑的だったことは不思議では無い．

しかしながら 1940 年の中頃までに，この 2 つのウラン同位体が中性子の照射によって異なる挙動をするとの理解がより鮮明となってきた，そのような重要で新しいコンセプトが想像されたのだった．これは，**濃縮無し**の天然ウランを用いて**制御された**連鎖反応（爆発的では無い）の達成が出来るかもしれないということだった．その鍵はどの様にして照射中性子と原子核とを反応させるかに在った．原子核が 1 個の中性子によって打ち付けられた時，種々の反応が起き得る：原子核の分裂，核分裂無しの中性子吸収，ビリヤードの入射玉が角度を変えて反射されるように中性子が単純に散乱されてしまう．各々の過程はある生起確率を有し，それらの確率は入射中性子の**速度** (speed) に依存する．核分裂反応で放出された中性子は庞大なエネルギーを有する，これは約 20,000,000 m/s の平均速度を描けば良い．理由が明らかのように，そのような中性子は核物理学者らによって "高速" (fast) と名付けられている．U-235 原子核の分裂で放射された高速中性子を U-238 は最終的に吸収してしまう傾向を有することを指摘しておこう．しかしながら，**非常に遅い** (very slow) 中性子によって打ち付けられた時——たったの 2,000 m/s の移動速度——もっと良好な標的としてふるまう，1/3 より若干良い端数で吸収よりも散乱が優先される．しかしこのような遅い中性子において——**しかしこのことが重要なポイントである**——U-235 は莫大な核分裂の可能性へと変わる：U-238 の捕獲確率の 200 倍を超える．この因子は天然ウランの小さい U-235 組成を埋め合わせるのに充分な程大きい，そして連鎖反応の可能性へ寄与する．**核分裂生成中性子の低速化は U-235 組成の濃縮と実質的に等価である**．その価値を繰り返すが，これこそが重要なポイントなのだ：核分裂から放出された中性子を減速出来るなら，U-238 の原子核による捕獲で失われる前に他の U-235 を分裂させる確率を有することとなる．1.3 節で述べるように，反直観的に，U-238 によって捕獲された中性子は爆弾製造者にとって間接的利点へと実質的に変わる．

核分裂で中性子が生まれた時とそれが他の原子核に当たる時の間における大雑把な間隔時間に遅い中性子はいか様なことが出来るのか? そのトリックはウランの単一巨大塊と伴に働くのでは無く，吸収無しで中性子を減速させる周囲媒体の小さい塊としてそれを散乱させることにある．そのような媒体は**減速材 (moderator)** として知られ，それが完備している集合体が**原子炉** (reactor) である．戦争中，同意語の "パイル" **(pile)**[*5]が金属ウラン塊 (slugs) と減速物質の

[*5] 訳註：　pile：1. 堆積，山，2.（口語）多数，大量，3. 大建築物（群），4. 火葬用の積み薪，5. 電池，6.（原子力）パイル，原子炉．

“山（ヒープ）” (heap) との文学的センスから用いられた．通常，水が減速材として用いられているが，当時，黒鉛（グラファイト：結晶化炭素）が種々の理由からさらに容易に用いることが出来るとされた．パイルに挿入させる必要に応じてその位置を調節する中性子吸収可動棒（ロッド）の導入により，その反応を制御することが可能となった．天然組成ウランは**制御された**原子炉を維持することが出来る方法であるものの，**爆発的**なものとは成らなかった[*6]．原子炉工学は1945年以来驚くべき発展をしたものの，現代動力炉はいまだに減速中性子による連鎖反応を介し運転されている．

明白にしよう，原子炉で爆弾を造ることは出来ない：その反応はあまりにも遅すぎるのだ，そしてもしも制御棒が作動不能におちいったとしても，爆発するかなり前にそれ自身が熔け落ちてしまうだろう——日本の福島で見られたように．しかし原子炉熔融（メルトダウン）はマンハッタン計画の主要文脈からそれている．1940年初め，**高速** (fast) 中性子で連鎖反応を起こすこと——爆弾——には純粋なU-235の分離が必要であると思われていた．

しかしながら，1940年3月，理論物理学から確かめられた見識が，濃縮への挑戦を抜きにして核分裂爆弾を造る可能なルートのドアを開いたのだった．前述のようにU-238原子核による中性子吸収は原子炉の中で継続して起きる．原子核の安定性に関する実験的に確かめられたパターンからの外挿に基づき，U-239原子核は短時間に原子番号94の原子核に崩壊するだろう，その元素がプルトニウムである．元素94はU-235の核分裂性質に非常に似ているに違いないと予測された．このケースが検証されるなら，その結果，U-235核分裂を介した制御された連鎖反応の維持はU-238から “増殖” (breed) プルトニウムへの変換により使用することが出来る．そのプルトニウムは親ウラン燃料の塊から月並みな化学的手段で分離が可能となる，そして爆弾製造に用いられることになろう；このことは濃縮施設開発の必要性を無用とする．数ヵ月以内で，これら予測は減速された中性子をウランにあてて造った非常に少量のプルトニウム試料の生成による実験室のスケールで部分的に検証された．

1941年12月の真珠湾 (Pearl Harbor) への日本の攻撃の時までに，核爆発の開発には2つの**可能な**ルートが在るように見えた：(1) 分離したU-235数10kg，または (2) プルトニウム増殖のための原子炉の開発．各々の方法は潜在的利点と欠点を有していた．U-235は素晴らしい原子爆発を造るのに最も確実性が有ると考えられていた；その見通しは未実験理論であったものの，確実と見なされた．しかしそれら数10kgは親ウラン原料の塊から**原子と原子**で (atom by atom) 分離しなければならない：ボーアのnational-scale製造所で．プルトニウムでは，その予想される分離方法は化学工学者たちには良く理解されていたが，これまでに原子炉を建設した者は皆無だった．そのような新しい技法が開発され習得されたとしても，その新たな元素は爆発物としての価値を無効としてしまう物性が実証されてしまうのではないのか?

戦争の経験的脅威による動機付けとドイツ科学者たちも同様な線で考えているであろうことに対抗するために，マンハッタン計画の科学および軍事の指導者達はそのような環境下で彼ら

[*6] 訳註：　減速材として水（軽水）を用いる場合，天然ウランを燃料とした原子炉では臨界に達し得ない；天然ウランを燃料とする場合はCANDU炉のように減速材として重水が用いられる．軽水を減速材（冷却材）として用いる場合に，PWRやBWRのように濃縮ウラン（またはPu含有MOX燃料）が必要となる．黒鉛を減速材として用いる場合，天然ウランで臨界を達成出来る．

が為すべきことのみを決定した：両方の方法を進めたのだ．最後に，両者とも働いた：廣島爆弾はウランから造られ，一方長崎に投下された爆弾はプルトニウムが使用された．

1.2 第4章：組織化

150,000名の人々，数ダースの契約者と大学，そして約20億ドルの予算（2013年のドル価格では200億ドルを超えている）を巻き込むプロジェクトは，恐らく最良の環境下での組織化された悪夢 (nightmare) と言えよう．浪費と管理失敗の可能性は途方も無い程大きく，取り分け，その全てが僅かな外部監視で秘密裏に行われるものだった．そのような途方も無い努力 (monumental effort) はどの様にして効果的に開始し運営されたのであろうか?

そのような企ては一夜にして完成されるものでは無い．第4章は如何にして核分裂の軍事的応用の可能性について1939年秋に最初の注意を合衆国大統領へ引かせたのかを調査し，如何にしてその努力に対して政治支援および軍事支援がその組織化を招来させたかを探究する．1939年から1942年の間，この支援は政府の種々の民間部門の当局下に行われた，尤も秘密裏に行われたのだが．様々な委員会が設立されその研究を監督した，その努力のペースは活発に程遠いと感じていた数人の鍵となる人物達の方としては決定的な時間的介入からも好都合であった．1942年中頃までに，英国と米国の研究の種々のラインでは原子炉と原子兵器の両者ともに可能性を有するとの結論を導き出した，しかし大学研究部門での実験を遥かに超えた工学的努力または単一の大工業界の予算と資源を要求する規模であった．秘密を維持してのそのような努力を載せることの出来得る唯一の組織は合衆国の軍隊だった．その建設規模が与えられ，そのプロジェクトは1942年秋に工兵部隊 (Army's Corps of Engineers) に帰された．第4章では1943年初期のプロジェクトの行政上の歴史を述べる，その時期までに工兵部隊は確実に命令下に在った．この時期まで続く行政的様相は関連する個々のプロジェクト要素の章を考察するのにさらに都合が良い．

1.3 第5章～第7章：ウラン，プルトニウムおよび爆弾設計と供給

マンハッタン計画の研究推進のために2つの大規模製造施設と高度機密爆弾設計研究所が設立された．これら施設が第5章，第6章，第7章の主題である．これらの製造施設はテネシー州とワシントン州に置かれ，各々ほぼ純粋に近いU-235と増産されたプルトニウムを得るために当てられた．これら施設について第5章と第6章で述べる．爆弾設計研究所はニューメキシコ州ロスアラモスに置かれ，第7章の主題となる，そこでは攻撃目的地にその爆弾を運ぶために選抜された爆撃機乗員らの訓練についても述べる．

テネシー州に在るウラン施設は，その名をクリントン工兵施設 (Clinton Engineer Works: **CEW**) と言う組織が設計し，その設置された場所は後にノックスビル (Knoxville) 近くの小さな町となった．ほぼ90平方マイルの軍保有地に3つの濃縮分離施設と実験室規模の原子炉1

基，支援工作施設，化学工程研究室，給電設備および給水設備，食糧供給設備，住居，病院，学校，ショッピング・センターおよびその他の文化施設 (amenities) がそこで働く人々用にと散りばめて在った．CEW は建設と操業費用として総計で実にほぼ 12 億ドルを消費してしまった．この 3 つの濃縮施設のコード名称は Y-12，K-25 と S-50 と名付けられた．下記に示すように，各々の施設はウラン濃縮の異なる方法が採用された．

Y-12：この施設は 200 を超える建屋から成り，**電磁気質量スペクトロスコピー** (electromagnetic **mass spectroscopy**) 工程でウランを濃縮した．ここで用いられた基礎原理はイオン化原子または，イオン化分子が磁界の中へ直接飛び込んだ際，その原子または分子の質量に依存した弧の軌道を描くことに依る（外側軌道電子の 1 つまたはそれ以上が取り除かれた時，正味の正電荷を持つ残された原子をイオン化されたと言う）．これを実際に行うには，ウラン化合物をウランが蒸発するまで加熱する．その蒸気はその時イオン化され，巨大な電磁石のコイル間に挟まれた真空タンクの中へ細いビームとして入射される．2 つの異なる同位体原子は僅かに異なる軌道を描く，そして分離しての収集が可能となる．強力な磁界が用いられたが，そのイオン流の分離は直径 3 m の軌道に対してたったの約 1 cm に過ぎなかった．原爆級ウラン製造の実用的速度を得るため，900 を超える磁気コイルとほぼ 1,200 の真空タンクが操業のために投入された．これら "電磁分離機" (electromagnetic separators) の設計は，カリフォルニア大学のアーネスト・ローレンス (Ernest Lawrence) によって開発された粒子加速器 "サイクロトロン" (cyclotron) に基づく：CEW のサイクロトンは "カルトロン" (Calutrons: *Cal*ifornia *U*niversity Cyclo*tron*) として知られていた．実際には，この工程は制御が困難な傾向を有し効率が低かったが，廣島原爆**リトルボーイ** (**Little Boy**) の U-235 の全ての原子は，ローレンスのカルトロンを結局少なくとも 1 回は通過した．1943 年 2 月に最初の Y-12 建屋の地面を掘削し，そして操業はその同じ年の 11 月に開始したのだった．5,000 名程の運転員と整備員が Y-12 の操業を担った．この施設の建設と操業費用として 4 億 7,700 万ドル程で運営された．

K-25：建設費と操業費で 5 億ドル超えたこの施設はマンハッタン・プロジェクトの単一施設として最も高価なものとなった．4 階建（地下 1 階），長さ半マイル (805 m)，幅約 1,000 フィート (305 m) の巨大な U 字形工場を頭に描けば良い（図 1.2）．

この巨大な構造物はプロジェクトの**ガス拡散** (gaseous diffusion) 設備である；この工程は**隔壁拡散** (barrier diffusion) としても知られている．この技法根拠は同位体混合組成のガス原子を薄くて数百万もの極く微細な穴を持つ多孔質性の金属障壁へポンプを働かせるならば，質量がより小さい原子は質量のより大きい原子よりも少しばかり容易にその障壁を通過するということであった．その結果は反対側の障壁のより軽い同位体ガス濃縮はかなり微小なレベルである．ここでの "微細な" (microscopic) は文学的な表現として使った：必要とされた穴の直径は約 100 Å である，または 1 インチ当たり約 30 億個に相当する穴が必要とされた．しかしながら，この工程の特徴はその障壁を通過する 1 回で僅かなレベルの濃縮が達成出来ることのみであった．"爆弾級" の物質（90% U-235）に相当する濃縮度まで達するに，この工程を逐次的に数千回も繰り返すことが必要である．K-25 はほぼ 3,000 の濃縮段を (stages) を組合せ，当時の世界史上における最大の建設事業だった．1943 年 6 月に建設が始まったものの，適切な障壁材を得ることの困難さから 1945 年 1 月まで操業開始が遅れた．およそ 12,000 名の人々がこのプラント稼働のため雇用された．

図 1.2　K-25 プラントの航空写真．出典：http://commons.wikimedia.org/wiki /File:K-25_ Aerial.jpg

S-50：2 次拡散を基礎とした工程によるウラン濃縮の S-50 プラントは**液体熱拡散** (liquid thermal diffusion) として知られており，時々単純に**熱拡散** (thermal diffusion) とも呼ばれ，K-25 プラントで採用された**ガス** (gaseous) 工程とは異なるものである．液体拡散効率はむしろ悪いのだが，相対的に単純であるのが特徴だ．3 個の濃縮パイプの垂直配置イメージを示す（図 1.3）．ポンプされた中心を通る高温水蒸気により内奥部が加熱される．第 2 番目の，中間パイプはその内奥パイプの周囲に近接して取り囲んでいる，そのパイプ間の隙間はたったの 1/4 mm である．液化した六フッ化ウラン (uranium hexafluoride) は圧力をかけられてその 2 つのパイプ間の隙間に供給される．中間パイプは第 3 番目のパイプに取り囲まれ，そこには中間パイプの外表面を冷却するための冷水がポンプで供給されている．

六フッ化ウランは幅 1/4 mm の激しい熱勾配を横切って移動する．その結果，軽同位体を含む液はより高温のパイプに向かって移動し，一方重同位体物質はより低温側へと集まる．より高温の物体は対流によって昇り，一方より低温の物体は降りる，物質の集積がカラムの頂上で軽同位体の僅かな濃縮を導くことになる．これから，軽同位体の濃縮された物質を収穫出来，そして次の段階（ステージ）へと送られる．S-50 プラントにはこのような高さ 48 フィート (14.6 m) の 3 パイプ・カラムが 2,142 本設置された．政治論争に依り，S-50 プラントを推進する決定は 1944 年 6 月まで成されなかった，しかし建設は早急に行われたためプラントの初期操業は同年 9 月には開始された；完全な建設は基本的には 1945 年 1 月に完了した．

当初は，これら様々な濃縮方法は，1 つの工程で天然ウランから開始し最も効率良く爆弾級の物質を造り出す競走馬のレースの個々の馬として考えられていた．しかしそれらが操業へと移行した時，それらをチームとして働かせることがより良いことが明らかとなった；種々の濃

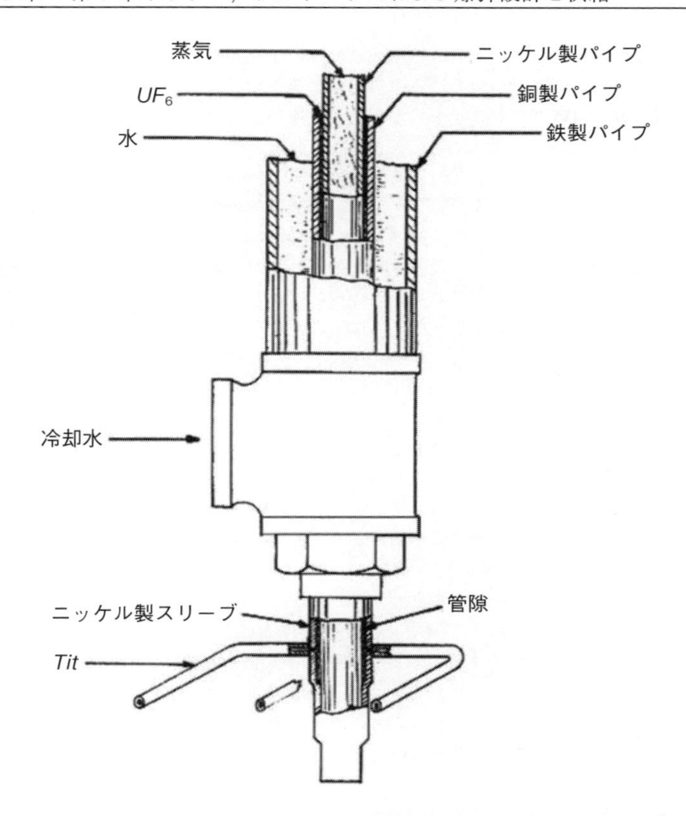

図 1.3　K-50 プラントの拡散工程カラム断面図．軽同位体 (U-235) と重同位体 (U-238) の混合物の六フッ化ウランがニッケル製パイプと銅製パイプ間の狭い隙間へ注入される．望まれる軽同位体物質はカラム頂上より収穫される．Reed (2011) より

縮段階で他のよりも一層効率が良いと検証されるものが在ったのだった．末期には，ウランは S-50 プラントから工程の旅を始め，微濃縮レベル（0.86% U-235 まで）で受け取る，そこから K-25 プラントへ（7% まで），そこで Y-12 カルトロンの 1 つまたは 2 つの分離ステージで 90% U-235 を得た．

プロジェクトの援助の下で世界最初の原子炉，実験黒鉛減速パイル (experimental graphite-moderated pile) は 1942 年 12 月初旬に自律型連鎖反応 (self-sustaining chain reaction) を達成した．このパイルはシカゴ大学に在り，コード名は **CP-1** と言い，推定出力 1/2 W で稼働した．CP-1 は厳格に実験用だった；その目的は連鎖反応を起こし得ること及び制御され得ることの実証だった．原子炉内でのプルトニウム生成速度は原子炉出力に依存する，そして CP-1 の出力レベルは微妙な期間に爆弾 1 発を造るのに充分な速さでプルトニウムを増殖するに必要と推定される数百万W（**MW**：メガワット）から遥か程遠いものだった．後にプルトニウム生産炉が 250 MW で運転されるよう設計され，3 基建設された．

技術者達はワットから百万の百倍ワットへのスケール・アップを疑わしいと率直に思った，そこで冷却と制御システム試験のために，さらに研究目的のための数 100 g のプルトニウムを生成するために中間段階の“パイロット”原子炉を建設することに決めた．**X-10** として知られる原子炉の初期計画はシカゴ郊外に設置するものだったが，安全性と運転の集約化を理由にクリントン・サイトへの建設に変更された．X-10 は 1 MW 出力で運転されるように設計された強制空気冷却，黒鉛減速原子炉であった，冷却システムの改良によって後日 4 MW の運転を許されることになったのだが．X-10 は 1943 年 11 月に運転を開始した．

第 6 章で 250-MW プルトニウム生産炉について述べる．当初，これら原子炉もまたテネシー州の敷地に設置されることになっていた，しかし破滅的事故 (catastrophic accident) がプロジェクトの生産設備全てを運命付けてしまうとの見通しがワシントン州南中央部の遠隔地にそれら原子炉を設置する決定へと導いた，そこはコロンビア川 (Columbia river) から引き込んだ水で冷却することが出来る処であった．ハンフォード工兵施設（Hanford Engineer Works: **HEW** または単にハンフォード）は全てで 600 平方マイル（1,554 km^2) を超える巨大な地域を占めていた．安全のマージンを与えるために，それらの原子炉はコロンビア川土手沿いに 6 マイル (9.7 km) 離して設置された．それらの 10 マイル南にはプルトニウムの化学分離施設群が設置された，さらに 10 マイルを超えた遠くには，建設作業者とその家族のための寄せ集めで建設された村と同様原子炉に装荷するウラン燃料塊の製造設備が造られた．1943 年 4 月にハンフォード・サイトの掘削が始まった．第 1 番目の原子炉臨界は 1944 年 9 月末だった，しかし予期しない問題が生じ改良の効果が有ったものの 3 ヵ月間の停止を余儀なくされた．結局，ハンフォードの原子炉は**トリニティ(Trinity)**（三位一体）実験と長崎原爆に必要な kg オーダーのプルトニウムを生産した．

マンハッタン計画で最も有名な施設は多分ロスアラモス研究所 (Los Alamos Laboratory) だろう，それが第 7 章の主題である．カリフォルニア大学の物理学者 J. ロバート・オッペンハイマー (Robert Oppenheimer) による指揮でニューメキシコ州北側の高地荒野 (high desert) に 1943 年春に設立され，この秘密軍事施設 (secret installation) の任務はテネシー州とワシントン州で生産されたウランとプルトニウムによって出力する兵器の設計を行うことであった．理論上，ロスアラモスの科学者たちが直面している仕事は簡単なように見えた．U-235 または Pu-239 のような核分裂性元素は所謂**臨界質量 (critical mass)**，連鎖反応維持に必要とする最小質量，を有する．この臨界質量の精確な値は，その物質の密度，核分裂反応が進行する確率，核分裂当たり生成する中性子の数に依存する．ロスアラモスでの実験研究の大部分はそれらの量を正確に得ることであった．これらの数値を手にして，臨界質量は物理学分野では既知の拡散理論 (diffusion theory)，この理論は 1943 年よりかなり以前に確立されていた，からの数学的関係式で計算出来るようになった．

議論を進めるため，ある物質の臨界質量が 50 kg であると想定しよう（この値は U-235 目標と大きな隔たりは無い）．臨界質量丁度よりも多くの物質が得られるとしたなら，例えば 70 kg

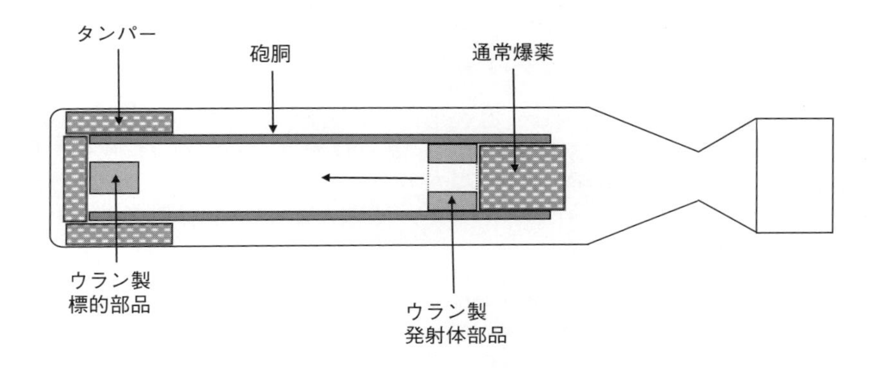

図 1.4　ガン型核分裂兵器の図式．ウラン発射体は鼻先の相棒標的片に向けて発射される

として，あなたはさらに有効な爆発を得ることが出来ることに気付くであろう．その 70 kg を 2 つに分割，言わば 35 kg の 2 つに分け，装置を爆発する準備が出来た時にそれらを単純に合体させれば良い．実際，これが正しくウラン製の廣島原爆で行ったことだ．長尺円筒鋳造爆弾内部には海軍発射砲 (naval artillery gun) 胴が設置された．ウランの 1 片，“標的” (target) 部品はその胴の遠く離れた（鼻先）端部に設置し，一方第 2 番目の 1 片，“発射体” (projectile) は砲尾（尾）端に設置した（図 1.4）．レーダーと気圧計のセンサーが事前にプログラムされた高度まで落下したことを示した時，発射体片を相棒標的片に向かって進めるため従来型蓄電器が発火する．望まれる瞬間に連鎖反応が開始するべく中性子源を供給するような補助的な考慮が在るものの，これこそが所謂核分裂 “ガン爆弾” (gun bomb) を如何に作動させるかの基本アイデアである．

廣島原爆には約 60 kg の U-235 が含まれていた，しかしその爆弾の重量は総計でほぼ 5 トンともなった．この大部分は発射砲 (artillery cannon) の重量だったが，もう 1 つの寄与が在った：その砲尾は数 100 kg の鋼製タンパーに囲まれていたのだった．タンパー (**tamper**) は 2 つの機能で使われた．第 1 番目は爆発によって爆弾コア部の膨張を大まかに阻止すること，連鎖反応が作動出来る一寸の時間（マイクロ秒）よりチョットだけ長く役立たせること．第 2 番目は逃げる中性子をコアへ戻すことの出来る材料でタンパーを造ることが出来るならば，それによって他の核分裂を生じさせる機会を増やすことが出来る．これら両者の効果が兵器の効率を上昇させる．タンパー無し装置を 10 倍を超える効率増加へと簡単に出来ることであり，タンパーを付けたことによる効果を正確に値付けすることである．タンパーの存在が計算を複雑にした，しかしロスアラモスの物理学者達は初期の電子計算機の助けを借りて核分裂物理学，電子機器，兵器 (ordnance)，中性子始動装置 (neutron **initiators**) の所産をバランスさせて B-29

爆撃機の積載限度に抑えた．それにもかかわらず驚くべきことに，その破壊パワーは廣島爆弾で総合効率はたったの約1%に過ぎなかったのだ．

さらにプルトニウム爆弾は別物だった．原子炉生産プルトニウムは非常に高いレベルの**自発分裂 (spontaneous fission)**——自然に起こり，完全に制御不能の過程——を示した．このため，もしプルトニウム用ガン型爆弾を造ろうとしたなら，標的片と発射体片が完全に合体する前に自発的に核爆発を起こしてしまうだろう．その結果は高価につき，極端な低効率爆発，所謂“あっけなく立ち消えに終わる”(fizzle)．この問題を避けるために2つの可能なアプローチがある：劣性な核分裂性物質（自発核分裂比率がさらに低いもの）の使用の道，and/or 銃（ガン）型機構で達成されるものよりさらに速く未臨界片を合体させる道．両方のアプローチが用いられた．核分裂性物質の臨界質量はその密度に依存する；より大きな密度はより低い臨界質量を意味する．そこであなたが**通常**密度での**未臨界**の物質の塊を持っているとしよう，それを潰してさらに高い密度にすることであなたはそれを臨界にすることが出来るのだ；この結果は“通常に”求められた物質に比べて低い物質の使用を避けることが出来る．これが**爆縮 (implosion)**，極端に急速な**内に向かう**爆発をする爆発性物質と伴に未臨界コア（それと自発核分裂の低比率のもの）が周囲に配置されている．超高速燃焼火薬を用いて圧壊を達成し，その“合体時間”(assembly time) もまた減少させることが出来る．爆縮が基本的に完全対称に為るべくその硬い部分は，お互いが約マイクロ秒以内に爆発する周囲爆薬の部分で構成されている．ロスアラモスの科学者達と技術者達は今までに経験したことが無い技法を完璧に遂行するために途方も無い努力を費やした．爆縮の成否に関しあまりにも由々しき疑問が在ったため，貴重なハンフォード製プルトニウムを用いてその方法での実規模大実験を行うことが決定された．これが1945年6月16日の**トリニティ**（三位一体）**(Trinity)** 実験である，世界最初の核爆発である（図1.5）．実験は完璧な成功だった，その丁度3週間後にこの方法が長崎爆弾として使用されたのだ．

上述の通り，何故廣島 U-235 **リトルボーイ (Little Boy)** ウラン爆弾は長尺で円筒形状機構なのか，一方長崎 Pu-239 **ファットマン (Fat Man)** プルトニウム爆弾がほぼ球状配置の球根 (bulbous) なのかのアイデアをあなたは今知る事になったのだ（図1.6）[*7]．

在りていに言えば，ロスアラモス研究所は約2,500人を雇っただけだったが他のクリントンやハンフォードの数万名の働きが無ければ無に帰すものであった．ロスアラモスの科学者達と技術者達の業績は今や物理学界の伝説 (legendary) となっている．

爆弾は目標地点まで運ばなければならない，そしてこのことが，空軍第509混成部隊 (509th Composite Group) と呼ばれたマンハッタン・プロジェクトの製品を運ぶために特別に編成され

[*7] 訳註：　ファットマン，長崎への兵器，は少々高目の収率を与えた，22キロトンである．ロスアラモスのオリジナルであるガン型爆弾，直径28インチ (71 cm)，は痩せ男 (Thin Man) と呼ばれていた，その名前はダシル・ハーメット (Dashiel Hammett) の推理小説から制作された映画の題名から採られたものである，そして直径5フイート (152 cm) の爆縮爆弾は，従ってファットマン (Fat Man：でぶ男) となった．私はリトルボーイ (Little Boy) が何処から来たのかを知らない．15キロトンでリトルボーイの収率は約2%だった——小さかったが，しかしこれは予測されていたものであった．その効率の1桁内の差異は，ロスアラモスの爆縮プログラムの成功の測度である [p. 69]（R. Serber,『ロスアラモス・プライマー』今野廣一訳，丸善プラネット，東京，2015より）．

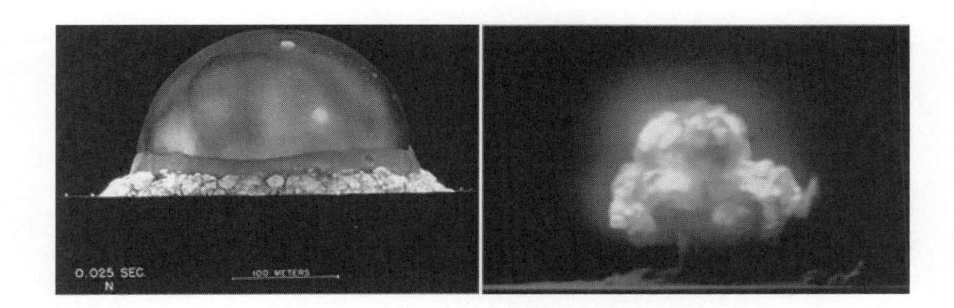

図 1.5　左：爆発 25 ms 後のトリニティの火の玉（出典：http://commons.wikimedia.org/wiki/File:Trinity _ Test_ Fireball_ 25ms.jpg）．右：数秒後の火の玉（ロスアラモス国立研究所記録保管所の好意による）

図 1.6　左：装荷ピット内のリトルボーイ．右：ファットマン爆弾．註記：尾翼に署名．出典：http://commons.wikimedia.org/wiki/File:Atombombe_ Little_ Boy_ 2.jpg; http://commons.wikimedia.org/wiki/File:Fat_ Man_ on_ Trailer.jpg

た部隊の任務であった．選任，訓練およびこの部隊の配備については第 7 章と第 8 章で述べる．

1.4 第8章と第9章：廣島，長崎およびマンハッタンのレガシー

マンハッタン計画は廣島と長崎の爆弾を完成させた．第8章はこれら爆弾の吟味である：投下都市選択，爆弾を実際に使用するか，デモンストレーションとして投下するかの政治的配慮，爆撃機，乗組員達への訓練，使命それ自身，爆弾の爆発エネルギーと爆弾が及ぼす人々と構造物への効果．幾つか状況を知るため，1945年11月予定の提案された日本占領に対する計画と予測死傷者比率として，戦争中の太平洋上の島伝いキャンペーン (Pacific island-hopping campaigns) での死傷者比率を大まかに述べよう．戦後の原子力管理計画についても考察する．

第9章はマンハッタン計画遺産（レガシー）の幾つかを吟味しよう．戦後の年々，一般には水素爆弾 (hydrogen bombs) として知れ渡っている核融合に基づく装置 (fusion-based devices) を成就させるまでに核兵器設計の向上は急速に集積された．核兵器保有国数は1960年代中頃までに5ヵ国となってしまった，そして現在の数はその約2倍となっている．これらの国々が保有する核弾頭数は1980年代中期で70,000を超えるピークに達した（殆んどの人々を驚かすに充分な数値だ），そして現在世界は殆んど文字通り兵器級ウランとプルトニウムが充満しているのだ．一方，核弾頭数は種々の軍備管理条約*8に依り僅かな減少に転じたものの，数千の核兵器が依然として配備されており，この先長い年月維持されるであろう．これらの事柄はマンハッタン計画と直接の関係が在るわけでは無いので，この章での議論は本筋への結びとして戦後の発展の大まかな概要のみを読者へ与えることにする．

ここまでで，**緒言**で主張したように1巻本でマンハッタン計画の全ての局面をカバー出来るとの希望は皆無だとの正当性をあなたは認識すべきであろう．これが与えられたことより，本書で単に大まかにまたは全く触れていないトピックスが何なのかを言及することも重要だ．本書は主にプロジェクトの歴史的様相と技術的様相に向けられているので，個人のプロフィールを描くことは極力避けた．ロスアラモスで働いていた少数のソヴィエトのエージェントが，広く散りばめた対抗インテリジェンスの努力にもかかわらずモスクワへ情報を渡したことは広く知れ渡っている，しかし私の焦点はプロジェクトの科学と組織であることから，この件に関する詳細な分析は控えた．ドイツの核分裂の可能性研究（原子炉を稼働させる段階まで進捗することは無かった）に関する戦時プログラム，1943年のいまわしいボーア/ハイゼンベルク会談，戦後ベルリンのファーム・ホールへのドイツ科学者たちの監禁，またはドイツ科学者たちが核分野で何を造り上げたかを発見しようとした米国人の努力，いわゆる *Alsos* ミッション*9，に

---

*8 訳註：　「兵器制限および環境の多国間協定の幾つか」が表1.1に記載されている [pp. 12-13] (R. Avenhaus & M.J. Canty,『データ検証序説：法令遵守数量化』今野廣一訳，丸善プラネット，東京，2014より)．

*9 訳註：　Alsos ミッション (Alos Mission)：第2次世界大戦中の敵国側の科学開発を発見するために米国軍人，科学者，インテリジェンスで構成された米国のチーム（活動期間：1943年遅く-1945年10月15日）．ソ連側に科学者たち，記録類，材料等が捕獲されるのを防ぐ目的で1943年9月の連合国イタリア侵攻において創立された．Alos Mission をマンハッタン・プロジェクトの前セキュリ

ついても調査しなかった．これら事象の全ては多くの素晴らしい本や記事として在る．幾つかの様相で大規模操業に入らずに終わった努力プロジェクト（例えば濃縮のために遠心機を使用すること）については，適切な場所で付随的に触れたのみである．核融合兵器開発への非難と反対および1954年に起きたセキュリティ聴聞のロバート・オッペンハイマーのスキャンダル，のような戦後の展開は本書の範囲外であり，全く論議して無い．

さらに読む人のために：単行本，論文および報告書

R.G. Hewlett, O.E. Anderson, Jr, *A History of the United States Atomic Energy Commission, Vol. 1: The New World, 1939/1946* (Pennsylvania State University Press, University Park, 1962)

V.C. Jones, *United States Army in World War II: Special Studies——Manhattan: The Army and the Atomic Bomb* (Center of Military History, United States Army, Washington, 1985)

G. Parshall, Shock Wave. U.S. News and World Report **119** (5), 44-59 (31 July 1995)

B.C. Reed, Liquid Thermal Diffusion during the Manhattan Project. Phys. Perspect. **13** (2), 161-188 (2011)

R. Rhodes, *The Making of the Atomic Bomb* (Simon and Schuster, New York, 1986)：神沼二真，渋谷泰一訳，「原子爆弾の誕生——科学と国際政治の世界史　上/下」，啓学出版，東京，1993

ティ・オフィサーだったBoris Pash大佐が指揮した．その後，連合国フランス侵攻，ドイツ侵攻の際にも取り交わされ，ドイツの著名な科学者たち；オットー・ハーン，マックス・フォン・ラウエ，ウエルナー・ハイゼンベルク，カール・フリードリッヒ・フォン・ワイゼッカーらを捕えた．日本侵攻計画でAlsos Missionが編入された．1945年3月に物理学者で地震学者のL. Don Leetをミッション科学部門長に指名した．Philip Morrisonの命令下，マンハッタン・プロジェクト・インテリジェンス・グループが1945年9月に日本に到着し戦時中の核兵器計画の調査を行った．グループはウラン鉱石不足と開発計画の低い優先順位が日本の努力を運命付けたと結論付けた．アメリカ人が信じていたのとは反対に，日本の核物理学者たちは有能であったと報告している．

ドイツのV2ロケットとともに多数のドイツ人科学者をソ連に連れ去った；隔離されたコロドムリャ島でのロケット開発；Kurt Magnus,『ロケット開発収容所——ドイツ人科学者のソ連抑留記録』，津守滋訳，サイマル出版会，東京，1996が詳しい．

第 2 章

核物理学概略史；1930 年代中期まで

1930 年代末までの放射能と核物理学の研究は，癌患者達への放射線治療のような医療処置を主とする応用に限定され，相対的に低い科学研究分野であった．しかし 1938 年暮から 1939 年中頃のたった数ヵ月の範囲内で，幾人かの研究者が純粋科学の静寂な領域の 1 つが，途方も無く軍事ポテンシャルを有する地政学上のゲーム変革者と成り得ることに気が付き始めた．如何にしてこの転換が可能となるのであろうか?

核兵器開発の段階を記述するには，発見の背後に横たわる長期にわたる発展の理解が役に立つ．原子が陽子 (**protons**)，中性子 (**neutrons**)，電子 (electrons) で構成されているとの我々の理解；種々の元素の原子核 (nuclei) には異なる同位体形態 (isotopic forms) が存在する；その幾つかの元素は放射能を有している；そして核兵器 (nuclear weapons) が製造可能であることは今や共通認識の事実となった：多くの人々が知ったわけでは無いが，またどの様にして造るのかは未だ謎のままではあるが，研究者達はそのような知識を見抜いてしまった．本章の目的は如何にして科学者達のコミュニティがこれら理解に至ったのかの全貌を与えることにある．

ここでの全貌発展史において多数の事実を考慮しなければならない，かつ彼らがあまりにも緊密に連絡し合っているために記述の順序を如何にして決めるかの困難さに遭遇してしまう．大きくは年表の順序に従ったものの，年代記述通りに卑しくも従うことで開発の数 10 年間の現象を完全に理解することは出来ない相談だ．この劇的事例は 1932 年まで中性子が発見されなかったこと，その発見は原子核の存在が確立した時より完全に 20 年後だった（図 2.1）．結局，一貫性のためにまたは幾つかの背後材料の横道にそれるために年代順記述アプローチを諦めた幾つかのポイントが在る．さらに，1 小節で導入した概念の事例がさらに完全な推敲のために後の 1 小節で立ち戻る場合もある．読者は連結した単位として本章の節を認識するようにと急き立てられる；従って，それらを全体として扱い，必要に応じて再読してほしい．

1932 年の中性子発見は核物理学者達の学問分野を 2 つの時代 (two eras) に分けた歴史的分岐事象と認識されている：中性子を知る以前と知った後の時代の 2 っである．このことを維持し，本章の 2.1 節は，数多くの小節とともに 1896 年の放射能の発見から 1931 年までの重要な発展をカバーしている．2.2 節から 2.4 節までは 1932 年からの中性子発見と人工的放射性物質の発見を介し，エンリコ・フェルミの 1930 年代中期の中性子衝撃実験の物語を述べる．選択

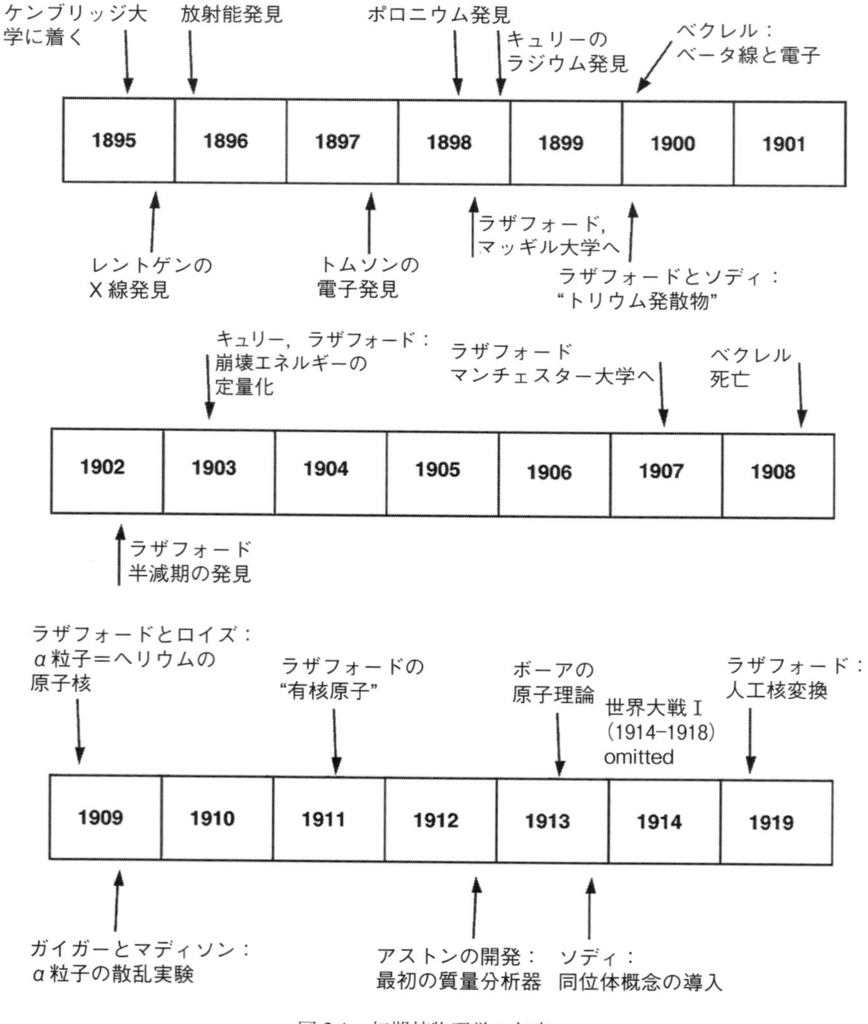

図 2.1　初期核物理学の年表

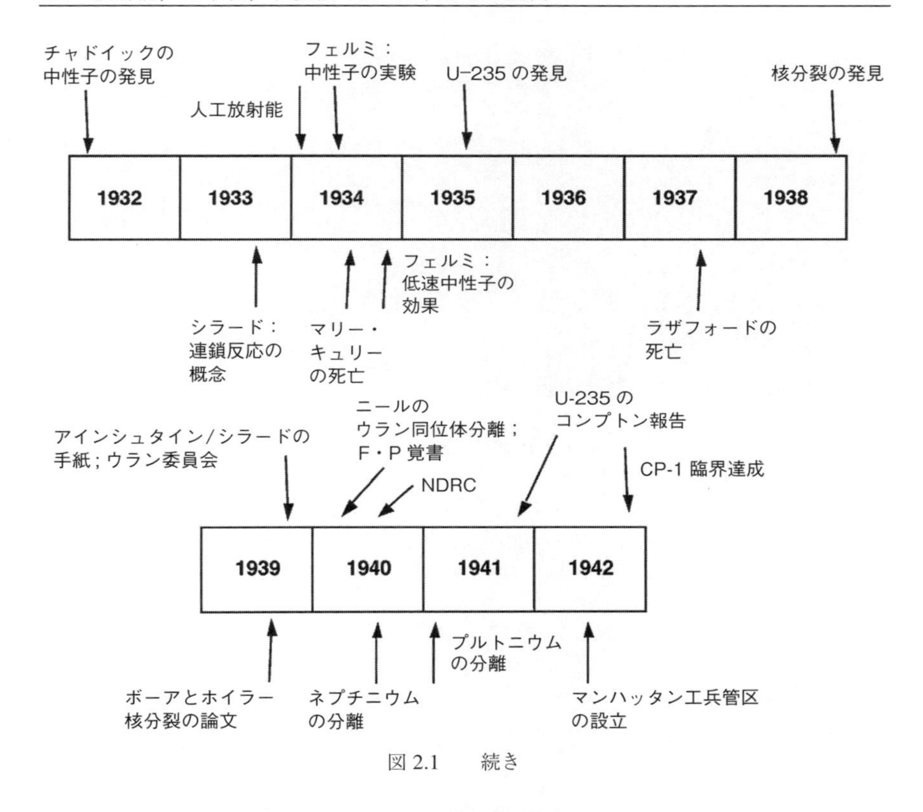

図 2.1　続き

自由の節である 2.5 節は 2.1.4 節で避けた技術的詳細を記述してる．

2.1　放射能，原子核，核変換：1932 年までの発展

“現代” 物理学 (modern physics) の時代は一般に 1895 年末に始まったと考えられ，ドイツで研究していたウイルヘルム・レントゲン (Wilhelm Röntgen) が X 線を偶然発見した年に当たる．レントゲンはこの奇妙な光線 (rays) が彼の手のような物体を通り抜けるだけでなく，通り抜けた空気をイオン化することを発見した；これは我々が現在 “イオン化放射” (ionizing radiation) と呼ぶ第 1 番目の事例だった．X 線がリン光スクリーン (phosphorescent screen) を発光させるとのレントゲンの発見のその部分がフランス在住のアントワーヌ・アンリ・ベクレル (Antoine Henri Becquerel) の注意を引いた．ベクレルは，他の色の光によって照射されたのに応じてその物質が光を放射するリン光現象の専門家だった．ウラン塩のようなリン光物質が日光に照らされたなら X 線を放射する現象を引き起こすことになるのではないのかと疑った．この推定は

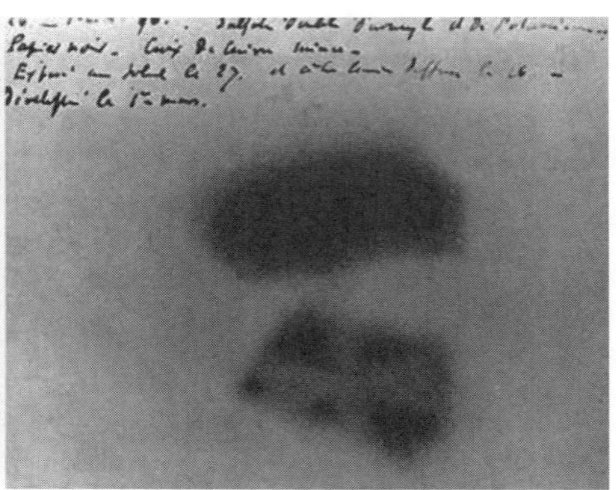

図 2.2　アンリ・ベクレル (1852-1908) と包装された写真乾板上に置かれたウラン塩から放射された“ベクレル線”によって形成された最初の像．その乾板下部には，乾板とウラン鉱塊の間にマルタ十字が置かれていた．
出 典　http://upload.wikimedia.org/wikipedia/commons/a/a3/Henri_Becquerel.jpg; http://upload.wikimedia.org/wikipedia/commons/1/1e/Becquerel_ plate.jpg

間違いだったのだが，1896 年 1 月にこの研究を通じベクレルに放射能 (radioactivity) という偶然の発見をもたらした．包装した写真乾板の上に残したウラン鉱石試料が外部光源無しで乾板を感光させたことをベクレルは観察した；このことは，この感光がウランそれ自身によると思われた．その乾板の包装を解き，現像した時，その試料の像が顕かに見えた（図 2.2）．科学研究分野としての核物理学はこの発見が起源となった．

現在，我々はこれら露光がウラン核から放射された“アルファ”と“ベータ”と呼んでいる粒子およびさらに安定な元素へと自然崩壊する他の重元素の活動に帰するとしている；これら粒子の性質は以下の小節で詳しく述べる．崩壊時間の幾つかは短いものだ，多分たったの分程度と，他方数億（10^8）年または数 10 億（10^9）年という考えられないほど長いものも在る．後者においては，その小さな鉱石塊中の数兆 (10^{12}) × 数兆 (10^{12}) 個の各々の原子が秒または分の間隔で崩壊しフィルムに像を残すか，ガイガー計数器 (Geiger counter) を鳴らすのには充分な程のように見える（ガイガー計数器の操作については 2.1.5 節の末尾で述べる）．そのような放射の第 3 番目の形態“ガンマ線” (gamma rays) はフランスの化学者ポール・ヴィラール (Paul Villard) が 1900 年に発見した．ガンマ線は光子 (photons) である，あなたが本書を読むと，あなたの目に飛び込むものと同じものであるが可視光線の光子に比べて約百万倍も大きなエネルギーを有している．

1908 年のベクレルの死去までに，彼が開いた研究分野は発展をし続け，1920 年頃までに物質の最も基礎的な要素：原子 (atoms) と核子 (nuclei)，の構造の人類の最初の科学的理解へと導いた．特筆すべきことは，放射能の発見から核兵器の開発までの期間が正しく半世紀を超え無かったことだ．

図 2.3 マリー (1867-1934) とピエール・キュリー (1859-1906)；右 1935 年のイレーヌ (1897-1956) とフレデリック・ジョリオ・キュリー (1900-1958).
出典 http://commons.wikimedia.org/wiki/File:MarieCurie.jpg;
http://commons.wikimedia.org/wiki/File:PierreCurie.jpg;
http://commons.wikimedia.org/wiki/File:Irène_ et_ Frèdèric_ Joliot-Curie_ 1935.jpg

2.1.1 マリー・キュリー：ポロニウム，ラジウムと放射能

ベクレルの研究がポーランド出身のマリー・スクロドスカ (Marie Sklodowski) の注意を引いた，彼女はソルボンヌ（パリ大学の一部）から 1893 年に物理科学の学士号を取得し卒業した；翌年，数学の学士号が加わった．1895 年に彼女は物理化学パリ校の物理学者，ピエール・キュリー (Pierre Curie) と結婚した（図 2.3）．博士論文の研究主題を求めて，マリーはベクレルの研究へと方向を変えた，その研究主題について詳細に書かれたものはいまだ発行されていなかった．彼女は夫の学校内に研究室を設け，1897 年の暮に研究を始めた．

その活性物質 (active substance) の分光分析が新しい，これまで知られていなかった元素であることを立証した．彼らの発見物質をマリーの生まれた国に敬意を表して“ポロニウム” (polonium) と名付け，この発見を 1898 年 7 月のフランス科学アカデミー週刊紀要誌に発表した．その論文で科学界へ 2 つの新用語が提供された：“放射能” (radioactivity) とは原子内の奥底の工程でベクレルのイオン化放射線を引き起こすことを称する，および“放射性元素” (radioelement) はこのような挙動を有するどの元素についてもこう称する．放射能を示す元素の各々の同位体の全てが放射能を有するものではないために，用語“放射性同位体” (radioisotope) が，現在“放射性元素”の代わりに一般に使用されている．

1898 年 12 月，キュリー夫妻は第 2 番目の放射能物質を発見したと公表した，その物質を彼らは“ラジウム” (radium) と呼んだ．ピッチブレンド鉱石*[1]数 10 トンで始めたのだが 1902 年

*[1] 訳註： ピッチブレンド (pitchblende)：閃ウラン鉱．ウラン，ラジウムの重要な鉱石．化学組成は UO_2 で，多くは Pb，Th，Zr，希土類，He，Ar を含み，Ca，H_2O，Fe を少量含む．

図 2.4 左 1910 年頃のアーネスト・ラザフォード (1871-1937). 右 1921 年の写真，左から右へ J.J. トムソン (1856-1940)，ラザフォード，フランシス・アストン (1877-1945)，質量分析器の発明者（2.1.4 節）.
出典 http://commons.wikimedia.org/wiki/File:Ernest_ Rutherford.jpg; AIP Emilio Segre Visual Archves, Gift of C.J. Peterson

の春までに，彼らはたった 1/10 g のラジウムを分離しただけだった，しかしその量は新元素としての地位を分光配置で決めるには充分であった．1903 年の夏，博士論文 “放射性物質の研究” (Researches on Radioactive Substances) を弁じ，ソルボンヌより博士号を取得した．同じ年の秋，キュリー夫妻は 1903 年ノーベル物理学賞の半分の栄誉に輝いた；もう半分はアンリ・ベクレルに与えられた．

2.1.2 アーネスト・ラザフォード：アルファ，ベータと半減期

1895 年秋，ニュージーランド生まれのアーネスト・ラザフォード (Ernest Rutherford) はポスドク奨学金を得て英国ケンブリッジ大学のキャベンディシュ研究所に着いた（図 2.4）．研究所長はジョセフ・ジョン・“J.J.” トムソン (Joseph John Thomson) だった，彼は 1897 年に電子；原子の体積を占める物質の基礎的で負の電荷を有する粒子，発見のクレジットを獲得した．原子の最外殻電子の再配置により化学反応が生じることで，例えば我々は肉を消化して我々自身へ本の原稿を準備するような有益な作業を行うのに費やすエネルギーを供給している．

ラザフォードの本来の知性，本物のハード・ワークへの許容能力および幸先の良い時期に結びついた非平行的物理洞察が彼を歴史上偉大な原子力の先駆者の 1 人に成る道へと歩ませた．ラザフォードがケンブリッジに着いて間もなく，レントゲンが X 線を発見したのだった．学生として，ラザフォードは電気治具を用いることについて相当の経験を有し，そしてキャベンディシュ研究所にはトムソンの “陰極線管” (cathode ray tubes)，それは X 線を励起させるコア装置である，が上手く設置されていた．ラザフォードは直ちにそのイオン化性質の研究を始め

た．放射能発見が知らされた時，彼にとってこの新たなイオン化現象へ注意を向けることは自然の成り行きであった．

アルミニウム箔で包んだウラン試料の放射能を減衰させることが出来ることを発見した；更にその箔 (foil) を数層加えることで放射能を減衰させることを．ラザフォードは放射に 2 種類が存在しているようだと演繹した，それらを彼は“アルファ”と“ベータ”と名付けた．アルファ線は薄い箔または 2 ないし 3 枚の紙で容易に止められ，ベータ線はもっと透過力が有る．後にアンリ・ベクレルが両者は磁場によって曲げられる，しかし反対方向へ，かつ異なる量で曲がると．そのことはその放射線が電荷を有することを意味した；アルファは正電荷を，ベータは負電荷を有することが実証された．後にアンリ・ベクレルはベータ線が電子と同一であることも実証した．アルファ線は磁石に対しての効果がさらに少なかった，このことは電子に比べてさらに大きな質量を有するに違いないことを意味した（この点について 2.1.4 節で詳細に述べよう）．

1898 年秋，ラザフォードはケンブリッジでの研究を完全に終わらせ，カナダ，モントリオールのマッギル大学 (McGill University) へと移った，そこで物理学のマクドナルド講座教授職の辞令を受けていた．次の 30 年を超える期間，彼はマッギルとその後に英国に戻ってからも放射能の研究を続けた．この研究が原子的構造の分野での一連の革新的な発見に寄与し，1908 年のノーベル化学賞の栄誉に輝いた．

1900 年にマッギルで起きた第 1 番目の大発見は，放射線の放射の時，トリウムは同時に彼が“発散物” (emanation)[*2] と名付けた生成物を放射することを見つけたことである．その発散物もまた放射能を有し，分離した時，その放射能が時間と伴に等比数列 (geometrical progression) で減衰することが観察された．つまり，放射能は経過時間の瞬時毎に 1/2 の因子で減少するということだ．ラザフォードは**放射性半減期** (radioactive **half-life**) の性質を発見した，それが典型的な自然指数関数崩壊過程であるとして．

例えば，半減期が 10 日の同位体 1,000 個の原子を“時刻ゼロ”で持っているとしよう．そのうちの 500 原子が 10 日後に崩壊してしまっている状態を認識出来る．しかしながら 500 個の**どれが**崩壊するのかを予測することは不可能だ．10 日を過ぎると，初期から残っていた 250 個の原子が崩壊続ける．驚くべきことに，ある特定の時間間隔で崩壊する原子への所与確率がいか様に崩壊を防ぐかの長期的努力に独立である；原子内部世界において，年齢は寿命維持確率の因子では**無い**のだ．

以下の文節で半減期の数学について吟味する．この文節をスキップしたい読者は (2.8) 式以降へと進めて良い．

任意の開始時刻 $t = 0$ でのある放射性物質の原子数を N_0 とするなら，t 時間経過後に残っている原子数は下記の通り記載出来る

$$N(t) = N_0 \, e^{-\lambda t}, \tag{2.1}$$

[*2] 訳註：　エマナチオン (emanation; émanation)：Em　原子番号 86 の元素ラドンの別名．天然の放射能および放射性核種についての初期研究で，ラジウムから α 崩壊で生成する希ガス（ラドン，トロン，アクチノン）およびその崩壊生成物（放射性沈積物）が容易に親核種から分離し得るので重要な役割をはたした．

ここで λ は所謂崩壊定数 (decay constant) である．崩壊の形態（アルファ，ベータ，...）に対する放射性物質の半減期を $t_{1/2}$ とするならば，λ は下式で与えられる

$$\lambda = \frac{\ln 2}{t_{1/2}}. \tag{2.2}$$

半減期は秒以下の小さいものから数10億年まで広がっているので，それらに対する優先単位というものは無い；計算する際には t と $t_{1/2}$ について同じ単位を使うよう注意しなければならない．

外界で測定されるものは崩壊率 R である，これは (2.1) 式を微分して得られる：

$$R(t) = \frac{dN(t)}{dt} = -\lambda N_0 e^{-\lambda t} = -\lambda N(t). \tag{2.3}$$

負の符号は初期の原子数が時間と伴に定常的に減衰することを意味する；習慣的な名称としては $R(t)$ の**絶対値** (absolute value) と言われる．

原子数よりも物質の質量 m で認識することを好む人のために，これら2つの量的関係を示すことは助けとなろう．この関係は下式で与えられる

$$N = \frac{m N_A}{A}, \tag{2.4}$$

ここで N_A はアボガドロ数で A はその物質のモル重量である．伝統的に A はモル当たりのグラム数で示される，このことは m はグラム単位で表現されねばならない．

マリー・キュリーとピエール・キュリーはラジウム-226の新たに分離抽出した1g試料の崩壊率を他の異なる物質の放射能率と比べるための標準として用いた．半減期1,599年を有するこの同位体はむしろアルファ粒子の巨大な放射体と言ってよい．$A = 226.025$ g/mol であるから，

$$N_0 = \frac{m N_A}{A} = \frac{(1\,\mathrm{g})\,(6.022 \times 10^{23}\,\mathrm{nuclei/mol})}{(226.025\,\mathrm{g/mol})} = 2.664 \times 10^{21}\,\mathrm{nuclei}. \tag{2.5}$$

毎秒当たりの崩壊率の計算のために1,599年を秒単位へ変換する；1年 $= 3.156 \times 10^7$ 秒．1,599年 $= 5.046 \times 10^{10}$ 秒であるから，初期崩壊率は下記の通り

$$R_0 = \lambda N_0 = \frac{(\ln 2)\,(2.664 \times 10^{21}\,\mathrm{nuclei})}{(5.046 \times 10^{10}\,\mathrm{s})} = 3.66 \times 10^{10}\,\mathrm{nuclei/s}. \tag{2.6}$$

その放射能率は，少し丸めて，記号 **Ci** として現在知られている**キュリー** (**Curie**) で表す[*3]：

$$1\,\mathrm{Ci} = 3.7 \times 10^{10}\,\mathrm{decay/s}\ (= 3.7 \times 10^{10}\,\mathrm{Bq}). \tag{2.7}$$

これは大きな数値であるが，ラジウム1gにはほぼ 10^{21} 個の原子が含まれており，そのため長期間に亘りその放射能を維持する；数年後でさえも，基本的にはそれが始まった時と同じ放射能率を有す．

[*3] 訳註：　放射能の単位であるキュリー (Ci) に替わって SI 単位であるベクレル (Bq) が現在は使用されている．

多くの場合でキュリーを実際に使用する放射能単位とするにはあまりにも大きすぎるために，技術論文等にはしばしば**ミリキュリー**（千分の 1 キュリー，mCi）または**マイクロキュリー**（百万分の 1 キュリー，μCi）が顕れる．家庭用煙探知器では約 1 μCi の放射性物質（毎秒 37,000 個崩壊）が煙粒子の探知のため探知器周囲の小体積の空気層をイオン化する．さらに最近での放射能単位は**ベクレル**（**Bq**）が用いられている；1 Bq は毎秒 1 崩壊である．この単位ではその煙探知器は 37 キロベクレル (kBq) の放射能を有するものとして評価される．簡単な計算を試みたいなら，もしもあなたが 1 kg のプルトニウム-239 を持っているものと想像しよう，それは A = 239.05 g/mol とアルファ崩壊の半減期 24,100 年を有する．崩壊率が 62 Ci であることの証明を行うべきだ．崩壊率が原子兵器技術において重要な考慮すべきものであることを第 7 章で見ることになるだろう．

崩壊確率が年齢に独立であるとの上述指摘を良く理解するために，以下の論議を進めよう．ある時刻での未崩壊核の数を $N(t)$ としよう，(2.3) 式から僅小な dt 秒中の崩壊数は $dN = \lambda N(t)\,dt$ となる．dt 秒間に崩壊するとして与えられたどの原子もこの崩壊数となり，開始時間間隔で得られる未崩壊核の数で除すことによって，崩壊の確率 $P(t, dt)$ が得られる：

$$P(t, dt) = \frac{\lambda N(t)\,dt}{N(t)} = \lambda\,dt. \tag{2.8}$$

断言したように，$P(t, dt)$ が考察した時間間隔前に経過してしまった時間 t とは独立である．

ラザフォードはトリウム“発散物” (emanation) が実際にどの元素と同一であるかを探し求めてフレデリック・ソディ (Frederik Soddy)，化学の若き実験論証者 (Demonstrator) とチームを組んだ（図 2.5）．その発散物はトリウムの幾つかの形態と推定されていたのだが，ソディの分析は希ガスのような振る舞いをすることを示した．このことはトリウムが自分自身を他の元素へ自発的に変換してしまうことを示唆するものであった，これは 20 世紀物理学の重大発見の 1 つとして証明される結論となった．ソディは当初その発散物がアルゴン（元素 18）だと考えた，しかし後にラドン（元素 86）として認識するに至った．トリウム (Th)，ラジウム (Ra)，アクチニウム (Ac) の様々な同位体はラドン (Rn) の様々な同位体へと崩壊する，それら自身が続いて崩壊し続ける．

1920 年代には半減期が原子レベルでの波動性粒子を表明した量子力学過程であると理解された；それは純粋に確率現象である．さらに哲学的な理解を本書で試みることはしない：我々の目的にとって，上述した数学的記述により放射能崩壊を経験的現象と見なし得るからだ．

2.1.3　核物理学のエネルギー単位と放射能崩壊エネルギー

核物理学で一般に用いられているエネルギー単位に関する物理学背景を年代順の発展，および同位体の発見史で本節と次節を満たそう．2.1.5 節でラザフォードに戻ることになろう．

人々が消費または生産するエネルギー量を考える時のようにめったに無い環境で，測定単位は電気料請求書に記載されているキロワット時 (kilowatt-hours) または栄養摂取表上の食品カロリー (food-calories) のようなものだろう．科学の学生達はジュールや物理カロリー（1 cal = 4.187 J）のような単位系に慣れているだろう．栄養摂取表上の**食品**カロリーは 1,000 物理カロ

図 2.5 フレデリック・ソディ (1877-1956).
出典 http://commons.wikimedia.org/wiki/File:Frederic_ Soddy_ (Nobel_ 1922).png

リー，所謂**キロカロリー**と等価である．食品カロリーが導入された理由は物理学者や化学者が用いている物理カロリーが日々の使用に対し小さすぎて不便なことによる．

用語**エネルギー** (energy) と**パワー** (power) は同じように使用され時々混乱する．パワー（出力）はエネルギーが生成されまたは使用された時の**率** (rate) である．物理学者らはパワーの標準単位にワット (Watt) を用いている，これは毎秒 1 J（ジュール）の生成（または消費）と等価である．1 キロワット (1 kW) は 1,000 W または 1,000 J/s である．1 キロワット時 (**kWh**) は 1,000 W × 1 h であり，これは 1,000 J/s × 3,600 s または 360 万ジュールである．60 W 電球は 1 時間に (60 J/s)·(3,600 s) = 216,000 J または 0.06 kWh 消費することになる．そもそも電気料金が 10 セント/kWh であるとしたなら，あなたの請求はその 1 時間で 6/10 セントとなろう．そのコストは未だに価格の 2 倍程も安い買い物でしょう，そこであなたは読み続けることが出来るのだ．

個々の原子レベルで生じている過程を扱う時，カロリー，ジュール，ワットはあまりにも大き過ぎて便利に使うことが出来ない；大きなエネルギー的反応においてさえも，それらのはなはだ微小な割合を取り扱うのだ．これに適応するため，原子的過程を研究する物理学者はエネルギーのより手ごろな単位を開発した：所謂**電子ボルト** (electron-Volt) である．1 電子ボルトは単に 1.602×10^{-19} J と等しい．この奇妙な量，記号として **eV** は基礎物理学において実際に大変有効な根拠を有する．もしもあなたが電子的単位に不案内ならばこの文節を飛ばすことが出来る，しかしこれだけは知っておくこと，1 eV は電位差 1 V 間で加速された単一電子が獲得する運動エネルギーとして技術的に定義された．日常の事例として，1.5 V 電池で給電される電子は各々 1.5 eV の運動エネルギーを伴って現れる．1.5 V 電池 6 本で直列に構成した 9 V 電池の電子は 9 eV のエネルギーで現れる．原子単位での化学反応では数 eV のエネルギーを示している．例えば，ダイナマイトが爆発した時，その放出エネルギーは分子当たり 9.9 eV に等しい．

核反応は化学反応に比べてさらに大きなエネルギーであり，典型的なエネルギーとしてはミ**リオン電子ボルト (MeV)** を示す．本書では MeV で記載した反応を至るところで見ることになる．もしも核反応が原子当たり 1 MeV（原子核，実際に）を解放するとしたなら，一方で化学反応は原子当たり 10 eV を解放するとしたならば，核エネルギー放出と化学エネルギー放出の比が 100,000 となる．これこそが核兵器のいやおうなしの巨大パワーとしてあなたを打ちのめし始めるのだ．1,000 ポンドの化学爆薬を有する “通常” 爆弾は，核爆薬をたったの 1/100 ポンド備えた原子爆弾に取って代わることが出来るのだ，その兵器の爆発効率が同じであると推定して．数千トンの通常爆発は数 10 **キログラム**の核爆発に換えることが出来る．反応当たり約 200 MeV 生成する廣島や長崎で用いられたような核分裂兵器は，その中での核爆発は “爆発物” の実際に反応したほんの少量（例えば 1 kg）だけで信じられない程の大被害を成し得た．

天然放射能が本質的エネルギー放出を伴うものであることを物理学者達は長い間認めなかった．1903 年ピエール・キュリー (Pierre Curie) と共同研究者のラボルト (A. Laborde) は丁度 1 g のラジウムが毎時 100 物理カロリーのオーダーで熱エネルギーを放出していることを発見した．ラザフォードとソディもまた同じ道を追っていた．1903 年 3 月の論文，題名が “放射能の変化” (Radioactive Change) で彼らが書いている（現代単位の表現で）：“ラジウム 1 g の崩壊中の放射エネルギーの総計が 10^8 カロリーを下回ることは無い，多分 10^9 と 10^{10} カロリーの間に在るであろう．水素と炭素の結合が生成された水 1 g 当たりおよそ 4×10^3 カロリーを生む，そしてこの反応は他の既知の化学変化に比べて重量当たりより多くのエネルギーを解放する．放射能変化のエネルギーは従って少なくとも 20,000 倍は有る，いかなる分子変化エネルギーと同様の大きさの 100 万倍かもしれない”．ラザフォードの他の記録では，ラジウムの単一グラムの放射がその寿命において高さ 1 マイル (1,609 m) へ重さ 500 トンを持ちあげるのに充分なエネルギーを放出するとの引用が見られた．

これら数値の教訓 (moral) は核反応が如何なる化学反応に比べても反応当たり突拍子も無い程のエネルギーを生み出すことである．ラザフォードとソディが書いたように：“これらの考察から得られる結論は原子内の潜在エネルギーが通常の化学変化で自由に解き離れるエネルギーに比べて莫大に大きいに違いない” ことだ．その大罪 (enormity) こそが極めて大きな帰結へと至らしめてしまった．

2.1.4　同位体，質量スペクトロスコピーと質量欠損

本節で同位体発見の大まかな歴史とそれらを区分するのに用いられている現在の記号について述べよう．若干技術的内容となるが，この同位体の概念は本書を読み解く上で重要な物の 1 つである．

現代専門用語で，周期表上の元素の位置はその原子の原子核内の陽子数でもって規定されている．これは**原子番号 (atomic number)** として知られており，文字 Z で示される．原子は通常電気的に中性であり，それで原子番号は原子の標準必要電子数もまた規定している．化学反応はいわゆる価電子 (valence electrons) の交換を示すものである，価電子とは原子の最外殻電子のこと．原子内の電子数が，従って原子核内の陽子数がその化学的性質の説明をすることを量子力学が示してくれた．化学教科書に掲載されている周期律表は同様な化学性質を有する元素（価電子数が同一）が周期表上の同じ列上に表れるように配置されている．

原子核内の中性子数は文字 N で規定する，中性子プラス陽子の合計は文字 A で規定する：$A = N + Z$．A は**質量数 (mass number)** または**核子数** (nucleon number) として知られている；**核子** (nucleon) は陽子または中性子のいずれかを意味する用語である．Z と A の規定によって，その同位体を規定することが出来る．要注意：A は元素（または同位体）の g/mol **原子量 (atomic weight)** にも使われている．同位体の原子量とその核子数は常に近接している，しかしこれらの差異こそが重要なのだ．核子数は常に整数である，しかしその原子量は小数点を有するであろう．例えば，ウラン-235 の核子数は 235 であるがその質量数は 235.0439 g/mol である．用語**核種 (nuclide)** にもしばしば遭遇するであろう，これは**同位体 (isotope)** の完全な同意語である．

同位体記述の一般的な形態は下記の通り

$$ {}^{A}_{Z}X . \tag{2.9} $$

ここで X は元素記号を表現する．下付き数字は常に原子番号で上付き数字は常に質量数である．例えば，あなたが本書を読みながら息をする間に 3 個の安定同位体：${}^{16}_{8}\mathrm{O}$，${}^{17}_{8}\mathrm{O}$ と ${}^{18}_{8}\mathrm{O}$ で構成された酸素が通過するのだ．全ての酸素原子は 8 個の陽子を持つものの，各々が 8 個，9 個，10 個の中性子を持っている．これら核種は酸素-16（O-16），酸素-17（O-17），酸素-18（O-18）としても引用される．酸素で最も普通に見られる酸素は第 1 番目の酸素：自然生成酸素の 99.757% が O-16 である，O-17 と O-18 の割合は各々 0.038% と 0.205% である．マンハッタン・プロジェクト物語で最も重要であると認識された 3 個の同位体はウラン-235，ウラン-238 とプルトニウム-239 である：${}^{235}_{92}\mathrm{U}$，${}^{238}_{92}\mathrm{U}$ と ${}^{239}_{94}\mathrm{Pu}$.

原子番号と同位体の概念は長年に亘って発展してきた．現代原子論の基礎は 1803 年まで戻ることが出来よう，英国化学者ジョン・ドルトン (John Dalton) が同一の元素はみな等しく同一の重さを持つとの仮説を発表した．ドルトンの時代での重要な発達は，種々の元素質量が酸素原子質量の整数倍に非常に近いと思われることを示した化学的事実の認識が生まれた時代だった．この説はほぼ 1815 年に英国の物理学者で化学者のウイリアム・プラウト (William Prout)[*4]

[*4] 訳註：　プラウトの仮説：プラウト (1785-1850) が 1815 年に匿名で刊行した「気体の比重とその原子の重さとの関係について」という論文で後に「プラウトの仮説」と呼ばれるようになった「あらゆる元素の原子量は，水素の原子量の正確な整数倍となる」というアイデアを提案した．プラウトは水素こそ古代の「プリマ・マテリア」つまり始原物質であると示唆していた．プラウトの仮説はメンデレエフの周期律の論文の刊行と共に再び息を吹きかえしたが，メンデレエフ自身は「プリマ・マテリア」は「古典的な思弁のもたらした厄介のもの」であると述べている．20 世紀になって同位体が発見されて，初めてこの問題に解決が与えられた．

によって正式に仮説化された，彼はさらに重い元素は水素原子の集合されたものであると仮定した．彼は水素原子を“プロタイル”(protyle) と呼んだ，それはアーネスト・ラザフォードの“プロトン”（陽子）の先触れであった．ドルトン仮説とプラウト仮説の両方の一部は実証されたのだが，そのほかの部分の修正を余儀なくされた．取り分け，原子重量を有する元素の幾つかは水素原子重量の整数倍とは近接していないとして，プラウトのアイデアは最初からうんさ臭く思われた．例えば，塩素 (chlorine) は水素原子の 35.5 倍の重さであると思われた．

最初の同位体概念は自然放射能崩壊の研究を集めた事実より起きた（2.1.6 節を見よ）．崩壊の異なるモードを介して異なる崩壊列が顕れる物質が同様の性質を有するように思われた，しかし化学的方法で互いを分離することが出来なかった．用語“同位体”(**isotope**) は 1913 年にフレデリック・ソディ (Frederik Soddy) が導入した，彼はグラスゴー大学での地位を得ていた．崩壊系列が明白に示唆しているのは“原子核の正味正電荷は周期律表上の元素が占めている場所の数字である”とソディは主張した．核内の電気的に中性質量は陽子と電子の合体したものであるとの当時の彼の仮説に基づけば，“核内の正電荷と負電荷の代数和は，その代数和が異なる時，私が“同位体”または“同位元素”(isotopic elements) 呼ぶものを与える，何故ならばそれらが周期律表上の同じ場所を占めるからである”と論じた．“アイソ”(iso) の語源はギリシャ語の“イソス”(isos) から来ており，その意味は“等しい”(equal) とトープ (tope) の p は所与元素の全ての同位体で陽子 (protons) 数が同じであることを思い出させるものとして供された．同じ論文で，ソディはベータ崩壊で放射された電子は**原子核内**から来なければならない，“軌道”電子から来るのでは無いという天才的な主張へと発展させた．

同位体の性質とその帰結の真の理解は**質量分析器 (mass spectroscopy)** の発明と伴に到来した，それは原子質量を大変な精密測定を行うための測定技法である．1897 年の研究で J.J. トムソンは電子による電荷とその質量の比を，電界と磁界を用いてそれらの偏向と軌跡から測定した．1907 年トムソンはこの装置を正に帯電した（イオン化した）原子の性質を調べるために改良した，それが最初に開発された“質量分光器”(mass spectrometer) である．この装置では，電磁界がイオン化原子を進行しながらそのイオン化質量に依存するユニークな放物線形の軌線で分離されるように配置されていた．その分離軌線は後の分析では写真フィルムに記録出来るようになった．

1909 年にトムソンは助手に傑出した装置製作者であるフランシス・アストン (Francis Aston) を迎えた（図 2.6）．アストンはトムソンの装置を改良し，1912 年 11 月にネオンの 2 つの同位体存在の証拠を得た，質量数 20 と 22 である（水素を質量単位に用いて）．ネオンの原子量が 20.2 であると知られていた．この数はもしも 2 つの同位体が 9:1 の比率で存在するならば説明出来るに違いないと理由付けした，現在その通りであると認識されている．（ネオンには第 3 番目の同位体，質量数 21 が在ることが判っているが天然ネオン中のたったの 0.3% を占めているにすぎない）．アストンは**拡散 (diffusion)** として知られている技法を用いて 2 つのネオン同位体の分離を試みた．第 1 章で述べたように，多孔性物質を介しての原子の通過に関連している．アストンは粘土製タバコパイプを介してネオンを通過させ，ちょっとした量の濃縮を達成した．

第 1 次世界大戦中の飛行機研究の地位に着いた後，アストンはケンブリッジに戻り，1919 年トムソンの設計を超える幾つかの改良を取り入れた彼独自の質量分光器を造り上げた．その年

図2.6 フランシス・アストン (1877-1945).
出典 http://commons.wikimedia.org/wiki/File:Francis_ William_ Aston.jpg

から1920年の春まで一連の発行論文中で，新たな計測器を得た第1番目の結果であると報告した．それら論文中には先に発見した2個のネオン同位体の検証，そして塩素の同位体，質量35と37の組成比が3:1であることの実証も含まれていた．後年（1927年と1937年），アストンは彼が第2番目と第3番目の質量分光器と呼んだ改良を行った．

アストンの質量分光器の原理の非常に簡単なスケッチを図2.7に示す．真空チャンバー内で研究用試料は小さなオーブンの中で加熱される．この加熱が原子をイオン化する，それらの幾つかが狭い隙間（スリット）を通過して出ていく．そのイオン化原子は電場で加速され，強度Bの磁場の空間に入射される．この磁場は正電荷イオンの飛行面に垂直に配置されている，これは図2.7のページ紙面に垂直である；この場を形成するための電気コイルまたは磁極はこの図にスケッチされていない．磁場がローレンツ力の法則 (Lorentz Force Law)[*5]として知られている効果を及ぼす，それがイオンを円周軌道へと動かすのだ；速度vを有する質量m，正味電荷qのイオンは半径$r = mv/qB$の円周軌道へと入り込む[*6]．

[*5] 訳註： ローレンツ力：磁場中を運動する荷電粒子に作用する力．粒子の電荷をe，速度を$\boldsymbol{v}$，磁束密度を$\boldsymbol{B}$，真空中の光速度をcとして，$(e/c)\,\boldsymbol{v}\times\boldsymbol{B}$で表される．MKSA単位系では$1/c$を除いた式になる．速度ベクトルに垂直に作用し，軌道を曲げるが，仕事はしない．

[*6] 訳註： フレミングの左手の法則：電流の流れる導線の微小部分が磁場によって受ける力は，左手の中指，人さし指をそれぞれ電流の方向（正の方向），磁場の方向に向けると，これらに垂直に向

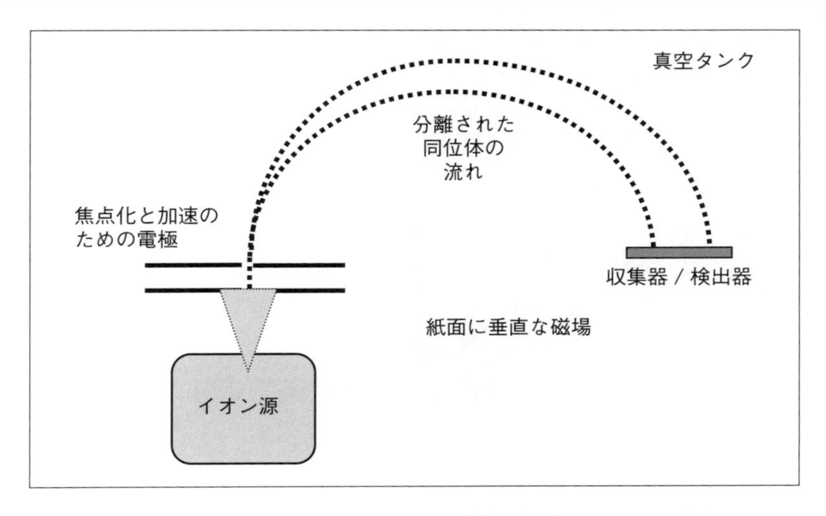

図 2.7　質量分析器の原理．正イオンが電場で加速され，本ページ紙面に垂直な磁場へと入射する．異なる質量のイオンは異なる円周軌道を描く，より大きな質量のものはより大きな軌道半径を持って

もしも全てのイオンが同じ程度でイオン化され，同一速度であるなら，より重いイオンはより軽いイオンに比べて幾らか少なく偏向されるだろう；より重いイオンはより大きな半径軌道を持つだろう．図 2.7 にはたった 2 個の質量の流れをスケッチしているだけだ；各々の質量試料が 1 つの流れに存在している．これら流れは軌道の半分で最大に分離され，そこでフィルム上に収集される．現在モデルでは即時解析のためにコンピューターにデータを供給出来る電子式探知機が設置されている．

アストンのキャリアにおいて，ウラン-238 を含む 200 個を超える天然同位体を発見した．驚くべきことに彼の名を冠する元素名を持っていなかったものの，1922 年のノーベル化学賞を受賞した．アストンの研究はジョン・ドルトン (John Dalton) の 1803 年の仮説 (conjecture) が部分的に正しかったことを示した：同一元素の原子は化学性質に関して同一のふるまいをする，しかし同位体の存在が同一元素が同一重量を持つ原子が全てでは無いことを意味する．同様に全ての原子の質量は水素質量の整数倍となるというプラウト (Prout) の仮説は，もしも "原子" を "同位体" と換えれば**非常に近い**真実となるのをアストンが発見した．しかしこの**非常に近い**は非常に重要な物理学によって証明されたのだ．

ここでの**非常に近い**とは何を意味するのか? 例えば，鉄の一般的形態，26 個の陽子と 30 個の中性子を有する Fe-56 を考えよう．ラウルトが正しいなら，鉄-56 の質量は 56"質量単位" (mass units) となるべきだ，非常に緊密な電子を除いて（技術的には：56 個の電子は 1 個の陽

けたおや指の方向を向く．

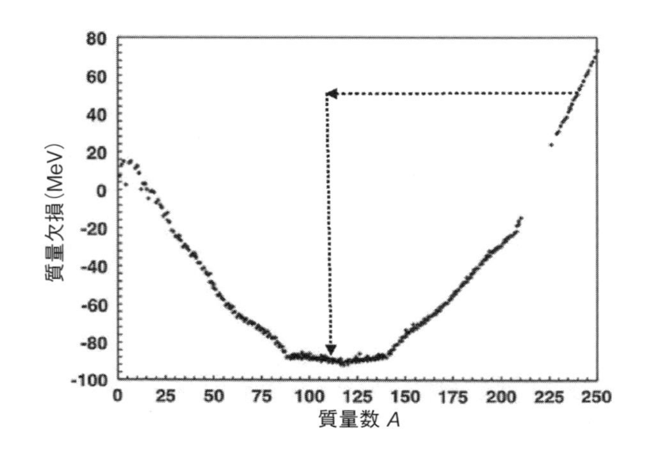

図 2.8 半減期 100 年を超える 350 核種の質量数 A 対質量欠損 (MeV)；$1 \le A \le 250$．点線矢印は重量核種（$A \sim 240$）が $A \sim 120$ の 2 個の核種へと分かれることを示す．その放出エネルギーは $\sim (40) - 2 \cdot (-90) \sim 220$ MeV であろう

子質量の約 1.4% である．単純化のために我々は互いの陽子と中性子の重量を 1"質量単位" とする；中性子は陽子に比べて約 0.1% 重いだけである）．質量分析器は驚嘆すべき精度で原子質量を測定出来る；鉄-56 原子の実際重量は 55.934937 原子質量単位（2.5 節での原子質量単位の定義を参照せよ）である．アストンが "質量欠損" (**mass defect**) と呼んだ，その差異が $55.934937 - 56 = -0.065063$ 質量単位有意となる，1 個の陽子質量の約 6.5% を上回る．この質量欠損効果が周期律表を系統的に渉ることを証明している：**全ての安定原子はプラウトの全数仮説** (Prout's whole-number hypothesis) **に基づく予測に比べ少ない質量を有する**．鉄はかなり大きい質量欠損を有している，しかもその最大差はなかなかのものだ（図 2.8）．質量欠損は陽子と中性子の僅小差質量の所産では**無い**；もしも苦心して構成原子の全ての質量を加えたとしても，その欠損が依然として在るだろう．この無視できない帰結は陽子と中性子で原子核を構成した時，それら質量の幾らかをそのようにして放棄する．

$E = mc^2$ に感謝しつつ，物理学者達は質量欠損を今では MeV 単位の等価エネルギーで示す．1 質量単位は 931.4 MeV と等価である，それで鉄-56 の質量欠損は丁度 60 MeV 超えとなる．これは質量**欠損** (defect) である故に，負の数字で公式的に記述される，−60.6 MeV．デルタのギリシア大文字（"Defect" として）で以下の通り記述する：$\Delta = -60.6$ MeV.

自然が原子核を集合させた時にその質量は何処へ行ってしまったのか? 経験上，構成物である陽子同士のクーロン反撥力に反してそれら自身が一緒に幾分か保たねばならない；ある種の核 "にかわ" (glue) が在るに違いない．物理学者たちはこの "にかわ" が "強い力" (strong force) または "結合エネルギー" (binding energy) と同じ意味であることを知っており，そして "失われた" 質量がある種の引き付けるエネルギーへと変換しているのだと推測している．質量欠損量が大きい程，より安定な核種が存在している．図 2.8 は，質量数 A を関数とした，安定核種または半減期 100 年を超える 350 核種の質量欠損のグラフを示す．$A \sim 120$ の中央部が深く落ち込んだ谷は周期律表上の中央部に位置する元素の非常に大きな安定性を立証している；Δ の負値は真正安定性をも意味している．$A \sim 120$ と 230 間のギャップはビスマス ($Z = 83$) とトリウ ($Z = 90$) 間の元素には長寿命同位体が存在して無いことの事実に由る．$A > 230$ は "質量過剰" (mass surplus) を有すると言ってよいであろう．**負**の Δ 値が安定性を示すものであるから，**正**の Δ 値を有する核種は終局的には崩壊する．

以下の 2 つの文節では記述を単純化したために質量欠損と結合エネルギーの概念を実際に混乱させてしまった．厳格に言えば，これらは分かれている（しかし関連する）量である．定性的レベルにおいて，それら間の技術的区分の詳細は，"喪失質量" (lost mass) が "結合エネルギー" へ変換するとの中心的概念を事実加えていない．しかしながら，完全を期すために，2.5 節でさらに詳細に論じよう，その小節はオプショナルとしてもかまわないが．

図 2.8 は，仮想核反応での放出エネルギーを推定するのに使うことが出来る[*7]．このことについては 2.1.6 節で詳細に説明するものの，そのエッセンスを簡単に述べる：入力反応体全ての Δ 値を足し合わせる（負値であることに注意せよ!），出力生成物の Δ 値の合計結果から入力反応体の合計 Δ 値を引く．図 2.8 の矢印は 1 例を示す：$A \sim 240$ を有する核種が仮想的に $A \sim 120$ の 2 個の核種に分かれる．その入力 Δ 値は $\sim +40$ MeV である．出力 Δ 値はおよそ $(-90\,\mathrm{MeV}) + (-90\,\mathrm{MeV}) \sim -180\,\mathrm{MeV}$ である．これらの差は $\sim (+40) - (-180) \sim +220\,\mathrm{MeV}$ となり，核標準においてさえ大きなエネルギー量である．1938 年暮に，このような反応が実際に実現可能なものとして発見された．

明らかに永遠に安定で天然生起の種々の元素の同位体が 266 核種存在する，そして半減期が百年またはそれ以上である "準安定" (quasi-stable) 同位体は約百を超えている．これら核種の全てを表示する縮約方法は x 軸を中性子数に取り，y 軸を陽子数としたグラフの 1 点としてこれら各々をプロットすることである．所与元素の全ての同位体は水平線に並ぶことになる，陽子数は所与元素の核種で全て同じとなるからだ．図 2.8 で示した 350 の安定および準安定核種を上述のグラフにプロットしたのを図 2.9 に示す．明らかに，安定核種は良く定義された $Z(N)$ 傾向に従っている．陽子同士の反撥に対して一緒に集めておくべく自然は中性子を核へ配置したのだが，それを経済的に行った．質量はエネルギー（$E = mc^2$）を意味し，自然は核を安定化するためのさらなる質量エネルギーを厳格に必要とするもの以上に賦与することを明らかに望んでいないのだ．

グラフ曲線中の点が右側で離れていることに注目せよ；グラフの左下側の非常に少ない核種を除いて，核種の大多数は陽子に比べてより多くの中性子を含むことを示している；この効果は**中性子過剰** (neutron excess) として知られている．2.1.6 節で再度このプロットについて触れる．

初期核物理学の物語を次小節で取り上げることで今戻ることになる，その後に核反応のもう

[*7] 訳註：　核分裂と核融合：図 2.8 の右端側が核分裂の領域であり中性子を捕獲して核分裂を起こすと，点線矢印に示すエネルギーが放出される，図の左端側が核融合の領域であり，核融合で出来た核種との質量差がエネルギーとして放出される．

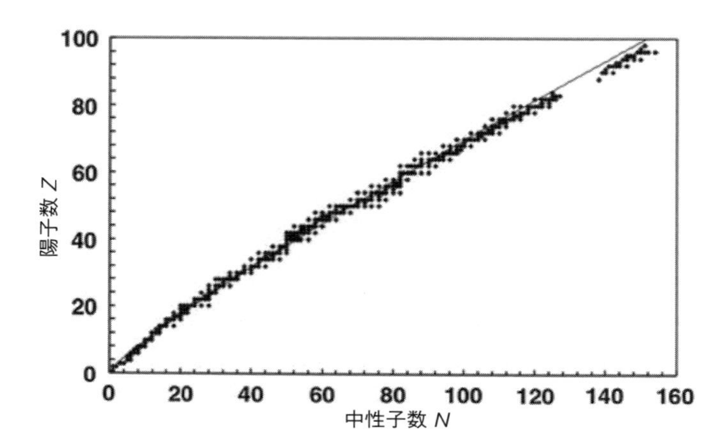

図 2.9　半減期 $\geq$ 100 年を有する 350 同位体に対する陽子数 Z 対中性子数 N，核種の狭い“安定帯”を示している．この傾向線は式 $Z \sim 1.264\,N^{0.87}$ で記述される．2.1.6 節で述べるように，“中性子過剰”核種は帯の下側に位置し，β^- 崩壊で対角線の左上軌道に沿って崩壊安定化する．反対に“中性子欠乏”核種は帯の上側に位置し，β^+ 崩壊で対角線の右下軌道に沿って崩壊する；図 2.12 を参照せよ

ひとつの講義を行う．

2.1.5　アルファ粒子と原子核

1907 年の春，マンチェスター大学での地位を得るためラザフォードは英国に戻った．そこへ彼が到着した時，約束研究プロジェクトのリストを作った，その中の 1 つがアルファ粒子の精確な物性を特定することだった．ラジウム標本から放射される沢山のアルファ粒子を数え，お互いが運ぶ電荷を決める実験に基づき，アルファ粒子がイオン化されたヘリウム原子ではと疑い始めた．しかしながら，分光分析確証のためにアルファ試料をトラップすることが必要であった．学生のトーマス・ロイド (Thomas Royds) と一緒に，ラザフォードは彼の典型的に優雅な実験の 1 つとしてこれを成し遂げてしまった．

ラザフォード-ロイド実験において，ラドンガス試料は非常に薄いガラス管（チューブ）内にトラップされる，その管自身は厚い壁の管に取り囲まれていた．2 つの管の間の空間は吸引され，ラドンが 1 週間に亘り崩壊することが許された．エネルギーを有するラドンのアルファは内管の壁厚 1/100 mm を容易に貫通出来た．それらの飛行で，電子を拾い出し，中性化し，そしてそれら管の隙間にトラップさせる．中性化したアルファは分析のために取り込み，そしてヘリウムのスペクトルであることを明確に示した．ラザフォードとロイドは彼らの発見を 1909 年に出版した．これ以降の章ではアルファ粒子はヘリウム-4 核種と同じであるとしてその記号で示す：${}^{4}_{2}$He.

ラザフォードの発見で最も有名なのは，原子が核子を持っていることだった；これもまた 1909 年の初めであった．ラザフォードが行うリストの 1 つは，アルファ粒子が薄い金属箔へ直進させた時に如何にしてアルファ粒子が原子から “散乱” (scattered) されるのか，であった．原子の構造は負に荷電された電子で埋め込まれた範囲内の正電気的物質の雲であるというのが当時の世間一般の認識であった．トムソンが水素原子の重量の約 1/1,800 の重量を電子が持つと決定していた；水素が最軽量元素であるから，電子がその主人原子に比べて小さいとの推定は論理的であると思われた．この様相はプディング (pudding) 体内部の干しぶどう (raisins) の役割を演じる電子を伴うプディングに似させられた．原子構造証拠のもう 1 つの線は化学者たちのコミュニティから来た．元素の容積密度とその原子量から，個々の原子はあたかも直径数オングストローム（1 Å = 10^{-10} m；練習問題 2.1 を見よ）であるかのようにふるまうことが推定出来た．多分にこの数オングストロームは正電気的物質の雲の全長として描かれた．

ラザフォードは彼の放射能研究の初期から金属箔をアルファ粒子に通過させる実験をしていた，そして彼の実験の全てでアルファの圧倒的多数が箔層の彼らの道を疾走するかのように直線道路からたったの数度だけ偏向されることを示した．この観察は理論的予測と一致していた．トムソンは正電荷原子球のサイズと入射アルファ（それ自身もまた数オングストロームのサイズと推定して）の運動エネルギーの結合を計算した，アルファは典型的に初期軌道からほんの少しだけ偏向を受けるだけというのであった．数度の偏向はまれで，90° の偏向は観測にかかる程の合理的機会はけっして無いものとして有りそうも無いと推定された．トムソンの原子模型において，アルファと原子間の衝突は 2 個のビリヤード球のように描いてはならない，むしろ 2 個の正電荷の広がった雲がお互いに通り抜けるようなものであると．アルファは衝突中に多数の電子と多分衝突するであろう，しかしアルファ上に働く電子の引力効果は，およそ 8,000 倍もある質量の巨大差に依り無視出来る．ラザフォードの研究では電子は何も演じなかった．

ラザフォードはガイガー計数器で著名なハンス・ガイガー (Hans Geiger)（図 2.10）と一緒に研究を行った，ガイガーはもう 1 人のニュージーランド出身学部学生，アーネスト・マースデン (Ernest Marsden) を投入するプロジェクトを探していたのだった．ラザフォードはガイガーとマースデンにアルファ粒子が薄い金箔を通り抜ける時に高角度偏向アルファ粒子が観測できないかを確認することを勧めた，完全にネガティブな結果が予測されるものであったが．金が用いられたのは，たったの約 1,000 個の原子の厚さである薄い箔に圧延することが出来るからであった．ガイガーとマースデンが驚いたことに，僅かなアルファが，8,000 当たり約 1 個が入射方向に対して，**反対方向へ跳ね返って (bounced backward)** しまったことであった．そのような偏向の数は小さいもののトムソン模型に基づく予測に比べて大きさの程度は巨大なものであった．ラザフォードは後に，その結果は “あなたが 15 インチ (38 cm) の砲弾 (shell) をティッシュ・ペーパーへ向けて発射したところ，それが跳ね返ってきてあなたに当たってしまったようなもので，全く信じられない出来事だった” と語った．ガイガーとマースデンはこの異常な結果を 1909 年 7 月に公刊した．散乱アルファ粒子を探知した研究は悩ましい問題だった．ガイガー計数器はアルファを**検出**のために用いられていた，しかしその旅の方向の詳細な情報を得るには**見られ**なければならない．これは散乱されたアルファをリン光体スクリー

図 2.10　1928 年のハンス・ガイガー (1882-1945).
出典　http://commons.wikimedia.org/wiki/File:Geiger, Hans_ 1928.jpg

ンに当てることで行われた；光の小さな輝き（シンチレーション；きらめき）(scintillation) が発せられた，そして暗室内で働く観察者によって計数することが出来た．ガイガーとマースデンはそのようなシンチレーションを数千回数えてしまったのだった．

予期していなかったガイガーとマースデンの結果だったので，それが何を意味することなのかを推論するに 18 ヵ月の主要部分をラザフォードに傾注させることとなった．彼が到達した結論は原子内の正電気を帯びた物質はそのケースで考えられていたのに比べてさらに小さな体積を確証しているに違いないだった．アルファ粒子（粒子自身が原子核）は同じような瞬間を持たねばならない；そもそも標的核に正面衝突するチャンスがあるならば，この道でのみ入射アルファによって経験される電気力がそれを跳ね返すに必要な反撥力を達成するに充分な強さになる；広いマージンで金の原子核を逸れてアルファ核種の殆んどの部分は箔を渡りきる．散乱実験の説明に求められる正電荷の圧縮体はあぜんとさせられるものだった：約 1/100,000 オングストロームのサイズを下回った．しかし原子全体としては直径数オングストロームを有するかのような**塊** (in bulk) でふるまうものであった．これら数値の両方は実験的に取得したものであり，理論を適応させなければならなくなった．その時，これはミニチュア太陽系としての原子の我々が描く絵図の源となった：非常に小さい，正電荷を帯びた “核子” (nuclei) が数オングストローム距離外側の軌道電子に囲まれている．この配置は現在 “ラザフォード原子” (Rutherford atom) として知られている．

ラザフォードの原子スケールのセンスは，未料理の米粒の大きさに相当する 200 万倍までスケールアップした通常の水素原子の原子核を形成している単独 1 個の陽子の考えから得られた．もしもこの引き延ばされた陽子をフットボール場の中央に置いたなら，最低エネルギーの軌道電子（原子核に最も近接している電子軌道）の直径はほぼゴールラインのところであろう．

原子核とそこに含まれる正電荷を帯びた陽子の発見による確証から，ラザフォードは大きな空の空間である原子を我々に伝えてくれた．

この新しい原子構造模型の最初の公表は 1911 年 3 月 7 日に行われたと思われる，その時ラザフォードはマンチェスター文学哲学学会 (Manchester Literary and Philosophical Society) に出席していた；この日付けが核原子の誕生日と時々称される．その正式な学術出版は 7 月に刊行され，そして 2 年後に出版されるニールス・ボーアの著名な原子模型へ直接の影響を与えた．ラザフォードの原子核論文は核融合の実験的事実と理論的根拠の一大業績である．トムソン模型がアルファ散乱の角度観測分布を生起する可能性は無いと示された後，彼は原子核の "点状質量" (point-mass) 模型がデータに一致する予測を与えることを実証した．ラザフォードは彼の論文の中で "原子核" (**nucleus**) の用語を使ってない；その学名命名法は 1911 年 11 月に発行された論文の中でケンブリッジの天文学者ジョン・ニコルソン (John Nicholson) によって導入されたと見られる．"陽子" (**proton**) の用語は 1920 年 6 月まで導入されなかった，しかしそれはラザフォード自身によって造り出された．

散乱事象がそのような原子核衝突の結果であるとの理解に基づき，ラザフォード分析は，元素が有する基本的な "陽子のような" 電荷がいか様に元素を通過するのかを推定するに散乱観測分布を用いる意味において他の元素へと応用された；これは周期律表上の適切な位置へそれら元素を当て嵌める助けとなった．元素はそれ故原子量 (A) によって定義されていた，しかしラザフォード，ソディ，ガイガー，マースデンらのような研究者達の研究が以下のことを示した：化学的同一性を示すのはその元素の原子番号 (Z) であると．

しかしながら元素の原子量は依然として重要である，そして非常に大きなミステリーの椅子に座り続けていた．化学事実と散乱事実を組み合わせて，原子の原子量が陽子的電荷数に比例しているかに見えた．特に，全ての元素がその元素の陽子数に基づく計算に比べて 2 倍またはそれ以上の重さを持っている．しばらくの間，この過剰質量は原子核内の追加的陽子に依るものと考えられた，その原子核内部にある理由で蓄えられている電子により電気的に中性結合されている．測定された原子量の説明の間に，これが散乱実験と矛盾しない正味荷電原子核 (net-charge nuclei) を与えた．しかし 1920 年代中頃までに，この提案は筋が通らないものとされた：量子力学の不確定性原理は単一の陽子または原子核全体のような小さな体積内に電子を閉じ込める可能性は無いと律していた．その発見以前の多年にわたり，ラザフォードは原子の第 3 番目の基礎的構成要素 (constituent)，中性子 (**neutron**) の存在を思索続けた．2.2 節で述べるように，彼自身の学生の 1 人によって彼の疑念が証明されるのを見るまで生存し得たのだ．原子は陽子と中性子の構成の原子核を軌道電子が回ることで形成されているとの認識はラザフォードと彼の共同研究者達，彼の学生達に依るところが非常に大きい．

ハンス・ガイガー (Hans Geiger) に関して，彼が名祖の計数器の作動概要を述べるのは値打ちがあることだろう，本書の異なる文脈でこの使用法が参照される．ガイガー計数器のオリジナル版は 1908 年のガイガーとラザフォードにより発明されたものだった．1928 年，ガイガーと学生のウォルター・ミュラー (Walther Müler) が設計の幾つか改良した，そしてこの装置は現在，ガイガー-ミュラー計数器として正しく知られている．

ガイガー-ミュラー計数器はイオン化された放射線の探知で作動している，それは試料ガス中イオン化された原子である粒子が通過することである．基本的には，計数器は一方の端が閉

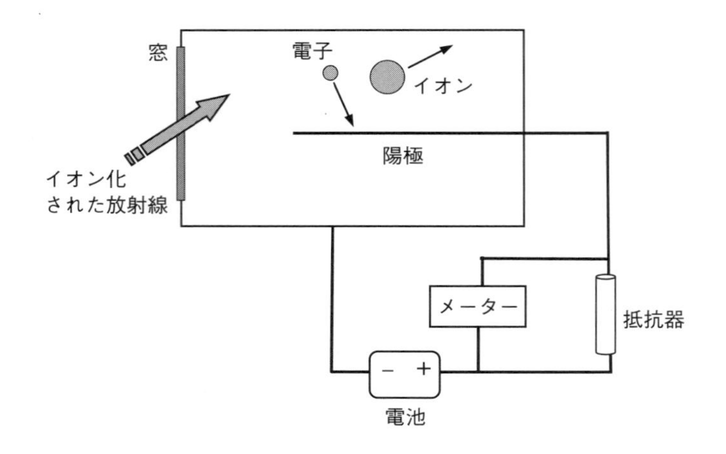

図 2.11　ガイガー-ミュラー計数器の模式図面

ざされ，もう一方の端はプラスチックの薄い“窓”を有する金属製ケースから出来ている（図 2.11）．その円筒内部は希ガス，通常ヘリウムで満たされている．そのケースと金属製中心陽極は電池に繋がり（図中のように），これが円筒を負に，陽極を正にする．アルファ線またはベータ線のようなエネルギー粒子がその窓を通って侵入する，そして希ガスの原子をイオン化する．その解放された電子が陽極に引きつけられる，一方イオン化した原子はそのケースへ引き寄せられる．その正味効果が電流を生む，それが抵抗器によって転換され計器 (meter) を通過する．電子式スピーカーを接続して，その流れはニュースや映画で聞くなじみの“かちかち” (clicks) 音へと変換することが出来る．

2.1.6　反応記号，Q 値，アルファ崩壊とベータ崩壊および崩壊系列

本節以降で我々は核反応，およびアルファ崩壊とベータ崩壊の詳細，自然生起崩壊スキームに対する記述の背景を満たすために年代順の説明を再び止める．2.1.7 節のラザフォードの研究においてさらにこのことを採り上げることになろう．本節は若干技術的であるが数値計算は無い；Q 値 **(Q-value)** は後に大変重要な概念であることが証明されることになる．

核反応の表示法は化学反応に用いられていた表示法に大変似ている．**リアクタント** (reactants) または**インプット核種** (imput nuclides) は右向き矢印の左側に記載し，**生成物** (products) または**アウトプット核種** (output nuclides) はその反対側へ，下記のように記載される：

$$\text{リアクタント} \rightarrow \text{生成物}. \tag{2.10}$$

数 10 年に亘る実験事実は核反応が常に従う 2 つの規則が存在していることを示している：

(i) 入力核子 **(nucleons)** の総数は出力核子の総数に等しい．**陽子と中性子数が変わるとも**

(通常は変わる)，それらの合計値は保存されなければならない．

(ii) 総電荷数は保存されなければならない．陽子は正電荷 1 単位として勘定する．原子核自身で生起するベータ崩壊は，その時に電子または電子と同じ質量の正の電荷を持つ粒子，**陽電子 (positron)** と呼ばれるもののいずれかを射出する．この射出粒子の電荷数は電荷保存を保証するために勘定に入れなければならない（負または正の 1 単位），しかしそれらは核子を考慮したものではない，そのため (i) 規則を適用する際には勘定外となる．陽電子は正のベータ (β^+) 粒子として知られている，一方通常の電子は負のベータ (β^-) 粒子として知られている．

典型的な反応例として，ここでは 2.1.7 節でさらに詳細に考察する 1 例を示そう：窒素へアルファ衝撃すると水素と酸素を生成する：

$$ {}^{4}_{2}\mathrm{He} + {}^{14}_{7}\mathrm{N} \to {}^{1}_{1}\mathrm{H} + {}^{17}_{8}\mathrm{O}. \tag{2.11} $$

両者規則の検証は，(i) では $4 + 14 = 1 + 17$ で，(ii) では $2 + 7 = 1 + 8$ として確認出来る．衝撃反応のようなタイプにおいて，記載方法は軽い入射反応物を左側の最初に記載し，続いて標的原子核を記載する．水素原子核 ${}^{1}_{1}\mathrm{H}$ は単純に陽子 **(proton)** である．陽子は時々 “p” と記載されるが，本書では常により明白な ${}^{1}_{1}\mathrm{H}$ 表示を用いることにする．アウトプット側でもより軽い生成物が通常最初に記載される．このような “4 体” 反応では，標的核を最初に記載するさらにコンパクトな表示法がしばしば用いられている：

$$ {}^{14}_{7}\mathrm{N}\,({}^{4}_{2}\mathrm{He},\,{}^{1}_{1}\mathrm{H})\,{}^{17}_{8}\mathrm{O}. \tag{2.12} $$

この様式では，その約束事は下記のように要約出来る：

$$ \text{標的 (射出物, 軽生成物) 重生成物}. \tag{2.13} $$

インプットとインプット反応物が異なる如何なる反応においても，実験は**質量が保存されていない**ことを示す．このことは，インプット質量の合計がアウトプット質量の合計と異なることだ．質量は生成かまたは損失のいずれかが可能である；核種それ自身に何が起きたのか．物理学者の解釈はアインシュタインの有名な公式 $E = mc^2$ に関連している．もしも質量を失ったなら（アウトプット質量の合計 $<$ インプット質量の合計）その損失質量はアウトプット生成物の運動エネルギーとして顕れるだろう．もし質量を獲得したなら（アウトプット質量の合計 $>$ インプット質量の合計)，エネルギーを質量が獲得するために何処からかエネルギーを引き出すことが必要となる，そして唯一の供給源は “衝撃” インプット反応物の運動エネルギーである．核物理学者達は質量獲得または質量損失の等価なエネルギー単位を常に口にする，その単位は通常の場合殆んどが MeV である．獲得または損失のそのようなエネルギーは Q 値 **(Q-value)** と名付けられている．もしも $Q > 0$ なら，その運動エネルギーはインプット反応物の質量を消費して生成する，他方もしも $Q < 0$ なら，インプット粒子の運動エネルギーは付加的なアウト

プット質量を生成させるのに消費されてしまう[*8]．Q の技術的定義は

$$Q = (\text{インプット質量の合計}) - (\text{生成物質量の合計}), \tag{2.14}$$

を等価エネルギー単位を用いて表現する（1 原子質量単位 = 931.4 MeV）．反応での消費または生成エネルギーの計算応用を行う時，この定義は図 2.8 に示したグラフィカル法と同じ結果を与える．

上記のアルファ-窒素反応では $Q = -1.19$ MeV を有する．その原子核に接近し，反応を開始するには，入射アルファ粒子は 1.19 MeV を超えるエネルギーをずっと持たなければならない．実際，そのアルファ粒子は Q 値単独での計算を勘定に入れなくとも，厭ゆる**クーロン障壁 (Coulomb barrier)** 効果に依って 1.19 MeV を相当に超える運動エネルギーを所持している，このことについては 2.1.8 節で議論する．

一寸の間質量分析器 (**mass spectroscopy**) に戻ろう，精確な同位体質量測定手段の開発は核物理学の進歩への決定的なステップとなった．精確な質量とアインシュタインの $E = mc^2$ と等価であるとの知識を以って，その反応でのエネルギーの創成と消費が予測可能となったのだ．反応生成での運動エネルギーの測定は質量値の確認として供せられるだろう．反対に，ある粒子の同定または質量が明確でなかった反応において，運動エネルギーの測定が何が起きたのかを推測するのに用いることが出来るだろう．これらに関連してラザフォードがそれらの運動エネルギーをどの様にして計測したのかをあなた方は知りたいに違いない；結局，原子核の軌跡は自動車または野球ボール速度を計測するために用いられているレーダー・ガン (radar gun) とは明らかに同じでは無い．その実験は粒子が止まるまでに薄い箔の媒体中をまたは空気中をどの程度遠くまで移動するかを測る代替計測を当てにしたものである．もしも質量分析器によって精確な質量欠損が既知の場合，反応下での創成エネルギー（または消費エネルギー）を計算することが出来る，そしてその数値は距離 (range) 対エネルギーの関係の校正に使うことが出来る．この理論，実験，計測器の開発が相まったことに依る，これは科学の異花受精 (cross-fertilization) の素晴らしい 1 例である．

2.1.6.1　アルファ崩壊

アーネスト・ラザフォードはヘリウム原子核を放出することでより安定な質量-エネルギー配列 (mass-energy configuration) に自発的に変換する核種をアルファ崩壊 (**alpha-decay**) とコード化した．その場合，オリジナル核種は 2 個の陽子と 2 個の中性子を失う，このことは周期律表で原子番号が 2 落ちた位置に移り，合計 4 個の核子が少なくなることを意味する．アルファ崩壊は重い元素で一般的な崩壊であり，以下のように矢印記号で記載出来る

$$^{A}_{Z}X \xrightarrow{\alpha} {}^{A-4}_{Z-2}Y + {}^{4}_{2}\mathrm{He}. \tag{2.15}$$

[*8] 訳註：　Q 値：核反応または放射性壊変の過程で，吸収または放出される全エネルギー．その大きさは過程の前後における系の質量の差に等しく，正あるいは負の値をとる．Q が正の場合を発熱反応，負の場合を吸熱反応という．

ここで X はオリジナル原子核に対応する元素記号を示す，Y はその “娘生成” (daughter product) 原子核である．矢印の下部に半減期が記載されることがしばしばある；例として U-235 のアルファ崩壊は下記の通り記述出来る

$$^{235}_{92}\mathrm{U} \xrightarrow[7.04\times10^{8}\ \mathrm{year}]{\alpha} {}^{231}_{90}\mathrm{Th} + {}^{4}_{2}\mathrm{He}. \tag{2.16}$$

常に電荷数と核子数が保存される．この崩壊において，アウトプット生成物の合計質量はインプット粒子の合計質量よりも常に少ない：自発的な自然はより低い質量-エネルギー配列（$Q > 0$）を求める．アルファ崩壊でのエネルギー放出は典型的には $Q \sim 5 - 10\,\mathrm{MeV}$ であり，その大部分はアルファ粒子自身の運動エネルギーとして顕れる．それらが大きな質量欠損を有するものとして，それ故に非常に安定したものとして，ヘリウム原子核は核反応で至る所に存在しがちである．

核反応を誘発させる道具として，キュリー夫妻とラザフォードはしばしばラジウム崩壊で放出されるアルファ粒子を利用した

$$^{226}_{88}\mathrm{Ra} \xrightarrow[1{,}599\ \mathrm{year}]{\alpha} {}^{222}_{86}\mathrm{Ra} + {}^{4}_{2}\mathrm{He}. \tag{2.17}$$

この崩壊での Q 値は +4.87 MeV を有し，上述した ${}^{14}_{7}\mathrm{N}\,({}^{4}_{2}\mathrm{He}, {}^{1}_{1}\mathrm{H}){}^{17}_{8}\mathrm{O}$ 反応が如何にして起こり得るかの説明となっている．

2.1.6.2　ベータ崩壊

ベータ崩壊では 2 種類の崩壊が自然に起きる．長寿命同位体の狭い “安定帯” (band of stability) を示している図 2.9 へ振りかえって見よう．もしも同位体が陽子数に対してあまりにも多くの中性子数を有することに気付くなら（または，等価なものとして中性子数に対してあまりにも少ない陽子数であるなら），同位体はその帯の右側の点へ横たえる．逆に陽子数に対してあまりにも少ない中性子数であるなら（または，中性子数に対してあまりにも多い陽子数であるなら），その帯の左側の点へ横たえる．

陽子数に比べてあまりにも中性子数が多い原子核を想定しよう，この場合，自然では中性子が自発的に陽子へと壊変する様が見られる．しかしこの場合，それ自身で正味の電荷を創成したことが示される，従ってこれは電荷保存則違反である．それで正味の電荷創成無しを維持するために負の電子が生成される．核子数は保存される；電子は核子数に計算されないことを思い起こせ．その電子は β^- としても知られている，この反応は $n \to p + e^-$ または等価である $n \to p + \beta^-$ の記号で表記出来る．中性数が 1 個減り，陽子数が 1 個増える，核子数は不変である．この全体的効果は以下の通り，

$$^{A}_{Z}X \xrightarrow{\beta^-} {}^{A}_{Z+1}Y + {}^{0}_{-1}e^-. \tag{2.18}$$

“核子様” (nucleon-like) 表記法は，その電荷と核子数を追えるように電子を書き加えたものである．**β^- 崩壊結果は周期表の核種位置を 1 つ上げる位置へ移動させる．**そのような崩変の観察で得られた，負の電荷を有するベータ線はトムソンの電子の性質と同じであることを，1900 年にアンリ・ベクレルが示した．

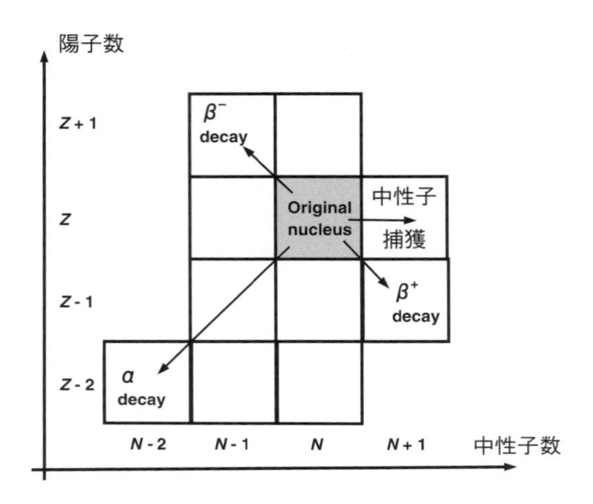

図 2.12　Z 個の陽子と N 個の中性子を有する原子核の崩壊と中性子捕獲の軌跡．この (Z, N) は図 2.9 をアレンジした

もしも原子核が中性子不足ならば，陽子が自発的に中性子へと壊変する．しかしこの場合に電荷 1 単位が失われることになる，そのため自然は電荷平衡を維持するために**陽電子 (positron)**——反電子——を生成させる：$p \to n + e^+$ または $p \to n + \beta^+$．これの全体の効果は

$$ {}^{A}_{Z}X \xrightarrow{\beta^+} {}^{A}_{Z-1}Y + {}^{0}_{1}e^+ . \tag{2.19}$$

β^+ 崩壊結果は周期表の核種位置を 1 つ下げる位置へ移動させる．

図 2.12 に示すように，図 2.9 の (Z, N) 格子形式で図式的に表すことが出来る（崩壊図）．図 2.12 でもまた，**中性子捕獲** (neutron capture) の効果も示される．この過程では，原子核が入射中性子を吸収してそれ自身の核種のより重い同位体となる；この過程は後に考察するように核分裂とプルトニウム合成で重要な役割を担う．

2.1.6.3　自然崩壊スキーム

キュリーとラザフォードの研究および様々な彼らの共同研究者達は，自然界では 3 つの長い崩壊スキームが自発的に起きるとの理解に達した．トリウムまたはウランの同位体ではその 3 つ全てが始まり，3 つの異なる鉛の同位体で終わる．図 2.12 の型式と同様にし，これらを図 2.13 に図示する．

崩壊系列表示法の例として，2.1.2 節で述べたラザフォードの 1 分間のトリウム "発散物" (emanation) を再度考察しよう．その観測された 1 分半減期の核種は多分ラドン-220 の崩壊であると主張された：

$$ {}^{228}_{90}\mathrm{Th} \xrightarrow[1.9\,\mathrm{year}]{\alpha} {}^{224}_{88}\mathrm{Ra} \xrightarrow[3.63\,\mathrm{days}]{\alpha} {}^{220}_{86}\mathrm{Rn} \xrightarrow[55.6\,\mathrm{s}]{\alpha} {}^{218}_{84}\mathrm{Po} \xrightarrow[3.1\,\mathrm{min}]{\alpha} {}^{214}_{82}\mathrm{Pb} \to \ldots . \tag{2.20}$$

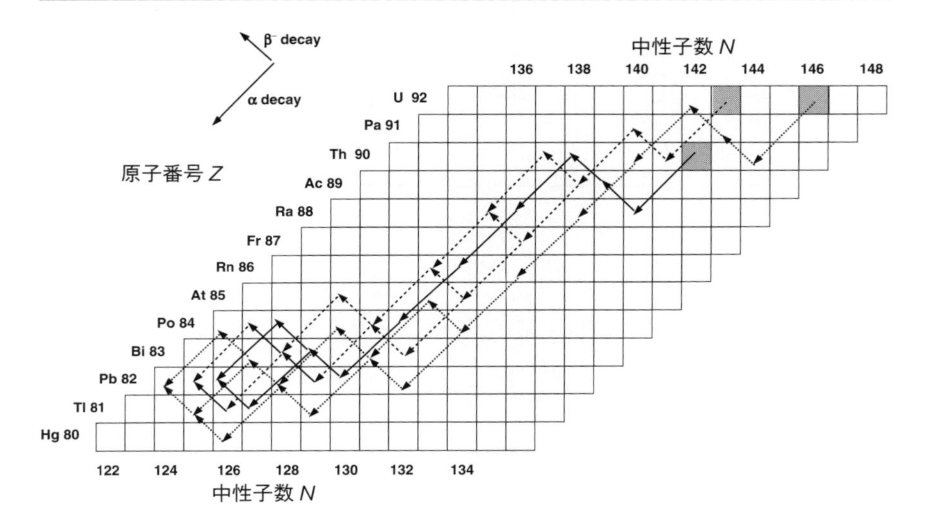

図 2.13　　自然放射性物質の崩壊系列．ウラン-238，ウラン-235 およびトリウム-232 の原子核はアルファ崩壊とベータ崩壊を通じて鉛同位体（各々，Pb-206，Pb-207，Pb-208）へと壊変する．これら各々の系列を**点線**，**破線**，**実線**で示した

この崩壊系列の第 1 段階であるトリウム-228 それ自身がウランの崩壊生成物である．ラザフォードのトリウム "発散物" として同定されたラドン-220 は強固なものであるが，完全に保証されたものでは無い：多くの重元素半減期は分のオーダーである；マッギル大学のウエーブサイトに記述されているように，1900 年において同位体の概念は未だ確立されておらず，従ってラザフォードが検出した同位体が何であるかを正確には明らかにされていない．

世界中の放射化学者 (radiochemists) の第 1 世代によって成就された研究は右往左往を続けた．ウラン鉱石およびトリウム鉱石はより重い親同位体の崩壊で生じた多数の同位体を様々な割合で含有しており，かつそれ自身がより軽い娘核種に崩壊し，安定な中性子/陽子の構成に達するまで崩壊続ける．個々の元素の単独抽出によってのみ，かつそれらを質量分析器にかけることによって各々の同位体が同定される．

2.1.7　人工核変換

ラザフォードの最後の大発見が 1919 年に成された．まだ 3 番目に成っていない原子核で衝撃を与えた時に，所与元素を他の元素へ**変換** (be transmuted) させてしまうことを可能とする実験的状況を設置するという彼の夢の実現であった．元素変換のアイデアは新しいことでは無かった；結局，精密に言うならば，自然のアルファ崩壊，ベータ崩壊で起きていることである．

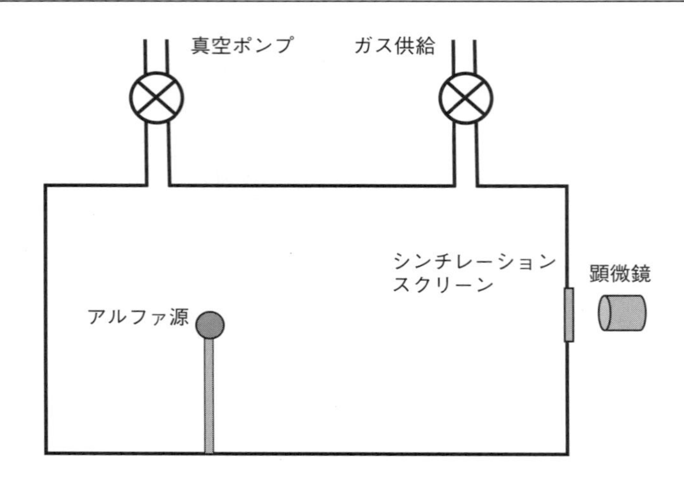

図 2.14　　人工核変換発見に用いられたラザフォード装置のスケッチ

新しいこととは，この変換の実現を人間の介在で引き起こすことが出来るということであった．

この発見に至る研究は 1915 年頃に開始され，そしてアーネスト・マースデン (Ernest Marsden) によって実施された．反応エネルギー測定がその実験の一部として含まれており，マースデンはアルファ粒子を水素原子で衝撃して小さなガラス製バイアルに封じ込めたラドンガス試料の崩壊を引き起こさせた．水素原子核はアルファ粒子との衝突による莫大なキックを受け，高速移動がセットされる．図 2.14 にスケッチしたように，小型チェンバー内部にアルファ源と水素ガスを閉じ込め実験が行われた．チェンバーの一方の端に顕微鏡を介して望める小型シンチレーションが付いていた，それは過ってアルファ散乱実験で使用されたものだった．そのスクリーンのじき背後に薄い金属箔を置くことで，マースデンは衝突陽子の範囲を，従ってそのエネルギーを決めることが出来た．ここまでは異常なことは皆無である；これらの実験はエネルギーとモーメント保存の既知法則を用いて相互確認と測定結果を解釈する日常的研究となっていた．

注意深く，経験を有する精神にブレークスルーは宿る，そしてマースデンの精神はその準備が出来ていた．実験用チャンバーが真空引きした時，ラドン源それ自身が水素から由来するようにシンチレーションを上昇させた，あたかもチェンバー内に水素原子が存在して無いかのように．その含意は水素が放射性崩壊を引き起こしたかのように感じられた，それはこれまでに観察されたことが全く無かった事象だった．1915 年にマースデンはニュージーランドに帰国し，さらにラザフォードはイギリス海軍省での研究が大きな割合を占めることとなり，第 1 次世界大戦が終わる 1918 年の遅くまで時々実験を行うだけであった．1919 年，マースデンの予期しなかったラジウム/水素観察の研究に戻り，未だ見ぬもう 1 つの重要な発見の報酬を受けることになった．

再び図 2.14 を眺めよう．ラザフォードは真鍮製小型チェンバー内にアルファ粒子の源を置いていた，そのチェンバーは真空に出来，彼が実験を行う時にガスで満たされるようになっていた．発見論文となった 1919 年 6 月のラザフォードの報告で，“ラジウム-C[ビスマス-214]の沈積で被覆した金属ソースが常にアルファ粒子の範囲をはるかに超えて硫化亜鉛スクリーン上に多数のシンチレーションを引き起こす現象の研究のためセットアップを行った．これらシンチレーションの原因となる高速原子は正電荷を運び，磁場で曲げられる，そして水素を通過するアルファ粒子によって造り出される高速 H 原子としてのものとほぼ同じ範囲とエネルギーを持っている．これら‘自然な’(natural) シンチレーションは，主に放射線源からの高速 H 原子に依るものと信じられる，しかし放射線源それ自身によるものなのか，水素に吸蔵されたアルファ粒子の作用に依るものかを決めることは困難である” と記述した．

ラザフォードは水素シンチレーション源としての様々な可能性についての調査を続けた．真空ポンプは完全ではなかった；いかにポンプで排気しょうとも，いくらかの残留空気がチャンバー内に常に残った．水素は空気中で通常，希少な構成物質であり（約 100 万分の 1 の半分），もしもその空気が水蒸気を含むならばその割合を超える量となる．アルファ粒子が水素を生む残留水分子に当たったのではないかと推測し，ラザフォードは乾燥させた酸素と二酸化炭素をチェンバーに入れ始め，シンチレーションの数が低下するとの考えで観察した．しかしながら驚くべきことに，**乾燥空気**をチャンバーに入れたことを彼が確認した時，水素もどきのシンチレーションの数が**増加**してしまった．このことは水素はラジウム-C から生じるものでは無く，空気中でアルファ粒子の何らかの相互作用によることを示唆していた．

空気の主要構成要素は窒素と酸素である；酸素を無視し，ラザフォードは窒素が関係するに違いないと推定した．純粋窒素をチェンバーに入れると，シンチレーションの数が再び増加した．水素は放射線源それ自身から少しの増加も及ぼすものでは無いことを示す最終実験で，放射線源近傍に薄い金属箔を置いて，シンチレーション継続を観測したのだが，アルファ粒子が窒素原子に衝突する前にその薄い箔を通過する際に予想される範囲よりも低下していることを見出した；そのシンチレーションはそのチェンバー内の空間から明らかに生じたのである．ラザフォードが記述している：“アルファ粒子と窒素との衝突から生じる長範囲原子が多分水素原子であるとの結論を除くことは難しい，⋯ もしもこのケースであるとしたなら，高速アルファ粒子との密着衝突で生じた強力な力の下で，窒素原子核の構成要素である水素原子が残され，窒素原子は壊変しなければならないと我々は結論付けた”.

現代の記述法では，この反応は下記の通り：

$$^{4}_{2}\mathrm{He} + {}^{14}_{7}\mathrm{N} \rightarrow {}^{1}_{1}\mathrm{H} + {}^{17}_{8}\mathrm{O} + \gamma. \tag{2.21}$$

ここでの “γ” は，この反応でガンマ線も放出されることを示す．そのガンマ線は，質量数保存則および電荷保存則を介してラザフォード実験を解釈する役割を演じてないが，ここでは完全性を満たすために含めた；2.2 節での中性子の発見の考察でその役割を演じよう．

原子はその大部分が虚の空間であるから，ほぼ 10 万分の 1 個のアルファ粒子のみがそのような反応を示す．核物理学者はそれを反応**収率 (yield)** と呼ぶ，これは反応を引き起こす入射粒子の割合である．アルファ励起反応における 10^{-5} オーダーの収率値は異常な値では無い．

なぜそのような反応が酸素において生じないのだろうか，下記の反応だが，

$$^{4}_{2}\mathrm{He} + ^{16}_{8}\mathrm{O} \rightarrow ^{1}_{1}\mathrm{H} + ^{19}_{9}\mathrm{F} + \gamma ? \tag{2.22}$$

この反応の Q 値は約 −8.1 MeV である．ラジウム-C アルファは約 5.5 MeV のエネルギーを有する，このエネルギーでは反応を引き起こすには充分ではないのだ．窒素の場合，その Q 値は約 −1.2 MeV であり，アルファはこの反応を起こすに充分な程のエネルギーを有している．

ラザフォードとマースデンの発見はさらに他の実験値を公にした：アルファ粒子は他の元素で核変換を引き起こせるのか？生成された物質は何か？収率が意味するのは何ぞや？次節で議論するように，さらなる実験へと導く深刻で当然の制約が存在していたのだった．

1919 年の暮，ラザフォードはマンチェスター大学から J.J. トムソンの引退で空席となったキャベンディシュ研究所長を継ぐためにケンブリッジ大学へ移った．ラザフォードは 1937 年 10 月の死をむかえるまで，ケンブリッジ大学で次世代の原子核の実験物理学者達を育てながら，その職に留まった．核分裂発見の丁度 2 年前に彼は亡くなった，その核分裂発見から数年間後には核兵器の開発と使用を導くことになる．

2.1.8　クーロン障壁と粒子加速器

再度，ラザフォードの窒素へのアルファ粒子衝撃を議論しよう，それは（ガンマ線を除いては）元素の最初の人工核変換である：

$$^{4}_{2}\mathrm{He} + ^{14}_{7}\mathrm{N} \rightarrow ^{1}_{1}\mathrm{H} + ^{17}_{8}\mathrm{O}. \tag{2.23}$$

この反応は負の Q 値を有しているとの事実を除き，言うならば室温の条件下で，もしもあなたがヘリウムと窒素を混合したなら，自発的に水素と酸素が現れる結果となることをこの式が簡潔に説明している．もしも Q 値が正であったなら，その反応を記載しただけ，またはその Q 値の計算では勘定されなかった効果に由って，この反応は起こらない：所謂 “クーロン障壁” (**Coulomb barrier**) 問題である．

同じ性質の電荷は互いに反発する．この効果はフランスの物理学者シャルル・オーギュスタン・ド・クーロン (Charles-Augustin de Coulomb) の後に “クーロンの力” (Coulomb force) として知られるようになった．クーロンは，1700 年代終りに電気的な力の定量的実験の幾つかを最初に行った科学者である．クーロンの力に由り，窒素原子核は入射アルファ粒子をはね返すだろう；充分に大きな運動エネルギーを有するアルファ粒子のみが窒素原子核に最近接することが出来得るのだ．本質的には，その 2 つはさらに強いが短距離である核子間の “核力” (nuclear forces) の効果が及ぶ前に核変換を演じることが出来る．入射原子核が衝突を達成するに必要な運動エネルギー量は “クーロン障壁” (**Coulomb barrier**) と呼ばれる．

窒素原子核に当たるアルファ粒子に対して，その障壁量は約 4.2 MeV である，明らかに大きなエネルギー量である．室温での原子または分子の運動エネルギーは，典型的なものでたったの 1 eV の端数にすぎない（平均で約 0.025 eV），反応を開始するのに充分に近いエネルギーでは無いのだ．ラザフォードが窒素の核変換を成し得たのは，ラジウム-C アルファが 5 MeV を超える運動エネルギーを有していたからだった．

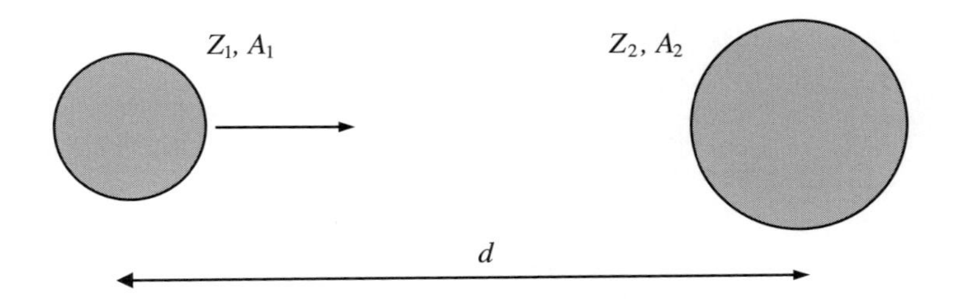

図 2.15　原子核の衝突．右側の原子核が固定され，左側の原子核が近づいてくると仮定している

以下の例でクーロン障壁の物理学を吟味しよう．本件を飛ばしたい読者は (2.31) 式の文節まで進んでも宜しい．

図 2.15 は衝突しつつある 2 つの原子核のスケッチである．その 1 つである原子番号 Z_1 の原子核が原子番号 Z_2 の固定された標的核に衝突すると仮定されている．各々の陽子の電荷は電子の電荷 “e” と同一量であることから，その原子核内に $+eZ_1$ と $+eZ_2$ の電荷を有する．

クーロンの法則に依り，2 つの原子核中心からの距離が d であるとしたなら，その系のポテンシャル・エネルギー PE は下式で与えられる，

$$PE = \frac{(eZ_1)(eZ_2)}{4\pi\,\varepsilon_0\,d} = \frac{e^2\,Z_1\,Z_2}{4\pi\,\varepsilon_0\,d}, \tag{2.24}$$

ここで ε_0 は物理定数 $8.8544 \times 10^{-12}\ \mathrm{C^2/(J\cdot m)}$ である．

衝突の効果を及ぼすには，入射原子核はその 2 つの原子核半径の合計と等しくなる距離 d へ接近することが必要である．そのような接近が成就すると，入射原子核がクーロン反撥により停止されてしまわないように接触した瞬間でのその系のポテンシャル・エネルギーと少なくとも同じとなる運動エネルギー量で入射原子核衝突を開始させせなければならない．(2.24) 式，2 つの原子核が丁度接触することに対応する d 値に対する評価がクーロン障壁値を与えてくれる．従って 2 つの原子核が丁度接触した時の値として (2.24) 式から算出する一般的手法が必要である．

経験上，散乱実験により原子核半径は下式のとおり質量数に関連して表現することが可能である，

$$\text{半径} \sim a_0\,A^{1/3}, \tag{2.25}$$

ここで $a_0 \sim 1.2 \times 10^{-15}$ m である．質量数を A_1 と A_2 とに区分し，下式が得られる，

$$\text{クーロン障壁} \sim \left(\frac{e^2}{4\pi\,\varepsilon_0\,a_0}\right)\frac{Z_1\,Z_2}{\left(A_1^{1/3} + A_2^{1/3}\right)}. \tag{2.26}$$

e 値は 1.6022×10^{-19} C；これを ε_0 と置換し，$a_0 \sim 1.2 \times 10^{-15}$ m を (2.26) 式に代入すると，

そのカッコの項は下記の通りとなる，

$$\frac{e^2}{4\pi\,\varepsilon_0\,a_0} = 1.9226\times 10^{-13}\,\mathrm{J}. \tag{2.27}$$

これをさらに便利なMeVで表現するならば；$1\,\mathrm{MeV} = 1.6022\times 10^{-13}\,\mathrm{J}$：

$$\frac{e^2}{4\pi\,\varepsilon_0\,a_0} = 1.2\,\mathrm{MeV}. \tag{2.28}$$

したがって(2.26)式を下記の通り表現できる，

$$\text{クーロン障壁} \sim \frac{1.2\,(Z_1\,Z_2)}{\left(A_1^{1/3} + A_2^{1/3}\right)}\,\mathrm{MeV}. \tag{2.29}$$

窒素原子核に衝突するアルファ粒子に対して，上述したように，そのクーロン障壁は，

$$\text{クーロン障壁} \sim \frac{1.2\,(2\times 7)}{(4^{1/3} + 14^{1/3})} \sim \frac{16.8}{(1.587 + 2.410)} \sim 4.2\,\mathrm{MeV}. \tag{2.30}$$

ここでウラン-235の核へのアルファ粒子の衝突によって起こる反応を推定してみよう．もしも典型的な5-10MeV崩壊エネルギーの運動エネルギーを有しているアルファ粒子を用いるとしたなら，その実験は望み無しとなるだろう：

$$\text{クーロン障壁} \sim \frac{1.2\,(2\times 92)}{(4^{1/3} + 235^{1/3})} \sim \frac{220.8}{(1.587 + 6.171)} \sim 28.5\,\mathrm{MeV}. \tag{2.31}$$

自然崩壊で生じるアルファを用いるなら，その衝撃実験に用いられる元素はたったの$Z\sim 20$までが実用として供し得るだけだ．1920年代中期までに，これが重要な問題となってしまった：研究者たちはアルファ粒子を用いて行う元素実験を文字通り使い切ってしまったのだ．さらに重い元素へ衝撃を与えたいとの好奇心は技術的挑戦へと導いた：その親核(parent nuclei)によって放射された瞬間に，そのアルファ（またはその他の）粒子を加速させることの出来る方法は存在するのであろうか? これが粒子加速器の第一世代を誕生させる挑戦だった．

最初の実用的粒子加速器のスキームは，ノルウェー出身のロルフ・ヴィデレー(Rolf Wideröe)が1928年にドイツ電気工学誌に投稿したものである（図2.16）．ヴィデレー提案のエッセンスを図2.17に示す．2個の中空金属管の端どうしを並べ，可変極性電圧器(variable-polarity voltage)に接続されている．これは円管（シリンダー）が正電荷または負電荷に出来ることを意味し，その電荷は望む時にスイッチで切り替えることが出来る．（言わば）陽子の流れは，当初負に荷電されている左端シリンダー内へ直接侵入する．これが陽子を引き付け，陽子がシリンダー内を通過する間に，陽子を加速させる．

陽子群が最初のシリンダーから出た瞬間，左側シリンダーが正に，右側シリンダーが負になるように電圧極性が切り替わる．陽子群は最初のシリンダーから押され，2番目のシリンダーから引張られ，更なる加速を強いられる．このようなユニットを連続的に多数設置することで，多大な加速を成就することが出来る；これが**線形加速器**(linear accelerator)の原理である．入射粒子の多くがシリンダーの側面に衝突して失われ，または電圧器が供給する極性変動の周

図 2.16　左：ロルフ・ヴィデレー (1902-1996)．右：アーネスト・ローレンス (1901-1958)．　出典　AIP エミリオ・セグレ視覚記録文庫；http://commons.wikimedia.org/wiki/File:Ernest_ Orlando_ Lawrence.jpg

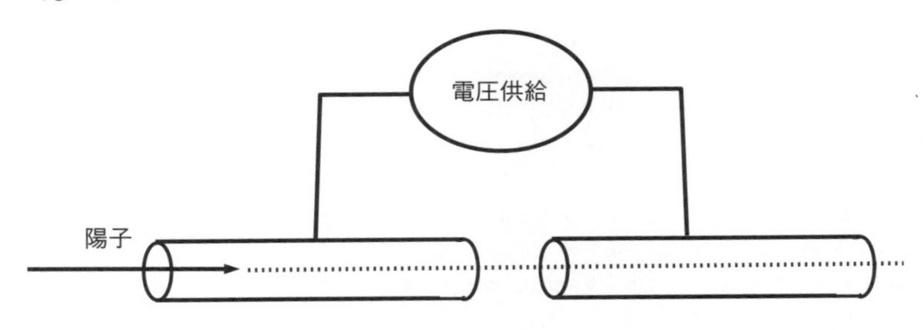

図 2.17　ヴィデレーの線形加速器のスキーム

波数と入射粒子速度とのミスマッチによって失われることは明らかだ；ほんの少数が最後のシリンダーから出てくることになるだろう．ここの要点において効率性は必要でない；その要点は重い標的核のクーロン障壁を乗り越えることの出来る**幾つかの**高速度粒子を生起させることだ．現在において世界最長の線形加速器はカリフォルニア州に在るスタンフォード線形加速器である，この加速器は 3.2 km（2 マイル）を超える距離にて運動エネルギーを 500 億 eV (50×10^9 eV = 50 GeV) まで達するよう電子を加速出来る．

ヴィデレーの研究がカリフォルニア大学バークレー校の実験物理学者，アーネスト・オーランドー・ローレンス (Ernest Orlando Lawrence) の注意を引いた（図 2.16）．ローレンスと共同

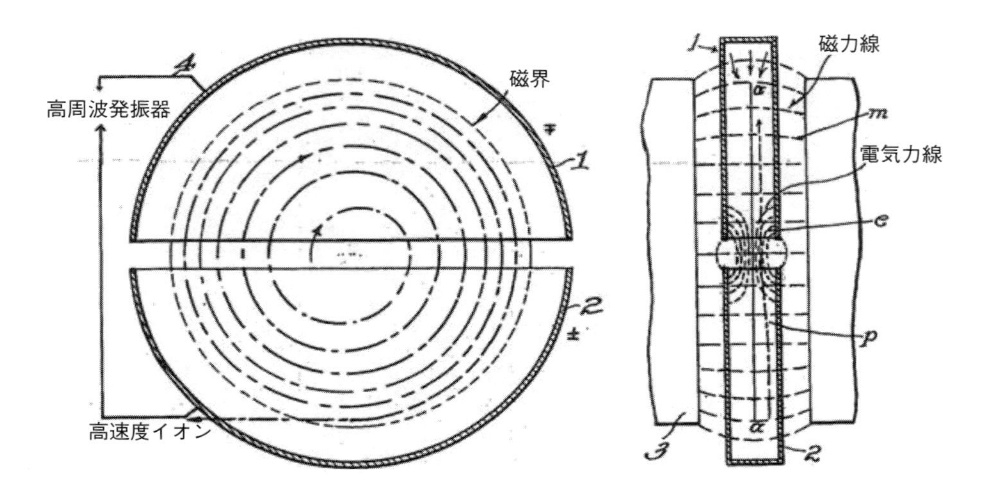

図 2.18　ローレンスのサイクロトロンの平面および側面の概念図，彼の特許申請書からの引用．　**出典**　http://commons.wikimedia.org/wiki/File:Cyclotron_patent.jpg

研究者のデイビット・スローン (David Sloan) がヴィデレー装置を造った，それは 1930 年遅くには，水銀イオンを加速させて 90,000 eV の運動エネルギーを得ることが出来た．ヴィデレー設計の装置で実験している間に，ローレンスの頭に深遠な結末を有することになるある名案が浮かんだ．彼はさらに高いエネルギー達成を望んでいた，しかし長さが数メートルになるであろう加速器建設のアイデアによって彼を怯ませていた．如何にすれば，装置をもっとコンパクトに出来るのだろうか?

2.1.4 節でフランシス・アストン (Francis Aston) が質量分析器内で質量の異なるイオンを分離するのに磁場内で生じるローレンツ力をどの様に用いたのかについての説明を行った．ローレンスの新たな装置，彼はそれを**サイクロトロン (cyclotron)** と呼んだ，もまたこの力学法則を用いたが，同時にヴィデレーの交番電圧加速のスキームを取り入れていた．

ローレンスのサイクルトロンのスケッチを図 2.18 に示す，この図は彼の特許申請書からの引用である．ここでは電圧供給が連続して置かれた D 字形金属製タンクと結ばれている；それらはサイクロトロン技術者達に “Dees” として知れ渡っている．内部構造物は真空タンク内に置かれ，加速粒子が空気分子との衝突による偏向効果を除いている．

イオン源（通常は正電荷）は，Dees の間に置かれる．この図解では，このイオンは初めに上部 Dee の方向へ向かう，その上部 Dee はイオン群を引き付けるように負電荷に設定されている．もしもその電圧極性が変化せず，他にイオンを偏向させるものが無いならば，その Dee の端に突入してしまうであろう．しかしアストンの研究から，磁極間（再び磁界が紙面に垂直に

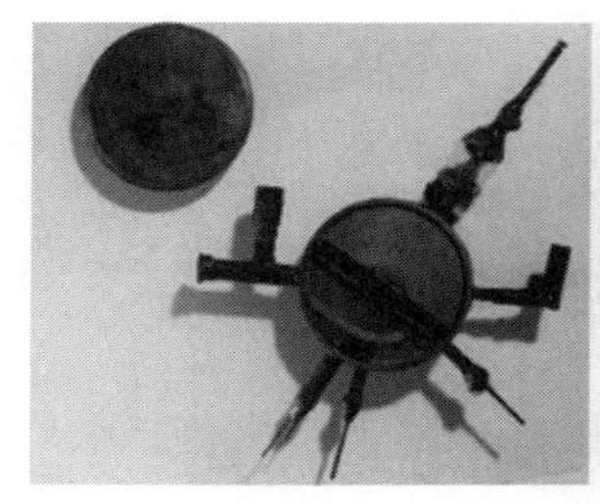

図 2.19 **左**：ローレンスのオリジナル 4.5 インチ・サイクロトロン．**中**：後の 184 インチ・サイクロトロン制御室でのローレンス．**右**：ローレンス，グレン・シーボーグ (1912-1999) とロバート・オッペンハイマー (1904-1967). **出典** ローレンス・バークレー国立研究所，AIP エミリオ・セグレ視覚記録文庫の提供による

在るものと想定せよ）にその構成物が置かれているなら，ローレンツ力がイオン群を円周軌道で動かすであろうことをローレンスは知っていた．電荷された Dee へのイオンの加速とローレンツ力の結合の正味の結果が，イオン群を外向き螺旋状軌道 (outward-spiraling trajectories) へと動かす．その磁界が強いならば，その螺旋パターンは “密” (tight) になるだろう，そしてイオン群は最初の軌道である Dee 端近傍から進展しないだろう．イオンが上部 Dee に去ったなら，その極性をイオンが下部 Dee に引き付けられるよう極性を変える．Dees の 1 つの円周上の標的物質に衝突するまで，この切り替え（たったのマイクロ秒で）と加速を継続する．

ローレンスと大学院生のニルス・エドレセン (Nils Edlefsen) は 1930 年 9 月開催の米国科学振興協会 (American Association for the Advancement for Science) 会合でサイクロトロンの概念の最初の報告を行った，しかしながら当時，彼らは有用な結果を持ち合わせていなかった．1931 年 3 月までに，ローレンスは稼働している直径 4.5 インチ (11.4 cm) の装置を有していた（図 2.19）；彼と学生の M. スタンリー・リビングストン (M. Stanley Livingston) は米国物理学会会合でたった 2,000 V の電力供給を用い水素分子イオン (H_2^+) のエネルギーを 80,000 eV へ加速させることが出来たと発表した．同年暮に，ローレンスは 11 インチのサイクロトロンを用い MeV のエネルギーに到達させた．1932 年までに，3.6 MeV を達成した 27 インチ (68.6 cm) 装置を建設してしまった（図 2.20），しかしながらさらにでっかいプラントは未だであった．ローレンスは彼が電気技術者であると同様に資金集めにも精通していた，そして 1937 年までに重水素（“重水素” の原子核，${}_1^2H$）を加速させて 8 MeV に達し得る能力を有する 37 インチ・モデルを建設してしまった．1939 年までに，220 トンの磁石を必要とする 60 インチ (152.4 cm) モデルの稼働にこぎつけた，その装置は重水素を 16 MeV へ加速することが出来た．1942 年に直径 184 インチ (467 cm) サイクロトロンの稼働をものにした，この装置はいまだに稼働し続けており，各種粒子のエネルギーを 100 MeV を超えるまで加速させることが出来る．このような道筋で，ローレンスはカリフォルニア大学放射研究所（“Rad Lab”）を設立した，その研究所が現在のローレンス・バークレー国立研究所 (LBNL) である．

図 2.20 バークレー 27 インチ・サイクロトロン前でのスタンリー・リビングストンとアーネスト・ローレンス． **出典** ローレンス・バークレー国立研究所，AIP エミリオ・セグレ視覚記録文庫の提供による

粒子加速器がクーロン障壁を克服する実験を許し，そして広範なエネルギー領域での，かつ様々な標的への実験の扉を開いたのだった．ローレンスの創意は 1939 年ノーベル物理学賞を彼にもたらした，そして彼のサイクロトン概念の変種がマンハッタン計画で主要な役割を演じることになった．フェルミ国立加速器研究所 (Fermilab) と欧州原子核研究機構 (CERN) に在る，今日の巨大加速器はヴィデレーの先駆者努力とローレンスの先駆者努力に由来しており，依然として電場および磁場が粒子の加速と支配に用いられている．

ローレンスのサイクロトロン開発は，丁度その時に丁度重大な発見としてヨーロッパ内で花開かせることとなった：中性子の存在である．これが次小節での主題 (topic) である．

2.2 中性子の発見

1932 年初めにアーネスト・ラザフォードの弟子 (protégé)，ジェイムズ・チャドウィック (James Chadwick) による中性子 (**neutron**) の発見は原子物理学の歴史における決定的なターニング・ポイントとなった．それから 2 年以内にエンリコ・フェルミ (Enrico Fermi) が中性子衝撃により人工放射性物質を生じさせることとなり，その 5 年後にはオットー・ハーン (Otto Hahn)，フリッツ・シュトラスマン (Fritz Strassmann) とリーゼ・マイトナー (Lise Meitner) が中性子入射励起ウラン核分裂を発見することになった．後者は直接的にウラン核分裂爆弾，リトルボーイ (**Little Boy**) を導くこととなり，一方でフェルミの研究がトリニティ (**Trinity**) と

図 2.21 **左**：ヴァルター・ボーテ (1891-1957). **右**：ジェイムズ・チャドウィック (1891-1974). **出典** Norman Feather の原画，AIP エミリオ・セグレ視覚記録文庫の提供による；http://commons.wikimedia.org/wiki/File:Chadwick.jpg

ファットマン (**Fat Man**) 爆弾のためのプルトニウムを生産する原子炉を導くこととなった.

中性子の発見を導く実験は 1930 年にヴァルター・ボーテ (Walther Bothe)（図 2.21）と彼の学生，ハバート・ベッカー (Herbert Becker) によって最初の報告が成された，彼らの研究はマグネシウムやアルミニウムのような軽元素に高エネルギーのアルファ粒子で衝撃した際に励起されるガンマ線放射の調査を意味するものであった．そのような反応において，アーネスト・ラザフォードが最初の人工核変換に成功した時に観察したように，アルファ粒子が標的核と相互作用して光子とガンマ線をしばしば生じさせる：

$$^4_2\mathrm{He} + ^{14}_7\mathrm{N} \rightarrow ^1_1\mathrm{H} + ^{17}_8\mathrm{O} + \gamma. \tag{2.32}$$

ボーテとベッカーがボロン，リチウム，取り分けベリリウムがアルファ衝撃下での明確なガンマ線放射を観察したのだが，**その放射に伴う陽子放出が皆無**とのミステリーが始まった．ここでの重要な鍵は，ある種のエネルギーを有するものの電気的には中性の “侵入放射” が放射されているものと彼らは確信していた；この放射は金属箔を通り抜けるが荷電粒子で生じたように磁界で偏向されることは無かった．当時，ガンマ線のみが侵入放射線で電気的に中性である唯一のものであることが知られていた，陽子の異常な欠乏にもかかわらずガンマ線放射の証拠としてそれらの結果を解釈するのは自然な成り行きだった.

ボーテとベッカーのベリリウムの結果がパリを本拠地とした夫婦チーム，フレディリック・ジョリオ (Frédéric Joliot) とイレーネ・キュリー (Irène Curie)（ピエールとマリーの娘；図 2.3）

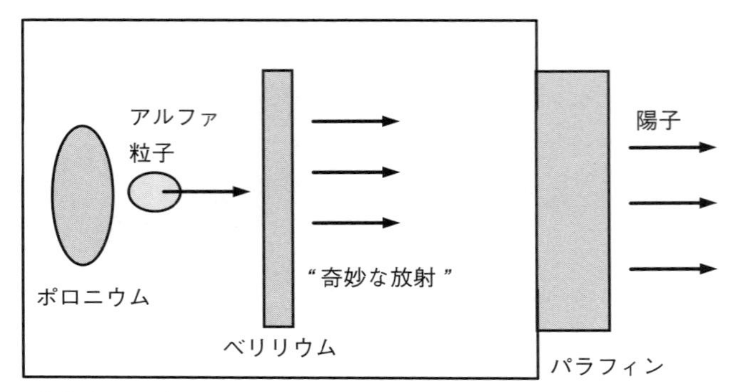

図 2.22 ボーテ，ベッカー，the Joliot-Curies，チャドウィックの "ベリリウム放射" 実験

によって取り上げられた，今後その夫婦チームは the Joliot-Curies として引用する．1932 年 1 月，彼らは推定ガンマ線 "ベリリウム放射" はその通過路に置いたワックス・パラフィン層の陽子を弾き出す能力があると報告した．この状況を図 2.22 に図式化して示す，ここでは推定ガンマ線は "奇妙な放射" と表示している．

この解釈が筋が通らないものとしてケンブリッジのチャドウィックへ襲いかかった．成功が得られないまま，彼は数年間を中性子の研究を続けて来た，そしてボーテとベッカーおよび the Joliot-Curies がその中性子を偶然に見出したのだと推測した．彼は直ちに再現するように組立を行い，再解析をし，彼らの研究を拡張させた．the Joliot-Curies の改造物であるチャドウィックの装置で，彼は直径 2 cm の純粋なベリリウム盤に接近させた直径 1 cm の銀メッキさせたポロニウム（アルファ発生源）盤を設置した，それらは真空引きが出来る小型容器内に閉じ込められている．今日の巨大な粒子加速器に比べれば，これらの実験は文字通り卓上物理学と言える．

ボーテとベッカーおよび the Joliot-Curies のベリリウムへのアルファ衝撃によるガンマ線生起解釈の最初の修正を推定してみよう．その衝撃で陽子生成が無いことを勘案し，the Joliot-Curies は下記の反応を仮定した，

$$ {}^{4}_{2}\mathrm{He} + {}^{9}_{4}\mathrm{Be} \rightarrow {}^{13}_{6}\mathrm{C} + \gamma . \tag{2.33} $$

この反応の Q 値は 10.65 MeV である．ポロニウムの崩壊で生成するアルファ粒子の運動エネルギーは約 5.3 MeV であり，その出現 γ 線は高々約 16 MeV のエネルギーを有することが出来る．炭素に変換するエネルギーと運動量を勘定に入れたさらに詳細な解析で，そのガンマ線のエネルギーは約 14.6 MeV で出現することが示された．その 14.6 MeV ガンマ線がパラフィン内の陽子に当たり，それらを移動させる．実験を繰り返し，チャドウィックは衝突させられた陽子の最大運動エネルギーは約 5.7 MeV であることを見出した．

チャドウィックが認識していた問題とは，ガンマ線の衝突によってもしもこの陽子がこの運動エネルギー量へ加速されるなら，エネルギーと運動量 (momentum) の保存則はガンマ線が約 54 MeV のエネルギーを有するべきであると命じていることであった，それは出現ガンマ線のほぼ 4 培もの大きさとなっている! この高い衝突エネルギー要求は光子が質量を有していないとの事実からの当然の帰結である．相対論では質量の無い粒子も運動量を運ぶ，しかし同一の運動エネルギーを持つ “物質” (material) 粒子に比べて非常に小さい；巨大エネルギーのガンマ線のみが陽子を数 MeV の運動エネルギーで跳ね飛ばすことが出来る．光子と物質粒子間での衝突解析が相対的質量エネルギーと運動量保存をもたらす；詳細は Reed (2007) の論文を参照せよ．その解析結果は標的核の残余エネルギー E_t（これは mc^2 と等価なエネルギー）がエネルギー E_γ の光子との正面衝突し，その衝突で反跳し（これが最大運動量を衝突原子核へ引き渡すことになる)，運動エネルギー K_t へ加速されたとしたならば，光子エネルギーは下記の通りとなる，

$$E_\gamma = \frac{1}{2}\left[K_t + \sqrt{2E_tK_t}\right]. \tag{2.34}$$

陽子が $E_t \sim 938$ MeV；$K_t \sim 5.7$ MeV として，E_γ 値は約 54 MeV と求められる，上記で要求した値である．the Joliot-Curies はこの不一致が彼らの解釈の弱点であると認識したのだったが，驚くべきことには彼らの “ガンマ線” エネルギーを正確に測定することの困難さに寄与したのだった．チャドウィックが率いるもう 1 つのクルーは高エネルギー光子とは逆に，物質粒子を疑っていた，“ベリリウム放射” の前方放射が後方放射に比べて強かったからだ；もしもこの放射が光子的なら，その強度は全方向で等しくなければならない．

（仮説）中性子もたらすメカニズムを求める前に，チャドウィックは更なる研究のために α-Be 衝突で創生される 54-MeV ガンマ線遠隔可能研究装置を考案した．“ベリリウム放射” が陽子を打つのに加え，窒素ガスのサンプルを打つようにも配置したのだった．もしもその光子により衝突されたなら，窒素原子核は運動エネルギー約 450 keV を獲得する [窒素原子核の残余エネルギーは約 13,000 MeV；これら数値を (2.34) 式で確認せよ]．これまでの経験から，チャドウィックはエネルギーを有する粒子が空気中を通る時にはイオンを生み出すことを知っていた，イオン対形成収量，約 35 eV が単一イオン化形成に求められるだけである．450 keV の窒素原子核はほぼ 13,000 個のイオン対（450 keV/35 eV）を生成することになる．しかしながら実験を行った時，典型的にはほぼ 30,000-40,000 個のイオン対が生成されることを観察した，このことは反挑窒素核のため約 1.1-1.4 MeV の運動エネルギーを要することを意味していた．この数値は窒素原子核が ~ 90 MeV を超えるガンマ線の衝突を受けることを要求する，この数値は陽子実験で示された ~ 54 MeV とは完全に矛盾するものだった．ガンマ線がさらにいっそう重い標的核に衝突すると想定し，チャドウィックは発見した：“もし反跳原子を量子衝突で説明するとしたなら，衝撃原子の質量増加とともに，その量子に対してさらにいっそう大きなエネルギーを想定しなければならない”．この状況の不条理が彼に以下のように書かせることになった：“これらの衝突でエネルギー保存と運動量保存を放棄するか，さもなくば放射の性質に関して他の仮説を取り入れるのかのいずれかであるのは明白である”．

the Joliot-Curies の解釈を拒絶した後，チャドウィックはさらに物理的に現実的なものを用意した．もしもパラフィン中の陽子が陽子と等しいまたは非常に近い質量の中性物質粒子によっ

て本当に衝突したとしたなら，その衝突された粒子の運動エネルギーは陽子が衝突で獲得した運動エネルギーのオーダーを必要とするだけである．毎日，2個の同一重量のビリヤード球の正面衝突を考え続けた：玉突き球が止まり，当たった球は玉突き球が有していた速度になるように動かされる．これが中性子を初登場させるポイントである．

the Joliot-Curies の反応に換えて，チャドウィックは α-Be 衝突は，反応を介して炭素と中性子の生成を導くとの仮説を立てた，

$$ {}^{4}_{2}\mathrm{He} + {}^{9}_{4}\mathrm{Be} \rightarrow {}^{12}_{6}\mathrm{C} + {}^{1}_{0}n . \tag{2.35}$$

${}^{1}_{0}n$ は中性子を示す：電荷を有しないが，1個の核子として勘定する．この解釈では，the Joliot-Curies 提案の ${}^{13}\mathrm{C}$ と反対に ${}^{12}\mathrm{C}$ が創られるとしている．“ベリリウム放射” が電気的に中性であることが既知であることから，チャドウィックは陽子または電子のような荷電粒子をこの反応の説明に行使することが出来なかった．中性子質量が陽子質量と似ているとの仮説で（彼は単一陽子と単一電子の電気的中性結合したものとして中性子を考えていた），チャドウィックは射出された中性子の運動エネルギーが約 10.9 MeV になることを示すことが出来た．引き続き起きる中性子/陽子衝突はビリヤード球衝突のようになるだろう，そのため約 11 MeV の運動エネルギーで始まった中性子が陽子を 5.7 MeV の運動エネルギーへ加速させえることは当に合理的である．それは中性子がベリリウム標的と真空ベッセルの窓を介してパラフィンへ通じる路を外してしまう後でさえも合理的である．チャドウィックはこの仮説を確認するため，窒素原子核に衝突する 5.7 MeV の運動エネルギーを有する中性子が約 1.4 MeV の運動エネルギーを伴って窒素原子核を動かすことを算出した，この値はイオン対実験で彼が測定していた値と正確に一致した．

他の標的物質を用いた追加実験でも同様に首尾一貫した結果がもたらされた．中性子質量が 1.005 から 1.008 原子質量単位 (atomic mass units) の間にあるとチャドウィックは推定した；現在の数値は 1.00866 である．現在では旧式と認識されている装置を用いて彼が得た精度は正しく畏敬の念を起させる．チャドウィックは彼の発見を2つの論文として投稿した．1932年2月17日付けの第1番目の論文，表題：“中性子の存在可能性” (Possible Existence of Neutron) はネーチャー (Nature) 誌の2月27日号に掲載された．5月10日付けの膨大な追跡解析は *Proceedings of the Royal Society of London* 誌の6月1日号にて発行された．チャドウィックはこの発見に対し1935年ノーベル物理学賞を受賞した．その後の実験で，中性子はそれ自身，基礎粒子であることを示した（陽子/電子の構成物とは反対に），研究の進展が上記解析を覆すことは無かった．

中性子発見が核物理学史上の歴史的転換点であると何故に見なされるのか? その理由は中性子は如何なる電気的力をも経験しない，従ってクーロン障壁を経験しないことである．中性子を伴う現在の実験は，それが中性子の運動エネルギーまたは標的核の原子番号であろうとも，衝撃核の反発を受けずに粒子生成を行う方法である．このような実験が採用されるにはそう長い時間を必要としなかった．中性子は原子炉と原子爆弾を得る道 (gateway) であると証明するだろう，しかし当時，チャドウィックはどちらへの発展も予期していない．1932年2月29日の**ニューヨーク・タイムズ**紙で彼は明瞭に言っていた，“何人にもどのような用途へも，中性子が使用され得ないのではと心配している”．

図 2.23　レオ・シラード (1898-1964).　出典　http://commons.wikimedia.org/wiki/File:Leo_ Szilard.jpg

中性子価値へのチャドウィックの却下の約 18 ヵ月後，原子炉と原子爆弾への適応可能性についてのアイデアが生じた：原子連鎖反応 (nuclear chain reaction) の進展とリンクして．アルバート・アインシュタインの友人で時々共同研究者であった，ハンガリー生まれの技術者，物理学者でイノベーターであるレオ・シラード (Leo Szilard)（図 2.23）の頭に霊感的にこの（連鎖反応）概念が浮かび上がったのだった．

1933 年の暮れ，シラードはロンドンに住んでいた，そしてロンドンの**タイムズ**紙編集の 9 月 12 日発行の先進科学英国協会 (British Association for the Advancement of Science) 会合記事をたまたま読んだのだった．その記事はラザフォードによる加速された陽子によって導入された反応の展望講演の内容であり，**タイムズ**紙はラザフォードが以下のように明瞭に言ったと記述していた，“これらの過程には陽子が供給するのに比べてさらに大きなエネルギーを得なければならないのだが，平均的にこの方法でエネルギーを得ると期待することは出来ない．それはエネルギーを作り出す方法としては，あまりにも貧弱で不充分な道だ，そして原子の変換のエネルギー源を探し求める者たちのくだらないたわごとだ”．しかしながら，科学史家のジョン・ジェンキン (John Jenkin) はこの件に関するラザフォードの個人的見解は大いに異なるものであったと指摘している．第 2 次世界大戦が始まる数年前，原子エネルギーがいつの日にか戦争において決定的な効果を及ぼすとのラザフォードの直感を政府高官に明白に助言していたのだった．

その後，ロンドンの街中を歩き回る間中，ラザフォードの所見についての思案を続けた．1963 年のインタビューから：

出来ないと言う専門家の断言の効果は，常に私をいらいらさせてしまう．その日，私はサザンプトン通りを歩き続け，信号機で止まった，ラザフォード卿が間違っていると証明出来るのか，出来ないのかと思案続けていた．信号機の灯りが緑に変わり，私は通りを渡った，そのとき突然私の脳裏に浮かび上がった；もしも中性子によって分裂し，かつ1個の中性子を吸収した時に2個の中性子を放出する元素を見つけ出すなら，そのような元素でもしも充分に大きな質量に組むことが出来るなら，原子連鎖反応を持続することが可能だ，工業規模でのエネルギー解放，原子爆弾製造が可能となる．これは可能であるとの考えが私の頭から離れなくなってしまった．それが私を核物理学へと向かわせたのだった，その核物理学分野についてそれまで研究したことは無かった，そしてその考えが私の中に留まったのだ．

シラードは彼の新分野へと加速させるのに長い時間を要し無かった．動力源および多分爆薬 (an explosive) として連鎖反応をもくろみ，彼は1934年の春と夏にそのアイデアで特許を申請した．彼の英国特許番号630，726，“化学元素変換活用または化学元素変換に関して” (Improvements in or relating to the Transmutation of Chemical Elements) は1934年7月4日に発効された（不思議なことに，その日はマリー・キュリーが亡くなった日である），そして充分な物質質量を与えるならば爆発 (an explosion) を引き起こすことが出来ると明確に言及していた．このアイデアを秘密にしておくため，シラードは1936年2月にその特許を英国海軍省に譲渡した．この特許は戦争後にシラードへ再譲渡され，最終的に1949年に特許証が公刊された．

2.3 人工放射能

イレーネとフレデリック・ジョリオ-キュリーは1932年の初めに中性子発見に失敗してしまったことで大きな落胆をあじわったのだが，それから丁度2年後に通常の安定核がアルファ照射で放射能へと導くことが出来るとの発見をした時に，その借りを返すことが出来た．1934年初め，the Joliot-Curies はポロニウムの崩壊で放出されるアルファ粒子を薄いアルミ箔に衝撃する追試実験を行っていた，この実験でも中性子発見反応で用いられたのと同じアルファ源を用いていた．彼らを驚かせたことに，アルファ源を取り除いた後も，ガイガー計数器は信号を計数し続けていた．その信号の半減期は約3分であった．この実験を磁界内で行い，陽電子 **(positrons)** の放射であることを突き止めた，β^+ 崩壊が起きていたのだった．

この観察結果を説明するために彼らは2段階反応を提案した．第1段階はアルファ捕獲と中性子放射によるリン-30の形成である：

$$ {}^{4}_{2}\mathrm{He} + {}^{27}_{13}\mathrm{Al} \rightarrow {}^{1}_{0}n + {}^{30}_{15}\mathrm{P}. \tag{2.36} $$

リン-30原子核は引き続き陽電子を介してケイ素へ崩壊する；このケイ素の現在の半減期値は2.5分である（ベータ粒子の放出を省いた；ここで重要なことは崩壊生成物である）：

$$ {}^{30}_{15}\mathrm{P} \xrightarrow[2.5\,\mathrm{min}]{\beta^+} {}^{30}_{14}\mathrm{Si}. \tag{2.37} $$

彼らの解釈を明確にするため，the Joliot-Curies はアルミニウムを酸溶液中で溶かした；生成された少量のリンを分離出来，それがリンと化学的に同じものであると同定した．その放射能は分離したリンに“伴い”，アルミニウムには伴っていないことで彼らの疑念は検証された．ホウ素とマグネシウムの衝撃実験でも同様の効果が見出された．この効果の最初の発見を 1934 年 1 月 11 日にし，1 月 15 日発行のフランス科学アカデミー誌でその報告をしている；英語版はネーチャー (Nature) 誌の 2 月 10 日号に掲載された．人工放射能 (artificially-induced radioactivity) の発見は，医療用短寿命同位体合成の全分野の扉を開いたのだった．エンリコ・フェルミの学生の 1 人であったエミリオ・セグレは，この発見は今世紀（20 世紀）の最も重要な発見の 1 つであると述べている．

人工放射能のほとんどがカリフォルニアで発見された，そこではアーネスト・ローレンスのサイクロトロンのオペレーター達が，衝撃実験後にサイクロトロンを止めた後にも検出器に信号を記録していることにしばしば気がついたからだ．検出器が誤作動したと考え，サイクロトロンと同時に彼らが配置した電気回路を停止させた．核物理学史において，取り分け核分裂発見の周りの事象について，そのようなチャンスを逃してしまうことが繰り返されることになる．

2.4 エンリコ・フェルミと人工放射能

驚くべきことに，衝突粒子として中性子を用いる実験に取り分け熱心だった the Joliot-Curies でもジェイムズ・チャドウィックでもなかった．チャドウィックの共同研究者の 1 人，ノーマン・フェザー (Norman Feather) は軽元素での幾つかの実験を行った，そして中性子が窒素核を分解してアルファ粒子とホウ素核を造り出すことを発見した：

$$
{}^{1}_{0}n + {}^{14}_{7}\mathrm{N} \;\rightarrow\; + {}^{4}_{2}\mathrm{He} + {}^{11}_{5}\mathrm{B}\,. \tag{2.38}
$$

これと同じタイプの反応が酸素，フッ素，ネオンでも起きたのだが，英国の研究者達も，フランスの研究者達も明らかに重元素を標的とする実験を遂行しなかった．

衝撃粒子としての中性子利用の系統的アイデアはローマ大学の物理学者，エンリコ・フェルミ（図 2.24）に由る．フェルミは若くして一流の理論物理学者の地位を確立させていた，彼の最初の出版論文の時，彼はまだ学生だった．量子力学者マックス・ボルンと伴にポスドク学生として，フェルミは相対論の重要なレビュー記事を用意した，それは彼が 20 代早期の頃である，その数年後に統計力学への独創的寄与を行った．26 歳という若い年齢で彼はローマ大学の完全教授職 (full professorship) の指名を受け，1933 年遅く量子力学を基礎にしたベータ崩壊理論を開発した．彼が原子力の実験家として同様の寄与を為したことが実証されている．

チャドウィックと the Joliot-Curies が行った中性子衝撃実験での沈黙は奇妙に思えるかもしれない，しかしその低い収率を想定するなら納得出来よう．チャドウィックのポロニウム試料から放射される百万個のアルファ粒子当たり，たった約 30 個の中性子が生み出されるだけであるとチャドウィックは推定した．もし中性子の標的核との相互作用が同様に低い収率なら，本質的には結果に何も期待出来ないこととなる．オットー・フリッシュ (Otto Frisch)，核分裂共同研究者の 1 人，が後日に言及している，“私の反応および多分外の多くの研究者達も同様だと思うが，フェルミ達の実験はばかげている，何故なら中性子はアルファ粒子に比べて非常

図 2.24　左：エンリコ・フェルミ (1901-1954)．右：1939 年 1 月にアメリカに着いたフェルミ家族（ローラ，ギューリオ，ネラ，エンリコ）．　出典　シカゴ大学，AIP エミリオ・セグレ視覚記録文庫，Wheeler コレクションの好意による

に少なくて良いのだから，と認識していたことを覚えている"．しかしこれは中性子がクーロン障壁を経験しないという事実を過大評価していたのだった．

フェルミは原子力実験法へ食い込むことを望み，この地下資源の可能性の幕開けを見た．1934 年春に学生のグループと共同研究者達，エドアルド・アマルディ (Edoardo Amaldi)，フランコ・ラセッティ (Franco Rasetti)，化学者のオスカー・デアゴスティノ (Oscar D'Agostino) とエミリオ・セグレ（図 2.25）と伴に研究を始めた，エミリオ・セグレは後日，大変に魅了されるフェルミの伝記を書いた：題は**エンリコ・フェルミ：物理学者** (Enrico Fermi: Physicist)[*9]である．

2000 年代初めにイタリアの歴史学者達, Giovanni Acocella, Francesco Guerra, Matteo Leone, Nadia Robotti が 1934 年春からの最初のフェルミ研究室ノートブック（それと彼の中性子源の幾つか!）を発見した，それで彼の研究の非常に詳細な記録を利用することが現在は可能になった．この文節の殆んどがそのフェルミ・ノートからの適用である．

フェルミの最初のチャレンジは強力な中性子源を獲得することだった．このセンスで，将来をみすえて衛生研究所物理研究室 (the Physical Laboratory of the Institute of Public Health) として同じ建屋に彼の研究室を置いた，この研究所はイタリア国内の放射性物質の管理を管轄し

[*9] 訳註：　日本語訳は，『エンリコ・フェルミ伝：原子の火を点じた人』，久保亮五・久保千鶴子訳，みすず書房，東京，1976．である．フェルミの私生活を中心とした伝記は妻のローラが書いている：ローラ・フェルミ著，『原子力の父　フェルミの生涯』，崎川範行訳，法政大学出版局，東京，1955.

図 2.25 フェルミの共同研究者達．左から右へ：オスカー・デアゴスティノ (1901-1975)，エミリオ・セグレ (1905-1989)，エドアルド・アマルディ (1908-1989)，フランコ・ラセッティ (1901-2001). **出典** Agenzia Giornalistica Fotovedo，AIP エミリオ・セグレ視覚記録文庫の好意による

ていた．その研究所は癌患者治療のために多くのラジウム源を保有しており，フェルミはそれらをラドン・ガスのソースとして使用した．ベリリウム粉末と混合した時，ラドンはおびただしい量の中性子を湧きおこらせるのだった．ラドンはラジウムの崩壊により生じる，

$$^{226}_{88}\mathrm{Ra} \xrightarrow[1{,}599\ \mathrm{year}]{\alpha} {}^{222}_{86}\mathrm{Rn} + {}^{4}_{2}\mathrm{He}\,. \tag{2.39}$$

ラドンの娘核種は非常に短い半減期を持ち，このことはその崩壊によってアルファ粒子の巨大な線束（フラックス）が得られることに対応する

$$^{222}_{86}\mathrm{Rn} \xrightarrow[3.82\ \mathrm{days}]{\alpha} {}^{218}_{84}\mathrm{Po} + {}^{4}_{2}\mathrm{He}\,. \tag{2.40}$$

ラジウム崩壊からの収穫の後，ラドン・ガスが長さ 1 インチのバイアルに捕獲される，そのバイアルにはベリリウム粉末が含まれている．(2.40) 式のラドン製造アルファが，ボースとベッカー，the Joliot-Curies，チャドウィックが行った実験と同じ反応で中性子を発生させる：

$$^{4}_{2}\mathrm{He} + {}^{9}_{4}\mathrm{Be} \rightarrow {}^{12}_{6}\mathrm{C} + {}^{1}_{0}n\,. \tag{2.41}$$

この一連の反応は約 10 MeV 以上のエネルギーを有する中性子で生じる，それよりもさらに大きなエネルギーではガラス製バイアルの薄い壁を通過し標的元素試料を衝撃する．この源が毎秒約 100,000 個の中性子を生み出すものとフェルミは推定していた．彼のラドン-ベリリウム源で生まれた中性子は全方向へ放射する傾向故に，通常フェルミは標的元素試料を円筒内に挿入し，その周りをラドン-ベリリウム源で囲み，最大の照射が得られるようにして実験を行った．円筒は大変大きなものに造られていたため，照射後に彼らは小型手製ガイガー計数器をその周りで走査させなければならなかった．

フェルミのゴールは中性子衝撃で生じた人工放射能の発見であった．彼は多分**重元素**の人工放射能生成を望んでいたのだろう，彼の最初の標的は重元素の白金（原子番号 78：Pt）だった．15 分間照射で識別出来る信号は得られなかった．多分，the Joliot-Curies の実験に感化され，彼はアルミニウムへと変えた．これを続け，the Joliot-Curies が得たものとは異なる半減期を発見した．マグネシウムを後に残し，被衝撃アルミニウムから飛び出した陽子の反応であった，

$$ {}^{1}_{0}n + {}^{27}_{13}\mathrm{Al} \rightarrow {}^{1}_{1}\mathrm{H} + {}^{27}_{12}\mathrm{Mg}\,. \tag{2.42} $$

マグネシウムのベータ崩壊は約 10 分の半減期でアルミニウムへ戻す：

$$ {}^{27}_{12}\mathrm{Mg} \xrightarrow[9.5\,\mathrm{min}]{\beta} {}^{27}_{13}\mathrm{Al}\,. \tag{2.43} $$

アルミニウムの後，フェルミは鉛を試みたのだが，負の結果だった．彼の次の試みはフッ素だった，その照射により，彼は大変に短寿命の重同位体を造り上げた：

$$ {}^{1}_{0}n + {}^{19}_{9}\mathrm{F} \rightarrow {}^{20}_{9}\mathrm{F} \xrightarrow[11\,\mathrm{s}]{\beta^-} {}^{20}_{10}\mathrm{Ne}\,. \tag{2.44} $$

アルミニウムでのフェルミの最初の成功の日付は 1934 年 3 月 20 日であったと Guerra と Robott が指摘している．フェルミはこの発見を 5 日後のイタリア国立研究評議会の公式誌で知らせた，そして英語版報告は**ネーチャー** (Nature) 誌の 5 月 19 日号に 4 月 10 日付けで報告された．4 月遅くまでに，ローマ・グループは約 30 種の元素の実験を遂行し，そのうち 22 種でポジティブな結果を得た，その中に 4 種の中間重量元素，アンチモン ($Z = 51$)，ヨウ素 (53)，バリウム (56)，ランタン (57) も含まれている．

フェルミと共同研究者達は，規則として，軽元素が 3 つの反応**チャンネル** (channels) を示すことを発見した：陽子またはアルファの射出，単純に中性子を捕獲してそれ自身の重い同位体と成り，引き続き崩壊する．この 3 つの全てのケースで，その生成物は β^- 崩壊を経ている．アルミニウムはこのことに関する典型的な例である：

$$ {}^{1}_{0}n + {}^{27}_{13}\mathrm{Al} \rightarrow \begin{cases} {}^{1}_{1}\mathrm{H} + {}^{27}_{12}\mathrm{Mg} \xrightarrow[9.5\,\mathrm{min}]{\beta^-} {}^{27}_{13}\mathrm{Al} \\ {}^{4}_{2}\mathrm{He} + {}^{24}_{11}\mathrm{Na} \xrightarrow[15\,\mathrm{h}]{\beta^-} {}^{24}_{12}\mathrm{Mg} \\ {}^{28}_{13}\mathrm{Al} \xrightarrow[2.25\,\mathrm{min}]{\beta^-} {}^{28}_{14}\mathrm{Si}\,. \end{cases} \tag{2.45} $$

重元素標的では，その結果は上述チャンネルの後者が典型的だった．金がこの事項の典型である：

$$ {}^{1}_{0}n + {}^{197}_{79}\mathrm{Au} \rightarrow {}^{198}_{79}\mathrm{Au} \xrightarrow[2.69\,\mathrm{days}]{\beta^-} {}^{198}_{80}\mathrm{Hg}\,. \tag{2.46} $$

1934 年初夏までに，フェルミは毎秒約百万個の中性子を生むであろう改良した線源を用意した．この新線源に基づく研究が**ネーチャー**誌の 1934 年 6 月 16 日号に震撼させる結果を掲載

させることとなった：彼のグループが**超ウラン元素** (transuranic elements) を造り出した，それはウランの有する原子番号よりも大きなものを意味する．ウランが最重量元素であることが知られていたから，これは新元素を合成したと彼らが信じたことを意味する．もしもこれが真実なら，これこそが記念すべき進展であろう．

フェルミのラジカルな主張は中性子衝撃でベータ崩壊を生じさせる活性化を達成した事実を基礎としていた．しかしながらその結果は，半減期が 10 秒，40 秒，13 分の証拠とともに少なくとも 2 つ以上の半減期は 1 日を超えるものであり，それは複雑なものだった．どれが崩壊系列に属するのか，どれが平行シーケンスなのか皆目見当がつかなかった．しかしながらシーケンスが起きようが，上述した金反応のようにベータ崩壊を伴う，多分第 1 段階はウランの重同位体形成だった，と：

$$ {}^{1}_{0}n + {}^{238}_{92}\mathrm{U} \rightarrow {}^{239}_{92}\mathrm{U} \xrightarrow{\beta^-} {}^{239}_{93}X, \tag{2.47} $$

ここで X は新たな，超ウラン元素を示す[*10]．

13 分の崩壊は研究に都合良かった，ローマ・グループはウラン衝撃から崩壊生成されたものを化学的に分離する操作を行った．分析では鉛 ($Z = 82$) とウランの間の元素のどれも現れなかった．標的元素の 1 つまたは 2 つ大きな周期律表の位置への変化という自然または人工変換が観察されないため，新たな元素を創造したとの推定が完全に間違っていたのではないかと疑われた．

13 分放射能の生成物を分離し，フェルミと彼のグループは化学担体として二酸化マンガンを使い始めた．この原理的説明は以下の通り；もし元素 93 が実際に形成されたのなら，マンガン ($Z = 25$) と同じ周期律表の列（図 3.2 参照）に陥るものと予想される，それでこの 2 つは同じような化学的性質を有することが判る．しかしながらドイツの科学者イーダ・ノダック (Ida Noddack)（図 2.26）からローマの分析に対する批判が行われた．ノダックは 1925 年にレニウム発見に加わった 1 人であり，広く認められている化学者だった；彼女は 3 度もノーベル賞候補者となることになる．1934 年 9 月の論文で，ノダックは二酸化マンガンと伴に析出する莫大な元素類が知られていることに基づきフェルミを批判し，そして鉛よりも下位の原子番号の元素の可能性について調べるべきだと主張した．その中で何と先見の明のあるコメントが明示されていた，彼女は言及した，“重元素が中性子の衝撃を受けた時，原子核は幾つかの大きな破片へとバラバラになることが考えられる，その破片は勿論既知の元素であり，照射された元素の近傍のものでは無い” と．ノダックの “バラバラになる” (breaking up) が現在は “分裂” (fission) として知られている．

重原子核は分裂するに違いないとの示唆でノダックは時代の先端に立っていた．皮肉にも，フェルミは多分核分裂導入**および**超ウラン元素の形成の両方だったのだろう．ウランで最も普通の同位体核，U-235（天然ウランの 99% を超える）は，フェルミが用いていた非常に高速度

[*10] 訳註：　原子番号 92，93，94 の元素名がそれぞれウラン (U)，ネプツニウム (Np)，プルトニウム (Pu) である．これら名称は惑星に由来している；天王星は**ウラノス**でギリシア神話の天空の神**ウラノス**の名前がそのまま付けられている．海王星は，ローマ神話での海の神の名前で**ネプチューン**．ギリシア神話では海神**ポセイドン**にあたる．冥王星はギリシアで冥界の王**プルート**，ギリシア神話のハーデスの別名：**プルトン**である．

図 2.26　イーダ・ノダック (1896-1978).　出典　http://commons.wikimedia.org/wiki/File:Ida_ Noddack-Tacke.png

の中性子によって衝撃を受けた時に核分裂する，しかし遅い中性子に当てられた場合は中性子を捕獲し，引き続きネプツニウムやプルトニウムへと壊変する．これらの過程については次の章で充分に議論しよう．

真面目に採り上げられることの無かったノダックのアイデアは，あくどい女性差別の例として時々紹介された．しかしその理由は更にもっと面白みの無いことだった．彼女はそのような分割をエネルギー計算の支え無しに提案したのだった，そして核反応の数年にわたる経験は常に被衝撃元素の原子番号に近いものの生成を示すのだったのだから．誰もがそのような分割（スプリット）を予想する理由を見出し得なかったのだ．オットー・フリッシュはノダックの論文が“揚げ足取りの批難”だと感じた．どのような場合でも，1934年夏までに，フェルミのグループは13分のウラン放射能のレニウムを基礎とした改良型化学分析法の開発を終えた，この方法は超ウランの説明を強化するものとして顕れたのだった．

フェルミの次の発見は，プルトニウムを基礎とした核兵器の開発へ至る転換点の実証をしたことだろう．1934年暮，彼のグループは種々の元素で生起される放射能の評価のためにさらに精度を上げて定量化することが必要であると決定した；その前までは，定性的に“強い-中庸-弱い”区分のみで選定していた．標準放射能量として，彼らは銀に導入された半減期2.4分のを用いていた：

$$ {}^{1}_{0}n + {}^{107}_{47}\mathrm{Ag} \rightarrow {}^{108}_{47}\mathrm{Ag} \xrightarrow[2.39\,\mathrm{min}]{\beta^-} {}^{108}_{48}\mathrm{Cd}\,. \tag{2.48} $$

しかしながら，すぐに困難に直面した：銀に導入した放射能強度が研究所内の試料照射場所に依存しているように思われたのだ．取り分け，木製テーブル上で照射された銀は大理石テーブル上のと比べて一層放射能強度が増していた．何が起こったのか見極めようと，一連の校正実験を行った，その中の幾つかは中性子源と標的試料間に挟み込んだ鉛層による中性子の“フィルタリング”(filtering) 効果の調査へと巻き込むこととなった．

フェルミが 1934 年 10 月 22 日に重要なブレークスルーを成し遂げた：“私が研究室に入ったある日のこと，入射中性子前の鉛片の位置効果を調べるべきであるとの考えが浮かんだ．私の通常の習慣に変えて，精密に加工された鉛片を徹底的に塗りつぶした．明らかに，何かが足りないと感じた；鉛片をその場所に置くことを延期する許しをこうように努めた．最後に，幾らか落胆しつつ，それを在るべき位置へ挿入して独り言を言った：“鉛のこの一片をここへ置くのを望んでいないのだ；私が望んでいるのはパラフィンの一片だ”．それは，先発警告無し，先立つ理由の自覚も無いようなものだった．私は直ちにパラフィンの断片を取り，鉛片が在った場所に取りつけたのだった”．

フェルミが驚いたことに，パラフィンの存在が導入放射能量のレベルを上昇させたのだった．さらなる実験は，この効果が水素を含むフィルタリング物質の特徴であることを示した；パラフィンと水が最も効果のある物質である．この発見の数時間内で，フェルミは作業仮説をうちたてた：水素核との衝突で減速されることで，中性子は標的核の近傍内により多く留まり，反応を導くにちがいない．中性子と陽子は本質的に同一質量を有し，ビリヤード球のように，正面衝突は本質的に中性子を停止させてしまうだろう．原子は常に絶対零度を超える温度では，それに依るランダム運動をしており，入射中性子が完全に停止してしまうことは無いだろう，しかし実用上，数センチメートルのパラフィンまたは水がその媒体の温度で特徴付けられる平均速度に戻すのに必要なだけである．この過程は現在“熱中性子化”(thermalization) と呼ばれている．核物理学者は“熱”中性子を 298 K または 77 °F と等価な運動エネルギーを有するものと定義している——ローマの 10 月の日中温度に比べてそんなに温かい温度では無い．熱中性子の速度は約 2,200 m/s であり，それに対応する運動エネルギーは約 0.025 eV である，これはフェルミのラドン-ベリリウム中性子の ~ 10 MeV に比べて非常に小さい．熱中性子は“低速”中性子としても知られている；MeV スケールの運動エネルギーを有する中性子は，明白な理由により，“高速”の用語が使われている．水やパラフィンは現在，“減速材” **(moderator)** として知られている，黒鉛（グラファイト：結晶化炭素）もまたこの範疇で良い働きをする．フェルミの木製研究机は，その水分含有によって，彼の大理石で覆った机に比べさらに有効な減速材であったのだ．

“高速”中性子と“低速”中性子が何を意味するのかを明確にしよう．ウランが中性子によって衝撃された時，何が起きるかは中性子の運動エネルギーに決定的に依存している．高速中性子と低速中性子は，原子炉と爆弾の機能が何故異なるのか，何故爆弾が作動させるために“濃縮”ウランを必要とするのかの，核心部分に横たわるものである．これは多数の相互に入り組んだ複雑な話題である；この高速対低速の事象のさまざまに派生した結果の詳細な分析を次章に当てよう．

フェルミの掘り出し上手な発見のフォローで，彼のグループは彼らが以前高速（エネルギー大の）中性子衝撃を行った全ての元素の再調査を始めた．大規模な結果が 1935 年春に発行された論文で報告された．幾つかの標的元素で，その効果は劇的だった：バナジウムと銀の放射能強度は，非減速中性子によって達成されたもの各々40倍，30倍にも増加した．ウランもまた約1.6倍のファクターで放射能強度が増加した．

より遅い中性子は反応を引き起こすより大きいチャンスを持つとのフェルミ仮説は，現在は反応**断面積** (**cross-section**) の概念で定量化されている．これは，衝撃粒子で反応を引き起こす結果を導く標的核の有効に寄与することの出来る断面積の尺度を意味する．ド・ブロイ波長 (de Broglie wavelength) として知られる量子力学効果に由り，標的核は早い衝撃粒子に比べて遅い衝撃粒子のほうがより大きく**顕れる**，ときには数百倍もの大きさで．標的核の可能な反応チャンネルは衝撃粒子エネルギーの関数としてそれぞれが特徴的な挙動に走る断面積を有している．

断面積はギリシャ文字シグマ (σ) で表示されている，これは英文字の "s" と同じものである，それは表面積の単位を有する暗示として供されたものである．断面積の基礎単位は "バーン" (**barn**) である; $1\ \mathrm{bn} = 10^{-28}\ \mathrm{m}^2$．この非常に小さな数は，原子核の幾何学的断面積を特徴付けるものである，この数値は実験経験を介して近似的には質量数の項で与えられている

$$\text{幾何学的断面積} \sim 0.0452\, A^{2/3}\ (\text{barns})\,. \tag{2.49}$$

例として図2.27に，エネルギーが10^{-11}から10 MeVまでの中性子の衝撃によるアルミニウム-27の "放射化捕獲断面積" を示す（Al-27はアルミの安定同位体の1つである）．この反応で，アルミニウムは中性子を吸収し，ガンマ線を介して幾らかのエネルギーを発し，(2.45)式の3チャンネル反応の分岐を介して最終的にケイ素へ崩壊する；"捕獲" (capture) と "放射" (radiation) の両方が起きる，従ってそれらが断面積の名前となる．図の両軸の尺度は対数表示である；エネルギーの範囲および断面積の範囲が広大であるからだ．MeV単位で計測されるなら，熱中性子の対数（エネルギー）は～ −7.6を有する．Al-27原子核ではその幾何学的断面積は約0.407バーン，または対数（面積）= -3.91となる．高速中性子において反応断面積は典型的に標的核の幾何学的断面積の大きさとなっている．

図2.27中のスパイク群は "捕獲共鳴線" (resonance capture lines) として知られている．原子軌道電子が異なるエネルギー準位へ励起出来るように，原子核内での陽子と中性子もそう出来る；衝撃粒子が中性子を高エネルギー水準へ励起するにピッタリのエネルギーに共鳴エネルギーが該当する．多数の核子が生まれるので，その共鳴スパイクの構造は複雑である；さらにダイナミックな例として，図3.11にウラン-238の中性子捕獲断面積のグラフを見れば良い．

フェルミは1938年，中性子照射による新放射性元素の存在の立証に対するノーベル物理学賞を受賞した．フェルミの妻と子供達はユダヤ人だった，そこで彼と家族はストックホルムへの旅を口実にし，イタリアで急速に猛威をふるい始めたファシストの政治的状況を逃れ，そのまま引き続いてアメリカへ移民した，アメリカにおいて，彼は既にコロンビア大学の地位を手配して置いたのだった．フェルミ一族のアメリカ分家が1939年1月2日に設立された．

核分裂発見の物語を続ける前に，ざっとしかし重要なその間に起きた発見を話す必要が有る．それは，フェルミがその元素の単独体と推定してしまっていたU-238に比べて非常に少ない量の同位体であるウランが含有している第2番目の同位体のことである．1931年，フランシス・アストン (Francis Aston) が彼の質量分析器で六フッ化ウランを走らせ，質量番号238

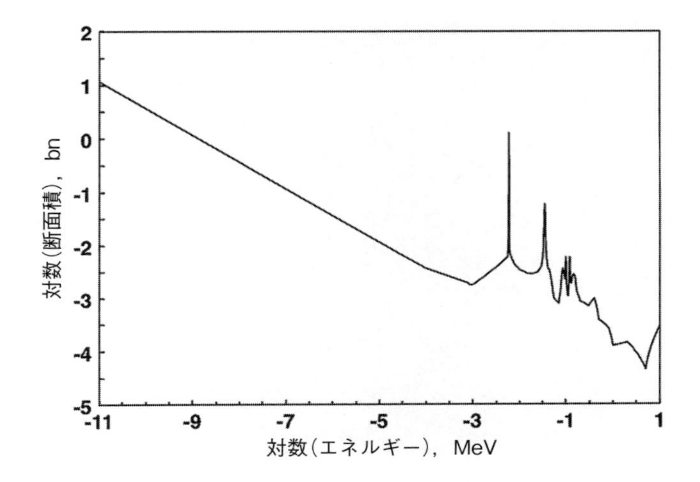

図 2.27　アルミニウム-27 の中性子に対する放射化捕獲断面積

の同位体のみが存在していると結論付けた．1935 年夏，シカゴ大学のアーサー・デムスター (Arthur Dempster)（図 2.28）がさらに軽い同位体，質量数 235 の証拠を発見した．デムスターは U-235 が質量数 238 の姉妹同位体の 1 パーセント未満の少量の存在であると推定した．数年以内に，その 1 パーセントが実に大変重要であることが実証されることとなる．

2.5　質量欠損と結合エネルギーの他からの視点（選択自由）

2.1.4 節で，質量欠損と結合エネルギーは交換可能なものとして取り扱った．しかしながら，それらは分離しているものである，しかし関連する量でもある．結合エネルギーの厳密な定義は本節で述べられている，この節は選択可能である．

原子の質量は**質量単位** (mass units) で計測されている．短縮して単純に u で表し，この原子単位は中性炭素-12 原子の質量の 1/12 と定義されている．化学者達はこの質量単位を “ドルトン” (Dalton) として知っているだろう，旧い読者は用語**原子質量単位** (atomic mass unit：amu) がもっと慣れていることだろう．その数値は，

$$1\,u \;=\; 1.660539 \times 10^{-27}\ \mathrm{kg}\,. \tag{2.50}$$

図 2.28　アーサー・デムスター (1886-1950).　　**出典**　http://commons.wikimedia.org/wiki/File:Arthur_ Jeffrey_ Dempster - Portrai.png

陽子，中性子，電子の質量単位は，

$$m_p = 1.00727646677\ u \tag{2.51}$$

$$m_n = 1.00866491597\ u \tag{2.52}$$

$$m_e = 5.4857990943 \times 10^{-4}\ u\,. \tag{2.53}$$

ここでの重要な換算値は，1 質量単位と等価なエネルギーが 931.494 MeV であることだ；この値は $E = mc^2$ に由来している．この値は記号 ε で与えられる：

$$\varepsilon = 931.494\ \mathrm{MeV}\,. \tag{2.54}$$

中性原子は Z 個の陽子，Z 個の電子，N 個の中性子が集まって構成される．(2.51) 式-(2.53) 式の表示法において，その組み立て原子質量は，$Z(m_p + m_e) + N(m_n)$ 質量単位と等しい．しかしながら，自然に生じた "組み立て" 中性原子はこの論拠で予測した値に比べて常に軽い．原子の**結合エネルギー (binding energy**：E_B) はその組み立て原子の "真の" 測定質量 m_U とその素朴な予測質量間の（質量単位での）差異として定義される，エネルギー等価として全てを表すと：

$$E_B = [\,Z(m_p + m_e) + N(m_n) - m_U\,]\,\varepsilon\,. \tag{2.55}$$

(2.51) 式-(2.53) 式を (2.55) 式に代入して，結合エネルギーは下式で与えられる，

$$E_B = [\,938.783Z + 939.565N - 931.494m_U\,]\ \mathrm{MeV}\,. \tag{2.56}$$

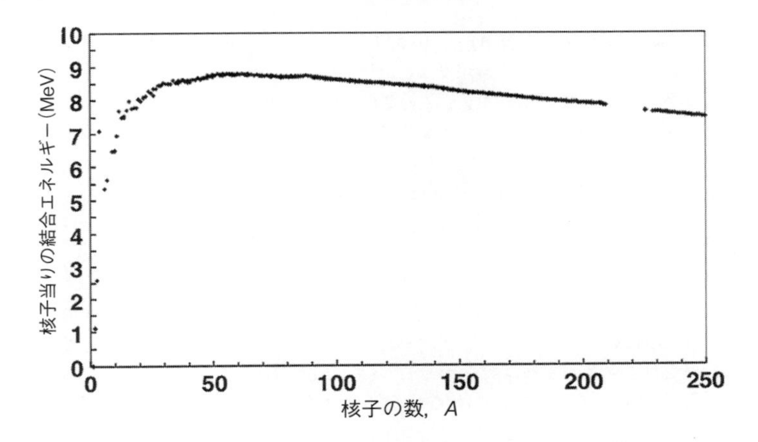

図 2.29　350 種の安定核と準安定核の結合エネルギー曲線

例えば，鉄-56（$m_U = 55.934937$）では：

$$E_B = 938.783\,(26) + 939.565\,(30) - 931.494\,(55.934937) = 492.2\ \text{MeV}\ .$$

2.1.4 節での誤解させる言及を正すため，この結合エネルギーとは原子核を一緒に拘束するエネルギーであり，質量欠損では無い；正の質量欠損は自らを不安定化させることは無いのだ．安定原子は正値の E_B を持っだろう，しかし逆に，正値の E_B が必ずしも固有安定性を意味するものでは無い．例えば，ウラン-235 の結合エネルギーは $E_B = 1,784$ MeV であるが，不安定でアルファ崩壊している，これは本質的には量子力学効果であり，エネルギーのみを考慮するだけでは理解出来ない．

重元素での E_B 値は大きい．**核子**当たりの結合エネルギーを核子数 A に対して，グラフにプロットすることはさらに都合が良い．これを図 2.8 と同じ 350 種の原子核のプロットとして図 2.29 に示す．このプロットから直ちに $A > \sim 25$ で，原子核内の各の核子が約 8 MeV/核子近傍の原子核構造へと "くっ付けて" (glued) いると，我々に語っている．このプロットは "結合エネルギー曲線" として知られている．鉄-56 では $E_B/A = 8.79$ MeV/核子 である．

練習問題

2.1　1 モル当たり A グラムと密度 ρ g/cm^2 の原子重量を持つ元素を考えよ．もしも原子が半径 R の剛球で稠密に詰められているとしたなら，各の原子は事実上 $8R^3$ の体積を占める．その R は近似的に下式で表現出来ることを示せ，

$$R \sim 0.59(A/\rho)^{1/3}\ \text{Å}\ .$$

この結果をリチウム；$(\rho, A) = (0.534\ \mathrm{g/cm^3}, 7\ \mathrm{g/mol})$ とアルミニウム；$(\rho, A) = (18.95\ \mathrm{g/cm^3}, 238\ \mathrm{g/mol})$ に適用せよ． [答：各のケースで $R \sim 1.4$ Å]

2.2 100食品カロリーのスナック菓子は約 2.6×10^{18} MeV に等しいことを示せ．

2.3 原子重量226 g/molを持つラジウムを採用する．ラジウムの各々のアルファ崩壊のエネルギーは4.78 MeVである．1 gラジウムの全てが崩壊し，そのエネルギーの全てが質量 m を高さ $h = 1\ \mathrm{mile} = 1,609\ \mathrm{m}$ まで上げることに費やされたとするならば，どのくらいの質量を上げることが出来るのか（ヒント：mgh）？ラザフォードの推定500 tを楽観値として見つけ出すだろう，しかしその答えとして129,000 kg~143 tがいまだに印象強い．

2.4 新たに分離されたラジウム-226を考える（$t_{1/2} = 1,599$ 年）．もしも各々のアルファ崩壊が4.78 MeVを解放するとしたならば，そのサンプルが分離されてから最初の1年間に放出されたエネルギーは幾らか? [答：884 kJ]

2.5 カリウム (potassium) 50 mgを含むスポーツ飲料は，アスリートの電解質レベル回復を助けるために供されている．しかしながら天然カリウムの同位体の1つがK-40で，これは半減期12.5億年を持つベータ崩壊核種である．この同位体は天然カリウム中に1.17%のレベルで存在する．カリウムの平均原子重量を39.089 g/molとするなら，1回の供給でベータ放射能量が消費されるレベルとは何か——少なくとも，それが排泄されるまで? [答：158 decay/s]

2.6 核子番号と原子核半径 $a_O = 1.2 \times 10^{-15}$ m 間での経験的関係 $R \sim a_O A^{1/3}$ が与えられている，原子核の幾何学的断面積である (2.49) 式を証明せよ．

2.7 粒子加速器で，高い原子番号の核種を合成する努力として，カルシウム原子 $(Z, A) = (20, 40)$ を静止しているウラン標的 $(Z, A) = (92, 238)$ に衝突させる計画である．クーロン障壁に打ち勝つのはどの位か? [答：230 MeV]

さらに読む人のために：単行本，論文および報告書

G. Acocella, F. Guerra, N. Robotti, Enrico Fermi's discovery of neutron-induced artificial radioactivity: The recovery of his first laboratory notebook. Phys. Perspect. **6** (1), 29-41 (2004)

E. Amaldi, O. D'Agostino, E. Fermi, B. Pontecorvo, F. Rasetti, E. Segrè, Artificial radioactivity produced by neutron bombardment——II. Proc. Roy. Soc. London. Ser. A **149** (868), 522-558 (1935)

F. Aston, Neon. Nature **104** (2613), 334 (1919)

F. Aston, A positive ray spectrograph. Phil. Mag. Ser. 6, 38(228), 707-714 (1919)

F. Aston, The constitution of atomospheric neon. Phil. Mag. Ser. 6, 39(232), 439-445 (1920)

F. Aston, The mass spectra of chemical elements. Phil. Mag. Ser. 6, 39(233), 611-625 (1920)

F. Aston, Constitution of thallium and uranium. Nature **128** (3234), 725 (1931)

L. Badash, Radioactivity before the Curies. Am. J. Phys. **33** (2), 128-135 (1965)

L. Badash, The discovery of thorium's radioactivity. J. Chem. Educ. **43** (4), 219-220 (1966)

L. Badash, The discovery of radioactivity. Phys. Tody **49** (2), 21-26 (1996)

L. Badash, J.O. Hirschfelder, H.P. Broida (eds.), *Reminiscences of Los Alamos 1943-1945* (Reidel, Dordrecht, 1980)

H. Becquerel, Sur les radiations émises par phosphorescents. Comptes Rendus **122**, 420-421 (1896a)

H. Becquerel, Sur les radiationes invisible émises par les corps phosphorescents. Comptes Rendus **122**, 501-503 (1896b)

H. Becquerel, Contribution à l'étude du rayonnement du radium. Comptes Rendus **130**, 120-126 (1900a)

H. Becquerel, Déviation du rayonnement du radium dans un champ électrique. Comptes Rendus **130**, 420-421 (1900b)

B. Boltwood, Note on a new radio-active element. Am. J. Sci. Ser. **4** (24), 370-372 (1907)

W. Bothe, H. Becker, Künstlich Erregung von Kern-γ-Strahlen. Z. Angew. Phys. **66** (5/6), 289-306 (1930)

A. Brown, *The Neutron and the Bomb: A Biography of Sir James Chadwick* (Oxford University Press, Oxfoed, 1997)

D.C. Cassidy, *A Short History of Physics in the American Century* (Harvard University Press, Cambridge, 2011)

J. Chadwick, Possible Existence of a Neutron. Nature **129** (3252), 312 (1932a)

J. Chadwick, The Existence of a Neutron. Proc. Roy. Soc. Lond. ***A*136**, 692-708 (1932b)

Curie, I., F. Joliot, F.: Émission de protons de grande vitesse par les substances hydrogénnés sous l'influence des rayons g très pénétrants. Comptes Rendus 194, 273-275 (1932)

Curie, I., F. Joliot, F.: Un nouveau type de radioactive. Comptes Rendus 198, 254-256 (1934)

Curie, P., Curie, S.: Sur une substance nouvelle radio-active, contenue dans la pitchblende. Comptes Rendus 127, 175-178 (1898). ここでのマリー・キュリー論文は "スクロドスカ" (Sklodowski) の "S" がイニシャルに使われている.

Curie, P., Curie, Mme. P., Bémont, G.: Sur une nouvelle substance fortement radio-active, contenue dans la pitchblend. Comptes Rendus 127, 215-1217(1898).*11

P. Curie, A. Laborde, Sur la chaleur dégagée spontanément par les sels de radium. Comptes Rendus **136**, 673-675 (1903)

A.J. Dempster, Isotopic constitution of uranium. Nature **136** (3431), 180 (1935)

N. Feather, Collision of neutrons with nitrogen nuclei. Proc. Roy. Soc. Lond. **136*A*** (830), 709-727 (1932)

B.T. Feld, G.W. Szilard, K. Winsor, The collected works of Leo Szilard, Vol. I——Scientific Papers. (MIT Press, London, 1972)

E. Fermi, Radioactivity induced by neutron bombardment. Nature **133** (3368), 757 (1934a)

*11 訳註： Curie, Mme. P.：ピエール・キュリー夫人.

E. Fermi,　Possible production of elements of atomic number higher than 92. Nature **133** (3372), 898-899 (1934b)

E. Fermi, E. Amaldi, O. D'Agostino, F. Rasetti, E. Segré,　Artifical radioactivity produced by neutron bombardment. Proc. Roy. Soc. Lond. Ser. ***A*** **146** (857), 483-500 (1934)

O.R. Frisch,　The discovery of fission. Phys. Today **20** (11), 43-52 (1967)

H. Geiger, E. Marsden,　On a diffuse reflection of the $\alpha-$particles. Proc. Roy. Soc. Lond. ***A*82** (557), 495-500 (1909)

F. Guerra, M. Leone, N. Robotti,　Enrico Fermi's discovery of neutron-induced artificial radioactivity: Neutrons and neutron sources. Phys. Perspect. **8** (3), 255-281 (2006)

F. Guerra, N. Robotti,　Enrico Fermi's discovery of neutron-induced artificial radioactivity: The influence of his theory of beta decay. Phys. Perspect. **11** (4), 379-404 (2009)

F. Guera, M. Leone, N. Robotti,　The discovery of artificial radioactivity. Phys. Perspect. **14** (1), 33-58 (2012)

J. Hughes,　1932: The annus mirabilis of nuclear physics Phys. World **13**, 43-50 (2000)

J.G. Jenkin,　Atomic energy is "moonshine": Wat did Rutherford really mean? Phys. Perspect. **13** (2), 128-145 (2011)

F. Joliot, I. Curie,　Artificial production of a new kind of radio-element. Nature **133** (3354), 201-202 (1934)

Knolls Atomic Power Laboratory,　Nuclides and Isotopes Chart of the Nuclides, 17th edn. http://www.nuclidechart.com/

H. Kragh,　Rutherford, radioactivity and the atomic nucleus. http://arxiv.org/abs/1202.0954

F. Kuhn, Jr,　Chadwick calls neutron 'difficult catch'; his find hailed as aid in study of atom. New York Times, Feb 29, 1932, pp. 1, 8

W. Lanouette, B. Silard,　*Genius in the Shadows: A Biography of Leo Szilard. The Man Behind the Bomb* (University of Chicago Press, Chicago, 1994)[*12]

E.O. Lawrence, N.E. Edlefsen,　On the production of high speed protons. Science **72** (1867), 376 (1930)

E.O. Lawrence, D.H. Sloan,　The production of high speed mercury ions without the use of high voltages. Phys. **37**, 231 (1931)

E.O. Lawrence, M.S. Livingston,　A method for producing high speed hydrogen ions without the use of high voltages. Phys. **37**, 1707 (1931)

D. Neuenschwander,　The discovery of the nucleus.　Radiations 17 (1), 13-22 (2011), http://www.spsnational.org/radiations/

D. Neuenschwander,　The discovery of the nucleus, part 2: Rutherford scattering and its after-

[*12] 訳註：　現在は Skyhorse Publishing よりペーパー・バックスで発行されている．他に S.R. Weart, G.W. Szilard, *LEO SZILARD: HIS VERSION OF THE FACTS*, Selected Recollection and Correspondent：伏見康治，伏見諭訳，『シラードの証言』，みすず書房，東京，1982 が翻訳書として出版されている．

math. The SPS Observer XLV(1), 11-16 (2011). http://www.spsobserver.org/

J.W. Nicholson,　The spectrum of nebulium. Mon. Not. R. Astron. Soc. **72**, 49-64 (1911)

I. Noddack,　Über das Element 93.　Zeitschrift fur Angewandte Chemie 47 (37), 653-655 (1934).　An English translation prepared by H.G. Graetzer is available at http://www.chemteam.info/ Chem-History/Noddack-1934.html

R. Peierls,　*Bird of Passage: Recollections of a Physicist* (Princeton University Press, Princeton, 1985)

F. Perrin,　Calcul relative aux conditions éventuelles de transmutation en chaine de l'uranium. Comptes Rendus **208**, 1394-1396 (1939)

D. Preston,　*Before the Fallout: From Marie Curie to Hiroshima* (Berkley Books, New York, 2005)

B.C. Reed,　Chadwick and the discovery of the neutron. Radiations, 13 (1), 12-16 (Spring 2007)

B.C. Reed,　*The Physics of The Manhattan Project* (Springer, Berlin, 2011)

R. Rhodes,　*The Making of the Atomic Bomb* (Simon and Schuster, New York, 1986)：神沼二真，渋谷泰一訳，「原子爆弾の誕生――科学と国際政治の世界史　上/下」，啓学出版，東京，1993

E. Rutherford,　Uranium radiation and the electrical conduction produced by it. Phil. Mag. Ser. 5, xlvii, 109-163 (1899)

E. Rutherford,　A radio-active substance emitted from thorium compounds. Phil. Mag. Ser. 5, 49 (296), 1-14 (1900)

E. Rutherford,　The cause and nature of radioactivity――part I. Phil. Mag. Ser. 6, 4 (21), 370-396 (1902)

E. Rutherford, F. Soddy,　Radioactive change. Phil. Mag. Ser. 6, v, 576-591 (1903)

E. Rutherford, H. Geiger,　An electrical method of counting the number of α particles from radioactive substances. Proc. Roy. Soc. Lond. **81** (546), 141-161 (1908)

E. Rutherford, T. Royds,　The nature of the α particle from radioactive substances. Phil. Mag. Ser. 6, xvii, 281-286 (1909)

E. Rutherford,　The scattering of α and β particles by matter and the structure of the atom. Phil. Mag. Ser. 6, xxi, 669-688 (1911)

E. Rutherford,　Collision of a particles with light atoms. IV. An anomalous effect in nitorogen. Phil. Mag. Ser. 6, 37, 581-587 (1919)

E. Segrè,　*Enrico Fermi Physicist* (University of Chicago Press, Chicago, 1970)：久保亮五，久保千鶴子訳，「エンリコ・フェルミ伝　原子の火を点した人」，みすず書房，東京，1976

F. Soddy,　Intra-atomic charge. Nature **92** (2301), 399-400 (1913)

G. Squires,　Francis Aston and tha masss spectrograph.　J. Chem. Soc. Dalton Trans. **23**, 3893-3899 (1998)

J.J. Thomson,　Cathode rays. Phil. Mag. Ser. 5, 44 (269), 293-316 (1897)

J.J. Thomson,　On rays of positive electricity. Phil. Mag. Ser. 6, 13 (77), 561-575 (1907)

S. Weinberg,　*The Discovery of Subatomic Particles* (Cambridge University Press, Cambridge,

2003)
R. Wideröe,　Uber ein neues Prinzip zur Herstellung hoher Spannungen. Arkiv fur Electrotechnik **21** (4), 387-406 (1928)

ウエーブ・サイトおよびウエーブ文書

Lawrence Berkeley National Laboratory　http://www.lbl.gov/Science-Articles/Research-Review/Magazine/1981/81fchpl.html
McGill University website on Rutherford.　http://www.physics.mcgill.ca/museum/emanations.htm

第3章

核分裂発見とその解釈

エンリコ・フェルミの中性子誘起放射能発見から核分裂発見までの4年間の進展物語の役がサスペンス小説のように割り当てられたなら，多分，信用されるにはあまりにも出来過ぎているとして信じてもらえないだろう．明らかに全てのデータが合理的で，相互の仮説を支持し，実験的ニアミス，前例の無い解釈によって，化学探知研究によるこれまでの真理を計りしれない混乱へと突き落とすように企まれてしまったのだった．科学史家，ルス・シム (Ruth Sime) は核分裂発見を科学発見の非論理的発展の例として取り上げている．

幸いにも，物理学史は推理小説のごとき同じ文学的因習と結びついて無いのだから，そのケースの究極の解答を表へ投げ去っても何の痛手でも受けない；この成り行きを留意しておくことは，核分裂発見にもがき続けた生みの苦しみを理解する手掛かりとなる．核分裂過程で何が起きたのかの記述から本章の扉を開こう．

3.1　核分裂の発見

ウランまたは同様な重元素において，衝撃中性子に当たった時，核分裂 (nuclear fission) では膨大なエネルギー放出と基本的に2個または3個の中性子の即時放出を伴いながらより軽い2つの核に割れる．分裂 (**fission**) はウランへの中性子衝撃の結果，バリウムとクリプトンが検出されたことにより初めて発見された：

$$ {}_{0}^{1}n + {}_{92}^{235}\mathrm{U} \;\rightarrow\; {}_{56}^{141}\mathrm{Ba} + {}_{36}^{92}\mathrm{Kr} + 3\,({}_{0}^{1}n)\,. \tag{3.1} $$

この反応は U-235 であって，最も一般的に存在している U-238 で無いことに，聡明な読者は注目するだろう．これが本論の物語の最も重要な部分である，そのためにこの節とそれ以降の節とのバランスを取りながら説明を加えていかなければならない．

本書でこれまで述べて来たもの（または 1938 年において既知の反応）とは，数多くの点で似てい無い反応である．第1に，周期律表のウラン近傍元素の生成が無い．アルファ崩壊，ベータ崩壊または中性子衝撃は常に被衝撃元素の高々1ないし2へ原子番号を変えるだけであり，放射化学者達は自然とその“近傍”の生成物の発見に傾注した，そのような放射性物質が蓄積された経験から相当離れているとは少しも想像しなかった．第2に，この反応で放出されたエネルギー，約 170 MeV が核反応の猛烈な標準であるにせよ，あまりにも大きすぎた．このエネルギーの多くは核分裂生成物の運動エネルギーとして顕れる．第3に，この反応はレオ・シラード (Leo Szilard) が予想した通り，3個の“2次中性子” (secondary neutrons) を生み出す．

この反応の明らかにマイナスの帰結は，核分裂生成物がそれらの Z 値（原子番号の増加と伴に中性子が過剰になることを思い起こせ）に対して大変な中性子過剰である故に，それらが安定化するまで引き続き一連のベータ崩壊を続ける．核分裂の**生成物**はエネルギー放出の破壊的効果の後も長期間継続する放射性降下物 (radioactive fallout) の原因となる．核分裂爆弾は通常化学爆弾の単純なスケールアップでは**無い**（使用済燃料棒にも核分裂生成物が含まれているが，燃料棒がリサイクルされるまで，その生成物は燃料棒内に留まる）．

フェルミと共同研究者達は何故，1934年の高エネルギーの核分裂破片 (fission fragments) 発見に失敗したのか? その元凶は彼らのラドン・ベリリウム中性子源の性質に在った．アルファ放射体であるのに加え，ラドンは相当なガンマ線放射体でもある，そしてこれらガンマ線が，ガイガー計数器を中性子源近傍に置いた時に，望ましくないバックグランド信号上昇を引き起こしたのだった．結局，ローマ・グループが設定した手順は，標的試料を照射し，そして文字通り室内の半分の距離まで中性子源を遠ざけた．この実験のゴールは遅発効果の発見だったので（誘起物質半減期がしばしば分のオーダーだった），この手順が彼らの結果に影響しなかった．しかし，検出されてしかるべき如何なる高エネルギー核分裂破片も，試料が検出器に到着する時間までには静止してしまった．超ウラン元素の崩壊とローマ・グループが判断したものは，核分裂破片からのベータ崩壊であった，しかしながら超ウラン元素も疑いなく生成されていた，この件は後で述べよう．フェルミと彼のグループはウラン衝撃での半減期13分の生成物に注目した．通常の核分裂生成物はバリウム，特にこの元素の同位体，Ba-131である；これが多分彼らが検出したものであろう．核分裂が起きるであろうことをフェルミは全く予測してない，そして彼の実験手配がその検出に対して彼をバイアスにかけていると考えることすら全くし無かった．先例を参考にすることは常に完全なのだから中性子衝撃を介して超ウラン元素が生成出来たとのフェルミの主張は，原子核研究コミュニティの強い関心をよんだ．フレデリックとイレーヌ・ジョリオ-キュリーに加えて，そのコミュニティの他の主要リーダーは，ベルリンのカイザー・ウイルヘルム化学研究所のオットー・ハーンとリーゼ・マイトナーだった（図3.1）．放射化学者，ハーンと物理学者，マイトナーは知己同士で，30年間に亘りしばしば共同研究を行っていた．1918年，彼らは希元素のプロトアクチニウム ($Z = 91$) を発見し，1930年代までに放射性元素の化学および物理の長年の経験を積んでいた．マイトナーはフェルミの実験に興味をおぼえ，1935年に低速中性子衝撃下でどの様にウランが変換されるのかを正確に分類するための新たな共同研究をハーンに持ちかけた．この研究の助けとして，化学者，フリッツ・シュトラスマンを加えた．

推定上の新元素を同定するためのベルリン・グループの研究課題理解には，彼らの化学的手順の特徴を理解することが助けとなる．1930年代，トリウム，プロトアクチニウム，ウランのような重元素は周期律表の第7番目の行を占める“遷移” (transition) 元素と考えられていた；これは，化学的性質が似ていると推定していた周期表の同列上元素に比べてさらにお互いの化学的性質が一層似ているとして彼らが“アクチニド元素” (actinide elements) の分かれたグルー

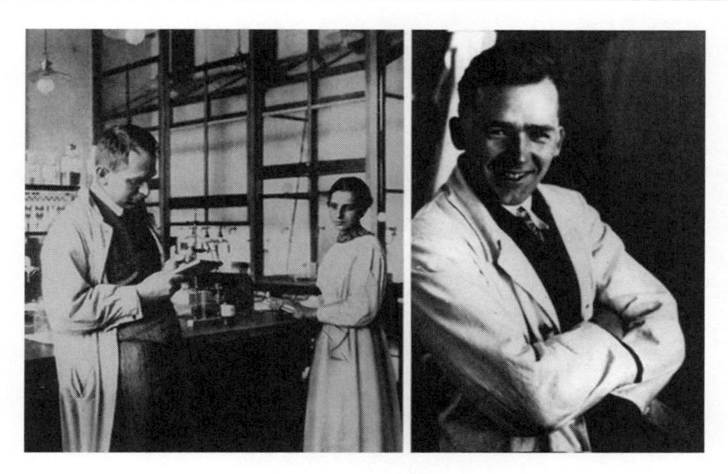

図 3.1　左 研究室でのリーゼ・マイトナー (1878-1968) とオットー・ハーン (1879-1968)，1913 年．左 フリッツ・シュトラスマン (1902-1980).　出典 http:// commons.wikimedia.org/wikipedia/wiki/File: Otto_ Hahn_ und_ Lise_ Meitner.jpg；AIP エミリオ・セグレ視覚記録文庫，Irmgard Strassman 寄贈.

プとして認識する以前のことであった．このアクチニド行に沿って動くと，外殻とは異なり，内側電子殻，$5f$ 殻を追加電子が満たすものとして現在理解されている．この外殻電子配置はその行に沿って動くものとして，同一に保たれる，このことが何故同一の化学性質を有するのかの説明となる．

彼らの予想通り，元素 93, 94 などは周期律表の上列元素と似た化学的性質を有するであろうと推定された．それら元素は連続的にレニウム（推定上 $Z = 93$ を超える)，オスミウム（94 を超える)，イリジウム（95 超)，白金（96 超)，金（97 超）である；図 3.2 参照．その推定された新たな元素は仮の名としてエカ・レニウム (eka-rhenium: EkaRe)，エカ・オスミウム，等々が与えられた；“エカ” の語源は “超えて” (beyond) のギリシア文字から取ったものである．この見込みに沿って，ハーン，マイトナー，シュトラスマンは，遷移・金属化合物と伴に溶液から析出させてウランより彼らが導入させた放射性物質を分離した，そしてその放射能は捜し求めた超ウラン元素に由るものと自然に推定したのだった．

1937 年まで，この状況は極端な支離滅裂状態となった．ベルリン・チームはウラン衝撃から得られた，区分出来る，フェルミが決定したもの以上の 9 種類の半減期を同定した．これらは，原子番号が 97 まで上る，多くの新たな超ウラン元素を示すものと考えられた．この放射能物質は 3 つの可能な反応過程として定められていた：

$$\begin{aligned} & n + {}_{92}\mathrm{U} \rightarrow ({}_{92}\mathrm{U} + n) \xrightarrow[10\,\mathrm{s}]{\beta^-} \\ & \quad {}_{93}\mathrm{EkaRe} \xrightarrow[2.2\,\mathrm{min}]{\beta^-} {}_{94}\mathrm{EkaOs} \xrightarrow[59\,\mathrm{min}]{\beta^-} {}_{95}\mathrm{EkaIr} \xrightarrow[66\,\mathrm{h}]{\beta^-} {}_{96}\mathrm{EkaPt} \xrightarrow[2.5\,\mathrm{h}]{\beta^-} {}_{97}\mathrm{EkaAu}\ ? \end{aligned} \tag{3.2}$$

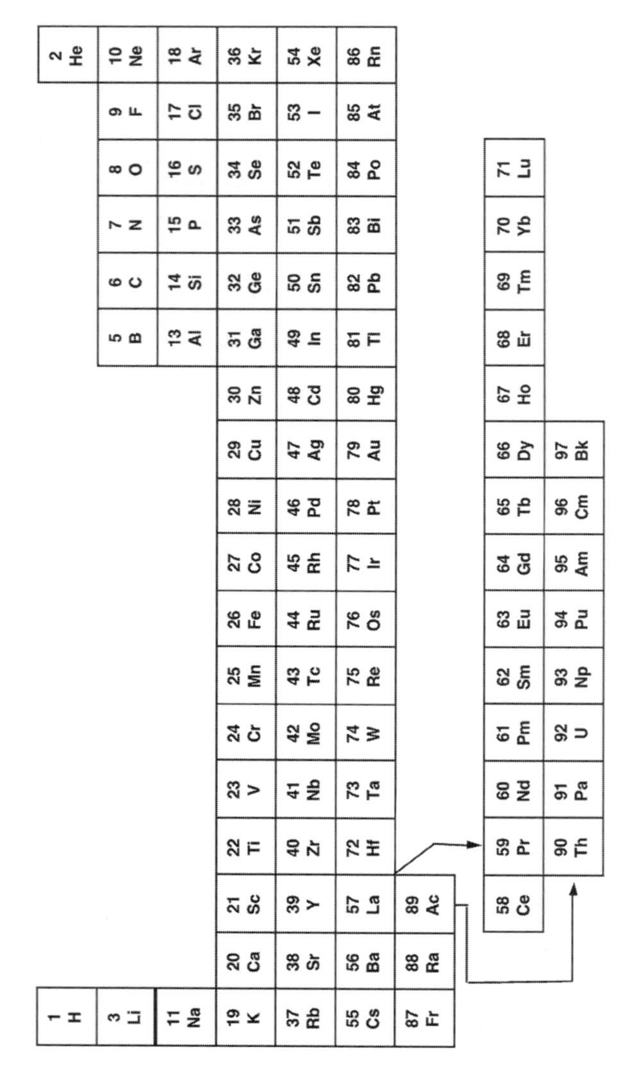

図 3.2　原子番号併記簡約周期律表．元素 58-71 は “希土類” 元素と呼ばれ，お互いに似通った化学性質を有する，その下位行の “アクチニド” 元素も同様の化学性質を有す．一方，所与列中の元素（“族” (families)）は似た化学性質を有する．原子番号 112 までの元素について現在，名称が付けられているが，本書で記述すべき事項は無い

$$n + {}_{92}\mathrm{U} \rightarrow ({}_{92}\mathrm{U} + n) \xrightarrow[40\,\mathrm{s}]{\beta^-} {}_{93}\mathrm{EkaRe} \xrightarrow[16\,\mathrm{min}]{\beta^-} {}_{94}\mathrm{EkaOs} \xrightarrow[5.7\,\mathrm{h}]{\beta^-} {}_{95}\mathrm{EkaIr}\ ? \tag{3.3}$$

$$n + {}_{92}\mathrm{U} \rightarrow ({}_{92}\mathrm{U} + n) \xrightarrow[23\,\mathrm{min}]{\beta^-} {}_{93}\mathrm{EkaRe}\ . \tag{3.4}$$

化学的に，これらの同定は確実と見えたものの，マイトナーはそれに対応する物理学を理解するために悪戦苦闘していた．どの様にして中性子はウラン中の 3 つの異なるエネルギー準位へ励起し得るのか? そのような状況はこれまで観察されたことは無い．この 3 つの拡張崩壊シーケンスもまた，以前の全ての経験に反しており，その最初の 2 つは “継承した” (inherited) 励起エネルギー準位を意味することを示していた．

1937 年 10 月，パリのイレーヌ・キュリーとポール・サヴィチ (Paul Savitch) が低速中性子のウラン衝撃結果から半減期ほぼ 3.5 時間のベータ崩壊同定を行ったことで，さらに困惑が増した，その放射能をベルリン・グループは観察していなかったのだった．キュリーとサヴィチはその崩壊が原子番号 90 のトリウムの寄与に違いないと示唆した．もしもこれが真ならば，熱中性子——運動エネルギーが 1 eV 以下を有するまで低速化させた中性子——はウラン核を誘発させアルファ粒子を弾き出す能力を有することを意味する．この推定反応は

$${}^{1}_{0}n + {}^{238}_{92}\mathrm{U} \rightarrow {}^{4}_{2}\mathrm{He} + {}^{235}_{90}\mathrm{Th} \xrightarrow[3.5\,\mathrm{h}]{\beta^-} {}^{235}_{91}\mathrm{Pa}\ . \tag{3.5}$$

このような反応はエネルギー的に可能なものの，アルファ放出の確率が量子力学から計算でき，それが殆んどありそうもないと解かった（天然ウラン U-238 のアルファ崩壊半減期は 45 億年である)．トリウムは事実ベータ崩壊核種で約 7.2 分の半減期を持つ；3.5 時間近傍の半減期を有するトリウム同位体は知られていなかった．ベルリンで，マイトナーはシュトラスマンにトリウムの捜査を依頼した．実際に存在していた，かつトリウム (Th) と誤った核分裂生成物の全体を見渡す方法で行ったのだが，それによって彼らはその証拠を見つけることが出来なかった．皮肉にも，1935 年のローマでは，エドアルド・アマルディが衝撃ウラン中のアルファ放射反応の証拠探しを試みた．しかしそれを行うのに，短半減期から生じるアルファは箔を通過して探知器に到達する程充分なエネルギーを有するとの理性的理由より薄いアルミニウム箔でその試料を包みこみ，ウランの自然アルファ崩壊の放射能量をフィルターではずしてしまった．彼はアルファを検知せず，しかもその箔が核分裂生成物をブロックしてしまったのだ．

1937 年 10 月はさらに暗澹たる事件でもまた注目を浴びた．10 月 19 日，アーネスト・ラザフォードがケンブリッジの自宅で転倒し，そのまま息を引き取った．ラザフォードの歩いた道は，核物理学の最初の偉大な時代を閉ざすために来たと言っても良い．元素 104，ラザフォジウムが彼の栄誉を記念して名付けられた；その最も安定な同位体 ^{267}Rf は自発核分裂半減期約 2 時間を持つ．

キュリーとサヴィチのさらなる研究結果が 1938 年 9 月に発行された論文誌で公にされた，そこで 3.5 時間のベータ放出体がランタン (La)，原子番号 57 の化学的性質に似ているようだと主張した．ランタンの周期律表上の同じ列中に，アクチニウム (Ac)，原子番号 89 が在る，このアクチニウムはウランからわずか 3 位置離れているだけだ，そこでその放射能をアクチニウムまたは多分新たな超ウラン元素に帰することが理にかなっているように思われた；彼らはランタンを実際に検出したと断言する主張をしなかった．直接，アクチニウムが造られると提

案するなら，以下の反応と言える

$$ {}^{1}_{0}n + {}^{238}_{92}\mathrm{U} \rightarrow {}^{7}_{3}\mathrm{Li} + {}^{232}_{89}\mathrm{Ac}\ , \tag{3.6} $$

それで問題が残った，もしもアルファ粒子放出確率が起こりそうもないなら，リチウム原子核放出確率は同程度に小さくなる．そこで陽子崩壊でアクチニウムを生み出す反応が続いて起きる原初のアルファ生成反応の修正版を仮定するに違いない，多分

$$ {}^{1}_{0}n + {}^{238}_{92}\mathrm{U} \rightarrow {}^{4}_{2}\mathrm{He} + {}^{235}_{90}\mathrm{Th} \xrightarrow[?]{\beta^{+}} {}^{235}_{89}\mathrm{Ac}\ . \tag{3.7} $$

ここでの問題は，この反応の陽子崩壊過程がエネルギー的に具合が悪い，$Q = -3.95\,\mathrm{MeV}$ を有するのだから．一方，キュリーとサヴィチの**化学**はトリウムまたはアクチニウムを示すものだった，既知の**物理学**の全てが彼らの提案した崩壊は起こりそうもないと見なしているようだった．キュリーとサヴィチは La-141 を検出していたかもしれない，現在では半減期 3.9 時間を有する核種として知られている；もう 1 つの可能性はイットリウム-92 である，これは 3.54 時間の半減期を有する；イットリウム (Y) もまたランタン (La)，アクチニウム (Ac) と周期律表の同列に在る．

この混乱が起きる 2, 3 ヵ月前，リーゼ・マイトナーはベルリンからの避難を余儀なくされた．オーストリアのユダヤ人家庭に生まれ，彼女のオーストリア公民権がドイツのユダヤ人排斥法 (anti-Semitic laws) から彼女を守ってくれると予想していた．この保護が 1938 年 3 月のドイツによるオーストリア併合によって終焉を迎えた．同年 7 月 13 日，財布の中身はたったの 10 マルクだけで文字通り生のみ着のままだけでオランダへと逃げた[*1]．最終的に彼女はスエーデンへ向かった，そこに在るノーベル実験物理学研究所の地位を彼女に与えていたからだ，しかし彼女がそんなに温かく迎えられたわけでもなく，特別な支援があったわけでもなかった．ハーンおよびシュトラスマンとの手紙のやり取りで共同研究を継続している間に，彼女のキャリアが根本的に破壊され，ペンションはナチス政府によって横取りされた．

数年後，ハーンはマイトナーの寄与を，核分裂発見に直接関わる物理学上の彼女の考察の示唆の点さえも，大きく否認してしまう．フリッツ・シュトラスマンは直截記録した："リーゼ・マイトナーがこの発見の**直接の**パートで無かったからといって，それが何なのか? ⋯ [彼女は] 我々のチームの知的リーダーだったのだから彼女が '核分裂発見' の現場に直接立ち合わなかっといっても彼女は我々の 1 人だった" と．ハーンは（単独で）1944 年のノーベル化学賞を受賞した，マイトナーとシュトラスマンはその発見に対して認知されなかったのだ，しかしながら元素 109，マイトネリウム (Meitnerium) に彼女の名誉を称える名称が現在名付けられている[*2]．

[*1] 訳註：　R.L. Sime, *Lise Meitner. A Life in Physics*, 1986；「リーゼ・マイトナー」，鈴木淑美訳，シュプリンガー・フェアラーク東京株式会社，東京，2004：第 8 章　亡命，でオランダへの亡命経緯が詳しく記述されている [pp. 193-219].

[*2] 訳註：　R.L. Sime, *Lise Meitner. A Life in Physics*, 1986；「リーゼ・マイトナー」，鈴木淑美訳，シュプリンガー・フェアラーク東京株式会社，東京，2004：ハーン単独受賞の経緯については，第 14 章　抑圧された過去，に詳しく記述されている [pp. 355-358].

ベルリンでは，ハーンとシュトラスマンはキュリーとサヴィチの 3.5 時間の放射能物質を探し続けた．マイトナーへの 10 月から 11 月の一連の手紙の中で，ハーンは彼らの進捗を詳しく伝えている．10 月 25 日までに，彼は 3.5 時間の放射能物質の存在を会得していたのだが，ラジウム同位体（元素 88）に関係していると疑っていた．11 月 2 日までに，2 ないし 3 のラジウム同位体の生成を証明するまでになっていた．もしそうであるなら，所謂 2 段階 2 重アルファ崩壊である，

$$ {}^{1}_{0}n + {}^{238}_{92}\mathrm{U} \rightarrow {}^{4}_{2}\mathrm{He} + {}^{235}_{90}\mathrm{Th} \rightarrow {}^{4}_{2}\mathrm{He} + {}^{231}_{88}\mathrm{Ra}\,, \tag{3.8} $$

これはキュリーとサヴィチの過程に比べてさらに起こりそうもないシーケンスであった．11 月 8 日，ハーンとシュトラスマンは 3 種のラジウム同位体と 3 種類のアクチニウム同位体の半減期を報告した論文を *Naturwissenschaften* 誌に送った．12 月中旬までに，ハーンとシュトラスマンは化学技法をさらに進化させ，彼らがラジウム同位体と考えてしまっていた物質が実際には**バリウム** (barium) 同位体（元素 56）であると驚かされる結果を招いた．ラジウムとバリウムは周期律表の同列であるが故に，それらが同時に取り出され，分類されることは驚くべきことでは無い．

ハーンは 12 月 19 日，月曜の夕刻にマイトナーへの手紙を書いた，その実験状況を説明し，ウランへの中性子衝撃で如何にしてウランのほぼ半分の原子質量だけの生成物を生じさせたのかと，彼女の意見を求めた．ウラン原子核が 2 つまたはそれ以上の破片へ割れてしまったことを意味する結果だとは，ハーンは明らかに未だ気付いていなかったのだ．マイトナーが依然としてそのチームの考慮すべきパートであることが 21 日のハーンからの第 2 番目の手紙によって示されている，その手紙に感情的文章が含まれている：“もしも以前と同じように一緒に研究していたなら，今現在は本当に素晴らしくエキサイティングでしたでしょうに”．

ハーンの最初の手紙はストックホルムのマイトナーのもとへ 12 月 21 日水曜日に届いた．そのような予期しなかった急旋回の出来ごとに興奮し，直ちに返事をしたためた：“あなた方のラジウムには大変驚きました ⋯ 現在そのような純然たるブレークアップの仮説は理解しがたいのですが，核物理学の分野において一見ありえないようなことも多く，頭から「不可能です」と言いきれないところがあります” と．ハーンは彼女の返事を 12 月 23 日に受け取った．出し抜かれまいとして，ハーンとシュトラスマンはマイトナーの返事の受け取りを待たずに 12 月 22 日に *Naturwissenschaften* 誌に論文を送った．ハーンが書いたこの論文では，バリウム発見を明確に述べていたのだけれど，その題を「アルカリ土類」として両賭けしていた．この論文は 1939 年 1 月 6 日に発行された．

12 月 23 日，ハーンの 19 日付け手紙へのマイトナーの返事をハーンが受け取った同じ日に，マイトナーはストックホルムからスエーデンの西海岸グーテボルク (Göteborg) 近郊のクガルフ (Kungälv) の町で友人達とクリスマスを過ごすために旅たった．彼女の甥，オットー・フリッシュ (Otto Robert Frisch)，核物理学者——もう 1 人のオーストリア出身の亡命者——は当時コペンハーゲンに在るニールス・ボーア理論物理学研究所で働いていた．彼は叔母とクリスマスを一緒に過ごすためにスエーデンに来たのだった，その到着もまた 23 日頃であった（図 3.3）．

それに続く数日間での一刻に——クリスマスの後の一刻——雪の中マイトナーとフリッシュが散歩に出かけた，彼はスキーを付けて，彼女は歩いて．彼が計画している実験に彼女が興味

図 3.3 オットー・フリッシュ (1904-1979). **出典** Lotte Meitner-Graf 撮影, ロンドン, AIP エミリオ・セグレ視覚記録文庫の好意による

を引いてほしいと望んでいたのだが, 替わりに彼女が 19 日付けのハーンの手紙の議論へと彼を引き寄せてしまったのだ. ハーンの手紙もストックホルムの自宅から携えて来たのだった. フリッシュの記憶に依れば, 彼らは木の株の上に腰掛け, 紙の上で音を立てながら計算し始めた. ジョージ・ガモフ (George Gamow) とニールス・ボーア (Niels Bohr) によって数年前に開発された原子核の理論模型の研究から, その模型は液滴模型 (liquid-drop model) と呼ばれている (下記参照), 多数の陽子を有するウラン原子核は, 固有安定性限界に近いため, 自発的に割れるのを止めることが出来る付加的中性子は皆無なのだ, ということをマイトナーとフリッシュは知り得たのだった. ウラン原子核は中性子の衝突のような適度の刺激に応じて, いくらか不安定に滴下し, 破片になりやすい. ウラン原子核が 2 片に分かれたなら, 生じた破片は互いに反発クーロン力を受け, 高速度で互いに反対方向へと飛び去る.

そのような過程でどの位のエネルギーが生み出されるのか? 2.1.4 節の質量欠損曲線が頭に刻み込まれていたマイトナーは, ウラン核の分解で形成された 2 つの破片がウラン核の質量に比べて陽子質量の約 1/5 小さいとして, 約 200 MeV に等しいと即時計算してしまった. このエネルギーの殆んどは, 核分裂破片の運動エネルギーの形態で外世界に顕れるだろう. これがスエーデンの雪の森の中で思いついた核分裂過程であった.

ウラン核の分裂で生じるエネルギーは, 平均で約 170 MeV である. ウラン 1 g に 2.5×10^{21} 個の原子が含まれるから, 1 kg の原子の分裂でおよそ 4.4×10^{26} MeV または 7×10^{13} Joules 生成することになる. TNT 火薬千トン (10^6 kg ; **キロトン (kiloton)** と呼ぶ) の爆発で 4.2×10^{12} Joules を生じさせる, このことはウラン 1 kg と通常火薬 17 キロトンの爆発が等価であることを意味する.

その瞬間, 基本的に新たな過程が発見されたのだと認識出来た人物は世界中でたった 2 人だけであると感じたことに何の不思議も無かった. マイトナーにとって取り分け, 複雑な思いに翻弄されたに違いない．片や豊潤な物理学の新分野の扉を開いたとの認識を持ち，片や数年間に亘り彼女が傾注していた超ウラン元素が安定化と崩壊する中性子過剰な分裂破片を生成させる現象の驚くべき発見であったのだから．(3.4) 式の 23 分崩壊反応だけは，超ウラン元素から生まれたものであると実証されていた．しかしそれこそが核分裂発見の道を固める "超ウラン" 土台造りの数年間だったのだ．

もう 1 つ，この出来ごとの不思議な注目点は，原子核の歴史を特徴付けたかのように感じられることだった，その時（正確には 12 月 24 日）に，エンリコ・フェルミと彼の家族は英国，サザンプトンからアメリカに向けて旅立った*3．フェルミはこれらの進展を知らずに出発したのだ，彼が知るのは 3 週間後にニールス・ボーアとニューヨークで会った時であった．彼のノーベル賞は元素 93 と元素 94 の確信的発見に与えられたものであるから，核分裂発見はフェルミにノーベル賞講演録の出版書脚註にそれを即座に加えさせた．

その一方では，オットー・ハーンもまた超ウラン元素であると以前推定していたものがさらに軽い元素であるに違いないのではないかと考え始めていた，27 日に *Naturwissenschaften* 誌の編集者へ，彼とシュトラスマンの論文にこの効果のコメントを加えるようにと電話をかけた．翌日，ハーンは提案した分割が強力なものかどうか考えてくれと懇願する手紙をマイトナーへ再び書いた．その手紙は速達であったに違いない，彼女は "アクチニウム" 生成物が相応するランタニウムに替わるのを尋ねながら，29 日に返事をしている．ストックホルムに戻った新年のイブに，マイトナーはハーンへ再び筆を取った："私たちはそれを読み終えています，取り分けあなた方の論文を念入りに検討しました；**多分**，そのような重い原子核を破壊することはエネルギー的に可能です"．数日前の木の株の上で始めた研究の論文原稿を作るため，叔母との電話連絡を維持すると約束し，フリッシュは正月元旦にコペンハーゲンへと戻った．

彼の記憶では，あまりの興奮に，彼とマイトナーは重要な点を見落とした：それは連鎖反応の可能性である．デンマーク人の同僚，クリスチャン・ミュラー (Christian Møller) は，核分裂破片はお互いに中性子を 1 個ないし 2 個放射させるに充分なエネルギーを有しているはずだ，それらが他の核分裂を引き起こすことになる，と彼に示唆した．核分裂断片と同じ質量数を有する安定核に比べて中性子が過剰であり，この可能性は本当に現実的だった．フリッシュの咄嗟の反応は，もしもそのようなケースならば，ウランはとっくの昔に吹き飛ばされてウラン鉱石の堆積は存在していないはずだと．しかしそこで彼はこの批判があまりにも素朴すぎる（ナイーブ）と悟った：鉱石は中性子を吸収するような他の元素を含んでいる，かつ多くの中性子がもう 1 つの分裂を引き起こす前に単純に逃れてしまうに違いないと．レオ・シラードの連鎖反応構想の 5 年前の，実現可能性に向けての先駆けのステップだった．

マイトナーは再びハーンとシュトラスマンを祝福し，はるか遠く離れたところから進展を観察する彼女のフラストレーションを述べた 1 月 3 日の手紙をハーンへとしたためた："あなた

---

*3 訳註：　フェルミは，妻がユダヤ人であったことから，家族の安全を危惧し，ストックホルムでのノーベル賞授賞式出席のためイタリア出国の機を捉え，米国への移住を決意した．1 月 2 日，フェルミ一家はニューヨークに上陸した．フェルミは妻を顧みてこう言った．「フェルミ家のアメリカ分家を創立したんだょ」．埠頭にはコロンビア大学物理学部長ペグラム教授と，G・M・ジアンニーが出迎えていた．

がた2人がウランを割ってBaを生じさせたことを私は今，ほとんど確実であると認識しています，そしてそれが本当に素晴らしい結果であることを発見しました，そのことに対して心よりあなたとシュトラスマンに祝福を送ります… そして私を信じて下さい，徒手でここに居ようとも，これらの素晴らしい発見で私は過ってない幸福感にひたっております”.

1939年1月初め，手短に言えば，核分裂研究の中心はコペンハーゲンへ移り，その後基本的にアメリカへと移った．3日，フリッシュはニールス・ボーアをしてその状況を高く評価させることに成功した．その会話はさっぱりしたものだった；ニュージャージー州に在るプリンストン高等研究所でのセメスター（1学期）を過ごすためボーアは準備中だったのだ．フリッシュによれば，ボーアの反応はなぜもっと前に考えなかったのかとの驚きであった；後日フリッシュはボーアが前後に頭を揺さぶり，大声で叫んだことを描いた，“何と，我々全員間抜けだったのか．しかし何とこれは素晴らしいことだ! これがそうであるに違いない瞬間なのだ! リーゼ・マイトナーと君はこれについて論文を書いたのかね?”．ボーアは論文が準備されてしまうまで，この発見を公開しないと約束した．

ウラン近傍の不安定性の計算レビューを1月6日にボーアとフリッシュが再び話し合った，フリッシュは理論家，ジョージ・プラツェク (George Placzek) ともその状況について議論した，ウラン衝撃から軽元素をイレーヌ・キュリーが発見したのだが，彼女自身確信が持てずにその発見を刊行しなかったのだ，との話しをイレーヌ・キュリーが1938年秋に彼に話したことを思い出してくれた．翌朝，出発直前のボーアに会い，マイトナーと共著の2ページの論文草稿を彼に渡した．

不思議なことに，プラツェクが実証実験を行うように彼を勇気付けるまで，予想される高エネルギー核分裂破片の検出実験を設置することをフリッシュは考えてもみなかった（それは，ハーンとシュトラスマンも行わなかった）．彼はそれを金曜日に行った，1月13日，そして直ちにその破片を検知した．フリッシュは核分裂を計画的に実証する実験を設置した最初の人物として認知された．コペンハーゲンで研究していたアメリカ人の生物学者，ウイリアム・アーノルド (William Arnold) に細胞分裂の過程に用いられている用語：“binary fission” は何かと尋ねた後に，彼は用語 “核分裂” (nuclear **fission**) を創り出したことでも認知されている．ハーンとシュトラスマンの研究の拡張として，フリッシュはトリウムに対しても実験を行った，それは**高速** (fast) 中性子（未減速中性子）衝撃によってウランと似た挙動を示したが，**低速** (slow) 中性子のときにはそうふるまわなかった．結局，フリッシュは2つの論文を用意した．最初の論文はマイトナーが共著者でクリスマス時期の洞察を，第2番目の論文は彼自身の実験を述べたものだった．両著は1月16日にネーチャー誌へ送付された；この共著論文は2月11日に，実験論文は2月18日に発刊された．このウラン/トリウムの非対称性がわずか数週間後に，その過程の基礎となっている物理学を理解する研究をボーアが行った時，その決定的な観察で証明されることとなった．

ボーアは息子のエリック (Erik) と共同研究者のレオン・ローゼンフェルト (Léon Rosenfeld) を連れだってアメリカへ出帆した，大西洋航海中，船酔いにもめげず，彼とローゼンフェルトは核分裂の理論的理解の開発に着手した．彼らは1月16日，月曜日の午後，ニューヨークに着いた，そこにはエンリコとローラ・フェルミ夫婦が迎えてくれた．ボーアはニューヨークでの仕事を持ち，ローゼンフェルトはプリンストン向けて直ちに出発した．ボーアはマイトナーと

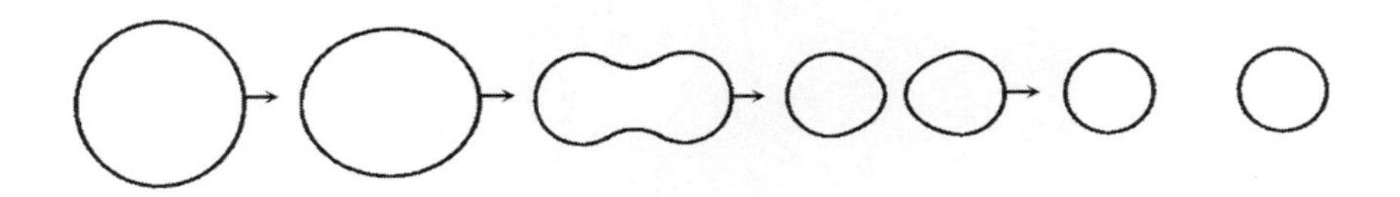

図 3.4 “液滴分裂” の進展過程の模式図．最初の球状核（左）は衝撃中性子（ここでは示されていない）のような仲介物によって摂動し，ゆがみ始める．中央の図で，2 つの球 (lobes) を形成し，それらは電気的反撥力によって互いに離れ，核分裂を導く．R.M. Eisberg, *Fundamentals of Modern Physics* (New York: John Wiley and Sons, 1961), p.616 から著者の好意により掲載

フリッシュの論文が提出されてしまうまで核分裂のニュースを秘密にしておくとのフリッシュとの約束をローゼンフェルトに話していなかった，そしてローゼンフェルトはプリンストン物理学誌クラブの会合の夕べでうっかり秘密をもらしてしまった．ボーアが **fission** の単語が生み出されたと聞いた時，すぐさまネーチャー誌の彼自身の研究ノートの 1 月 20 日の草稿でマイトナーとフリッシュの優先権を主張した；これは 2 月 25 日に発行された．

ボーアの 1 月 20 日論文は価値ある興味を有している．その中に，いか様にして核分裂過程が展開するのかを描く記述が在った．それは彼の “液滴” 模型に基づくものだった，粒子衝撃のような外的要因で揺さぶられた時に歪むことが出来る，液体の滴下のような振る舞いとして孕んだ原子核を抱き込むという液滴模型である．通常（非分裂）の反応では，衝撃粒子のエネルギーは，液滴の熱的揺動と似たような振動の種々のモード間で標的核に配分されてしまう，とボーアは推測した．もしもエネルギーの大半が原子核表面の粒子に集中されることが有りうるなら，液滴からの分子蒸発に似るが如く，その粒子は弾き出されるだろう．分裂反応で，表面の合理的変形をもたらす原子核振動モードの結果がエネルギー分布となると推定した（図 3.4）．形成された 2 つの球 (lobes) がお互いに反撥し，そのため分裂を引き起こすには，軽い原子核から 1 個の粒子を取りだすのに必要なエネルギーと同じ規模のエネルギーを重い原子核において充分なエネルギーを有すると，まだ純粋に定性的であるもののボーアが推論した．必要不可欠な変形エネルギーは，3.3 節で述べる**分裂障壁 (fission barrier)** の厳密な定量表現として直ちに見出される．

アメリカでの最初の核分裂デモンストレーションはコロンビア大学で行われた．1 月 25 日の水曜日，ワシントン（ニューヨークよりさらに南に在る）会合出席途中でボーアはフェルミに会うためにコロンビア大学へ立ち寄った．フェルミは外出中だったので，ボーアは代わりにフェルミの大学院生の 1 人，ハーバート・アンダーソン (Herbert Anderson)（図 3.5）と会った．アンダーソンの話しによれば，ボーアが彼の近くに寄り，肩を掴んで彼の耳元でささやいた，“お若いかた，物理学の新しく興奮する話題をお話ししましょう” と．中性子散乱に関する

図3.5 シカゴ大学でのエンリコ・フェルミと彼の原子炉グループ員たち．1946年12月2日撮影，フェルミのCP-1原子炉（第5章）4周年記念式典にて．**後列**（左から右へ）ノーマン・ヒルベリィ，サミュエル・アリソン，トーマス・ブリル，ロバート・ノブルス，ワレン・ネイヤー，マーヴィン・ウィクニング．**中列**（左から右へ）ハロルド・アグニュー，ウイリアム・スタム，ハロルド・リヒテンブルガー，レオナ・ウッド，レオ・シラード．**前列**（左から右へ）エンリコ・フェルミ，ウオルター・ジン，アルバート・ワッテンベルク，ハーバート・アンダーソン．
出典 http://commons.wikimedia.org/wiki/File:ChicagoPileTeam.png

学位論文を準備中のアンダーソンは，直ちにボーアが触れたことの重大さを理解した．
ボーアが去り，アンダーソンはフェルミを探そうとした，フェルミはプリンストンでの接触を通じてそのニュースを既に知っていた．おまけにワシントンに向けて既に出発してしまった，学位研究のために準備したイオン・チェンバーで高エネルギー核分裂破片を検出する実験をアンダーソンが設置したその宵にフェルミは居なかった．そのイオン化パルスは容易に現れた，そしてその実験にはジョン・ダニング教授が立ち会った（図3.6）．ダニングがこのニュースをワシントンのフェルミへ電報で知らせたとアンダーソンが公言したものの，フェルミが1月26日にそれに気付いたか否か明確でない．フェルミとボーアをワシントンに誘わせたのは理論物理学第5回ワシントン会合であった．この会合はジョージ・ワシントン大学(GWU)とワシントン・カーネギー研究所の共同主催によるもので，主にジョージ・ガモフ（図3.6）とエドワード・テラー（図4.13），両者共にGWUに在籍，によって組織化されていた．1938年会合の話題は低温物理学であったのだが，議事日程表から直ちに脱線してしまった．
1月26-28日の日程で行われる会議は，26日水曜日午後2時に始まった．ガモフによるボーアの冒頭紹介で幕を開け，その場でボーアはハーンとシュトラスマンの発見およびマイトナーとフリッシュの解釈を知らせた．このニュースは50余人の参加者たちに衝撃を与え，その中の幾人かは直ちに自分達で実験を行おうと姿を消してしまった．今日，GWU管理ホールに在

図 3.6 **左** コロンビア大学でサイクロトロンを検査中のジョン・ダニング（左）とユージーン・ブース．**右** ジョージ・ガモフ (1904-1968).　**出典** AIP エミリオ・セグレ視覚記録文庫，Physics Tody Collection

る 209 番室外側の銘板には，ボーアの歴史的アナウンスメントが刻まれている．

アメリカにおける次の熟慮された核分裂デモンストレーションは，ボルティモアに在るジョーンズ・ホプキンズ大学で 1 月 28 日，日曜の午前中に成されたと思われる．会合に参加していた教職員の R.D. ファウラー (Fowler) と R.W. ドーソン (Dodson) が明らかに会合から抜け出してウランとトリウムを試験し，パラフィンで減速された中性子がウランの核分裂比率を上昇させ，トリウムに対してはその効果が無いとのフリッシュの観察を検証した．その日の午後，カーネギー研究所で，リチャード・ロバート (Richard Roberts) と同僚のローレンス・ハフスタット (Lawrence Hafstad)，ロバート・メイヤー (Robert Meyer) がボーア，フェルミ，ローゼンフェルト，他の会合参加者たちの立ち合いのもとで核分裂の実演を行った．公的面では，**ニューヨーク・タイムズ**紙が 1 月 29 日，日曜日のその日の版でこの発見を報じ，この現象が 20 年または 25 年以前に実用化されるに違いないと考えるワシントン会合に居た科学者たちは皆無と伝えた．バークレーでは，アーネスト・ローレンス放射研究所の一員であるルイス・アルバレ (Luis Alvarez) が**サンフランシスコ・クロニクル**紙の発見記事を読み，彼の大学院生，フィリップ・アベルソン (Philip Abelson) へ指示して 1 月 31 日に検証させた．テルル (Te) の崩壊生成物としてヨウ素 (I) をアベルソンが検出し，ヨウ素自身が直接核分裂生成物だった，そして数週間後にはその他の多数の核分裂生成物が同定された．アルバレは高速中性子に比べて低速中性子が分裂を引き起こすのに有効であることもまた独立に検証した．ジョーンズ・ホプキンズ大学，カーネギー研究所，バークレー校の報告は全て 1939 年 1 月 15 日付けの**フィジカル・レビュー**誌に記載された．コロンビア大学グループの最初の論文は 3 月 1 日版まで公刊されなかったものの，高速中性子と低速中性子両者の最初の断面積定量測定結果が含まれていた．

核分裂は様々な方法で起こすことが可能であるが，そこには常に膨大なエネルギー放出が伴う．例えば，ハーンとシュトラスマンの発見した反応では，

$$ {}_{0}^{1}n + {}_{92}^{235}\mathrm{U} \rightarrow {}_{56}^{141}\mathrm{Ba} + {}_{36}^{92}\mathrm{Kr} + 3\,({}_{0}^{1}n)\,, \tag{3.9} $$

ここで3個の2次中性子が放射されたと仮定し，そのエネルギー放出は170 MeVを丁度超えるものとなる．この莫大な放出の大部分はバリウム，クリプトン分裂破片運動エネルギーの形態で放出するが，中性子は各々平均約2 MeVのエネルギーで飛び出す，その数値が重要であることが実証されることになる．中性子過剰の核分裂生成物は一連のベータ崩壊を伴いながら崩壊する，

$$ {}_{56}^{141}\mathrm{Ba} \xrightarrow[18.3\,\mathrm{min}]{\beta^-} {}_{57}^{141}\mathrm{La} \xrightarrow[3.9\,\mathrm{h}]{\beta^-} {}_{58}^{141}\mathrm{Ce} \xrightarrow[32.5\,\mathrm{days}]{\beta^-} {}_{59}^{141}\mathrm{Pr}\,, \tag{3.10} $$

および

$$ {}_{36}^{91}\mathrm{Kr} \xrightarrow[8.6\,\mathrm{s}]{\beta^-} {}_{37}^{91}\mathrm{Rb} \xrightarrow[58\,\mathrm{s}]{\beta^-} {}_{38}^{91}\mathrm{Sr} \xrightarrow[9.5\,\mathrm{h}]{\beta^-} {}_{39}^{91}\mathrm{Y} \xrightarrow[58.5\,\mathrm{days}]{\beta^-} {}_{40}^{91}\mathrm{Zr}\,. \tag{3.11} $$

ウラン分裂で30種もの異なる元素が生成されるので，ハーン，マイトナー，シュトラスマンが，長ったらしい崩壊系列の込入った過剰状態を観察したことに何の不思議も無い．バリウム，クリプトン分裂チャンネルの検出は，多分，彼らがバリウム化学を用いた結果であった．

直観的に，もしも特定反応を選択するチャンネルがある種のランダム過程に従うなら，核分裂断片の質量分布が多かれ少なかれ $A \sim 235/2 \sim 118$ 近傍で対称になると推定したに違いない．しかし，これは現実からかけ離れていた，その分裂は数ダースもの生成物を生成することが可能な大きな多様性の中で起きるものであることを示している．不思議なことに，ウラン核の等しい分割は，不可能では無いもののきわめてまれなのだ．図3.7に質量数を関数としたU-235の熱中性子核分裂からの分裂破片質量分布を示す．$A \sim 90$ と $A \sim 140$ の破片質量が明らかに好まれている；等価分割は実際的にも好まれていない．中性子の結合エネルギーの上昇で，その分布はより中央側でピークとなる，なぜ熱中性子の収率がこのように非対称になるのかを基礎物理学からその理由を知る事は未だ出来ていない．

レオ・シラードと疑い無く他の多くの科学者たちは，中性子減速連鎖反応を維持する望みのためには，核分裂当たり平均して**少なくとも1個**の中性子が生じなければならないことに気付いた．ハーバート・アンダーソン (Herbert Anderson) が後に，“中性子の放出が何を保証するのか，当時は何も解からなかった．中性子放出が実験で観察され，定量的に計測された”と書いた．核分裂発見の後直ぐに，多くの研究チームがそのような“2次”中性子の証拠を探し始めた，そしてそれらの存在が証明されるのに長くはかからなかった．3月16日，コロンビア大学の独立の2グループがそれらの発見についての報告を**フィジカル・レビュー**誌に投稿した：アンダーソン，フェルミ，ハンスタインおよびジラード，ジンである．両グループとも捕獲当たり約2個の中性子を放出すると推定していた；彼らの論文は4月15日に発行された．アンダーソン，フェルミ，ハンスタインは彼らの実験を通じて天然ウランの熱中性子吸収総断面積（分裂，放射化捕獲および他の過程を含む）が約5バーンであると決定出来た；これは現代の

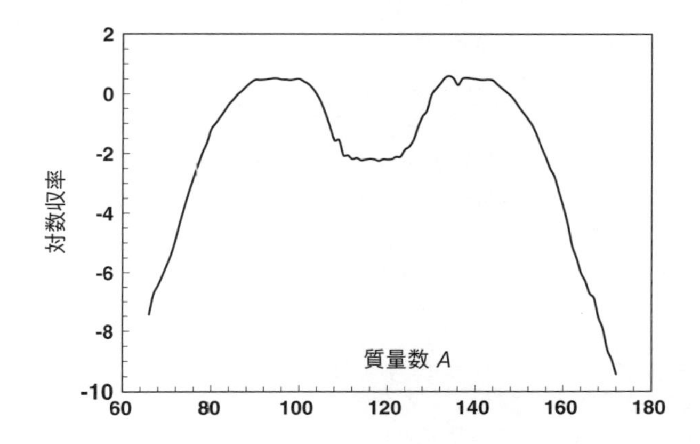

図 3.7　ウラン-235 の熱中性子に対する質量数を関数とした核分裂破片の対数パーセント収率．T.R. England および B.F. Rider, *Evaluation and Compilation of Fission Product Yields: 1993*, Los Alamos National Laboratory report LA-UR-94-3106. データ入手可能：<http://ie.lbl.gov/fission/235ut.txt>

値である約 7.6 バーンとかなり一致している[*4]．シラードとジンは分裂の必然結果としての高速中性子放出を検出するための実験を設置した，そして高速中性子を確実に観察した．中性子検出のリアクションをシラードは後に振り返り：“その夜，少しの疑いも無く，世界は崖っぷちへ向かっているとの思いが頭に浮かんだ” のだと語った．2 次中性子の確証証拠が間もなくヨーロッパからもたらされた：パリでは 4 月 7 日にハンス・フォン・ハルバン，フレディリック・ジョリオ，ルー・コワルスキーが論文をネーチャー誌に投稿（4 月 22 日発行），そこで核分裂当たり 3.5 ± 0.7 個の中性子が生まれると報告した．熱中性子によって核分裂した時，U-235 によって生まれる 2 次中性子の平均数は現代の値で約 2.4 である．

核分裂の物理学は複雑な話題である，そしてこの主題を以下の 3 つの節で述べる．

3.2　核分裂物理学 I：パリティ，同位体と高速中性子，低速中性子

核分裂するウランの性癖は衝撃中性子の速度に依存する観察と，ウランとトリウムの低速中性子の衝撃に対応する差異の観察が，1939 年 2 月初めにニールス・ボーアによって幾つかの決定的な新発見へと導かせた．急き立てられるように，ボーアは論文を準備し 1939 年 2 月 7 日

[*4] ここで示した 7.6 バーンは熱中性子に対する U-235（683 bn）と U-238（2.7 bn）の重み付け平均（総——弾性散乱）断面積である，それぞれの存在比率 0.0072 と 0.9928 を用いて重み付けをしている．

表 3.1　安定核種のパリティ分布

Z/N	安定同位体数
偶/偶	159
偶/奇	53
奇/偶	50
奇/奇	4

にフィジカル・レビュー誌に投稿した；その2月15日発行誌にはアメリカの種々の研究所からの核分裂検出の報告が並んでいた．この論文で，ボーアは元素中の**低速中性子**核分裂に対応しているのは希少な同位体ウラン-235に違いないことを示す論拠を導き，何故トリウムが低速中性子分裂を示さないのかの説明を行った．

ボーアの論拠は2つの相互連結要素で構成されていた．その1つは前節で述べた彼の液滴模型を意味した．この新論文で，ボーアは彼の論拠をマイトナー，ハーン，シュトラスマンが種々の速度の中性子によるウランの放射化捕獲の試験を行った比較的初期の実験と関連付けた．この研究は，数eVから数千eVのエネルギーを有する中性子に対し非常に強力な共鳴線の豊富な林立を示していたのだった；先の図3.11を見よ．分布理論として知られている統計力学分野からの論拠を基礎に，マイトナー，ハーン，シュトラスマンはこれらの共鳴は豊富な同位体，U-238に起因するようだと結論付けた．しかしながら，この共鳴捕獲は分裂断面積の増加に寄与してなかった，そこからボーアは238同位体の核が結局非常に安定であることの推論を導いた，何故なら液滴模型ではそのようなエネルギーの中性子で核分裂が予測されていたが故に．もしもU-238が中間エネルギーの中性子衝撃下で核分裂を生じさせないのなら，明らかに低速中性子衝撃下でも同様にふるまうことが予測出来る．そうして，ボーアはU-235だけが低速中性子分裂の候補者に成り得るのだと理由づけした．

ボーアの第2の論拠は，“核パリティ” (**nuclear parity**)*5として知られているものの視点からトリウムで生じている状況を明確化することが助けとなる．核物理学では，核種に含まれる陽子と中性子の数の偶数(even)または奇数(odd)に応じて“パリティ”を区分する，常に**陽子数/中性子数**またはZ/Nの順で表現するこのスキームで，ウラン-235は偶/奇の核（$Z = 92$, $N = 143$）であり，ウラン-238は偶/偶の核（$Z = 92$, $N = 146$）として区分する．安定核種として知られている266体のパリティ分布を表3.1に纏めた．

明らかに，自然は偶/偶を持つ核種が好みのようだ．どうやら安定核種と認定され得るのは偶/奇または奇/偶で，ほんの僅かな数が奇/奇となっている．後者の全ては軽核種である；特に，

*5 訳註：　パリティ (parity)：偶奇性ともいう．素粒子の内部状態を表す波動関数は，空間座標を反転したときに元と同じ値をもっており，この性質を素粒子のパリティという．強い相互作用および電磁相互作用が関係する過程ではパリティが保存するので選択規則がみちびかれる．弱い相互作用では保存せず，パリティはよい量子数ではない．

重水素，リチウム-6，ホウ素-10，窒素-14 である．この分布は核子対間で生じた力の性質の顕れと現在考えられている．若干大雑把に言うなら，お互いに“パートナー”を有する核子を留保している核種は非核子対を有する核種に比べてさらに安定な質量エネルギー（さらに大きい質量欠損）を有するということだ．このことについて，アナロジーを用いて以下の節で解説しよう，しかしこの時点ではボーアの論拠へ戻るとしよう．

ウランは 2 つの同位体から成る，1 つは偶/奇（$^{235}_{92}$U）で，もう 1 つは偶/偶（$^{238}_{92}$U），他方トリウムは唯一の安定同位体，偶/偶パリティの $^{232}_{90}$Th を持つだけだと，ボーアは指摘した．もしも偶/奇同位体がウラン中の低速中性子分裂に対応するものであるとしたなら，そのようなパリティが欠乏しているトリウム中での低速中性子分裂は期待され **得ない**に違いない．このことは，オットー・フリッシュや他の連中の観察と合致している．全く定性的に，ボーア分析のもう 1 つの方法は，偶/奇核種（U-235 のような）は中性子を吸収した時，偶/偶核種に比べてさらに励起エネルギー状態になることを自ら見出し——そして一層分裂しやすくなる——と解釈した．この点に関する数値的な詳細を手短に話そう．

ボーア論文の第 2 文節の末尾に**高速**中性子分裂に関する重要仮説が記載された，全ての注目が**低速**中性子に集まっていた当時において大きく俯瞰しているかのごとき考察だった．彼の論拠のこの部分を詳細に吟味することは価値がある．

量子力学的考察では，衝撃中性子のエネルギー増加が（これは，中性子がより速くなることを意味する），分裂断面積を通常減少させることを示していた（例えば，U-235 の場合の図 3.12 を参照せよ）．かなり早い中性子（MeV）で，その断面積は原子核自身の幾何学的断面積を決して超えていない，ウランの幾何学的断面積は約 1.7 バーンである（(2.49) 式より）．U-238 は中間エネルギーでの中性子衝撃下で核分裂を起こさないのだから，**高速**中性子の衝突を受けた時，より高いエネルギーで予測されるさらに低い断面積であるが故に，明らかに核分裂を予測出来ないのだ．(このことは，U-238 が低速中性子分裂に遭遇しないとの上述論拠と矛盾しているように見える，量子力学的結論は低速中性子に対して，さらに大きなチャンスを導く予測をしているのだから．しかしながら以下の数ページで述べるように，この物語が顕れるには深遠な数多くのレベルが存在したのだ）．他方，ボーアは U-235 が明らかに低速中性子に対する非常に大きな断面積を有する観点から，中性子エネルギー増加により断面積の減少が予測されるものの，高速中性子に対する“残余”断面積が充分に有るに違いないとして，高速中性子分裂維持のチャンスを指摘した．

もしも U-235 が U-238 から分離出来たとして，高速中性子で衝撃したら何が起こるのかとのはっきり表現されていない質問をボーアは残したまま去った，この質問の可能性を有する連関が見落とされることは無かった．“核分裂が発見された時，多分 1 週間以内にオッペンハイマー事務所の黒板に … 爆弾の図面が有った”とロバート・オッペンハイマーの学生だったフィリップ・モリソン (Philip Morrison) が記憶している．

ボーアが 2 ページの論文として記載した論拠のレベルは，目がくらむようなものだ．彼自身の言葉で，“熱中性子に関する観測された過程収率とそれよりも若干高い速度の中性子の実用的効果の欠如の両者が引き起こされることを我々は認めなければならない．高速中性子に対し，関心のある [U-235] 同位体の希少性の理由より，その核分裂収率はその残りの大部分を占める同位体 [U-238] の中性子衝突によって得られる分裂収率に比べて非常に小さいものとなるだろう”と述べた．ボーア分析の詳細はその後の実験データ集積で改訂されることになった，しかしながら1939年の春までに，少なくとも原理の上で，中性子衝撃での異なるウランの対応に関する理解と連鎖反応の見通しに対する理解の一般的な認識が明らかになり始めた．

表3.1のパリティ分布はさらなるコメントを受けるに値し，少なくとも偽説明をもたらすものである．原子核の安定性に関する基礎物理学に横たわるものをこれらの数が反映していると推定するならば，数多くの偶/偶同位体の存在は，核子が“対結合”(pair-bond)を伴うパートナーを見つけ出すことが出来る時に最大の安定性を達成できるとの単純な解釈で説明され得る．大多数の偶/偶同位体が与えられるなら，このペアリングが2つの可能スキームで説明される：(i) 中性子は陽子との対を好む，それで余剰中性子は同類との対を含む（通常水素とヘリウム-3を除き，全ての同位体は中性子過剰 $N - Z \geq 0$ である），または (ii) 核子は同じ種類の核子との対を好む．(i) と (ii) を比較して，(i) では**中性子**を引用し，(ii) では**核子**を引用している．

これら2つの可能性を決め，少数の奇/奇を見てみよう．過剰中性子数 $N - Z$ は常に**偶数**である．もしも (i) ケースが支配的なら，非対の中性子または陽子は残らず，高安定性を達成することになる．しかし，我々はその時，何故自然は奇/奇同位体に対しそれほど強く差別しているのかを説明しなければならない．一方で，(ii) ケースが支配的なら，少なくとも安定な総配置で明らかなように，各々のタイプで1個の非対核子を常に含んでいるとの事実によって，少数の奇/奇同位体が容易に説明されてしまう．中間の偶/奇と奇/偶ケースでは完全に (ii) ケースに合致している，そこでは各々のケースで唯一の非対核子が存在するだけだ．核子は同じ種類の核子と対を組むことを好み，他の種類の核子とは僅かしか（皆無では無い）引きつけないというのが結論に相違ない．

核子の対結合優先権の若干の理解と伴に，原子核安定性の偶数核子と奇数核子の効果を，中性子吸収により解き放たれる結合エネルギーの定量化と伴に，約束したアナロジーを用いて今，得ることが出来る．

中性子をパーティでのゲストと想定しよう，原子核自身のパーティである（ここで陽子は役を演じない，核分裂は**中性子**誘起現象なので）．人間のパーティのように，各々のゲストは心を通わすパートナーを持つことが望ましい．追加のゲスト達は総員があまりにも大きくなりすぎてベータ崩壊安定化警察の訪問を受けるような人員にならない限りにおいて歓迎される．新中性子がパーティに引き付けられるように，新来者の空き空間を作るために喜んで少量の質量を喜捨する贈り物が出来ると彼らは予め考えている．新ゲストが加わることでゲストの総人数が偶数となることは，特に好ましい，その結果各人がパートナーを持つことになる．大きなパーティ（重い原子核）において，既に出席しているゲスト達は総数が偶数に成るように約6.5 MeVと等価な質量の量を喜んで捧げることは，測定された原子質量により示されている．その解放されたエネルギーは原子核の励起エネルギーの形態で顕れる．パーティは騒がしくなり，ゲストの幾人かが（陽子を伴って），サブ・パーティを作ろうとドアから飛び出す (fission out)．一方，新来者が加わることでゲスト数が奇数になる時もまた歓迎される（中性子は他の粒子を追い払わない），奇数-1個-アウト (odd-one-out) の空間を作るのはあまり嬉しく無いので予めの贈り物は少ない．この場合，約5 MeVの等価質量を喜んで捧げるだけである，そしてその原子核は，もし奇数から偶数への中性子数の遷移が持続するのに比べかき回されにくい．

中性子吸収により奇/奇（または偶/奇）から奇/偶（または偶/偶）配置へ遷移する原子核は，

奇/偶（または偶/偶）から奇/奇（または偶/奇）配置へ遷移する原子核に比べてより多くのエネルギーを生成するとスキームが予測している．その差異は約 1.5 MeV である．

U-235 の原子核（偶/奇）で中性子を受け取った時に何が起きたのか，それに対する U-238 の原子核（偶/偶）で中性子を受け取った時に何が起きたのか，のこれがその詳細である．さらに詳細を次節で述べるが，割増分の 1.5 MeV は，中性子・衝撃 U-235 原子核を分裂させるには充分に大きい，片や，U-238 原子核は単純に中性子を吸収し，引き続きベータ崩壊する．

中性子吸収によるパリティ変化とエネルギー放出の纏めは以下の通り，

$$\text{中性子} + \begin{Bmatrix} \text{偶/偶} \\ \text{奇/偶} \end{Bmatrix} \rightarrow \begin{Bmatrix} \text{偶/奇} \\ \text{奇/奇} \end{Bmatrix} + 5\,\text{MeV} \tag{3.12}$$

および

$$\text{中性子} + \begin{Bmatrix} \text{偶/奇} \\ \text{奇/奇} \end{Bmatrix} \rightarrow \begin{Bmatrix} \text{偶/偶} \\ \text{奇/偶} \end{Bmatrix} + 6.5\,\text{MeV}\,. \tag{3.13}$$

エネルギーの値は近似値である；正確な数値はかかわり会う同位体に依存する．この第 1 番目タイプの反応例が ${}^{1}_{0}n + {}^{238}_{92}\text{U} \rightarrow {}^{239}_{92}\text{U}$ で，第 2 番目タイプの反応例が ${}^{1}_{0}n + {}^{235}_{92}\text{U} \rightarrow {}^{236}_{92}\text{U}$ である．実際的な目的で，明らかに長寿命の奇/奇重同位体は無いが故に，奇/奇 → 奇/偶遷移は無いと考えて良い．

偶/奇から中性子を吸収して偶/偶に遷移する，U-239 が核分裂物質として有望な候補者であると主張しえることをスキームは預言する．これは真である，しかし U-239 は半減期がたったの 23.5 分でベータ崩壊，兵器用物質としての実用性は考慮外となる．U-239 の期待の大きい崩壊生成物，Np-239 は有望な候補者では**ありえなかった**，中性子吸収遷移で奇/偶が奇/奇へと変わるから．しかし，もし Np-239 がベータ崩壊で Pu-239 と成るなら，Pu-239 は中性子吸収下で偶/奇から偶/偶への遷移を経ることとなる，U-235 で生じたのと全く同じことが起きた．3.8 節で述べるように，この通りに生じる詳細な理由付けは 1940 年初めにプリンストン大学のルイス・ターナー (Louis Turner) が思いついた；もし Pu-239 が U-238 の中性子衝撃の適度な安定崩壊生成物であることが実証されるなら，爆弾級の高速・中性子・核分裂性物質として代替ルートが開かれると．

アナロジー（類比）が厳密な物理学的理由または実験に取って代わることは出来ない，しかし定性的予測を作成する基礎として経験的データ組織化と供用に役立てることは出来る．核物理学者達にとってさえも，これらパリティ論拠は経験的知識の分野において依然として大きな部分を占めている．現在の素粒子物理学は，原子核内全体質量を放っておいて，核力の基礎をなす物理学理論から個々の素粒子の質量のみ予測出来るのだ．

3.3　核分裂物理学 II：核分裂障壁と連鎖反応

希少な質量数 235 のウラン同位体が低速中性子分裂に対応するようであるとの 1939 年 2 月のニールス・ボーアの洞察は，それに続く年に展開される実験および理論の一連の拡張の第 1 段階であった．3.6 節で述べるように，ボーア仮説の検証が約 1 年後に行われる．本節で強調

図3.8　ジョン・ホイーラー (1911-2008).　　**出典**　AIP エミリオ・セグレ視覚記録文庫

することは，前節でのパリティ論拠の観点から発展した高速中性子と低速中性子衝撃下での異なる同位体でのふるまいを如何にして理解したのかを探究することである．

ボーアはアメリカに着くと，プリンストン大学の若い助教授，ジョン・ホイーラー (John Wheeler) と共同研究を始めた（図3.8）．ホイーラーがコペンハーゲンに在るボーア理論物理学研究所でポスドクとして研究を始めた1934年以来の知己同士だった．1939年9月1日付けの**フィジカル・レビュー**誌で，分裂のエネルギーの拡張解析を刊行した．この考察の目的は，この歴史的研究の結果が3つの声明として纏めることが出来るということだった．それは：

(i) $Z^2/A \sim 48$ を超える原子核は自発核分裂により崩壊する不安定な原子核となる自然の限界値が有る．この恣意的に見える式は図2.8の質量欠損の理論的曲線への一致に用いたパラメータのコンビネーションから生まれた．

(ii) 分裂限界以下の Z^2/A 値を有する原子核を導くために，必要とされる "活性化エネルギー" (**activation energy**) と "核分裂障壁" (**fission barrier**) として知られている量が提供されなければならない．ウラン同位体の両者ともにこれが必要である．

(iii) 同位体の Z/N パリティが，低速中性子分裂する同位体か否かを決定する支配的規則の役を演じる．

(ii) と (iii) が何故U-235が優秀な爆弾物質と成り，U-238が爆発物質と成りえないのかを理解する重要な鍵となる．しかしながら (i) が興味深い経験論点を呼び起こした：自然は何故約100個の元素のみを周期律表に貯め込んだのだろう？原子核は $A \sim 2Z$ を有しているから，Z の限度としてほぼ96を用いると $Z^2/A \sim 48$ となる，これが (i) の値になるではないか．

初めに (ii) を考察しよう．中性子衝撃下で**どの**安定核も分裂を誘引出来ることをボーアとホイーラーの解析は示すものだった．しかし，どの特定同位体も固有の**核分裂障壁**を有している．原子核を変形し図3.4でスケッチした過程を引き起こすためには，ある程度の最小エネルギーが供給されなければならないことを意味する．この活性化エネルギーは，2つの因子結合により供給可能である：(i) 衝撃中性子によって運ばれる運動エネルギーの形態の中で，および (ii) 標的核が衝撃粒子を吸収してそれ自身の固有質量を伴う異なる核種に成る時に生み出された結

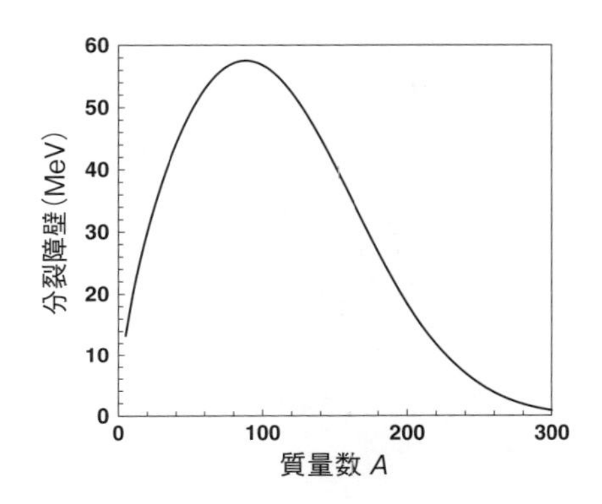

図 3.9　核分裂障壁対質量数

合エネルギーから．この両者の因子がウラン分裂の理解の上で重要な役割を果たす．

核子質量数 A を関数とした核分裂障壁エネルギーの理論計算値（単位：MeV）を図 3.9 に示す．障壁エネルギーは同位体 $A \sim 90$ での最大約 55 MeV からウランやプルトニウムのような最も重い元素の数 MeV へ低下する変化をする．プルトニウムより重い元素では（$A \sim 240$），α 崩壊と β 崩壊の半減期，および自発核分裂が短すぎるので，それらの核分裂障壁が低いにもかかわらず兵器物質候補として実用的では無い．

これ以降は，ウランの状況を詳細に吟味しよう．1936 年にボーアが現在は “複合核” (compound nucleus) として知られている原子核の概念模型を開発した．この模型に基づき，ボーアとホイーラーは分裂が瞬間過程では無く，むしろ入射中性子と標的核が最初に結びつき，中間的複合核を形成すると断定した．2 つのケースがウランに当てはまる：

$$ {}^{1}_{0}n + {}^{235}_{92}\mathrm{U} \rightarrow {}^{236}_{92}\mathrm{U}\ , \tag{3.14} $$

および

$$ {}^{1}_{0}n + {}^{238}_{92}\mathrm{U} \rightarrow {}^{239}_{92}\mathrm{U}\ . \tag{3.15} $$

偶/奇 → 偶/偶および偶/偶 → 偶数奇へのパリティ変化と合致して，これら反応の Q 値はそれぞれ 6.55 MeV と 4.81 MeV である．もしも衝撃中性子が “遅い” のなら，中性子が基本的に運動エネルギー無しで反応を起こすとして，(3.14) 式の反応で形成された ${}^{236}_{92}\mathrm{U}$ の原子核は内部エネルギー約 6.6 MeV の内部エネルギーを伴う励起状態にあることを見出すだろう，一方，(3.15) 式の反応で形成された ${}^{239}_{92}\mathrm{U}$ の原子核は約 4.8 MeV の同様のエネルギーを有するだろう．比較して，${}^{236}\mathrm{U}$ と ${}^{239}\mathrm{U}$ の核分裂障壁は各々約 5.7 MeV と 6.4 MeV となる．**Q 値と障壁エネルギーの差異がここでは決定的なものとなっている．${}^{236}\mathrm{U}$ の場合，Q 値は核分裂障壁をほぼ 0.9 MeV 上回る．どんな衝撃中性子であろうとも，どんなにも小さい運動エネルギーをもっているか，いないかに関係なく ${}^{235}\mathrm{U}$ の中で分裂を誘起出来る．** 他方，(3.15) 式反応の Q 値は，核

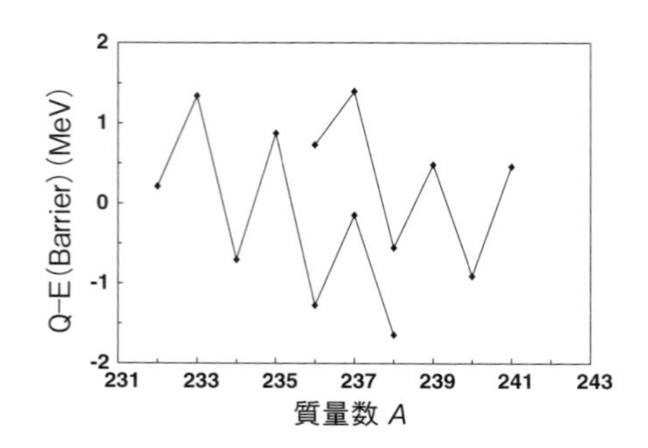

図 3.10　ウラン（下部折線）とプルトニウム（上部折線）の標的同位体の核分裂に対する放出エネルギーと核分裂障壁の差

分裂障壁に足りない 1.6 MeV に落ちる，このことは中性子衝撃による ^{238}U 分裂には少なくともこのエネルギー量を中性子の供給で賄うべきことを意味する．^{235}U は “核分裂性” **(fissile)** 核種，一方 ^{238}U は “核分裂可能” **(fissionable)** 核種と称せられる．

図 3.10 に $Q - E_{\text{障壁}}$ をウランとプルトニウムの標的核種の質量数 A を関数としてプロットした．上部折線がプルトニウムで，下部折線がウラン同位体である．質量数が奇数の標的核種の $Q - E_{\text{障壁}}$ 値が高いと，異なるパリティ変化の効果が極めて顕著に顕れる；ウランとプルトニウムは両者ともに陽子数は偶数である．

^{232}U と ^{233}U の両者は兵器材料の良好な候補者に成り得るように見える．^{232}U は 70 年のアルファ崩壊半減期を有しているので，適さない．実用目的からして，^{233}U は自然に生じない，既にプルトニウムを作りだした原子炉内で，トリウムの中性子衝撃によって生成させなければならないのだから不都合と言える．核分裂障壁の面から，^{234}U の天然の比率は低い，無視していい程（~ 0.006 %）であり，^{236}U は全く天然に存在していない．^{237}U は $Q - E_{\text{障壁}} \geq 0$ に近い値を有す，しかし 6.75 day の半減期でベータ崩壊する．プルトニウムのケースでは，質量数 236，237，241 が種々の短半減期の崩壊過程を有するので兵器として利用するには不安定過ぎる，まずはそれらの組立困難に遭遇してしまう：それぞれの半減期は，2.87 日アルファ崩壊，45 日電子捕獲，88 日アルファ崩壊，14 日ベータ崩壊である．^{240}Pu が爆弾の核に多く在ると，その自発核分裂の高い比率により制御不能な早過ぎる爆発 (premature detonation) を引き起こす危険が有る（第 7 章参照）．兵器材料として適しているのは，プルトニウム-239 がプルトニウム元素のうちで唯一の同位体である．

ボーアとホイーラーの (i) と (ii) を一緒にすることで，何故周期律表の末端に在る重い元素での非常に数少ない同位体のみが低速中性子での分裂を条件とするのかについて最初の現実的な理解を与えてくれる：Z^2/A 限度近傍のより重い同位体は自発分裂に対しかなり長時間安定でいることが出来ない，一方より軽い同位体の核分裂障壁はあまりにも大きく，中性子吸収での結合エネルギー放出でそれを克服出来ない．周期律表の高い Z 端の非常に狭い “核分裂性の窓” (window of fissility) が存在する．

兵器材料として U-238 が不適であるとの論点は，上記論拠に比べて若干微妙ではある．ウランの分裂で生まれる 2 次中性子の平均運動エネルギーは約 2 MeV である，それらエネルギーの約半数は $n + {}^{238}\mathrm{U} \rightarrow {}^{239}\mathrm{U}$ 反応の励起エネルギー，~ 1.6 MeV に比べて大きい．この観点から，^{238}U は兵器材料としてものになるように見える．なぜそうでは無いのだろうか? その問題は高速中性子が ^{238}U 核に当たった時に起きることに依存するのだ．

中性子が標的核に当たり，散乱された時（これは，吸収または分裂を引き起こすのとは反対に，中性子が “そらされ” (deflected) その道を進むことである），その衝突は次の 2 つの 1 つで起きるにちがいない：弾性または非弾性．弾性散乱において，入射中性子の運動エネルギーは影響を受けない．衝突が非弾性であるならば，中性子は運動エネルギーを失う．より高い軌道の電子として残す化学反応の類似でその “失った” エネルギーが励起エネルギー状態での原子核内に残される．

分裂生成中性子のエネルギー範囲にわたる平均し，^{238}U の有効中性子非弾性散乱断面積は約 2.6 バーンである．比較するに，^{238}U の等価有効中性子分裂断面積は約 0.31 バーンである．これら断面積の比は $2.6/0.31 \sim 8.4$ となり，高速中性子の ^{238}U 衝突は約 8 培と，核分裂を導く非弾性散乱と同じであることを示す．実験的に，^{238}U から非弾性散乱したエネルギー 2.5 MeV の中性子は，単一散乱結果として，その運動エネルギーは最確値約 0.275 MeV を持つと推定された．結果として，^{238}U 核衝突中性子の大多数は瞬時に 1.6-MeV 分裂閾値以下に減速する．さらに悪いことに，^{238}U は約 1 MeV 以下でかなりの程度の放射化中性子捕獲断面積を持っている；約 0.01 MeV 以下のエネルギーでは，共鳴吸収の林立で特徴付けられたその捕獲断面積は数千バーンへと上昇する．これらの傾向を図 3.11，図 3.12，図 3.13 に示す; 図 3.13 の曲線は低エネルギー端として約 0.03 MeV で終っている．ボーアとホイーラーの研究当時，物理学者らは中間エネルギー捕獲共鳴の存在に気付いていたのだが，我々が現在アクセスしている詳

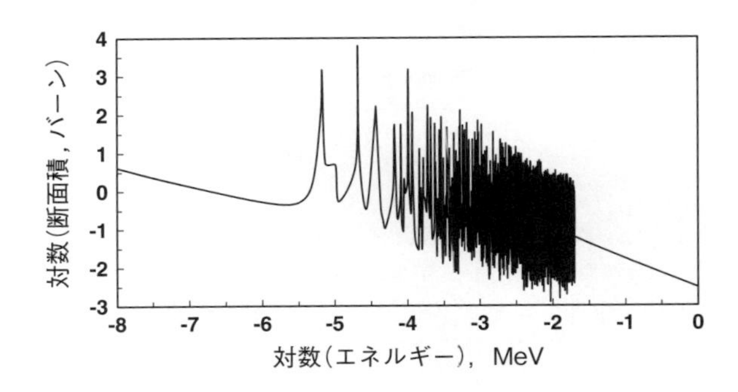

図 3.11　10^{-8} MeV から 1 MeV までの中性子エネルギー（単位：MeV）を関数とする U-238 の中性子捕獲総断面積．両軸ともに対数目盛．共鳴吸収スパイクの多くが細かいためにここで分解することは出来ない．データは韓国原子力研究所のファイル pendfb7/U238:102 による．ここでは入手データのたったの約 1% しかプロットしていない

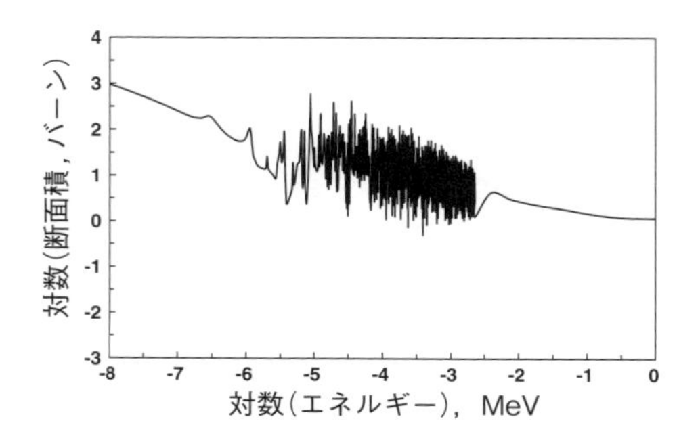

図 3.12　U-235 の核分裂断面積；目盛は図 3.11 と同じ．データは韓国原子力研究所のファイル pendfb7/U235:19 による．熱中性子（$\log E = -7.6$）で，断面積が 585 バーンである．ここでは入手データのたったの約 5% しかプロットしていない

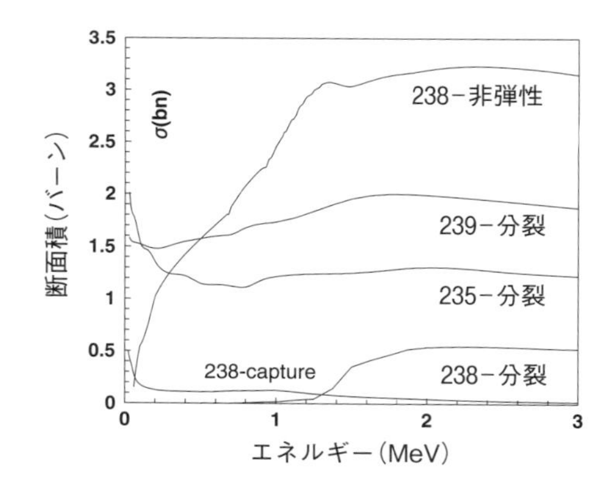

図 3.13　衝撃中性子エネルギーを関数とする ^{239}Pu，^{235}U，^{238}U の核分裂断面積と ^{238}U の捕獲・非弾性散乱断面積．左端は約 0.03 MeV で曲線を終わらせた，図 3.11 と図 3.12 で明らかな共鳴スパイクの複雑な並びを避けるために

細データの便益を持つことは無かった．この非弾性散乱効果が，次節での中性子の速さを巻き込む明白な矛盾を解くことになる．

端的に言えば，兵器材料としての ^{238}U の非有用性は高速中性子に対する分裂断面積の不足では無く，むしろ非弾性散乱と核分裂閾値以下での減速中性子に対し適応可能な捕獲断面積を有している同位体の寄生的組合せによるものだ．高速中性子環境下での少量の ^{238}U の存在でさえも，結局連鎖反応を抑制することになる．^{235}U と ^{239}Pu も同様に，非弾性散乱断面積を持っている，しかし ^{238}U とは異なり，核分裂閾値を有していない．低速中性子は ^{235}U と ^{239}Pu を分裂させる，そして分裂断面積はそれらの捕獲断面積を遥かに凌駕する．これら同位体もまた中性子を弾性散乱させる，しかしこの過程は中性子運動エネルギーを下げないのでここでの関与は無い．

^{238}U の高速中性子毒効果 (poisoning effect) を深く理解するため，以下の例で考察しよう．2 MeV 分裂生起 2 次中性子が非弾性散乱に依りその半分のエネルギーのみを失うものと仮定せよ．^{235}U の分裂断面積は 1 MeV で約 1.22 バーンである，一方 ^{238}U の捕獲断面積が約 0.13 バーンである．天然ウランの試料中の ^{238}U と ^{235}U の組成比は 140:1 である，従って約 [0.13(140)/1.22] = 1.5 のファクターで捕獲が凌駕する．**その正味結果は ^{235}U のみが高速中性子連鎖反応を維持することが出来る，そしてこの理由依り，もし“高速分裂”ウラン爆弾製造を切望するなら，より普遍的な姉妹同位体から軽同位体を苦心して取り出さなければならない．**連鎖反応に関する数値的詳細については，次節で議論する．

その非分裂性にかかわらず，^{238}U はマンハッタン計画で決定的な役を演じた．(3.15) 式で形成された ^{239}U 核は 2 回のベータ崩壊系列を起こす過剰なエネルギーを落とし，最終的にプルトニウム-239 を生じさせる：

$$^{239}_{92}\mathrm{U} \xrightarrow[23.5\,\mathrm{min}]{\beta^-} {}^{239}_{93}\mathrm{Np} \xrightarrow[2.36\,\mathrm{days}]{\beta^-} {}^{239}_{94}\mathrm{Pu}\,, \tag{3.16}$$

^{235}U と同じく，^{239}Pu は低速中性子衝撃下で分裂する．この反応は

$$^{1}_{0}n + {}^{239}_{94}\mathrm{Pu} \rightarrow {}^{240}_{94}\mathrm{Pu} \tag{3.17}$$

で，Q 値 6.53 MeV を持つ，しかし ^{240}Pu の核分裂障壁は僅か約 6.1 MeV である．Pu-239 の低速中性子衝撃は 2 つの出来ごとへ導く：分裂（断面積は 750 バーン）と準安定 Pu-240 を作る中性子吸収（断面積は 270 バーン）である．後者の同位体は唯一 6,560 年のアルファ崩壊半減期を持つ．

3.4　核分裂物理学 III：要約

引き続く 2 っの節は，多数の相互に連結する論争を示す材料の詳細をカバーする．本節では原子炉と爆弾の可能性の比較についての大雑把な要約を提供する．

最初に，**低速**中性子を用いる連鎖反応確立を考察してみよう．核分裂で放出する中性子は**高速**となる，しかし U-238 非弾性散乱と捕獲の問題に遭遇しやすい．反応継続の望みをつなぐには，(i) U-238 核による捕獲を避けるため，(ii) 熱中性子での U-235 核の膨大な分裂断面積（585 バーン，下記参照）の長所を得るために，中性子を減速させなければならない．しかしながら，このようなスキームを基礎とした爆弾は数トンの重さになってしまい，いかなる手段でも目標地へ配送することは実用的と言えない；基本的にはそれは原子炉となるべきである．さらに重要なことは，通常の化学反応に比べてそれ程速く無い反応の成長速度となるほど中性子速度が遅い．その結果は装置自身を加熱し，熔解し散逸させる，それが中性子の逸散を許し，そして

表 3.2　高速中性子断面積（バーン）

プロセス	U-235	U-238	存在比重み付け総断面積
核分裂	1.235	0.308	0.315
捕　獲	0	2.661	2.642

反応停止を引き起こすことになるだろう．低速中性子爆弾は高額の立ち消え (fizzle) を生むだけだ，“ドーン” (bang) と爆発はしない．

爆弾製造を保証するに充分な激烈反応を生じさせるには，高速中性子の使用が求められる．この場合，高速中性子連鎖反応を維持するにちがいない唯一の同位体が U-235 である，しかしウランを kg の量単位で 2 つの同位体分離を要求する．この分離が達成出来たとしてさえも，爆弾が作動しないことになる予期しない効果が起きないとの保証は 1939 年において皆無だった．ニールス・ボーアがウラン核分裂に基づく爆弾は非実用的または不可能であると考えていたことは驚くべきことでは無い．

高速対低速事象の数量化はそれらをより深く発展させるうえでの助けとなる．これらの数量化はわかりやすく，以下の文節で述べよう．

現在入手可能な断面積を用いることで高速および低速中性子連鎖反応の可能性の比較を定量化してみよう．表 3.2 に U-235 と U-238 の高速中性子の分裂および放射化捕獲断面積の値を示す．表の最後列は総有効断面積で天然の組成比，U-235 の 0.0072 と U-238 の 0.99828 を考慮して計算されたものである．例えば，高速中性子に対して，その核分裂総断面積は，1.235 (0.0072) + 0.308 (0.9928) = 0.315 として算出する．この場合，捕獲が分裂を凌駕するため，連鎖反応を維持する可能性は無い．**高速中性子反応は通常組成比のウランで維持出来ない．** 高速中性子反応を維持するには，分裂が捕獲を上回るオーダーまでその組成比を上げなければならない．その分岐点は U-235 の組成比が約 0.66 のところであり，爆弾を作るにはきわめて困難な濃縮レベルである（爆弾級ウランは 90% の純粋 ^{235}U である）．出来たとしても，分裂はほんの一瞬だけで，多分捕獲されてしまうだろう．

低速中性子（熱中性子）の状況を表 3.3 に纏めた．低速中性子において，U-235 の莫大な分裂断面積に依り核分裂が支配的過程となっている（度肝を抜くほどでもないが）．これがある種の商業炉として天然組成比ウランを燃料に用いて連鎖反応させるアイデアを可能とさせるものである．その困難な部分は U-235 の分裂で放射した高エネルギー中性子を捕獲されずに，または減速途中で失われないように減速させることにある．

第 2 番目の定量化は中性子の速度についてである．この詳細を 3.7 節でさらに検討するが，その重要な鍵は核分裂で生じた中性子が引き続き分裂を起こすところまで移動するに必要な時間の逆平方に比例したエネルギーが生まれるということだ．低速中性子では，高速中性子によって生み出されるエネルギーの僅か約 10^{-8} が放出されるにすぎない．20 キロトン TNT と等価な高速中性子爆弾に対して，低速中性子爆弾は TNT で 1 ポンド未満のエネルギーを放出

表 3.3　低速中性子断面積（バーン）

プロセス	U-235	U-238	存在比重み付け総断面積
核分裂	584.4	0	4.208
捕　獲	98.8	2.717	3.409

するだけだ．これが低速中性子爆弾製造を行わなことの単純なポイントだ．

要約すると，ボーアとホイーラーの研究が分裂過程の理解とその可能性に対する強固な基礎を提供した，しかし 1939 年，理論的理解とその現象のいかなる実用化可能との間に巨大な淵が横たわる．その淵は断面積のさらなる実験データ，2 次中性子数および同位体分離の巨大規模の報酬によってのみ埋めることが出来る．連鎖反応または爆弾の見通しに対して断言できる者はまだ皆無だった．しかし，その可能性が仮説的に検討出来なかったことを意味するものでは無い．

3.5　臨界の考察

ウランの核分裂で 2 次中性子生起発見のフォローとして，多くの物理学者らが，少なくとも理論において連鎖反応達成に必要な条件を検討し始めた．

もしも核分裂が推定上の連鎖反応を開始したとしても，それで生じた 2 次中性子が他の原子核を叩けば何の意味も無くなる．中性子の幾つかは不可避的にウラン試料表面に達し，逃れてしまう，取り分けその試料が小さい場合には．その試料の寸法が大きくなれば，中性子の逃れる確率が低下する，その間において確率がきっぱりとゼロになることは無い（試料が無限大の大きさになる場合を除い），中性子が逃れるのに比べて引き続き分裂を起こす確率はあまりにも低くなる．その鍵となる概念が**臨界質量 (critical mass)** である：自己持続反応 (self-sustaining reaction) を有するように 1 箇所で組み立てたウランの最小質量である．自己持続反応は理論上すべてのウランが分裂してしまうまで継続する，または（恐らく）材料がそれ自身を加熱し散逸してしまうことである．

技術的に，**臨界** (criticality) は，もし試料内の中性子密度（立方メートル当たりの中性子数）が時間とともに増加するならば得られると言える．この条件が満たされるか，満たされないかは，核分裂性物質の密度，その分裂断面積と散乱断面積および核分裂当たりの中性子数に依存する．原子炉内または爆弾のコアの中性子数の発生解析には時間依存拡散理論の使用が要求される，この時間依存拡散理論については多くの工学系教科書がカバーしている．拡散理論は古典熱力学にさかのぼるものであり，1939 年までに理論物理学の 1 分野として既に確立していた．

最初にこの扉を開いたのは，フランスの物理学者，フランシス・ペラン (Francis Perrin) である（図 3.14），1939 年 5 月 1 日付けの *Comptes Rendus* 誌に手短な論文を掲載した．ペラン

図 3.14 1951 年のフランシス・ペラン (1901-1992). **出典** AIP エミリオ・セグレ視覚記録文庫，今日の物理学者コレクション

は，高速中性子（未減速中性子）を仮定し，酸化物 U_3O_8 形態での天然ウラン組成比の集合体に拡散理論を適用した．幾つかの適切なパラメータに対して粗い推定を用い，臨界質量 40 メトリック・トン（40,000 kg）を導いた．ペランはさらにタンパー (**tamper**) 材で周りを囲むことで質量を如何に減じるかについても解析した．タンパーの目的は逃れた中性子を核分裂性物質内へ戻るように反射させることにある，この反射で核分裂を引き起こす機会を与えることになる；この正味効果が臨界質量をさらに低くする．爆弾の場合，タンパーも爆発コアの膨張を一時的に遅延させる，タンパーが無いのに比べてマイクロ秒の数 10 分の 1 長く保持して臨界を維持させる；これが爆発をさらに有効にする．爆弾に純粋な U-235 使用 40 トン形態のペラン爆弾は全く実用的で無かった．しかしながら，実用的拡散物理学を彼は明確に確立させ，タンパーの概念を導入したのだ．

それほど後を離れずにベルリンに在るカイザー・ウイルヘルム化学研究所のドイツ人物理学者，ジークフリート・フリューゲ (Siergfried Flügge) が 6 月 9 日付の *Naturwissenchaften* 誌にさらに長編の論文を発表した．U_3O_8 を同様に考察し，フリューゲはもしも 1 立方メートル．U_3O_8 のウランのすべてが分裂を起こすとしたなら，1 立方キロメートルの水を 27 km の高さまで持ち上げることが出来るエネルギーであると推測した．フリューゲはウラン同位体の両方は分裂するものと仮定した；U-235 のみが分裂するとして，その正しい高さは非常に低くなるが，それでも印象的数値である：約 370 m となる．フリューゲは臨界質量を推定しなかったものの，推定パラメータを基礎とし臨界半径が 50 cm を超えるという数字を出した．

英語圏の読者にとり，容易に入手可能な最も初期の臨界の論文の 1 つは，バーミンガム大学のルドルフ・パイエルス (Rudolf Peiers)（図 3.15）の 1939 年 10 月に発行された論文である．パイエルスはドイツで生まれ，1933 年に英国へ移民した傑出した物理学者であった．オットー・フリッシュと同じく，パイエルスはユダヤ人だった；両者はドイツで行われる核分裂研究についての懸念に関わることになる．

パイエルスがどの様にしてバーミンガムにたどり着いたかを話すことは，本題を逸れること

図 3.15 **左** 1943 年ニューヨークでのゲニア・パイエルス (1908-1986) とルドルフ・パイエルス (1907-1995). **右** マーカス・オリファント (1901-2000). **出典** フランシス・シモン撮影，AIP エミリオ・セグレ視覚記録文庫，フランシス・シモン・コレクションの好意による

になるもののその価値はある，この歴史上，もう 1 人の重要人物を紹介しよう．ラザフォードの多数の学生の 1 であった，オーストリア出身のマーカス・オリファント (Marcus Oliphant) がバーミンガム大学の物理学部長に任命された．オリファントの最初の学科教員採用者の 1 人がパイエルスだ，彼に永久教授職を提供した．パイエルスは，取り分けケンブリッジ大学での非永久教授職を引き受けた場合の 2 倍を超える給与が与えられる好機を蹴ってしまった．1937 年秋に任命され，1940 年 2 月に英国市民権を獲得して帰化した．

戦争への暗雲がヨーロッパに立ち込めた 1939 年半ば，オリファントはもう 1 つの価値ある獲得を成し遂げた：オットー・フリッシュ (Otto Frish) である，彼は当時コペンハーゲンに留まっていた．わざわざ公的なものにせず，オリファントは単純に夏季休暇中のフリッシュを招待し，補助講師 (auxiliary lecturer) として彼の職を見つけ出した．

オリファントの戦略は他の生産的方法の中に兆候として顕れた適切なチャンネルを無視することにあった．英国海軍のレーダー研究において，パイエルスの電磁気学の知識が非常に貴重な資源であることを見つけ出した．しかし敵性外国人として，パイエルスは秘密事項の研究 (classified work) の正式契約を持っていなかった．オリファントは，それらが純粋に学術的練習問題であると見せかけ，パイエルスへの質問を止めさすこの策略によって問題を回避した．両者ともにフィクションであることは良く解っていたのだが，その研究を遂行した．オリファントは後に，米国物理学者らを自国の核分裂爆弾生産努力へと加速を促す有力な役割を演じることになる．

オリファントの記憶によれば，パイエルスはペラン論文を如何様に読みその計算を洗練させたかについて語った．軍事応用の可能性を与えるものとして，彼の解析を公刊することに幾らかの疑問を持ち，フリッシュにも賢明にそうするようにと助言した．原子爆弾が現実的な計画とは成りえないとボーアが示したことを信頼し，フリッシュは発行しない理由を見い出せなかった．そのような会話はフリッシュ自身の記憶によるもので参考文献は無い，しかし数ヵ月後に 2 人が非常に異なる環境下に居ることが判る．

パイエルスは 2 つの極端なケースでの臨界質量を推定するための明確な公式を開発した．核分裂当たり生成する中性子数が 1 に非常に近い時と 1 よりもかなり大きい場合の 2 つのケースであった．実用上の興味の範囲は，その数が約 2.5 の処であり，その 2 つの表現はそれらの予測から大きく異なるものではないことが判明した，そして微妙な推定はその 2 つの平均化で得ることが出来る．U-235 の現在のパラメータ値を用いて，この方法を適用した時，その予想臨界半径は後日，さらに精巧に改訂されたロスアラモス拡散理論が予想した値の 5% 以内に収まっていた．不思議にも，パイエルスはいかなる数値も彼の表現へ入れ替えようとの思い悩みはしなかった；彼の論文は完全に解析的だったのだから．U-235 の適切な断面積の近似的正確値を持っていたとして出版しても，論文が変わるかどうかは疑わしい，

3.6　ボーアの検証

実験からの当然の帰結としてウランの希少同位体 U-235 が低速中性子核分裂に対応していると 1939 年 2 月にボーアは示唆した．この仮説を調べる唯一の正しい方法は，同位体を純粋にする U-235 と U-238 の分離試料を作り上げ，それらへ中性子衝撃することである．当時既知の唯一の実用的同位体分離法は質量分析であった．無類の質量分析学者，ミネソタ大学のアルフレッド・ニール (Alfred Nier) がこの試料を用意するタスクを引き受けた（図 3.16）．

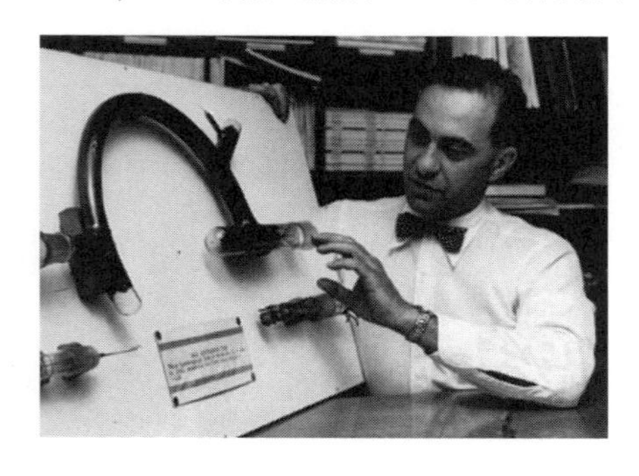

図 3.16　アルフレッド・ニール (1911-1994).　**出典**　ミネソタ大学，AIP エミリオ・セグレ視覚記録文庫の好意による

ニールは 1939 年 1 月 15 日付けの**フィジカルレビュー**誌に投稿したウランの第 3 番目の同位体，U-234 の発見でウラン物理学者らの注目を浴びていた．天然ウラン試料中の U-238 の 18,000 個の原子当たりたった 1 個だけ存在するとの事実にもかかわらず，ニールの質量分析器はその検出を達成するほどに充分精密だった．ニールは 1939 年 4 月に開催された米国物理学会ワシントン会合でエンリコ・フェルミと会った，その時フェルミはボーアの理論を実験的に検証するためにウラン同位体の少量試料分離にトライするように彼を励ました．講義と他の

プロジェクトで忙しかったニールは，同年 10 月にフェルミによって再び促されるまで取り掛かっていない．

充分な同位体分離を成就するため，ニールは新たな質量分析器を組み立てた，彼はそれを 1940 年 1 月に完成させた．彼の最初の分離作業は 2 月 28 日と 29 日に行われた．ニールは僅かな試料を手紙にくっつけ，コロンビア大学への航空速達便として投函した，コロンビア大学で直ちに低速中性子の衝撃を受けた．

ニールが分離した試料は本当に非常に少なかった．彼は 10 時間と 11 時間の 2 つの分離作業を行い，全てのイオンがコレクターに集まったと仮定し彼はその収率が各々 U-238 は 0.17 マイクログラムと 0.29 マイクログラムと予測していた．その U-235 量はその 1/140 となる，または約 1.2 と 2.1 ナノグラムを有することになる．11 時間操業で 2.1 ナノグラムの分離速度で 1 kg を収集するには，連続操業で 6 億年要することになろう，U-235 爆弾は実用的でないとのニールス・ボーアの意見はこれがその証しである．

コロンビア大学で，その U-235 試料は低速中性子核分裂の証拠を明確に示した，一方，U-238 試料は全く何も示さなかった．微小な試料にもかかわらず，コロンビア大学チームは U-235 の低速中性子分裂断面積が 400-500 バーンであることを推定出来た；現代の値は 585 バーンである．これらの結果は 1940 年 3 月 15 日付けの**フィジカル・レビュー**誌の論文として刊行された，その論文著者としてニール，ユージーン・ブース，ジョン・ダニング，アリスティド・フォン・グロスが名を連ねた．この論文は “ウランの連鎖反応の可能性探求のためにさらに大規模でのウラン同位体分離の重要性をこれらの実験は強調している” との所見で終わっていた．やっと 25 歳となった同位体の概念は巨大な重要さを予期させるものとなった．残念ながら，ニールの試料は高速中性子分裂のテストとしては余りにも小さすぎた．

1 ヵ月後に，イオン流を増した質量分析器稼働に基づくさらなる結果が続き論文として報告された．その時，U-238 試料は 3.1 と 4.4 micrograms であった，初期の稼働時の 10 倍を超す程になっていた．これは低速中性子と高速中性子での U-238 の核分裂をテストするに充分な量であった，そして U-238 同位体は高速中性子衝撃**のみにだけ**分裂することが実証された．この論文では高速中性子のエネルギーを報告していない；3.3 節述べたように U-238 分裂の閾値，~ 1.6-MeV に比べて大きかったに違いない．U-235 の低速中性子核分裂性について再び検証された，しかし U-235 試料は高速中性子分裂のテスト用にはあまりにも小さすぎた．予算が数百ドル豊かだったなら，より良い真空ポンプを入手出来たとニールは後年記述している，そのポンプが高速中性子テストに充分な量の U-235 試料を与えてくれる設備として使えたのだと．

ニール/コロンビアの研究は幾つかの驚くべき社会の注目を浴びた．**ニューヨーク・タイムズ**紙の 1940 年 3 月 5 日付けに科学レポーターのウイリアム・ローレンス――彼は後に**トリニティ**と長崎爆弾の観察者となっている――は原子動力が多分丁度数ヵ月から 1 年の範囲で見込めそうだとの可成り行き過ぎた楽観論から始めた，しかし他方では，コロンビア大学での研究，ボーア/ホイラーの核パリティ論拠，連鎖反応を維持する低速中性子の役割，U-235 の 1 ポンドが通常爆薬の 15 キロ・トンに等価であるとの事実をかなり明確な記述で伝えた．ローレンスに従えば，“確かな筋” (reliable sources) によれば，ドイツのナチス政府が多くの科学者達をウラン関係に傾注するよう命令したとのことである．*Harpers Magazine* 誌の 6 月号にジョン・オニール (John 0’Neill) の研究が報告された，その論文は高速中性子と低速中性子の効果，

U-238の中性子吸収効果，如何にして連鎖反応が働くのか，同位体分離の困難性についての解説となっていた．オニール考察の幾つかは誇張されていたのだが（原子力自動車はガソリン・ステーションをビジネスの外へ放り出してしまうだろう），爆発性の可能性について取り上げなかった：“しかし… もしも，あまりにも純粋なU-235試料を用いるならエネルギーが急速度で起きるかもしれない過程は… 制御過程が作動する前に… 諦めなければならない．もしもこの条件が成し遂げられたなら… 我々は原子動力源としてでは無く，原子エネルギー爆薬を持つことになる”のだと．

U-235の高速中性子分裂性の疑問を残したままだが，ニール/コロンビアの研究はボーア仮説を実証した．ニールと彼の共同研究者達が研究に乗り出したと同様に，オットー・フリッツとルドルフ・パイエルスは大きな疑問の塾考をしていた．

3.7 フリッシュ=パイエルス覚書とMAUD委員会

科学的原稿が世界の出来事に強い影響を与えることは滅多に無いのだが，1940年3月の“フリッシュ=パイエルス覚書”(**Fisch-Peiers Memorandum**)と呼ばれることになる文書は重要なものとなった．核兵器が実行可能であるだけでなく，戦争の帰結に影響を及ぼす程充分な支配力を有するものであるとしたこの文書が直接的に英国の研究を開始させた．英国の努力は1941年夏に，米国のオピニオンへ大きな衝撃を与え，そしてその1年後にルーズベルト大統領に渡されたその報告書が大きな影響を与えた．ここでは覚書の背景と技術的内容に焦点を当てる．

バーミンガムにて，ルドルフ・パイエルスと同様にオットー・フリッシュは戦時研究から締め出されていた，そして彼自身の興味に没頭できる充分な自由時間を有していた．U-235によって生じる低速度中性子分裂についてのボーア予測を認識し，如何にしてその理論を実験へ移すための熟考をし始めた．数ヵ月前にアルフレッド・ニールと共同研究者らが実験を遂行たように，ウラン試料のU-235の比率を人工的に上昇させること，すなわち**濃縮**ウラン試料を準備することが1つのアプローチであるとフリッシュは結論付けた．もしボーアが正しいなら，その濃縮試料は未濃縮試料に比べて低速中性子衝撃下で分裂比の増加を示すはずである．

フリッシュは同位体濃縮法の調査を開始し，第1章で大雑把に述べた熱拡散法に間も無く狙いを定めた．この方法はドイツの2人の科学者，クラウス・クラジウスとゲルハルト・デイッケルから名付けられたクラジウス-デイッケル(Clusius-Dickel)法としても知られている，彼らはほんの最近（1938年）開発し，ネオンと塩素同位体の濃縮に成功したばかりだった．バーミンガム物理学部のガラス吹き手に拡散チューブを用意させるまでは行ったのだが，その実験は進捗しなかった．しかし彼の注目が間も無くさらに抑えがたい方向へと彼を引き込むことになる．

予期しなかったことに，王立化学学会から1940年の化学進捗年報に放射能および原子核現象の論評文投稿の依頼がフリッシュへ届いた．彼の記憶では，1940年冬のバーミンガムは異常な寒さと大雪に見舞われ，日中42°F（5.5°C）以上に温まらず，夜間には氷点下に下がる部屋の暖炉の前に腰かけ，冬のコートで身を包み，論文を準備したのだった．コートとタイプライターは確かに魅力的だったが，1940 年 12 月の最新論文を引用するために，論評文 (review) 準備に一層大きな努力を要しなければならなかった．

皮肉にも，フリッシュは論文の緒言で，“1940 年は核物理学に特別の進展は見られなかった．核分裂に関する論文の “大流行（ブーム）” (booom) は … 殆ど消え失せてしまった” と言明した．報告書の大部分は種々の衝撃反応の崩壊生成物に関するものであり，U-235 が低速中性子分裂に対応するとのボーア推測の実証のみが言及に値するものだった．連鎖反応の可能性については単一文節で取り上げ，忘れ去られてしまうだけだった．後にフリッシュは，論文を準備していた時，本当に原子爆弾は出来ないと信じていた，と書いている．しかしこの論文を書くことで明らかに彼の頭に濃縮実験を蘇らせ，充分に純粋な U-235 または高濃縮 U-235 を造るなら，低速中性子と反対の高速中性子に基づく真の爆発性連鎖反応を製造できるのではないか? と幾つかの点で疑い始めた．パイエルスと共に先の 10 月に発行した論文で，U-235 分裂断面積の粗い推定をし，臨界寸法公式を用いて推定し，その臨界質量が 1 ポンド (0.45 kg) のオーダーであることでフリッシュは驚いたばかりだった．

フリッシュが最初に臨界質量を算出し，その結果をパイエルスと議論したことをフリッシュの回顧録は伝えている．単独クラジウス-デイッケル管の予想効率を考慮して管 100,000 本のカスケード*6が数週間で爆弾用 U-235 を作るのに充分であると推定した．“我々はお互いに始め，そして結局，原子爆弾は可能であるに違いないと気が付いた” とフリッシュは書いた．

フリッシュ自身の記憶では，1940 年 2 月または 3 月にフリッシュがパイエルスに質問しようと近づいた際にパイエルスが言明した：“誰かが君にウランの純粋な U-235 同位体の量を与えたなら――何が起きるのかい?” と．パイエルスが言うには，彼らは臨界質量を一緒にして，約 1 ポンドの状態にするだろう．パイエルスが “名うての包みの裏 (back of the proverbial envelope)” 計算と言ったもので，ウラン自身が飛び散るまでにどの位のエネルギーがその反応で生じるのかを彼らは推定するだろう．その結果は通常爆薬の数千トンと等しい．古典的控えめの表現でパイエルスはそのことに関連付け，互いに自問自答した：“このプラントが軍艦程にコストを要するとしても，それを所有することは価値がある” と．ドイツの科学者達も同じことを考えているに違いないとの思いが警告を発し，フリッシュとパイエルスは原子兵器の可能性を英国政府に伝えることが彼らの義務であると感じた，しかしドイツ人研究者達が未だその考えに至っていないかを，彼らの研究が秘密に閉ざされているため知るすべがなかった．彼らはこの件を覚書として準備することに決めた，パイエルスは秘書に比べて信頼出来る自分自身でタイプを打った．彼らはたった 1 枚のカーボン・コピーを手元に置いた．

フリッシュとパイエルスは実際に 2 つの覚書を用意した．最初の覚書の題：“放射能 ‘スーパー爆弾’ の性質に関する覚書” (Memorandum on the Properties of Radioactive Super-bomb) は政府役人用を意図して相対的に定性的な概要記述になっていた．第 2 番目の覚書の題：“ウラン核連鎖反応に基づく ‘スーパー爆弾’ 建造” (On the construction of a ‘super bomb’ based on a nuclear chain reaction in uranium) は 7 ページでより技術的な詳細を記述していた．両覚書

*6 訳註：　カスケード (cascade)：プロセスを多数階段に分けて順次行わせることによって効率を高める階段方式．

ともロバート・サーバー著，*Los Alamos Primer*[*7]に再掲載された，技術的覚書の再発行には多くの誤植が含まれているので，オックスフォード大学 Bodleian 図書館に保管されているオリジナルのコピーと比較すること．

2 つの覚書は依然として興奮させる読み物である．非技術系の者が，付随する戦略的関わりと同様に如何にして爆弾が働くのかに関するキー・ファクターの全てを数ページ広げるだけだ．どの様にして臨界質量を存在させるのか，そうでなければウランの完全に安全な未臨界部材の 2 つを急速に合体させることでトリガーとなる装置とは如何様なものなのかについて述べた後で，フリッシュとパイエルスは軍事関連の幾つかについて述べる："兵器として，そのような爆弾は実際的に食い止められないだろう．爆発力に抗すると思われる物質や構造物は存在しない"．原子戦争倫理 (ethics of nuclear warfare) が呼び起こされる："市民の大多数の死を無くして使われることは多分無いであろう，そしてこの国で兵器として使用することは適切で無いかもしれない"．市民防護と抑止戦略について："有効でかつ大規模に使うことの出来るシェルターは 1 つも無いことを想起しなければならない．もっとも有効な応戦は，同様の爆弾に依る仕返しの脅威である．従って，可能な限り直ちに，かつ急速に製造を開始することが重要であると我々は感じている，その爆弾を攻撃用兵器として使用する意図が無いとしてさえも"．はっきりとした自覚無しに，フリッシュとパイエルスは後の冷戦 (Cold War) の台本を立案していたのだった．

臨界質量として約 1 ポンド (0.45 kg) の推定値がこの技術覚書中に表れている．バーンスタイン (Bernstein) による考察 (2011 年) では，この極端な過小推定は U-235 の高速中性子有効分裂断面積の過大評価に起因するものであった：フリッシュとパイエルスは 10 バーンと推定した，その真値は約 1.24 バーンである．臨界質量は近似的に断面積の逆平方に比例する，そのため断面積での 8 倍のエラーがかなりの効果を及ぼした．真の臨界質量は 100 ポンドのオーダーを超えるものとなる，しかしながらタンパーを用いることで減らせる（ペランが予測したように），フリッシュとパイエルスは改善の方策の調査をしなかった．

フリッシュとパイエルスの臨界質量推定値は見当違いだったが，彼らの基盤の物理学は全く確かなものだった．技術覚書中に 1 個の数学公式が含まれていた，それを導出無しに示そう：E は爆弾から生まれたエネルギー，その爆弾コアは質量 M と半径 $R_{コア}$ である．これで，

$$E \sim 0.2M\left(\frac{R_{コア}^2}{t^2}\right)\left(\sqrt{\frac{R_{コア}}{R_{臨界}}}-1\right) \tag{3.18}$$

この表現中，$R_{臨界}$ は核分裂性物質が示す臨界半径，t は分裂で放出された中性子が他の分裂を引き起こすまでの平均時間である．ウラン中の高速中性子ではこの t は約 10 ns（表 7.1 参照）となる．本公式へメートル・キログラム・秒の単位系でこれら数値を代入するなら，その結果はジュール単位で得られる，そして $1\,\mathrm{kt} \sim 4.2\times10^{12}$ Joules のファクターでキロトン (**kt**) TNT 等価へ変換できる．この表現の注目すべきことは中性子拡散理論に伴い爆発する爆弾設計によって予測されるものと正確な等価量で示すことが出来る点にある，これをロバート・サーバーが

[*7] 訳註：　Fisch-Peiers Memorandum：『ロスアラモス・プライマー』，丸善プラネット (2015) の付録 A に全文が掲載されている．

1943 年の *Los Alamos Primer* で行った．パイエルスは名うての包みの裏 (back of the proverbial envelope) に在る "裏庭の" 拡散理論を算定してしまったに違いない．この表現もまた世代にわたり物理学教授達が学生らに話すことの例示となっている：君の問題をまず初めに解析的に算定せよ，それからその算定の終わりに数値を代入せよ．その方法では，もし数値が変わったとしても，結果の再計算が容易となる．フリッシュとパイエルスは本当に代入した数値が最良の近似値であることに気が付いていた，それら数値は将来の実験を介して洗練されると．

3.4 節で言及しているように，フリッシュとパイエルスのエネルギー公式は，低速中性子爆弾で生じるエネルギーが何故そのような装置を製造する努力の価値が無いかを直接示すものである．臨界半径 $R_{臨界}$ は分裂断面積，ウラン密度のような核パラメータに純粋に依存している；中性子速度には依存しない．寸法が与えられた爆弾コアに対し，中性子速度 v の影響を受ける，この表現での唯一のファクターは時間 t である，この t は v に逆比例している（低速中性子にする減速材を含むコアは減速材を含まないコアに比べて大きくなる，しかしここでのポイントは大きさの程度のオーダーを迅速に推定することだ）．中性子の速度はその運動エネルギー K の平方根に比例する．他の全てのファクターは一定として，低速中性子で生まれるエネルギーと高速中性子で生まれるエネルギーの比は下記の通り比較される，

$$\frac{E_{低速}}{E_{高速}} = \left(\frac{t_{高速}}{t_{低速}}\right)^2 = \left(\frac{v_{低速}}{v_{高速}}\right)^2 = \frac{K_{低速}}{K_{高速}}. \tag{3.19}$$

3.4 節で断言したように，$K_{低速} \sim 0.025\,\mathrm{eV}$ と $K_{高速} \sim 2\,\mathrm{MeV}$ を代入して，$\frac{E_{低速}}{E_{高速}} \sim 10^{-8}$ を得る．

技術覚書の終わりのほうで，分裂爆弾と通常爆弾の定性的にその決定的な差異を強調した．爆発自身による巨大な破壊効果に加えて，その爆風が広範囲地域へ放射能核分裂生成物プラス中性子捕獲によって放射化した爆弾ケーシングからの物質をばらまくことになる．爆弾はラジウムの数百トン と等価な放射能を生成させることで，爆発の数日後までその荒廃地区に侵入する者たちを危険に曝すことになるとフリッシュとパイエルスが推定した．

覚書を準備した当時，パイエルスがほんのちょっと前に帰化したばかりで，フリッシュは依然として敵性外国人のままだった；彼らのアイデアをどの様にして適切な役人へ届ければいいのかその方法が分らなかった．彼らはその文書をオリファントへ差し出した，オリファントは航空兵器科学調査委員長のヘンリー・ティザード卿 (Sir Henry Tizard) へ渡した．英国歴史家ロナルド・クラークが数年後にティザードの文書の中から見つけ出した，そしてその文書は 1940 年 3 月 19 日に彼のもとに届いたものと推定した．核分裂の歴史のもう 1 つの合流事象として，U-235 が低速中性子分裂に対応しているとのニール-コロンビアの実証論文の発行日の丁度 5 日後であった．

それが起きた時，ティザードは核分裂に関してロンドン，インペリアル・カレッジの物理学教授ジョージ・P・トムソン（電子発見で著名な J.J. トムソンの息子）と既にコンタクトしていた．1939 年春，ハンス・フォン・ハーバン (Hans von Halban) と共同研究者らがウラン核分裂当たりほぼ 3 個の中性子を放出するとの発見を発行した時，トムソンはもしも充分なウラン質量を一緒にすることが出来たならと，その連鎖反応達成の可能性の検討をし始めた．ティザードは当初，如何なる形態の爆弾がウランで製造されるとしても，慎重にその可能性を見極めなければならないとのアイデアで非常に懐疑的にとらえていた．

ジェームズ・チャドウィックも当初，ウラン爆弾のアイデアを非常に疑っていた，しかし1939年9月のボーア-ホイラー理論の発行に伴い再考察を始めた．12月初め，工業・応用研究省大臣エドワード・アップルトン (Edward Appleton) 教授に彼の気がかりを示す手紙を書いた．アップルトンはチャドウィックのことをトムソンに尋ねた，トムソンは低速中性子分裂の若干の研究を行い，期待出来そうもないように見えたと返事した．1940年2月までに――フリッシュとパイエルスがその事象について再考察していた時期頃に――トムソンは原子力が戦時努力として進める価値は無いとの結論に殆ど達するまでになっていた；インペリアル・カレッジの彼のグループは連鎖反応成就を試みたが，成功しなかった．これにもかかわらず，チャドウィックは高速中性子衝撃でのウラン分裂断面積の計測をするためにリバプールに在る彼のサイクロトロンの準備を始めた．

フリッシュ=パイエルス覚書がティザードに届き，ティザードがこの件の調査委員会の招集をトムソンに説き伏せたことが本件の背景に在る．トムソンは議長となり，多くの委員の中にチャドィックとオリファントが含まれていた．拒絶されたフリッシュとパイエルスは委員会奉仕から閉ざされていた，それで彼らの覚書対応で何が生じたかの学習は最初に除外されてしまった．彼らはトムソンにアピールして，コンサルタントとして奉仕出来ることを認めさせた．1941年3月，委員会の研究は2つのグループへと分割された，政策委員会と技術委員会とに；フリッシュとパイエルスは後者の委員会への奉仕を許された．

トムソンのグループはMAUD委員会と呼ばれるようになった．この通常で無い名称は変わった起源を持つ．1940年4月，ドイツがデンマークを占領した．これが起きた時，ニールス・ボーアはリーゼ・マイトナーを介してオットー・フリッシュに電報を打った，その6つの結論の言葉は "Tell Cockcroft and Maud Ray Kent" だった．Cockcroft はケンブリッジ大学のジョン・コックロフト (John Cockcroft) であったが，"Maud Ray Kent" の身元は謎であった．1つの理論は "y" を "i" に変えることであり，"Maud Ray Kent" が "radium taken" へと並び替えられる．誰かがこの委員会をカバーする名称としてMAUDを示唆した，そしてその名称に落ち着いた．正式には各文字間にピリオッドを持っている（M.A.U.D.），しかし私は簡素化した形態を用いている．1943年遅く，ボーアがデンマークからスエーデンに逃れ，そして英国へと行く後まで謎のままだった．Maud Ray は Kent に住み，そして一時期ボーアの子供達の家庭教師として奉仕していたのだった．

MAUD委員会は，ロンドンの神々しい王立協会の委員会室で1940年4月10日に最初の会合を開いた．数週間の範囲内で英国の戦い (Battle of Britain) の交戦の山場が訪れる．1940年夏までに，MAUD賛助下の研究はリバプール（断面積の測定），バーミンガム（ウラン化学），ケンブリッジとオックスフォード（分離方法）の大学と帝国化学工業界で進行中だった．パイエルスは夏を同位体分離方法の勉強に費やし，そして9月に最も約束出来るアプローチは細かい穴のメッシュを通り抜けるガス拡散と思われると報告した；この線に沿った実験がもう1人の亡命科学者，オックスフォードのフランツ・サイモン (Franz Simon) によって行われた．12月までに，サイモンのグループは実際の製造工場のパラメータを推定した如く，充分な進捗を得た．U-235を日産1kg造るには，拡散隔膜ほぼ70,000平方メートル（17エーカー）が要求される；工場はほぼ40エーカーを占め，消費電力は約60メガワットであった．工場敷地推定の詳細は際立って精密に検証された：テネシー州に在るK-25拡散工場は約46エーカーを占めることになる．工場建設費と必要な運転員数の推定はあまりにも低く見積もってしまった，しかし重要なことは，少なくとも英国において，原子爆弾が実際的技術考察の対象へと移ったことにある．

濃縮技術が検討されていたと同じ時期に，ジェイムズ・チャドウィックの断面積測定がフリッシュとパイエルスの理論解析を確証する方向へと導いた．チャドウィックの初期の懐疑は絶え間ない心痛へと変わり始めた．1969 年のインタビューでは："1941 年春の記憶は，⋯ その時に原子爆弾は単に可能であるだけで無いことを悟った——それは必然であったのだ．⋯ 私は眠れない夜を幾夜も過ごした．⋯ そして睡眠薬を使うようになってしまった．それが唯一の治療法だった．それ以来，止めたことは無い．28 年が過ぎた，この 28 年間の全てで一晩も薬を飲まずに寝たことはないと思う"．

1941 年 3 月までに，ルドルフ・パイエルスは爆弾が明白に可能であると確信し，以下のように記述した，"全てのスキームが実行可能であることに疑いの余地は無い ⋯ そして U 球の臨界寸法は扱いやすい大きさだ"．4 月 9 日，MAUD 委員会の会合で彼の結論を報告した．初夏，委員会はティザード宛の最終報告書の準備に取り掛かった．

MAUD 報告書はアメリカに多大な衝撃を与えることになる．一直線に並べる年代記ではあまりにも遠すぎて採用しない，しかしこの報告書の詳細記述を 4.4 節まで遅らせて示す．ここでは，大西洋を渡ってアメリカで起きた幾つかの重要な出来事の幾つかを拾い上げるために我々の物語を後戻りさせよう．

3.8 プルトニウム予測と製造

オットー・フリッシュとルドルフ・パイエルスがウラン爆弾の可能性について再評価していた頃，明らかに不活性な U-238 同位体から間接的に原子エネルギーを引き抜くアイデアもまた開発された．このアイデアはプリンストン大学の物理学者，1940 年早期に権威のある核分裂総覧記事を出版したルイス・ターナー (Lous Turner)（図 3.17）が提唱した．ターナーは 1940 年 5 月 29 日に彼の考察をレター (a brief paper) に書き，それをフィジカル・レビュー誌へ投函した．戦時機微情報指針 (wartime censorship guidelines) に従い，彼は戦後までその出版を自主的に控えさせた，結局 1946 年 4 月にこの論文が世間へ現れた．

ターナーのアイデアを理解するために，同位体パリティが中性子吸収によって如何様に変わるかについて振り返ってみよう（3.2 節）：

$$\text{中性子} + \begin{Bmatrix} \text{偶/偶} \\ \text{奇/偶} \end{Bmatrix} \rightarrow \begin{Bmatrix} \text{偶/奇} \\ \text{奇/奇} \end{Bmatrix} + 5\,\text{MeV} \tag{3.20}$$

および

$$\text{中性子} + \begin{Bmatrix} \text{偶/奇} \\ \text{奇/奇} \end{Bmatrix} \rightarrow \begin{Bmatrix} \text{偶/偶} \\ \text{奇/偶} \end{Bmatrix} + 6.5\,\text{MeV}\,. \tag{3.21}$$

U-238 核（偶/偶）が中性子を取り込むと，U-239（偶/奇）になる．1934 年の暮のウラン衝撃でフェルミがその考えに至ったのと同じく，ターナーの洞察は中性子過剰核が β^- 崩壊させる傾向を有し，より大きな原子番号の元素へと変換させるとの理解が基礎となっていた．3.2 節

図 3.17 ルイス・ターナー (1898-1977). **出典** アルゴンヌ国立研究所，AIP エミリオ・セグレ視覚記録文庫，今日の物理学者コレクションの好意による

で述べたように，U-239 は 1 つないし 2 つの崩壊をし，新たな超ウラン元素を生成するに違いない：

$$n + {}^{238}_{92}\mathrm{U} \rightarrow {}^{239}_{92}\mathrm{U} \xrightarrow[?]{\beta^-} {}^{239}_{93}X \xrightarrow[?]{\beta^-} {}^{239}_{94}Y \xrightarrow[?]{\beta^-} ?? \tag{3.22}$$

ここで X と Y は新元素である．U-239 に続く生成物の各々のパリティは，偶/奇，奇/偶，偶/奇となる．これらの最初と最後の元素はそれら自身が中性子を吸収した時に結合エネルギーの巨大な量を放出するパリティとなっている．ターナーの推測は，これら生成物は結局熱中性子分裂性を有し，U-235 と同じパリティであるとして特に崩壊生成物，偶/奇 Y-239 に注目した（中性子過剰の U-239 は即時に崩壊しがちである）．もし U-238 の中性子衝撃でそのような生成物を作り，それの安定性が実証されるなら，通常の化学的方法で被衝撃ウランからそれを分離することが出来るなら，その結果 U-238 から原子エネルギーを抜き出す道を供給出来る．レオ・シラードは 1946 年に“ターナーのこの所見に伴い，1940 年の春に我々の眼前に原子エネルギーの将来の全風景が浮かび上がり，アイデアのもがきは止み，人類のイナーシャ (inertia) のもがきが始まった”と所見を述べている．シラードが認識した時期に，この風景はその国の反対側ですでにオープンとなっていた．

ウラン分裂の最初の確証の 1 つは，バークレーに在るアーネスト・ローレンスの放射研究所で行われた，その過程の性質を明らかにする研究がそこで継続的に行われた．アルミニウム箔の積み重ね物に対して置いたウランの薄い箔にサイクロトロンからの中性子に曝した実験を 1939 年 3 月 1 日の**フィジカル・レビュー**誌にエドウィン・マクミラン (Edwin McMillan)（図 3.18）が報告した．ウランから飛び出した分裂生成物はアルミニウム箔層に集められ，それらから化学抽出して崩壊スキームを学んだ．

中性子衝撃で，ウラン自身（分裂生成物では無い）が 2 つのベータ崩壊を示しているように見えた，それらの半減期はおよそ 25 分と 2 日であることをマクミランが観察した．マイト

図 3.18 エドウィン・マクミラン (1907-1991)，エミリオ・セグレとグレン・シーボーグ． **出典** アルゴンヌ国立研究所，AIP エミリオ・セグレ視覚記録文庫，セグレ・コレクションの好意による

ナー，ハーン，シュトラスマンが 1937 年に初めて行ったものであるとの示唆とともに，その 25 分崩壊は中性子捕獲によって形成されたウラン同位体であると彼は認識した．

6 月，エミリオ・セグレ が 25 分崩壊物（その時までに 23 分へ改訂された）は正にウラン同位体 (U-239) であることを確証し，2 日の崩壊物がウランから化学的に分離できたことから，異なる元素に違いないと決定付けた．セグレの疑念は，23 分崩壊の生成物が元素 93 の長寿命同位体であり，一方，2 日のソースはある種の希土類元素同位体ではないのか，多分核分裂生成物ではないかと．もし 23 分崩壊生成物が本当に元素 93 の同位体であるとしたなら，超ウラン元素は最終的に合成されたことを意味する．セグレ説明の締まりの無い結末は，もし 2 日のソースが核分裂生成物であるなら，はじき出されることとは反対に被衝撃ウランの中に残っており，それは異常なふるまいである；これはフォローアップされるべき何かだ，と．

この物語の次の分冊は 1 年後にマクミランとフィリップ・アベルソン (Philip Abelson) によって用意されたレター (a brief paper) である．この論文の日付は 1940 年 3 月 27 日，ウラン崩壊生成物の核分裂可能性についてターナーの洞察の丁度 2 日前である．ターナーの論文と異なり，マクミランとアベルソンの報告書は直ちに発行された，6 月 15 日版のフィジカル・レビュー誌にて．彼らは 2 つのキーとなる観察を報告した．マクミラン/セグレの 2 日ソース (2.3 日に洗練された）は希土類元素のようにふるまう事実は無い，そして 23 分物質の崩壊と 2.3 日崩壊物の成長との間に明らかな関係が存在している：後者は明確に前者の崩壊生成物であった．その反応と崩壊スキームは，ターナーが洞察したのと合致しているように見える：

$$n + {}^{238}_{92}\mathrm{U} \rightarrow {}^{239}_{92}\mathrm{U} \xrightarrow[23.5\,\mathrm{min}]{\beta^-} {}^{239}_{93}X \xrightarrow[2.36\,\mathrm{days}]{\beta^-} {}^{239}_{94}Y \tag{3.23}$$

ネプツニウムとプルトニウムの名称は未だ X と Y に与えられていなかった．

原子エネルギー源として *Y*-239 のポテンシャルが与えられたとして，マクミランとアベルソンがその結果を出版したことに驚きを感じると思う．彼らが論文を準備していた時，ターナーの洞察を知らなかったのかもしれない，想像するのは困難なのだが，兵器材料としての *Y*-239 の可能性は単純にそれらで起きることでは無いと考えたのかもしれない．ジェイムズ・チャドウィックはその論文の出版にひどく怒り，英国大使館を通じて公式に抗議した．

マクミランとアベルソン研究がグレン・シーボーグ (Glenn Seaborg) の注意を引いた，彼は 1939 年夏に Ph.D 取得後に同じ研究所のバークレーで化学専任講師に任命されていた．シーボーグは元素 93 の 2.3 分崩壊生成物調査を解き明かした，それは元素 94 の同位体であると推定した．マクミランは純粋化した元素 93 の試料内で蓄積された長寿命アルファ線量率の表示より検知した；シーボーグはそのアルファが元素 94 の崩壊の特徴に違いないと気が付いた．幸運にも，シーボーグは凝り性の日誌記録者だった，そして彼の人生と研究のほぼ 1 日，1 日毎の記録が歴史として遺贈された．

シーボーグは特別研究員のジョセフ・ケネディと元素 93 を学位論文研究としていた大学院生のアーサー・ウオールとチームを立ち上げた．ローレンスの 60 インチ・サイクロトロンにアクセスし，グループはウラン標的の衝撃によって元素 93 試料を生成することが出来た，そのウラン標的は通常ウラン・硝酸塩・水素化合物，UNH[*8]の形態であった．衝撃方法はサイクロトロンと共に行われる他の実験に依存する．2 つの方法が用いられた，そして両方ともプルトニウム発見に寄与した．最初に使用されたのは 1940 年 8 月 30 日であったその 1 つが重水素の衝撃を受けるベリリウム標的がその反応を介して中性子を創生する方法である：$^{2}_{1}\mathrm{H} + ^{9}_{4}\mathrm{Be} \rightarrow ^{1}_{0}n + ^{10}_{5}\mathrm{B}$．このシーケンスを介して元素 93 と元素 94 が多分生じるだろうとして，その時，中性子はパラフィンで熱化して標的を打つようアレンジされていた．究極ゴールは元素 94 をそれ自身のアルファ崩壊を介して検出することであった：

$$n + ^{238}_{92}\mathrm{U} \rightarrow ^{239}_{92}\mathrm{U} \xrightarrow[23.5\,\mathrm{min}]{\beta^-} ^{239}_{93}\mathrm{Np} \xrightarrow[2.36\,\mathrm{days}]{\beta^-} ^{239}_{94}\mathrm{Pu} \xrightarrow[24{,}100\,\mathrm{y}]{\alpha} ^{235}_{92}\mathrm{U}\,. \tag{3.24}$$

10 月までに，ケネディはベータ崩壊のバックグランドが在る中でアルファ粒子を検出出来る計数器を開発して，11 月末にはウオールが元素 93 の試料非常に純粋な試料を抽出する技術を完全にマスターしていた．元素 94 の調査研究開始の準備が整った．

第 2 番目の衝撃法は，最初の使用は 1940 年 12 月 14 日頃，ウランを加速重水素に直接曝すやり方だった．このケースでは様々な反応経路が可能となるものの，その代表物が，

$$^{2}_{1}\mathrm{H} + ^{238}_{92}\mathrm{U} \rightarrow 2(^{1}_{0}n) + ^{238}_{93}\mathrm{Np} \xrightarrow[2.103\,\mathrm{days}]{\beta^-} ^{239}_{94}\mathrm{Pu} \xrightarrow[87.7\,\mathrm{y}]{\alpha} ^{234}_{92}\mathrm{U}\,. \tag{3.25}$$

この方法でプルトニウムが良く生成するものの，短寿命の Pu-238 が生じ，ウランへの直接中性子衝撃で生じる偶/奇 Pu-239 同位体では無いことだった．この重水素衝撃は歴史的には重要であったものの，シーボーグと彼のグループが最初に単離したのは Pu-238 であった；このプ

[*8] 訳註：　UNH：固体のウラン化合物である硝酸ウラニル 6 水和物．6 水和物は UO_3 または U_3O_8 を硝酸に溶かして濃縮すると黄色斜方晶系柱状または板状晶として得られ，黄緑色の強い蛍光を発する．

ロセスがプルトニウムの発見的対応を考えさせることにつながった．ネプツニウム-238 の 2.1 日崩壊の証拠は 1940 年クリスマスの丁度前に検出された．1941 年 1 月 5 日までに，ウオールはアルファ放出体が元素 93 で無いことを明確に，そしてそれがトリウムやアクチニウムのような希土類元素に似た化学性質を有する証明をした．1941 年 1 月末までに，88 年崩壊物はウランと元素 93 の両方から化学的分離可能との事実に基づき，彼らの結果が充分に信頼出来るものであると認識し元素 94 の発見を報告するレター (a brief paper) の準備をした．1941 年 1 月 28 日付けの論文は，1946 年 4 月まで出版が引き留められたものの，その発見のプライオリティは確立した．しかし，ここでの我々の興味は，(3.24) 式を介しての Pu-239 の創生にある．

シーボーグのゴールは低速中性子での分裂性を実験するのに充分な量のプルトニウムを造ることだった．1941 年 1 月 31 日に 500 g を超える UNH の "実践操業" (practice run) 中性子衝撃を始めた．数日以内で初期放射線量率 480 マイクロキュリーの元素 93 試料が抽出された，それは約 2 ナノグラムに相当する量である．2 月 23 日には UHN の衝撃試料 1.2 kg が消費され，3 月 3 日まで断続的に続けられた．これが，新元素の低速中性子分裂性試験に用いられる試料と成るのだ．

3 月 6 日，この第 2 番目の衝撃から抽出した元素 93 の試料が推定で 76 マイクロキュリーのベータ崩壊の計数値を示した，この量は約 0.3 マイクログラムの質量に相当する．その試料は 3 週間放置することで，その半減期がわずか 2.3 日であることから，元素 93 の全てが基本的にベータ崩壊して元素 94 に成ることを許した．ローレンスの 37 インチ・サイクロトロンで発生させたパラフィン・熱中性子を用い，元素 94 の低速中性子分裂性の最初の実験を 3 月 28 日に行った．新元素は低速中性子分裂性を明確に有するように見え，その断面積はウラン-235 の約 1/5 と推定された．試料形状は貧弱であったが（あまりにも厚過ぎた），そしてにかわの一滴で試料を覆っていたので，その真の断面積はさらに大きいと認識された．

5 月 12 日までウオールは元素 94 の僅かな試料をさらに純化し，薄くする作業を続け，2 つめの低速中性子実験を 17 日に始めた．この時点で U-235 の断面積との比較で 1.7 倍断面積が大きいとの結果を得た，これは現在の数値約 1.3 に相当合致していた．彼らはアルファ崩壊半減期が大雑把に 30,000 年と推定出来た．この低速中性子分裂性については 1941 年 5 月 29 日付けの論文として報告された，勿論 1946 年まで出版を待たされることになった．5 月 19 日シーボーグはアーネスト・ローレンスに結果を伝えた，ローレンスは即座にシカゴ大学のアーサー・コンプトン (Arthur Compton) へ電話し，このニュースを伝えた．国立科学アカデミーを代表して原子分裂の軍事応用の可能性に関する報告書の準備をコンプトンが丁度終えたところだった（4.3 節参照）．もし U-238 から生み出される元素 94 が本当に分裂性なら，シーボーグと彼のチームは 100 倍を超えるファクターで潜在的爆弾物質量を増加させてしまったのだと．

プルトニウムは，最も通常で無い物質の 1 つに数えられていた．ロスアラモス国立研究所の前所長ジーグリッド・ヘッカーの言によれば，それ自身が奇妙な物質と思われていた．わずかな刺激で，その密度は 25% もの大きさで変化出来る；脆性にも可塑性にもなる；液体から固化する際に膨張する；数分内で変色する；酸素，水素および水と強烈に反応する；自分自身のアルファ崩壊で，基本的に結晶の物性を変えることが出来る自己照射損傷を引き起こす；その腐食生成物は空気中で自然発火し得る．1944 年春にロスアラモスで発見されたプルトニウムはさらに異常であった，室温から融点の間に 5 つの異なる "同素体" (allotropic forms) の存在

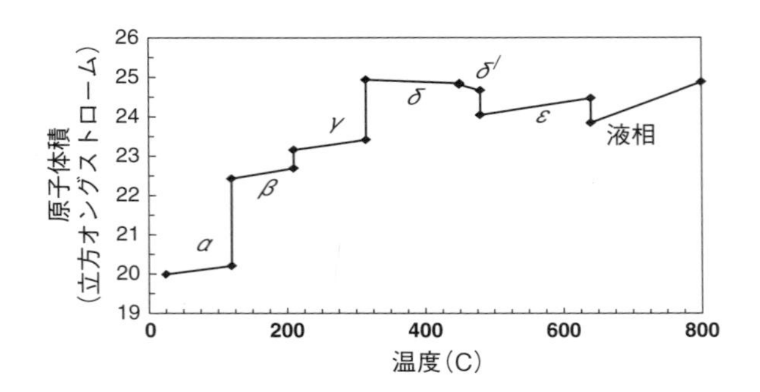

図 3.19 温度(C)対個々のプルトニウム原子有効体積(平方オングストローム). 同素体をギリシア文字で同定している. 垂直線部は相転移に対応する. δ と δ' 相は温度上昇に伴い密度が増加することに注意;他の相と対照的である. データは F.W. Schonfeld and R.E. Tate,"The Thermal Expansion Behavior of Unalloyed Plutonium." Los Alamos report LA-1304-MS (September 1996)

を示した;それは温度を関数とした異なる結晶構造を示す(図 3.19);その 6 つの形態は現在既知である. 同素体全てが異なる密度と機械的性質を持っている, これが合金化の性質に影響を与え, それに対応する臨界質量に影響する. 締めくくりでのグレン・シーボーグの言は, プルトニウムは“極悪非道な毒物だ, たとえ少量であるとしても”だった.

プルトニウムの異常な性質は 1941 年春に本当に未知だった, しかし当時, 彼らと他の連中はプルトニウムを兵器として使うアイデアに深刻な疑念をいだいてしまった. しかしながらミクロン化学実験を行ったシーボーグと彼の同僚達の驚くべき巧妙さの適用と重元素の彼らが精通している放射化学の理解をこれらの紛糾で穢すべきでは無い.

ニールとシーボーグのような研究者達の努力に依り, 1941 年春までに核兵器用分裂性物質への 2 つのルートが可能であることが認められるようになった:ウラン-235 分離とウラン-238 への中性子衝撃によるプルトニウム増殖である. U-235 または Pu-239 をたったのマイクログラム分離しただけである;爆弾製造に必要とされる数キログラムを集めるには, 工業規模の努力が要求される. ロンドンとワシントンで, その努力の組織化が安全保障の高まりの中で行われることになる. その考察が第 4 章のテーマである.

練習問題

3.1 ウラン酸化物 U_3O_8 が完全に U-238 と O-16 から構成されていると仮定せよ. その原子量は幾らか? U_3O_8 密度の現在値は 8,380 kg/m^3 である. U_3O_8 1 立方メートル中のウラン原子の各々は核分裂で 170 MeV のエネルギーを放出するなら, 1 立方キロメータの水をどの高さまで持ち上げることが可能か? どの様な方法でジークフリート・フリューゲルの 27 km の推定値とあなたの結果を比較するのか?　[答：842 g/mol と約 50 km. 差異はフリューゲルが採用した密度が約 4,200 kg/m^3 であった事実に依る．]

3.2 分裂エネルギーの調査で，重要因子は原子核の静電気自己ポテンシャル・エネルギーである．電磁気学理論から，総電荷 Q を有する半径 R の球の自己ポテンシャル・エネルギー U_{self} は下記の式で与えられた均一分布をしている，

$$U_{self} = \frac{3\,Q^2}{20\,\pi\,\varepsilon_0\,R}\,.$$

Z 個の陽子を持つ原子核に対し，$Q = Ze$ である．経験的に，原子核半径はその核子数に依存し，$R \sim a_0 A^{1/3}$ である，ここで $a_0 \sim 1.2 \times 10^{-15}$ m である．従って自己ポテンシャルは下記の通り記載できる

$$U_{self} = \frac{3\,e^2}{20\,\pi\,\varepsilon_0\,a_0}\left(\frac{Z^2}{A^{1/3}}\right).$$

ここでの物理的定数と数値定数のグループが 0.72 MeV に等しくなることを示せ．この量は通常，原子核の "クーロン・エネルギー定数" a_C と略書される．

3.3 前問を参照せよ．下記のスケッチのように，原子番号 Z と核子数 A を持つ球状の原子核が原子番号 $Z/2$ と核子数 $A/2$ の 2 個の同一球状原子核に分かれたと想定せよ．原子核は基本的に非圧縮性であり，造り出された原子核の各々の半径は体積保存のためにオリジナル原子核の $2^{-1/3}$ 倍でなければならない．

生成核が丁度接触している時，分裂システムの自己ポテンシャル・エネルギーが下式で与えられることを示せ．

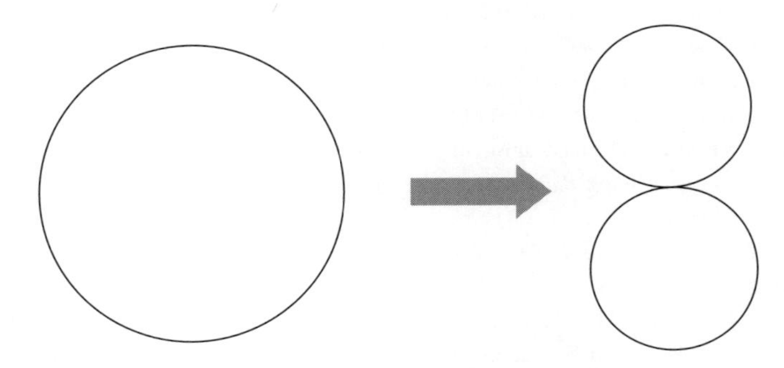

$$U_{fission} = \frac{17}{12\,(2^{2/3})}\left(a_C\,\frac{Z^2}{A^{1/3}}\right).$$

ヒント：現在寄与しているポテンシャル・エネルギーは距離 $2\,(2^{-1/3})\,R_{original}$ 離れて，2 つの電荷 $(Ze/2)$ を持っていることを忘れるな；距離 d 離れた 2 つの電荷に対するクーロン・ポテンシャル・エネルギーは $Q_1Q_2/4\pi\varepsilon_0 d$ であることを思い起こせ．あなたの結

果を $Z = 92$ と $A = 235$ のケースに適用し，その分裂性システムのポテンシャル・エネルギーは約 100 MeV とオリジナルシステムに比べて低いことが示される．“失われた” 100 MeV は生成核の運動エネルギーとして顕れるに違いない．

3.4 プロトアクチニウム，$^{231}_{91}\mathrm{Pa}$ のパリティをどの様にして区分するのか? (3.12) 式と (3.13) 式を基礎に，中性子衝撃下で U-235 のようにまたは U-238 のようにふるまう同位体と予測したのか? 実験では，プロトアクチニウムは高速中性子衝撃でのみ分裂する [Grosse, Booth, and Dunning; *Phys. Rev,* **56**, 382 (1939)].

さらに読む人のために：単行本，論文および報告書

P. Abelson, Clevage of the uranium nucleus. Phys. Rev. **55**, 418 (1939)

H.L. Anderson, E.T. Booth, J.R. Dunning, E. Fermi, G.N. Glasoe, F.G. Slack, The fission of uranium. Phys. Rev. **55**, 511-512 (1939a)

H.L. Anderson, E. Fermi, H.B. Hanstein, Production of neutrons in uranium bombared by neutrons. Phys. Rev. **55**, 797-798 (1939b)

H.L. Anderson, The legacy of Fermi and Szilard. Bull. Atom. Sci. **30** (7), 56-62 (1974)

R.D. Baker, S.S. Hecker, D.R. Harbur, *Plutonium: a Wartime Nightmare but a Metallurgist's Dream.* Los Alamos Science, Winter/Spring 1983, 142-151

J. Bernstein, *Plutonium: a history of the world's most dangerous element* (Joseph Henry Press, Washington, 2007)：村岡克紀訳,「プルトニウム：この世で最も危険な元素の物語」，産業図書，東京，2008

J. Berstein, A memorandum that changed the world. Am.J.Phys. **79** (5), 440-446 (2011)

N. Bohr, Neutron capture and nuclear constitution. Nature **137** (3461), 344-348 (1936)

N. Bohr, Disintegration of heavy nuclei. Nature **143** (3617), 330 (1939a)

N. Bohr, Resonance in uranium and thorium disintegrations and the phenomenon of nuclear fission. Phys. Rev. **55**, 418-419 (1939b)

N. Bohr, J.A. Wheeler, The mechanism of nuclear fission. Phys. Rev. **56**, 426-450 (1939)

A. Brownl, *The Neutron and the Bomb: A Biography of Sir James Chadwick* (Oxford University Press, Oxford, 1997)

D.C. Cassidy, *A Short History of Physics in the American Century* (Harvard University Press, Cambridge, 2011)

R.W. Clark, *Tizard* (The M.I.T. Press, Cambridge, 1965)

K. Clusius, G. Dickel, Neus Verfahren zur Gasentmischung und Isotopentrennung. Naturwissenschaften **26**, 546 (1938)

K. Clusius, G. Dickel, Zur trennung der chlorisotope. Naturwissenschaften **27**, 148-149 (1939)

R.H. Condit, Plutonium: an introduction. Lawrence Livermore national laboratory report UCRL-JC-115357 (1993). <www.osti.gov/bridge/product.biblio.jsp?osti_id=10133699>

E. Crawford, R.L. Sime, M. Walker, A Nobel Tale of Postwar Injustice. Phys. Today **50** (9),

26-32 (1997)

I. Curie, P. Savitch, Sur les radioéléments formes dans l'uranium irradié per lens neutrons. J. Phys. Radium **8** (10), 385-387 (1937)

I. Curie, P. Savitch, Sur les radioéléments formes dans l'uranium irradié per lens neutrons. II. J. Phys. Radium **9** (9), 355-597 (1938)

N.I. Fetisov, Spectra of neutrons inelastically scatterd on U-238. At. Energ. **3**, 995-998 (1957)

S. Flügge, Kann der Energienhalt der Atomkerne technisch nutzbar gemacht werden? Naturwissenschaften **27**, 402-410 (1939)

K.W. Ford, John Wheeler's work on particles, nuclei, and weapons. Phys. Today **62** (4), 29-33 (2009)

R.D. Fowler, R.W. Dodson, Intensely ionizing particles produced by neutron bombardment of uranium and thorium. Phys. Rev. **55**, 417-418 (1939)

O.R. Frish, Physical evidence for the division of heavy nuclei under neutron bombardment. Nature **143** (3616), 276 (1939)

O.R. Frish, Radioactivity and subatomic phenomena. Annu. Rep. Prog. Chem. **37**, 7-22 (1940)

O.R. Frish, *What little I remember* (Cambridge University Press, Cambridge, 1979)

M. Growing, *Britain and atomic energy 1939-1945* (St. Martin's Press, London, 1964)

H.G. Graetzer, Discovery of nuclear fission. Am. J. Phys. **32** (1), 9-15 (1964)

G.K. Green, L.W. Alvarez, Heavily ionizing particles from uranium. Phys. Rev. **55**, 417 (1939)

O. Hahn, F. Strassmann, Über die Enstehung von Radiumisotopen aus Uran beim Bestrahelen mit schnellen und verlangsamten Neutronen. Naturwissenschaften **26**, 755-756 (1938)

O. Hahn, F. Strassmann, Concerning the existence of alkaline earth metals resulting from neutron irradiation of uranium. Naturwissenschaften **27**, 11-15 (1939) [題は英訳]

P. Halpern, Washington: a DC circuit tour. Phys. Perspect. **12** (4), 443-466 (2010)

D. Hawkins, Manhattan District History. Project Y: the Los Alamos project. Volume I: Inception until August 1945. Los Alamos, NM: Los Alamos Scientific Laboratory (1947; Los Alamos publication LAMS-2532). 入手可能：<http://library.lanl.gov/cgi-bin/getfile?LAMS-2532.htm>

S.S. Hecker, Plutonium and its alloys: from atoms to microstructure. Los Alamos Sci. **26**, 290-335 (2000)

L. Hoddeson, P.W. Henriksen, R.A. Mead, C. Westfall, *Critical Assembly: A Technical History of Los Alamos During the Oppenheimer Years* (Cambridge University Press, Cambridge, 1993)

R.L. Kathren, J.B. Gough, G.T. Benefiel, The plutonium story: the journals of Professor Glenn T. Seaborg 1939-1946. Battelle Press, Columbus, Ohio (1994). シーボーグによる抄訳改訂版が入手可能：<http://www.escholarship.org/uc/item/3hc273cb?display=all>

J.W. Kennedy, G.T. Seaborg, E. Segrè, A.C. Wahl, Properties of 94(239). Phys. Rev. **70** (7-8), 555-556 (1946)

Knolls Atomic Power Laboratory, Nuclide and Isotopes: Chart of the Nuclides, 17th edn;

<http://www.nuclidechart.com/>
W.L. Laurence,　Vast power source in atomic energy opend by science. The New York Times, May 5, 1940, pp. 1 and 51
E. McMillan,　Radioactive recoils from uranium activated by neutrons. Phys. Rev. **56**, 510 (1939)
E. McMillan, P.H. Abelson,　Radioactive element 93. Phys. Rev. **57**, 1185-1186 (1940)
L. Meitner, O.R. Frish,　Disintegration of uranium by neutrons: a new type of nuclear reaction. Nature **143** (3615), 239-240 (1939)
New York Times:　Atom Explosion Frees 200,000,000 Volts; New Physics Phenomenon Credited to Hahn. 29 Jan 1939, p. 2
A.O. Nier,　The isotopic construction of uranium and the half-lives of the uranium isotopes. I. Phys. Rev. **55**, 150-153 (1939)
A.O. Nier,　Some reminiscences of mass spectroscopy and the manhattan project. J. Chem. Educ. **66** (5), 385-388 (1989)
A.O. Nier, E.T. Booth, J.R. Dunning, A.V. Grosse,　Nuclear fission of separated uranium isotopes. Phys. Rev. **57**, 546 (1940a)
A.O. Nier, E.T. Booth, J.R. Dunning, A.V. Grosse,　Further experiments on fission of separated uranium isotopes. Phys. Rev. **57**, 748 (1940b)
J.J. O'Neill,　Enter atomic power. Harpers Magazine **181**, 1-10 (1940)
R. Peierls,　Critical conditions in neutron multiplication. Proc. Camb. Philos. Soc. **35**, 610-615 (1939)
R. Peierls,　*Bird of passage: recollections of a physicist* (Princeton University Press, Princeton, 1985)
F. Perrin,　Calcul relative aux conditions éventuelles de transmutation en chaine de l'uranium. Comptes Rendus **208**, 1394-1396 (1939)
B.C. Reed,　Simple derivation of the Bohr-Wheeler spontaneous fission limit. Am. J. Phys. **71** (3), 258-260 (2003)
B.C. Reed,　Rudolf Peierls' 1939 analysis of critical conditions in neutron multiplication. Phys. & Soc. **37** (4), 10-11 (2008)
B.C. Reed,　The Bohr-Wheeler spontaneous fission limit: an undergraduate-level derivation. Eur. J. Phys. **30**, 763-770 (2009)
B.C. Reed,　A desktop-computer simulation for exploring the fission barrier. Nat. Sci. **3** (4), 323-327 (2011a)
B.C. Reed,　*The Physics of the Manhattan Project*. (Springer, Berlin, 2011b)
R. Rhodes,　*The Making of the Atomic Bomb* (Simon and Schuster, New York, 1986)：神沼二真，渋谷泰一訳，「原子爆弾の誕生——科学と国際政治の世界史　上/下」，啓学出版，東京，1993
R.B. Roberts, R.C. Meyer, L.R. Hafstad,　Droplet formation of uranium and thorium nuclei. Phys. Rev. **55**, 416-417 (1939)

F.W. Schonfeld, R.E. Tate, The thermal expansion behavior of unalloyed plutonium. Los Alamos report LA-13034-MS, Sep 1996

G.T. Seaborg, E.M. McMillan, J.W. Kennedy, A.C. Wahl, Radioactive element 94 from deuterons on uranium. Phys. Rev. **69** (7-8), 366-367 (1946a)

G.T. Seaborg, A.C. Wahl, J.W. Kennedy, Radioactive element 94 from deuterons on uranium. Phys. Rev. **69** (7-8), 367 (1946b)

E. Segrè, An unsuccessful search for transuranic elements. Phys. Rev. **55**, 1104-1105 (1939)

E. Segrè, *Enrico Fermi, Physicist* (University of Chicago Press, Chicago, 1970)：久保亮五，久保千鶴子訳，「エンリコ・フェルミ伝　原子の火を点した人」，みすず書房，東京，1976

R. Serber, *The Los Alamos Primer: the First Lectures on How To Build and Atomic Bomb* (University of California Press, Berkely, 1992)：今野廣一訳，「ロスアラモス・プライマー：開示教本「原子爆弾製造原理入門」」，丸善プラネット，東京，2015

R.L. Sime, Lise Meitner and the Discovery of Fission. J. Chem. Educ. **66** (5), 373-376 (1989)

R.L. Sime, *Lise Meitner: A Life in Physics* (University of California Press, Berkely, 1996)：鈴木淑美訳，「リーゼ・マイトナー：嵐の時代を生き抜いた女性科学者」，シュプリンガー・フェアラーク東京，東京，2004

R.L. Sime, The Search for Transuranium Elements and the Discovery of Nucler Fission. Phys. Perspect. **2** (1), 48-62 (2000)

R. Stuewer, Bringing the news of fission to America. Phys. Today **38** (10), 49-56 (1985)

R. Stuewer, The origin of the liquid-drop model and the interpretation of nuclear fission. Perspect. Sci. **2**, 76-129 (1994)

R. Stuewer, Gamow, alpha decay, and the liquid-drop model of the nucleus. Astron. Soc. Pac. Conf. Ser. **129**, 30-43 (1997)

L. Szilard, W.H. Zinn, Instantaneous emission of fast neutrons in the interaction of slow neutrons with uranium. Phys. Rev. **55**, 799-800 (1939)

L.A. Turner, Nuclear fission. Rev. Mod. **12** (1), 1-29 (1940)

L.A. Turner, Atomic energy from U^{238}. Phy. Rev. **69** (7-8), 366 (1946)

H. von Halban, F. Joliot, L. Kowarski, Number of neutrons liberated in the nuclear fission of uranium. Nature **143** (3625), 680 (1939)

S. Weinberg, *The Discovery of Subatomic Particles* (Cambridge University Press, Cambridge, 2003)

ウエーブ・サイトおよびウエーブ文書

Lawrence Berkeley National Laboratory http://www.lbl.gov/Science-Articles/Research-Review/Magazine/1981/81fchpl.html

第 4 章

マンハッタン計画の組織化；1939-1943

効果的な組織化と運営はマンハッタン計画 (Manhattan Project) の成功に不可欠である．1939 年遅くから終戦までの期間で，この計画の初期の政府投資 6,000 ドルがほぼ 20 億ドルへと 300,000 倍を超える勢いで成長した．無効力の可能性，結果不足，マネジメント失敗，まる損のムダになるだろうと噂が広まった事業を引き受け監督するために民間科学者と技術者の階層から，産業界の経営者層から，軍の将官から，政府役人の中から，強引さの無い，権威的で無い，偉大な高潔性を有する政治参加リーダー達を引き抜いたのだ．素晴らしい成功と不正行為の些少例さえ皆無である記録が，これら人々の気質の高潔性の証左である．これら各人の参加無しに，この計画がまさにそうであったように俎上に乗り，効率的に遂行し得ることは決して有り得なかったと言えよう．

マンハッタン計画の統治調査は，リーダー達がどの様にして正しく軌道に乗せた活動の多くと連絡を保ちかつ調整したかのセンスを得ることが出来るだけでなく，1941 年 12 月の日本の真珠湾攻撃後まで核分裂の軍事利用可能性について殆ど注意を向けなかったとの通俗神話を払しょくする点でも有益である．その現実は大いに違っていた．原子エネルギーの不吉な可能性は，核分裂発見後すぐに認知された，そしてウランの関連物性の探求研究が 1939 年に始まった．このバックグランド研究には原子炉起動や爆弾の爆発のドラマが含まれて無い，しかしこれらの事を起こすことが出来るか否かを決定するために必要欠くべかざる研究であった．

本章は 1939 年暮から 1943 年初めまでのマンハッタン計画の統治史を述べる，それは陸軍マンハッタン工兵管区 (Manhattan Engineer District: **MED**) がウラン濃縮，プルトニウム合成および爆弾物理学のパラメータと設計を確立させるための巨大施設建設と操業の監督を始めた時期に当たる．時々まとまりのために外れることがあるものの，この歴史を大きくは年代順に述べる．

第 3 章で述べたように，低速中性子衝撃下で分裂するウラン理解は 1939 年中頃までには確定し，大きなスケールで原子エネルギーを生じさせる 2 つの可能な方法がありうるとの見方への注目が1941年春までに一般に流布した．その1つは，ウラン鉱石の供給から核分裂性U-235同位体の試料を分離し，それを用いて爆発性高速中性子反応を生み出す方法である．もう1つはある種の低速中性子炉を建設し，プルトニウムを増殖する方法である，このプルトニウムを使用しても爆弾製造が出来る．本章の目的は実験核物理学が如何にしてプロジェクトに入り込み実用核兵器生産へと導いたのかの探求にある．本章を政府高官らに核分裂可能性を警告する科学者達の最初の試みと伴に1939年の初めからのオープンとしよう．

4.1 1939年暮：シラード，アインシュタイン，大統領とウラン委員会

1939年3月18日のコロンビア大学科学部長ジョージ・ペグラム (George B. Pegram) がセットアップした会合で核科学者達と政府高官達との最初の正式な接触が生じた，その時エンリコ・フェルミがワシントンの海軍将校らと会い，動力源または爆弾として連鎖反応を用いる可能性について説明した．そこに居合わせた将校の1人がスタンフォード・フーパー (Stanford Hooper) 提督，海軍作戦本部長付き技術顧問だった；海軍研究所で働いていた民間人物理学者ロス・ガン (Ross Gunn) も居合わせた，彼はウラン濃縮用液体熱拡散計画に従事することになる．そのグループはフェルミの研究を進めさせる手助けとしてコロンビア大学へ1,500ドルの寄付を決めた．

1939年まで，レオ・シラードはニューヨークに居た，気ままに生活出来る程裕福であったのだがコロンビア大学で臨時職を維持していた．シラードは，核分裂が強力兵器に代わり得る可能性をフェルミ以上にかなり警戒し，その問題点を担当の政府役人達へ警告することが必要だと感じていた．彼はこのことを亡命者仲間のユージン・ウイグナー (Eugene Wigner) に話した，彼は1930年以来プリンストン大学の学部に奉職している優れた理論物理学者であり化学工学者でもあった（図4.1)．1936年にウイグナーは科学者達が如何にして原子エネルギーを解放させるかについての予測をしていた；彼は後日，原子炉工学へ多大な貢献をすることになる．

シラードとウイグナーの両人はハンガリーで成長し，生国とドイツでの全体主義台頭を目撃している．ウラン鉱石へのドイツのアクセス拒絶を可能な戦略にのせたいとの理由から，彼らはベルギー政府にこの件について警告することを決めた．世界で最も豊富なウラン鉱床の幾つかがコンゴに在り，そこがベルギーの植民地なのだ．しかし米国に住む2人のハンガリー人科学者がどのようにしてその警告を届けることが出来るのか? アルバート・アインシュタインがベルギー皇太后と個人的な友人であることを思い出し，彼に助けを求めることを決めた．1939年7月16日，トリニティ実験より6年前に当たる日にシラードとウイグナーはロング・アイランドのアインシュタインの夏の別荘へ車で出かけた．シラードが爆発性連鎖反応の可能性の説明を行った，それは明らかにアインシュタインへの啓示となる如く顕れた．

安全保障防護上外国政府による占有が無いようにと書かれた手紙をウイグナーが勧め，そしてアインシュタイン——最も著名な唯一の人物——は国務省へのカバー・レターと伴にベルギー大使宛の手紙をしたためるべきであると決めた．アインシュタインがドイツ語で手紙草稿を書き，それをウイグナーが翻訳しタイプし，シラードが投函した．しかしながら数日後

図 4.1　左 ユージン・ウイグナー (1902-1995)，ノーベル賞受賞当時 (1963).
出典 http://commons.wikimedia.org/wiki/File:Wigner.jpg.　左 アルバート・アインシュタインとレオ・シラードがルーズベルト大統領宛の手紙準備状況を再演した 1946 年の写真.　出典 原子力遺産財団の好意による，http://www.atomicheritage.org/mediawiki/index.php/File: Einstein_ Szilard.jpg

にシラードはリーマン・ブラザーズ会計事務所のエコノミスト，アレクサンダー・ザックス (Alexander Sachs) に出くわした．ザックスもまた生物学者としての訓練を受けており，そしてルーズベルト大統領の個人的な友人であり，顧問でもあった．さらに良好なアプローチは大統領へ直接手紙を出すことであるとザックスが示唆し，個人的にそれを大統領へ届ける申し出をしてくれた．

ザックスはマンハッタン計画の学者連サークル外では殆ど知られていないが，マンハッタン計画初期の歴史の情報源として最も有益なソースの 1 つである"ドキュメンタリー歴史報告" (Documentary Historical Report) を彼が 1945 年 8 月に用意している．この 27 ページ報告書はシラード/アインシュタインの手紙から 1940 年 6 月に国防研究協議会 (**NDRC**) の監督下にマンハッタン計画が置かれた時（4.2 節）までの期間をカバーしている．ザックスは異様な程に華麗調で書いたが，当時の急速に発展する世界の非凡の洞察力と先見の明のある観察者であった．

その時，最初の仕事を改めるためにシラードはエドワード・テラー (Edward Teller) と伴に 7 月 30 日にアインシュタインを再び訪ねた．アインシュタインはもう 1 つの手紙を書き取らせていた，その中味はコンゴのウラン鉱石の事だけではなく，著しく破壊的な新型爆弾の可能性にも言及するものだった．

アインシュタインの手紙の本文は下記の通り：

アルバート・アインシュタイン
Old Grove Rd.
Nassau Point
Peconic, Long Island
8 月 2 日 1939 年

F.D. ルーズベルト
合衆国大統領
White House
Washington, D.C.

閣下

E・フェルミとL・シラードが最近行った研究が原稿のまま私に送られて来ましたが，これは近い将来にウラン元素が新しいかつ重要なエネルギー源になるかもしれないとの期待を私に抱かせるものです．新しく生じたこの事態のある面は注意深くその推移を見守るべきであり，またもし必要となれば政府が迅速な行動を起こすべきものと考えます．それ故，閣下に以下に述べる事実および勧告に関心を払っていただくことが私の務めだと信じております．

ここ4ヵ月の経過の中で――フランスでのジョリオの研究とアメリカでのフェルミとシラードの研究を通じて――大量のウラン中での核連鎖反応を引き起こす可能性が有望になって来ました，この連鎖反応によって膨大なパワーとラジウムに似た新元素が大量に生成されるでしょう．今ではこれが近い将来に成し遂げられることはほぼ間違いないと思われます．

この新しい現象はまた爆弾製造に通じるものです，――これはあまり確実とは言えませんが――非常に強力な新型爆弾が造られることも想像できます．このタイプの単一爆弾を船で運び港で爆発させれば周辺地域もろとも港の全てを破壊尽くしてしまうかも知れません．しかしながら，そのような爆弾は飛行機で輸送するには重すぎると実証されるかもしれません．

合衆国はウランの最貧鉱が中程度産出するだけです．カナダや以前のチェコスロバキアには良好な鉱石が幾らか在りますが，最も重要なウラン源はベルギー領コンゴです．

このような事態を考慮すると，アメリカで連鎖反応の研究を行っている物理学者グループと政府間で何らかの恒常的な接触を持つことが望ましいとお考えになることでしょう．これを実現する1つの可能な方法として，閣下が信頼を置けて，なおかつ恐らく非公式な立場で働ける人物にこの仕事を任せる方法が考えられます．彼の仕事は以下に示すようなものです．

(a) 政府官庁に働きかけ，これから先の技術開発について常に情報を伝え，政府の施策に対する勧告を行い，合衆国へのウラン鉱石供給を確保する問題に特別な注意を払う．

(b) 必要なら資金を提供して，現在大学の研究室の予算限度内で行われている実験研究のスピード化を図る．その資金はこの事業に対して快く寄付してくれる個人との接触を通じて，また恐らく必要な設備を所有している企業研究所の協力を得て賄う．

私が聞き及ぶところでは，ドイツは接収したチェコスロバキアの鉱山から採掘されるウランの販売を現実に停止させています．ドイツが早々とこのような行動を取るのは，恐らくドイツ国務次官，フォン・ワイツェッカーの子息が，ベルリンに在るカイザー・ウィルヘルム研究所に所属していることにより了解出来ます．そこではアメリカにおける研究の幾つかが現在追試されています．

敬具 (Yours very truly)
アルバート・アインシュタイン

ザックスは1939年10月11日に大統領と首尾良く会えた．彼自身の要約したカバー・レ

図 4.2　1941 年 12 月 8 日，日本への宣戦布告に署名するルーズベルト大統領．
出典 http://commons.wikimedia.org/wiki/File: Franklin_ Roosevelt_ signing_ declaration_of_war_against_ Japan.jpg.

ターで，如何にその発見が，中性子によって分割され得るウランが新しいエネルギー源を導けるのか，医学治療に利用され得るラジウムの“トン”単位の創成の可能性があるのか，“結局のところ成功を収める従来の想像を超えた爆破能力および範囲を有する爆弾の見込み”となるのかを説明した．ドイツのベルギーへの侵略の危険を考慮し，合衆国へ充分な量のウラン供給が得られるよう，ベルギーに本社を持つ Union Minière du Haut-Katanga 鉱山会社と直ちに交渉すべきと彼は示唆した．さらにアメリカでの実験研究加速を強く勧めた．これらの研究は大学物理学部の限られた予算の範囲内ではもはや遂行出来ない故に，“我が国の指導的化学および電気会社の公共的精神を有する経営者達に一定量の酸化ウランと多量の黒鉛を確保してもらい，かつ新たな実験段階に要する相当の費用を負担していただくことは可能でしょう”と提案した．ザックスはルーズベルトに科学者達と行政機関との連絡役として個人または委員会を選定することも勧めた（図 4.2）．

ザックスの聴聞後に，伝えられるところによれば，大統領は，“アレックス，つまり君が言いたいことは，ナチスに我々が吹き飛ばされないようにしようとすることだね”と言った．ルーズベルトは彼の個人秘書，エドウィン・M・ワトソン将軍にこの件に関するホワイトハウスの連絡役として行動し，かつ連邦標準局 (**NBS**) 長，ライマン・J・ブリッグズ (Lyman J. Briggs) と共に諮問委員会を立ち上げるように命じた．

ザックスは翌日にブリッグズと会って，ウラン諮問委員会の組織化を催促した，その諮問委員会は単純にウラン委員会 (**Uranium Committee**) と呼ばれるようになる．初期の委員はブリッグズ自身を委員長として，それに加えて陸軍のキース・アダムソン (Keith Adamson) 中佐，海軍のギルバート・C・フーバー (Gilbert C. Hoover) 大佐とした；アダムソンとフーバーはともに兵器の専門家でザックスが大統領に会う直前に概要を話しておいた連中だった．委員会の名称，構成員，組織の仕組み，責務が戦争を通じて何度も変更された（図 4.3 と図 4.4）．マン

図 4.3 1942 年 9 月のボヘミアン・グローブ会合でのマンハッタン計画の統治者たち（4.9 節）. **左から右へ** トーマス・クレショー少佐，ロバート・オッペンハイマー，ハロルド・ユーリー，アーネスト・ローレンス，ジェームズ・コナント，ライマン・ブリッグズ，エーガー・マーフィー，アーサー・コンプトン，ロバート・ソーントン（カリフォルニア大学），ケネス・ニコルス中佐. **出典** ローレンス・バークレー国立研究所，AIP エミリオ・セグレ視覚記録文庫の好意による

図 4.4 1940 年 4 月，統治者たち. **左から右へ** アーネスト・ローレンス，アーサー・コンプトン，ヴァネヴァー・ブッシュ，ジェームズ・コナント，カール・コンプトン，アルフレッド・ルーミス. **出典** http://commons.wikimedia.org/wiki/File:LawrenceComptonBushConantComptonLoomis.jpg.

ハッタン計画の管理の歴史を調査すると，ウラン委員会の様々な変身が有益な重要点として供することになる．様々なマンハッタン委員会の名称と頭文字を覚えておくことは難しい；迅速な参照用として**付録 A ボールド体の語彙解釈 (Glossary)** を見よ.

10 月 21 日に標準局で第 1 回委員会会合が開かれた；アインシュタインは欠席した．ザックスを筆頭に，エンリコ・フェルミ，レオ・シラード，エドワード・テラー，ユージン・ウイグナーが招かれた；勿論標準局の物理学者フレッド・モーラー (Fred Mohler) とカーネギー研究所の物理学者リチャード・ロバーツ (Richard Roberts) もそこに居た．

革新的新兵器またはパワー源の可能性への軍将校達の懐疑論を軽蔑し，ブリッグズは世界の状況と米国の興味は彼が“確率方程式”と呼ぶものを考慮しなければならないのだと主張した．陸軍省と海軍省は，4 トンの黒鉛，パラフィンおよび他の供給品のための 6,000 ドルを支給し，フェルミにコロンビア大学で中性子吸収実験を行うよう命じた．委員会もまた科学諮問サブ委員会を設置した，そのメンバーはハロルド・ユーリー（議長，コロンビア大学），グレゴリー・ブライト（ウイスコンシン大学），ジョージ・ペグラム（コロンビア大学），マレー・チューブ（カーネギー研究所），ジェシー・ビームス（ヴァージニア大学）とロス・ガンだった．これらの多くがマンハッタン計画で卓越した役を演じることになる．ユーリーは同位体分離の技術の世界的指導者として認められていた；1940 年 5 月，ウラン濃縮への熱拡散，化学分離と遠心機の応用研究契約が認められていた．ブライトはすぐれた理論物理学者であり，ビームスは高速遠心機の研究を行っていた．

レオ・シラードとエンリコ・フェルミは，1939 年の夏をウランと黒鉛の塊を如何様な配置にして連鎖反応を起こすかを考えるのに費やした．シラードは時を再び前へと進め，直ちに実験継続のために黒鉛 100 メトリック・トンとウラン酸化物 20 メトリック・トンの購入を催促する 10 月 26 日のブリッグズへの覚書でフォローアップしたのだった．マンハッタン計画が進行中のためとして，当時これは実行されなかった，シラードは官僚的遅鈍と役人的怠惰と彼が認識したものに伴う終わりの無いフラストレーションを味わった．

ブリッグズ委員会は 11 月 1 日にルーズベルト大統領へ 2 頁の概要レター報告を行った．核分裂過程の幾分技術的サマリーの冒頭の後，連鎖反応は潜水艦の動力源として終局的に実証される可能性を有し，もし核反応が爆発的なら，“現在既知の如何なるものに比べても巨大な破壊性を持つ爆弾の可能なソースを核反応が供給し得るだろう”と記されていた．実験遂行のため 4 トンの黒鉛を，その実験が成功した暁にはウラン酸化物 50 トンの要求が出されるであろう；コロンビア大学に振り分けられた 6,000 ドルには触れず，とその手紙は勧めていた．彼らはまたこの委員会にマサチューセッツ工科大学総長カール・コンプトン（ノーベル物理学賞受賞者アーサー・ホリー・コンプトンの兄），ザックス，アインシュタインとペグラムを加えて拡大すべきことを勧めた．1940 年夏前のある時点で海軍研究所長，ハロルド・G・ボウエン提督が加わった．

11 月 17 日のブリッグズ報告書を大統領が参照のためファイルに保管したことを，ワトソンが認めている．何か新しい報告が在るかとザックスとブリッグズが問い合わせた 1940 年 2 月 8 日まで，ワトソンのフォローアップは行われ無かった．ブリッグズは 2 月 20 日に，先 10 月に承認された 6,000 ドルがコロンビア大学に支給され，この研究結果の知らせを待っていることを示す返事をした．

1939/1940 年の暮と冬を通じて，しかしながら科学者達にとって暇からはほど遠い状況だった．ザックスの歴史報告書には当時遂行中の実験研究と理論研究の幾つかの分野が載っている：低速中性子反応；高速中性子反応；ウラン同位体の研究；拡散，遠心機，他の手段での同位体分離；ウラン金属製造．グループはコロンビア，プリンストン，カーネギー研究所，ハーバード，エール，MIT，バージニア大学，ジョージ・ワシントン大学で活発に活動していた．バークレーで進行中のプルトニウムの創成と抽出の研究についてザックスは触れていない；彼はそれを知らなかったのかもしれない．

ワトソンの2月8日のアップデートの要求に対応し，ザックスは11月1日の報告書があまりにも学術風過ぎ，可能な実用化をまず初めに強調されるべきだと感じて，15日に対応した．彼はワトソンに1ヵ月以内にアインシュタインからもう1つの手紙をもらうことを請け負った．3月3日付けのアインシュタインの手紙は，核分裂の研究がドイツで加速されていることおよびシラードが用意した如何にして連鎖反応をセットアップするのかの原稿の指摘をしている．ザックスはその手紙をルーズベルトに3月15日に渡した，その頃に英国の一連の命令へとフリッシュ=パイエルス覚書 (**Frisch-Peierls memorandum**) の旅立ちが始まったのだった (3.7節)．

ワトソンのザックスへの3月27日の返事は，コロンビア大学で行われている研究報告書を待つ効果をブリッグズ委員会へ及ぼした．ザックスは4月初めにルーズベルトに会う機会を持った，そして長期間に亘る計画を振興させる手段として振り分ける政府資金または財団資金を緊急に保有することと同様にベルギーの鉱石を合衆国へ搬出させる重要性について重ねて言及した．ルーズベルトとワトソンの両人とも4月5日にもう1つの会合を準備するようにとのザックスへの手紙をしたためた．ザックスはアインシュタインへ出席を促した；彼は異議を唱えた，しかしウラン研究の規模と速度が増すに違いなく，この研究を支援する資金請願のため"評議員理事会" (Board of Trustees) を形成させるとのザックスの提案に賛成するとのアインシュタインの確信を表明する手紙を4月25日に書いた．

1940年春に取り上げられた活動が歩み始めた．ウラン委員会は4月27日土曜日に標準局で第2回会合を開催した，その時分にはアルフレッド・ニールと彼の同僚達が低速中性子分裂に対応するのは確実にU-235であることを実証していた．委員会はコロンビア大学で行っている黒鉛の中性子吸収物性試験の1週間または2週間以内に出る結果まで連鎖反応を試みる大規模実験を勧告する準備は行わないと，ブリッグズはワトソンに5月9日に伝えた．その間，フェルミとシラードはウラン・ブロックの3次元格子が減速材の中に配置される原子炉の構想を開始した．

5月10日，ドイツがベルギーへ侵攻し，ウインストン・チャーチル (Winston Churchill) が英国首相となったと同じ日にザックスは彼自身への覚書を起草した，そこには研究の次の段階は核定数（例えば，吸収断面積，分裂断面積など）の調査をして実験誤差限まで小さくすることだ，それから連鎖反応が設置出来るか，連鎖反応を維持出来るのかを実証する"大規模"実験に着手すると書いた．これら段階の費用は各々30,000ドルから50,000ドルおよび25,000ドルから50,000ドルと推定した．組織の問題で研究が依然として妨害されていることに落胆したザックスは，研究支援基金を立ち上げる非営利団体構想を再び立ち上げるようにと翌日FDR（大統領）に手紙を書いた．

炭素の中性子吸収断面積が元気付けるかのように小さいことをフェルミとシラードが発見したとペグラムから教えられたザックス，5月13日に，このニュースと機密を保ったまま計画を加速させる必要があるとの嘆願をブリッグズ宛書いた（小さい吸収断面積は連鎖反応を維持

図4.5 **左** 米国物理学会の1939年会合でのグレゴリー・ブライト (1899-1981). **右** ヴァネヴァー・ブッシュ (1890-1974). **出典** Esther Mintz 撮影，AIP エミリオ・セグレ視覚記録文庫，Esther Mintz コレクションの好意による；Harris and Ewing, News Service，マサチューセッツ工科大学，AIP エミリオ・セグレ視覚記録文庫の好意による

するのに必要な中性子の損失の可能性を少なくすることを意味する)．2日後，ザックスはワシントンへ彼の知りえた状況を報告し，大統領は防衛に関連する技術的プロジェクト開発を権威付ける "国防科学協議会" (Scientific Council of National Defence) を設立すべきと提言した．引き続き5月23日のワシントンへの手紙で，Union Minière 鉱石の確保が必要性とウラン委員会を非営利組織によって補われるべきとの再度の提言を繰り返した．5月遅く，経済防衛ホワイトハウス会議でウラン問題を大統領と一緒に議題へ上げた．言葉がブリッグズへ戻ったに違いない，6月5日彼は鉱石貯蔵量，コスト，鉱山採掘料の情報収集のためザックスが Union Minière にアクセスすることに承認を与えた．

核エネルギー見込みについて政府高官らの注意を引くため，米国科学界に対し軍事上重要となるであろう開発に関する出版検閲が必要であるとの émigré（亡命者）欧州物理学者達の警告もまた役に立つ，と加えた．1940年4月の連邦研究諮問委員会 (**National Research Council: NRC**) 物理科学部門会合で，オープンな科学出版とディベートの歴史的経験からは全く奇妙なことなのだが，グレゴリー・ブライト（図4.5）が委員会情報の全米国科学誌への出版コントロールを提議した．種々のサブ委員会が数多くの分野での出版を準備していた．議長のブライトはまず1番にウラン分裂の研究を挙げた．核分裂のいかなる公的軍事迷惑以前に，科学者達は彼ら自身の出版行為の取り締まりを始めてしまっていたのだが．

この時点で，アレクサンダー・ザックスは我々の物語から去る．しかし彼の「歴史報告」中の最後の1つは，言及する価値を有している．これは5頁の記憶の助けとなる文書であり，込み入った題 "ウラン原子崩壊の国防適用のための戦時開発の導入" (Import Developments for Application to National Defense of Uranium Atomic Disintegration) の下，文書を彼自身が1940年4月20日に用意した．この文書は冒頭，優れた技術がナチス戦力を多数の欧州諸国侵略へと向かわしめる，そして技術的に同じ質の水準で防衛出来ないその他の国々も同じ宿命に見舞われる，との観察から始まる．彼はそこでウラン研究は，現在進行中の最先端の化学的研究と電気的研究と同じように国防上重要と証明されるであろうと述べた．予期した通り，連鎖反応は成功裏に実証された，日米間の戦争も同じようになった，ザックスは，核推進(nuclear-propelled) 米国海軍艦，取り分け核爆弾搭載航空機を載せた航空母艦は給油無しで容易に日本まで距離を伸ばせる，と主張した．この注目すべき言及は真珠湾の 19 ヵ月も前に書かれた，そしてエンリコ・フェルミの最初の連鎖反応実証のほぼ 31 ヵ月前の話だった．

4.2 1940 年 6 月：国防研究協議会；再編成 I

1940 年 6 月，ライマン・ブリッグズのウラン委員会はメンバーの変更と同じく政府行政庁内での設置理由の大きな変更を被った．同年 6 月 27 日，ルーズベルト大統領は国防研究協議会 (National Defense Reserch Commitee: **NDRC**) を設置し，この委員会は軍事応用研究を民間科学者達が行うことへの支援と調整を任務とした．この NDRC はヴァネヴァー・ブッシュ (Vannervar Bush) のアイデアマン (brainchild) だった (図 4.5)，ルーズベルトは彼をその委員長に任命した．何年もの間，科学行政のベテランであるブッシュは，マサチューセッツ工科大学 (MIT) とハーバード大学の両方から 1917 年に Ph.D. を取得した．第 1 次世界大戦中，潜水艦開発を含む，科学の兵器応用の研究評議会 (National Research Council) で働いた．戦後，ブッシュは MIT の電気工学部に加わり，教員として奉職した．1932 年，彼は工学部長に昇格し，1938 年までその地位に留まった．彼は MIT で，その他に，微分解析器として知られる初期のアナログ計算機を開発した．1939 年にブッシュは，航空諮問委員会 (NACA) 議長とワシントンのカーネギー研究所 (**CIW**) 長になる．これらの地位が軍事応用向け直接研究への権限を彼に与え，政府の役人達への科学的提言の導管を与えることとなる．

第 1 次世界大戦中，民間科学者達と軍との間の協力欠如を直に見たブッシュは，欧州を巻き込み，そして結局米国を巻き添えすることになる戦争でそのような非効率を二度と繰り返すまいと決心していた．1939 年，研究を調整する連邦政府レベルの局 (agency) を考え始め，アイデアを仲間で NACA[*1] メンバーのジェイムズ・B・コナント (James B. Conant) と議論した，彼は優れた化学者でハーバード大学総長であった．ブッシュはそのコンセプトをアメリカ科学アカデミー総裁フランク・ジューエットと同じく MIT の同僚，カール・コンプトンにも過って話したことがあった．1940 年 6 月 12 日の大統領との会合に招かれ，直ちに，15 日後に正式に存在することになる彼の局を持った，カリフォルニア工科大学大学院学長リチャード・トールマンと伴に，コナント，コンプトンおよびジューエットはその新たな委員会のメンバーとなった．コンプトンはレーダー分野の研究，コナントは化学と爆発分野の研究，ジューエットは装甲と火砲分野の研究，トールマンは特許と発明分野の研究の責任者に割り当てられた．資金と大統領への直接報告により，**NDRC** は議会と官僚の干渉から驚く程に自由だった．加えて，こ

[*1] 訳註： NACA (National Advisory Committee for Aeronautics)：航空学研究のための請負い，促進と制度化のために 1915 年 3 月 3 日にに連邦庁として設立された連邦航空諮問委員会である．1958 年 10 月 1 日に庁は廃止され，その資産と人材は新設の National Aeronautics and Space Administration (NASA) へ移った．ヴァネヴァー・ブッシュは 1940 年から 1941 年の NACA 議長だった．

の委員会はマンハッタン計画を伴わせることになる，その後継局，科学研究開発局 (Office of Scientific Research and Development: **OSRD**)（4.4 節参照）はレーダー，ソナー，近接型信管，ノルデン爆弾照準器のような技術開発が含まれていた．

6 月 15 日，ブリッグズは，ウラン委員会は NDRC へ吸収するとの情報を与えるルーズベルト大統領からの手紙を受け取った．7 月 1 日にブリッグズは，ブッシュ宛の手紙に当時の委員会の業務の纏めを書いた．フェルミの炭素中の中性子吸収測定は究極の連鎖反応に関するかぎり約束され得るように見える，そして科学諮問サブ委員会は 2 つの方向へ研究を進める正当性が在ると感じている：(1) U-235 分離方法，と (2) 天然ウラン中での連鎖反応の可能性を決めるためのさらなる測定．(1) に対して，遠心機と熱拡散法研究のため陸軍と海軍より 100,000 ドルを割り当てる；この研究は **NRL**（海軍研究所）によって管理される．(2) に対して，ブリッグズは NDRC に 140,000 ドル支給を勧告した．翌日開かれた NDRC 会合にはウラニウムの委員会は NDRC の特別委員会として改編される決議案が含まれていた，その委員会はブリッグズ (議長)，ビームス，ブライト，ガン，ペグラム，ザックス，チューブ，ユーリーがメンバーだった．1939 年 10 月のグループ具現からアインシュタイン，ボウエン，アダムソン，フーバーが落ちたが，ボウエンはその委員会の活動をフォローし続けたことが議事録から判る．ボウエンは明らかに会合に参加していた，同位体分離の一連のプロジェクトに大枚 102,300 ドルを海軍が支払うことに関与していたことも議事録に記録されている．加えてブリッグズ，ガン，ペグラム，チューブとユーリーで構成する，ウラン委員会の執行委員会が編成された．ブリッグズの提案により，“原理的に実証されている” 140,000 ドルのプログラムと “後日考察のために明確な形態でこの計画は議長（ブリッグズ）の直接下に置かれる”，ことも採決された．

NDRC 記録の興味引く文書は 1940 年 8 月 14 日付けの 12 頁の明らかにブリッグズが書いた覚書である．これは当時の計画の歴史書の一種との明確な意図で書かれていた．核分裂発見以来学んだことのサマリーから開始し；何故に中性子衝撃での U-235 と U-238 に差異があるのか；何故に制御された連鎖反応が成就されなければならないのか；ルーズベルト大統領宛のアインシュタイン/シラード/ザックス手紙；陸軍と海軍から支給された最初の 6,000 ドル；ウラン委員会の NDRC への吸収；140,000 ドルの基金を勧告した 7 月 1 日のブリッグズの手紙；6 月 13 日に集まり，核定数のさらなる測定とウランと炭素を用いた実験を勧告した特別諮問グループ（ブリッグズ，ユーリー，チューブ，ウイグナー，ブライト，フェルミ，シラードとペグラム)，について記載された．この覚書では，**NDRC** がウラン-炭素連鎖反応問題の研究遂行をペグラムと契約すべきと勧告した．フェルミとペグラムは無支給（彼らはコロンビア大学に奉職していた)，しかしシラードとハーバート・アンダーソン (Herbert Anderson) にはそれぞれ年俸 4,000 ドルと 2,400 ドルを支給する．

NDRC の対象になると伴に，合衆国内の研究ペースでウラン計画が立ち上がり始めた．1940 年暮から日本の真珠湾攻撃の時までの間，NDRC/OSRD は種々の大学（カリフォルニア，シカゴ，コロンビア，コロネル，アイオワ州立，ジョン・ホプキンス，ミネソタ，プリンストン，バァージニア)，企業（スタンダード石油開発会社)，官庁（連邦標準局)，民間研究機関（カーネギー研究所）と核分裂と同位体分離のための総計約 300,000 ドルの契約を結ばせた，

1940 年夏の NDRC 設立時に，英国 **MAUD** 委員会が丁度**フリッシュ=パイエルス覚書**に相応した研究を始めた；エドウィン・マクミランとフィリップ・アベルソンが丁度元素 93 の僅

かな試料を抽出し終えた；ルイス・ターナーがU-238の中性子衝撃が元素94の分裂性体を導くに違いないと推測していた．英国では，ルドルフ・パイエルスが4月9日のMAUD技術委員会（3.7節参照）に高速中性子爆弾は実行可能であると報告した．その会合議事録の写しはOSRDファイルの連邦公文書記録(National Archives records)から作成された，しかしコナントは，“委員会優先業務が軍事兵器の提供になって以降，分離プラントが現時点での考察で要求される唯一の大規模プロジェクトである”と1943年5月に用意した爆弾計画の出版されなかったタイプ草稿中でジェイムズ・チャドウィックが明言したMAUD会合とを結びつけている．これら種々な出来事の偶然の一致が起きたのだった．

1941年春，ヴァネヴァー・ブッシュはウラン委員会のペースについての不満を受け始めた．3月17日，カール・コンプトンは，コンプトンが“#92プロジェクト”と称されたブリッグズの丁度2週間前のプレゼンテーションを引用した手紙をブッシュへ出した．あたかも計画が進んでいるかのようにホワイトハウスが受け取っている一方，多くの不安面が現れている：英国は“明らかに我々以上に先を進んでいる”，この分野でドイツが完全に達成すると信じ得る理由が在る，そして“我々が有する核科学者達の僅かな者が計画の業務に投入されているだけだ，さらにその業務を行っている者達は頑強に反抗して前に進まない”．コンプトンは委員会が実運用に適し得ない，委員会運営は極端に遅く，その業務は機密のため非常に近い関連分野を良く知る連中を遠ざけている，そしてブリッグズが“のろまで，保守的で，几帳面さに，そして平和時の政府官僚達のテンポで運営することに長けている”と言った，と伝えた．計画の執行委員会の1人であるハロルド・ユーリーはこの状況を改善するために何を為すべきかと心をかき乱されていたところだった．連鎖反応理論の研究を行ってしまったユージン・ウイグナーは，ブリッグズ委員会を“シロップの中での泳ぎ”(swimming in syrup)のように扱っていたと述べた．

コンプトンはその計画を最優秀理論物理学者達のグループに任せるべきと提案し，さらに消極的管理者として活動に反対する確固たる任務を**NDRC**が取り得るのか，と疑問を呈した．彼はさらに，その日の朝にアーネスト・ローレンスとの話；ローレンスが同僚達から研究加速して何を行おうとしているのかと観察されるプレッシャーを感じている，ことに言及にした．コンプトンはブッシュがローレンスをその状況調査と報告する代理に指名するか，代わりにその計画をフルタイムで働く義務を彼に負わせるブリッグズ選任の手配を勧めた．ブッシュは21日にコンプトンに応じてローレンスに会うことを示し，ローレンスを臨時コンサルタントとして奉仕させる提案をブリッグズに伝えた；後者の2人はその日のうちに会った．

ウラン事象に対し独立した助言の必要性をブッシュは感じていた．4月19日，核分裂の軍事面での可能性レビューを行うNAS協賛下の委員会にフランク・ジューエット(Frank Jewett)を指名したいと彼に尋ねた．これこそが，委員会が広範囲に及ぶ結果を招くことになる委員会の3回の報告書の第1番目となる．

4.3 1941年5月：第1回科学アカデミー報告書

ジューエット委員会はシカゴ大学の科学学部長であったアーサー・コンプトンを議長に選

んだ．その他のメンバーは，若い時分に X 線管の偉大な改良を成し遂げ GE 研究所の研究部門長を引退したばかりのウイリアム・D・クーリッジ (William D. Coolidge)；MIT 理論物理学者のジョン・スレーター (John Slater)；ハーバード物理学の理論家で将来のノーベル賞受賞者（1977 年）のジョン・ヴァン・ヴレック (John Van Vleck)；ベル電話研究所主任技師を退職したバンクロフト・ジェラルディ (Bancroft Gherardi) であった．病気のため，ジェラルディは殆どの委員会活動に参加しなかった；1941 年 8 月に逝去した．

コンプトンのグループはブリッグズ，ブライト，ガン，ペグラム，チューブ，ユーリーと 4 月 30 日にワシントンで会合し，5 月 5 日マサチューセッツ州ケンブリッジで第 2 回会合を開催し，彼らの報告書を 5 月 17 日にジューエットに提出した．この 7 頁の文書は，ウラン研究が資金，設備に比べてより多くの利益が得られるか否かの疑問，その当時の知識に照らしての困難さおよび国防に関連する適用の可能性に言及してた．その主要点は，6 ヵ月間でこの問題に最大限の努力を傾注すべき，との勧告だった．2 年以内に核分裂が軍事的に重要なものになることはありそうもないと委員会は認識した，一方，連鎖反応を作り出して制御出来るなら戦争行為の決定的なファクターとなるかもしれない，とコメントした．

このコンプトン報告書はウラン分裂の可能な軍事利用として 3 つを挙げている：(a) 猛烈な放射性物質の生産物を“イオン化放射線の力で生命体の破壊ミサイル”として，(b) 潜水艦および他の船舶の動力源として，(c) 猛烈な爆発性の爆弾として使用すること．後者の可能性の議論の中で間違って U-235 の低速中性子分裂に注目しつつも，分離し相応する量のウランに要する期間が 3 年から 5 年と見積もった．しかしながら，元素 94 が連鎖反応の存在中に生成される可能性についても指摘していた．報告書を提出した翌日，エミリオ・セグレとグレーン・シーボーグが低速中性子に対する分裂断面積を測定することが出来るのに充分な量のプルトニウム試料の抽出に成功した（3.8 節）．

充分に大量の U-235 分離が“その問題の最も重要な局面”になると認めた上で，コンプトン報告の大半は次の数ヵ月間での連鎖反応達成に必要とするリソースが何かとの考察に向けたものだった．次の 6 ヵ月間で最も緊急性の高い要求事項として，中規模ウラン/黒鉛実験，重水製造用パイロット・プラント，減速材としてのベリリウムの物性調査の支援，同位体分離の保守業務への完全な支援が考慮されていた．その総計は 350,000 ドルにもなった．もし黒鉛が使用可能な減速材として実証されたなら，連鎖反応を起こす実規模実験のコストは百万ドルにも達すると推定された．6 ヵ月末においてベリリウムと重水の計画の進展が有望とみなせるなら，ベリリウム実験と実規模重水施設の次の段階まで支援を伸ばすべきであるとして，各々のコストを 130,000 ドルと 800,000 ドルと推定した．米国戦時核エネルギープログラムのプロジェクト・コストは既に百万ドルの領域に入り込んでしまった．研究のペースに関して，コンプトングループはブリッグズ委員会の努力を称賛するも，この研究プログラムを通じての計画と遂行，彼らがしていたような開発に関する協議，必要としている者へ情報を受け渡すための監視，主委員会への適切な報告を行うためのサブ委員会の結成を勧めた．

報告書の関心がほぼ同時に浮上した．5 月 28 日，連鎖反応を成就する基礎的実用局面において，熱心に先へ勧めようとしている物理学者達を最小限にするのが良かろうと言いながら，ジューエットがロバート・ミリカンの加入を懇願した．連鎖反応が実用として使うことが出来るのだろうか? 物理的空間の限界とは何なのか? これら疑問に対し落胆する答えで認識されたとしても，熱狂的なクレイムへの反証以外に他の理由が無いならば："同時に，一方のサイドの熱狂と信頼を基礎に単独で進むのは馬鹿だ，8本手のポーカー・ゲームで，大家 (Lord) は常にローヤル・フラッシュを完遂するに必要な2枚のカードを我々が引くようにさせるものなのだ" と言って，ジューエットは大規模実験を推し進めることが賢いことだと意見を述べた．通常（天然）ウランでの連鎖反応実現の望みは殆ど無いと思う，もしもこれが実証されたなら，U-235の濃縮が必要となるだろう，それは長く，退屈する過程となるだろう，との意見を添えて，ミリカンは31日に応じた．ミリカンは個人能力のエネルギーをせいぜい2年または3年以内に実用化出来る良き機会を有する問題に集中させることが望ましいと言い，天然ウランでの連鎖反応の試みは高価なものでは無いとの示唆をもって閉じた．

ジューエットはベル電話研究所長オリバー・バックリー (Oliver Buckley) の意見も要請した．6月4日の回答で，連鎖反応の価値は海軍艦船の推進力であると主に強調したが，もしU-235がある量まで濃縮出来るなら，それは "莫大な可能性" を有するだろうと付け加えた．しかし，その濃縮は困難で早期解決の確約は無いものと考えていた．

ジューエットは彼の気掛かりを手紙にしたためて6月6日にヴァネヴァー・ブッシュへ送った．多くの初期承認と予算額は連鎖反応の可能性を確立するため基礎的事象に一層傾注されなければならないとの但し書きと伴に，超狂信的でバランスを欠いたかもしれないそのアカデミー報告の "見えない怖れ" (lurking fear) があるとはいえ，この巨大なプログラムを前へ進めるべきであると結論付けた．その件でのいかなる他のフェーズに対してもその最終承認は後日まで保留すべきであるとジューエットは考えた．

7月7日のジューエットへのブッシュ回答を引用する価値がある．ミリカンが明らかに気付いていなかった，"英国は235での連鎖反応の可能性を明確に確立させたように見える，それは全事象の様相を根本的に変えてしまうものだ" と彼は述べている（4.4節の英国の寄与を参照せよ）．ブッシュは引き続きライマン・ブリッグズに尋常で無い称賛を贈った："ブリッグズはこの件で非常に困難な状況に陥っている．バランスを取り判断を下し，一方で潜在的重要性を有するが開発見込みが無いものを無視してはならず，さらに他方で抑制の無い思索結果として狂暴に走らない，アプローチにこれ程多くを要するプロジェクトは他には無いことを，私は理解している．私が良好と思うセンスに基づけば，ブリッグズの平衡感覚とその件へのアプローチを今後もうまく維持して行けるものと思っている．さらにブリッグズは，この件でのグランド・パーソン (grand person) であり，私の能力の全てをもってバックアップし，将来に亘ってもそう続けたいと考えている"．一方で，ブッシュはアーネスト・ローレンスとの関係を保っていた，彼は勝手なことを言って周囲に混乱を引き起こす者 (loose cannon) の役を演じていた："私は彼にきっぱりとこう言った．私がショウをやっているのだ，我々はその手順をすでに確立した，彼はNDRCの一員としてそれに従い内部機構を通じて反抗することも出来るし，あるいは完全に外にいて彼がふさわしいと思うどんなやり方でも一個人として行動することも出来る，と．彼は同意したので，私は彼にブリッグズと一緒に一連の素晴らしい会合をもてるようにしてやった"．ブッシュはアカデミー報告を褒め，そして付け加えた，"[ブリッグズは]···彼のセクションに，副議長の追加，技術的側面の追加による拡大と，その事象の加速化を通じプログラムをより優位にすることに同意する"；6月12日に計画された会合の前にその個人的論点をインプットしておいた．ブッシュもまた拡大ウラン委員会に "少なくとも1人の良好な技術者" (good sound engineer) が存在するべきだと考えた．ブッシュ手紙の最後の文節に彼のフラストレーションが垣間見られる："何度も言うように，最初の場所でウランを釣った (who fished uranium in the first place) 物理学者が不安定な世界でこの特別なものを爆発させるに数年で出来ることに私は望みをかけてきた．難題は山積みだが，我々が出来る最善を行わなければならない" と．

7 月 1 日から始まる 1942 年度会計予算のウラン委員会推定額を 6 月 11 日にブリッグズが答えている．広範囲な活動をカバーしていた：コロンビア大学のウラン-炭素実験；シカゴ大学のウラン-炭素-ベリリウム実験；コロンビア大学の重水触媒；ルイジアナ州バトン・ローグのスタンダード・オイル社が建設する実験重水生産設備の設置；コロンビア大学とバージニア大学の遠心機研究；コロンビア大学の拡散研究；ミネソタ大学のアルフレッド・ニールの下での質量分析；標準局での沢山の管理教務と実験業務である．これら全てで，会計年度の最初の 6 ヵ月で 583,000 ドルが費やされることになる．当年収支のコストは種々の実験の成り行きに依存する，しかし実規模の連鎖反応実験と重水プラントのためには多分百万ドルを必要とするだろう．直ちに必要な額は材料を集めるための 241,000 ドルだった．

分裂爆弾がどうやら確実に可能となるとの英国の意見を認識させたブッシュであったのだが，翌日の NDRC では材料のための 241,000 ドルの配分のみが議決されたに過ぎない，ミネソタ大学に承認量 5 μg の U-235 を手配するため 500 ドルの追加が認められただけだった（このオリジナルの量は議事録には記載されて無い）．その皮肉な結果は，ブリッグズがしばしば不活発・退屈話 (foot-dragging speaks) として非難していたそのものであった．7 月 8 日にブリッグズは，シカゴ大学とコロンビア大学のパイル（原子炉）実験の要求をほぼ取り下げることで彼の要求を 357,000 ドルへと引き下げた改訂提案を提出した．改訂要求書は 7 月 18 日の会合で投票にかけられ承認された．資金は合致し，開始したばかりであったが，米国ウラン計画の未来は 1941 年初夏からより良い方向へと向き始めた．その参加者達は危機に瀕する世界の情勢に気付かないわけにはいかなかった：6 月 22 日，ドイツはロシアを侵攻し戦争へと劇的新次元へと導く．

4.4 1941 年 7 月：第 2 回科学アカデミー報告書，MAUD，OSRD と再編成 II

上述の 6 月 12 日 **NDRC** 会合において，提案プログラムの再レビューを連邦科学アカデミー (**NAS**) が行うべきとの勧告の投票がなされた，しかし当時，その状況のエンジニアリング面を面倒見る個々人の協議会による形態だった．ブッシュはフランク・ジューエットに翌日その要求を渡した，そしてそのアカデミー委員会は仕事をするために戻った，当時はクーリッジ議長の下で行われた（コンプトンは旅行中であったため）．適切なエンジニアリング見解を与えるため，委員会はオリバー・バックリー（ベル研究所）とウエスチングハウス電気研究所長のローレンス・チャッブ (Lawrence Chubb) を加入させて拡大した．グループの素早い行動で，7 月 1 日にブリッグズとグレゴリー・ブライト，シカゴ大学のサム・アリソン (Sam Allison) と共にワシントンで会合を持ち，そして 7 月 2 日にはコロンビア大学でペグラムとフェルミと共に会合を行った．彼らは4頁の報告書をジューエットへ7月11日に届けた，ジューエットはブッシュへそれを15日に渡した．

報告書はブッシュが要求していたエンジニアリング面を特別に検討したものでは無い，むしろ核物理学上の幾つかの困難な開発に触れていた．この報告書の最終頁は，5月17日以来のバークレーの実験で元素94が低速中性子捕獲を介してU-238内に形成された証明とその新たな，未名称の超ウラン元素が低速中性子核分裂を起こすことについて，アーネスト・ローレンスが書いた付録であった．もしも94を充分な量生産できるならと，ローレンスが"スーパー爆弾" (super bomb) と呼ぶ展望から始まっていた．この開発が与えられたなら，軍事利用面で原子分裂の強固な推進の支持へ向けて防衛費を配分することの正当性が有るか否かを委員会は検討し，結論は，"その支持は堅実であるだけでなく緊急な要請でもある"．委員会はさらにその計画を組織化するための飛び道具をブッシュへ与えた："この大規模アタックの有効かつ迅速な業務遂行に要求されるのは，··· 現行ウラン委員会下で行われている業務とは異なる組織形態である····．この計画は彼自身の時間を全て捧げることの出来る指揮者の下で行われるべきである"．最初の年で給料と材料のため百万ドルを超えるコストとなる，委員会はさらにその適切な業務を行うのに好都合な場所に独立の研究所設置を勧める．

8頁報告書"ウランの連鎖反応によるエネルギー生成の幾つかの注目点"を添えた，委員会意見への支持がエンリコ・フェルミより寄せられた．1941年6月29日に，フェルミは減速材，後日炭素（黒鉛）と明確に示すことになる減速材を介した格子状配列に天然組成のウラン金属または酸化物を並べた塊の実現可能な原子炉設計について述べている．これは彼が約18ヵ月後に**CP-1**炉で使用したものの正確な配置である（第5章参照）．不確かな様相とフェルミが自認する値で，U-235の1g核分裂当たり生まれるエネルギー量は約800億ジュールである，この値は3.1節で計算したウラン1kg当たり17キロトンときわめて良く一致している（~ 71 billion Joules per gram）；彼は熱エネルギー1MWを生み出すパイル（原子炉）が毎日1gの元素94を生産することも推定した．しかしながら，この提案は未冷却原子炉であった；適切な通路を通る管内の流体またはガスによる強制冷却を用いることで，その出力を数10MWへ増加出来る，それに対応してプルトニウム生産の増加が見込めることになるだろう．

フェルミが指摘した魅惑的可能性の1つが液体ビスマスによる冷却だった，それは中性子衝撃とその反応を介して放射性ポロニウムの増産の利点が得られる，

$$ {}^{1}_{0}n + {}^{209}_{83}\mathrm{Bi} \rightarrow {}^{210}_{83}\mathrm{Bi} \xrightarrow[\text{5.0 days}]{\beta^-} {}^{210}_{84}\mathrm{Po}\,. $$

この方法は正確に，ビスマス塊をテネシー州オークリッジの実験規模の**X-10**炉とワシントン州ハンフォードの生産炉に装荷し，廣島爆弾と長崎爆弾の中性子発生"トリガー" (triggers) として用いるポロニウムを増産させることになる[*2]．遮蔽の必要性から，数フィート厚さの水障壁で囲むこともフェルミは言っていた．コナントへの7月21日のメモで，ほぼ技術データに近いものを初めて見ることが出来かつ"良きもの" (good stuff) のように思えると，ブッシュはフェルミの報告書を褒め称えていた．

[*2] 訳註：　同位体の線源強度は下記の通り：

技術的問題点が検討されている間に，ブッシュはNDRCの運営の再編成を行っていた．NDRCは研究における契約面の責任を負うものの，技術開発の承諾署名の権限を欠いていた．このことで，さらに高位の包括的組織，科学研究開発庁 (Office of Scientific Research and Development: **OSRD**) の設立を思いついた．NDRCは継続させる，しかしOSRDのサブ組織とする；ブッシュはOSRDの長官となる，コナントはNDRCの議長職とし，ウラン計画の責任者とする．1941年6月28日のルーズベルト大統領署名，政令8807によってOSRDは設立した．

科学アカデミー報告書類と科学者達の不安感の増大を飛び越えて，米国核分裂計画に単一で最も刺激を与える事柄が国外から1941年の夏に届いた．国外の突発事件が新制**NDRC**を祝福したかのようだ：それは英国**MAUD**報告書である．

U.S.陸軍のリダーシップ下でのマンハッタン計画の目覚ましい成功とその大規模施設群をアメリカ本土に設置した事実がマンハッタン計画を殆ど排他的にアメリカ人の任務としてもくろむ傾向を生んだ．しかしその様な視点はマンハッタン計画への非常に重要な英国の寄与をつまらないことにしてしまう．グローヴズ将軍でさえ，“能動的で無いが継続している英国の興味は，廣島への原子爆弾投下は多分無いとの認識から逃れることは無かった．英国は開始当初からその仕事の含蓄が何であるかを認識していた．もしも彼らが生き延びたならそれを利用する立場になるに違いないと認識していた… そして彼ら自身でその仕事をやり遂げられないとも認識していた．合衆国内で彼らは目的成就手段と認識していた” との観察評価をやわらげ，英国の寄与を “役に立つたものだが致命的では無かった” と特徴づけて述べた．

核 種	半減期	放射線の種類
^{208}Po	2.898 y	α (5.215 MeV)
^{209}Po	103 y	α (4.979 MeV)
^{210}Po	138 d	α (5.407 MeV)
^{226}Ra	1601 y	α (4.78 MeV: 94.5 % ; 4.61 MeV: 5.55 %) γ (0.186 MeV: 3.5 %)
^{241}Am	458 y	α (5.49 MeV: 86 % ; 5.44 MeV: 12.7 %) γ (0.026 MeV: 2.5 % ; 0.06 MeV: 36 %)
^{124}Sb	60 d	β (2.32 MeV: 21 % ; 0.61 MeV: 49 %) γ (0.602 MeV: 100 % ; 1.69 MeV: 50 %)

現在，原子炉の中性子源として主に ^{124}Sb/Be または ^{241}Am/Be が用いられている．
放射性同位元素を利用した主な中性子源は以下の通り：

線 源	反応	半減期	最大エネルギー	平均エネルギー	収量 (10^6 n/sec·Ci)
^{210}Po-Be	(α-n)	138 d	10.8 MeV	4.3 MeV	2.5
^{226}Ra-Be	(α-n)	1601 y	13.2 MeV	3.6 MeV	15
^{241}Am-Be	(α-n)	458 y	11.7 MeV		2.5
^{124}Sb-Be	(γ-n)	60.4 d	1.69 MeV	0.0248 MeV	1.6

日本放射性同位体元素協会編「新版 アイソトープ便覧」，丸善 (1970) より．

米国政府は英国の進捗に気付かなかった；科学関係の2国間情報交換は米国の参戦前に立派に確立されていた．1940年8月末，ヘンリー・ティザードを団長とする使節団が2ヵ月の米国訪問へと旅立った，そこで彼らは英国で生産されたレーダーと近接型信管関係機器の進捗状況をデモンストレートした．この訪問結果の1つは英連邦科学庁 (British Commonwealth Scientific Office) との情報交換促進のための公式組織をワシントンに確立させることであった．1941年春，チャールズ・G・ダーウイン――あの偉大なチャールズ・ダーウインの孫――が科学庁長官に指名された．1941年2月，互恵的 NDRC の事務所設置のためにコナントがロンドンを訪ねた．ハーバードの物理学者ケニス・ベインブリッジ (Kenneth Bainbridge)，彼はトリニティ実験を指揮した，が4月9日の MAUD 委員会の会合に出席した，そこでルドルフ・パイエルスは高速中性子爆弾が実現可能であると報告した．7月1日，カルテックの物理学者チャールズ・ローリッツエンがもう1つの会合に出席した，そこでは MAUD 委員会最終報告書の主要結論についての討議が行われた．ローリッツエンは7月10日にワシントンでブッシュに概要を伝えた，それは NDRC ロンドン事務所に渡された報告書草稿コピーをブッシュが受け取る丁度数日前だった．これは第2回科学アカデミー報告書 (NAS report) がブッシュの机に着く直前だった．実際には2つの MAUD 報告書が存在している，両書ともジョージ・トムソンによって7月15日に承認されていた．ここでは興味わく1つである第1番目の題は "爆弾用ウラン利用" であり；第2番目の題は "動力源としてのウラン利用" であった．両書ともに英国原子力プログラムの Margaret Gowing's book で再刊しており，現在でも読む価値はある．

MAUD 爆弾報告書の最初の部分は数頁の非技術用語でその状況を要約している．核分裂性同位体に何故臨界質量が存在しているのかの説明から始め，どの様にして2個の未臨界質量合体で爆弾のトリガーとなり得るのか，爆発の蓋然的効果（25ポンド (11.3 kg) の U-235 と TNT 1,800 t とが等価と推定された）および材料とコストの考察であった．長めの技術的付録には，何故高速中性子連鎖反応が非弾性散乱と吸収の存在に依り U-238 内で維持出来ないのか，どの様にして爆弾効率を推定するのか，臨界質量決定に影響する因子について，損害の推定および拡散プラントの特徴が記載されていた．1941年中期，高速分裂爆弾の基礎元素の多数の英国科学者達の理解の明晰さは，殆どの米国科学者達の遥か先を行っていた．ジョージ・トムソンは MAUD 報告書のコピーを個人的に10月3日にブッシュとコナントに渡した，しかし NAS 協議会でこの報告を発表してはならないとの条件を付けた．禁止命令にかかわらず，トムソンはその状況を高く評価するためウラン委員会と NAS 協議会の両者と会っている．MAUD 爆弾報告書は，公的承認が得られなかったものの，1941年暮の第3回科学アカデミー報告書の準備に重大な衝撃を与えた．

7月30日，コナントは，如何にしてウラン委員会が再編成されるのかを述べているブリッグズからの手紙を受け取った．ブリッグズは議長として残り；ジョージ・ペグラムは副議長となることに同意した．その他のメンバーは，グレゴリー・ブライト，ハロルド・ユーリー，サミュエル・アリソン，プリンストン大学のヘンリー・スマイス（**緒言**を参照せよ）とウエスティングハウスのエドワード・コンドンであった．ブリッグズは4つの諮問サブ委員会を加えることで委員会幅の拡張も行った．これらのサブ委員会は分離分野（濃縮のこと），動力生産，重水および理論面を取り扱い，それぞれの議長をユーリー，ペグラム，ユーリー，フェルミに任せた．この分離グループにはフィリップ・アベルソンとロス・ガンが含まれていた；ロス・ガンは動力生産グループのメンバーでもあった．マレー・チューブ，アレクサンダー・ザックスとアルバート・アインシュタインが 1940 年 7 月の委員会構成員から消えた．ジェーシー・ビームスもまた分離グループのメンバーとして継続したものの，主要委員会から落ちた．その後，ウラン委員会は OSRD の **S-1** 課として知られるようになる．

同日のブリッグズへの返事で，コナントはビームス，ガンおよびチューブとの連絡が必要であることを示し，彼らの奉仕が新設組織の課では必要としていないことおよびブリッグズは自ら彼らにそのことを書き送るのを望むのか，またはコナントまたはブッシュがそれを為すのか訊ねた．ブリッグズは後者に決めた．結局，8 月 14 日のロス・ガンへの手紙の中で，ブッシュは主委員会からのガンの退任を説明した．ブッシュの言い訳は，ウラン委員会が NDRC がそれを引き継ぐ前に編成されてしまったことが問題だった，と：“NDRC がその仕事を開始し，課を形成させた当時，非陸軍または非海軍の人物達をこれら課のメンバーに直接任命するのがポリシーだった，しかしながら，むしろ連絡役人のシステムとの望ましい接触を保つなら，仕事が良く進むだろう．ウラン委員会での状況はちょっとばかり異常になったが，仕事が上手く行くと思われるようにそれを邪魔してはならない”．しかし最近の再組織化で，ウラン委員会がラインへ組み込まれた時期となった．ブッシュは，委員会任務の代わりに，委員会と海軍間を直接取り持つ個人としてガンを指名した．正式に委員会辞表を提出した 18 日のガン回答で，連絡員 (liaison) として彼が服務している海軍との関係を妨害しないと明記した．皮肉なことに，丁度その時にフィリップ・アベルソン (Philip Abelson) が海軍研究所で実験規模の液体拡散カラムの試験を開始していた．第 5 章に関連して，海軍とマンハッタン計画間の関係が一層大きくなる．

英国物理学者達は米国のカウンターパートらに爆弾計画を先に進めるようにと圧力をかけ続けた．1941 年 9 月 11 日，W.D. クーリッジはフランク・ジューエットへの手紙の中で，マーカス・オリファントがスケネクタディの GE 社訪問を記載した．クーリッジが高爆薬 1,000 t と等価な高速核分裂反応に必要なのはたった 10 kg の U-235 だと聞いて驚いたことと，彼の知っている範囲で，7 月 11 日の第 2 回科学アカデミー報告書の提出以前には，我が国にはこの情報は存在していなかったのだ．同様の情報を “間接的に” 既に入手済みであり，この件については S-1 課で完全に理解されていると思うとジューエットは返事した，ジューエットはクーリッジの手紙のコピーをブッシュへ念のために送った．コナントはクーリッジへのオリファントの話は秘密違反だと感じたが，多くの米国科学者らはオリファントが **S-1** 計画を進めるために拍車をかけるクレジットを与えたものと受け取った．

オリファントはバークレーも訪問し，アーネスト・ローレンスと会った，37 インチ・サイクロトロンを同位体分離用として大規模質量分析器へ如何様にして変えるかの検討をし始めた彼にとって，英国の進捗に強い印象を受けた．9 月，ローレンスはシカゴ訪問中に，オリファントの話をコナントとコンプトンへ伝えた，彼らは既にそれを知っていたことを気取らさせずに聞いた．ローレンスは爆弾を造る元素 94 の重要さを強調し，合衆国内研究のスロー・ペースに対する落胆を再度表明した．彼の思い出では，コンプトン宅の居間でコナントとローレンスとどの様に会ったのかを説明している．ローレンスが核分裂爆弾の見通しについての見解を語った後，コナントは彼に質問した：“アーネスト，君は核分裂爆弾の重要性を理解していると言ったね．君はこれから向こう数年間それを造ることに専念する用意が出来ているかね?”．ほんの

図4.6 陸軍参謀総長ジョージ·C·マーシャル (1880-1959) と陸軍長官ヘンリー・スチムソン (1867-1950)，1942 年頃． 出典 http://commons.wikimedia.org/wiki/File:George_ marshall%26henry_ stimson.jpg

一瞬躊躇した後，ローレンスが答えた，“それが私の仕事だと貴方が言うなら，私はやります”．

4.5 1941 年 10 月～11 月：最高政策グループと第 3 回科学アカデミー報告書

1941 年 10 月 9 日は米国原子爆弾プログラムの歴史上の転換点となった．その朝，ヴァネヴァー・ブッシュは他の人達と一緒にルーズベルト大統領とヘンリー・ウォレス副大統領へ開発状況を伝えるために会った．ブッシュは同日中にジェームズ・コナントへ会合の要点をメモにして送った．最も重要な事は大統領が政策見解を大統領自身，副大統領，陸軍長官ヘンリー・スチムソン，陸軍参謀総長ジョージ・C・マーシャル（図 4.6）とブッシュとコナントで構成されるグループに制限するべきであると明確にしたことだ．このグループは最高政策グループ (**Top Policy Group**) として知れ渡ることになった．この点から先は，米国科学者達はブッシュとコナントを通じて造り上げようとしている分裂兵器の政策事象に関する考えは狭い通路を通さなければならない破目となった．大統領が 1 つのグループに核兵器政策の検討を託したことは，合衆国の指導者の最高レベルが全スケールで成功裡にウラン計画を実施する付託の含蓄であるとの理解が始まった．

会合の中で，ブッシュは臨界質量，同位体分離工場に必要な大きさ，コスト，タイム・スケジュール，原料物質に関する英国の結論を述べた．その会合は英国との技術面での情報と核物質の戦後のコントロールに関する考察の交換を行うことを確認した．もう 1 つの顕著な事は，広範なプログラムは現存組織と無関係に取り扱われるべきであるとブッシュが唱道し，その見解を大統領が同意したこと．ルーズベルトは，次の指示が出されるまで拡張計画のいかなる一定の段階へも進んではならないとブッシュに指示したのだが，ブッシュは基本的に権威ある会合で爆弾の製造とコストの決定がなされたものと受け取った.

同日，ブッシュは第 3 回科学アカデミー報告を要求した．当時，彼は委員会の明確な方向性を持っていた，後日彼がそうしたように．“委員会によって検討されるべき事柄” の技術面に触れた “英国からの連絡” を引用して，彼はアーサー・コンプトンへ手紙を書いた．その英国報告書は彼自身とコナントのみが入手出来たのだが，このことがアカデミー委員会業務に独立確認をもたらす利点を与えるケースとなった．委員会がその研究を継続しかつ報告書を用意する方法は委員会自身が決めることだとブッシュが認めた一方で，彼は幾つかの話題についての考察を要請した：臨界質量；爆弾コア集合体間の未臨界質量の相互近接速度；効率；早期爆発；同位体分離法．ブッシュは彼の指示のコピーをブリッグズへ渡した，英国報告書を渡すことは出来ないのだとの言葉を再び添えて．**S-1** 課議長としてのブリッグズの地位にもかかわらず，職権ラインはブッシュとコナントへと移行された.

コンプトンのグループは研究に戻った，フェルミ，ユーリー，ウイグナー，シーボーグおよび他とのミーティング．10 月 21 日，彼らはスケネクタディの GE 研究所で会合を開催した，そこにはロバート・オッペンハイマーが出席していた．彼らはすぐ報告書草稿を作り上げた，これがフランク・ジューエットからブッシュへの 11 月 3 日の手紙を促した．ジューエットは 1 億ドルものコストに触れた草稿を気にしていたが，同時に提案された研究プログラムと開発プログラムのどの要素においても，実用上基本的な非常に大きい不確定性を有していると注記していた．予算を求め使える時期が到来したとジューエットは強く感じたものの，その不確定性解決のため実証基礎技術情報発展へ相応の金額を支出するケースであるとも自己弁護していた.

“私信” (Personal) と記された翌日の返事で，初期の懐疑論後に完全に向きを変えさせたのがコナント意見だと指摘し，ブッシュはそのプログラム支持を論じた．今現在，極めて重大だと彼が感じているのは，“設計に対して良好で健全な技術者の頭脳を身に付けた者を連れてくることだ” と．彼が大統領と結び付けられる事に沿って，ブッシュも開発とパイロット・プラント実験を扱う新たなグループを設立するさらなる管理組織改組を行っていた，一方，ブリッグズは物理測定を行うセクションのみの責任者として留められていた．彼は新たなグループの指揮をアーネスト・ローレンスにさせようと考えていた，しかし機密の必要性が彼を躊躇させた，そして事実ローレンスは，ルーズベルト大統領の断言を無視し，政策事象を話したことで世間を騒がしてしまったのだ．ジューエットが手紙を破るようにブッシュが勧めたのだが，コピーが OSRD ファイルに収められている.

第 3 回報告書のため，委員会は MIT の化学技術者ウォレン・K・ルイス (Warren K. Lewis)，ハーバードの爆発専門家ジョージ・キスタコスキー (George Kistiakowsky)（図 4.7）とノーベル化学賞受賞者 (1966 年) となるシカゴ大学のロバート・マリケン (Robert Mulliken) を加えて拡大された．完全な報告書が OSRD 記録の中に見つけることが出来る，そしてカウンターパートの MAUD 報告書と同様に読む価値が有る.

委員会は 11 月 6 日付けの報告書を 11 月 17 日にジューエットへ送った．簡単なカバー・レターの中で，委員会では “このプログラムの遂行が焦眉の重要事項であるとの全員一致の見解をみた” とコンプトンが報告している．60 頁の報告書は数多くの相互関連節から構成され，そ

図 4.7　**左**　ジョージ・キスタコスキー (1900-1982)；　**右** ウォレン・K・ルイス (1882-1975).　**出典** AIP エミリオ・セグレ視覚記録文庫；http://en.citizendium.org/wiki/Warren_ K._ Lewis

れらを 4 グループに纏めることが出来る．最初に核分裂爆弾に必要な条件，その爆弾の期待される効果，製造に要すべき期間の推定，複雑なコストを纏めたジューエット宛の 6 頁のカバー・レターが来る．第 2 番目は 20 頁の付録である，明らかにコンプトンによって書かれた，報告書の技術面の中核をなしている．ここでの計算は臨界半径，周囲のタンパ—の効果，予期される爆発の効率を詳細に取り扱っていた．この付録はロバート・サーバーの**ロスアラモス・プライマー** (*Los Alamos Primer*) の親文書とも見なすことが出来る（7.2 節参照），かつ分裂兵器の基礎物理学の説明を求める読者へは依然として勧めることが出来る文書だ（大学生レベル分析結果用，Reed の 2007 年，2009 年論文を見よ）．第 3 番目，ジョージ・キスタコスキーが用意した付録には分裂爆弾の想定される破壊作用が述べられている．マリケンが準備した最後に現れる 18 頁の報告書は種々の同位体分離法の実現可能性を考察している．

ジューエット宛のその纏めレターは，正にその最初の頁の真髄と合致している：“核分裂爆弾の超破壊力は充分な質量の元素 U-235 を急速に合体した結果で得られる．理論と実験が出来ることになることを踏まえて未実施予測としてそれは絶対に確実と見える”．U-235 の臨界質量は 2 kg 未満または 100 kg を超えることは殆ど有り得ない，そして期待効率は 1% から 5% の範囲と推定された．核分裂兵器の破壊能力評価は困難である，何故なら高圧衝撃を記述する理論は当時良く進捗していなかった，しかし委員会は保守的に U-235 1 kg 当たり約 TNT 30 t と等価であると推定した；これは極端に下方推定だったと実証されることになる．

委員会はドイツを負かすに必要とみなす U-235 量を分析する興味あるアプローチを採用した．およそ TNT 火薬 500,000 t が軍事施設と工業施設を無力化するに要するものと基礎付け，分裂爆弾で同じ仕事を行うには U-235 でおよそ 1-10 t が要求されると彼らは予測した．2 ないし 3 個の爆弾を所有したとしてさえも心理的効果を明らかに見落とす分析だった．核分裂物質を得るため，遠心分離法と拡散分離法が実用段階に近づいていた．もし全ての努力がそのプログラムに費やされるなら，分裂爆弾は3年または4年以内に有意量が入手可能と委員会は推定した；廣島への原爆投下は報告書の日付から3年9ヵ月に起きた．財務について，濃縮工場を稼働させる電力コストを含ませないで，委員会は0.8億ドルから1.3億ドルと粗いコストを推定した．結局，電磁気分離法はそれのみで，この資金量の4倍近くを使い尽すことになる．

コンプトンの手紙は一連の勧告で締めくくられていた．直ちに必要なのは，遠心分離と拡散分離の試験ユニットの建設と実験，物理定数計測のために分離されたU-235とU-238試料の入手と濃縮プラントの工学面での研究開始である．最後に，間違いなくヴァネヴァー・ブッシュを満足させた勧告は（疑えば，ブッシュが吹き込んだのかもしれない），プログラム全体の再編成が必要かもしれないだった．同日，ブッシュへの別の手紙で，コンプトンは再編成の個人的助言を申し出ていた：避けられない問題を解くためのキーとなる男たちの選任と彼らへ“彼ら自身の方法で答えを得るための”適当な資金の支給を．ユーリー，ローレンス，ビームスとアリソンが適当な“キーとなる男たち”(key men)として示唆されていた．

第3回アカデミー報告書と前の2報告書間の差異はあぜんとさせるものだった．1943年3月の彼の歴史において，ジェームズ・コナントは書いている（言い換えて）：“3つの科学アカデミー報告書に出くわした2世代後の科学史家は，その変化で当惑させられるに違いない．1941年7月，委員会は制御された連鎖反応の成功裡のデモンストレーションの必要性について語っていた．11月6日に委員会では爆弾の有効性が軍事優位を決定するかもしれないと結論付けた”．コナントは，この転向を5月の時に比べて11月に戦争は一層身近となり避けられないものと感じた一般的な気分であることを強調し，そしてさらにやかましくなり決定的となったウラン問題の真正面の攻撃を支持した．マンハッタン計画は基本的に独占的に米国の仕事であったとの戦後の見方を予覚したコメントで，コナントは幾らか不誠実に，“英国報告書が…11月まで科学アカデミー委員会のどの委員にも閲覧されなかったことを思い起こさねばならない”と書いている．これは正確に正しい，しかし選択においては慎重な真実(selective truth)だったのだ．

4.6 1941年11月：ブッシュ，FDR，再編成III，企画理事会

ヴァネヴァー・ブッシュは第3回報告書を彼が10月9日にルーズベルト大統領に報告したことの補強に使うことに時間を費やさなかった．11月27日の火曜日，彼は報告書を大統領と最高政策グループへ渡した；その日にブッシュと大統領は明らかに面と向かって会っていない（皮肉にも，その日は日本の機動艦隊が真珠湾攻撃へ向けて出帆した時であった）．MAUD報告書の示唆に比べてさらに大きい爆弾製造期間とコストの大統領への勧告の間——これは物理学者達に加えて幾人かの“頭の固い技術者達”が含まれる科学アカデミー委員会が配布したものだった——本気の注目を引く事柄とブッシュは感じていた．如何なる特定のプログラムにも言質を与えることになる段階を取る前に大統領の指示で再び待機することになると申し出た，しかしその間で彼は関連研究の加速と同様可能性の有る製品用のプラントを研究する技術者グ

ループを編成した．

独立なのだが相互に支持しあう MAUD 報告書と科学アカデミー報告書の提出によって，ブッシュは政治カードとしてそれらを輝くばかりに扱った．1942 年 1 月 19 日のブッシュへの報告書の返却に添えたルーズベルトからの手書きのノートが，米国原子爆弾プログラムを基本的に始める大統領の“OK”であると幾人かの歴史家が認識している（図 4.8*3）*4．

ブッシュとコナントは再編成を進めた．OSRD 記録にコナントからブッシュへの 2 頁の手書きメモが含まれている；日付は明確で無いのだが，コナントの手書きノートには“1941 年 11 月には行わなければならない”と読める．このノートの至るところ解読困難なのだが，1 節が幾分明瞭でライマン・ブリッグズを更に傍観者となす予示となっている：“これからブリッグズを NDRC のセクションから外す，そして新組織 [a] の [a] 研究部を作り，この時点でブリッグズをフルタイムの男に変える．··· 最高者の勧告グループと伴に化学技術者達の開発委員会を設置する”．粗い組織化チャート草稿にはブッシュがトップで，彼の配下に別々の研究開発委員会が並列に置かれている；コナントはこのチャートには現れてない（図 4.9）．この計画の成長した覚書がコナントのコメントから明確になっている：“我々が今，無為に過ごす時間は無いものと私は信じる”，そして“君は今から急速に動くべきであると私は切に思う”．ローレンスを研究委員会の監督に就かせるようにと再度勧めた．

ブッシュは既にそのプランを作り上げていた．11 月 26 日，彼は顕著な化学技術者でスタン

---

*3 訳註：　1 月 19 日——V.B. OK——返信——これは君自身の金庫にしまっておくのが一番良かろう　FDR.

*4 ヒューレット (Hewlett) とアンダーソン (Anderson) がそのノートを 1942 年 1 月 19 日に結び付けている．ノートには M1392(1), 0945 を見つけることが出来る．しかし他の日付をそれ自身が示唆してもいる．本著者に供給されたマイクロフィルム記録の DVD 版の直前映像は，ブッシュから FDR への 1942 年 6 月 17 日付けの手紙のコピーである，その時にブッシュは主題：“原子分裂爆弾”の 6 月 13 日報告書を同封した；4.9 節を見よ．その 6 月 17 日の手紙にも“V.B. OK FDR”と記されている．その“January 19”ノートはペンで June 19 と書いたかもしれない? 図 4.8 のノート上の月ははっきり見分けがつかない．もしもそれが 6 月 19 日なら，2 日以内での大統領の応答は迅速に見える，しかしそれは決して先例の無いことでは無かった．例えば，本書で議論したごとく，1942 年 3 月 9 日，ブッシュは FDR に計画の進捗状況の広範な最新版を送った；その記録には，感謝をこめてその文書をブッシュへ返却する際，ルーズベルトが 3 月 11 日に署名したノートが含まれている（図 4.11）．しかしもしもルーズベルトが 6 月 17 日と付けた手紙なら，何故彼は 2 日後の別なノートをどうしても送らねばならないと感じたのだろうか? 大統領注釈義務無しの OSRD 記録内の報告，コンプトンの 1941 年 11 月のコピーには分離した感謝の必要性が示唆され得る．DVD 上での 6 月 17 日の手紙の FDR のノートの単なる近接性だけでは時間的接近の保証は無い：私の経験では，これらの記録の中の文書は年代順にしばしば混じり合っていた．もしもそのノートが返却される第 3 回科学アカデミー報告書に触れていたなら，会合と返却の間の 7 週間の経過で叙述され得るだろう．しかしそれに引き続く真珠湾攻撃の歴史的日において，これは理不尽なことでは無い；ルーズベルトはさらに遅らせたかもしれないのだ，何故なら彼は 1941 年 12 月 22 日から 1942 年 1 月 14 日まで行われた第 1 回ワシントン会議のウインストン・チャーチルのホストをしていたのだから．いずれの日付を載せるかで説得力のある論争が顕れた．著者にとり，この些細な混乱は 80 歳代の教師から数十年前に受け取った助言を思い起こさせてくれた：“君たちが何かを書いた時には，それに日付を書き給え”と．これに私は付け加えて：そしてそれを明確にかつ完全に書け，と．

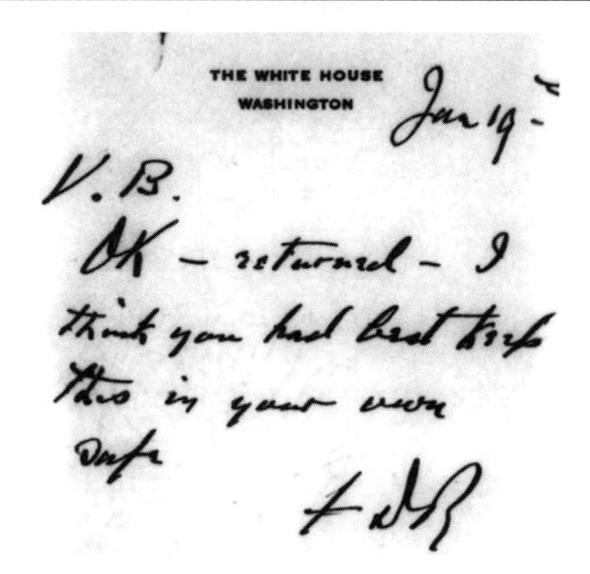

THE WHITE HOUSE
WASHINGTON

Jan 19 –

V.B.
OK – returned – I think you had best keep this in your own safe

FDR

図 4.8　フランクリン・ルーズベルトからヴァネヴァー・ブッシュへ，1942 年 1 月 19 (?) 日

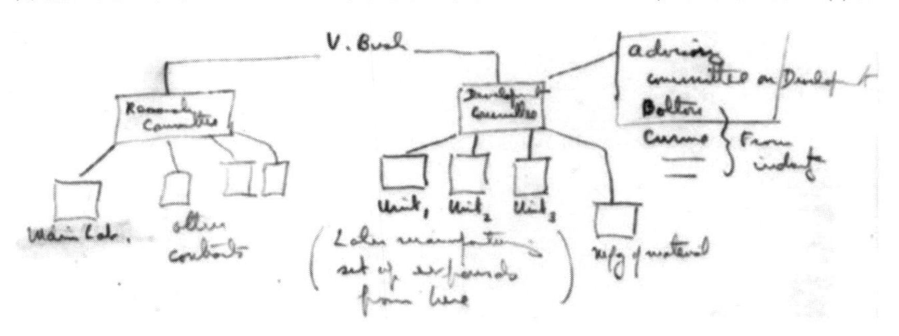

図 4.9　コナントの再編成チャート草稿，1941 年 11 月頃

ダード石油開発会社の研究開発担当副社長のエーガー・V・マーフィー (Eger V. Murphree) を企画理事会の長にする提案を行った（**SODC**；図 4.3）．その理事会は技術的研究のための成果物と契約のための勧告を行う任務へとブッシュの責任で変更された．助言委員会として奉仕するコンサルタント・グループ員を選択する自由を持つことを条件に，マーフィーは指名を受諾した．彼の指名はブッシュからの 29 日の手紙で正式に認められた，その手紙は理事会がブリッグズと科学アカデミー委員会と相談することが自由であることを明確にしていた，このプ

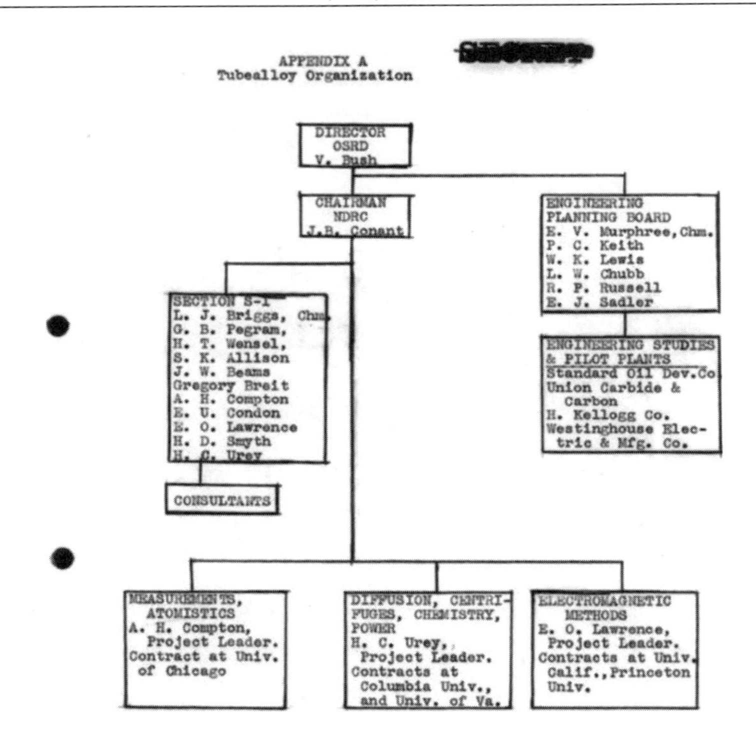

図4.10　マンハッタン計画組織図，1942年3月頃

ログラム全体の責任をブッシュとコナントが分担することで，マーフィーはブッシュへ直接報告することになっていた．新たな組織の構造は11月28日の**NDRC**会合でブッシュによって提示され，そして図4.10に示すように**S-1**課が効果的に孤立化されていた，この図は1942年3月のルーズベルト大統領への報告からの写しである．用語“tubealloy”はU-235の英国コード名であった．

この再編成がブリッグズを主流から外す唯一の段階では無かった．12月1日，ブッシュはハロルド・ユーリーからの報告書とヘンリイー・スマイスからの手紙を受け取った，両者ともに迅速な行動を要請していた．ロンドン訪問から丁度戻ったばかりのユーリーから，実用性分裂爆弾の確率が90%であるとチャドウイックが信じているとの報告を受け取った．ユーリーは“終始一貫した戦争総力においてそれの前に置くものはこれ以外は皆無だ．もしドイツがこの爆弾を手中にしたなら，戦争は2, 3週間で終わるだろう”と感じた．スマイスはさらに事実関係の説明者 (briefer) だったがぶっきらぼう (blunter) だ，その部局の議長として単にブリッグズを置いたことで，ブリッグズが全体のウラン研究の統括責任者であるか，諮問のためのウラン部局の呼び出しから自由となるか，または彼の自由裁量権を無視するか，または **S-1** 課メンバーの非公式な多数の裁定意見と想像されることを **NDRC** が支持するとの勧告なのかと訊ねた? スマイスはブリッグズによって理解した．状況は後者だったが，会合がめったに開けないことと彼らの高度に形式ばらない性格が実際上は状況が一層前者に近いものと彼を感じさせ占めた．

12 月 6 日に予定されていた課会合で，基本的に **"既成事実"** (*fiat accompli*) だとし，何故に再編成を行うかとの示唆を添えて，ブッシュはスマイスの手紙をブリッグズへ翌日渡した．物理学研究は継続するのだが，**S-1** のメンバーは政策的事象が彼らの任務で無いことを悟ってしまった．コンプトンと議論し，ブリッグズはその研究を分割して各々の責任を有するキーとなる個々人に任せることに関するプランを明言した．ブッシュは著名な化学技術者ら（図 4.10 の Murphree, Keith and Lewis）を技術面で直接彼に勧告するよう頼んだ．ブッシュは科学的研究と工学的研究間を明確に分けることを望んだのだが，この 2 つの間に相互関連も存在していた．

企画理事会長エーガー・マーフィーが突然仕事始めた，12 月 2 日にハロルド・ユーリーと打ち合わせ，同位体濃縮法のレビューを行った．コロンビア大学で行われた分析とバァージニア大学でのジェス・ビームス (Jesse Beams) の実験に基づき，マーフィーは 1 日当たり 1 kg の U-235 を生産するために必要となる遠心機がほぼ 20,000 基と推定し，10 基を繋ぐパイロット・プラントの設置を支持した．コロンビア大学のジョン・ダニング (John Dunning) はエッチング工程による拡散部材開発を達成した；この方法で，マーフィーは実規模プラントでほぼ 4,000 ステージ必要と推定した．結局，遠心機法は断念させられたが，拡散プラントは建設される（5.4 節参照）．

4.7 1941 年 12 月 ~ 1942 年 1 月：パイル計画救出と集約化

この計画で残された大きな局面は，第 3 回科学アカデミー報告書で報告されなかったプルトニウムを合成する原子炉開発の可能性である．ワシントンで 12 月 6 日——真珠湾攻撃の 1 日前——に開催された **S-1** 課会合でアーサー・コンプトンの個人的介在によってこの研究が引き上げられた．不思議なことに，**OSRD** 記録にはその会合の議事録が含まれて無い，少なくとも本著者は見つけ出すことが出来た．しかしながら，その詳細の多くはブッシュからマーフィーへの 12 月 10 日の手紙の中で述べられている，直接の記事はコンプトンによって発行された戦後回想録「**原子の探求**」(*Atomic Quest*) である[*5]．

図 4.10 に示すように，その会合の第 1 番目の主要結論が 3 つの開発プログラム創成であった，各々のプログラム長としてハロルド・ユーリーが重水研究と同様に拡散と遠心機によるウラン分離の研究責任者となる．公的地位を獲得し業務に署名したばかりのローレンスが同位体分離の電磁気法の開発責任者となった．コンプトンの役割を基礎核物理学の集約化であるとブッシュが述べた；特に，材料の物理定数測定であると．コンプトンはそれを更に無遠慮に，

[*5] 訳註：　*Atomic Quest*：仲晃 他訳，「原子の探求」，法政大学出版局，東京，1959.

“私の任務は爆弾自体の設計をすることだ” と言ってしまった．この時の会合は結局次のような了解のもとに散会した．2 週間後にお互いの仕事の進展ぶりを比較し，我々の計画をもっと確乎としたものに形作るために会合するということであった．

会合の後，ブッシュ，コナントとコンプトンはラフェット広場のコスモス・クラブへ昼食に出かけた，コンプトンによれば，ウラン濃縮の代案としてプルトニウムの生産にももっと考慮を払うべきであるとコンプトンが主張した．強度の放射能によって複雑化された衝撃ウランからプルトニウムの化学抽出を完璧に行うには時間が必要である旨をコナントは語った．このような話に対してコンプトンが反論し，“[グレン] シーボーグは私にこう言っています．プルトニウムが生産されてから 6 ヵ月以内に，プルトニウムを爆弾に使えることが出来るだろう” と．これへのコナントの返事は，“グレン・シーボーグはなるほど非常に優秀な青年化学者だ，しかし彼にはそんな仕事は出来ないね” だった．シーボーグの能力は，彼自身の顕著な記録によって判定出来ることを証明した．プルトニウム発見と化学性質を特徴づけた後，マイクログラムからキログラムまでスケール・アップ出来る分離法を開発した；幾つかの超ウラン元素の発見と分析を含み；ノーベル賞を受賞した (1951 年)；1961 年から 1971 年まで原子力委員長をつとめた；彼が生存中に彼の名前を付けた元素を持った[*6]．連鎖反応を介してプルトニウム生産に向けて行うことを監督する権威をコンプトンに与えられたのは，この会話の結果だったとコンプトンが結び付けているものの，スマイスはコンプトンの委任を “後知恵” だとして引用している．

コンプトン擁護のパイル・プログラムは上手く設立された．コロンビア大学でフェルミとシラードが核分裂当たり生成される正味の中性子数の測定に取り分け注目しつつ，如何にしてグラファイト（黒鉛）の中を中性子を減速させ拡散させるのかを決定するための実験を継続していた．これは増倍係数 (**reproduction factor**)[*7] として知られており，記号として k が用いられている．k 値が 1 またはそれを超えることが連鎖反応維持に必要である．これら実験は中性子源を内部に入れた寸法 $3\times3\times8$ フィートの黒鉛柱を用いていた．戦略的に配置した検出器が中性子数とそのエネルギー分布をマップにして表示した．核分裂で放射された高速中性子は黒鉛約 40 cm 通過した後に実用上，全てが熱速度に減速することをこれら研究が示した．

1941 年 7 月近くには，最初の “格子” (lattice) がコロンビア大学に設置された．これは鉄製

[*6] 訳註： シーボーグの名前にちなんで，原子番号 106 の新元素はシーボーギウムと名付けられ，生存中の人物にちなんで名付けられた初の事例となった．なお，生存中の人物にちなんだ元素名は他にユーリイ・オガネシアン（1933 年生，存命中）の名前にちなむオガネソンがある．加速器を用いて多くの新元素を発見したことで知られる．アクチニウムに始まる元素を「アクチノイド系列」と命名し，この系列に属する元素の大半，すなわちプルトニウム (原子番号 94)，アメリシウム (95)，キュリウム (96)，バークリウム (97)，カリホルニウム (98)，アインスタイニウム (99)，フェルミウム (100)，メンデレビウム (101)，ノーベリウム (102)，ローレンシウム (103) の発見に寄与した．

[*7] 訳註： 増倍係数 (multiplication coefficient)：増倍率，臨界係数とも言う．四因子公式では，無限に広い媒質の中で平均的な意味で，ある 1 世代に吸収される熱中性子の総数と，平均的な意味でその 1 っ前の世代に吸収された熱中性子の総数との比率が増倍係数 k_∞ である．すなわち，$k_\infty = n\eta\varepsilon pf/n = \eta\varepsilon pf$．これが無限増倍係数の四因子公式である．ただし，$\eta$ は再生率，ε は速い中性子による核分裂係数，p は共鳴をのがれる確率，f は熱中性子利用率．

缶で覆われたおよそ 7 トンのウラン酸化物が全体にわたって配置され，各面が約 8 フィート (2.4 m) の黒鉛立方体で構成されていた．その年の秋には，そのような構造のさらに大きな構造物を造り上げ，その時期までにフェルミは *k* 値が 0.87 との報告が出来るまでになった．1942 年 5 月，*k* 値 0.98 を達成した．シカゴ大学では，サミュエル・アリソンがベリリウム層でパイルを覆い，中性子をパイルに戻す可能性を研究の成果とする同様の実験を始めた；ベリリウムが極端に小さい中性子吸収断面積を有することが知られていた．この方法は充分な量のベリリウムを入手することが困難なために結局継続できなかった，しかしアリソンの実験がコロンビア大学で行われたことに対する有効な確認をもたらした．

米国の参戦がウラン計画の触媒の役を果たした．1941 年 12 月 10 日，遠心機の進捗に関することおよび推定コスト 75,000-150,000 ドルの 10 基から 25 基のパイロット・プラントを開発すべしとの彼の論拠を重ねて言うブッシュへの手紙をマーフィーが再び書いた．マーフィーに前に進むようにとの激励でもってブッシュが 13 日に回答した．同日，新組織の構造とそれらの個別義務の公式概要を示す手紙をコナントはコンプトン，ローレンス，ユーリーへ送った．12 月 16 日，真珠湾攻撃から 9 日後，ブッシュはウォレス副大統領とスチムソン陸軍長官と会い第 3 回科学アカデミー報告書を議論し，計画の再編成を進めることを彼らが尊重することを認めさせた．この会合は計画を全面的事態へ向けて計画を進めるもう 1 つのキー・ステップであった．コナントへの会合纏めのメモの中で，ブッシュは基礎物理学，技術計画とパイロット・プラントの業務を可能な限り急速に進めるべきであると，彼らが感じていることを示した．推定コストは 400 万ドル，500 万ドルとエスカレートしてしまった．しかしながら，その日の議論での最も重要な点は，多分実規模建設が始まる時には陸軍は引き受けるべきであるとのブッシュの気持ち，その終わりでは計画に精通した将校が割り当てられるとの彼の気持ちを明確にしたことだ．これがそのようなハイ・レベルにて極めて大きな帰結となる示唆を述べた最初であると思われる．陸軍に戻すもう 1 つの利点は，必要予算を "緊急生産物" (Expediting Production) または "工兵部門——陸軍" (Engineer Service) のような刺激のない響きで，莫大な戦時編成予算割り当て承認の間に隠すことが出来ることだった．一方，幾人かのキーとなる上院議員と下院議員達には，折々にマンハッタン計画をブリーフした，議員の圧倒的多数はそれが存在することさえも知らなかった．

アーサー・コンプトンは信心深かい男だった，そして殆どを宣教に捧げる新たな義務として取り掛かった．12 月 20 日，"速達" 便の手紙をブッシュ，コナント，ブリッグズへ出した，コロンビア，プリンストン，シカゴ，バークレーでの研究に対する野心的計画を詳しく説明した．それは 3 つの大きな要素からなっていた：(1) 核爆発に関する理論的問題，(2) 連鎖反応の生産，(3) 要素 (1) と (2) に必要な物理定数の決定．彼のゴールは 1942 年 10 月 1 日までに連鎖反応が得られること；1943 年 10 月 1 日までにプルトニウムを生産するパイロット・プラントを持つこと；1944 年 12 月 31 日までに有用な量のプルトニウムを生産することだった．これら予測は合理的で堅牢なものとして証明されることとなる．エンリコ・フェルミの **CP-1** 黒鉛炉は 1942 年 12 月 2 日に最初の臨界を達成；オークリッジの **X-10** パイロット・スケール炉は 1943 年 11 月 4 日に臨界を達成；ワシントン州ハンフォードの 2 基の原子炉は 1944 年 12 月に完全装荷で臨界となる．コンプトンのプロジェクト予算は 1942 年の最初の 6 ヵ月間で 120 万ドル，そのほぼ半分がウラン合金，黒鉛，ベリリウムの購入費だった．彼はロバート・オッペンハイマーを理論研究へ連れ出すことを公的に提案もした；オッペンハイマーは第 3 回科学アカデミー報告書の中の臨界解析の部分を用意してしまっていた．おまけにアーネスト・ローレンスは忙しすぎた．12 月 20 日にジェームス・コナントもまた，ローレンスによる勧告をカリフォルニア大学とむこう 6 ヵ月間で 305,000 ドルの契約を結ぶことを是認した．ローレンスの目的は，この 6 ヵ月以内で，電磁気がウラン分離技法として稼働出来るか否かを決定することであった．彼のグループは最初の U-235 実体試料を丁度用意したばかりだった：約 200 μg の U-238 と混合しているほぼ 50 μg である．

ウラン計画の 1941 年暮の再編成で話されなかった残りとは，その努力をどの部分に傾注させるのか，または全てに傾注するのかの疑問である．おまけに，コンプトンはこのことに対するアイデアを持っていた．1942 年 1 月 3-5 日に彼はシカゴでバークレー，コロンビア，プリンストンからのメンバーと企画部会を開催し，もう 1 つの会合を 1 月 18 日にコロンビア大学で開催した．22 日に彼とローレンスはバークレーで "両者のプログラム"——多分，分離研究とパイル研究——に傾注することを勧める手紙をコナントへ書いた，配送された推定日付は 2 月 10 日．この利点は，日本の爆弾の標的としての西海岸問題の懸念が在るものの，バークレーのサイクロトロンと磁石が利用出来ることにある．しかしながら，ローレンスは明らかに心変わりをした，コナントと/またはブッシュ（記録では誰宛か不明瞭）に 1 月 24 日午後に電報を打った："プリンストンからシカゴへの移動を除いて基本的に現状維持である最近のコンプトンの幾つかの継続的提案は，私の判断では暫定的手配としてのみ許容出来る．多数の衝突因子が存在するなかで，彼の決定の困難さに同情している，しかしながら何ものにもまして断固たる行動を行う必要がある"．その後，夕方近くにもう 1 つの電報がローレンスから届いた："たった今，学んだコロンビア [と] プリンストンをシカゴに移すコンプトンの決定はプリンストンのみを移すのに比べて大変に良いことだ" と．この決定に伴い，全てのパイルと物理定数作業がシカゴ大学へ移された，しかし電磁気研究はバークレーに留まることとなった．

2 月 20 日，コナントは **S-1** 課の進捗に関するブッシュへの特別報告書の中で様々な前線での進捗を纏めた．総計百万ドルを超えた契約は，殆どが 6 ヵ月の期間で 12 の異なる研究所と締結されていた．全プログラムの完全再評価を 1942 年 7 月に行うべきと計画されたが，事態は停滞していた，核分裂物質を集める 4 つの方法は依然として上演中：ウラン濃縮の電磁気法，遠心機法，拡散方法と原子炉を介したプルトニウム合成．丁度 2，3 週間の短い間，ローレンスの電磁気法が濃縮オプション・リストのトップに躍り出た．質量分析器に用いるものとして 7 月 1 日までに用意されたバークレーに在る 184 インチの磁石を用いて，9 月までに収率 0.1 と予測して 1 日当たり 10 g の U-235 の生産が期待された．一連の巨大な分光器で，ローレンスは 1943 年夏までに 1 日当たり多分 1 kg の U-235 の生産を期待していた．遠心機のパイロット・プラントは 1942 年 8 月 1 日までに操業が期待されていた．もしもこれが大規模操業に入れたなら，1943 年 7 月までに 10 日当たり 1 kg の U-235 の生産が出来ることになる．プルトニウムの性質は完全に未知であった，しかし研究目的のための数マイクログラムがローレンスのサイクロトロンから 1942 年 6 月までには来ることが期待された．8 月 1 日までに支出は約 300 万ドルに達すると予測された，しかし大規模建造物のコストは，コナントがそれを "はっきりわからない" (anybody's guess) とした．もし全ての方法が継続実行され，どれを保留するかの決定が 1943 年 1 月まで延期されるなら，ほぼ 1,000 万ドルが必要とされるだろう．

1942 年初め，アーネスト・ローレンスは電磁気分離で安定した前進を開始した．1 月初旬，25% U-235 濃縮物質を 18 μg 生産した；2 月には，30% に濃縮した 3 個の 75 μg 試料を利用出来るまでになった．ローレンスは進捗状況をその春を通じたブッシュとコナントへの一連の手紙で記録に留めている．3 月 7 日，収集陽極に幾らか余計に収集出来る，ビーム電流 10 mA を与えるように設計されたイオン源が届いた，そしてローレンスは 100 mA 源の設計と制作を進め，そのような 10 ユニットを基礎に 1 A にする計画を開始する準備が出来ていると感じた．6 日後に，10 mA 源が 25 mA を与えたこと，100 mA ユニットの設計を進めていること，184 インチ (4.67 m) サイクロトロン磁石を用いた "並列の" (multiple) 質量分光器の設計と建設を考えていると報告した．この概念は各々が 0.1 A から 0.5 A の 12 個の分離イオン源をもたらした．1 日当たり 1 g に相当する one-amp ビームで，量的生産が進行中であった．ローレンスは 7 月までに 4 個のソースの稼働を，コストは多分百万ドルの半分で秋までには全プラントが稼働することを望んだ．カルトロン (**calutrons**) として再目的化されたローレンスのサイクロトロンは大規模に U-235 生産を続けた，しかしこの先にはまだ極端なでこぼこ道が横たわっていた．

4.8 1942 年春：時こそ不可欠な要素，シカゴのトラブル

1941 年 10 月に形成された最高政策グループ (**Top Policy Group**) によって暗示されたもの以上に，核兵器を開発する全面的計画を推進する明確な大統領の指揮を求める読者は，ヴァネヴァー・ブッシュがルーズベルト，スチムソン，マーシャル，ウォーレンスへ 1942 年 3 月 9 日に送った計画の進捗状況報告書を見ることが出来る．この報告書はコナントの 1 月 20 日報告書の拡張改訂版であった，そしてその時点での計画の詳細を描いている．

カバー・レターでブッシュは業務がフルスピードで遂行中であると暗示した．爆弾に必要な核分裂物質量は当初考えていた量よりも少なく，予測される効果はさらに強力であると予測され，実用生産物の可能性は一層確実と見える．そのような兵器の実現化がドイツとの競争になるかもしれないと感じた一方で，ドイツの一切の計画進捗状況に触れなかった；皮肉にも，物理学者ウエルナー・ハイゼンベルク (Werner Heisenberg) がたった 11 日前にベルリンのドイツ研究協議会 (Reich Research Council) 会合に原子力の可能性のある利用について報告していた．このプログラムは急速にパイロット・プラントの段階へ近づいている；1942 年夏までに，最も有望な方法が選択出来るだろう，そしてプラント建設が開始出来る，とブッシュが知らせた．当時，全ての事は陸軍省へ引き渡されるべきであるとブッシュが主張した．"活性物質"（核分裂性物質）必要量は 5 から 10 ポンド (4.5 kg) と推定され，それに加えて重い包装材．単一爆弾の効果は，TNT 火薬 2,000 t と等価であると推定された．20 ユニット遠心機パイロット・プラントが建設中で，これに対応する実規模プラントは 1943 年 12 月までに完了出来る．パイロット規模の拡散プラントは英国によって建設中，電磁気法，"相対的に最近の開発" は，1943 年夏までに実行できる量の可能性提供要求により時間とプラントの両者をショートカットする提案がなされた．その開発を数年間中止すると予測し，その報告書は動力生産（原子炉）については簡単に触れただけだった；プルトニウムについては触れていなかった．企画理事会下の 3

THE WHITE HOUSE
WASHINGTON

March 11, 1942.

MEMORANDUM FOR DR. VANNEVAR BUSH:

I am greatly interested in your report of March ninth and I am returning it herewith for your confidential file. I think the whole thing should be pushed not only in regard to development, but also with due regard to time. This is very much of the essence. I have no objection to turning over future progress to the War Department on condition that you yourself are certain that the War Department has made all adequate provision for absolute secrecy.

F.D.R.

図4.11　ルーズベルト大統領からヴァネヴァー・ブッシュへ，1942年3月11日

つの計画リーダー達全員がノーベル賞受賞者であることを指摘しつつ，ブッシュは計画の組織についても纏めた．機密維持の助けに計画は分割されていた；全ての情報は個々の研究者達に与えられないようにした．これにもかかわらずブッシュは全事業は思う以上にスパイに負けやすいものだと感じ，実用生産物が積み出されるやいなや，直ちにこの業務を陸軍下へ置くことの追加的理由とした．ルーズベルトの3月11日の回答がこのことを語っている（図4.11[*8]）．

ブッシュは更に明確に前進を問うことは無かった．計画は今や出世頭だ，コストは障害物となら無い．数日中に，陸軍官僚機構は向きを変え始めた．3月14日，スチムソン陸軍長官の特

[*8] 訳註：　　ヴァネヴァー・ブッシュ博士への覚書：3月7日の君の報告書を非常に興味深く思う，それと君の機密ファイルへ報告書を戻すことにした．開発だけでなく時間も含めてあらゆることを前に押し進めなければならない．これは全く不可欠なものだ．陸軍は完全セキュリティについて全ての適格な用意を為すとの君自身が確信する状況で将来の進捗を陸軍へ引き渡すのを妨害するつもりは無い．　　F.D.R.

別補佐官，ハーベイ・バンディ (Harvey Bundy) はマーシャル将軍が **S-1** との陸軍側担当者としてウィルヘルム・スタイヤー (Wilhelm Styer) 准将を承認したことを認める手紙をブッシュへ書いた．スタイヤーは，陸軍補給サービス担当の将官であり，ブレホン・ソマーヴェル将軍の参謀長だった．陸軍官僚機構の詳細は 4.9 節で述べよう．

1942 年 4 月 1 日，コナントとブリッグズが爆弾理論とプルトニウム・プログラムに関するコンプトンと一緒の会合に出席した結果，その日にコナントからブッシュへのもう 1 つの分厚い報告書をブッシュが見た．連鎖反応達成のコンプトン・スケジュールは 11 月 1 日へと先へ延び，5 MW パイロット・プラントからの実験用プルトニウム量の生産日付は 1944 年初期から 1943 年 5 月 15 日へ前倒しされ，あまりにも楽観し過ぎとわかる予測だった．100 MW プラントの開発を推定し，プルトニウムの生産量，1 kg/日の予測日付は 1945 年 7 月に押し戻された；この予測は当惑させられるものだった．これら全ての支援のため，コナントは追加資金 422,000 ドルを 7 月 1 日に要求した．次の 1 ヵ月以内に 1 箇所は選択されるだろうと示唆し，コナントは生産プラントのサイト問題も立ち上げた．原子炉またはどのような濃縮法で建設される工場であっても，そのような場所は“荒野の中に置かれる”べきだ．その場所はスパイ活動から安全であることが肝要で，労働者の安全と周囲の人口を考慮しなければならない，相応の電力供給を要する，もし原子炉を建設する場合，適切な冷却水供給が要求されるだろう．これには，プラントだけでなく，宿舎，機械工場，研究所およびその他の施設全ての建設が要求される．

コナントはマーフィー，ブリッグズとプログラム・チーフの会合を 5 月 23 日の土曜日に招集した；スタイヤー将軍も招待された．14 日に，重大な局面が決定点に近づき，その最終決定が誰もの望みと念願にグリーン・ライトを灯すものでない限り，“公衆意見または少なくともこの国のトップ物理学者達の意見を裁判沙汰にする”であろう幾人かの“不満をいだきかつがっかりする”人々が居るものだ，とコナントはブッシュへ書き送った．コナントは，明らかにこの件について彼の権威に確信が持てなかった，しかしながらグループは委員会として行動出来ると示唆した後，多分多数報告と少数報告の勧告をブッシュへ送った，もしかしてブッシュがコナント自身をその委員会のメンバーとして行動することを望んでいるのではないのか，または単に勧告を添えた報告書を促進させるだけなのではないかと訝った．企画理事会の活動は彼の権限範囲外であるがために，どんな法則でふるまうべきなのか? 彼はその時，決定保留事項の概要を描いた．遠心機，拡散および電磁気学によって用意された分裂性物質は，重水炉または非重水炉と同様，依然としてしっかりとした足取りで進行中であった．次の 6 ヵ月以内に全てがパイロット開発段階へ入り，そして生産プラントはパイロット・プラント完了前にもかかわらず設計と建設が行われることになっていた．コナントが“ナポレオン流アプローチ” (Napoleonic approch) と呼ぶものは，5 億ドルに達した，それは最初に述べた百万ドル範囲コストの数百倍となるものだ．この天文学的コストにもかかわらず，全面的プログラムが正しいと認められているに違いないとコナントは感じた：全ての方法で兵器をもたらすことは明らかに確実と思われる，このことはそのような装置をドイツが開発している可能性もまた恐らく高いことを意味する．「時間は全く不可欠のものだ」とのルーズベルト大統領の断言を警句に，分裂性物質生産方法の幾つかを捨てた時点で，無意識に“鈍足馬”に賭けてしまうかもしれないのだとコナントは認識した; たったの 3 ヵ月の遅れでさえも，もしもその期間内にドイツがその様な爆弾1ダースを英国に対して使用するとなれば，致命的だ．結局，陸軍の終局任務として幾つかの考えをコナントは申し出た，陸軍組織は生産またはパイロット・プラントでさえも喜んで引き受ける一方，研究は引き継ぐべきでは無いと彼は感じていた．運営に関して：“ブリッグズがさらなる権威で事態を戻すとは私は信じ難い．私は確信している，ビームス，ローレンス，マーフィーがフルタイムで陸軍へ行くに違いないと，多分将校として”．彼はいらだった調子で閉めた：“もしも全ての事が我々の手中から離れたなら，安心だ，しかし有利な取り決めは失われ，結局元の木阿弥となるとの考えを私はしてしまうのだ”と．ブリッグズ，マーフィーとプログラム・チーフらが委員会として継続しつつコナントを介した報告書を送付することが好ましいと示し，ブッシュは5月21日に回答した．委員会は以下のような事象の纏めを作らなければならなかった；次の6ヵ月とその後の1年の各々の方法のプログラム概要，幾つのプログラムを継続すべきか否かの判断，もしも人，金，材料に制限があるとしたなら，プログラムのどの部分を終わらすべきかの提案．

計画内での影響力が消失しても，ライマン・ブリッグズは依然として頭痛の種を持ち続けなければならなかった．5月23日会合で，彼はコンプトンのプロジェクトから離れ，高速中性子研究のコーディネーターとしての地位に就くとの内容のグレゴリー・ブライトからの手紙を受け取った．そこでは，唯一グレゴリーだけが2月に指名されていた．ブライトはシカゴ大学での手ぬるいセキュリティを見て猛烈に怒った，そして**S-1**の活動範囲の全てはコロンビア大学とプリンストン大学で開催される会合で討議するように命じた．名前を言わずに，シカゴ大学にはセキュリティに強く反対する幾人かが居るとブライトは断言し，一方で彼の懸念をコンプトンと連絡しあい，活動のその後の経過は個人的欲望と功名心を満足する動機によって影響されがちであることに彼は心配した．その爆弾は攻撃力として通常兵器に比べ桁違いに大きいと予想され，ブライトは適切なセキュリティが戦争期間ばかりでなく，その後も長い間必要であり，その全部に対する政府のコントロールを強く勧告した．彼はとりわけ爆弾設計研究に関する心配をして，その研究を原子炉プロジェクトから隔離した2ないし3箇所に集約すべきと主張した．彼はさらに，シカゴ大学は爆弾設計研究のパートとすべきでは無い，そしてそのような研究は兵站部隊の1つの直接管理下に置かれるべきと感じていた．ブライトはある意味でフライングを犯してしまっていた：彼のアイデアの多くが1年以内に現実となったのだ．彼の登録は行われたが，ロバート・オッペンハイマーを高速中性子研究の長とするためのドアを開けたのだった．

5月25日の月曜日にコナントはブッシュに5月23日会合を報告した，その会合は午前9:30から午後4:45まで行われた．その一番下の行は；もし分裂性物質獲得の急務が全面的プログラムを正当化するならば，当グループは1942年中期から1943年中期まで実行する各々の方法を支援する大規模莫プログラムを勧告する：1944年1月までに用意が整う0.1 kg/日の遠心機プラント用として3,800万ドル超；パイロット・プラントと1 kg/日の拡散プラントの技術研究用として200万ドル超；1943年9月までに用意が整う0.1 kg/日の電磁気分離プラント用として1,700万ドル超；元素94を0.1 kg/日生産する原子炉用として1,500万ドル；0.5トン/月生産する重水プラント用として300万ドルおよびその他の研究として丁度200万ドルを超える価値を有する．500万ドルは不測の事態で総計8,500万ドルへと膨らんだ．もし削減が必要なら，原子炉と電磁気プログラムで各々1,000万ドルと250万ドル削減出来る；遠心機建設を1943年へ延期することで1,800万ドル節約出来るが6ヵ月遅れの代償を払わなければならない．当グループでは削減オプションの選択が出来なかった．全プログラム遂行で，爆弾が1944年7月まで準備出来る期待は予言出来る．

その一方では，シカゴで運営されている方法に関わる最後を聞かなかった．レオ・シラードからの5月26日の手紙には原子炉開発研究の遅さにフラストレーションが溜まりつつあることが記述されている．シラードの意見は，純粋性を要求された黒鉛とウラン酸化物は1940年（現実には，これは正しく無い）にパイル用として利用可能となった，コンプトンとマフィー間の職権部門ではどのグループも適切な役割を果たしていない．最初の勧告が1939年に為されて以来，その全計画が管理されてしまったと，その方法を酷評する告発で，シラードはブッシュにもしも“戦争が今にも終わるとは考えていないでしょう，たとえこれら勧告が実行されてしまったとしても”と訊ね，誰も思う最悪の怖れを引き合いに出した：“ドイツの爆弾が米国の都市を全滅させる前に，我々が準備出来ているかどうか誰も今は言うことは出来ない”と．翌日の日付のシカゴの物理学者エドワード・クロイツ (Edward Creutz) からのもう1つの手紙は同一心配事の多くと共鳴していた．コナントはコンプトンと話し，クロイツを静かにさせることを約束させた，そしてブッシュはクロイツとシラードに6月1日に手紙を書き，プランは再編成されつつあり，かつその総力を拡張することを彼らに知らせた．

7月1日付けの資金削減日は霞み，陸軍内でマンハッタン工兵管区 (Manhattan Engineer District: **MED**) の正式な設立設に向けて陸軍内部のモーメントが集中した，大規模決定が形を成し始めた．6月10日，ブッシュはマーシャル将軍，スタイヤー将軍と相談した；臨界物質の最小の分裂を生み出すものとして，彼らは電磁気法と“沸騰計画” (boiling project)（原子炉）を進めることを決めた．スタイヤーは他の基本的プログラムとして提案された遠心機と拡散プログラムの影響について学んだ．翌日のコナントへの纏め覚書の中で，スタイヤーが陸軍補給サービスの将校達へ情報を伝え，7月1日にこの計画全ての生産面を引き継ぐ計画であることをブッシュが理解したことを示すものであった．企画理事会もまたその時点でスタイヤーに引き継がれた，彼は彼と意見が合うメンバーへ替える自由を確保した．**MED**の正式な設立の数日前の6月13日にブッシュとコナントは6頁の現状報告書をウォレス，スチムソン，マーシャルへ送った；彼らの承認署名が**OSRD**記録中の写しの最終頁に見える．彼らからその報告書は最終承認のために大統領へ向かう．分裂爆弾の推定爆発力はTNTの数千トンに上り，適切で意欲的なプログラムによってそのような爆弾の小さな供給は1944年中期プラスマイナス数ヵ月までに準備出来るものと予想される．何れかの1つの方法に集中させる危険を避け，ブッシュはコナントの5月25日報告書の勧告の全ての項目を繰り返した．委員会を整理して生産された物質の軍事使用を考慮する時期であることも示唆した．このウラン計画はそれ自身の歴史において重大な新局面に突入したと言えよう．

図 4.12　左から右へ　　グローヴズ将軍 (1896-1970) とロバート・オッペンハイマー；グローヴスの公式肖像写真；ケネス・D・ニコルス (1907-2000).　出典
http:/commons.wikimwdia.org/wiki/File:Groves_ Oppenheimer.jpg
http:/commons.wikimwdia.org/wiki/File:Leslie_ Groves.jpg
http:/commons.wikimwdia.org/wiki/File:Kenneth_ D._ Nichols.jpg

4.9　1942 年 6 月 ~9 月：S-1 最高執行委員会，MED とボヘミアン・グローブ会合

6 月 13 日報告書をブッシュは 1942 年 6 月 17 日水曜日にルーズベルト大統領へ届けた．その記録保管コピーにはイコン的な "V.B. OK FDR" が示された，彼の 1 頁のカバー・レターで，この計画の全ての資金は陸軍を介して陸軍工兵監 (Army's Chief of Engineers) によって運営されることが予期されると明言した．同日，スタイヤー大将は何と呼ぶものの指揮を執るのか，さしあたり DSM 計画：代用物質開発 (Development of Substitute Materials) の報告をワシントンへ電信するようにとシラキュース（ニューヨーク）工兵管区のジェームス・C・マーシャル大佐に命じた．

マンハッタン計画の数多くの物語中で，更に強力な個性の存在に対し相対的曖昧さを押し付けられたライマン・ブリッグズと同じ宿命をマーシャル大佐は沢山経験する．その計画に指名された 3 ヵ月後あまりで，マーシャルはさらに精力的な将官，レスリー・リチャード・グローヴズによってその指揮官を交代した（図 4.12）．グローヴズの下，マーシャルは工兵管区のタイトルに 1943 年 7 月まで留まった，その時にはグローヴズはマーシャル自身の副官であるケネス・D・ニコルス大佐のほうを好み，その地位を外して彼を楽にした．これでマーシャルのマンハッタン管区との関係は終わった，しかし以下に述べるように，この計画の任期中，彼が不活発であったことを意味してはいない．

陸軍の戦時組織は非常に複雑だ．1942 年 3 月，陸軍司令構造の再編成は 3 つの総合司令部に区分された：陸軍地上軍 (Army Ground Forces: AGF)，陸軍空軍 (Army Air Forces: AAF)，陸軍

補給サービス (Army Services of Supply)，後に陸軍サービス軍 (Army Service Foces: AFS) となる．後者がここでは興味あるものの1つだ，ブリーホン・ソマーヴェル (Brehon Somervell) 中将司令官の下に在った．中将 (Lieutenant General) は3つ星を有する；その下位に少将 (Major General)（2つ星）；准将 (Brigadier General)（1つ星）である．中将の上が大将 (Genrral)（4つ星で，例えばジョージ・C・マーシャルである，ジェームス・マーシャルとの血縁は無い）．陸軍工兵隊 (Army Corps of Engineers: CE) はASF作戦部門の1つである．スタイヤー大将はサマービルの参謀長で，工兵監は1941年10月にその地位に指名されたユージーン・レイボルト (Eugene Reybold) 中将だった．この陸軍工兵隊 (CE) 内に建設部門を置いていた，その長官がトーマス・ロビンス (Thomas Robins) 少将である．1942年3月3日，当時大佐だったレスリー・グローヴズは建設副監に任命された．

グローヴズは1918年11月にウエスト・ポイントのクラスを4番目の成績で卒業した，そしてまた陸軍技術学校，士官学校，陸軍大学校にて訓練を受けた．陸軍工兵隊 (CE) での彼のキャリアは順調に昇進し，1942年から彼の負担は飛躍的に増大した．ロビンスの指揮下，彼は海外基地の施設と同様，合衆国内に在る陸軍施設の全てを監督する責任を負った．駐屯地，飛行場，莫大な軍需品工場と化学生産工場，補給廠，軍港，日本人-アメリカ人のための埋葬キャンプでさえも，全てが彼の範疇下となった．陸軍がマンハッタン計画の係わり合い始めていた当時，陸軍工兵隊 (CE) は，ほぼ6億ドル/月を消費する契約の下でほぼ百万名を従事させていた；マンハッタンはそれに匹敵するバケツの落下だった．この経験が如何に陸軍省とワシントン官僚達が仕事をするのか，そして大規模プラントと住宅供給プロジェクトの設計，建設，運転を完全に請け負う契約者らが何を信頼するのか，その詳細な知識をグローヴズに与えた．戦争中，3,000を超える軍事施設，300に近い主要工業プロジェクトを含み，陸軍工兵隊 (CE) は合衆国内の建設で120億ドルの価値を超える資金を投じることになる．1942年春，グローヴズのプロジェクトの1つに国防省（ペンタゴン）の建設があった，それは掘削開始から16ヵ月の範囲内に完工された．しかしながら，グローヴズのキャリアのバックグランドは，この物語の一寸先で得られるだろう．マンハッタン計画での陸軍の初期関与情報の最も価値あるソースの1つがマーシャル大佐によって書かれた日誌，**X地区の年代記** (*Chronology of District X*) である，そこには1942年6月18日から1943年1月までおよびその後の幾つかの散発的記載が記述されている．以下の文節の多くはこの日記に基づいている．

マーシャルの任命は尋常で無かった．通常，工兵隊長官は“工兵管区” (Engineer District) を介してプロジェクトを監督する．管区工兵 (District Engineer) として任命された個人は，合衆国内を地理的に11に区分した部門の長である部門工兵 (Division Engineer) に報告する．しかしマーシャルの新たな管区は地理的制約を受けていなかった；要するに，彼は部門工兵の権限の全てを持つことになった．マンハッタン計画とマンハッタン工兵管区の用語がしばしば互換的に用いられている（本書と同じように）ものの，それらは決して同じでない考えから生まれた．マーシャルは当初，彼の本部をニューヨーク市に置いた．グローヴズが指揮官に任命された時，彼はマーシャルの上司となり，彼の本部をワシントンに置いた．その管区事務所自身は1943年のマーシャルの離任までニューヨーク市に留まり，そしてニコルス大佐がその事務所をオークリッジへ移した．マンハッタン計画 (Manhattan Project) の用語は事務所の名称では決して無い，そして戦後一般に用いられることになっただけである．

スタイヤーは，マーシャルへ6月18日の午後に新たな任務のブリーフを行った．工兵監事務所へ戻る途中，マーシャルは彼の新たな命令をグローヴズを含む他の多数の将校に知らせた．彼の記憶では，全体任務の一部としてその初期段階のマンハッタン計画に“精通していた”がその詳細をマーシャルは殆ど知らないとグローヴズが断言したとのことだが，マーシャルの日記は，彼が外部からの非常に積極的な参加者である事実を明確に示している．グローヴズは契約者や手順について，名称“マンハッタン管区”の示唆を含むマーシャルの助言を度々受けた．マーシャルとスタイヤーはヴァネヴァー・ブッシュと翌日の朝に会った，その時には彼らは5月25日のコナント報告書と6月17日のFDR大統領へのブッシュの手紙を見ていた．ブッシュ，コナントとプログラム・チーフ達との会合が6月25日に設置された．グローヴズは予定しているウラン濃縮工場とプルトニウム生産炉を稼働させるために必要な動力源が入手出来る国内のサイト調査を始めているかと訊ねられた．マーシュアルもまたその日にシラキュースで彼の副官であったニコルスをこの新たな管区に連れて行くことを決心した．ニコルスは土木工学博士号を取得していた，そしてマンハッタン計画を推進する1人となってゆく．

陸軍がマンハッタン計画に急速に近づいてきた一方，ヴァネヴァー・ブッシュは未着手のS-1組織の再編成実行へ移した．6月19日のマーシャルとの会合をフォローし，ブッシュはブリッグズとコナントへ手紙を書き，彼らをOSRD内の“S-1最高執行委員会”(**S-1 Executive Committee**)に任用することを知らせた，その委員会は図4.10の幾らか大きすぎた**S-1**課委員会を取り替えたものである．コナントがそのグループの議長となった；その他のメンバーはブリッグズ，ローレンス，ユーリー，コンプトン，マーフィーである．アリソン，ビーンズ，ブライト，コンドン，スマイスは引き続きコンサルタントとして奉仕した．企画理事会は存在していたものの，諮問資格で工兵監への報告とした．5月25日報告で議論された様々なプロジェクトの責任を新たなS-1最高執行委員会と陸軍とに分ける，新たな段階の取り決めが6月25日の会合で決まった．委員会は遠心機と拡散のパイロット・プラントの研究と開発，電磁気法での5 g/日プラント，重水プロジェクト，様々な研究に対する契約を勧められた．陸軍は100 g/日の遠心機生産プラント，1 kg/日の拡散工場，100 g/日の電磁気プラント，100 g/日のプルトニウムを生産する実験室規模の原子炉の工学技術と建設を受け持った．

爆弾物理学の研究もまた1942年夏の間に進んだ．5月19日，ロバート・オッペンハイマーは総計2ないし3名の経験者と多分同じ人数の若者と一緒に楽観的な予測をアーネスト・ローレンスへ書いている；高速分裂爆弾製造の理論的問題を解くのは可能に違いない．7月の第2週の初め，オッペンハイマーは　バークレーに爆弾設計の詳細物理学を検討するために理論物理学者のグループを招集した．当時の最も傑出した物理学者の幾人かが含まれていた参加者には，ハンス・ベーテ，エドワード・テラー，ロバート・サーバーが含まれていた，彼ら全員がロスアロモスで働くことになる（図4.13）．

バークレーでの議論は設計問題点の全方面および核融合爆弾(**fusion bombs**)の可能性さえもカバーするものだった．取り分け重要な論点はプルトニウム内の不純物が低効率爆発を引き起こす危険についてであった．その問題は不純物の存在**それ自体**(*per se*)にあるのでは無くて，中性子発見に立ち戻させる間接効果にある．原子炉生産プルトニウムは豊富なアルファ放射体である，そしてボースとベッカー，the Joliot-Curies，チャドウイックが軽元素核に当たったアルファ粒子が中性子を発生させる傾向にあることを発見していた，所謂(α, n)反応と呼ば

図4.13　**左** ハンス・ベーテ (1906-2005) のロスアラモス身分証写真．　**中** エドワード・テラー (1908-2003) の1958年写真，ローレンス・リヴァモア国立研究所長として．　**右** ロバート・サーバー (1909-1997) のロスアラモス身分証写真．**出典**
http://commons.wikimedia.org/wiki/File:Hans_ Bethe_ ID_ badge.png
http://commons.wikimedia.org/wiki/File:Edward_ Teller_ (1958)-LLNL-restored.jpg
http://commons.wikimedia.org/wiki/File:Robert_ Serber_ ID_ badge.png

れる．もしプルトニウムの化学過程で軽元素の不純物が残るならば，この効果は早まった爆発 (premature detonation) を引き起こすことになる．この問題点はプルトニウム計画の取り消しを殆ど証拠立てるものとなった．

6月25日に陸軍/S-1会合が**OSRD**で開催され，数多くの重大な決定がなされたことが見える．主要人物の全てが出席していた：マーシャル，ニコルス，スタイヤー，ブッシュ，コナント，ローレンス，コンプトン，ユーリー，マーフィー，ブリッグズ．生産プラントをアレゲーニー山脈とロッキー山脈の間の何れかの処に設置し，敵の沿岸部からの爆撃から施設を守るべきであるとスタイヤーは考えた．150,000 kWを超える動力が1943年末の電磁気，遠心機，原子炉，拡散工場の全てを運転させるために使用出来ることが必要とならる．この全てに必要なサイトの大きさはほぼ200平方マイルと推定される，多分10マイル (16 km) 掛ける20マイルの長方形となるだろう．ボストンのStone and Webster (S&W) 建設・エンジニアリング会社がサイト開発，建屋建設，遠心機のエンジニアリングと建設，もしそのアイデアが承認された場合にローレンスの電磁気法のプラントを開始させる企業として薦められた．S&W社は既にエーガー・マーフィーを通じて拡散プロジェクトに従事していた，そしてグローヴズは数多くの陸軍の建設プロジェクトの契約を終わらせていた；その企業をマーシャルに勧めたのは明らかにグローヴズだった．シカゴ郊外のアルゴンヌ森林保護区にS&Wによって建設された実験室規模原子炉運転契約をシカゴ大学と結ぶことも決められた．原子炉，**X-10**パイル，は最終的にテネシー州に建設されることになる（5.2節）．他に示唆された契約社はまたもボストンのE.B. Badger and Sonsがブリティッシュコロンビア州トレイル(Trail)に設置した重水プラントに対して，拡散プラントに対してニュージャージー州のM.W. Kellogg会社が石油精製工場と化学工場の設計と建設の広範な経験を有する企業として推薦された．

プルトニウム計画の長期にわたる問題点はコンプトンの冶金研究所のスタッフの多くが，プラントの設計，エンジニアリング，建設および運転を彼ら自身の手で直接行うべきであると感じていたことだった．数年にわたるコンサルティングの経験から，コンプトンは大企業が基本的に部門間での研究，開発および生産の責任に区分していることに気付いていた．コンプトンのスタッフの多くは大企業懸念で“反乱に近い”(near rebellion)反応を生じさせたとコンプトンが述た．要求されている施設の大きさと複雑さに全く無知で，もしグローヴズが50人から100人の技術者と製図工を彼らに与えてくれたなら，ある科学者達はプラント建設を監督出来ると思っていた．コンプトンは建築・エンジニア・管理者責任としてStone and Websterを選定する決定を支持した，これは彼の同僚達から非常に怒りを買うことになるのだが．

6月27日，ニコルスはStone and Webster社長のジョン・R・ロッツエ(John R. Lotz)に会った，会社がプラント建設を重点としているものの，それらプラント運転の契約を結ぶことにも興味があると，彼は熱烈に表明した．契約の詳細を案出するためにロッツエとS&W社の技術者および管理者との公式会合がグローヴズ事務所で6月29日に開催された；グローヴズもまたシカゴとテネシーの土地購入を承認するために会った（下記参照）．同じ日，マーシャルはニューヨーク市ブロードウエイ270番の工兵隊(CE)北大西洋部ビルディングの18階に管区本部を設置することにした；Stone and Websterも都合が良いことに同じ建屋に事務所を抱えていた．

8月まで，コンプトンは種々のプラントの運転契約者を選択するようにとマーシャルへ催促続けた．アルゴンヌ・プルトニウム抽出施設の運転者はその生産施設の業務も遂行することになっているため，その組織はアルゴンヌの施設の建設を監視すべきである．コンプトンが運転者としてデュポン(DuPont corporation)またはUnion Carbide and Carbonを薦めた．しかしながら，マーシャルはセキュリティ理由でもう今となってはさらなる企業を引き込むことに気が進まなかった，そしてそれよりS&Wの責務に他の組織からの技術援助を獲得出来る契約条項と伴に運転を加えることを提案した．

グローヴズ調査は生産プラントに好ましいサイトとしてテネシー州東部を選定した（図4.14）．この地域はテネシー渓谷公社(TVA)からの豊富な電力が供給されていた，1942年5月時点で，1,300万キロワット(kW)の設備容量を誇りにしていた．これは終戦までには2,500万kWまでに成長した，その当時TVAは米国内電力の8%を賄っていた．7月1-3日にわたり，マーシャルとニコルスは，クリントンの町近くの粗く17×17マイルのサイト調査のためにノックスヴィル地区を訪問した．その区域はその良好な電力供給と鉄道への近づきやすさだけでなく北東から南西へ平行に連なる幾つかの渓谷が200-300フィート(61-91 m)の尾根によって隔てられている．この尾根は異なる生産区域を隔離するのに使用出来る，それらの1つでも大惨事になった場合の防護を与えてくれる．クリンチ川がこの地域の3方面の自然境界となっている，そしてテネシー州高速道路61号が北側を定めている．

クリントン・サイトの選択にまつわる1つの物語は——恐らく実話では無い——ルーズベル

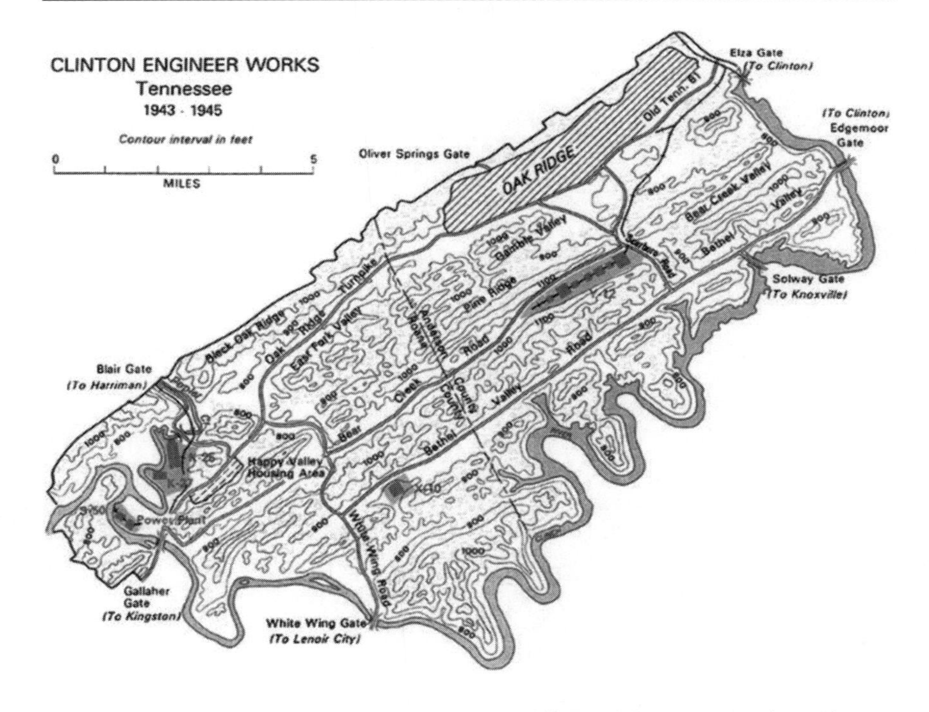

図 4.14　テネシー州東部中央，クリントン工兵施設サイト．ノックスヴィルは Solway 門の東約 15 マイルに在る．Y-12，K-25，X-10，S-50 施設の位置に印を付けている．テネシー高速道路 61 号がオークリッジ料金徴収所 (Oak Ridge Turnpike) から来ている．　出典 http://commons.wikimedia.org/wiki/File:Oak_ rige_ large.gif

ト大統領がテネシーの上院議員ケニス・マッケラー (Kenneth McKellar)，予算委員会の有力者の 1 人，と会い，結局 20 億ドルに達することになるマンハッタン計画資金を隠す方法の案出を彼に聞いた．ルーズベルトは伝えられるところによれば，“マッケラー上院議員，この極秘国防プロジェクトのための 20 億ドルを隠すことが出来るかい?”．マッケラーの返事は，“ええ，大統領閣下，勿論出来ますとも．それでテネシー州の何処に，私がそれを隠すことをお望みでしょうか?”．

マンハッタン管区の初めの日々，マーシャルとニコルスは殆どコンスタントに旅行した．7 月から 9 月までのマーシャルの日記からの選択記載項目は何と無茶苦茶なペースであったのかとの印象を与えてくれる．ノックスヴィルへの旅の直後，ニコルスは 7 月 6-7 日にシカゴ訪問，そこでエンリコ・フェルミと S&W 社の代表者達を連れて，コンプトンの冶金研究所とシカゴ大学の約 10 マイル西側に在る提案された 1,000 エーカー (40 km^2) のアルゴンヌの森サイトを検分した．9日にはマーシャルとニコルスはS&W社の代表者達とウラン供給，不純物，トレイル・プラント (Trail plant)，テネシー・サイト，英国との連携，ローレンスのサイクロトロン用磁石の高純度銅の代替品としての銀使用について，資金面について討論するもう1つの会合のためワシントンへ戻っている．その日のマーシャルの日記には，その計画の種々の部分が進行中で日付が定まっていないのを見て，グローヴズが狼狽させられたことも記録されていた．

7月13日ニコルスとグローヴズはアルゴンヌ・サイトのリースを陸軍工兵隊 (CE) 不動産部 (Real Estate Division) が請負うことを要求する覚書を用意した．7月14日にはS&W社と契約上の法的義務，購入手続き，テネシー内での道路の再配置の取り扱うもう1つの会合が見られる．このサイトでの住宅供給のために5,000人が必要と推定されたが，この数値が強烈な下方推定だったことが証明される．Stone and Webster（S&W社）は8月10日までにサイトを得ることを望んだ，それで統治区域と付随する200戸の居住ユニットを10月中に建設出来ると．7月20日，マーシャルはサンフランシスコでS&W社の地元技術者らとアーネスト・ローレンスに会った．マーシャルと技術者らはバークレーの仕事で組織上の一般的不足を心配し，そこのグループにパイロット・プラント建設と実規模プラント設計を始めるように励ました．これら心配に拘わらず，マーシャルはローレンスの電磁気アプローチは他の3つの分裂性物質法よりも進んでいるとし，遅れること無く最大の規模で開発すべきであるとのとの意見を持った．翌日，ニコルスはボストンでのBadger and Sons社とトレイル (Trail) プラントの時期と優先度，それ自身が必要とする相当量の銅に基づく難問に関する打ち合わせのために旅立った．その翌日にはワシントンへ戻り，ウラン鉱石と新しい管区，テネシー州のサイトとして間も無く命名されることになる，の公式組織承認ためにグローヴズと相談した．マーシャルは郵便の住所として“ノックスヴィル管区” (Knoxville District) を好んだが，グローヴズは暴露され難い何かを望んだ．

7月29日，不動産部 (Real Estate Division) はテネシー・サイトのコスト推定をニコルスへ戻した．これには土地の直接コストだけでは無く，共同墓地，施設の再配置，道路閉鎖および作物の賠償金が含まれていた．その総額は83,000エーカーに対して425万ドル，そのうち3,000エーカーは**TVA**の所有地であった．ほぼ400家族が再配置となる．幾人かの科学者らが暑い気候へ移ることに落胆しているにも拘わらずに，**OSRD**はその取得を翌日に承認した．7月31日，しかしながらマーシャルは，ロビンス将軍にそのサイト取得を進めることを望まず，またはコンプトンのパイル工程が実証されるまでどのような建設も始めることを彼は望まないと話した．8月6日，ニコルスはボストンへ戻り，Metal Hydrides Company，Mallinckrodt Chemical, the Consoidated Mining and Smelting Company of CanadaとDuPont社との供給契約についてS&W社と相談した．11日，マーシャルは，その新管区を形成させる一般命令 (General Order) 草案について再びグローヴズと相談した．グローヴズは依然として“DSM”を嫌っていた；彼らが以前から用いていた“マンハッタン”が最良の名称と決めた，その結果“マンハッタン工兵管区” (**MED**) が生まれた．この名称はマーシャルの翌日の日記に現れたのが初めである．8月13日，管区が正式に発足した日，ウラン酸化物300tの精製契約の検討でMallinckrodt Chemical Worksを訪問するため，マーシャルはセントルイスへ旅立った．14日には明らかにワシントンに戻り，クリントン・サイトの操業契約者としてTennessee Eastman Corporationの契約の処理をした．18日，ニコルスはカリフォルニアに居た，テネシー州内に設置される実規模プラント設計研究を直ちに進めることをローレンスが喜んでいることをニコルスは知った．マーシャルが 8 月いっぱい，テネシー・サイト取得を延し続けている間に，他の下準備は完了してしまった．24 日，原子炉のパイロット・プラント運転を **SODC** と契約するアイデア討議について，彼とニコルスはエーガー・マーフィーと相談した．翌日，ニコルスは，遠心機設計に関してピッツバーグのウエスティングハウスを訪問した；運転で長さ 1 m の遠心機，少なくともそのモーターは 25,000 rpm まで焼けきれないことを彼は示した．26 日にはワシントンへ戻り，ニコルスとマーシャルは，コナント，マーフィー，ユーリー，コンプトン，ローレンス，ブリッグズおよび S&W 社代表者達と検討下の全ての生産方法のレビューの相談を行った．1943 年 8 月 1 日の目標達成日時が電磁気パイロット・プラントの稼働として定められた．

今まで読者はこの骨子に疑いを持たない；他のそのような数ダースもの事象が関連付けられることに．続く数ヵ月間で，そのペースはマンハッタン管区活動の複雑性とコスト増大として増すのみであった．命令は由々しい思い違いであるとグローヴズが覚るまで，その管区の如何なる動きも不活発となったのだ．

S-1 最高執行委員会と陸軍の間で開催された会合の全ての中で，最も重要な事の 1 つが 1942 年 9 月 13-14 日に，サンフランシスコ郊外のミュアー森林国立記念公園 (Muir Woods National Monument) 内の会員制キャンプ場であるボヘミアン・グローブ (Bohemian Grove) で起きた．コンプトンが記述したように，その会合で為された決定とはマンハッタン計画全体の将来にわたる開発の姿を定めたことだった（図 4.3）．

その委員会の第 1 番目の勧告はアルゴンヌの森サイトの建設完遂とその場所へのフェルミの最初の臨界パイルの設置．プルトニウム分離を操作する化学工程プラントがテネシー州内に設立されるとの理解に伴い，第 2 番目のパイルがプルトニウム生産の目的で後から建てる予定．第 2 番目の勧告は陸軍と Stone and Webster（S&W 社）が化学会社とその分離施設の開発の下請け契約を結ぶことだった．Dow Chemical，Monsanto Chemical，Tennessee Eastman Corporation が推薦されたが，それら特約は完全に設計のみ，建設と操業は DuPont 社が受け持つ．第 3 番目は陸軍に対し推定コスト 3,000 万ドルでテネシー州に日産 100 g U-235 の真空タンク 100-400 台の電磁気分離プラント建設の履行義務を勧告した，しかしながら 1943 年 1 月 1 日を含む如何なる時期までは注文を取り消す勧告の権利を委員会が保留するとした．このサブ勧告は **OSRD** が真空タンク 5 台で構成されたパイロット電磁気プラント建設の後援者になることだった，このプラントもまたテネシー州に置かれた．最後に，ブリティッシュ・コロンビアの重水プラントの建設を 1943 年 5 月 1 日までに完工すべしとの陸軍への勧告が票決された．拡散法と遠心機法はこの会合で検討されなかった，少なくとも議事録に討議内容が記載されているとした上では．

ボヘミアン・グローブ会合の 1 週間内に，レスリー・グローヴズにマンハッタン管区の指揮官の地位に就くことになった．要求ペースは狂乱へ向かうごとしとなった．

4.10　1942 年 9 月 17 日：グローヴズ指揮をとる

マンハッタン管区の全ての命令を司るグローヴズ任命の歴史的重要さに拘わらず，その開発の周辺事象記録はいささか曖昧である．幾つかの異なる事象が刊行されている．

グローヴズを司令官に任命する決定が，明らかに9月16日にソマーヴェルとスタイヤーにより行われた．グローヴズが後にスタイヤーにその状況について訊ねた時，スタイヤーの返事は；(ジョージ・C) マーシャル大将はスタイヤーがその業務を引き受けることを望んだのだが，ソマーヴェルがスタイヤーを失う見通しに反対を唱えたのだと．ソマーヴェルは，誰を適任者として引き上げ彼に説明するかの件をマーシャルと話し合い，グローヴズが適任であると彼らは決めた．スタイヤーはどんな場合でもその業務を引き受けるつもりは無かったのかもしれない，明らかに彼とソマーヴェルの両者ともに原子力に基づく兵器のアイデアに懐疑的だったのだから．

グローヴズの記憶によれば，翌日の午前中，1942年9月17日水曜日，軍用住居法案の下院委員会前の吟味を終えた直後にソマーヴェルはグローヴズを捕まえ，彼の新たな任務を告げた時，グローヴズは不満を言った．グローヴズの不満は既に国外任務を申し込んでしまった，そしてソマーヴェルが彼に“陸軍長官が非常に重要な任務に君を選んだ，そして大統領がこの選択を承認したのだ”からグローヴズはワシントンを離れることは出来ないと伝えたことに落胆させられたことだった．ソマーヴェルが何を思っているかに気が付いた時，グローヴズの返事としての不満は“まあ，そんな事で” (Oh, that thing) だった．その午前中遅く，スタイヤーとの会合で，グローヴズを准将へ昇進させる予定をも告げられた．これに対する反応はこの地位はこの計画に含まれる学術界の科学者達を取り扱う慣れない地位を彼に押し付けるものと信じ，この昇進があるまで職務官に就くことは無いとして良いかとの質問だった：もし彼が大佐としてではなしに将軍と彼が思われるのであればそれは良好なことであろう．9月23日，彼は公式に昇格した．マーシャル大佐は9月17日に西海岸に居た，その日の日記にはニコルスによって書かれ，彼自身とグローヴズのスタイヤー訪問でその新たな手配を知らされたことを引用している．マーシャルは19日に戻った；彼は引き続き管区工兵 (District Engiuneer) として継続しているのであるが，続く日記には彼の新しい，属官に関する何のコメントも記載していない．

グローヴズは後にマーシャルへの幾つかのコメントを示した：“押しの強さに欠け，厖大なプロジェクトが自然と遭遇することになる反対に対して，ワシントンの中で彼の方法で勝つために必要な自己確信に欠く好人物過ぎたのだ．彼は彼のケースをうまく説明したのだが，政府内の彼の先輩達からの不利な決定を受け入れたものだった”．この物語のもう1つのバージョンは，ヒューレットとアンダーソンもまたマーシャルの気質に言及した，テネシー・サイトとしての選択遅れは彼の躊躇によると指摘し，ワシントンのニコルスに書類の押し合いや優先順位交渉を残すことは幸運だったと指摘している．しかし彼らはグローヴズの初期当惑をあまりにも回避しすぎている，ソマーヴェルは，その計画を引き受ける人物として“彼がグローヴズ大佐を知っていた”のは“偶然”だったとヴァネヴァー・ブッシュに話した．

ソマーヴェルの1頁はその計画の責任者としてグローヴズを指導的に置くことのテキストで，下記の通り：

1942年9月17日

工兵監覚書

題：L.R. グローヴズ大佐宛公開情報，C.E., 特別任務用

1. L.R. グローヴズ大佐は DSM 計画関連する特別任務のため工兵本部 (Office of Engineers) の現職務からの免除を命じる．従って貴君は貴君事務所の建設部門を必要な編成に作り変えねばならない，それでグローヴズ大佐はこの特別業務のフルタイム義務から解放されても宜しい．グローヴズは必要な命令のため陸軍補給サービス (Services of Supply) の指揮官 (Commanding General) へ報告する，しかしグローヴズ事務所の建設部門と陸軍工兵隊 (CE) の他の施設とは緊密に協力し作戦を行うものとする．

2. グローヴズ大佐の責務は今朝スタイヤー大将によってグローヴズ大佐に示した概要の如く DSM 計画全体を完全に受け持つこととなる．

(a) 直ちに必要優先度に応じてたステップに整えるよ．

(b) その生産物適用のためのワーキング委員会を整えること．

(c) **TVA** サイトの即時調達のための準備とその地域への活動拠点の移管．

(d) 建設と要求された時の使用のため確保しておく部材等のための手形準備を始めること．

(e) この計画の職制，建設，運転およびセキュリティに対するプランを作り上げ，承認後にそれを効果的にするためみ必要なスッテップを取ること．

ブリーホン・ソマーヴェル中将

指揮官 (Commanding)

グローヴズは驚くべきことにこぢんまりした本部を立ち上げた．彼と丁度 2 ダースの彼のスタッフが，ワシントンのバージニア通り NW と 21 番街の交差点に在る New War ビルディングの 50 階の一連の小部屋からマンハッタン計画を統治した．このビルディングは現在国務省の一部となっている；その参入年月が終了したとの刷新理由で，もとの事務所をさらに長く存在させることは無かった．

傲慢，専横，無神経，横柄，高飛車とグローヴズを表現している記述を読むことに何の不思議も無い．もっと適切な符牒は，特命傾注 (mission-focused)，最高権威 (supremely competent) と実行したものを獲得出来る人物に違いない．マンハッタン計画の多数の責務を巧みに操る彼の能力は非凡だった．マンハッタン計画のセキリティの長，ジョン・ランスドール (John Lansdale) 大佐はグローヴズの優っている点の評価を述べている：“グローヴズ将軍は事を成し遂げる尋常で無い能力と大きさを持つ男だった．運悪く，殆どの人達に比べて彼との接触が多くなれば，最初の悪い印象を払拭することになる．実際，彼が自分自身をそうであると考えている良さと同じくどの点から見ても良好であることを私が知った唯一の人物だった．彼は知性的だった，人々を上手く判断した，正しい答えのための尋常で無い洞察力と直観力を有していた．これに加えて，人々へ触媒効果を及ぼすようなものを持っていた．彼と一緒に働いた殆どの者は我々自身の本来の能力に比べてさらに良好な能力を発揮した”．

その生産性にもかかわらず，グローヴズとケネス・ニコルスとの関係は，明らかに若干緊張気味だった．戦後，ニコルスはこの評価を申し出た：

当初は，グローヴズ将軍は，私が今まで働いた中で最大の野郎 (S.O.B) だった．彼は殆ど命令調だ．彼は殆ど酷評的だ．彼は常に監督者 (driver) で称賛者では決して無い．彼は人をいら立たせ，かつ皮肉屋だ．彼は通常の組織的チャンネルを全て無視する．彼は実に賢い．彼は時宜良く困難な決定を決断する根性を持っている．私が知っている中で彼が最も自己中心の男だ．彼が正しいと知っているので彼の決定で突き刺すのだ．彼はエネルギーに富み，誰もがハードに働くまたは彼が行うのに比べてよりハードに働くことを期待する … もしも原子爆弾プロジェクトが再び私の職務として行うべきとなり私のボスを選ぶ特権を得たなら，私はグローヴズ将軍を選ぶだろう．

グローヴズのヴァネヴァー・ブッシュとの最初の会合は幸先良いものでは無かった．スタイヤーはブッシュにグローヴズの任命を知らせる時間が無かった，そしてブッシュは質問の回答に落胆させられた．会合後，ブッシュはスティムソンの補佐，ハーベイ・バンディ (Harvey Bundy) に，グローヴズがこの仕事に充分な臨機応変の才を有するのか疑っていると述べたノートを送った．そのノートは次の言葉で閉められていた："我々が苦境に陥る (in the soup) のではと心配している"．2日後のグローヴズとブッシュの他の会合ではもっとスムースに行われた；彼らは直ぐに友人になったと，グローヴズは後に不満を漏らしている．

グローヴズは新たな命令に対して即座に仕事を始めた．彼の任務遂行に全日を当てた最初の日，9月18日合衆国内に保有していたウランに富む鉱石貯蔵量1,200トンの供給合意調査を Edger Sengier of Union Minière と相談するために彼はニコルスをニューヨークに急いで送り出した．ニコルスはベルギー領コンゴに保管されていた鉱石の出荷と合衆国内での貯蔵の手配もした，そしてそれらの鉱石を合衆国へ供給する優先権を定めた．ニコルスとマーシャルは Stone and Webster の事務所を訪ね，そこで彼らは，4つの代替生産法の技術開発，電磁気法パイロット・プラントと原子炉パイロット・プラントの建設，資材の調達，タウン・サイト開発としてに推定6,600万ドルを打ち出した．19日にグローヴズはテネシー・サイト購入指令を発布した．数ヵ月停止していたこの計画を定める優先権問題をも，一挙に解決してしまった．彼自身宛の手紙を持って，その手紙はこの計画を優先度AAA——最優先——を保証するものであった，グローヴズが戦時生産理事会 (War Prodaction Board: WPB) の長，ドナルド・ネルソン (Donald Nelson) の事務所に現れたのだった．ネルソンは当初，署名を拒んだ，しかしWPBが協力を望まない理由でこの計画は破棄されると大統領へ具申しなければならないとグローブスが言った時に，彼は立場を変えたのだった．21日，グローヴズとマーシャルはブッシュと再び会った，そこで大統領の明確な直接意向でこの計画から海軍が除かれてしまったことを聞かされた．建設中の14段液体熱拡散施設を見るため，その指図にもかかわらずグローブスとニコルスは同日のその後に **NRL** を訪れた．ロス・ガンは陸軍と伴に海軍の尽力を釣り合わせることを望んでいた，しかしグローヴズの印象は，海軍の尽力が緊急性に欠けると感じた．

9月17日のソマーヴェルのメモの中の命令の1つには，グローヴズが"生産適用のワーキング委員会"を準備するように指示していた．それは9月23日に起きた，その日はグローヴズが正式に准将に任ぜられた日であった．スチムソン（陸軍長官），マーシャル大将（陸軍参謀総長），コナント，ブッシュ，スタイヤー，ソマーヴェルとの会合で，ブッシュ（議長として，コナントが議長代理），スタイヤーとウイリアム・パーンエル (William Purnell) 海軍少将から成る軍事政策委員会 (**Military Policy Committee: MPC**) の設立が決まった．**MPC** の責任はその全ての計画に対する一般政策の決定である．正式に，グローヴズはその委員会と伴に座り，そしてそこで決定した政策を実行する最高行政官としてふるまうことであった，しかし実際には彼が実行してしまったことの最後の対応を委員会が行うことが通例だった．その会合でグローヴズはテネシ・サイトへの訪問旅行の参加者を削ってしまった．ワシントンへ戻ると，グローヴズとニコルスは 26 日に Stone and Webster の事務所官公吏らと会い，その時にプルトニウム抽出プラントの開発と運転を DuPont 社に働きかけることを決めた．

1802 年設立のその E.I. du Pont de Nemours and Company（ここでは簡潔に DuPont 社で引用する）は“米国爆薬と推進剤生産の大会社”であると見なされていた．その会社は広く多様な化学工程施設の設計，建設，運転の莫大な経験を有し；戦争末期までに，DuPont 社は合衆国軍需省の総動力施設の 65% を建設した．無理押し (arm-twisting) の後，DuPont 社は 10 月 3 日にプルトニウム分離プラントの設計と建設の契約を承諾した．グローヴズは DuPont 社自身のプラントとして建設する業務のセキュリティ優位性に気が付き，すぐにマンハッタン計画の会社へさらに大きな規則を目論み始めた．

10 月 2 日，アーサー・コンプトンが 4 基の原子炉開発の提案をグローヴズに説明した．それらは (1) 最初の実験パイル，アルゴンヌ・サイトで 12 月 1 日までに稼働することになる；(2) テネシー州での 10-MW 水冷却パイロット原子炉，1943 年 3 月 15 日までに稼働．これは分離工程の試験的開発用に少量のプルトニウム生産を目的としている；(3) テネシー州での 100-MW 液体冷却ユニット，1943 年 6 月 15 日までに稼働；(4) 100-MW ヘリウム冷却プラント，これもテネシー州に設置，1943 年 9 月 1 日までに稼働することになる．100-MW プラント 2 基の計画は過多のように見えるが，必然的に起きたことだ．液体冷却プラントは一層早く建設できると予測されるものの，冷却形態が特定化されていなかった；通常の水または重水の両方ともに未だに進行中だった．グローヴズはコンプトンにほぼ 3 週間で運転の契約者を決めると保証した．

シカゴ大学のコンプトンの冶金研究所へ，これから数多く訪問することになるその第 1 番目として，グローヴズはその 3 日後に訪ねている．シカゴ・グループの科学的能力を彼が高く評価したにもかかわらず，爆弾に必要な核分裂性物質推定量が，技術者（工兵）にとっては不確定性に対する莫大なマージンである 10 倍の範囲内と平然と見なしていることを知り，あきれかえった．10 名から 1,000 名の間の客が出席する正餐の用意について尋ねる仕出し業者のように感じられたとグローヴズは述べている．彼らはパイル冷却法についても議論し，最終的に（ガス状の）ヘリウムとした，しかし 3 ヵ月以内での変更も認めた．

グローヴズは間も無くプルトニウム・プログラムの先導役割を取る DuPont 社への圧力を強め始めた．パイルと分離施設の両方ともに設計から運転まで，その多くの局面で 1 つの意見を有するべく，単一企業によって監督すべきとし，グローヴズはそのプログラムの責任者として Stone and Webster 社を外すことに決めた．10 月 31 日，グローヴズとコナントは DuPont 社の 2 人の副社長，ウイリス・ハーリントンとチャールズ・スティンと会った．国内の他の企業に比べてその計画の全ての面を DuPont 社が扱うことが出来ると彼は当初感じており，グローヴズは彼らにパイル・プログラムを引き受けるように強要した．ハーリントンとスティンは懐疑的だった；核物理学では無く，化学が DuPont 社の強みだった．11 月 10 日，グローヴズ，ニコルスとコンプトンがデラウエア州ウィルミントンの DuPont 本社を訪れ，直接社長のウオルター・カーペンターにこのケースを受け入れるよう求めた．グローヴズはカーペンターの愛国心を鼓舞し，ルーズベルト大統領，スチムソン陸軍長官，マーシャル大将がこのプルトニウム業務に関与していることの重要性を強調した．パイルの設計と建設に必要なバックグランド知識が未だ充分で無いとのカーペンターの心配に対して，戦時総力へのこの計画の至上の重要性が直接的進捗を要求するものだ，とグローヴズが強調した．この事について社の経営委員会前であるものの，社が拒絶することは無いとカーペンターは決めた．

経営委員会開催前にその論点をグローヴズが繰り返しカーペンターへ授けるためグローヴズは 11 月 27 日にウィルミントンに戻った．パイロット計画は多分実現可能であろう，しかしその計画の全体の責任を受け持つ会社の困難さの条件を鑑み，これに包含される異常な偶発事象に依る如何なる損失また将来の責任請求に対しての DuPont 社の補償責任を政府は喜んで免責するものと主張するとして経営委員会は結論を出した．免責の事は由々しき事だった．放射線障害に対する責任請求に関しては，将来の 20 年または 30 年に発症し始めるものであり，DuPont 社はそのような請求をカバーするための信託基金を設立すべきと主張した；その資金は 2,000 万ドル程になると．グローヴズが同意し，12 月 21 日にサインされた．戦後のプルトニウム生産を望まない会社であるが故に，如何なるパテントも政府に戻すことがうたわれた，全ての利益を主張せず，費用に加えて 1.00 ドルの固定料金のみの支払いで受諾されたのだった．その契約書は戦後 9 ヵ月でこの計画から去ること，およびこの計画に携わった従業員へ支払い続けられる規模での企業継続のオプションを DuPont 社に与えた．契約継続期間の合法性のため，DuPont 社は結局たったの 68 セントで引っ掛けた．ワシントン州 Pasco の Kiwanis Club の 32 名のメンバーらは，結局 DuPont 社が作り上げるショート・ホールのためにを各々 1 セント寄付した．

1942 年遅く，DuPont 社はプルトニウム活動の組織として独立の法人組織部門を設立した，その組織は TNX 部門と呼ばれた．“マトリックス組織内のタスク・フォース”として述べられた，TNX には 2 つのサブ部門を有する：技術部門 (Technical Division) は設計を行い，製造部門 (Manufacturing Division) は施設の建設と運転を行う DuPont 社のエンジニアリング部門へアドバイスする．

グローヴズがレビュー委員会と一緒となる前に，殆ど同時に 2 つの前線で問題が起きてしまった．11 月 3 日，グレン・シーボーグが，4.9 節で述べたように，プルトニウム中の非常に微量な軽元素不純物であっても (α, n) 反応を介して制御不能な前駆爆発 (**predetonation**) を導くこととなる彼の心配をロバート・オッペンハイマーへ伝えた．シーボーグの推定では，プルトニウムの不純物を 10^{11} 分の 1 まで下げてもパイル・プロジェクトの全てを危険に曝すに充分であった．11 月 14 日，チューブ・アロイ英国理事会技術首席のウォーレス・エイカーズ (Wallace Akers) がジェームズ・コナントに伝えた；英国科学者達は正に同じ問題を気にしていると．グローヴズはローレンス，コンプトン，オッペンハイマーとエドウィン・マクミランにこの状況の調査を依頼した．彼らは 18 日に報告した，この問題はシーボーグが恐れていた如くに劇的なものには多分ならないものの，DuPont 社の技術者らは，99% 以上と要求されているプルトニウム純度を非常に正確に維持させなければならない．結局，この純度問題はもう 1 つの問題（原子炉生産プルトニウムの自発核分裂）によって陰らせられた．後者は途方もない程厄介な問題であることが解り，その解決法が非常に独創的な爆弾工学を強要した．パイル生産プルトニウムが入手出来るかなり前から，シーボーグはこの可能性を予期していたのだった．

11 月 18 日，グローヴズが，かなり著名な DuPont 社の代表者達の 5 人レビュー委員会を指名

図 4.15　1970 年代遅くのクロウフォード・グリーンウォルト (1902-1993).　出典 AIP エミリオ・セグレ視覚記録文庫，John Irwin スライド・コレクション

した．そのグループの長はウォレン・ルイス (Warren Lewis)，彼は 1 年前の第 3 回科学アカデミー報告書をもたらした MIT の化学技術者であった．その他のメンバーは，DuPont 社の化学技術者で以前にルイスの学生だったクロウフォード・グリーンウォルト (Crawford Greenewalt)（図 4.15）；DuPont 社の技術部門設計部マネジャー，トーマス・ガレイ (Thomas Gary)；DuPont 社のアンモニア部門プラント運転の専門家，ロジアー・ウイリアムス (Roger Williams) である．第 5 番目のメンバーは，エガー・マーフリー (Eger Murphree) の予定だったが，病気で引き下がらなければならなかった．ウイリアムスは TNX 部門の総括責任者として選任され，グリーンウォルトは技術部門の長に選任される．グリーンウォルトの仕事は，その殆どがウイルミントンとシカゴ間の連続的コミュニケーションに費やされた；グローヴズとコンプトンは飛び切り上等な仕事を行うものだと見なしていた．グリーンウォルトは 1948 年から 1962 年まで DuPont 社長として奉仕することになる．

この委員会は 11 月 22 日，日曜の夕刻，ニューヨークで結成され，そして翌日にコロンビア大学を訪問しハロルド・ユーリーのガス拡散研究レビューから彼らの仕事は始まった．11 月 26 日の感謝祭の日に，彼らはシカゴに到着し，そこでコンプトンが 150 頁の報告書：**“49** プロジェクトの実現可能性報告” の題で彼らに説明した．この膨大な報告書は提案パイル工程の全局面を探査したものだった：ヘリウム，液体ビスマスまたは水冷却を用いたウラン・黒鉛の設計；重水を冷却と減速材の両者に用いるウラン・重水システム；照射済みウランからプルトニウムを抽出する問題；健康と安全の問題；放射性副産物；提案された時間とコストのスケジュール．その宵，バークレーでアーネスト・ローレンスに会うために委員会はシカゴを去った，そこで稼働中のカルトロン **(calutrons)** を彼らは観察した．東へ戻る途中，彼らは再び 12 月 2 日にシカゴに立ち寄り，そこでそのグループの代表者として奉仕するグリーンウォルトがエンリコ・フェルミの **CP-1** パイルの最初の臨界に立ち会った（第 5 章）．

ルイス委員会は 12 月 2 日，金曜日にその報告書を書き終えた；報告書は翌週月曜日にグローヴズに届けられた．その主要結論は若干驚くべきものだった：U-235 を生産するアプローチとして直ちに最も可能性の有るものは多分電磁気法であるものの，拡散法が要求生産速度；25 kg/

月を完全に成し遂げる最良の機会を恐らく有しているものと彼らは感じていた，他方パイル工程（プルトニウム）は“望む結果の最早期達成の可能性”を供給するかもしれないと感じていた．委員会は5つの主要勧告を提供した：(1) U-235を1kg/日を生産する4,600段の拡散プラントの設計と建設を直ちに継続（予期コストは1億5,000万ドル）；(2) Pu-239を600g/日生産するパイロット規模パイルとヘリウム冷却実規模パイルの設計と建設促進（1億ドル）；(3) 電磁気法の開発業務推進；(4) 実験目的用としてU-235を100g生産する小規模電磁気プラントの設置（1,000万ドル）；(5) 2トン/月の重水抽出能力を有する重水プラント建設（1,500万ドル）．総額3億1,500万ドルは1943年初めには使用可能でなければならない，加えて既に陸軍工兵監管理下の資金から8,500万ドルが使用可能であった．その核分裂爆弾の爆発力はTNT火薬12.5キロトンに等価と推定されていた，その姿は廣島での**リトルボーイ**の収率に近かったことを実証することになる．予測の有効性として，1944年6月1日前に製造されるチャンスは小さいと推定され，“若干良好な”チャンスは1945年1月前に始まる，“良好な”チャンスは1945年の前半期中との推定であった．ドイツが米国の6ヵ月先または1年先を進んでいるとの怖れが依然としてあった．

軍事政策委員会(**MPC**)は，その委員会の報告書レビューのために12月10日に会合を開いた．この会合は，3ヵ月前のボヘミアン・グローブ会合と同様に，この計画の開発が極めて重大であると証明されることになる．**MPC**はそのレビュー委員会の主要勧告の全てを是認し，さらに少量（0.1kg/日）の生産にも拘わらず，U-235の生産を幾らか早めるためにkg/日の拡散プラントと500個タンクの電磁気プラントを進める決定を行った．委員会は中規模サイズのパイル建設を提案しなかった，その代わりに実規模パイル・プログラムはウラン・プラントの配置される場所以外のサイトで直接執り行われることを望んだ．ノックスヴィル近くのクリントン・サイトはグローヴズにとってもDuPont社にとっても安全上の視点から良くないと見えた；パイルの設置サイトは75,000エーカー(3,035 km^2)を超える土地が必要であり，既に取得していた．しかしながら，1943年1月4日にDuPont社が設計と建設の契約を承諾した**X-10**パイロット規模原子炉と分離施設はテネシー州内に残ることになる；DuPont社はこれらの施設を“半工場”(semi-works)として引用した．同日，ウエスチングハウス・エレクトリック(WH)，ジェネラル・エレクトリック(GE)およびAllis-Chalmers Manufacturing Companyと電磁気プラントのための装置供給契約をグローヴズが結んだ．

テネシー州から生産パイルを移転させようとアーサー・コンプトンはパイロット規模のパイルはシカゴ近郊のアルゴンヌ・サイトに建てれば，大学の人間を配置換えすることが無くなるとの主張を企てた．このアイデアはDuPont社の技術者達によって拒絶された，彼らは科学者達が終わりの無い設計変更を主張して邪魔することを恐れたのだった．思い留まらないコンプトンはもう1つの提案に戻した：彼のグループはアルゴンヌ・サイトに研究目的に充分なプルトニウム生成のために彼ら自身所有のパイルを建てることは認められるべきであると．グローヴズはテネシー立地を後押しするため1月11日にシカゴへ旅した．コンプトンはがっかりしながら同意した，しかしシカゴ・グループは予期しない，最初は望まなかった残念賞を受け取ったのだった．DuPont社の1月4日の契約で未定義で残されたのは誰がそのパイロット・プラントを運転するのかの疑問であった．主要生産プラントの建設と運転への彼らの傾倒にもかかわらず，DuPont社の役員たちはパイロット・プラントの運転に合意したことで落胆し，共同規準としてその仕事を研究スタッフらに割り当てることを好んだ．DuPont 社は大学がパイロット・プラントを運転する提案を出した，その示唆がコンプトンに衝撃を与えた：大学は通常工業プラントの運転はしないものなのだ．1943 年 3 月，大学が運転責任を負うことに同意，基本的にキャンパスの 2 倍もあるものなのだ．シカゴ大学は 1945 年 7 月 1 日まで運転契約者として留まった，その時にこの業務は Monsanto 化学会社に引き継がれた．

4.11 1942 年 12 月：大統領宛て報告書

12 月 16 日，ブッシュはこの計画の **MPC** 決定をルーズベルト大統領への 29 頁の報告書に纏めた．この報告書は **MPC** の議長としての彼の役割からブッシュの名前で出されたが，最高政策グループ (**Top Policy Group**) で承認されたものでもあった．この報告書が当時の状況を纏めただけでなく，取り分け国際間の情報交換と戦後の可能性に関する留保すべき問題点分析をしている点が注目される．OSRD マイクロフィルム記録の報告書本体とブッシュのカバー・レターの両方に “OK FDR” の走り書きが見られる．

その計画の業務の日付を定めたサマリーをブッシュが公開した：ノックスヴィル近郊のサイトは電磁気法と拡散法のプラントの設置場所とする．爆弾設計の秘密研究所のために他のサイトをニューメキシコ州で調達する．遠心機を保有することでの数ヵ月早まる期待は薄いため，遠心機業務は研究のみに限定する．10 段のパイロット拡散プラントが建設中である，その完成時期は 1943 年中頃を予定，4,600 段のフルスケール・プラントは計画中．実験パイルは建設され操業中（第 5 章）．フルスケール・パイルで起こりうる危険性の理由より，合衆国で想定される全てのリスクを陸軍省 (War Department) が契約に取り込むことを大統領が許可することは欠くべからざる要件であると **MPC** は考える．

この報告の後半は，原子力の可能性に関する考察に向けられた．これら予期された論点は今日も依然として意味が有る：“しかしながら少々疑問が残る，人類は新しいかつ巨大で強力なエネルギー源を入手可能とした … しかしながらこのことは疑いなく憂うべきことだ … そのような動力プラントのパイルの付随的物質生産は避けられない，それは高い確率で巨大な爆薬を生産する … 将来の国々が原子力を動力として建設し使うことが確かならば，そして取り分け超爆薬が副産物に成り得るならば，合衆国はこれらの国々の 1 つとなっているに違いない”．

この報告書では “文明の技術史における転換点” と呼ばれる原子力の管理分野と戦後の国際関係の掛かり合いについても検討してた．問題点としては，重水，ウラン鉱石，特許収益の政府への帰属，英国とカナダとの関係の状況が含まれていた．後者について，英国と米国のグループ間には完全な科学交流が出来ていたとブッシュは報告したが，その主題は今や生産プラントの開発を陸軍を巻き込む新たな段階に入りつつあることだった．研究と開発の間の線は，ブッシュの言葉によれば，“はっきりしない” (nebulous) のだから，その状況は原子分野での将来の合衆国・英国関係の “新たなそして明確な” 指令（例えば大統領レベルでの）を要求しているものとブッシュは感じた．英国が U-235 または Pu-239 の生産に携わろうとする意図が無いことから，その分野の英国側に渡す如何なる米国側の知識も戦時中は使用されないとブッシュは感じていた．重水分野での英国の研究はカナダ国立研究評議会 (National Research Council of

Canada) 賛助下のモントリオールのグループに引き渡されていた，しかしブッシュは，そのグループを利用出来ないとしても米国のプログラムは“その努力を致命的に妨害しない”ものだと感じていた．英国は拡散研究をかなり進めていた，この分野での情報交換の完全停止は幾らか妨害に近いものとブッシュは再度感じたのだが，合衆国の努力をひどく“紛糾”(embarrass) させるものでは無いとした．

彼の論点を認識するため，戦後の米国の孤立主義のヒントとしての声明をブッシュは纏めていた：“(a) もしもこの件で，合衆国と英国間で更なる交換が全て停止となったとしてもその全計画を甚だしく妨害するものは存在しない，(b) この手順で英国への不公平は無いとものと見える”．ブッシュは可能な政治的アプローチとしての彼の示唆を提案し交換問題の議論を終わらせた．政策的には好ましくない極端な手段を第1番目と第2番目に並べ明らかに彼が好む第3番目を可能とするようにと，昔からの官僚的戦術を用いて3つの可能性を提示した．それらは，(a) 全ての交換停止；(b) 両者の研究と開発の完全な交換；または (c) 英国が直接使用出来る情報のみに限った交換制限，であった．オプション (c) の中には，純粋な米国電磁気プログラムの交換はしない，拡散プラントの設計と建設の制限なしの交換，プルトニウムと重水製造の研究のみの交換（プラント設計情報は不可），ロスアラモスに設置される爆弾設計研究所との交換不可，が含まれていた．英国の興味は戦時応用に比べて戦後の原子力の商用開発の利益を指向しているものとブッシュは認識し，そのような開発への米国投資努力支援を有するための正当化は無いと見ていた，と幾人かの歴史家達が示唆している．

原子エネルギーとの掛かり合いでブッシュの査定は冷静だった：“原子力の全般的発展，もしも既に複雑な文明に新たな複雑化問題としてそれが届いたなら，今や可成り確かなものとして顕れるであろう次の十年の明らかな出来事として，国家間で賢く扱うべき困難な事柄となり続けるにちがいない．一方，世界平和を維持する可能性はあるだろう”．

ルーズベルト大統領は12月28日の勧告を承認した，英国との連携事象の締結まで時間がかかったものの交換オプション (c) を含むものだった．大統領承認により，6,000ドルの付託で3年前に始まった業務は40,000万ドル規模と予想されるコストへ接近し続けた．

1943年春までに，グローヴスと軍事政策委員会 (**MPC**) がマンハッタン計画の堅固な責任者になった．**OSRD** の全ての研究開発契約が1943年5月1日付けでマンハッタン管区へ移管された．契約には濃縮施設とプルトニウム生産原子炉の設計，建設と運転およびロスアラモスで爆発させるための複雑難解な爆弾物理学が残された．グローヴスが個人的科学顧問としてジェイムズ・コナントとリチャード・トールマンを残らせたのだが，企画理事会と **S-1** 最高執行委員会はこの時点で歴史から基本的には消えた．

1943年5月，時代が如何に変わってしまったのかとの感慨にコナントは囚われた，この計画史の草稿で：“18ヵ月間に，この高機密戦時努力は目の回るペースで動いてしまった．新たな結果，新しいアイデア，新たな決定と新たな組織が自然な騒動状況を形成させてしまった．“凍結設計”と建設のための時期が数週間昔に通り過ぎた；今や，プラント建設と大規模実験のより遅い仕事を待たねばならない．それらが到達した時の新たな結果はそれ故に研究所の出来事では無い，それらを持ち込むことは世界を閉ざすかもしれない．しかし野獣の世界では，そう工業世界では：創案形成期は達成される程度に比例するものだ”．

さらに読む人のために：単行本，論文および報告書

J.-J. Ahern,　We had the hose turned on us! Ross Gunn and The Naval Research Laboratory's Early Research into Nuclear Propulsion, 1939-1946. International Journal of Naval History **2** (1) (April 2003); http://www.ijnhonline.org/volume2_number1_Apr03/article_ahern_ahen_gunn_apr03.htm

S. Cannon,　The Hanford Site Historic District——Manhattan Project 1943-1946, Cold War Era 1947-1990. Pacific Northwest National Laboratory (2002). DOE/RL-97-1047 http://www.osti.gov/bridge/product.biblio.jsp?osti_id=807939

R.P. Carlisle, J.M. Zenzen,　*Supplying the Nuclear Arsenal: American Production Reactors, 1942-1992* (John Hopkins University Press, Baltimore, 1996)

D.C. Cassidy,　*A Short History of Physics in the American Century* (Harvard University Press, Cambridge, 2011)

J. Cirncione,　*Bomb Scare: The History and Future of Nuclear Weapons* (Columbia University Press, New York, 2007)

R.W. Clark,　*The Birth of the Bomb: The Untold Story of Britain's Part in the Weapon that Charged the World* (Phoenix House, London, 1961)

R.W. Clark,　*Tizard* (The MIT Press, Cambridge, 1965)

K.P. Cohen, S.K. Runcorn, H.E. Suess, H.G. Thode, Harold Clayton Urey,　29 (April), pp. 1893-5, January 1981. Biographical Mem. Fellows Roy. Soc. **29**, 622-659 (1983)

A.L. Compere, W.L. Griffith,　The U.S. Calutron Program for Uranium Enrichment: History, Technology, Operations, and Productions. Oak Ridge National Laboratory report ORNL-5928 (1991)

A.H. Compton,　*Atomic Quest* (Oxford University Press, New York, 1956)：仲晃　他訳，「原子の探求」，法政大学出版局，東京，1959

B.T. Feld, G.W. Szilard, K. Winsor,　*The Collected works of Leo Szilard*, Vol. I ——Scientific Papers, (MIT Press, London, 1972)

L. Fine, J.A. Remington,　*United States Army in World War II: The Techinical Services——The Corps of Engineers: Construction in the United States.* Center of Military History, United States Army, Wasington (1989)

S. Goldberg,　Inventing a climate of opinion: Vannevar Bush and the decision to build the bomb. Isis **83** (3), 429-452 (1992)

M. Growingr,　*Britain and Atomic Energy 1939-1945* (St. Martin's Press, London, 1964)

L.R. Groves,　*Now It Can be Told: The Story of the Manhattan Project* (Da Capo Press, New York, 1983)

R.G. Hewlett, O.E. Anderson, Jr.,　*A History of the United States Atomic Energy Commission, Vol. 1: The New World, 1939/1946.* (Pennsylvania State University Press, University Park,

PA 1962)

L. Hoddeson, P.W. Henriksen, R.A. Mead, C. Westfall, *Critical Assembly: A Technical History of Los Alamos During the Oppenheimer Years* (Cambridge University Press, Cambridge, 1993)

W. Isaacson, *Einstein: His Life and Universe* (Simon and Schuster, New York, 2007)：関宗蔵，松田卓也訳，「アインシュタイン その生涯と宇宙」，武田ランダムハウスジャパン，東京，2011

V.C. Jones, *United States Army in Wold War II: Special Studies——Manhattan: The Army and the Atomic Bomb.* Center of Military History (United States Army, Washington, 1985)

C.C. Kelly (ed.), *Remembering the Manhattan Project: Perspectives on the Making of the Atomic Bomb and its Legacy* (World Scientific, Hackensack, 2004)

C.C. Kelly (ed.), *The Manhattan Project: The Birth of the Atomic Bomb in the Words of Its Creators, Eyewitness, and Historians* (Black Dog & Leventhal Press, New York, 2007)

C.C. Kelly, R.S. Norris, *A Guide to the Manhattan Project in Manhattan* (Atomic Heritage Foundation, Washington, 2012)

D. Kierman, *The Girls of Atomic City: The Untold Story of the Women Who Helped Win World War II* (Touchstone/Simon and Schuster, New York, 2013)

W. Lanouette, B. Silard, *Genius in the Shadows: A Biography of Leo Szilard. The Man Behind the Bomb* (University of Chicago Press, Chicago, 1994)

S. Lee, 'In no sense vital and actually not even important'? Reality and Perceptiuon of Britain's Contribution to the Development of Nuclear Weapons. Contemp. Br. Hist. **20** (2), 159-185 (2006)

J.C. Marshall, Chronology of District "X" 17 June 1942- 28 October 1942

K.D. Nichols, *The Road to Trinity* (Morrow, New York, 1987)

R.S. Norris, *Racing for the Bomb: General Lesile R. Groves, the Manhattan Project's Indispensable Man* (Steerforth Press, South Royalton, VT, 2002)

B.C. Reed, Arthur Compton's 1941 Report on explosive fission of U-235: A look at the physics. Am. J. Phys. **75** (12), 1065-1072 (2007)

B.C. Reed, A brief primer on tamped fission-bomb cores. Am. J. Phys. **77** (8), 730-733 (2009)

B.C. Reed, Liquid thermal diffusion during the manhattan project. Phys. Perspect. **13** (2), 161-188 (2011)

R. Rhodes, *The Making of the Atomic Bomb* (Simon and Schuster, New York, 1986)：神沼二真，渋谷泰一訳，「原子爆弾の誕生——科学と国際政治の世界史 上/下」，啓学出版，東京，1993

A. Sachs, Early History Atomic Project in Relation to President Roosevelt, 1939-1940. Unpublished manuscript, August 8-9, (1945)

E. Segrè, *Enrico Fermi, Physicist* (University of Chicago Press, Chicago, 1970)：久保亮五，久保千鶴子訳，「エンリコ・フェルミ伝 原子の火を点した人」，みすず書房，東京，1976

R. Serber, *The Los Alamos Primer: the First Lectures on How To Build and Atomic Bomb* (University of California Press, Berkely, 1992)：今野廣一訳，「ロスアラモス・プライマー：開示教本「原子爆弾製造原理入門」」，丸善プラネット，東京，2015

H.D. Smyth, *Atomic Energy for Military Purposes: The Official Report on the Development of the Atomic Bomb under the Auspices of the United States Goverment, 1940-1945* (Princeton University Press, Princeton, 1945)：杉本朝雄，田島英三，川崎榮一訳，「原子爆弾の完成——スマイス報告」，岩波書店，東京，1951

F.M. Szasz, *Britiush Scientista and the Manhattan Project: The Lois Alamos Years* (Palgrave McMillan, London, 1992)

H. Thayer, *Management of the Hanford Engineer Works in World War II* (American Society of Civil Engineers, New York, 1996)

S.R. Weart, Scientista with a secret. Phys. Today **29** (2), 23-30 (1976)

A.M. Weinberg, Eugene Wigner, Nuclear Engineer. Phys. Today **55** (10), 42-46 (2002)

G.P. Zachary, *Endless Frontier: Vannevar Bush, Engineer of the American Century* (MIT Press, Cambridge, 1999)

ウエーブ・サイトおよびウエーブ文書

アレクサンダー・ザックスのルーズベルト宛手紙： ザックスのカバレターの写しを FDR 図書サイトで “Alexander Sachs” の検索で見つけ出すことが出来た，http://www.fdrlibrary.marist.edu/で．1939 年 8 月から 1940 年 4 月の間にアインシュタインからルーズベルトへの 3 通の手紙が実在し，1945 年 3 月にもう 1 つの手紙が在った．4 通の手紙の中味は http://hypertextbook.com/eworld/einstein.shtml で見ることが出来る

OSRD： OSRD で確立された執行部指令の写しは http://www.presidency.ucsb.edu/ws/index.php?pid=16137#axzzlQbKXQHjp で見ることが出来る

第 5 章

オークリッジ，CP-1，クリントン工兵施設

マンハッタン計画でドルが日々費やされる中，クリントン工兵施設 (Clinton Enginerr Works: **CEW**) に丁度 60 セントが投入された，テネシー州東部の 90 平方マイル (233 km^2) の土地がウラン濃縮とパイロット規模原子炉の用地として 1942 年秋に選ばれた（図 4.14）．CEW の中佐，ケネス・ニコルス (Kenneth Nichols)——彼はその全体計画のための生産サイトを通常通り統治していた——より生み出されたその責務は尋常では無かった．1942 年，分裂爆弾用にプルトニウム使用のアイデアが責め苦を味わせたものの全体として投機慾をそそる見通しだった；ウランだけが爆弾物質として確実なものと見られていた．万一プルトニウムが働か無いと証明されたとしても，この計画の成功または失敗はクリントン・サイトで決定されることになるであろう．

廣島爆弾**リトルボーイ**につぎ込まれたおよそ 140 ポンド (64 kg) の濃縮ウランはサッカーボールの内側に非常に具合良く適合されるだろう．もし全てが単一目的のために 1 個または数個の爆弾を望むなら，小さな工場が適当であると思えるかもしれない．濃縮で示される工程の性質はそのような作業で行える程単純では無い．合理的な期間でこの業務を満足させることは，それらが運転した暁にはダースまたは数百個の爆弾用の物質が一時に造り出される性質の工場群を建設することを意味する；“全部を含んだ” (all-in) で進むかまたは全くやらないか，なのだ．140 ポンド生産に，CEW 運転の規模は巨大に膨れ上がった．建設作業員数が単独で 1944 年春に 45,000 名のピークに達する，1945 年 5 月までに，CEW だけで丁度 80,000 名を超える人員を雇うことになる．

本章ではクリントン・サイトに建設されたウラン濃縮複合施設とパイロット規模原子炉について述べる．第 1 章で述べたように，濃縮施設は 2 つの大規模複合施設と第 3 番目のより小規模の複合施設からなる．その大きな施設は電磁気法によるウラン濃縮とガス拡散法によるウラン濃縮で各々コード名で **Y-12** と **K-25** と呼ばれた．これら 2 施設は 1943 年早期に稼働し始めた；それら施設のコストは合わせるとマンハッタン計画のコストの半分を占めた．**S-50** として

知られる第3番目の施設には液体拡散設備が備え付けられたが1944年中頃まで開始しなかった．3施設全ては廣島爆弾用濃縮ウラン供給に寄与した，その大部分はY-12とK-25から生まれたものではあるのだが．パイロット規模原子炉，コード名**X-10**はロスアラモスでの研究用に約2/3ポンドのプルトニウムを生産した．

1942年，テネシー州東部田園地域は依然として非常な未開発地だった．人口はまばらで，殆どの道路は改修されていなく，そしてサービスは最小であった．もしも数千名を雇用する秘密の生産複合体が建設されるとしたなら，高学歴で大都会の生活空間と大学生活を経験したその人々の多くがホームと呼べる居場所を必要とすることだろう．CEWの労働者達の家の建設目的であった町：オークリッジ (Oak Ridge) の記述から本章を始めよう．

5.1 オークリッジ：秘密都市

クリントン計画の労働者用として設立された町の成長に比べれば，クリントン計画の規模においてさらに強力な統計的ピークは多分無いであろう．1942年，テネシー州オークリッジ (Oak Ridge) 市は存在して無かった．1945年中頃，人口は約75,000人を誇る州内第5番目の大きな都市となった．クリントン保留地北東角に位置し，当時地図には顕れていない．1943年4月1日付けでクリントン・サイトは公有地として閉鎖されるや，オークリッジは文字通り秘密都市になった，そしてそこの住民たちにはその名称で知られてた．

Stone and Webster社がサイト開発と伴に電磁気濃縮プラントの建設およびタウン・サイト設計と建設の業務を1942年秋に請け負った時，彼らは5,000人程度の住民用家屋の村を描いていたのだった．1942年10月26日までに，S&W社がその地域の最初のプランを提出した時，推定人口は13,000名に増加するとのことだった．コンスタントな設計変更と電磁気プラントの拡張（5.3節）に伴い，S&W社は直ちにそのリソースを引き伸ばさねばならないことに気付いた．グローヴズ将軍は11月末に，建設全体の監督，施設の運転および道路補修の責任を残したのだけれど，S&W社をタウン設計業務から解放した．家屋ユニットの設計はシカゴのSkidmore，OwingsとMerrillの建設会社と契約が結ばれた．

オークリッジは3段階で発展した．保留地へのElza Gateの丁度南西に位置する“東タウン” (East Town) として知られる第1段階は1944年初めに完了した，これには3,000戸の家族用家屋ユニット，寄宿舎，1,000戸の移動家屋，管理棟，商店，リクレーション区域，学校，教会，映画館，クリーニング店，カフェテリア，最初の3年間で2,910人の誕生を迎える病院が含まれていた．オークリッジはほぼ100マイルの舗装された街路を獲得し；さらに200マイルが生産サイトへのサービスのために敷かれた．

1943年秋までに人口は42,000名にのぼると推定され，第2段階が東タウンの西，約2マイルで始められた．1944年夏，4,800世帯の家族用ユニット，多数のバラック，7,500名の単身者住民用に50軒の寄宿舎を加えた．1945年初めまでに，再度改訂された推定値では66,000名の終局的人口に引き上げられた．開発の第3段階は，オリジナル・サイトの東と西の両方に建設するもので，1,300戸の家族用ユニット，20軒の寄宿舎，数千の移動家屋 (trailers)，付随サービス施設が加えられた．1945年までに終了した家屋建設は，7,000戸を超える家族用家

図 5.1 オークリッジの典型的 cemesto 家屋と移動家屋の地域． 出典 http://www.y12.doe.gov/about/history/getimages

屋，9,000 を超える住宅ユニットのアパートメント，89 軒の寄宿舎，2,000 戸の 5 人用 “仮兵舎宿泊” (hutments) と約 4,000 人の居住者を収容出来る 7 箇所のトレーラー・キャンプを設置した．住民達の日々の必要を満たすために，2 つの下水処理場，130 マイルもの下水本管，火力発電所 (steam plant)，小学校 10 校，中学校 2 校，高等学校 2 校，看護学校 5 校，9 箇所の商業区域，数多くの独立商店が設立された．この町はサイトの地域名称，Black Oak Ridge から来ている，田舎風の響きの含蓄が外部の好奇心を最小にしてくれるとの根拠により 1943 年中頃に名付けられた．住民達にとり生活は有利な取引だった：賃借料は最小量でかつサービスはかなりが助成されていた；家庭の電気は計量器無しで使われた．オークリッジ建設コストは 1 億ドルを丁度超えるもので，これには種々の濃縮プラント近くの 14,000 名の住民達の一時的住居用のキャンプの建設費は含まれていない．

建設速度を高め，コストを最小化するため，Skidmore，Owings と Merrill は全て木枠構造の 9 種類のプレハブ住宅と 3 種類のアパートメントに制限したプランをたてた．多くのユニットは，両側をアスベスト・セメントのパネルで接合された繊維ボード製の頑丈な耐火建築材：“セメスト” (cemesto) 製の内側パネルと外側パネルで一体化されていた．ある時点での地域記録の歴史では，電気器具類と家具類を完全に備えた家屋ユニットが 30 分毎に契約者から政府に引き渡される速度となる．半永久住宅にもかかわらず多くのオリジナルのセメスト家屋が依然として建っており，今やそれらの歴史的価値と町の商業センターに近接していることから誇るべきことである (図 5.1)．

オークリッジは建設されるだけでなく，管理と運転も行うのだった．このため，グローヴズは，他のプロジェクトで彼が使ったことのあるニューヨークの Turner 建設会社にアプローチした．Turner 社がクリントン保留地に跨る 2 つの郡の名称から名付けた完全自己保有子会社の Roane-Anderson 会社を設立した．コストに料金を加えたものを基礎に，Roane-Anderson 社は設備類，警察署と消防署，医療関係者，ゴミの収集，学校の修繕，共同墓地，カフェテリア，倉庫，石炭と氷の配達店のようなサービスを整え，食料雑貨店，ドラッグ・ストア，百貨店，理髪店，車庫のための個人経営者達への営業許可を与えた．会社は大規模バス路線，鉄道およびモーター・プールも運営した．生産サイトへまた生産サイトから毎日およそ 60,000 名の乗客を乗せるために 840 台のバスを必要とした，この路線は当時，合衆国で第 9 番目に大きなバス路線となった．1945 年初め，Roane-Anderson 社は 10,000 名を超える従業員を持った，しかしその後はサービスを他の組織と契約を始めたことで，その従業員数が減少した．

戦時保有期間中，オークリッジとクリントン工兵工場は 2 つの重要機能を有していた：管区のウラン・プラントと **X-10** 原子炉の建設，および 1943 年 8 月から先はマンハッタン工兵管区の管理本部のサイトとしてサービスすること．以下の節で濃縮プラントと **X-10** 原子炉の説明に戻ろう．運転に入った最初の施設は **X-10** であった（1943 年 11 月）．しかしながら，シカゴに在るエンリコ・フェルミの実験炉 **CP-1** からの直接的伝来であった．そこで，このプログラムの歴史から始めることにしよう．

5.2 CP-1 と X-10：パイル・プログラム

アーサー・コンプトンが 1942 年初めにシカゴ大学冶金研究所での原子パイルの研究を如何にして集中化させたかを第 4 章で述べた．大規模プルトニウム生産への路への第 1 番目のゴールは自己継続連鎖反応 (self-sustaining chain reaction) を創生し制御できることを示すことであった．これを終わらすために，エンリコ・フェルミは 1942 年初めに彼のコロンビア大学パイル研究グループをシカゴ大学へ移動させ始め，サミュエル・アリスン (Samuel Allison) のグループと合体させた．フェリミ自身は 1942 年の冬と初春を通し，4 月までニューヨークとシカゴ間を往復し続けた．

深刻な問題は臨界物質の供給であった．連鎖反応パイルは数トンのウランと数百トンの黒鉛（グラファイト）を必要とし，両者ともに可能な限り純粋で，そのウランは酸化物と対照の純粋な金属組成が好まれた．黒鉛に要求される純度は厳しかったものの，少なくとも既存黒鉛工業界には存在し，Speer Carbon Company と National Carbon Company がその必要な物質を生産できた．一方，当時の商業利用ウランは比較的小規模の企業で扱われていた：その元素は，ラジウム源としてガラスやセラミックへの着色融材として，さらにウエスチングハウス (WH) 社が製造していた特殊なランプでのみ使われていた．WH 社はそのウランを大桶内の溶液として日光に曝す光化学工程を介して製造していたのだが，大規模生産にはあまりにも反応が遅すぎるものだった．マサチュセッツ州バーバレィ (Beverly) の Metal Hydrides Company がウラン金属の抽出工程を開発したものの，その粉末形態は空気に触れたとたんに発火する問題が持ち上がった．熟慮研究後，問題を弱めるためにウラン塩を取り扱い容易な金属形態金属とする解決がフランク・スペディング（アイオア州立大学）とクレメント・ロドン（連邦標準局）により成された，その化学工程で純粋なウラン金属をトンのオーダーで生産出来るものを彼らが発明したのだった．大規模生産はセントルイスの Mallinckrodt Chemical Company が契約した．

ウランと黒鉛が入手可能となり始めると，フェルミと彼のグループはいわゆる未臨界“実験”

パイル (**pile**) と呼ばれた一連のものを建設した．1942 年 9 月 15 日から 11 月 15 日の間に，最適な格子間隔の決定および黒鉛とウランの種々のバッチを実験して情報を得るために，シカゴで 16 基のパイルが建設された．これらパイルにはラジウム/ベリリウム中性子源が用いられた；連鎖反応の自己継続に充分大きいパイルにおいて，自発核分裂または宇宙線誘起核分裂は自己起動に充分なものと成る．1942 年 10 月までに，臨界パイルの計画を開始するに充分な程の物質を手に入れることが出来た．第 4 章で述べたように，オリジナル意図ではシカゴ郊外のアルゴンヌの森サイトに最初の連鎖反応パイルが建設されることになっていた．10 月 20 日までに建設準備は整ったのだが，労働者達の分裂が延期を導いた．11 月初め，フェルミはこの実験を大学自体で行うアイデアをコンプトンに告げた．

大都市の心臓部への実験的原子炉の建設は全くばかげているように聞こえるかもしれない．しかしフェルミは注意深く計算を行い，その反応は安全に制御出来ると確信していた．この点での重要な要素は，核分裂性核種が中性子を吸収した時，全ての核分裂が即座に生じるわけでは無い，ということであった．約 1% の小さな比率が数秒後に遅れて生じる中性子の割合だ[*1]．もしもその原子炉が丁度臨界で運転されているとしたなら（増倍係数 $k = 1$），この遅れは反応が制御外へ走り出す前に調整するに充分な時間を許す．フェルミは，パイルの故意の過制御を許すための更に多くの冗長系安全システムをも計画していた．大学でのコンプトンの上長達がこの計画を拒否するのではとの恐れから，コンプトン自身の責任でその計画を許可することを決心した．彼は 1942 年 11 月 14 日に開催された **S-1** 最高執行委員会会合でこの計画を述べ，彼の回顧録にはジェイムズ・コナントの顔が真っ青になったと書いている．しかしながら，アルゴンヌの遅れで，その進展が認められた．サイトは大学のスタッグ・アスレチィック場 (Stagg Athletic Field) の西側スタンドの下に在る 30×60 フィート (9×18 m) のスカッシュ・コートが選ばれた．幾つかの情報源によれば，ソヴィエト報告書の誤訳に，その原子炉は “カボチャ畑” (pumpkin patch) に在ると書かれた．

臨界パイル第 1 番（**CP-1**；シカゴ・パイル 1 としても知られる）は赤道半径 388 cm，極半径 309 cm の幾らか扁平楕円体の形状に造られた（図 5.2）．オリジナル設計では球形が求められたが，材料の品質，取り分け純粋なウラン金属を得られる可能性がオリジナルでの目論みに比べて若干小さい構造にすることを許したのだ．パイルを形成するために側面長さ 21 cm の立方格子状にウラン・スラグが配置され，固体黒鉛ブリック層に交互にウラン・スラグが詰められたブリック (bricks) が配置された（図 5.3）．この長さは炭素原子核との一連の衝突で中性子が熱化する平均距離である；それよりさらに格子を大きくしても役に立たない．黒鉛の底部層はスカッシュ・コートの床の上に直接置かれた，その床は木枠構造で支えられた床であった．ハーバート・アンダーソン (Herbert Anderson) は，彼が “物凄い数” (awesome number) と呼ん

[*1] 訳註：　核分裂のさい放出される中性子のうち，99% 以上は即時に出てくるが，約 0.75% はいくらか遅れて出てくる．これらを遅発中性子という．^{235}U のおそい中性子による核分裂で出てくる遅発中性子は 30 群以上であることが知られている．遅発中性子は 0.4 秒から数 10 秒にわたって遅れてくるもので，その強度は指数関数的に減衰する．即発中性子による増倍率を 1 より僅かに小さくしておけば，1 つの世代から次の世代までの中性子数の増加の割合は遅発中性子の割合によって基本的に決定される．すなわち，中性子吸収体の出し入れでこの遅発中性子を捕獲吸収し核分裂連鎖反応全体を制御する．

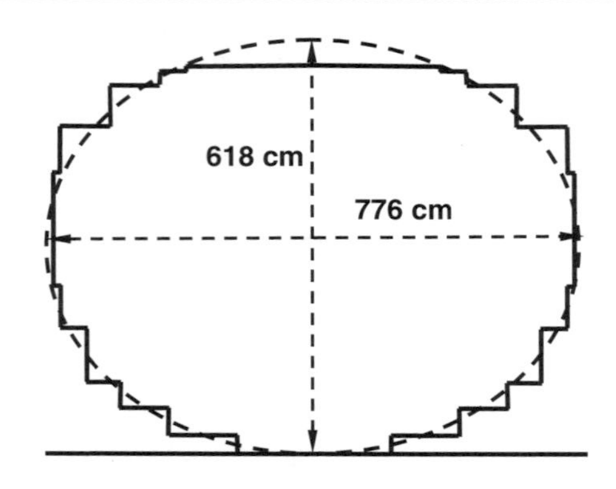

図 5.2　CP-1 の側面図とそれに等価な楕円体．寸法は楕円体の側面間距離と底面-頂点距離を示す．Fermi (1952) より改作

だ 4×6 インチの材木を求めてシカゴの木材置き場を探し回った．増倍係数実証のためパイルを閉じ込め，真空にする必要があることが解ったケースで，アンダーソンは Goodyear Rubber Company と伴に片側 25 フィートの立方体形ゴム製バルーンを用いるアレンジもした．実際は，このバルーンの覆いは使用されなかった．

アンダーソン（夜勤）とウォルター・ジン (Walter Zinn)（日勤）の監督の下で物理学者達と借りてきた労働者達は 12 時間 2 直体制の 24 時間労働で 11 月 16 日から建設を始めた．2 組の特別クルーが黒鉛の機械加工を行い，目的に沿って設計されたダイと水力プレスを用いてウラン酸化物粉末を固体スラグの中に詰め込んだ．コロンビア大学生の時分にフェルミのグループに加わったアルバート・ワッテンバーグ (Albert Wattenberg) は 10 月半ばから 12 月初めまでの間，食事を抜く方法として仕事中にしばしば喫煙し，時間を節約していたクルーと伴に，週 90 時間労働が異常で無かったと振り返っている．シフト当たり 2 層が建設の通常速度であった．黒鉛は生産者から長さが 17 インチ (43 cm) から 50 インチ (127 cm) まで変化した正方 4.25 インチ (10.8 cm) 断面のブリックで届けられた．平削り盤と木工道具を用いて，ブリックを長さ 16.5 インチに切り，平滑な 4.125 インチ断面に削った；表面公差 0.005 インチ，長さ公差 0.02 インチが維持された．8 時間労働当たり約 14 トンのブリック製造が進行した．結局，全部で **CP-1** は黒鉛 385.5 トンを使った——平均して各々約 20 ポンド (9 kg) のブリックで，ほぼ 40,000 ブリックである．

ウランは純粋なウラン金属（6 トンを丁度超えた）とウラン酸化物（約 40 トン）の形態だった；純金属スラグはパイルの中心に置かれた．21 cm 中心上に直径 3.25 インチ (8.26 cm) の穴がスラグ受け入れのために穿孔され，そのうちの幾つかは円柱形で，その幾つかは擬球状であった．24 時間毎約 1,200 個生産で，合計 19,480 個のスラグが圧延された，そのブリックの 1/4 全てが穿孔穴が必要なブリックだった．毎時 60 から 100 個の穴が穿孔されたのだが，そのドリル先端はたったの約 60 穴のみで鈍ってしまった；ほぼ 30 個のドリル先端が毎日再整形さ

図 5.3　ウォルター・ジン，左，が一部改造した CP-1/CP-2 炉頂に立つ．　写真：アルゴンヌ国立研究所の好意による；http://www.flickr.com/photos/argonne/5963919079/

れなければならなかった．

パイルには，カドミウム被覆木製棒（ロッド）が挿入出来るように水平スロット 10 個が設置された．カドミウム-113 は熱中性子吸収断面積が 20,000 バーン (**barns**) を超える，猛烈な中性子吸収材である；反応比が必要に応じてロッド（棒）の挿入または引き抜きで制御出来るのだ．建設中，全てのロッドが完全に挿入され，その場所に固定された．しかしながら，1 日に 1 回，彼らは随意に動かし，中性子のアクティビィティの水準を計測した，その値からフェルミが設計補正の計算を行うのであった．有効半径の 2 乗（パイルの表面領域測度，この領域を介し中性子が逃れる）を毎分中性子計数値（パイル体積の間接測度）で割り，その値を層の数に対応してプロットすると，図 5.4 に示す通り，基本的には低下直線となった．中性子束 (neutron flux) が指数関数的発散に近づけば近づく程，この表面/フラックス比率 (surface-to-flux ratio) が下に傾く．その線をゼロまで外挿することで，臨界が生じる層をフェルミが予測出来るのだ．

どのカドミウム棒 1 本で如何なる時でも反応を臨界以下に留めて置くのに充分であるのに，複数のスロットが設置されていたので数個を挿入することが出来た．それに加えて，2 個の安全棒（“ジップ” (zip) ロッドとして知られた）と 1 個の自動制御棒もまた設計に組み入れられた．通常運転で，1 つを除いて全てのカドミウム棒がパイルから引き抜かれた．もし中性子検出器がアクティビィティ水準があまりにも高すぎるとの信号を発したなら，垂直に配置された

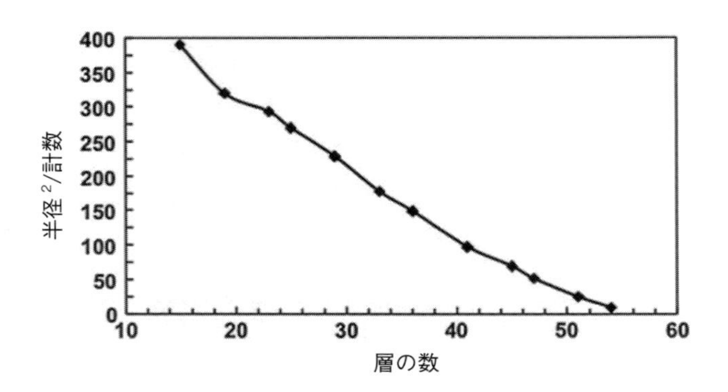

図 5.4　半径 2/計数値の比率に対する完了した層数．Fermi (1952) からのデータ

2 個のジップ・ロッドが自動的に解き放され，100 ポンド (45 kg) の錘によって加速される．自動制御棒は手動でも制御出来るが，通常はもしも反応水準が目標水準の上まで増加したならその棒をパイルに挿入し，もしも反応水準が目標水準のより低いと感じたならその棒をパイルから引き抜く回路の制御下にもある．

11 月遅く，パイルが 56 層目の完了で臨界と成ることが明らかとなった．フェルミは 57 層目を加えることを決めた，その層の敷設は 12 月 1-2 日の夜間に実施された．彼はアンダーソンに夜間に反応を開始させないように指示した，研究所スタッフ達と訪れていたルイス委員会 (**Lewis committee**) の使節がこの歴史的出来事に翌日参加出来るようにするためであった．

12 月 2 日の午前 8:30 にスカッシュ・コートの北端の床から 10 フィート (3 m) 高いところに在るバルコニーに観覧者達が集まった．フェルミを含む 49 名が原子力時代幕開けの証人として参加した．下の床の上で，ジョージ・ワイル (George Weil) が最後のカドミウム棒を手で操作した，その棒は 21 層目に在った．パイルの頂部には 3 名の男性クルーが緊急停止手順の最後の手段として液体カドミウム溶液のバケツ (buckets) をパイルに落とし込む準備のために立った．フェルミはワイルのロッド（棒）の各々の位置毎に前もって予想中性子強度を計算しており，携帯計算尺を用いて一日中彼の予測に対する読み値との確認を続けた．9:45 に，フェルミは電気駆動安全棒の取り出しを命じた．中性子計数が増加し，そして一定となった．安全棒の 1 つはバルコニーのレールにくくりつけてあり，自動停止システムが失敗した場合にそのロープを切断するために物理学者のノーマン・ヒルベリー (Norman Hilberry) が斧を持って立っていた．幾つかの情報源によれば，原子炉を “スクラムする” (to scram) の言葉——緊急停止を行う——は “安全制御棒斧男” (safety control rod axe man) の頭文字であるという．

10:00 チョッと過ぎ，フェルミは自動安全棒の引き抜きを命じた．これが行われ，再び中性子計数は増加し，そしてレベル一定となった．10:37 に，彼はワイルに最後のロッドを 13 フィート引き抜くように命じた；計数が数分以内で一定となった．フェルミがさらに 1 フィート引き抜くよう命じ，それから 11:00 にさらに 6 インチ引き抜くように命じた．11:15 と 11:25 での追加引き抜きでも臨界達成に充分で無かった，フェルミは予測を終えてしまっていたのだが．慎重に事を進めるため，フェルミは確認のため自動制御棒を再挿入するよう命じた；その中性子強度はそれに従って落ちた．11:35 頃，その自動棒が引き抜かれ，カドミウム棒が外側に取り付けられた．突然，大きな衝突音が響いた．安全強度閾値があまりにも低く設定されていたのだった，そしてジップ・ロッドの 1 つがそれ自体を動かしたのだった．フェルミは順序正しく昼休みを布告し，全てのロッドを再挿入させた．

グループは 2:00 に集合した．昼食前の読値に中性子束が戻ったことを確認し，フェルミはワイルのロッドを除くすべてのロッドを引き抜くように命じた．中性子計数に満足し，彼はジップ・ロッドの 1 つを挿入するようにと命じた；中性子計数が従順に低下した．そこで彼はワイルにカドミウム・ロッドを 1 フィートだけ引き抜くように命じた．そのジップ・ロッド移動を指示しながら，フェルミはアーサー・コンプトンに話した："うまくいってますよ．さあ自己持続状態になるぞ．[レコードの] ペンが上がり続けて止まらない；一定にならないぞ"．

ハバート・アンダーソン (Herbert Anderson) がその時刻を午後 3:36 と記録した．彼の言葉では：

> 最初に中性子計数器の音が聞こえた ··· そのカチカチ音がだんだん速くなり，しばらくするとそれは唸り音になり；計数器はもはやついていけなくなった．その瞬間 [感度を低下させるための] チャート・レコーダーに切り替わった．切り替えが起こると，突然の静けさの中でレコーダーのペンの振れがずんずん増大するのをみんなが見つめた．恐ろしいような静寂だった．誰もがその切り替えの意味を知っていた；我々は高強度の領域の中に居るのだ．··· いっそう急速に増大する中性子強度に対応して，再三，レコードのスケールを切り替えなければならなくなった．突然フェルミが手を挙げて，"パイルは臨界に達した" と宣言した．居合わせた者は誰もそれに疑いを持たなかった．

ジップ・ロッドの挿入を告げる前までの 28 分間の運転をフェルミは許した．その時点で，パイルは約 1/2 ワット出力で運転されていると推定していた．クロウフォード・グリーンウォルト (Crawford Greenewalt) の日記には "フェルミは落ち着き払っていた" (as cool as a cucumber) と記載されている．セキュリティ規則の理由で，パイル全体の写真が撮られたことは無かった；図 5.5 は起動時の画家の描画であり，1943 年に CP-2 としてアルゴンヌ・サイトに再設置されたパイル頂部に立つウォルター・ジンが図 5.3 に示されている．

中性子束記録ストリップ・チャートには自己継続反応の指数関数的成長の特徴が明確に示されている；この記録は "原子力時代の誕生証明書" (The Birth Certificate of the Nuclear Age) と呼ばれた（図 5.6）．

ユージン・ウイグナーはフェルミにキアンティ (Chianti) 1 本を贈呈し，お祝いの紙コップをかかげた[*2]．そこに居た多くがその瓶を包む枝編細工にサインをした．アーサー・コンプトンは急いでワシントンのジェイムズ・コナントにこのニュースを電話で知らせた．彼らの会話に関してコンプトンによれば：

> "ジム．たった今，イタリア人航海長が新世界に上陸したのだけれど，知りたいでしょ

[*2] 訳註：　キアンティ (Chianti)：イタリア産の辛口の赤ワイン；瓶は通例麦わらで編んだ覆いに包まれている．

図 5.5 CP-1 起動時の概念画. **出典** http://commons.wikimedia.org/wiki/File:Chicagopile.gif

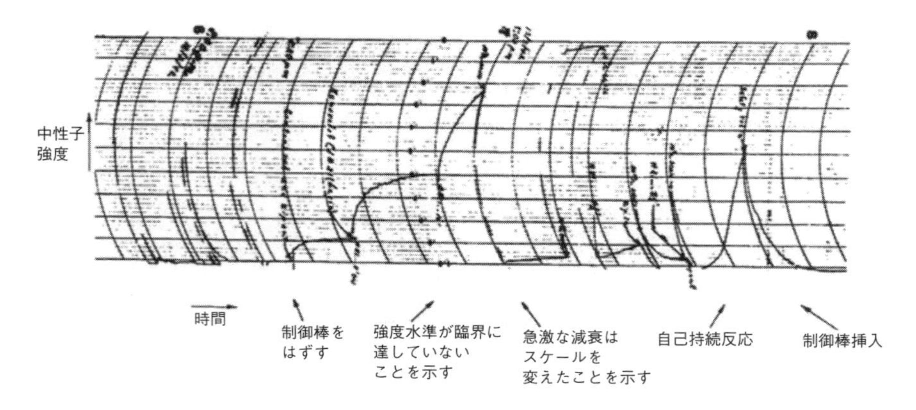

図 5.6 CP-1 中性子強度の検流計記録. **出典** アルゴンヌ国立研究所の好意による；http://www.flicker.com/photos/argonne/7550395714/

う．地球は彼が見積もっていたほどには大きくなく，彼は予想よりも早く新世界に到着しましたよ.”

“そうですか．土着民は友好的でしたか?” とコナントが尋ねた.

“幸いにも皆無事に上陸できました” とコンプトンが答えた.

臨界成就 20 周年記念式典で，ユージン・ウイグナーが感想を述べた：

たいそう華々しいことは何も起きなかった．何も動かず，パイル自身で音も立てなかった．それでも，ロッドが押し戻され，クリック音が途絶えた時，我々の全てが計数器の言葉を理解している，その我々が突如見捨てられたとの感覚を経験した．実験の成功を予想していたのでさえも，その成就は我々に大きな衝撃を与えた．いつの日か，我々はまさに巨人を解き放つことを知ってしまった；今でも，我々が実際に行ったことを知った時の不気味な感情から逃れることが出来ない．私の推定では，我々大変に予見出来ない広範囲な結論を有するものと彼が知る何ものかを成し遂げたと誰もが感じるであろうと我々は思う．

同じエッセイの中で，ウイグナーは実験の重要性についてコメントした：

フェルミの著名な実験の重要性を誇張してはいないだろうか? 昔の一時期，私はそう考えたかもしれない，しかし現在はそう信じていない．実験は連鎖反応を証明する試みの極致だった．我々の将来研究がシカゴ計画の第 2 番目の問題との格闘中の我々の有効性に決定的影響を及ぼすとの情報の最後の疑いが除去された：核分裂性プルトニウム生産用大規模原子炉の設計と実現化である．この目的のために，今やその計画をマスター出来るための全エネルギーと全創造力が求められることになるのだった．

フェルミは増倍係数 $k = 1.0006$ と計算した．**CP-1** は常に非常に低い出力で運転されるため，生成された放射能強度の水準に害は無かった．当時，放射線量 (radiation doses) はレム (**rems**) 単位で測られていた (“人体中のレントゲンと等価”)[*3]．人の致死単一照射放射線量は約 500 レムである；総人口に対する典型的なバクグランド線量は年当たり 0.2 レムである．CP-1 稼働中，パイル近傍での被曝水準は毎分約 0.05 レムであった；その建屋外側の歩道では，高くともその 1/1,000 程度だった．種々の放射線量の水準の効果については第 7 章でさらに詳しく論じよう．

パイルは安全に制御可能であるとのフェルミの予測は正しかったことが証明された．単一のカドミウム棒の制御下での定常運転時に，もしもロッドを 1 cm 引いて反応度を 2 倍に上げるには 4 時間程を要した．もしも全てのロッドを引き抜いたとしても，パイル内の中性子強度は約 2.6 分の上昇時間で指数関数状に上昇する，この上昇時間は短か過ぎるものでは無い．制御を精密に維持することが出来たので，大気圧の変化に応じたパイルの反応に対応するために 1 cm または 2 cm 程ロッドを調節する必要が時々生じた．工学的見地から重要である，増倍係数の温度感度は外気でパイルを冷やす単純な窓開けで測定することが出来た．パイルの制御は直線道路を運転中の乗用車のハンドル調整の瞬間のように容易であると，フェルミが述べていた．

CP-1 は冷却無し，遮蔽無しであったが故に，ほとんどの時間を 1/2 ワットの出力で運転された，しかしながら 12 月 12 日に 200 W でしばらくの間運転された．エンジニア達が生産規模の原子炉へ外挿出来る前に，制御系と遮蔽系の更なる研究を必要とした．結局，ほぼ 3 ヵ月後に，CP-1 は解体され，アルゴンヌ・サイトに移された，そこで CP-2 として再組立された（図 5.3）．CP-2 は，設置面積が 30 フィート (9.1 m) 平方，高さ 25 フィート (7.6 m) の基本的に立

[*3] 訳註：　レム (rem)：人体レントゲン当量である．1 rem とは，各種放射線が組織に吸収されたとき，1 μ 当たり 3 keV のエネルギーを失うような X 線または γ 線の 1 rad と等しい生物効果を与えるような電離放射線の線量をいう．rem と rad との関係は，rem = RBE × rad で与えられる．ただし，RBE は生物学的効果比率．rentogen equivalent man の頭文字をとって rem とした．1 Sv = 100 rem.

方体形状で，ウラン 52 トン，黒鉛 472 トンで構成されていた．CP-2 も未冷却だったが，厚さ 5 フィート (1.5 m) のコンクリート壁で全面が遮蔽され，その頂部は 6 インチ (15 cm) の鉛層と 50 インチ (127 cm) の木材で遮蔽された．この遮蔽で出力数キロワットでの運転が許容された．その再建パイルの最初の臨界を 1943 年 5 月に達成し，中性子捕獲断面積，遮蔽，計測機器の研究のために使われ，そして後の生産運転のための訓練施設として使われた．アルゴンヌ・サイトには世界初の重水冷却・減速原子炉，CP-3 も建設された，これは 1944 年 5 月に稼働を始めた．この原子炉は直径 6 フィートの竪型アルミニュウム製タンクで構成されていた，そのタンクには約 6.5 トンの重水が満たされていた．タンクは黒鉛 “反射体” (reflector) で囲まれ，さらに外側を鉛遮蔽体で囲まれ，さらに “生体物遮蔽” (biological shield) のコンクリートで囲まれていた．その構造の頂部には実験用口，制御棒および燃料棒のために穴が貫通し，鉄とメゾナイト（硬質繊維板）を交互に重ねた撤去出来るブリックで遮蔽された．CP-3 は 1944 年 7 に全出力 300 kW での運転を成就した．

自己持続反応が実証されたことで，**X-10** 試験規模 (pilot-scale) パイルの建設が注目され始めた．**X-10** は複数の使命を有していた：化学分離工程の実験用プルトニウムの製造と研究用核分裂性物質としてロスアラモスへの供給，やがて来るであろう生産規模原子炉の運転員達の教育訓練，計測機器と断面積研究のためのプラットフォームとしてのサービス，放射線損傷と生物学的放射線効果の研究遂行．如何にして DuPont 社が **X-10** の契約者となったかの歴史について第 4 章で述べた；ここでの我々の関心は，原子炉自身の設計と運転である．ハンフォードに設置された生産規模の原子炉に対する設計要件の進化については第 6 章で述べる．

CP-1 の運転から外挿し，純粋なウラン/黒鉛系での増倍係数が $k \sim 1.07$ に到達出来るとフェルミは予測した，これは水冷却生産炉と計画されている空冷パイロット規模ユニットの可能性を開くのに全く充分な値だった．クロウフォード・グリーンウォルトはパイロット・ユニットとしてヘリウム冷却を考えていたのだが，工学的観点から空冷のほうがさらに単純に出来ると考えた．1943 年 1 月までに，X-10 の基本仕様が開発された：1,000 kW，空冷式，黒鉛減速の立方体形パイル．この期待出力はすばらしいものだった．原子炉でのプルトニウム生産はその運転出力に直接比例する．天然ウラン燃料原子炉ではメガワット (MW) 当たり約 0.76 g のプルトニウムが毎日造り出され，これはダイム（10 セント硬貨）の質量のたった 1/3 に過ぎない．もし **X-10** が 1,000 kW（= 1 MW）で 1 年を通じてフル稼働し，化学分離効率が完全であると仮定して，その理論的生産量はプルトニウム約 275 g になる．これ以上のものは絶対に達成出来ない．

正式に，**X-10** はシカゴ大学オンサイト・クリントン研究所の監督下に入った，それはオークリッジ保留地の Bethel Valley の 112 エーカー (4.5 km^2) に在った（図 4.14）．X-10 炉心が 24 フィート，高さ 4 インチの底面上に 24 フィート平方の黒鉛立方体が 73 層で構成された．側面同士を結合するための直角ノッジが黒鉛ブリック側面に刻まれ，ダイアモンド形状の 1,248 個の水平前・後方チャンネルが形成され，そこには円筒状アルミニウム被覆されたウラン・スラグがパイルの前面から供給出来るようになっていた（図 5.7 と図 5.8）．X-10 の黒鉛 700 トンは 4 インチ断面の長さが 8 インチから 50 インチまで変化するブリックで形成された．燃料チャンネルは 8 インチ中心で作られた；純粋ウラン・スラグは直径 1.1 インチ，長さ 4.1 インチである．燃料の全装荷量は約 120 トンとなる，しかしそのパイルの臨界達成にはその量の約半

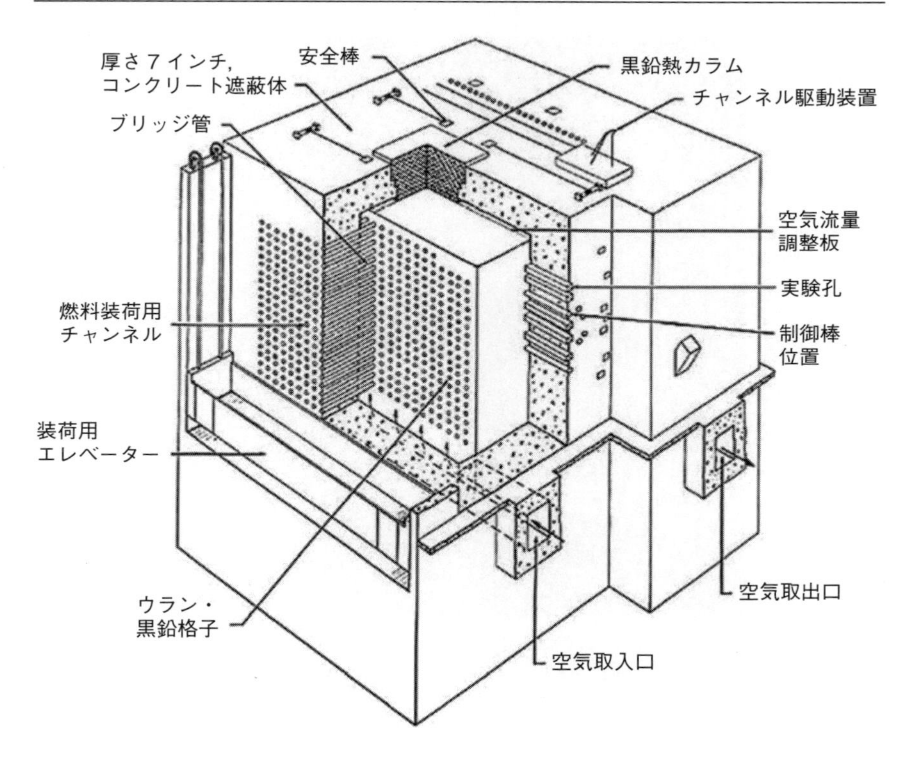

図 5.7　X-10 パイルの模式図．水平および垂直チャンネルの全ては表示されていない．米国エネルギー省，オークリッジ国立研究所の好意による．　参照：http://info.ornl.gov/sites/publications/files/Pub20808.pdf

分と予測された．炉心はコンクリート重量の約 10% の水分重量が残るように設定されたコンクリート製の厚さ 7 フィートの遮蔽体で覆われた；この水分が中性子漏洩の阻止に役立つ．燃料チャンネルが並んだ前面をブロックする特別なプレキャスト（既製）コンクリートで損失水からの遮蔽予防のための層が加えられ，パイルの外寸法は長さ 47 フィート，幅 38 フィート，高さ 35 フィートにもなった．この設計でのユニークな面は炉心中の 20 × 24 インチの "黒鉛熱カラム" (graphite thermal column) 断面であった，それは "格子寸法実験" (lattice dimension experiments) と呼ばれる設備を引き出すことが出来るものであった．

運転のある期間が過ぎた後，新燃料スラグを装荷することで，燃料スラグがパイル後方から取り出された．取り出しスラグは 20 フィート (6 m) の水が在るピットへ投下装置 (chute) を介して落下する，そこで強力な短寿命核種放射線を化学分離プラントへ搬送する前の数週間で死

図5.8 X-10パイルの前面部. 出典 http://commons.wikimedia.org/wiki/File:X-10_Reactor_Face.jpg

に絶えさせる．パイルに燃料装荷するため，従事者達は，その前面を括り付けたエレベーターに乗り込んだ（図5.8)．X-10はハンフォードに建設されるさらに大型の生産用原子炉のモデルでは無いので，その設計の幾つかにそのパイル特有の方法が見られる，取り分け燃料装荷手順と取り出しスラグの操作手順である．X-10は後のハンフォード運転員達の訓練場としても使われた；総計183名のDuPont社従業員がワシントン州へ移動する前にクリントン・サイトで訓練することになっていた．

CP-1のように，**X-10**の制御系は慎重を期しての過剰設計であった．3種類の制御棒が組み入れられた：調整棒 (regulating rods)，シム棒 (shim rods) と安全棒 (safety rods)．安全棒はパイルの上に吊るした長さ8インチのボロン鋼製ロッドだった．それらは手動で操作出来るものの，電気ブレーカーでその位置を保持する；電源喪失事象で受動的にパイル中に落ち込む．緊急バックアップ系では，パイル上部のホッパーがら他の2つの垂直チャンネルの中へ小さなボロン鋼球が供給されることになっている．正常運転では，パイルはパイルの右側から挿入される2個の水平ボロン鋼製調整棒で制御される．4個のシム棒が調整棒で操作するにはあまりにも大きな変化を補償する手段として用いられる．必要であれば完全な停止のためにシム棒を使うことが出来る；電力供給停止の場合，5秒以内にパイルへと駆動させる錘駆動系に連結している．他のチャンネルは中性子計測機，照射試料や小動物を挿入出来る実験孔として用いられる．燃料と実験チャンネルにはプラグ（栓）が備え付けられており，避難しなければならない放射線の危険量を防止するに充分な程出力が低い時にのみ，プラグを取り外すことが出来る．X-10 運転の制限ファクターは強制空冷系の容量だった．最初は，各々毎分 30,000 立方フィート (cubic feet per minute: cfm) 動かすファンが 2 基に加えて，電源喪失事象でオンラインでつながる待機・蒸気駆動 5,000 cfm ユニットが備えていた．200 フィートの煙突から排出する前に，その加熱空気はピックアップ出来る如何なる放射性物質も取り除くために濾過および散水を受ける．

DuPont 社は 1943 年 4 月 27 日にパイル建屋用の掘削を始めた．7 月にコンクリートの注入を開始，Aluminum Company of America が "缶詰" (canning) ウラン・スラグを開始した．黒鉛積は 9 月 1 日に始められた．10 月末までに，建築と最終機械検査が完了した．パイル中央部への燃料装荷は，エンリコ・フェルミの最初のスラグの挿入で 11 月 3 日午後に開始された．約 30 トンのウランを挿入しただけで，X-10 は 11 月 4 日の午前 5:07 に臨界に到達．1 週間の後，燃料装荷を 36 トンに増加し，出力水準が 500 kW に達した．11 月が終わる前に，500 mg のプルトニウムを含んでいる燃料 5 トンを取り出し，化学工程へ送り出してしまったのだ．12 月，空のチャンネルを黒鉛栓で塞いで空気の流れを装荷された燃料の周りに集中させた；これは高温運転とその出力を約 800 kW へ上昇するのを許容するためだった．1944 年 2 月までに，パイルは約 1/3 トン毎日の速度で照射済ウランを生産していた；ウランからのプルトニウム化学分離効率は結局 90 パーセントを超えてしまったのだ．

1944 年初め，X-10 の燃料配置が更なるプルトニウム増産のために再配置された．標準配置は各々 65 個のスラグを装荷した 459 基のチャンネルだった（約 40 トン）；これが各々 44 個のスラグを装荷した 709 基のチャンネルへと変更された．パイル中の燃料の量を劇的に増加させた訳では無いが，パイル中央部の燃料量を減らし，中央温度が高すぎることにならないようにしながら更に高い出力水準での運転を許すことにしたのだった．更なる高温運転を許容するスラグ缶詰技法実証のため，1944 年 5 月までに，出力水準を 1,800 kW へ上昇することが出来た．その年の 6 月と 7 月に，感銘的な 4,000 kW での操業を許すために 2 基の 70,000-cfm ファンが設置された，これはオリジナル設計値の 4 倍に相当する．X-10 は驚くべき信頼性で稼働した；遭遇したたった 1 つの実際問題は新しいファンの 1 基がベアリング破損を起こしたことだった，それで 1944 年夏季中に 30,000-cfm ユニット 1 基の臨時再設置を必要とした．

たった 1.5 mg が抽出されただけのプルトニウム生産は 1943 年 12 月に開始した．1944 年中期までには，月当たり数 10 グラムへと変化し（図 5.9），1945 年 1 月に生産が止まった（ハンフォードの原子炉からロスアラモスへ供給される時期となった），それまでに 300 g を超えるプルトニウムがスラグの 299 バッチから抽出された．自発核分裂危機 (spontaneous-fission crisis) と称されたものの発見を導いたのが X-10 のプルトニウムだった（7.7 節）．この発見がハンフォード生産物質に待ったをかけ，長崎の**ファットマン**の 1 年の有効期間を遅れさせる結果となった．X-10 の運転による予期し無いボーナスは，直接の核分裂生成物であるバリウムの崩壊から抽出出来る放射性ランタンをいくらか生産したことだ．7.11 節で述べるように，この "放射性ランタン" がプルトニウム爆縮爆弾の診断実験の開発において決定的証明を果たした．X-10 は戦時使命を果たす以上のものであった．

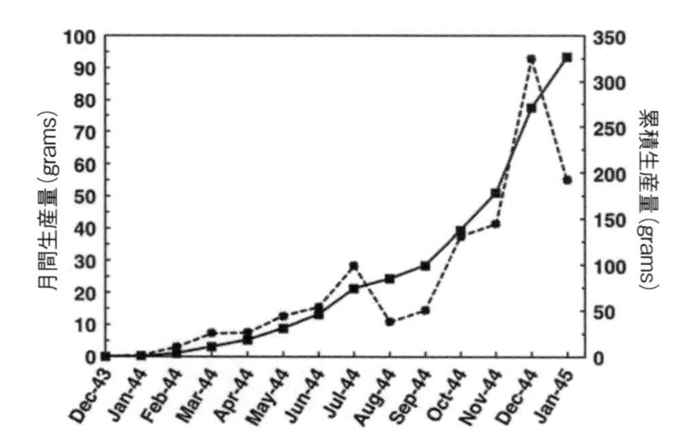

図 5.9 X-10 原子炉からのプルトニウムの生産月間量（**点線と左軸**）と生産累積量（**実線と右軸**）．データ出典：National Archives and Records Administration microfilm set A1218 (Manhattan Engineering District History), Roll 6 (Book IV——Pile Project X-10, Volume 2——Research, Part II——Clinton laboratories, "Top Secret" Appendix). By January, 1945, cumulative production reached 326.4 g

5.3 Y-12：電磁気分離プログラム

アーネスト・ローレンスの電磁気学的 "カルトロン" (**calutron**) 法の迅速な優勢さがウラン濃縮技術可能性リストのトップに押し上げたことを 4.7 節で述べた．1942 年 9 月のボヘミアン・グローブ会合で議論された**唯一**の濃縮法は電磁気分離法だった，テネシー州内に U-235 を 100 g/日で生産されるプラントを陸軍が建設することで開発を進めるようにとの会合勧告が出された．1942 年遅く，U-235 を 1 kg/日生産する能力を有する電磁気プラントには少なくとも 22,000 基の真空タンクが必要となる；同じ生産量の拡散プラントでは 4,600 段[*4] の装置が必要になるだろうと，ルイスのレビュー委員会が結論付けた．その年の 12 月 10 日，1942 年会合で軍事政策委員会 (**Military Policy Committee**) は更に控えめな 500 タンク電磁気プラントでの開始を選択した．電磁気または拡散の何れか一方での濃縮は容易では無い，電磁気システムはその基礎的概念が実証済みで，"バッチ" モードで運転されるため，セクション毎に建設可能で，そのセクションの各々は建設されると直ちに運転開始が出来る．一方，"連続的" 拡散プラントの各々のセクションは前工程セクションと後工程セクションが接合出来る前に使用出来る

*4 訳註： 理想カスケードにおける段の総数 n は：

$$n = \frac{2}{\ln\alpha}\cdot\ln\left(\frac{x_P}{x_W}\cdot\frac{1-x_W}{1-x_P}\right)-1$$

状態にしなければならない.

Y-12 プラントはクリントン・サイトの Bear Creek Valley 内の 825 エーカーの土地に在る（図 4.14）. それはマンモスの企てとなるのだった. マンハッタン計画全体で第 2 番目に高価な施設（建設および運転コストで約 47,800 万ドル，比較の意味でガス拡散プラントではほぼ 51,200 万ドル），Y-12 は人員数を計られたなら第 1 番目にランクされたであろう：1945 年 5 月にはほぼ 22,500 名の雇用者のピークに達した. この複合施設は 9 棟の主工程プラントと 200 棟を超える付属建屋を含むことになり，総床面積は 80 エーカーにもなった. この全複合施設は 19 基の監視タワーを有する 5.3 マイル (8.5 km) の防御フェンスで囲まれていた（図 5.10）.

Y-12 の業績を理解するには，2.1.4 節と 2.1.8 節で説明した質量分析器とサイクロトロンの開発レビューが手助けとなる，特にイオン化された原子や分子の流れが，それらの移動平面に垂直に磁場が横たわっている時にどの様にして自然に環状パスへ動くのかのアイデアが役に立つ.

図 5.11 に図 2.18 の 2 つのサイクロトロン Dees の改訂版を示す. 現在，交番電圧の供給は無い，磁場の形成に用いられたコイルが図中の外側の円状点線で示されている；要するにこの装置は 2 重イオン分離生産を為すために図 2.7 の 2 つのコピーを back-to-back に置いたものであり，もしもこれが単一タンクとして用いられるならば，イオン分離生産が得られることになる. 図 5.12 はマンハッタン管区記録中でどの様に単一タンクが説明されたのかを示す.

メンテナンスのためタンクへのアクセスと集積した分離同位体を取り除くために，コイルを内部に置くのとは反対に，2 つの隣接コイル間にタンクを置くのは都合が良い.（完全な分離は実用上決して達成されなかった故に，**分離**よりも**濃縮**として引用するのがより正確である）. これを図 5.13 に図式的に示す，ここではタンクとコイルを側面から眺めている；コイルに供給された電流は接続線を通じて他のコイルに供給される，このことは表示されていない. もしも君が物理学科の学生なら，そのような配置がヘルムホルツ・コイル[*5]の形状と気付くだろう，それは 2 つのコイル間に非常に均一な磁場を形成する利点を有している.

カルトロン運転での限度因子——そして Y-12 が巨大な施設となった理由——はサイクロト

で表される. そこでガス拡散法（$\alpha = 1.0043$）により天然ウラン（$x_F = 0.0072$）が濃縮ウラン（$x_P = 0.8$）と劣化ウラン（$x_W = 0.004$）とに分離されるとしたなら，1 モルの製品に対して

$$F = \frac{P \cdot (x_P - x_W)}{x_F - x_W} = \frac{1 \cdot (0.80 - 0.0040)}{0.0072 - 0.0040} = 249 \text{ モル}$$

$$W = \frac{P \cdot (x_P - x_F)}{x_F - x_W} = \frac{1 \cdot (0.80 - 0.0072)}{0.0072 - 0.0040} = 248 \text{ モル}$$

$$n = 2 \cdot \frac{\ln\left(\frac{0.80}{0.20} \cdot \frac{0.996}{0.004}\right)}{\ln 1.0043} - 1 = 3,217 \text{ 段}$$

となる [pp. 143-144]. Rudolf Avenhaus,「物質会計：収支原理，検定理論，データ検認とその応用」，今野廣一訳，丸善プラネット，東京，2008 より.

[*5] 訳註：　ヘルムホルツ・コイル：半径 a の円形コイル 2 つを平行に同軸におき，距離を a に等しくとったもの. 一様な磁場を生ずるのに用いられる. 2 つのコイルに電流 I を同じ方向に流すと，内部に生ずる磁場の強さは MKSA 単位系では $0.716I/R$ で与えられる.

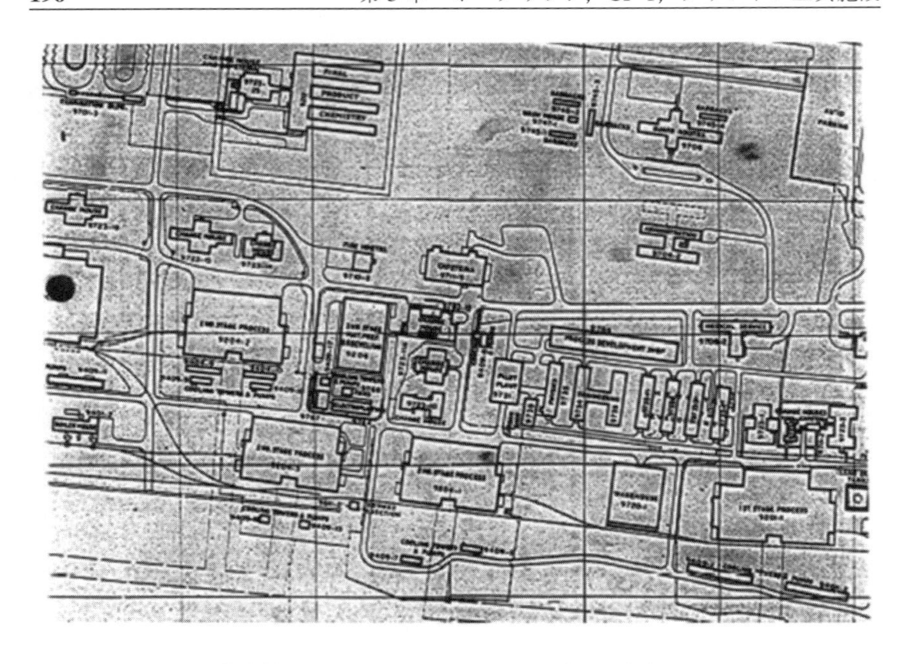

図 5.10　Y-12 複合施設平面図の一部．北はおよそ右上．本文で述べたパイロット・プラント建屋が丁度中央右側に見える．3 つの 9204 ベータ建屋（中央左側と中央下）と 1 つの 9201 アルファ建屋（下部右側）が見える．平面図の左から右まで約 2,900 フィートである．2 つの垂直格子線の間隔が 1,000 フィート；水平格子線間隔が 500 フィートである．全複合施設の端から端まで約 8,500 フィートと計測された

ロン技術者達には “空間電荷” (space charge) 問題として知られていた．真空タンク内を移動する電荷イオン流のように，それらは互いに反発し，理想的円軌道が荒らされる．このことが電流強度の実際的限度を決める，これは通常等価電流 (equivalent electrical current) と表現されている．このことが，真空タンク 1 基の 1 日当たりの理論的分離質量限度を与える．Y-12 カルトロンの場合，この容量は，最適環境の下で U-235 約 100 mg/日であった．1 つのタンクから 50 kg（爆弾 1 個分に充分な量）を収集するには，500,000 日，または 1,300 年を超える運転を要する．少なくとも数百のタンクを有する施設が 1 年または 2 年で爆弾用として充分な物質を分離するチャンスが持てるときのみ，それに喜んで投資することが当初から認識されていた．

数百基のタンクが必要ならば，それらを配置する都合の良い方法は，図 5.14 に示したように “母線” (busbar) と接続しているコイルを連結させ，図 5.13 の数多くのコピーを一緒に繋ぐこと

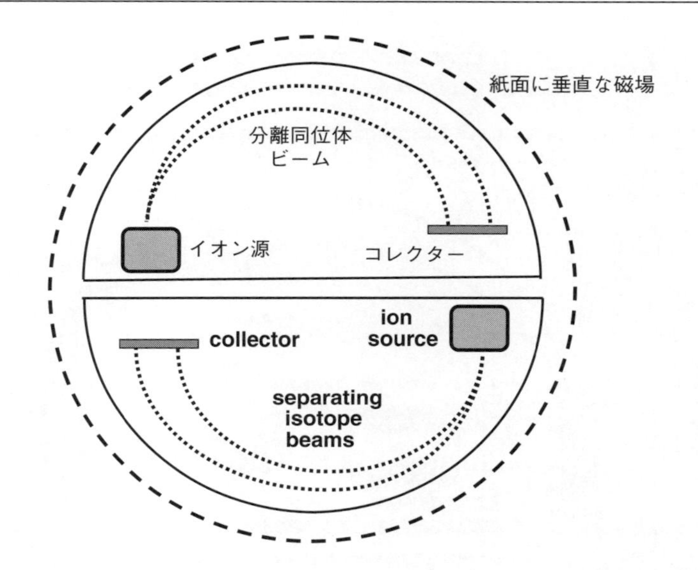

図 5.11　2 つの back-to-back カルトロン "タンク" と磁気コイル（円形状の点線）の模式図．図 2.18 のように，磁場は紙面に垂直である

である．このような配置はタンクとコイルの "トラック" (track) として知られることになった．電流が閉じた回路に沿って流れなければならないので，他の精密品 (another refinement) が閉じたループとしてトラックに配置された．全体の配置を決める際，アーネスト・ローレンスと彼の技術者達はこのアイデアを早くから思いついていた．"アルファ競走場" (Alpha racetrack) として知られた実際の Y-12 タンクを図 5.15 に示す．このトラックには磁気コイル間の 48 の間隙内に back-to-back 対（ペア）の 96 基の真空タンクが配置された．この磁気コイルはあばら骨状構造物 (rib-like structures) のように見えた．間隙数が 48 に選択された，電力供給設備使用に最大の融通性を持たせる偶数の最大公約数であるからだ．（以下に述べるように，"アルファ" の名称は，後日に異なる設計の "ベータ" トラックが現われた時にイメージされたものである）．写真上部に横たわる直線構造物が，コイルに給電する 1 インチ平方の固体銀製導体 (solid-silver conductor) と母線を支えている．図 5.15 に示すように，これらのトラックに在る真空タンクは C 字形で，物質収集とメンテナンスのための特別なガントリー起重機で引き抜くことが出来る．

図 5.15 から明らかなように，これらユニットに用いられた磁気コイルはどの研究所の質量分析器に比べてもさらに大きい．アルファ・トラックのコイルは四角形だった（図 5.21），適切に供給され得る加速電圧と磁場のためには，横幅が約 3 m でなければならない．それでさえも，U-235 と U-238 のイオン流の分離がたったの約 1 cm であった．設置された磁場強度は約

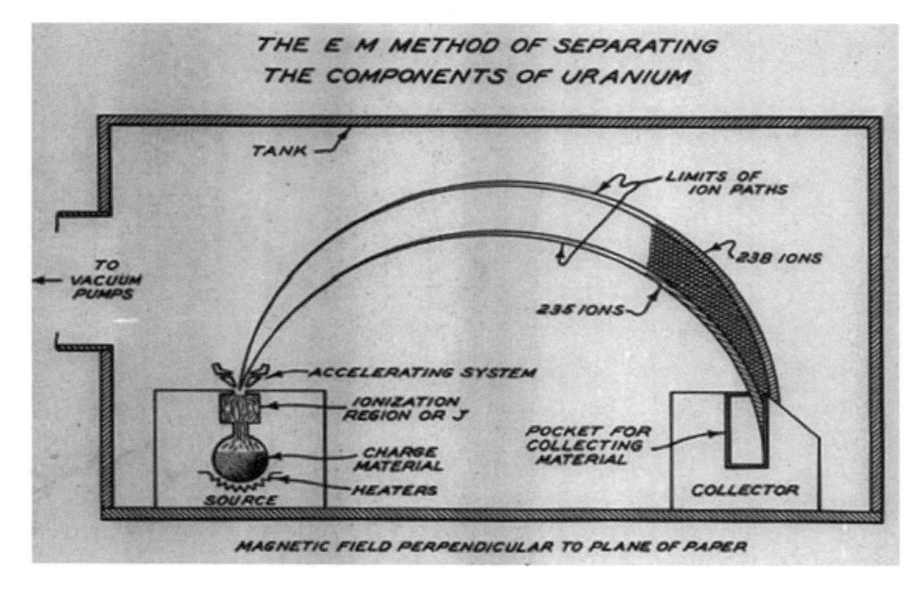

図 5.12 電磁気分離法のスケッチ，マンハッタン管区史マイクロフィルムから複製． 出典 A1218 (9), image 831

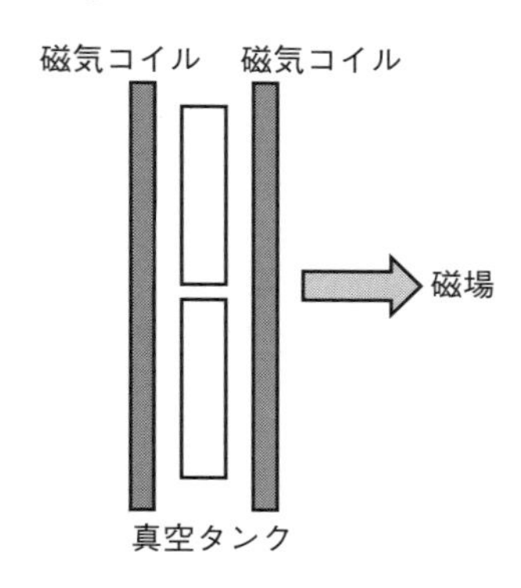

図 5.13 図 5.11 を側面から見たもの，2 つのコイルの間に挟まれた真空タンク

0.34 テスラ (Tesla)*6，これは地球表面での平均磁気強度の 7,000 倍に当たる．

---

*6 訳註： テスラ：磁束密度の MKS 単位．N. Tesla にちなむ．$1\,T = 1\,Wb/m^2$．

図 5.14　カルトロン“トラック”の部分模式図．実際は，トラックに数ダースのタンクが含まれる

図 5.15　左 Y-12 アルファ“レース・トラック”．右 C 字形真空タンクを管理する労働者達．　出典 http://www.y12.doe.gov/about/history/getimages, http://commons.wikimedia.org/wiki/File:Alpha_calutron_tank.jpg

1942 年秋までに，ボヘミアン・グローブ会合で目標として定めた U-235 の 100 g/日分離には，ローレンスの 184 インチ・サイクルトロンの実験でおよそ 2,000 のイオン源が必要であることが示された．Stone and Webster 社は，各々のタンクに 1 個のイオン源とコレクターを設置する以上のことは無いと保守的に推定し，2,000 基ものタンクの設置計画を始めた．入手可能な電力分配装置の利用可能性から，生産建屋毎に 2 基のトラックの各々で約 100 基のタンクが含まれる可能性が有ると推定された．2 基のタンクを収容するコイル対間に隙間（ギャップ）が在るならば，各々のトラックに 50 ギャップが要求されることになる．2,000 基タンク供給のため，結局 10 棟の生産建屋が求められることになった，同様に組立ショップと補修ショップ，研究室と管理建屋も求められた．そのシステムの取り分けやっかいな面は，その真空要求事項

図 5.16 フランク・オッペンハイマー（**中央の黒髪の人物**）とロバート・ソーントン（**右**）が 4 源のアルファ・カルトロン・イオン放出器を調べている． **出典** http://commons.wikimedia.org/File:Calutron_emitter.jpg

だった．タンクはポンプで引き，標準大気圧の約 1 億分の 1 の圧力で維持される．そのプラントの真空体積は，多分当時の世界中の総真空空間量を数オーダー超えていると推定された．もう 1 つの検討が化学工程の施設だった．Mallinckrodt Chemical 社から受け取ったウラン酸化物をカルトロンに供給する前にウラン四塩化物 (UCl_4) に転換しなければならなかった，そしてしばしば酸でタンクを洗浄されたその工程物質は収集され純化されなければならない．Y-12 のみの化学操作だけで数千名が雇われた．

1942 年を通じ，ローレンスと彼の技術者達はイオン源の多数ビーム化を具体化するための設計改良に傾注した（図 5.16）．11 月 18 日，彼の 184 インチ・サイクロトロンの極間に二重源を持った新型タンクを導入した．両源ともに 2 つのビームを作り出すことが出来て，その結果 4 組の U-235 と U-238 ビームが一緒に存在することになる．このシステムは御しにくかった，しかし；時々たった 2 つのビームが同様に焦点化出来たのだった．それにも拘わらずタンク当たり 2 源は大きな利点を有していた，この設計ではタンク総数を 1,000 基へと減少することを許すものだった．そうしている間に，Stone and Webster 社の技術者達は彼らに含まれる設備と同様に非常に粗いアイデアのみを基礎に建屋設計を始めなければならなかった；グローヴズ将軍は完全に稼働可能な濃縮システムが開発されてしまう前に屡々べらぼうな建設資金を投資してしまった．

Stone and Webster 社が Y-12 を建設し，そこでプラントは稼働しなければならなかった．この業務のため，グローヴズは Tennessee Eastman Corporation（Eastman Kodak Company の子会社）と契約した，グローヴズがテネシー州キングスポートに在る火薬プラント建設を委託した会社でもあった．Tennessee Eastman 社の契約はコストに料金を加算したものに基づく：月当たり 22,500 ドルの基礎的支払金プラス各々のトラックが 7 基に達した時に 7,500 ドル，プラス各々のトラックがその数を超えた各々のトラックに対し 4,000 ドルの追加金．

Y-12 プロジェクトの計画を始めるため，ローレンスとグローヴズおよび様々な企業の契約

図 5.17　操作室での "カルトロン女子達". 各々の操作員は 2 基の真空タンクの挙動を監視したが，何が生産されているのかを知らなかった．　出典 http://commons.wikimedia.org/wiki/File:Y-12_Calutron_Operators.jpg

者達が 1943 年 1 月 14 日にバークレーで一堂に会した．3 建屋内に収めた 96 タンクのトラック 5 基については開発の初期段階と呼ばれた；トラック自身は長さ 122 フィート (37 m)，幅 77 フィート (23 m)，高さ 15 フィート (4.5 m) であった；その建屋は磁石の重量を支えるために 6 フィート基礎が要求された．トラックの中心区域は事務所空間として使用するには充分すぎるほど大きかった．グローヴズは最初のトラックを 1943 年 7 月 1 日までに稼働することを望んだ．各々の建屋の第 1 番目のフロアー（地下のレベル）には真空ポンプが装備された．トラックは地面レベルに設置され，それらの上部は殆どが高卒の地元女性であった雇用者達の連続監視と各々のタンクのイオン・ビームの調整のための操作ギャラリーとして設けられた（図 5.17）．この工程は，稼働分離器当たりほぼ 20 名の雇員を要する，労働集約型だった．磁場は極端な均一性を維持しなければならなかった；たった 0.6% の偏位で間違った同位体を収集する結果となってしまうのだ．

Y-12 施設とその設備の設計が連続的かつ増大しながら進んだ．最初の決断は各々のタンク毎に 2 個のイオン源エミッターを用いることだった．1943 年早く，エドワード・ロフゲン (Edward Lofgren) が少しばかり濃縮した物質（~ 15% U-235）を供給し，そこで 90% レベルの濃縮度に上げる 2 段濃縮施設建設のアイデアを思いついた．グローヴズはそのアイデアが魅力的に見え，最初の 2 つのユニットの承認を 3 月 17 日に行った．この時点で，オリジナルの総レース・トラックは "アルファ" ユニットとして知られていた，そして 2 段濃縮施設は "ベータ" ユニットとして知られることになる．ベータのタンクはアルファ・ユニットの直径の半分であるものの，その磁場強度は 2 倍で運転された．18 基タンクを 2 列平行に並べた四角形配置で，互いのベータ・トラックは D 字形磁気コイルにサンドイッチされた 36 基のタンクが組み込まれていた（図 5.18）．ベータ・ユニットもまた 1 対のソース・エミッターを備えていた．

図 5.18　マンハッタン管区史のマイクロフィルムから再生した写真には 2 基のベータ・トラック，1 基が前方に，1 基が後方に写っている．　**出典**　A1218 (10), image 0231

1943 年 7 月，タンク内の多数ビーム源をローレンスが唱道し始めたが，グローブスは，プラント競争を遅らせかねないとしてその変更承認を渋った．妥協が成立した：最初の 4 基のアルファと全てのベータ・トラックは 2 ビーム源を使用するが，第 5 番目のアルファ・トラックは 4 ビーム源を用いることにする．放射研究所のスタッフは追加的設計と工学的任務を行うために膨れ上がった；1944 年中頃までに，1,200 名の雇用者数に達した．電磁気プログラムの研究のみで約 2,000 万ドルを使った．

設計が完了する前に，第 1 番目のアルファ建屋，920-1 のために 1943 年 2 月 18 日に掘削された．アルファ・トラックを備えた建屋は "9201" 建屋として知られ，一方ベータ・ユニットを備えた建屋は "9204" 建屋だった．究極的には，9 基のトラックを備えた 5 棟のアルファ建屋に加えて 8 基のトラックを備えた 4 棟のベータ建屋であった．終戦まで全てのユニットがオンラインに達したものでは無かったが，合わせてこれら 17 トラックで 1,152 基のタンクが含まれることになった（表 5.1）．Y-12 サイトで完了した最初の構造物で，多分現在最も有名なものは建屋 9731，"パイロット・プラント" 建屋だった（図 5.19）．1943 年 3 月に完工し，この建屋は実験用アルファとベータ・ユニットを備え，運転員達の訓練に使われた．カルトロン XAX と XBX と称され，これらのユニットは建屋 9731 内に今もなお立っている，そして今では米国エネルギー省の歴史的遺産物事務所によってマンハッタン計画の顕著な遺産物に指定され，観光客達に公開されている，これでマンハッタン計画の多くの施設とは異なり，破壊されてしまうことは無いであろう．

実験用 XAX アルファ・ユニットの最初の成功的運転が 1943 年 8 月 17 日に為された，その時期までにグローヴズは将来の拡張を既に検討していた．バークレーでの 9 月 2 日会合での改良設計レビューの後，9 月 9 日の **MPC**（軍事政策委員会）で彼の計画を説明した．96 タンク

表 5.1　アルファ・カルトロン・トラックとベータ・カルトロン・トラック

建屋名	タンク当たりのイオン源数 ×トラック当たりのタンク数	トラック	開始日付
9201-1	2×96（アルファ I）	アルファ 1	1943 年 11 月 13 日 *
		アルファ 2	1944 年 1 月 22 日
9201-2	2×96（アルファ I）	アルファ 3	1944 年 3 月 19 日
		アルファ 4	1943 年 4 月 12 日
9201-3	4×96（アルファ I）	アルファ 5	1944 年 6 月 3 日
9201-4	4×96（アルファ II）	アルファ 6	1944 年 7 月 24 日
		アルファ 7	1944 年 8 月 26 日
9201-5	4×96（アルファ II）	アルファ 8	1944 年 9 月 24 日
		アルファ 9	1944 年 10 月 26 日
9204-1	2×36（ベータ）	ベータ 1	1944 年 3 月 15 日
		ベータ 2	1944 年 6 月 5 日
9204-2	2×36（ベータ）	ベータ 3	1944 年 9 月 12 日
		ベータ 4	1944 年 11 月 2 日
9204-3	2×36（ベータ）	ベータ 5	1945 年 1 月 30 日
		ベータ 6	1944 年 12 月 13 日
9204-4	2×36（ベータ）	ベータ 7	1945 年 12 月 1 日
		ベータ 8	1945 年 11 月 15 日

* トラック・アルファ 1 は表示日付の直ぐ後に停止；1944 年 3 月 3 日再稼働.

のアルファ・トラック 4 基を追加建設するとした，それらはタンク当たり 4 イオン源を持つものだった．アルファ II と呼ばれたこれらトラックは建屋 9201-4 と 9201-5 内に備えられた．それらはオリジナルの全体配置とは長方形配置である点が異なっていた（図 5.20）；アルファ I を改名させた曲部タンクを卵形ユニットにし，これを規則的にすることが困難であると証明された．さらに 2 基のベータ・トラックもまた同時に承認された．真空タンク，ソースおよびコレクター（収集器）の生産はウエスチングハウス (WH) 社が契約し；ジェネラル・エレクトリック (GE) 社は高電圧の電気制御の責任を持ち，磁気コイル自体は Allis-Chaimers 社によって製造された．

第 4 章で述べたように，電磁気プログラムのユニークな面の 1 つは磁気コイル製作に米国財務省銀を用いたことだった．通常，銅が用いられるのだが，銅金属は砲弾のさやに用いられ，戦時中の最優先物質だったためである．議会は防衛目的のため米国財務省銀を 86,000 トンまで使用することを認めた；そのプロジェクト（マンハッタン計画）の秘密への恵みとして大量の銅が拡散してしまわないように．ケネス・ニコルスは 1942 年 8 月 3 日に財務省次官ダニエ

図 5.19 **中央左側**の平天井建屋，**明るい色彩**の建屋が 9731 建屋で，Y-12 複合施設で最初に完遂した．大きな建物はベータ・プラントである；図 5.10 と比較せよ．
出典 http://www.y12.doe.gov/about/history/getimages

図 5.20 マンハッタン管区史のマイクロフィルムから再生した写真にはアルファ II レース・トラックが写っている． 出典 A1218 (10), image 0214

ル・ベル (Daniel Bell) と会い，財務省金庫室より約 6,000 トンの銀の借用を請求した；ベルは財務省の優先計測単位が金衡オンス (troy ounce) であるとニコルスに告げた．[480 グレーン (grains) で 1 金衡オンスであり，これは一般的な 1 常衡オンス (avoirdupois ounce) の 437.5 グレーンに比べて若干重い；1 金衡オンスは約 31.1 g と等しい]．1942 年 8 月 29 日，ヘンリー・

スチムソン陸軍長官がヘンリー・モーゲンソー (Henry Morgenthau) 財務長官への手紙の中でその銀を正式に要求した．スチムソンは銀が使われるのは何かについて何も示唆せずに，この計画が"最高の機密事項"であるとだけ述べていた．彼の手紙は銀純度 99.9% と規定し，そして銀財産が合衆国に留まるものであるとモーゲンソーを納得させた．銀の返却期限は，受け取ってから 5 年または合衆国の金融要求に関連した理由からその全てまたはその一部が必要であるとの財務省から書面での告示による．

陸軍省は結局ほぼ各々 1,000 金衡オンスの 400,000 個のインゴット棒をニューヨーク州ウエストポイント (West Point) の West Point Bullion Depository から引き出した．最初の棒が 1942 年 10 月 30 日に引き出され，約 70 マイル南のニュージャージー州カーテレテ (Carteret) の U.S. Metals Refining Company ヘトラック輸送された，そこで各々の重さが約 400 ポンド (181 kg) の円柱ビレットへと鋳込まれた．1944 年 1 月に鋳込み作業を止めるまでに，75,000 個のビレットを丁度超えたところで，重さにして 3,100 万ボンド近く鋳込んでしまった．驚くべきことに，この重量は財務省から引き出された 2,940 万ポンド（約 14,700 トン）を超えていた．注意深くクリーンアップ運転を行うようにグローヴズが強調した：労働者のつなぎ服は真空引きによりクリーンにされ，金属のかけらが長年のうちに堆積した機械，冶具，炉，工場床，貯蔵区域はクリーンに解体されスクラップにされた．全ての飾りつけが取り戻されることを完全にするため，工程のどの段階でも銃を持った警備員が監視した．この取り戻し作業は大成功で，150 万ポンドを超える銀を得ることが出来た，一方損失したものと考えられたのはその 11,000 ポンド以下であった．

鋳込んだ後，ビレットは数マイル北のニュージャージー州ベイウエイ (BayWay) の Phelps Dodge Copper Products Company プラントヘトラック輸送された．そこで，加熱され，幅 3 インチ，厚さ 5/8 インチ，長さ 40-50 フィートのストリップへと引き伸ばされた；もしもマンハッタン計画の銀の全てがその幅と厚さのストリップで形成されたならば，それはワシントンからシカゴ郊外まで達する長さになるだろう．冷却後，意図された特殊磁気コイルに依存し，そのストリップは様々な厚さへと圧延される．大型自動車のタイヤの大きさのタイト・コイルへと成形され（未だ磁気コイルになっていない）．74,00 を超えるコイルが生産された，磁気コイル製造のためそのほとんどがウイスコンシン州へ出荷された（図 5.21）．さらに，母線部材として形成するために，268,000 ポンドの銀が直接オークリッジに送られた．ウイスコンシン州へ出荷されたこのコイルはミルウォーキーの Allis-Chalmers Manufacturing Company に行き，そこで巻き戻され，銀製はんだで結合され，磁石割り付けの鋼製ロビン周りにそれらを巻く特別の工作機械に供給される．1943 年 2 月から 1944 年 8 月の間に，940 のコイルが巻かれた，各々のコイルには約 14 トンの銀が含まれていた．製造後，それらはオークリッジまで鉄道で出荷された．

1943 年夏までに，Y-12 の建設は最高潮となっていた．Stone and Webster 社の建設従業員数は 9 月の第 1 週で 10,000 名に達し，ピークでは約 20,000 名とも成った．全体で，会社は 400,000 人の人々と建設業務について面接することになった；Y-12 複合施設は労働で 6,700 万人・時 (man-hours) を消費したことになる．Tennessee Eastman 社は運転員の訓練を始めた；11 月までに 4,800 名程が準備出来た．アーネスト・ローレンスは，彼自身大規模操業の新参者でもないのに，Y-12 の規模と複雑性によって畏敬の念に打たれてしまった，"ここでの運転の

図 5.21　マンハッタン管区史のマイクロフィルムから再生した若干低品位の写真に，正方形ロビンの上に巻かれた磁気コイルが見える，アルファＩコイルのようである．**下部右側**の前景の人物が尺度となろう．　**出典**　A1218 (10), image 0443

図 5.22　Y-12 の建設，1944 年．　**出典**　http://www.y12.doe.gov/about/history/getimages.php

大きさを見た時，それが君の酔いを醒まし，やり遂げて得たものが我々が欲したものなのか，欲しなかったものかを君は認識する ··· このものの大きさから，千名の人々がこの場所で失われるのだと観察出来るのだ，そして我々は近づいて各人を雇用し何とかして彼らを使う確実な企ての作成を行った，何故ならレース・トラックをスケジュール通りに運転に入らすための恐ろしい仕事を進めなければならないからだ．我々はそれを行わなければならないのだ”．クリントンでの建設と運転のペースにもかかわらず，サイトの安全記録は驚嘆すべきものだった；1946 年 12 月を通じて，たった 8 件の死亡事故が起きただけだ：5 件が感電死で，1 件がガス中毒死で，1 件が火傷死で，1 件が転落死だった（図 5.22）．

1943年秋に問題が浮かび出て来だした，しかしながら操作員達は定常イオン・ビームに維持しようと努力した，そして電気故障，絶縁体の焼損，真空タンク漏れが風土病となった．約14トンの重さの鋼製タンクの幾つかは，真空ラインのとんでもない応力を与える磁力によってラインから数インチ引っ張られてしまった．その解決にはそのタンクを鋼製ストラップで床にしっかりと留めなければならなかった．更に悪いことに，最初のアルファ・トラックが11月13日に開始した直後に，コイルの巻き方がお互いに接近しすぎたことと絶縁油が錆，沈殿物，有機物質で汚れていたことが原因の電気短絡で停止した．猛り狂ったグローヴズが12月15日に着き，その状況について個人的にレビューした．その唯一のオプションは80個のコイルの再組立てと油を濾すシステムを含むように設計改良のためミルウォーキーに戻すことだった．コイルの改造コストは470,000ドルを超えた．

第1番目のアルファ・トラックからの磁石が再組立されながら，第2番目のトラックが1944年1月22日にサービスを開始した．果てしない故障と思われていたのに反し，メンテナンスと運転員が得た経験により，その性能は徐々に増進した．2月末までに，12%のU-235を約200g濃縮してしまった；この幾らかがロスアラモスへ送られた，残りはベータ・カルトロンの供給材として使用された．再組立された第1番目アルファ・トラックは3月3日にサービスを再度開始した，第1番目のベータ・ユニットが3月半ばに稼働開始した．この増大しつつある成功によって浮き立ち，ローレンスは既に承認された9基に4基の新アルファ・トラックを加える提案，もう1つの拡張を唱道し始めた．グローヴズは如何なる追加的アルファ・トラックも認めなかったが，ガス拡散プラント（5.4節）から部分的濃縮物質を一部引き受けるため，2棟のベータ建屋（トラック5からトラック8まで）を加えることに決めた．第3番目のベータ建屋建設は5月22日に始まった；これらトラックのコイルは通常の銅製巻きで作られた．

“日課” (routin) 運転の間に，アルファ・トラックはほぼ10日毎にウラン受け入れのため停止された，そしてベータ・トラックは約3日毎であった．しかしながら，この生産性をルーチン・ベースに落ち着かせるのに長い期間を要した．1944年の最初の月で，アルファ・ソースで造り出されたU-235が約4%を超えて受け皿 (receivers) に収まることは無かった；ベータ・ステージではたったの5%の比率だった．損失の殆どが，供給物質のウラン四塩化物のイオン化低効率と単一イオン化分子以外の種を生み出す電離工程によるものだった．供給物質の大部分は真空タンク内面の周りに吹き付けられて終わりとなる，それらは清浄廃棄され，受け入れシンクが洗浄される．あまりにコストが高いかまたは剥がしてクリーンにすることが困難な部材に付着した物質は単純に放棄された．さらにうんざりする問題も持ち上がった．1つのケースでは，ネズミが真空システムに引っかかり適切なポンプ停止を妨げた．ネズミのために生産の数日間をロスしてしまった．他の1つは，“自殺行為” (suicidal) とグローヴズが言ったアルファ・トラック6と7の建屋外側の絶縁器上に鳥がとまり，短絡を引き起こすことだった．鳥は13kVを受け，その建屋全部が停電してしまった．

1944年を通じて改善が行われた．10月21日から11月19日の間に，U-235の生産量は15kgに達した，この量はそれ以前の月間量を合わせた値とほぼ等しい（図5.23)．12月15日までに，9基のアルファ・トラック全てとベータ・トラック1，2，3が稼働し，ベータ・トラック4と6が未濃縮アルファ原料処理に使われ，ベータ5は訓練用として使われた．Y-12は基本的に24時間ぶっ通しで操業された．

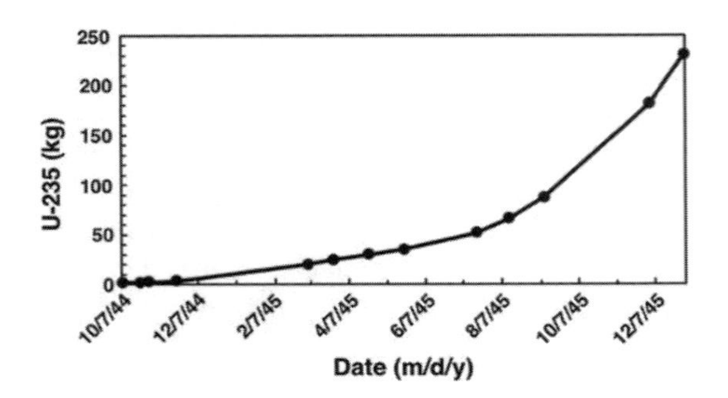

図5.23　1946年初めまでのY-12プラントのベータ・ステージからのU-235生産累積量（日付はmm/dd/yyで記す）．データ出典：National Archives and Records Administration microfilm set A1218 (Manhattan Engineering District History), Roll 10 (Book V——Electromagnetic Plant, Volume 6——Operations, Top Secret Appendix, p. 4.)

1945年初め，クリントン工兵施設の操業で重要な改善が行われた．ウラン濃縮法の全てが最終的にはオンラインとなるのだが，グローヴズはそれらを並行で競わせるのとは反対に，それらをシリーズで結び付けることを考え始めた．爆弾級の生産速度の最適化が如何様なものかの詳細計算に従い，天然組成六フッ化ウラン (uranium hexafluoride) を **S-50** 熱拡散プラント（5.5節）へ供給する工程を2月26日に始めることが決められた，これはU-235ウラン含有率を0.72%から0.86%へ濃縮することであった．この生産物はアルファ・カルトロンへ供給する，しかしガス拡散カスケードが1.1%生産段階で有利である時，S-50生産物はそこに供給してそのレベルまで濃縮し，その後に **Y-12** アルファ・ユニットへ行くことになった．20%濃縮物質の生産に充分な拡散ステージがオンラインとなった時，アルファIユニットは停止され，K-25の製品は直接アルファIIトラックへ，その後にベータ・ユニットへと行った．クリントンの様々なプラントが濃縮レベルの異なる達成をし，しかし互いにオーバラップしていたので供給段階のシーケンスはそれらがオンラインであるように一定に調節された．**S-50** プラントは0.72%から0.86%の濃縮レベルに上げ，**Y-12** プラントのアルファ・ステージは0.72%から約20%へ，ベータ・ステージは20%から90%へ，**K-25** は0.72%から36%に濃縮．Y-12の濃縮ウラン四塩化物はロスアラモスへの出荷のために六フッ化ウランへ転換された，その化学工程は汚染を最小にするため金製トレイで行われた．ほんの1g以下の貴重な生産物はほぼコーヒー・マグの大きさの金メッキ・ニッケル製シリンダーに詰め込まれ，カドミウムで内張された木箱に収められた．その木箱は革製書類かばん (briefcases) 内に一度に2個詰めされ，ニューメキシコ州への2日間の汽車旅の間は武装した急送便添乗陸軍兵士の腕に鎖で繋がれ確実なものにされた．1945年4月までに，Y-12は爆弾級U-235を25kg程生産してしまった；6月半ばに，その総量は丁度50kgを超えた．リトルボーイ爆弾内のウラン原子のどれもがアーネスト・ローレンスのカルトロンの少なくとも 1 つのステージを通過したことになった．最盛期生産時，アルファ・ユニットは総計で 10% 濃縮物質約 258 g/日の生産速度を示し，ベータ・ユニットは少なくとも 80% に濃縮した物質約 200 g/日で生産した，ボヘミアン・グローブ会合で定められた 100 g/日の値に比べてより良いアウトプットとなった．

クリントン工兵施設 (**CEW**) は莫大な量の電力を消費した．1945 年半ば，CEW の変電所で最高出力 310,000 kW を供給し，その内 200,000 kW が Y-12 単独でのものだった．ほぼ 299,000 kW のピーク消費は 1945 年 9 月 1 日に起きた．Y-12 では，1943 年 11 月に 326 万 kWh (3.26 MkWh) の消費で始まり，1944 年 1 月の磁石危機の深みの間は 0.28 MkWh に落ちたが，1945 年 7 月の 153 MkWh ピークまで定常的成長を続けた．1943 年 11 月から 1945 年 7 月末までの間に Y-12 が消費した総電力量は 1.6×10^9 kWh，これは U-235 リトルボーイ爆弾によって放出されたエネルギーの約 100 倍に相当した．これら数値を総合的視野で見るために，著者の自宅の典型的月間電力消費量の平均は約 650 kWh；100 万 kWh は我が家では 130 年を超える電力量となる．1945 年夏の最盛期生産において，クリントンは合衆国内で生産される電力量の約 1 パーセントを消費していた，そのほとんどがローレンスのカルトロンに向けられたものだ．

5.4　K-25：ガス拡散プログラム

K-25 ガス拡散濃縮複合施設は全マンハッタン計画の中で単一での最も高価な施設であり，そして組織化，設計，工学および建設が最も困難なものの 1 つだった．ガス拡散は徐々に最も経済的なウラン濃縮法であると証明されたのだが，ほとんどそれは死産に近かった．K-25 のコストと重要性の観点から，それが膨大な印刷物のトピックであると君は期待するに違いない，しかしそうでは無かった．拡散隔膜作製工程が最高機密と考えられ，ガス拡散はマンハッタン管区史の公開版では事実上触れられていない；K-25 に専念する部署は用意も編成もされなかった．この技法を公に知る全ては例えば Hewlett & Anderson，Jones および Smyth（スマイス）らの著者達から骨折って収集しなければならない，彼ら全員が機密資料にアクセスし，そして衛生的な (sanitize)[*7]歴史として出版したものだ．

ガス拡散法の基礎原理は第 1 章で簡潔に述べた．この基礎アイデアは，数百万の微視的穴を持つ多孔質障壁に対し同位体混合組成ガスをポンプするならば，より軽い質量の原子は平均的に，それより重い質量の原子に比べて少しばかり多く通過することである．反対側でのより軽い同位体組成のガス濃縮の結果は非常に些少なレベルでしかない．どの段階でも非常に小さい濃縮ファクターなので（以下のように），少々濃縮されたガスは引き続く濃縮ステージへとポンプしなければならない．カスケード内の一連の多数の工程 “セル” (cells) を一緒にリンクさせることで，爆弾級物質を結局抽出できるのだ．各々のステージで軽同位体が少々劣化して出てきたガスに軽同位体原子が依然として含まれているので，追加工程のための “下流” (down) カスケード[*8]に戻すことが必要である．これらのアイデアを非常に模式化して図 5.24 と図 5.25

[*7] 訳註：　sanitize：（好ましくないものを取り除き）より気に入るようにする．

[*8] 訳註：　カスケード: 同位体分離において，1 段の分離操作では所定の濃縮や分離が達成できない

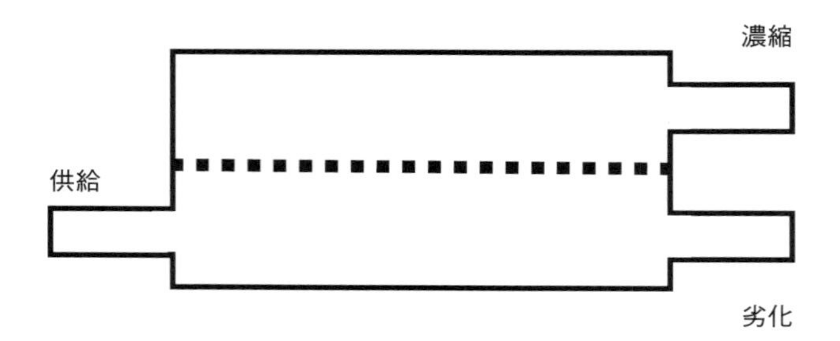

図 5.24 拡散カスケードのセル模式図．多孔質隔壁は点線で示す．供給物質（フィード）は左から入る．軽同位体が濃縮されたガスはカスケードの次のステージへとポンプで送られる，一方軽同位体が劣化したガスは更なる工程のために次の工程へ戻される

に示す．

各セルの濃縮性能は拡散の統計力学により示される．その理論は複雑だが，その基礎的結果の幾つかはわかりやすい．各ステージからの濃縮されたガスが次に続く N 段のステージに送られるなら，出現ガス中の重同位体原子数と軽同位体原子数の比が下式で与えられる，

$$\text{出力比} = (\text{入力比} - \text{ステージ比})\left(\frac{\text{重同位体の質量}}{\text{軽同位体の質量}}\right)^{N/2} \tag{5.1}$$

K-25 プラントでの使用ガスは六フッ化ウラン，UF_6 だった．フッ素の原子量は 19 なので，重同位体（$^{238}UF_6$）質量は $238 + 6(19) = 352$ を持ち，軽同位体質量は 349 を持つ（フッ素はたった 1 つの安定同位体を有するのみである）．もしもカスケードの最初のステージに入力された UF_6 が "事前濃縮" されていないならば，その入力組成比は天然ウランの軽/重組成比に成るだろう，0.0072/0.9928 = 0.00725．従って，

$$\text{出力比} = 0.00725\left(\frac{352}{349}\right)^{N/2} = 0.00725\,(1.0086)^{N/2} \tag{5.2}$$

9/1 の出力比（90% 濃縮）を達成するには $N \sim 1,664$ 段必要である[*9]．ヘンリー・スマイスが彼の 1945 年刊行のマンハッタン計画史でこの状況について述べたように，障壁に "多数のエーカー"（大面積）が大規模プラントのために必要とされていた．しかしながら君が 5% 濃

場合，分離効果を重畳して，目的とする濃度の製品を得るための多段分離装置が必要であり，この連続多段分離系統をカスケードと呼ぶ．

[*9] 訳註： 理想カスケードにおける段の総数 N は下式より得ることが出来る：

$$N = \frac{2}{\ln\alpha}\cdot\ln\left(\frac{x_P}{x_W}\cdot\frac{1-x_W}{1-x_P}\right) - 1$$

ガス拡散法を例にとると，その分離係数 α は UF_6 分子としてクヌーセン (Knudsen) 拡散係数の比で

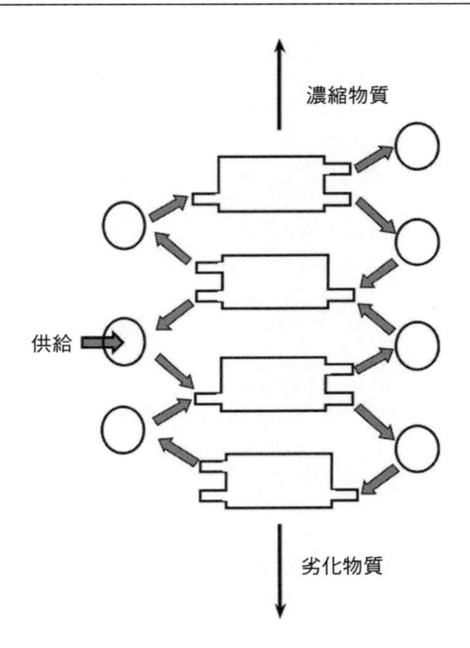

図 5.25 拡散カスケードの模式図．円はポンプを表す．軽同位体が濃縮されたガスは模式図の上部に向かって集積する，一方軽同位体が劣化したガスは下部に向かって集積する．実際には，この模式図が示すように垂直に配置されていない；K-25 プラントでは，全てのセルは地上レベルに配置された

縮物質で開始出来るなら（入力比 = 1/19；何故?），同じ 90% 濃縮に必要なのは約 1,200 段と

あり，ガス成分の分離は分子量の 1/2 乗の逆数に比例する：

$$\alpha = \left(\frac{M_B}{M_A}\right)^{1/2} = \left(\frac{352}{349}\right)^{1/2} = 1.0043$$

したがってガス拡散法により天然ウラン（$x_F = 0.0072$）が濃縮ウラン（$x_P = 0.9$）と劣化ウラン（$x_W = 0.004$）とに分離されるとしたなら，

$$N = \frac{2}{\ln 1.0043} \cdot \ln\left(\frac{0.90}{0.10} \cdot \frac{0.996}{0.004}\right) - 1 = 3,595 \text{ 段}$$

となる [pp. 143-144].（Rudolf Avenhaus,「物質会計：収支原理，検定理論，データ検認とその応用」，今野廣一訳，丸善プラネット，東京 (2008) より）.
本文計算値のほぼ 2 倍となったのは，本文では下段（劣化ウラン：x_w）の段数を計算していないからである．

なろう――約25%少なくなるものの依然として大きな数値だ．拡散の数学は複利の数学のようだ：利率固定で1,000ドルを得たいなら（質量比の法則で演じる），君が10ドルに比べて100ドルで開始するならゴールにより早く達することが出来よう．実際，その工程は，これら数字が意味するように決して有効では無い．拡散中の物質の全てが各々のステージに入り込むものでは無い，幾つかのガスは障壁を介して自然拡散で戻る．事実，詳細計算がプラント規模と動力要求の観点から最適配置は，ポンプで障壁を通して各ステージに拡散させたガスはたったの半分であり，劣化した半分のガスは次ステージへと戻ることを示した．実際のプラントでは，カスケード端から出てくるガス堆積の100,000倍が入力ステージでの供給として必要かもしれない．供給点下部に建設するステージの数は工程劣化物質を続けるには如何に経済的となるかの判断により規定される；**K-25**プラントで，その供給点はカスケードに沿った道の約1/3の処だった．

障壁は頑健でかつ制作が容易でなければならない，しかし最も重要な事は拡散穴のサイズである．大気圧下，分子の平均自由行路 (**mean free path: MFP**)（他の分子に衝突するまでの分子の移動距離）は10^{-7} mのオーダーであり，約1 mmの1万分の1である．真の拡散を達成するには，障壁の穴の直径はこの約1/10を，または100 Å（1 Å = 10^{-10} m）超えてはならない．比較のため，人間の毛髪のサイズに大きな変化があるものの，典型的毛髪直径は約100万オングストロームである．

化学工学者達は拡散過程が既知であり，核分裂過程でのU-235の決定的役割を理解すると，この技法が可能性の有る濃縮法として興味の対象となったことに驚かなかった．1940年遅く，ジョン・ダニング (John Dunning)，ユージン・ブース (Eugene Booth)，ハロルド・ユーリー (Harold Urey) と数学者のカール・コーン (Karl Cohn) がコロンビア大学でこの技法の研究を始めた．最初の障壁材料は，“フリット” (fritted) ガラスとして知られた部分熔融ガラスであったが，この材料は六フッ化ウランの腐食効果に耐えられなかった．1941年中期の英国MAUD報告書では，拡散が最も約束された濃縮法であると認定していた；オックスフォード大学のフランツ・シモン (Franz Simon) が異なるポンプ・スキームを試験するために2基の10段のカスケード・モデルを開発していた．1941年11月，ヴァネヴァー・ブッシュがマンハッタン計画を再編成し計画チーフ達を任命した時，ユーリーはアメリカでの拡散研究の指導者に指名された（4.6節）．当時，ダニングとブースは真鍮板から亜鉛をエッチングし多孔質金属障壁の作製を試みていた，そして少量ウランの濃縮を続けていた（真鍮は銅と亜鉛の合金である；エッチングが亜鉛を取り去り板を多孔質にする）．

1942年5月25日の会合で，**S-1**統治者らが拡散パイロット・プラントと1 kg/日の大規模施設の工学研究を進めることを支持し，この勧告を，ヴァネヴァー・ブッシュがルーズベルト大統領へ6月17日に届けた（4.9節）．10月遅くまでに，ブースはコロンビア大学で12段の運転デモンストレーション・システムを持った，それは5時間運転で六フッ化ウランの小さな濃縮を達成した．このコロンビアのシステムは直径約4インチの対面シリンダーを伴い，その面間に1ドル硬貨の障壁サンプルが置かれたものだった．その全体の集合体は約8フィート (2.4 m) 平方，深さ3フィート (0.91 m) のキャビネットに合わせられた．

コロンビアの研究がマンハッタン管区援助下になった時，代替（または他のソースでは特別）合金材料 (SAM: Substitute Alloy Materials)) 研究所として名付けられることになる．1943年終わりまでに，コロンビア大学のみでガス拡散問題の仕事で700名を超える人々の従事に加え他の大学と産業界の研究所で数百名を超える人々をユーリーが受け持つことになった．4.10節で述べたように，1942年12月のルイス委員会報告書が15,000万ドル，4,600段拡散プラントが究極的にU-235約25 kg/月を生産する全ての方法の最良機会を有するだろうと結論し，建設を進めるよう勧告した．ケロッグ社（下記参照）で建設中の10段パイロット・プラントが1943年6月までに準備出来ないそして同年9月まで収率のいかなる結果も期待出来ないのにも関わらず，12月10日付けの軍事政策委員会会合で先に進ませることを決めた．

ケロッグ社が1942年遅く拡散プラントの設計とエンジニアリングを請け負った時，適切な障壁材料は開発されてなかった．結局，使用可能な障壁開発はマンハッタン計画全体の中で最も困難な局面の1つと証明された．プラントで用いられる工程物質，六フッ化ウランは容易にガスに出来る利点を有するものの，極端な腐食性にある（次節で述べるように，六フッ化ウランの大規模生産はフィリップ・アーベルソン (Philip Abelson) による先駆的業績が残されている）．障壁はガスの腐食効果と運転下での高圧の両方に対し健全であるに充分な強さを有しなければならない．UF_6 の腐食効果に健全である唯一の元素がニッケルで，1942年遅く（ベル電話研究所の）フォスター・ニクス (Foster Nix) 指揮下のコロンビア大学グループは圧縮ニッケル粉末に関わる実験へと注意を向けた．これらの障壁は充分頑健であることが証明されたが，多孔性が不充分だった．反対に，細かさが多い穴が電着メッシュで認めることが出来たものの，そのメッシュは特別に強いものでは無かった．このメッシュは内装家のエドワード・ノリス (Edward Norris) によって彼が発明したペイント・スプレィヤーの一部として開発されていた．1941年遅くノリスがコロンビア大学グループに加わった，そして1943年1月までに彼と化学者のエドワード・アドラー (Edward Adler) が多孔性と強度の正しい組み合わせを持つように見える材料を開発した．手製のノリス-アドラー障壁を有する6段パイロット・プラントの建設が1月にコロンビア大学で始められた；7月には運転が始められた．しかしながら，実規模プラントに対して，手間請負い (impractical) は実際的では無い．数百万平方フィートの障壁が要求されているのだ，このことは工業規模での生産を意味する．1943年4月，メッキ技術の経験を集積していた自動車用アクセサリー製造業者 Houdaille-Hershey Corporation はノリス-アドラー障壁が大量生産に受け入れる証明を為すとの約束の上で，イリノイ州ディケーター (Decatur) に在る500万ドルの障壁製造プラントの建設と運転を契約した．幾つかは10,000ガロンもある，拡散タンク自体は Chrysler Corporation により製造された，そのタンクの内側にニッケル被覆する技術を開発しなければならない．2年を超える運行で，Chrysler 社は鋼表面63エーカーの被覆を行った．

1942年12月のケロッグ社と陸軍との契約は普通では無かった．会社は設計，建設および運転を為すために如何なる保証も要求されなかった．財務事項はその業務が一層進展するまで未仕様のまま残された；終局的に会社はその業務に対して約250万ドルの料金で承諾した．分離企業体 Kellex Corporation がこの仕事を行うため設立された．**K-25** の名称はクリントン・サイトのみでのコード名で以下のことを示唆していた：K は Kellex で，25 は U-235 から取った；Y-12，X-10 と S-50 には意味が無いように見える．ヘンリー・スマイスの言葉によれば，Kellex 社は業務遂行の目的を説明して数多くの学校と企業から引き抜いた科学者，技術者および管理者達のユニークな暫定的共同組合だった．ケロッグ社の副社長で MIT 化学工学科卒のパーシヴァル・キース (Percival Keith) がこの新会社の責任者に指名された，この新会社は1944年までに3,700名もの従業員を持つことになる．Jersey City の10段パイロット・プラントの建設と同様，会社自身でも障壁研究を始めた．そのパイロット・プラントは最終的に運転条件模擬下で実寸法の拡散タンクの試験に使われるようになった．

拡散プラントの設計は米国と英国のアイデアが衝突する領域の1つだった．カール・コーヘン (Karl Cohen) の4,600段解析は高圧，高温での単一カスケード運転を想定していた，一方英国はより低い温度と圧力で運転するカスケード・カスケード配置を提案していた．英国のアプローチは技術的にはさらに複雑になるものの，障壁材料への過酷な要求を和らげ，より短い平衡時間の利点を有していた．一方，単一カスケード設計はシステムを並べるのに一層容易に配置することが出来るので望む任意の段から工程物資を供給または引き抜くことが出来た．アーサー・コンプトンの1941年11月の第3回科学アカデミー報告書の付録で（4.5節），ロバート・ミリカンが低圧プラントでの平衡時間が5-12日に，反対に高圧設計では100日になると推定してた．

障壁が Kellex 社が直面する唯一の事項では無かった．六フッ化ウランはグリースや水分 (moisture) と激しい反応を示した，プラントに要求されている数マイルのパイプに沿って工程ガスとそれら何れかとの混合も許されない．如何にしてそれにつながる数千台ものポンプとバルブに油を差すのか? この解は耐水化学物質 polytetrafluorethylene [PTFE；化学式は $(C_2F_4)_n$ である]，現在一般的にテフロン (Teflon) の名で知られている．それ自身がフッ素との化合物である PTFE は，フッ化物による攻撃に耐え，固体物質中で最低の摩擦係数を有するものの1つとして知られている．もう1つの問題は，拡散プラントがほぼ7,000台のポンプを必要とすることだった．ガスが圧縮された時，ポンプは自然と加熱されてしまう；運転するためにはポンプを冷却しなければならない，さらに全てのシールは真空気密で無漏洩でなければならない．K-25のポンプは Allis-Chalmers Company が供給することになる，その会社は Y-12 の磁気コイルも製造した．

1943年中頃，Decatur プラントの仕事が進み，K-25 プラントへのサーベイの最中に，障壁問題が危機的状況へと近づいていった．ノリス-アドラー障壁，Decatur プラントが採用していたのだが，脆く，ピンホールを塞ぎかつ均一な品質での製作が困難であることが証明された．公的歴史が述べていることには，Kellex 社の技術者 Clarence Johnson が恥ずかしそうに1つの手法——ノリス，アドラーとニックスの技法を結び付けたもの——を用いて新障壁を開発した時，同年6月に重要な進展が得られたのだった．重水抽出の工程開発に活発だった英国生まれのプリンストン大学の化学者アウゲ・テイラー (Hugh Taylor) もまた著しい寄与をした．1943年8月13日に開催された軍事政策委員会が適切な障壁は多分近いうちに得られるだろうが，時期が来るまでコロンビア工程（Norris-Adler-Nix）と Kellex 工程（Johnson）の両者ともに研究を続けなければならないと結論した．終局的に，多くの手と頭が障壁問題解決のために巻き込まれることになった；終局の成功を1人の人間に当てはめることは不可能だ．

1943年終わりまでに，決定しなけらばならない時期が近付いた．この点でグローヴズは英国の科学者達にこの状況をレビューさせるという通常で無いことをしでかした．12月22日，彼はニューヨークで16名の強力な英国派遣団員達と会った，その中にはフランツ・シモンとルドルフ・パイエルスがいた．そのグループは Kellex 社とコロンビアの代表から概要を受け，それに続く報告書準備する前の種々の研究所訪問を延期した，それは 1944 年 1 月 5 日の Kellex 社本部での 4 時間会合と考えられる．英国は Johnson 障壁が製造でより容易であり，そして Norris-Adler 版よりも結局優れていることが証明されるだろうと感じていたが，時間が決定要因ならば，研究成果が既に集積している後者が重要な利点を有すると認識した．しかしながら Houdaille Hershey は大規模での Norris-Adler 障壁の製造に対して悲観的になりつつあった．Kellex の技術者達は Johnson 障壁への変更さえも反対だった，彼らはグローヴズの運転目標時期，1945 年 7 月 1 日には運転してなければならないのだ．グローヴズは 1 月 16 日に Decatur を訪ね彼の決定を伝えた；プラントは Johnson 障壁の製造に切り替えると．

Y-12 複合施設で，建設と運転は 2 つの異なる契約者で取り扱われていた．グローヴズは K-25 の運転契約者が必要だった，彼の Decatur 訪問の 2 日後，Union Carbide の子会社である Carbide and Carbon Chemicals Corporation にコストに加えて 75,000 ドル/月ベースでこの仕事を請け負うことを納得させた．会社はその副社長の 1 人である物理化学者で技術者のジョージ・フェルベック (George Felbeck) を K-25 のプロジェクト・マネジャーとして指名した；Carbide 社もまた障壁研究に寄与した．

K-25 は工程物質を加熱し，ポンプを駆動する膨大な量の蒸気が求められることになる．このことに関して，パワー停止は生産の遅れだけでなく，カスケードを介して反響し装置を損傷させる圧力波を生じさせる．停電またはサボタージュを恐れ，グローヴズは電力を TVA に頼ることを欲しなかった，そして K-25 は自己所有の 238-MW 蒸気発電プラントを持つことになる（ボストンの都市電力に充分な程の)，それは地下ケーブルで保護され主要プラントへ供給された．発電プラントとメインの K-25 プラント自体を建設するために，グローヴズはノース・カロライナ州シャーロットの J.A.Jones 建設会社を選んだ．彼はその会社を良く知っていた；Jones 社は米国内のどの他の会社に比べても陸軍キャンプを建設していたのだから．Jones 社は，当時における世界最大の建設プロジェクトの 1 つであった最終的に 60 社を超えるサブ契約者と関係することになる．クリンチ川の堤防に接する発電プラント用敷地の配置調査と伴に 1943 年 5 月に業務を開始した；K-25 プラントそれ自身の調査は月遅れで開始した．発電プラントが始まった時，K-25 用ポンプの設計は定まっていなかった；発電プラントは 5 つの分かれた周波数の電力を供給する設計をしなければならなかった．この複雑さにもかかわらず，1944 年 3 月 1 日にはオンラインとなった，建設開始後たったの 9 ヵ月目であった．

Vincent Jones が言うには，グローヴズのオリジナルな意図は環状バンドル形状の障壁を有する拡散ステージを用いて K-25 で 90% の U-235 の生産を可能とすることだった．しかしながら，詳細計算は入手出来るポンプと環状障壁が最も効率を上げるのは濃縮度 36.6% であることを示した，この値を超えると異なるセル設計と他のポンプが要求されることになる．このことは，直ちに 1934 年初期，K-25 を約 36% 濃縮に限定し，その生産物は当時確立されていたベータ・カルトロンに供給することをグローヴズに熟考させた．グローヴズは 8 月 13 日の **MPC**（軍事政策委員会）会合で正式にこのカットバックを表明した，そして 5，15，36.6 および 90% の推定供給時に，プラントが操業に入ることを予想していたかと Kellex 社に質問した (90% は後日 K-27 拡張プラントで示されることになる；下記参照)．

クリントン保留地区の北西角の 5,000 エーカーに K-25 複合施設は建設された，オークリッジの南西約 15 マイル (24 km) の処である（図 4.14）．平らな作業区域を供給するために約 300

図 5.26 上空からの K-25 プラント全景． **出典** http://commons.wikimedia.org/wiki/File:K-25_Aerial.jpg

万平方ヤードの土を移動した．主要建屋建設を 1943 年 9 月 10 日に始め，最初のコンクリート打設を 10 月 21 日に行った．K-25 用の臨時建設キャンプは牧歌的に幸福谷 (Happy Valley) として知られた；その人口ピーク時には約 17,000 人だった．

大文字の U 形で配置された 4 床の主要工程建屋は巨大なものだった（図 5.26）．各々の側面部は長さ 2,450 フィート (747 m)（丁度半マイルの長さ），幅が 450 フィート (137 m)；全幅は 1,000 フィートを超えた．12,000 枚もの建設図が 550 万平方フィートまたは 120 エーカー (4.8 km^2) を丁度超えた全床面積――米国国防総省（ペンタゴン）の床面積の約 80% に相当――を有する施設の詳細用として描かれた．サイズが 1/8 インチから 36 インチまで変化する書類を添えて，300 万フィート（500 マイルを超える）ものパイプと 50 万個のバルブを伴うものだった．建設者のピークは 1944 年 4 月に 19,600 名を丁度超えるまでに達した．同年 6 月までにプラントは 37% まで完遂，推定建設コストは 28,100 万ドルへとエスカレートしてしまった．Kellex 社は総計 2,892 段の拡散ステージを計画した．理想的には，カスケードの終末段に向けて濃縮度が増えた濃縮ウランを集積させるのに（“上流段” (upper stages) として知られる），ポンプとセルは徐々に減少するサイズのが使用出来る．このために複雑さが増し，製作を高価なものになるとして，Kellex 社は 5 種類のサイズのポンプと 4 種類のセルにすることを決めた．建屋自体はお互いに繋がった 54 のサブ建屋で構成され，カスケードは独立に各々が運転出来るように 9“セクション” (sections) に分割された，それは，全体のカスケードの一部として通常は運転されるのだけれど．基礎的な運転実在物は，個々の拡散タンク 6 基を単位とする “セル” であった．

建屋基礎部に潤滑，冷却，電気設備が備えられた．拡散タンク自体は地階床上に備えられた，地上 2 階はパイプ・ギャラリーに供せられ，最上階には操作装置が用意された．130,000 ものモニター器械を備えた中央制御室には U 字形の底の部分の最上階に置かれた．Kellex 社は建設計画を 5 段階に分割し，“ケース”として区分していた．1945 年 1 月 1 日に完遂されるケース I は，54 段パイロット・プラントの建屋で試験用 1 セルの完遂全体が，そして最終的に充分大きな施設（402 段）で 0.9% の U-235 を造り出すことが確認されることだった．ケース II, III および IV は各々 5，15，23% 濃縮のために 6 月 10 日，8 月 1 日，9 月 13 日までに工程に入れること．36% 達成のケース V はその後可能な限り早期に達することだった．

建設中の清浄度要求は実際に外科手術のレベルだった．作業者達は特別製衣服と糸くず無し手袋で覆われた；親指の指紋さえも災害をもたらすのに充分な湿気をもたらすのだ．工程パイプが設置された区域には，加圧ベンチレーションが備え付けられ，濾過空気が供給された．装置の幾つかの部分は，汚れ，グリース，酸化物および湿気の全ての痕跡を取り除くために 10 回もの分離クリーニング・ステップが求められた．14 の特別技法を同時に操作出来る結局 1,200 台となった機械での熔接は内側膨張可バルーン封入物で行った．プラント全体が運転中の如何なる漏れの存在を定常的に監視するために，不活性ヘリウム・ガスがパイプ・システムの中へ供給され，アルフレッド・ニール (Alfred Nier) によって開発された敏感な携帯質量分析器によってその存在を嗅ぎ付けるのだ．GE 社で数百台のニールの装置が製作され，K-25 プラント全体に配置された；ニールもまた，建屋全体に渡る箇所毎で種々の化学物質の流量監視計に使う 50 個を超える固定装置システムを開発した．これら装置がデータを中央制御室に報告し，そこから単一の個人がプラント全体をモニター出来るのだ．K-25 建屋のもう 1 つのチャレンジは，計画されたパイプ用ニッケル要求が全世界のニッケル金属生産量を超えることだった．産業界の知識を再び引き出したグローヴズは，ニュージャージー州の Bart Laboratories と契約した，それは奇妙な形状の対象物への電着に特化した企業であった．Bart の技術者達は，電着タンクとしてパイプ自体を用いることによりパイプ内面の電着方法の開発を可能とすることが出来た；均質な金属析出を確実にするように熔融ニッケルを介した電流を通過させながらパイプを回転させた．

K-25 の建設と運転の進捗はニコルスからグローヴズへの月次報告書で詳細に報告された．1944 年 4 月 17 日，最初の 6 段セルが予備的機械試験の一部として短時間運転された．5 月までに，充分な品質の障壁が入手出来始めた；大量生産を 6 月に開始した．UF_6 の代わりに窒素を用いて，8 月までに U 字の底に在る 54 段パイロット・プラントで運転員の訓練が始められた．9 月 22 日に最初の拡散タンク 4 基が Chrysler 社から届いた，しかし 2 基が鉄道操作の影響を調べるために戻された．11 月 9 日までに最初の 12 基のタンクが据え付けられた．1 ヵ月後，Chrysler 社が 324 基のタンクを出荷，そのうちの約 200 基が据え付けられた．1944 年終わりまでに，プラントの 65% が完遂した，ケース I の 402 段の内の 60 段が Carbide 社の運転員へ引き渡す準備が出来た．1945 年 1 月初めまでに，ケース I に必要なタンク全てを受け取り，Chrysler 社は 65-70 基/週の製造を続けた；当月末までに，出荷総数が 800 基近くに達した．

漏洩検査と計器類の校正期間の後，1945 年 1 月 20 日に最初の工程ガスがシステムの中に導入された．3 月 10 日，ケース I の 402 段の中の 102 段が“直接リサイクル” (direct recycle) 運転し，ほとんど 1,100 基のタンクが届いたとニコルスが報告していた．3 月 12 日までに，さらに2棟の建屋がシステムと繋がり，24日にケースIの全てがオンラインした．4月初めまでに，総計2,892基のタンクの丁度半分が届き，ケースIとIIでは濃縮度1.1%のU-235の生産が続けられた，それは施設がS-50熱拡散プラントからの最初の些少濃縮原料の受け入れを開始出来たとの合図だった．このことは4月28日に生じ，その時期までに1,500基を超えるタンクが設置されたか設置の準備が出来ていた．6月初めまでに，全てのタンクが出荷され，1,500基近くが稼働中であり，K-25は7%濃縮原料をベータ・カルトロンへ供給中であった廣島爆弾投下の1日後の8月7日に，ニコルスは2,200段を超えて操業中と報告した．9月6日付けの彼の8月操業報告には日本降伏後の日である8月15日までに2,892段全てが操業中であることが示されていた．プラント全体が操業した時，濃縮度は23%へと上昇した．

終局的には，K-25の生産物は上述した36%濃縮が限界では無かった．1945年初め，Kellex社は540段“拡張”プラントのための計画を開発した，そのプラントはK-27として知られるようになる．主要K-25カスケードからのアウトプット廃棄物に天然ウランを混ぜることで，K-27は些少濃縮された生産物を造り出した，それはK-25の上段に供給することが出来る，そしてそれが生産量と濃縮度の両方を増加させることになる．K-27の建設を1945年3月31日にグローヴズが承認した；1946年1月にはフル稼働に入った，その時期までに全ての濃縮運転がガス拡散で行われるようになっていた．

如何なる定義にしても，K-25は傑出した工学（エンジニアリング）の成果だった．そのプラントが実際に独り立ちするのは戦争が締結した後に過ぎないのだが，グローブスの賭けは米国にその後長年にわたり完璧に操業する濃縮ウラン法を遺産として残してくれたのだ．

5.5 S-50：熱拡散プログラム

一層巨大な電磁気およびガス拡散のいとこ達と比べた時に，マンハッタン計画の液体拡散プログラムは若干第2番目の地位と見なされがちである．**S-50**プラントは急いで建設され，短期間で運転された，そして僅かな程度の濃縮ウランのみを生み出した（0.72から0.86%のU-235へ），しかし彼らの努力を優先させた閉塞した電磁気分離器故障が起きたことで，その寄与は極めて重要となった，核分裂物質を確実に保証するためにグローヴズが手中するオプションの“最後のカード”であると，ヒューレットとアンダーソンがS-50を述べた．

熱拡散 (liquid thermal diffusion) 法を背後で動かした初期の人物はアーネスト・ローレンスの大学院生，フィリップ・アベルソン (Philip Abelson) だった，彼は他の人達と1939年初めにバークレーで核分裂発見を確認した．アベルソンは正式に1939年5月にPh.D.を取得した，その丁度数ヵ月後に彼の核分裂確認研究が行われた．彼は夏の間，X線の研究を完遂するためにバークレーに留まり，マレー・チューブ (Merle Tuve) が彼をワシントン・カーネギー研究所 (**CIW**) の地位を提供したために9月にワシントンD.C.へ移った．1940年春，アベルソンはエドウイン・マクミランと共にネプツニウム発見研究の完遂のためバークレーに戻り一寸の期間離れた（3.8節），彼らの努力が直接的にプルトニウムの研究へとグレン・シーボーグを動機付けることになった．ワシントンに戻った後，アベルソンはウラン同位体濃縮の可能なアプローチについて検討し始めた，研究論文の文献をレビューした後，液体熱拡散 (LTD:

liquid-thermal-diffusion) 法の探求に決めた．歴史家 Joseph-James Ahern は LTD へのアベルソンの興味は 1940 年 6 月のロス・ガンの訪問が引き金になったのだと示唆している，ロス・ガンがハロルド・ユーリーの論文コピーをアベルソンに見せたのだ．第 4 章で触れたように，ガンはライマン・ブリッグスのウラン委員会のメンバーであり，海軍艦船用動力源として核分裂のポテンシャルを非常に早い時期に公にしていた．

第 4 章で引用したごとく，LTD 法をめぐって陸軍と海軍間でかなりの政策的論争が存在した．我々が知るように，その開発は海軍が始めた，後でマンハッタン管区の卸売りに本質的に委ねられた．管区書類には海軍研究のサマリー概要が含まれていたのだが追跡歴史では，1942 年暮れ以降，1944 年中期の S-50 計画に突然飛んでしまっている．しかしながらこの歴史のギャップを埋める現在入手可能な数多くのソースが存在している．フィリップ・アベルソンの甥であるジョン・アベルソン (John Abelson) がフィリップが残した自叙伝的ノートを基礎に彼の伯父の伝記を出版した，そしてライターの Peter Vogel は 1940 年から 1944 年の LTD 法開発の数多くの手紙と報告書の写しを用意した．しかしながら最も有意なソースは 2 冊の **NRL** 報告書であり，その両報告書に，アベルソンが筆頭著者として載っている．1943 年 1 月 4 日付けの最初の報告書は，その時点までの進捗が述べられており，その時点で NRL が小型 LTD パイロット・プラントの運転をしていた．1946 年 9 月 10 日付けの第 2 番目の報告書では，熱拡散プラントのエンジニアリング理論の詳細と 1940 年と 1945 年の間の熱拡散法の完全な歴史をカバーしている．

液体熱拡散の基礎原理は，もしも元素の 2 つの同位体を含む流体（ガスまたは液体）が熱勾配を受けると仮定し，より軽い同位体はより熱い領域に向かって，一方より重い同位体はより冷たい領域に向かって移動することを基礎にしている．この結果，より軽い同位体を含む流体はより低い密度となり対流で上方へ上がる，一方より重い同位体を含む流体は流下する．お互いの同位体のこの熱拡散と通常拡散間の競合が，ある時間または日数後にこの 2 つの工程間で平衡へと導かれる．熱拡散理論はスウェーデンの David Enskong（1911 年）と英国の Sydney Chapman（1916 年）によって最初の開発が為された．実験的証明は 1917 年に Chapman と F.W. Dootson によって確立された．ドイツでは，クラウス・クラウジウス (Klaus Clusius) とジェラルド・ディッケル (Gerhard Dickel) が 1917 年に垂直管の中心軸に沿って熱線を置き，ネオン同位体の僅かな濃縮を達成した“カラム” (column) アプローチを最初に用いた．その直ぐ後に，米国農務省の Arthur Bramley と Keith Brewer が異なる温度の 2 個の同心円管を用いるアイデアを思いついた．アベルソンは内側管を蒸気で加熱し，外側管を水で冷却使用する Bramley と Brewer アプローチを採択した，それらの間の環状の隙間に工程流体を注入した．

図 5.27 に熱拡散“工程カラム”のスケッチを示す．平衡に達するカラム時間は 2 管間の温度差，環状隙間の離れ具合，それらの全長に依存する．このカラムの究極の重要物性は分離係数 (separation factor) と呼ぶものである，これが濃縮の有効性を特徴付ける．例えば，もしもカラムが 1.2 の分離係数を有し（S-50 カラムのケースに相当している），天然ウランが用いられるなら，工程の後で，U-235 のパーセントが 0.720% (1.2) = 0.864% となるだろう．

アベルソンの 1946 年報告書で彼の最初のカラム実験が 1940 年 7 月に **CIW** で行ったことを示している；彼のゴールは種々のカリウム塩溶液の拡散を調査したドイツの研究を再現することだった．不幸なことに，ウラン塩溶液を用いた試みではカラムの底に彼が“不溶性ごた混

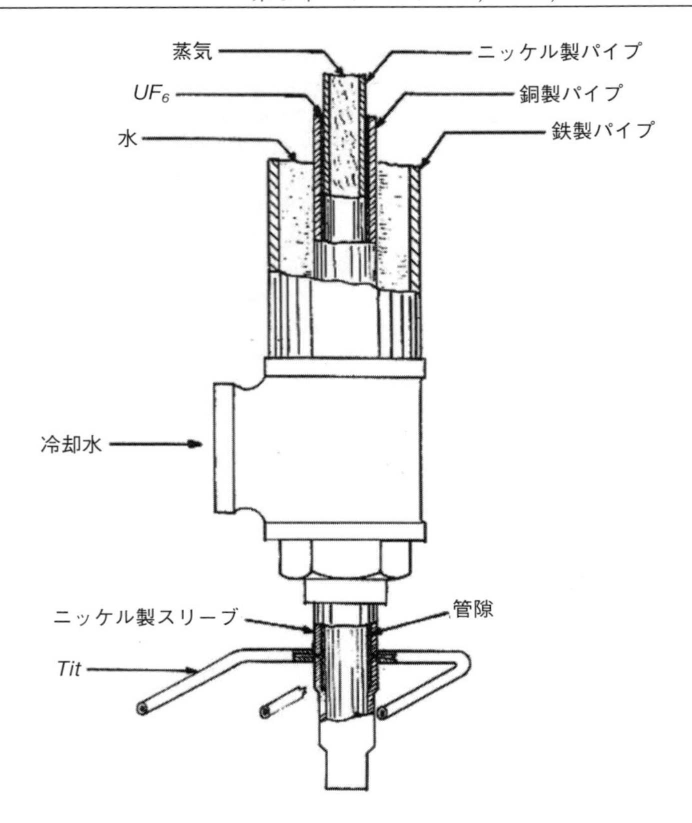

図 5.27　K-50 プラントの拡散工程カラム断面図．軽同位体 (U-235) と重同位体 (U-238) の混合物の六フッ化ウラン (UF_6) が**ニッケル製**パイプと**銅製**パイプ間の**狭い隙間** (0.25 mm) へ注入される；ニッケル製パイプの外径は 1.25 インチだった．望まれる軽同位体物質はカラム**頂上**より収穫される．各々のパイプの**頂部**と**底部**に，3 つの小さい突き出た "tits" が物質供給と引き出すために**環状隙間**にアクセスしている．Reed (2011) より

ぜ" (an insoluble mess) と呼ぶものを生じさせた．アベルソンの実験は放射能汚染物を造ったのだろうかとマレー・チューブ (Merle Tuve) が心配し，再びそれらのために他の場所を探し始めた．チューブはブリッグスのウラン委員会のメンバーだった，そしてブリッグスは連邦標準局 (**NBS**) でアベルソンが利用出来る空間を気前よく作ってくれた．アベルソンは彼の実験を NBS へと 1940 年 10 月に移した，その時期までに **NRL** はこの研究支援のために **CIW** と契約を結んだ；連邦標準局でのそれからの 9 ヵ月間の滞在中にアベルソンはウランの件について

時々ブリッグスに助言を行った．**NRL**（海軍研究所）はアベルソンの装置を備え付け，**CIW** が彼の給料を払い，そして **NBS** が研究所スペースと化学助手を与えた．アベルソンのビジネス順位の第 1 番目は彼のカラムに試用する適切なウラン化合物を探し出すことだ，使えるに違いない物質が通常 “ヘックス” (hex) と呼ぶ六フッ化ウラン，UF_6 であるとすぐに決まった．しかしながらたった数グラムのヘックスが今までに製造されただけなので，まず最初にキログラム量を用意する方法を開発しなければならなかった；彼はついにその工程の特許を取得した．

1940 年 7 月 1 日と 1941 年 6 月 1 日のあいだに，アベルソンは，直径 12 インチ，環状隙間が 0.5 mm と 2 mm のあいだを有する，2 フィートと 12 フィートの間の長さを持つ 11 基のカラムを造った．カリウム塩水溶液で行った実験は平衡時間と分離係数が環状隙間に敏感に依存することを示した．1941 年 4 月に 12 フィートのカラムで UF_6 を用いた運転で，僅かな濃縮が示された，しかし測定値はおよそ測定の確率誤差にほぼ等しいものだった．1941 年 6 月，アベルソンが正式に **NRL** に雇用され，その研究所では 36 フィートのカラムを用いた LTD 法の研究を推進することが決まっていた．後年の “パイロット・プラント” と区分するため，これら最初のカラム群は集合的に “実験プラント” と呼ばれた．アベルソンは彼の最初のカラムで塩素同位体濃縮を達成したものの，同年 11 月には四塩化炭素 (carbon tetrachloride) の析出物によって台なしにされてしまった．

第 4 章で触れたように，核分裂に関するアーサー・コンプトン委員会は 1941 年中活発だった．1941 年 11 月 6 日委員会の付録の中で，ロバート・ミリカンが種々の同位体濃縮法の実行可能性と予想コストの分析結果を報告した．彼は LTD 法を単一の概要文節で述べただけだが，“工夫に富んだ研究道具でこの方法を用いての溶液で最近為された試行は，水から未溶解塩の驚くべき分離速度と分離度を示した” と指摘した．

1942 年 1 月と 9 月の間に，アベルソンは NRL で温度 286 °C の高温管を用いる 5 基の実験カラムをさらに建設した．これらの環状隙間は, 0.53 mm, 0.65 mm, 0.38 mm, 0.2 mm, 0.14 mm で作られ，分離係数として 2%（1942 年 1 月），1.4%（3 月 1 日 4），9.6%（6 月 22 日），21%（7 月），12.6%（9 月）を得た．アベルソンは 6 月 22 日の 9.6% 結果をウランでのこの方法での最初の議論の余地の無い成功的応用例と見なした．特に勇気づけられたことは，カラムの平衡値の 1/2 分離に要する時間である “擬似平衡時間” (pseudo-equilibrium time) が僅か 8 時間であったことだ．最適環状隙間は 0.2 mm 付近のように見えた；隙間 0.25 mm が S-50 のユニットに採用されることになる．7 月に海軍は環状隙間 0.25 mm を有する長さ 48 フィート (14.6 m) の 14 基のカラムのパイロット・プラントをワシントン州の Anacostia 海軍基地に建設する承認をした．**NRL** グループは 1942 年を通じて経験を積んだのだが，正式な計画管理の範囲内で彼らの将来が傾き始めた．ヒューレットとアンダーソンに従い，ルーズベルト大統領が 1942 年 3 月頃にヴァネヴァー・ブッシュに海軍が **S-1** 任務から拡張をする件について明確にするよう命じた．ブッシュは明らかに海軍と浮き沈みのある関係を持った．オリジナルなウラン委員会に属し，海軍工兵局長であったハロルド・ボーエン (Harold Bowen) 提督が軍事支援研究所を抑制しており，**NRL** からの資金を拡散させていると OSRD を非難していた．1942 年に **NRL** の長となる Alexander Van Keuren 提督はウラン計画の “天文学的額” (astronomical sums) と称せられた陸軍の支出によって憤慨していた．

S-1 委員会の仕事から海軍を閉めだす努力は完全な成功に至らなかった．1942 年 7 月 27 日のコナントへの手紙の中で，ハロルド・ユーリーは“この仕事は委員会の他の仕事との互いの関連が無い，私はその理由が解らない，のだが，··· 研究所 [NRL] が本委員会の一般的目的と一致していることを明確にさせるその努力は行われるべきだ”と明記してアベルソンの実験を持ち出した．ブッシュはブリッグスにロス・ガンから更に情報を得るよう依頼した．9月，アベルソンは36フィート・カラムでの実験を行っており，シリーズのその7基のカラムでU-235パーセントの2倍のものを作り出したと推定されたことをブリッグスが報告した．そのような配置での平衡時間が捕獲物だった，それは特定化されておらず，非実用的に長いものとみなされていた．第4章で触れたように，グローヴズ将軍はマンハッタン計画の長に任命された4日後にAnacostia施設を訪問したのだが，有望との印象を受けなかったのだ．

11月15日までに，Anacostiaパイロット・プラントが本質的に完成し，12月1日（CP-1臨界の1日前）までに，5基のカラムに物質が充填された．11月遅くにS-1最高執行委員会が濃縮法の再評価を行い，そして公式的には見捨てられていたにも拘わらずそのレビューでNRLでの研究を含むとの結論を出したことから，そのタイミングは吉兆となったのだった．結局，グローヴズ，ウォーレン・ルイス (Warren Lewis) と3名のDuPont社従業員が12月10日にAnacostiaプラントを訪ねた，そこでは12月3日と17日のあいだの2週間いっぱい停止無しと人の妨害を最小にしての連続運転を行った．12日，ルイスはコナントへNRLの研究が“研究開発が力強く続けられるべきであることは誠に興味深い”と書き送った．NRLのワーカー達が適切な専門家達の助力を望むと表明し，彼が彼らに“NDRCを介してそのような人物達を供給出来る”と話したことを加えて報告した．もしも“これらに沿って行われた”如何なることでも彼は認めることを示す12月14日の回答をコナントがしている．

海軍を締め出す大統領の指図を回避するため，ヴァネヴァー・ブッシュは12月31日にウイリアム・パーネル (William Purnell) 海軍少将（後日，軍事政策委員会のメンバーとなる）へ手紙を書いた，“願わくば，海軍研究所の研究がすぐに使うことが出来るようになり，他の工程との比較が可能となりました，そこで···S-1最高執行委員会が手助けのためにその全てを行うことが出来るでしょう”と．ルイス委員会はNRLがさらなる施設とマン・パワーを必要としているとは全く考えていなかった，ブッシュは“もしも幾らかの方法で [NRL] の援助を見つけることが可能ならば，私をもっと喜ばせることでしょう”と述べ，“ブリッグス博士はNRLが··· それらを入手可能なようにと，サービス可能な如何なる情報をも請け負うための準備を既に整えました”と加えた．パーネルはアベルソン報告書類をコナントへ送り，それらはブリッグス，ユーリー，エーガー・マーフィーがレビューし，そのグループがAnacostia施設を訪問するのかと彼もまた訊ねた．ルイスとスタンダード・オイル社のウイリアム・トンプソン (William I. Thompson) を連れ添い，彼らが訪問した，そして1934年1月23日の報告書を渡した．彼らの評価はNRLは素晴らしく進展させたものの，確実な生産データが不足していることに触れた：目に見えるほどの量の物質がカラムからまだ引き出されていなかった．トンプソンは，彼が解析した種々の配置での大規模施設報告書に付録を書いた長さ36フィートの21,800基カラムの最も現実的プラントをNRLグループが目論んだ，それは90%のU-235を1 kg/日生産するものだった．個々のカラムの分離係数が1.307で，平衡時間が625日を有することになろう．625日に対する建設と運転のコストはほぼ7,200万ドルと推定された．K-25施設において，その重要な要求事項はカラムの内側加熱管をニッケルで製作しなければならないことだった．しかし優先的戦略物質の充当であるにもかかわらず，進捗決定後ほぼ 38 ヵ月まで，その製造が期待できなかった，この時期は 1946 年初め頃だった．

1 月 25 日，マーフィーはブリッグスに熱拡散工程が K-25 プラントの初期段の代替として供与できる可能性を強調した手紙を書いた．ブリッグスはこのアイデアを 27 日にコナントに伝え，**NRL** グループはさらなるデータを取得すべきであり，エンジニアリング・グループはこの工程を学ぶべきであると勧告した．グローヴズはこの書類をルイスとクロフォード・グリーンワルト (Crawford Greenwalt) を含む DuPont 社役員達で構成された他のレビュー委員会へ渡した．熱拡散がガス拡散に替わることに彼らは同意しなかったものの，研究継続と初等エンジニアリング調査を勧告した．S-1 最高執行委員会はこの結論を 1 月 10 日に確認した．19 日にマーフィーとユーリーが異なるチューブでの結果の再現性試験と平衡へのアプローチを定量化するサンプルを含む実験計画を提案した．その提案書の写しをコナントへブリッグスが送った，そして 23 日には **S-1** 委員会がこの提案を **NRL** の所長へ渡されることを望んでいるとコナントに示唆する文が続いた．コナントがこの要求をグローヴズに翌日中継したが，グローヴズは直ちに行動を起こすことは無かった．グローヴズは Y-12 と K-25 プラントが建設中で，ロスアラモス・サイトを見つけ出したことで，彼の手一杯を費やさねばならない時期であり，熱拡散を続行することに落胆させられていた，さらに，当時の彼の頭の中では，可能な限り素早く基本的に 1 段で天然ウランを爆弾級に濃縮する方法に向けられていたのだった；タンデム (tandem) のように異なる濃縮法を用いる方法は未だイメージされていなかった．

アベルソン，ガン，Van Keuren が 1943 年 1 月 4 日の報告書を用意するまでに，9 基のカラムが Anacostia 施設に建設された．6 基は既に運転されており，幾つかは 500 時間に達した．初期の 36 フィート “実験” カラムは分解され，腐食の痕跡が調査された；全く何も発見されなかった．2 月と 7 月の間に NRL グループは 18 基のカラムを建設した，それらは累積総時間 1,000 日の運転をした．9 月までに，彼らは少しばかり濃縮したヘックスを 236 ポンド (107 kg) ばかり生産した，彼らはそれをシカゴ大学の冶金研究所へ送った．

しかしながら，グローヴズは自分自身で Anacostia での進捗に通じるようにしていた．1943 年 7 月 10 日，彼はコナントへ “海軍研究所での進捗が …S-1 委員会のレビューされるのに望ましい状況に達した” と書き，コナントに “このレビューを引き受け，報告書にしてくれるか” と質問した．NRL が “割込み (intrusion) のような訪問と考えてはいないと思います，むしろそのような興味深く素晴らしい研究を行うグループへの … どの様な支援でも S-1 委員会は欲しています” とコナントの希望を述べながら，ルイス，ウーリー，マーフィーとブリッグスで構成された委員会で NRL 研究を再度レビューするよう指示したことをコナントはパーネル提督に知らせた．コスト，蒸気要求量，長い平衡時間に関する 1 月に彼らが持ったもの同様の懸念を 9 月 8 日に委員会がコナントへ伝えたのだが，工程効率を実証する研究を支援していた S-1 委員会とマンハッタン管区に便宜を与えた．見たところでは，そのような支援が決して実現することは無かったのだが．

アベルソンと彼のグループは，さらに大きなプラントまたは “マンハッタン計画の完璧な失敗に対する保険を与える” 明確な目的用の小型生産プラントの開発提案を力説した．そのようなプラントが Anacostia 基地で得られるものに比べてより一層高圧蒸気を必要とすることから，他の海軍施設の調査に着手した．彼らはすぐにフィラデルフィア海軍造船所（ヤード）の海軍ボイラー・タービン研究所に目をつけた．Van Keuren 提督，アベルソンとガンが 1943 年 7 月 24 日にそのサイトを訪ね，11 月 17 日に 300 カラムのプラント建設承認の正式命令が署名された．彼らは基礎的ユニットがもしも拡張が是認されたとして相応しく二重にすべきであるとの論理的根拠に基づき，最初に 100 カラム設置（正確には，102 カラムの“ラック”）を決めた．7 月には完成する計画で，フィラデルフィア・プラントの建設がほぼ 1944 年 1 月 1 日に始められた．その 48 フィート・カラムは 7 段カスケードとして運転されることになり，それが 6% の U-235 を含有する生産物を約 100 g/日届けると期待された．カラムのニッケル製内管は，6 インチ空間での間隔で管と直角に点熔接されたニッケル製スペーサー・ボタンを伴う 4 個の 12 フィートのカラムを互いに熔接して形成された．鋼製ラックに吊られたそれら管はインテリアの頂部で凝縮蒸気注入により加熱された；凝集水は再循環用に底部から除去された．銅製外管は，外側の 4 インチ鉄管と銅製外管の間を上昇する水流によって冷却された．高温壁温度 286 °C での運転の時，何時でも単一の 48 フィートカラム内に約 1.6 kg の物質が存在していた．蒸気発生のための動力消費は相当なものだった：1 基の 102 カラム・ラックで約 11.6 MW だった．

マンハッタン管区の熱拡散への興味復活の情況は殆ど喜劇的香りがする．アベルソンが言うことには，ブリッグスがグレゴリー・ブライトを原子力事項の新たな助言者として得たときにそれが始まったとのことである．ブライトは明らかにハイ・ランクの海軍将校がロスアラモスでの研究に選任されていることを知っていた．1944 年初め，アベルソンは NRL 研究の概要要旨を準備し，ワシントンのワーナー劇場のバルコニーに 8 p.m. に出頭するよう指示された，そこで彼は暗号を囁く海軍将校と遭った．その将校はウイリアム・パーソンズ (Wiliam S. Parsons) だ，彼はロスアラモスでのウラン爆弾用軍需品エンジニアリングの責任者だった（図 5.28；第 7 章）．この物語バージョンの他の 1 つは，パーソンズが 1944 年春にフィラデルフィア海軍造船所を訪問し，アベルソンが熱拡散プラントを建設しているのを“発見した”のだとヒューレット (Hewlett) とアンダーソン (Anderson) が認識している．リチャード・ローズ (Richard Rhodes)s[*10] は，ロスアラモスを介して情報取得を試みたアベルソンと伴に，アベルソン，オッペンハイマー，パーソンズが共謀して 1 つのカバー・ストーリィをでっち上げたとしている．それは，パーソンズがフィラデルフィア海軍造船所訪れ NRL の仕事を知ったのが切っ掛けになった，というものだ．こうして海軍に保護装置を施してから，とその状況を描いた．

[*10] 訳註： リチャード・ローズ (1937-)：アメリカの作家・ジャーナリスト．1986 年に出版された *The Making of the Atomic Bomb*, Simon and Schuster, New York：神沼二真，渋谷泰一訳，「原子爆弾の誕生—科学と国際政治の世界史 上/下」，啓学出版 (1993)；「原子爆弾の誕生 上/下」普及版，紀伊國屋書店 (1995) の第一作はピュリッツアー賞を始めとする多くの賞を受賞しローズの出世作となった．ノンフィクションを中心に 20 冊以上の著書を出版している．標記著作の続編に相当するものが 1995 年に出版された *DARK SUN: The Making of the Hydrogen Bomb*, Simon and Schuster, New York：小沢千重子，神沼二真訳，「原爆から水爆へ—東西冷戦の知られざる内幕 上/下」，紀伊國屋書店 (2001) である．両著書ともに，本翻訳の際に参考になった．是非，本書を読んで興味が湧いた読者には，それらの併読を勧めたい．著者の日本語翻訳書としてはこのほか，「死の病原体プリオン」（草思社），「メイキング・ラヴ」（文藝春秋），「アメリカ農家の 12 ヵ月」（晶文社）などがある．

図 5.28　**左から右へ**ウイリアム・パーソンズ中佐，ウイリアム・パーネル海軍少将，トーマス・ファレル准将，テニアン島にて，1945 年 8 月.
出典　http://commons.wikimedia.org/wiki/File:080125-f-3927s-040.jpg

しかしながら，多分，NRL で行われている同位体分離の幾つかはプルトニウムの純化に当てはまるかもしれないと感じられるので，アベルソンの報告書を送ってくれるようにと，オッペンハイマーはコナントへの 3 月 4 日の手紙に書いた．コナントはこの要求を “彼らが使用出来るものを見つけるチャンスは僅かなものだが，切羽詰まった領域からの要求が拒絶されてしまうのではないかと私は逡巡している” とコメントを添えて，パーネル提督へ明らかにした．コナントはその報告書をオッペンハイマーへ渡し，オッペンハイマーは 4 月 28 日にグローヴズに正式に警告した．もしも 100 カラムの NRL プラントが並行で稼働されたなら，理論的には U-235 の 1% 濃縮製品を 12 kg/日生産出来るのだ，このことは LTD 法が電磁気プラント生産物を 30-40% 増加させることに成るとオッペンハイマーが示した．ルイス，マーフィーとリチャード・トールマンがこの状況を再び吟味する 5 月 31 日までグローヴズは留保し続けた．そのグループが 5 月 31 日と 6 月 1 日にフィラデルフィア施設を訪問し，彼らの報告書を 6 月 3 日にグローヴズへ提出した，丁度ヨーロッパの D-Day 侵攻の 3 日前のことだった．100 カラム・プラントの仕事が上手く前進した；7 月 15 日頃の操業開始が期待された．委員会は U-235 の 1% 濃縮製品を 12 kg/日生産としたオッペンハイマーの推定は楽観過ぎると考えていたものの，U-235 の 0.95% 濃縮の 10 kg/日生産は実現出来ると感じていた．

グローヴズは今や彼の典型的やっつけ仕事に移った．7 月 5 日，彼はルイスとコナントをオークリッジのマンハッタン管区本部へ送り，ニコルス大佐と議論して熱拡散プラントのそのサイトへの建設可能性を検討させた．彼らは，少なくとも K-25 プラントが操業する前までは，K-25 プラント用に建設されていた 238 MW の動力建屋が充分な蒸気をそのようなプラントへ供給出来ると決めた．カラム・ラック当たり 11.6 MW で，238 MW は 20 と 21 ラックのあいだのパワーが供給出来る；21 基のラックが造られた．7 月 24 日に S-50 プラントの建設を進めることをグローヴズが決めた．7 月 26 日，グローヴズ，トールマンとオークリッジの熱

図 5.29 S-50 施設．主工程プラントは写真中央左側の長い，暗い建屋である．K-25 動力建屋（3 本の煙突がある）はその右側に，“新ボイラー施設” にオイルを供給するタンク群はその左側に在る．新ボイラー施設自体は主工程建屋と川のあいだに在る． 出典 http://commons.wikimedia.org/wiki/File:S50plant.jpg

拡散計画のチーフに指名されていたマーク・フォックス (Mark Fox) 中佐がフィラデルフィアの設備を検査し，青写真集を集めた．翌日，グローヴズはオハイオ州クリーヴランドの H.K. Ferguson Company とプラントを 90 日で建設する契約を結んだ．Ferguson 社との第 2 番目の契約が引き続きその施設運転だった．建設開始後 75 日まで第 1 番目の生産ユニットが稼働すると伴に，プラントは 4 ヵ月間でフルで操業するようにと，グローヴズは最初に命じた．7 月 4 日のフォックスへの手紙で，彼はスケジュールを全ユニットが 90 日で操業されていること，に改訂した命令を出した，それは 9 月 30 日までを意味した．75 日要求は合致することになったのだが，90 日要求には合致出来なかった．

主 **S-50** 工程建屋（図 5.29）は長さ 522 フィート，幅 82 フィート，高さ 75 フィートであった．この計画で最も印象的な初期問題は大数のカラムを大量生産出来る契約者を探し出すことだった；ロードアイランド州プロビデンスの Grinnell Company とワシントンの Mehring and Hanson Company とこの仕事を行う合意に達するまでに，21 の製造業者と相談が行われた．内側ニッケル管の外径の公差が ±0.0003 インチ (0.0076 mm) であり，ニッケル管と銅管のあいだのクリアランスが ±0.002 インチ (0.05 mm) を維持しなければならなかった．ニッケル管も銅管のいずれも 48 フィートの長さに引き抜くことが出来ないために，短尺管を繋ぎ合わせなければならなかった．カラム用の最初の注文品が 7 月 5 日に Mehring and Hanson 社によって据え付けられた．

2,142 カラムの並列操業の結果，Y-12 と K-25 プラントへの供給用として U-235 を僅かばかり濃縮した大容量を供給するとして，S-50 プラントが 102 カラムのフィラデルフィア設備の

21 のコピーとして設計された．7“セクション”の 3 つのグループに蒸気を供給する目的のため，互いのラックは 51 カラムの 2 列として配置された．メンテナンスまたはカラム間接続器を介して“停止無し”(freeze-off) 水での生産物除去のためにカラムが隔離出来る．クリンチ川の堤防に接した K-25 の動力建屋の隣が選定され，S-50 プラントの建設ペースは驚くべきことだった．7 月初めに地面が掘削され，その後 3 週間を越えずに基礎が据えられた．工程設備の据え付けが 8 月 17 日に始まり，最初のカラムが 8 月 27 日に Grinnell 社から届けられた．建設開始から 69 日後の 9 月 16 日までに，320 カラムが手元にあり，プラントの 1/3 が完遂し，最初のラックの初期運転が始まったのだ．21 ラックの 21 番が最初に出来上がり，操作員達の訓練用として用いられた．最初の工程物質が 10 月 18 日にラックへ注入され，最初の生産物が 10 月 30 日に引き出された．Fercleve Corporation（*Fer*guson of *Cleve*land から名付けた）によって S-50 の操業はコストに加えて 11,000 ドル/月の料金で操業が遂行された，Fercleve Corporation は非組合員の雇用時の労働トラブルの可能性を除くために設立した Ferguson 社の完全な子会社だった；Ferguson 社は一体化されたものとして通常通りに運転した．

S-50 操業の決定的要因が蒸気供給システムだ：工程は各々のラックに対し毎時 100,000 ポンドを超える蒸気を要求した．K-25 プラント開始のためにパワー要求が 1945 年初めに増加した時，S-50 供給用に新たなボイラー・プラント建設の計画が作られた．3 月 16 日にサイト・クリーニングを伴う建設が開始された；ボイラーが 4 月 26 日に到着し，7 月 13 日までに定常運転が継続中だった．皮肉なことに，このプラントは 8 月 15 日に完遂した，日本の降伏が告げられた日だ．

1944 年 10 月の S-50 生産開始から 10.5 ポンドのアウトプットで生産した．ルーチン操業中，濃縮製品は 24 時間間隔でカラム頂部から“ミルキング”(milking) 装置により取り出された．1945 年 1 月中旬までに，21 ラックのうち 10 基での大規模生産が進行中で，全てのラックがほぼ完工であった．3 月 15 日までに，21 基の全ラックが生産状態で，4 月には S-50 のアウトプットが直接 K-25 プラントへ行き始めた．7 月の終わりまでに，累積生産量は 45,000 ポンド近傍となり，9 月末までに丁度 56,500 ポンドを超えるまでになった（図 5.30）．これら全てが 0.86% U-235 濃度であったなら，これは U-235 を 220 kg 進呈したことになり，廣島リトルボーイ爆弾のほぼ 4 個分に充分な量に相当する．ルイス委員会が 6 月に推定したのは 90% の U-235 を 10 kg/日以下の生産性であった，何故なら S-50 カラムはシリーズ運転ではなくて並行運転されたからである．S-50 の使命は，非常に高い濃縮物質を少量作るのと反対に，僅かに濃縮した物質を大量に生産することだった．

S-50 プラントのコストは約 2,000 万ドルに加えて海軍で生み出された研究コストとしての約 200 万ドルだった．これはマンハッタン計画の総計コストのほんの 1% でしかない，そして Y-12 または K-25 の何れかのコストの 1/20 以下に過ぎない．それにもかかわらず，ケネス・ニコルスが戦争短縮のための S-50 の寄与は約 9 日であると推定した．

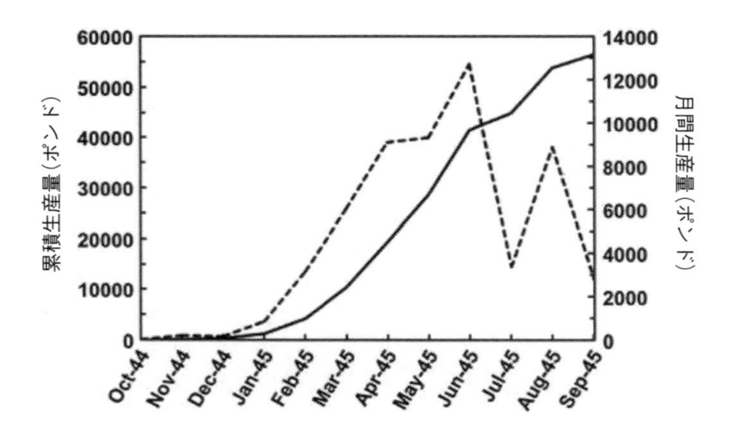

図 5.30　S-50 の生産量：月産（点線，右側目盛）；累積（実線，左側目盛）．　出典：MDH, Book VI——liquid thermal diffusion (S-50) project, top secret supplement

5.6　クリントンの戦後

戦争末までに，連続供給ガス拡散工程はそれ自体で，電磁気バッチ供給方法に比べてウラン濃縮でさらに良い効率であることを実証してしまった．1945 年 9 月 4 日に Y-12 のアルファ・ユニットの停止が開始され，最後のタンクの運転は 9 月 22 日に止められた．戦後，多くのカルトロンは銅巻線に改装され，それは X-10 パイル内の中性子衝撃の後の同位体分離——医療の画像と癌治療の応用のための放射線トレーサーとして利用されることになる——に使われた，これは戦時技術が人道にかかわる使用 (humane use) へと変わった興味深い事例である．1946 年 12 月，1 基を除いて全てのベータ・トラックが停止した，パイロット・プラント建屋内のアルファ・ユニットとベータ・ユニットが安定同位体の分離計画の一部として運転が維持されたのだが．

1958 年初め，建屋 9204-3 のベータ・カルトロンは医療用同位体の製造に使用された．海外の供給者達と経済的な競争に太刀打ち出来なくなるまで続けられた，そして最終的に 1998 年に停止した．財務省銀がウエスト・ポイントへ戻った最後が 1970 年 6 月 1 日，それはグローヴズ将軍が死去した 7 月 13 日の丁度数週間前に当たる．Y-12 は Babcock and Wilcox Company との契約下でエネルギー省 “国家安全保障複合施設” (National Security Complex) として操業を続けた；核物質の回収と貯蔵するサイトの指令の一部として，高度機密高濃縮ウラン物質施設 (Ultra-secure highly-enriched uranium materials facility) に最近委ねられた．2010 年 4 月，連邦原子力立ち位置レビュー (Nuclear Posture Review) は新しいウラン工程施設は 2021 年にオンラインになるように Y-12 に建てられるべきである，と擁護した．分裂性物質の国際パネルによる 2011 年報告書に従うと，合衆国は 1945 年と 1995 年のあいだに高濃縮ウランを総計 610 トン製造した，その内の約 1 トンが Y-12 プラントで造られた．

K-25 プラントは 1964 年に停止されるまで 20 年間成功裡に操業された．ガス拡散は 1950 年代に堅実であることが証明され，他に 3 つのプラントがクリントン・サイト（K-29，K-31 と K-33）に加えてケンタッキー州とオハイオ州に建設された．ケンタッキー州のプラントはいまだに操業している，1980 年代以降はさらに効率の良い遠心機法が好まれるようになったのだが．K-25 は 1969 年に民間顧客用低濃縮ウラン生産のサービス供給へ戻り，協定は継続し，1985 年を最後に停止した；クリントン・サイトの全てのガス拡散操業は 1987 年に完全に止まった．マンハッタン計画国立歴史公園（9.5 節）の構成物として K-25 の一部の保護にもかかわらず，構造物の最後の残部が 2013 年 1 月 23 日に取り壊された．K-29 は 2006 年に取り壊し；K-31 と K-33 はいまだに立っている，しかしながら使われていない．

戦争終結は S-50 プラント操業をも突然の休止へと導いた．9 月 4 日，可能な限り早期に全ての操業を終わらせ，将来の利用が可能なようにスタンバイ状態にプラントをしておく命令が出された．カラムは排水され，洗浄され，乾燥され，キャップされた，そして雇用者達は 2 週間前立ち退き予告を受けた．1946 年 9 月，剰余物と明言された有用部品および NRL へ戻すかまたは海で処分するかを伴う S-50 プラントの処分決定が出された．線量再構築計画オークリッジ大学連合 (Associated Universities Dose Reconstruction Project) の 2006 年出版によれば，物質は結局廃品として利用するかまたは埋めるかしての S-50 装置の解体が 1940 年代遅くに行われた．今日，S-50 は基礎を置くコンクリート・パッドを除いて何も残っていない．

クリントン研究室群は最終的にオークリッジ国立研究所になった，現在約 4,400 名のスタッフを擁し，中性子物理学での米国の優秀な研究施設の 1 つとなっている．戦後の数年間，X-10 パイルは国内用および国際間の両者に配分される医療同位体の合成に用いられた．X-10 は 20 年間運転した後，1963 年に最終的に停止した，そして 1966 年に米国歴史ランドマークに選定された．現在，そこはパブリック・ツアーで訪問可能である．シカゴ大学において，スタッグ・フィールドは 1957 年に取り壊された；彫刻品が現在その CP-1 が立っていた場所を示している．CP-2 と CP-3 の両方とも 1954 年までアルゴンヌ（現在のアルゴンヌ国立研究所）で運転して残った．解体後，CP-3 のアルミニウム製タンクはコンクリートで満たされ，汚染されたハード・ウエアーはタンクと生体遮蔽との間の隙間に落とされ，それらもまたコンクリートが充填された．そのタンクは 40 フィート深さのピットに転がり落ち，コンクリート片で覆い，土塊でキャップされた．埋葬場所を示すみかげ石のマーカー（図 5.31）と伴にその区域は，現在パブリックの森林保全区に在る．

オークリッジ国立研究所に加えて，クリントンの最も不朽な遺産はオークリッジの町自体である．マンハッタン管区資産が新設された原子力委員会 (Atomic Energy Commission) へ移管された 1947 年初めの時期，町の人口は約 42,000 に，雇用者は約 29,000 に減少してしまった．**AEC** はオークリッジ運転事務所を通じてオークリッジの運転と管理を行っていたが，続く年月にわたって市は徐々に通常の市政運営へと移行した．国のファンファーレで，1949 年 3 月に町は公衆がアクセスできる場所としてオープンとなった．1955 年の原子力共同体法 (Atomic Energy Community Act) がオークリッジ，ロスアラモス，ハンフォードでの地方自治体設立と，

図 5.31 CP-2/CP-3 のみかげ石マーカー． 出典：http://comons.wikimedia.org/wiki/File:Marker_at_Site_A.jpg

それらサイトでの連邦保有財産譲渡の根拠を与えた；オークリッジ単独で，これが実際の土地のほぼ 6,500 箇所が査定され売り出された．家屋の売り出しでは住民優先システムが確立され，1956 年 9 月に最初の売り出しが行われた．1959 年 5 月の投票で住民達は 5,500 対 400 の圧倒的多数で市への編入を承認した．続いての市議会確立とスタッフの借用で，AEC は 1960 年 6 月 1 日に殆どの都市サービスの運営を新市に移管した．オークリッジへの訪問者達は，現代アメリカの都市生活の施設の全てを伴う魅力的できらめく町（タウン）を発見した．

マンハッタン計画中のクリントン工兵施設の物語は，丁度 30 ヵ月で顕著な成果を一緒になって達成した無数の人々による増大する改善と問題解決の 1 つだった．彼らの仕事無しに，廣島のリトルボーイ爆弾が簡単に手に出来なかったであろう，そして長崎爆弾に深刻な遅れを生じさせたであろう．クリントンはマンハッタン計画成功の中心だった．

練習問題

5.1 1 MW の出力で運転されている空冷原子炉を想定せよ．空気の密度と比熱は温度に依存する，しかし粗い数値として 1 kg/m^3 と 1,000 J/(kg-K) を用いることにしよう．もしも空気の流れが毎分 3,000 平方フィートとするなら，空気温度を何度上昇させるのか? 基礎熱力学の $Q = mc\Delta T$ を思い起こせ．1 foot = 0.3048 m. [答：~ 70 K].

5.2 X-10 原子炉のウラン燃料スラグは直径 1.1 インチ，長さ 4.1 インチ（1 インチ = 2.54 cm）の円柱形状であった．1,248 チャンネルを有する原子炉の各々長さが 24 フィートの燃料チャンネルがスラグで完全に充填されているとして，完全装荷燃料の質量は幾らになるか? ウランの密度は 18.95 g/cm^3 である． [答：約 105,700 kg または 116 U.S. トン].

5.3 黒鉛の密度は約 2.15 g/cm^3 である．もしも CP-1 の黒鉛ブリックが長さ 16.5 インチ，4.125 インチ平方の断面積を有するとして，全組立で求められた ~ 40,000 個のブリックの総質量は幾らか? 君の結果は本テキストで述べた総質量と大凡の一致をみたか?
[答：約 395,700 kg または 436 U.S. トン].

5.4 各段で U-235 組成を 10% まで増加させる濃縮工程が入手可能であると想定しよう，これは 1.1 の因子にあたる．もし君が天然ウラン（235 の組成比率は 0.0072）から始めたとするなら，組成比率 0.9 の爆弾級 U-235 を抽出するにはシリーズで要求すべき段数は幾らとなるのか?　[答：51 段].

5.5 160 億 kWh のエネルギーが 13 キロトンのリトルボーイ爆弾が放出したエネルギーの約 100 倍に相当するとのテキストの主張を検証せよ．TNT の 1 キロトン爆発で 4.2×10^{12} J のエネルギーが生じる．

5.6 S-50 熱拡散プラントの工程カラムの長さは 48 フィートだった．ニッケル製内管の外径が 1.25 インチ，工程流体用の環状隙間の幅は 0.25 mm であった．もしも運転中のカラムに 1.6 kg の六フッ化ウランが含まれているならば，運転中でのその物質の平均密度を推定せよ．　[答：約 4.4 g/cm^3].

5.7 圧力 P，絶対（ケルヴィン）温度 T でのガスまたは分子に対する平均自由行程 λ の近似式は，

$$\lambda \sim \frac{kT}{\sqrt{2}\pi P d^2},$$

ここで k はボルツマン定数（1.38×10^{-23} J/K）で d は粒子の有効直径である．標準大気圧 $P = 101,300$ Pa，$T = 300$ K（室温）下で，$d = 3$ Å（O_2 分子）に対する λ を求めよ．5.4 節で述べた ~ 1,000 Å と君の結果を比較してどうか?　[答：~ 1,022 Å].

さらに読む人のために：単行本，論文および報告書

P. Abelson, R. Gunn, A.H. Van Keuren, *Progress report on liquid thermal diffusion reserch.* NRL report 0-1977, Jan 4 (1943)

P.H. Abelson, N. Rosen, J.I. Hoover, *Liquid thermal diffusion.*NRL report TID-5229, Sept 10 (1946). http://www.osti.gov/energycitations/product.biblio.jsp?osti_id=4311423

J. Abelson, P.H. Abelson, *Uncle Phil and the Atomic Bomb* (Roberts and Company, Greenwood Village, Colorado, 2008)

J.-J. Ahern, We had the hose turned on us: Ross Gunn and the Naval Research Laboratory's early research into nuclear propulsion, 1939-1946. Hist. Stud. Phys. Biol. Sci. **33**, Part 2, 217-236 (2003)

H.L. Anderson, Fermi, Szilard and Trinity. Bull. At Sci. **30** (8), 40-47 (1974)

E. Booth, J. Dunning, W.L. Laurence, A.O. Nier, W. Zinn, *The Beginnings of the Nucler Age* (Newcomen Socity in North America, New York, 1969)

A. Bramley, A.K. Brewer, A thermal method for the separation of isotopes. J. Chem, Phys. **7**, 553-554 (1939)

R.P. Carlisle, J.M. Zenzen, *Supplying the Nuclear Arsenal: American Production Reactors, 1942-1992* (Johns Hopkins University Press, Baltimore, 1996)

S. Chapman, On the low of distribution of molecular velocities, and on the theory of viscosity and thermal conduction, in a non-uniform simple monatomic gas. Trans. R. Soc. Lond. ***A*216**, 279-348 (1916)

S. Chapman, F.W. Dootson, A note on thermal diffusion. The London, Edinburgh, and Dublin Philosophical Magazine and Journal of Science **33**, 248-253 (1917)

K. Clusius, G. Dickel, Neus Verfahren zur Gasentmischung und Isotopentrennung. Die Naturwissenschaften **26**, 546 (1938)

K.P. Cohen, S.K. Runcorn, H.E. Suess, H.G. Thode, Harold Clayton Urey, 29 April 1893 - 5 Jan 1981. Biographical Mem. Fellows Roy. Soc. **29**, 622-659 (1983)

A.L. Compere, W.L. Griffith, The U.S. Calutron Program for Uranium Enrichment: History, Technology, Operations, and Production. Oak Ridge National Laboratory report ORNL-5928 (1991)

A.H. Compton, *Atomic Quest* (Oxford University Press, New York, 1956)：仲晃 他訳，「原子の探求」，法政大学出版局，東京，1959

D. Enskog, Über eine Verallgemeinerung der zweiten Maxwellschen Theorie der Gase. Physikalische Zeitschrift **12**, 56-60 (1911); Bemerkungen zu einer Fundamentalgeleichung in der kinetischen Gastheorie, *ibid.*, 533-539

E. Fermi, Elementary theory of the chain-reacting pile. Science **105** (2751), 27-32 (1947)

E. Fermi, Experimental production of a divergent chain reaction. Am. J. Phys. **20** (9), 536-558 (1952)

L. Fine, J.A. Remington, *United States Army in World War II: The Technical Services——The Corps of Engineers: Construction in the United States* (Center of Military History, United States Army, Washington, 1989)

S. Groueff, Manhattan Project: The Untold Story of the Making of the Atomic Bomb. Little, Brown and Company, New York (1967). Authors Guild Backprint.com によって再刊された (2000).

L.R. Groves, *Now It Can be Told: The Story of the Manhattan Project* (Da Capo Press, New York, 1983)

R.G. Hewlett, O.E., Jr. Anderson, *A History of the United States Atomic Energy Commision, Vol 1: The New World, 1939/1946* (Pennsylvania State University Press, University Park, PA, 1962)

L. Hoddeson, P.W. Henriksen, R.A. Mead, C. Westfall, *Critical Assembly: A Technical History of Los Alamos During the Oppenheimer Years* (Cambridge University Press, Cambridge, 1993)

V.C. Jones, *United States Army in World II: Special Studies——Manhattan: The Army and the*

Atomic Bomb (Center of Military History, United States Army, Washington, 1985)

R.L. Kathren, J.B. Gough, G.T. Benefiel, The plutonium story: the journals of Professor Glenn T. Seaborg 1939-1946. Battelle Press, Columbus, Ohio (1994). シーボーグによる抄訳改訂版が入手可能：<http://www.escholarship.org/uc/item/3hc273cb?display=all>

P.C. Keith, The role of the process engineer in the atom bomb project. Chem. Eng. **53**, 112-122 (1964)

C.C. Kelly (ed.), *The Manhattan Project: The Birth of the Atomic Bomb in the Words of Its Creators, Eyewitnesses, and Historians* (Black Dog & Levental Press, New York, 2007)

C.C. Kelly, R.S. Norris, *A Guide to the Manhattan Project in Manhattan* (Atomic Heritage Foundation, Washington, 2012)

L.M. Libby, *The Uranium People* (Crane Russak, New York, 1979)

M. McBride, *55 Years That Changed History——A Manhattan Project Timeline, 1894 to 1949* (The Secret City Store, Oak Ridge, TN, 2010)

K.D. Nichols, *The Road to Trinity* (Morrow, New York, 1987)

A.O. Nier, Some reminiscences of mass spectroscopy and the Manhattan project. J. Chem. Educ. **66** (5), 385-388 (1989)

Norris, R.S.: Racing for the Bomb: General Lesilie R. Groves, the Manhattan Project's Indispensable Man. Steerforth Press, South Royalton, VT (2002)

Oak Ridge Operations, U.S. Atomic Energy Commission: A City is Born: The History of Oak Ridge (1961). Reprinted by Oak Ridge Heritage and Preservation Association (2009)

W.E. Parkins, The uranium bomb, the calutron, and the space-charge problem. Phys. Tody **58** (5), 45-51 (2005)

B.C. Reed, Liquid thermal diffusion during the Manhattan project. Phys. Perspect. **13** (2), 161-188 (2011)

B.C. Reed, From Treasury Vault to the Manhattan Project. Am. Sci. **99** (1), 40-47 (2011)

B.C. Reed, Bullion to B-fields: The silver program of the Manhattan Project. Michigan Academician **39** (3), 205-212 (2009)

R. Rhodes, *The Making of the Atomic Bomb* (Simon and Schuster, New York, 1986)：神沼二真，渋谷泰一訳，「原子爆弾の誕生——科学と国際政治の世界史　上/下」，啓学出版，東京，1993

G.O. Robinson, *The Oak Ridge Story* (Southern Publishers, Kingsport, Tennessee, 1950)

E. Segrè, *Enrico Fermi, Physicist* (University of Chicago Press, Chicago, 1970)：久保亮五，久保千鶴子訳，「エンリコ・フェルミ伝　原子の火を点した人」，みすず書房，東京，1976

H.D. Smyth, *Atomic Energy for Military Purposes: The Official Report on the Development of the Atomic Bomb under the Auspices of the United States Goverment, 1940-1945* (Princeton University Press, Princeton, 1945)：杉本朝雄，田島英三，川崎榮一訳，「原子爆弾の完成——スマイス報告」，岩波書店，東京，1951

Vogel, P.: The Last Wave from Port Chicago. Appendix A. Document transcriptions: The liquid thermal diffusion uranium isotope separation method (2001, 2009). http://www.petervogel.

us/lastwave/chapterA.htm

A. Wattenberg, December 2, 1942: The event and the people. Bull. At. Sci. **38** (10), 22-32 (1982)

A. Wattenberg, The birth of the nuclear age. Phys. Today **46** (1), 44-51 (1993)

E.P. Wigner, *Symmetries and Reflections: Scientific Essays* (Ox Bow Press, Woodbridge, CT, 1979)

Wilcox, W.J.: The Role of Oak Ridge in the Manhattan Project. Privately published (2002)

W.J. Wilcox, *An Overview of the History of Y-12, 1942-1945*, 2nd edn. (The Secret City Store, Oak Ridge, TN, 2009)

A.L. Yergey, A.K. Yergey, Preparative scale mass spectrometry: A brief history of the Calutron. J. Am. Soc. Mass Spectrom. **8** (9), 943-953 (1997)

ウエーブ・サイトおよびウエーブ文書

Argonne National Laboratory sites on Fermi and CP-1 witness: http://www.ne.anl.gov/About/legacy/unisci.shtml, http://www.ne.anl.gov/About/cp-1-pioneers/index.html

Clinton Engineer Works history of diffusion operations: http://web.knoxnews.com/web/kns/bechteljacobs/role.html

Department of Energy: The First Reactor (1982): http://www.osti.gov/accomplishments/documents/fullText/ACC0044.pdf

Department of Energy: Radiological servey of CP-2/CP-3 burial area (1978): http://www.osti.gov/bridge/servlets/purl/6869820-y1102A/6869820.pdf

International Panel on Fissile Material report on highly-enriched uranium and plutonium: http://fissilematerials.org/library/gfmr11.pd

Kenneth Nichols on Clinton site codes: http://research.archives.gov/description/281585

Milwaukee Getaways Examiner article on CP-2/CP-3 burial area: http://www.examiner.com/article/the-first-nuclear-reactor

Oak Ridge Associated Universities does reconstruction project: http://www.cdc.gov/niosh/ocas/pdfs/tbd/s50-r0.pdf

Oak Ridge National Laboratory report on X-10 graphite reactor: http://www.ornl.gov/info/reports/1957/3445605702068.pdf

Y-12 National security complex: http://www.y12.doe.gov/about/history/

第6章

ハンフォード工兵施設

ハンフォード工兵施設 (Hanford Enginerr Works: **HEW**) はテネシー州のその片割れに比べれば一層ギャンブルじみていた．困難さに行き詰まり，コンスタントな設計変更が免れずにクリントンのウラン濃縮施設は複雑だった，しかし少なくとも込み入った工程は大体において機械技術者，電気技術者，化学技術者達にとってはありふれたものだった．ハンフォードにおいて，その筋書は完全に異なる．1943 年，原子力産業が確立してはいない，または原子力工学 (nuclear engineering) の学科さえも無かったのだ．大型原子炉の設計または建設を以前に行った者は皆無，そして制御室に入る準備が出来た経験を有する運転の基幹要員は居なかった．この提案された新技術の危険性も計り知れなかった．オークリッジにおいて，カルトロンの電気短絡または拡散タンクの爆発が生産を一時的に遅らし少数の労働者達を危険にさらすかもしれないが，ハンフォードにおいて原子炉の爆発は潜在的に数 100 平方マイルを超えて放射性核分裂生成物を拡散させて数万もの生命を危険にさらすことが可能なのだ．プルトニウム計画は真の先駆的 (pioneering) 仕事だったと，グローブズ将軍が記載している．

僅かの単純な推定が，潜在的放射線学的危険性 (radiological danger) の程度の概念として供せられた．第 5 章で述べたように，天然ウラン燃料の原子炉では運転出力 MW 毎にプルトニウムが約 0.76 g/日で造られる．10 kg のプルトニウム生産には無故障運転でほぼ 13,000 MW-days 必要である．もしも君が 30 日の運転で 10 kg の実現を望むなら（照射燃料の処理に要する時間はうっちゃっておく），各原子炉を 100 MW で運転するとして約 4 基の原子炉が必要となるだろう．ハンフォードにおいて原子炉は 3 基建設された，しかし各々の原子炉は 250 MW で運転するように設計された．この出力では理論的に原子炉当たりプルトニウムを約 190 g/日産するレベルとなる，または定常運転で 10 kg 爆弾を 18 日間毎に生み出すことが出来る．250 MW 原子炉からの核分裂生成物の生成速度は突拍子もないものだ．分裂毎の 180 MeV エネルギー放出において，250 MW が約 8.7×10^{18} 分裂/秒に相当する．各々の分裂毎に 2 個の分裂生成核種を生み出す，そのほとんどが非常に短い半寿命 (**half lives**) を持っている．もしも核分裂生成物崩壊が生成される速度とほぼ同じ速度を持つとの非常に粗い仮定をするならば，1.7×10^{19} 崩壊/秒が求まる．第 2 章で述べたように，放射能速度の慣用単位はキュリー (**Ci**) である，ここで $1\,Ci = 3.7 \times 10^{10}$ 崩壊/秒である．燃料スラグが処理のため除装される前に炉心内に 100 日間留まったとし，そして燃料の約1%が任意の日に除装されるとしたなら，それは放射性物質のほぼ460万キュリーに値するものが各々の原子炉から取り出す**毎日**を安全に取り扱う必要がある．

半減期の広いスペクトルを有する数千もの異なる核分裂生成物が原子炉内で造られる，そのためやむを得ず精一杯でも非常に粗い推定となる．しかしそのアイデアは明確にすべきであろう．400万キュリーは純粋ラジウム4,000 kgの放射能に相当する．更にこんがらかることに，燃料スラグ中の13,000個の原子の中のたった1個の原子がプルトニウムに変換されるだけであり，それら変換された原子は，最初に酸中でスラグを溶解し，化学反応の複雑なシリーズを受けた液体から抽出しなければならないのだ．その結果は，抽出されたプルトニウムに加えて非常に厄介な廃棄物処理 (waste-disposal) となる．マンハッタン計画の原子炉群は非常に隔離された処に在るべきとグローブズが主張したことに驚きはし無いであろう．

本章でハンフォード計画について述べる．第5章のように，ほとんどを年代順に記述した，契約者とサイトの選択の検討から始め，パイル設計，建設および操業を通じての仕事である．6.6節はハンフォードの戦後の時代を簡単に述べる．

6.1 契約者とサイトの選択

プルトニウム生産パイルの設計，建設および操業に対するDuPont社との合意書のオリジナル，引き続き経営者達へのグローヴズ将軍自身の個人的アピールと1942年暮れのルイス委員会 (**Lewis comittee**) の好適なレビュー報告書について第4章に記述した．続いて1942年12月10日の軍事政策委員会 (**MPC**) 会合で生産パイルをクリントンの処より移動すべきと決まった，それらパイルのためのサイトが調達されなければならない．

12月14日，ニコルス大佐，アーサー・コンプトン，プルトニウム計画でのグローヴズの現地工兵であるフランクリン・マサイアス (Franklin Matthias) 中佐がパイル設計とサイト選択をDuPont社員たちと議論するためウイルミントンへ旅立った；マサイアスは国防総省（ペンタゴン）建設でのグローヴズの監督者代理として仕えた．600 g/日の生産目標のため，ヘリウム冷却250 MWパイル4基と分離プラント2基が計画された．各々ウラン燃料150トン，ヘリウム冷却350,000立方フィートが求められるパイルは互いに少なくとも1マイル (1.6 km) 離され，化学分離プラントは互いに4マイル離され．それらパイルのどの1つの災害の場合でも，他は独立であるように，各々のパイルは自己充足ユニットになっていた．研究室群は分離プラントから少なくとも9マイル離れたところに，労働者達の住居用の村は最近接のパイルまたは分離プラントの風上少なくとも10マイルとされた；村は結局パイル群からほぼ30マイル離れた処に出来た．6基のパイルにまで増強されることを許容するため，サイトとして約15マイル掛ける15マイルの区域が要求された．

マサイアスは戻ると，適切な電力が入手出来る場所としての調査を直接彼に命じたグローヴズへ報告した．12月16日，マサイアス，グローヴズとPuPont社の代表者達が会い，さらに明確な規準を作り上げた．およそ出力100,000 kWが連続的に入手出来なければならない．ヘリウム・ガス循環による冷却パイルが当時の優先的設計であったのだが，熱心な検討が水冷却にも与えられていた，そしてグローヴズは基礎要件の全てをカバーすることを望んだ：水冷却パイルが選択された場合，サイトには 25,000 ガロン (95,000 リットル)/分の供給水が要求される（水冷パイルが選択された）．巨大な量のコンクリート製造のために入手可能な大量の土と砂利を伴う，重量建築物に適する地形レベルが望まれた．ハンフォードは終局的に 780,000 平方ヤードを超えるコンクリートが要求された，それは幅 20 フィート，厚さ 6 インチの 390 マイルの高速道路に充分な量であった．全部で，700 平方マイルに近い面積が要求され，12 マイル (19 km) と 16 マイル (25.7 km) のプラント区域を完全に囲むことの出来る，約 24 マイルと 28 マイルの長方形が好まれた．20 マイル (32 km) 以内に 1,000 名を超える人口の居住地は無効と，設置は辺鄙な処であるべきだ．そこの全住民を移住させての 44 マイル掛ける 48 マイルの緩衝地帯 (buffer area) 範囲以内のサイト場所が考えられたのだが，このアイディアは最終的に落ちてしまった．

マサイアスと PuPont 社の代表者達のグループは，可能なサイトの調査のために合衆国西部の 11 箇所を一緒に見ながらの採点付けで 2 週間を費やした．カリフォルニア州とワシントン州内の各々 2 つのサイトが有望に見えた．カリフォルニア州は，カリフォルニアとアリゾナの州境のシャスタ・ダムとフーバー・ダムの近くだった．ワシントン州は中央部北西のグランド・クリー・ダムの近くと，もう 1 つは Bonneville Power Authority へのアクセスが可能な利点を有する，中央部南のコロンビア川沿いのハンフォードの町に近い地点だった．マサイアスは 12 月 31 日に戻り（幾つかのソースでは 1 月 1 日と言っている），グループがハンフォードのロケーションについて満場一致し，熱狂している，とグローヴズへ報告した．グローヴズは個人的に 1943 年 1 月 16 日にサイトを調べ，承認した．2 月 9 日，陸軍次官ロバート・パータソン (Robert Patterson) がハンフォード工兵施設 (**HEW**) のサイト用として 400,000 エーカー ($16{,}188\,km^2$) を超える取得を承認した．ハンフォードはマンハッタン計画のために選択された最後のサイトとなった．

ハンフォードのサイトは 670 平方マイル ($1{,}735\,km^2$) で構成されていた——ロードアイランド州[*1]全面積の約半分の地域——北側に最大 31 マイル伸びた粗く言えば円形状の地域——南側は東西の最大幅 26 マイル (41.8 km) に伸びていた（図 6.1）．居住者の観点から，その場所は明らかに魅力が無かった．平坦で，半乾燥し，かつ灰色がかった土と砂利に覆われ，その地域は 2 日か 3 日で終わる，ダスト層で覆われた全てを残す真っ黒な砂嵐で掃かれる土地だった．それにもかかわらず土地取得はグローヴズとマサイアスにとって病みつきの毒であることが証明されたのだ．その土地の約 88% は牧草地として利用されていた，11% が農地で，1% が 3 箇所の小さな町に占有されていた；リッチランド (Richland)（人口約 200），ハンフォード（人口約 100）とリッチランドとほぼ同じ大きさであったホワイトブラフス (White Bluffs) である．取得は多くの利害関係者の存在によって複雑になった：157,000 エーカー程は連邦政府，州政府または地方自治体によって所有され；225,000 エーカーは個人達の所有地として；46,000 エーカーは鉄道会社によって；6,000 エーカーは灌漑管区によって所有された．

最初の土地が 3 月 10 日に取得されたのだが彼らは低い地所価格，不適切な予告手当金（幾人かの住民は立ち退きに 48 時間と僅かな時間が与えられた）と収穫物に対し不充分な補償で

[*1] 訳註： ロードアイランド州 (Rhode Island)：米国北東部 New England の 1 州．米国最小の州．

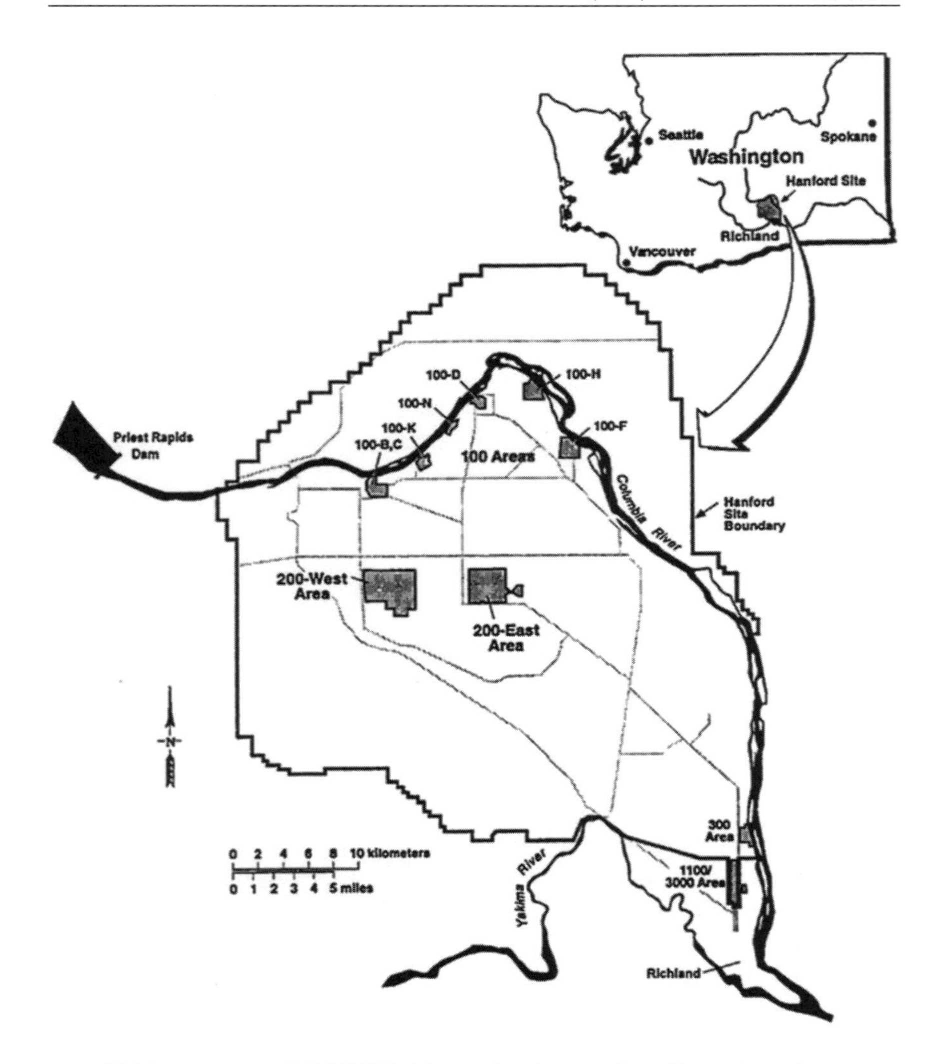

図 6.1 ハンフォード工兵施設サイト．パイルはコロンビア川沿いに西から東にかけて 100-B，D，F サイトに建設された．200-North サイトはこの地図に記載されていない；200-East サイトの約 3 マイル北に在った．ハンフォードのオリジナルの村はコロンビア川の西堤防に在った，200 区域の東側に帰する． 出典HAER, Fig. 1

あると考えた住民達と灌漑管区の一部から，直ちに抵抗運動（レジスタンス）が起きた．陸軍省が土地収用権を DuPont 社の便益に用いているとの噂が飛び交い始めた．このことが 3 月 30 日の軍事政策委員会会合と 6 月 17 日の大統領顧問委員会に届いた．その後，戦時食料不足の可能性を気にして，ルーズベルト大統領は他のサイトが選べないものなのかと訝った．グローヴズはヘンリー・スチムソンに DuPont 社とマンハッタン管区の両者ともハンフォード・サイトがその業務行うことが出来る唯一の場所であると認識していることの説明を余儀なくされた．取得過程は不完全な陸軍省査定によって助けられなかった．1943 年の春遅く，工兵隊太平洋方面管区不動産部門 (the Corps of Engineers Pacific District Real Estate Branch) が未だ買収されてない全ての土地を評価し直すことに合意した．多くのケースが試され，グローヴズが司法省に一層の判決促進を要求し，疑問な地域を調査する陪審習慣を終わらすまで，1,200 を超える土地の決着が平均して 7 ケース/月を超えることは無かった．グローヴズは地方紙の報道に取り分け苛立った，それは州最高法務官代理のノーマン・リトル (Norman Littell) によって強調されていた．司法省の土地部門範囲内の陸軍省接収手順の全てのケースの訴追にリトルは責任を持っていた，そして 1940 年に司法省に加わる前までシアトルで法律事務所を開いていた．州最高法務官フランシス・ビドル (Francis Biddle) がリトルの辞職を求めた時，この問題が 1943 年 11 月 18 日にトップに届いたのだった；ビドルとリトルは，明らかに土地部門の管理について長期にわたり反目しあっていた．ルーズベルト大統領がリトルを役所から 11 月 26 日に移動させるまでリトルは時をかせいだ．さらに速く進めようとしたのにもかかわらず，多数の土地所有者が裁判所命令により立ち退かされた，そしてマンハッタン管区歴史が正式に準備される時期の 1946 年暮まで，買収計画は依然として継続したままだった．その時までに，500 万ドルが買収計画に費やされた；不動産処分の多くが法外なものであったとグローブズは感じた．

6.2　パイルの設計と建設

この計画または **CP-1** で自己持続反応 (self-sustaining reaction) の可能性を実証する命令をグローヴズが発する前までに，アーサー・コンプトンの冶金研究所の科学者と技術者達は生産パイルの可能な配置の探求を続けていた．その複雑さは無数にあった：原子炉設計とプラントの間隔，冷却系と制御系のシステム，ウランとプルトニウムの関連する化学および金属学的物性の決定，連鎖反応の効率に及ぼす原子炉材料の効果，人体および環境安全の確保などだ，しかし数ヵ月間で冶金研究所スタッフに占められていたのはこの問題の幾つかだけだった．1942 年初期，シカゴにパイル計画を集中させようとするコンプトンの最初の行動の 1 つは，パイル設計の提案を検討する工学協議会（後日，技術協議会 (Technical Council) として知られる）を設立させたことだった．主任エンジニアとして，コンプトンはトーマス・ムーア (Thomas V. Moore) を選んだ，彼は石油産業界で長年の経験を有するベテランだった．そのグループのより若いメンバーはボーアとホイラーの核分裂理論のジョン・ホイラーだった．最初，彼らの努力の殆どがヘリウム冷却，ウラン-黒鉛配置の調査に集中された．

1942 年 6 月 18 日（CP-1 の最初の臨界達成のほぼ 6 ヵ月前），その協議会で生産規模のパイルに適切と思われる設計を考察するためメンバーが集められた．種々の提案が出された．1つの案は強制冷却のフェルミ型格子を使うものだった，それは照射ウランを回収するためパイルを解体する必要があるものだったのだが．ウォルター・ジン (Walter Zinn) は，約3フィート/秒で黒鉛ブロックを介して動く黒鉛カートリッジ中のウラン配置を提案した，その速度はパイル自体の冷却を不要にするに充分だった．ジョン・ホイラーが，ウラン形成層はシャフトと接続していてパイルからそれらを引き出すことが出来る，ウランと黒鉛の交互層の配置を提案した．もう1つのコンセプトは，究極的に適合した，大型黒鉛ブロックを通り抜けて伸びるウランの冷却された棒を用いることだった．

1942年12月の軍事政策委員会の決定に従って，実規模パイルは前進した，最もさし迫った問題はどの冷却方式を採用するのかだった．もしもパイルがガス冷却なら，2つの代替方法が可能なように見えた．空気冷却は技術者達にとって良く知られた技術だった，しかし幾らかの中性子損失が含まれる．他方，ヘリウム冷却はその化学的不活性さと低中性子捕獲断面積の元素であるとの観点からは魅力的だった．しかし全てのガスは相対的に貧弱な熱的性質を持っている，このことは高圧の大容量ガスをポンプしなければならないことを意味し，その問題は圧縮機とポンプの設計を複雑にする．液体の場合，水冷却が技術者達にとって良く知られた方面であったものの，水は中性子を捕獲し，かつ非保護被膜のウラン金属を腐食する．冶金研究所の多くの科学者達は，冷却材と減速材の両方に供することが出来る重水を好んだ，しかしその物質は乏しい．液体冷却のどの形態でもその欠点は，漏洩がパイルを無効に至らしめるかまたはもしも高圧下で冷却材が蒸発すると爆発を引き起こすことになる．1942年の夏の間，ムーアと彼のチームは，ウラン・黒鉛カートリッジを詰め，そこを通じてヘリウムをポンプする垂直穴を開けた黒鉛ブロックで構成するヘリウム冷却パイルに傾注した．グローヴズがマンハッタン計画に加わった時，アーサー・コンプトンはヘリウム冷却が第1番走者の可能性が高いと考えていた，しかしジョン・ホイラーとユージン・ウイグナーが水冷却の可能性研究を続けた．パイル設計が進む同時期に，プルトニウム分離化学の問題が検討された．その時点で，12の代替分離法が検討中だった；1943年5月，DuPont社の役員はクリントンとハンフォードの両方のユニットへビスマス・ホウ素工程を採用することに決めた．

CP-1 の成功裡運転が大規模パイルでの水冷却が実用可能であることを示した．CP-1の最初の臨界達成から5週間内にユージン・ウイグナーと彼のグループがアルミニウム被覆ウラン・スラグ表面を流れる薄膜水を備えた500-MWパイルの設計を開発した，そのウラン・スラグは黒鉛減速構造物を通じて走る長尺アルミニウム管内に収められている．照射された後，スラグはパイルの後部から取り出され，化学分離のために送り出される前まで，その放射線を死に絶えさすために水プール内に集められる．不思議なことに，ウイグナーは原子炉の運転寿命がたったの100日であると予測した．これはハンフォードのパイルらに用いられたシステムであるが，それらは多年運転した後に役目を終えている．

1943年2月中旬，DuPont社はウイグナーの水冷却設計の方を選びヘリウム冷却設計研究を終了させる決定を行った．この決定が水冷却原子炉をメジャーへと移行させた，そして多数の競争ファクターを含むものだった．原子炉が非常に高温，多分400-500°Cで——それは重篤な材料の応力問題を意味する——運転しなければならないことを根拠にウイグナーはヘリウムに反対した．ヘリウム冷却もまた大容量ガスの取扱いと純化が要求され，パイルの圧力包蔵物の気密性を維持しなければならない．他方，水冷却は増倍係数 (**reproduction factor**) を多分 3% 低下させるものの，DuPont 社の技術者達はウイグナーの設計に魅了されてしまったのだ，そして連鎖反応が持続されることを確信していた．ハンフォードのサイト決定の後に水冷却を選ぶ決定がなされたのだが，要求される水量よりもさらに増す供給がコロンビア川では出来たのだった．以下に述べるように，しかしながらヘリウムがパイルの不活性運転雰囲気への供給に使われた，それは包蔵物内の圧力での供給を意味する．冷却方式の決定後シカゴ大学のコンサルティングがほんの時々に過ぎず，DuPont 社が詳細設計研究に自前のスタッフ達だけを使って計画したことを知った時，シカゴ大学の科学者らの幾人かは悪感情で押し通した．しかしながらシカゴのグループは彼らの創造物のコントロールを全く疎かにはしなかった：ウイグナーは全ての青写真設計図をレビューした，そして終局的に種々の原子炉で 37 件もの特許が蓄積された．

クリントの施設と同様，ハンフォード工兵施設は穴掘りから建設が始まった．しかしハンフォードでの多くの建設方法はクリントンに比べて一層チャレンジ面が強かった．近傍に都市は無く，DuPont 社はオンサイトの大型コミュニティの着手から計画しなければならなかった．彼らは 2 つを建設することに決めた：ハンフォード自体に建設キャンプを，従事者達とその家族用にリッチランドに永久家屋区域を（図 6.1）．建設キャンプは最近接の工程地区から約 6 マイルの処に設けられた，リッチランド村はパイルから約 25 マイルに在った．両方の計画は 1943 年初めに始められた．400 マイル近くの高速道路と 150 マイルを超える鉄道線路も建設された．当初の推定で家屋建設を可能とするために 25,000-28,000 の建設労働力が必要とされた．建設キャンプ用の計画は慎重な検討の上，大規模で実現可能なもに作られた，そのアプローチの有効性が証明された：建設労働力は当初推定の 2 倍近くまで増え続けたのだから．

リッチランドは，当初推定で人口 6,500-7,500 人と予測されたのだが，この推定は直ちに 12,500 人に改訂され，それから 16,000 人へ，最終的には 17,500 人に改訂された．クリントンのように，プレハブで移動可能な住宅に多くの家族が暮らし，その居住環境は粗雑な (rough-and-ready) ものだった．もう 1 度，学校，商店，教会，リクレーション区域，病院，公益事業利用設備，道路補修，ゴミの収集，交通機関，消防隊，警察隊を提供しなければならなかった．結局，ほぼ 4,300 組の家族が住むユニットと 21 の寄宿舎が建てられた．オークリッジのように，広大なバス路線が必要だった；建設期間のみの間で，34,000 万人・マイルも運転された．

もしもリッチランドでの環境が新興都市の追憶だったなら，建設キャンプでの追憶と比べて贅沢だと感じられただろう．黒鉛加工，コンクリート製パイプ製造，原子炉遮蔽用鋼板と硬質繊維板 (masonite) の準備部所が，家屋，加熱と水プラント，バラック，トレイラー家屋，カフェテリア，バス，管理ビルディング，劇場，学校，病院，図書館の間に散りばめられた．最初の DuPont 社の雇用者達が 1943 年 2 月 28 日に到着し，サイトから 30 マイル離れたパスコ (Pasco) 市の雇用事務所の開設と伴に，建設が公式に 3 月 22 日より開始された．建設キャンプは 4 月に家屋建設者達が始めた，ある程度の労働者達は最初の 6 ヵ月間をテントで暮らした．1943 年 3 月から 1944 年 8 月までの間，地元警察隊，ハンフォード・サイト・パトロール，が丁度 8,000 件を超える“インシデント”（事件）を記録した，5 名の変死，19 名の事故死，酒類密造の 88 件が含まれているのだが，その大部分は酔っ払い事件と強盗事件だった．

建設キャンプ自体の建設をまず最初に行わなければならない．最初のバラック建築を4月6日に始め，9月までにほとんどが週6日の9時間労働に従事し，ある程度の労働者達は一時的に週7日10時間の労働をした．マサイアスの8月20の日誌に，カフェテリアは22,000食/日のサービスをしていると記載されている．11月までに，5,300名の労働者が建設キャンプ設立のみで雇われていた，その年の暮までに100軒を超える男性用バラック，数ダースの女性用バラック，幾つかの食堂と1,200のトレーラー・ハウスを生み出した．12月3日，労働は9時間労働2直交代制へ移行した，そして1944年1月1日に3直が加わった．パイル自体の建設も最盛期となった1944年7月までに，キャンプは45,000名の家となっていた．ハンフォードで費やされる総マン・アワー(man-hours)は，労働者の分裂に依るたったの15,000が失われただけで，12,600万を超えることになる．ウォルター・ジン，ハンフォードのDuPont社プラント運転管理者が語った，"ローマは1日にして成らなかった，しかしDuPont社はその建設を請け負ってはいなかったのだ"と．

孤立し，砂嵐が吹き，結婚生活から離れた生活環境が雇用者の転職率をその土地固有の問題にしてしまった．DuPont社は260,000人を超える応募者達と面接し，計画全体を通して平均22,500の労働力を維持するのに94,000を超える雇用を行った．1944年夏までに，建設労働者の転職率は21%に達してしまった．モラル向上に，DuPont社はリクレーション・ホール，酒類販売許可店，ボウリング場，テニス・コート，野球場とソフトボール場を建て，そして国民に知られたエンターテナー達を呼び寄せた．グローヴズはビールを必要とする量をいつでも販売できるように指揮した．未熟練労働者達は平均日給8ドルの魅力に引き付けられた，その地域の他の場所で3-4ドルが普通のレートでその2倍もあった；熟練労働者へのその数値は10ドルに対して15ドルだった．全ての雇用者が秘密宣言書に署名した，それは彼らに連邦諜報法(national Espionage Act)の違反が10年の禁錮刑と10,000ドル限度の罰金刑であることを認識させた．セキュリティ・エージェントらは時々正規労働者であるがごとく振舞い中に入ってきた．

主要3種の労働区域がハンフォード保留地全体にわたり置かれていた．パイル自体は"100"区域に在った：100-B，100-Dと100-Fで各々約1マイルの正方形（他のアルファベット文字に関しては，以下で述べる）．分離施設はパイルの南約100マイルの処，"200"区域内に在る：200-E，200-Wと200-Nで，それぞれ東側，西側，北側に在った．200-N区域は照射燃料スラグの貯蔵区域として使用された．リッチランドから丁度数マイルに位置する300区域はウラン・スラグ加工と試験を執り行う場所だった．各々のパイルもまた過剰な支援施設を要求した：コロンビア川へ安全に戻すことが出来る放射線強度に低下するまで使用済み冷却水を保つための保留池，水ポンプと処理プラント，冷却とヘリウム純化施設，燃料貯蔵区域，蒸気分所と変電所，消防署と救急所．同じ記念碑がその3つの化学分離プラントに建つことになる．有名な遠洋定期船"クイーン・メリー"(**Queen Marys**)として日常会話で知られるように，お互いに長さ800フィート，幅65フィート，高さ80フィートとなった（図6.2）．パイルからの照射された燃料は鉄道貨車上に積載した遮蔽キャスク内でクイーン・メリーへ旅立った．

初期計画では，100-Aから100-Hと区分される8基の100-MWパイルが要求され，コロンビア川堤防に沿って配置される．シカゴの科学者達とDuPont社の技術者達が250-MW水冷却設計に決めた時，その決定は1943年5月になされた，パイルの数を3基に切り詰め，その場

図 6.2　クイーン・メリー分離建屋．　出典 http://commons.wikimedia.org/wiki/File:QueenMarysLarge.jpg

所が B，D，F サイトであった；A サイトと H サイトは安全エリアとして空地のまま残された．図 6.1 に示したように，B-パイル区域は D 区域の南西約 7 マイルであり，F は D の南東約 9.5 マイルだった．戦後，種々の原子炉がハンフォードに建設されたが，A-パイルは決して建設されることは無かった（図 6.3 と図 6.4）．

最初のパイルとして B-パイルが作られた，その建設と運転はエネルギー省の "歴史的アメリカ・エンジニアリング記録" 文書中の入手出来る記録の中で取りわけ優秀な記録であった (HAER；さらに読む人のために，を参照せよ)．設計と運転の詳細に関する種々の事実と図面と同様，その文書は本章で多数表示されている写真のソースである．B 区域の調査は 1943 年 4 月 15 日に完了した；保留池のため 8 月 27 日に掘削し，原子炉建屋自体の配置，105-B 建屋，が 10 月 9 日に始まった．

105-B 建屋の設置面積は 120 フィート (36.6 m) 掛ける 150 フィート (45.7 m) で高さ 37 フィート (11 m) であった．遮蔽体を含むパイル自体の外側寸法が正面から背面まで（およそ西側から東側へ）37 フィート (11.2 m)，側面距離（およそ北側から南側へ）が 46 フィート (14 m) で高さが 41 フィート (12.5 m) だった．各々のパイルの黒鉛コアが 36 フィート幅，36 フィート高さ，前面-背面距離 28 フィートが計測された．

図 6.5 は各々のパイルが如何様に配置されたかの全体像を示す．正面は装荷区域で，ここではウラン金属燃料のスラグが長さ 44 フィートの 2,004 個のアルミニウム製工程管に詰め込まれる．装荷区域は必要に応じて修理のために燃料管の取り出しが可能な程充分な広さを有している．パイルの背面は取り出し部に面し，そこから照射されたスラグが深さ 20 フィートプールの中へ落とされる．制御室は地階上のパイル正面の左横側に置かれた．9 基の長さ 75 フィート制御棒が電気的または手動で操作できるように "棒室" (rod room) が制御室の上に配置された．パイル自体のみで，各々のパイルは 390 トンの構造鋼を用いた；鉄筋コンクリート 17,400 立方ヤード (13,293 m^3)；50,000 個のコンクリート・ブロックと 71,000 個のブリックであった．

図 6.3 北西部から眺める 100-B 区域，1945 年 1 月．コロンビア川は背景に横たわる．パイル建屋自体は水タワーに隣接している．
出典 http://commons.wikimedia.org/wiki/File:Hanford_B_site_40s.jpg

図 6.4 建設中の B-パイル建屋． (HAER，Photo 3)

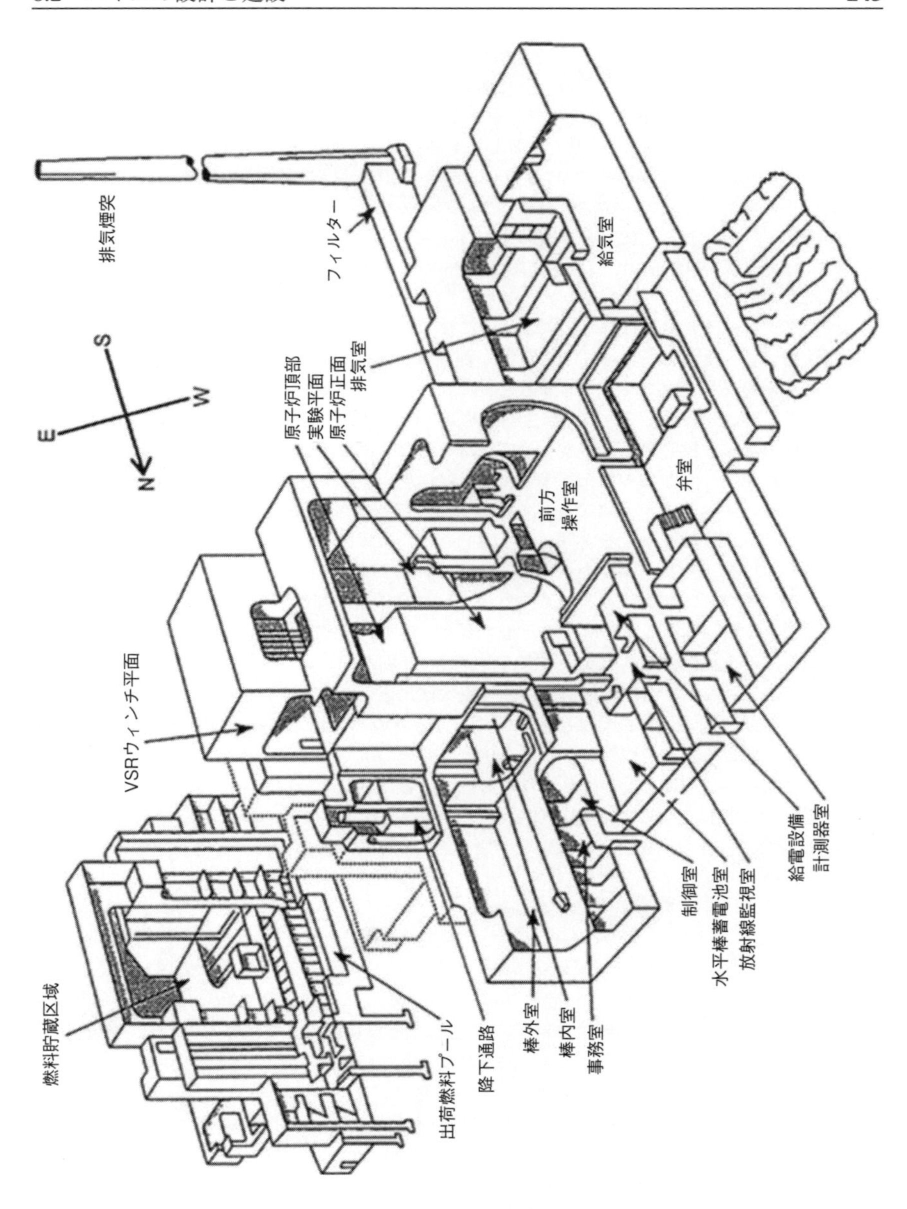

図 6.5　ハンフォード B パイルの断面図.　（HAER, p. 133）

パイル自体は気密に熔接され，そして250万立方フィート(70,000 m^3)の硬質繊維板（メゾナイト）；鋳鉄1,093トン；黒鉛2,200トン；銅管221,000フィート；プラスチック製管176,700フィート；アルミニウム製管86,000フィートが含まれていた．ハンフォードでの地面掘削体積はパナマ運河での掘削量の約10%に等しいものだった．建設の組織化はマンモス業務だった；2年間にわたり，DuPont社は47,000件を超える調達注文を行い，47州の会社と74件の下請契約を結んだ．会社の組織図は長さが24フィートまで達した．ハンフォードでは完全に小説の物語でしかなかったにもかかわらず，DuPont社が繋がりのあるスケジュールを1年前倒しと，コストは1943年中頃の推定値のたった10%の引き上げをもたらした．

パイル構造の大部分の底層は23フィート厚さのコンクリートの床面と，必要な計測器類と気体移送ダクトが割り当てられた．床表面層には1.5インチの鋼製床板が取り付けられた．水冷却鋳鉄製ブロックによってパイルの周囲全面が囲まれ，そのブロックはおよそ10インチ厚さの熱遮蔽を形成している．この遮蔽の床面層はパイルの黒鉛ブリックの基礎として供せられている，そして核分裂反応で生成された熱の約99%を吸収する．鋳鉄製ブロックは精度0.003インチで加工され，放射線障壁供与として重ねられた．燃料チャンネル管用遮蔽を介して穴があけられ，減速ブリック内の対応する穴と1/64インチで合致させなければならない．外に向かって，熱遮蔽体はBブロックで知られる厚さ4フィート(1.2 m)の交互に鋼とメゾナイト層を配置した350,000個を超えるブロックで構成された生体遮蔽によって囲まれていた．この層は任意の放射線を100億倍減少させる；コンクリートで同じ効果を得るには厚さ15フィート(4.6 m)の壁が要求されるだろう．その全体の集合体は鋼製外部殻で覆われ，それがパイルのヘリウム雰囲気を閉じ込めておく構造物として供せられていた．

クリントンの**K-25**施設のように，パイル建設の特別な問題は熔接接合の品質だった．一旦パイルが完成したなら，内部の如何なる問題も次回に直すことが不可能となるのだ；全ての結合は最初の時期に適切に行わねばならないのだ．各々のパイルで直線で50,000フィートを超える熔接を必要とし，その熔接は許容値0.015インチの滑らかさで行わなければならない．この仕事には高級品質熔接者達が指名された，彼らは級に応じた特別給を受け，バックグランド確認と周期的試験に従わなければならなかった．その応募者のほんの約18%が資格を得た．熔接はX線透過法または染色浸透探傷法で検査された；各々の熔接には熔接者認識番号がスタンプされていた．

各々のパイルはほぼ75,000個の黒鉛減速ブリックで形成された，その殆どが4と3/16インチの正方形で長さが48インチのものだった．中央の8と3/8インチの空隙に燃料管を収容するために，その5個中の約1つが縦長に穿孔された．そのブリックの一連の許容値は±0.004インチを維持し，すべりばめ(snug fits)を確実とした，そしてそれらの角には品質コードがスタンプされた；最高級品質の者達はパイル中心部で使われた．小型試験パイルが300区域に各々のブリックの合致確認するために建設された，各々のブリックには実際のパイルの再組立てで正しく積み上げられるよう位置情報が記録された．ブリックの各層が積み上げられた後，汚染物除去のため真空引きされた．Bパイル向けのブリックの研削が1943年12月10日に始まり，1944年6月には設置が終了した，欧州侵攻のD-Dayの丁度数日前に当たる．黒鉛の清浄度が大変に決定的な要因であったから，DuPont社は労働者達の衣服の洗濯に用いる石鹸と洗剤を特定化する洗濯手順書さえ持ったのだった（図6.6)．

図 6.6　B 原子炉の黒鉛コアの配置．原子炉背面は**下側左**で正面裏側は**上側右**になる．（HAER，Photo 6）

6.3　燃料システムと冷却システム

パイルの心臓部は黒鉛減速ブリック，燃料チャンネル，燃料スラグの集合体それ自体に在る．ユージン・ウイグナーの 500-MW に対する 1943 年初期設計では，深さ 28 フィートの直径 28 フィートの黒鉛シリンダを突き通す 1,500 の工程管が求められていた．DuPont 社の技術者らはその設計を 500 の燃料チャンネル追加で大雑把には正方形面配置へとするように設計を改訂した（図 6.7）．

過剰設計が明確で無いと実際に示唆した者達の記録；多くの人々が含まれた．DuPont 社の設計部門長のフッド・ワージングトン (Hood Worthington) は当時の一般的な化学技術者の認識に従い，そして 1/3 過容量のマージンを要求したことが幾つかのソースから明らかである．ハンフォードでの DuPont 社の管理業務の彼の調査で，それはジョージ・グレーブス (George Graves)，DuPont 社の TNX グループのマネジャー代理に依るのだと，ハリー・セアー (Harry Thayer) が示唆した．他のソースでは，このアイデアはジョン・ホイラーとエンリコ・フェルミによって提案されたのだと示唆していた，彼らは中性子吸収核分裂生成物が連鎖反応を毒する可能性について触れていた．多くの物理学者達は過剰設計が建設と運転に必要なものに比べて更に高価なパイルにしてしまうだろうと考えた，保守主義は賄賂だと．ウイグナー提案の

図6.7　Fパイルの正面，1945年2月．　(HAER，Photo 21)

1,500を超えた追加管の寄与は中心部の反応度に約10%寄与するのみだったが，パイルの設計出力比を達成するにはきわめて重大であることが証明された．スタートから追加管を供給されてい無かったなら，以下に述べるキセノン毒 **(Xenon poisoning)** 危機に対応してパイル設計変更と建設に8ヵ月から10ヵ月必要になっただろうと，DuPont社の1人の技術者が推定した(6.5節参照)．

各々のパイルは側面に42管の正方中心区域で総計1,764管から構成されている．それらに加え240管が各々30管の2列で，正方形の4側面の中央に配置される．これで総計2,004管が与えられる，その各々にはユニークな番号がうたれ，パイルの正面と背面の運転員らに燃料交換のために同時に同じ管を開けることが出来る．燃料交換作業時にパイルが停止される，その間に照射されたスラグ数トンがパイル背面から取り出される．内径1.61インチ，外径1.73インチの管はAluminium Company of Americaで開発された，それらを完全にするための7ヵ月間の研究が投資された（図6.8）．定常運転で，外径1.44インチ（厚さ0.035インチのアルミニウム製ジャケットを含む）の32個のアクティブ燃料スラグを含む各管の長さは8.7インチである．比較的短いスラグが熱膨張に依るひずみを最小化するために用いられた．各スラグには天然ウラン約8ポンド(3.6 kg)含まれていた；パイル中におよそ64,000スラグが在る（管当たり32のアクティブ・スラグ掛ける2,004管），通常の燃料装荷が約250トンだった．燃料スラグは管内側で管底に沿って走る2個のリブで支えられ，冷却水流路として僅か0.086インチの環状隙間が残るように配置されていた．流体速度は約19.5フィート/秒で，約14ガロンの水

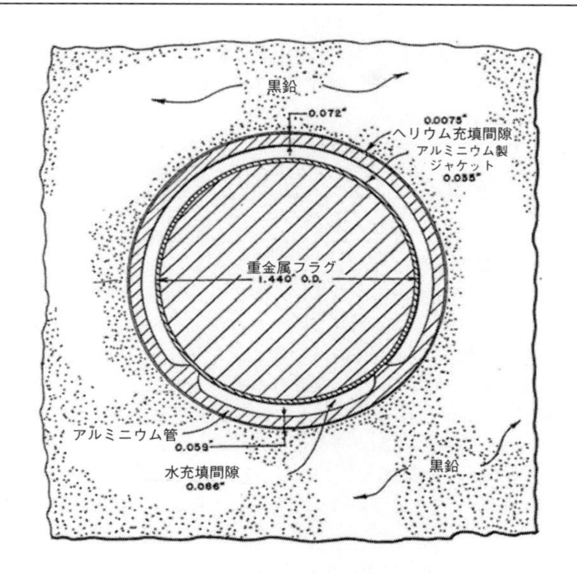

図 6.8　燃料管集合体の断面図.　　（HAER，Fig. 9，p. 143）

が各々の管を毎分で通過する．管端のノズルは燃料スラグの出し入れと水流速の調整を許す．燃料交換またはメンテナンスのために 1 つの管への水流を停止しパイプが配置される，しかしその管は水満杯で留まる．

初期の IBM コンピューターはプルトニウム生産量を予測するために各燃料スラグの照射履歴を追跡するために用いられた．不活性スペーサーや中性子吸収材のようなダミー・スラグがパイル内の中性子束 (neutron flux) 制御の助けとして用いられた；通常運転で，パイルにはアクティブ・スラグのように多くのダミー・スラグが含まれていた．ダミー・スラグは再利用出来るのだが，少しばかり放射化してしまうのでパイルに再装荷する前に熱冷却と放射線減衰の使用後期間を経なければならない．

ハンフォードのパイルは **X-10** パイルに比べて非常に大きな出力と潜在的な腐食性の水冷却で運転されたがゆえに，燃料スラグの "缶詰" (canning) の頑健性の要求はクリントンでのものに比べて一層強かった．スラグ・ジャケットはスエリング (swelling) または膨張 (blistering)（そして核分裂生成物放出）無しでパイル内の熱と中性子衝撃環境で健全である程に充分強くなければならない，さらに照射されたスラグからプルトニウムを抽出する工程に到着した時には容易に溶解出来なければならない．ジャケット大量生産法の発見はプルトニウム計画を殆ど狂わせてしまう程かなり決定的なものだった．Aluminium Company of America がアルミニウム缶内にスラグをシールする実験を行ったが，その工程では，スラグの純度を維持するため如何なる種類の半田付け熔剤 (soldering flux) を用いることも無く蓋の熔接を求められた．アルミニウムの半田付けが難しいことは有名だった，そして結果が出ない以上にしばしば蓋が破損した．1943年10月，アーサー・コンプトンがスラグ生産がこの計画の最も重大なジョブであると考えていた．

DuPont社は1944年3月にスラグ研究の多くをハンフォードへ集約した．ビレット形状のウランがハンフォードに届いた，それは1,000トン圧延機で棒状に引き抜きされたものであった．これらの棒から，スラグを切り出し，平滑に加工し，清浄化した．最初の実験缶詰運転がその月遅れで始まり，受入可能なスラグ数は日当たり1桁の数が限界だった，パイル燃料として求められる数千個からは程遠かった．ウラン・スラグとアルミニウム缶を適切に結合させる正しい温度の実験的決定に伴って決定的なブレークスルーが現われた．最初，綺麗なアルミニウム缶が熔融アルミニウム・ケイ素結合剤で充たされる．綺麗にされた後，スラグは結合剤とウランとの合金化を防ぐために青銅 (bronze) 浴中に浸され，それから熔剤に浸される．スラグは素早く缶中へ押し込まれ，その場所で熔接されるアルミニウム製蓋で覆われる；この工程は“水面下缶詰” (underwater canning) と呼ばれた．温度制御が重要だった；熔解半田がそのスラグに入り込むのはアルミニウム缶の融点の僅か2度下だった．缶詰後，スラグは湿気を追い出すためにオートクレーブ中で40時間保持される．各々完成したスラグは外観とX線の両方で膨れやねじれの検査が行われる；欠陥缶は工程缶を詰まらせる可能性がある．缶詰工程が大きく言って1944年8月までには完全となり，実績として不合格率は約2%へと低下した．

パイル燃料装荷は，“装荷機械” (charging machine) を用いて燃料スラグを工程管の中へ押し込み，同時に照射された燃料スラグをパイル背面から出すのを装荷エレベーター内の操作員が行った．運転中，管は典型的には平均して59の燃料スラグとダミー・スラグだった．パイル背面は厚さ5フィートのコンクリートで囲まれ，操作員達は取り出された管を開けた後から押し出しを始める前まで通常その区域を空にした．背面に在る除荷エレベーターは7インチの鉛で遮蔽された運転室を積んでおり，そこにはペリスコープ（展望鏡）と動力装置が備えられていた．取り出しシステムは単純な自由落下配置だった．収集プールに落下の後，アクティブとダミー単位のバケットへ分類される．1時間または2時間後，それらの放射線強度は10倍のファクターで低下し，もう1つの10倍ファクターはその60日後となる．

各パイルの安全運で肝要なのがワンスルー (once-through) の冷却システムだった．3基の全てのパイルに対し，その冷却水消費総量は住民約130万人の都市のに等しいものとなった．毎分ほぼ30,000ガロンの水が各々のパイルへポンプを介して送られた，しかしそのうちのどの瞬間でもコア内部に存在するのは小さな割合のみだった（練習問題6.1を参照せよ）．単一通路配置を使うことで，出口温度は65 °Cまたはそれ以下の温度に維持出来た．これがコロンビア川の放流水急速熱希釈をもたらした，ハンフォードでのその放流水流速は5,400万ガロン/分のオーダーだった．冷却水はパイルを通るその単一通路から，それでも少しばかり放射化される；短寿命核分裂生成物の取り出し後の減衰を許すため，川へ戻す前に3時間から4時間を700万ガロンの保留池内で放出が控えられる．取入口と放出口に魚が入り込まないように鉄格子でガードされていた．魚の健康調査のため，ワシントン大学はそのサイトに応用水産研究所 (Applied Fisheries Laboratory) を設立した．

冷却システムは多重バックアップを含んでいた．主要循環が電動ポンプによって供与された，電源喪失に備えて同一系統で蒸気駆動ポンプがアイドリングしていた；主要ポンプには

4,600 ポンドのはずみ車 (flywheels) が装着され蒸気ポンプが全出力に達するまでの 20-30 秒間回り続ける．各パイルには 2 基の上階に引き上げた 300,000 ガロン水タンクも備え付けられた，それらはタンク内の水を重力給水でパイルへと落とし込むことが出来た．

燃料管理と冷却管理に加え，もう 1 つの懸念事がパイル運転環境に在った．通常の空気環境は駄目だった．窒素が中性子を捕獲し，そして空気には窒素またアルゴンを少量含む，中性子捕獲で放射性物質となる．この解決法は各パイルを気密に閉ざし，約 2,600 立方フィート/分の流量で不活性ヘリウム雰囲気を供給することだった；ヘリウムはガスの中で相当な熱伝導性を有する点でも有利だった．B パイルの圧力検査が 1944 年 7 月 20 日に始まった，その同じ日に，未遂に終わったアドルフ・ヒトラー暗殺が実行された．

6.4　制御，計測器開発と安全

ハンフォードのパイル制御は，**X-10** パイルで用いられたのと同様にボロン鋼制御棒とボロン鋼バックアップ棒のシステムにより成し遂げられた．ハンフォードでは，9 基の長さ 75 フィート，水冷却水平制御棒がパイル正面から見てパイルの左側から差し込まれていた．水力駆動と電気駆動が垂直と水平の両方から 5 フィート離れて設置され，これら駆動部は 3 基のロッド毎に 3 列に配置された．7 基はパイル反応度の全体制御用シム棒だった．これらは 30 インチ/秒まで上がる速度で移動でき，冷却水完全喪失が起こらないかぎりパイルの完全停止（シャットダウン）をもたらす．残りの 2 基は調整棒で，細かな分単位の調節操作に使われた，そして最遅速度 0.01 インチ/秒て移動出来た．上述の各パイルには垂直安全棒が備わっていた．それらは電源喪失事象で開放される電気クラッチで通常は所定位置に保持されていた．ロッドの展開を妨害するような方法で地震または爆破がパイルを損傷させた時に備え，最終溝 (last-ditch) 安全システムが各パイルの頂上に乗っていた:ホウ素溶液で充たされた 5 基の 105 ガロン・タンクである，手動 CP-1 の “自殺班” (suicide squad) を暗示する配置だ．放出時，液体は垂直のロッド穴へと注ぎ込まれる，しかしパイルを台なしにしてしまう．1953 年，これれはボロン鋼のボールベアリングを使うシステムに交換された．

安全システムは 1945 年 3 月 25 日に現実世界のテストを受けた，小型爆発物積載日本製気球[*2]がワシントン州東部へ吹き流され，ハンフォードに供給している送電線に当たった．2 分間停電の結果，3 基全てのパイルは自動的にスクラムした．戦争を通じて，日本はそのような風船をほぼ 9,000 個生産した．

運転員達は，5,000 を超える計器類からの読み出しを通してパイル状態を定常的に監視した．ちょっと見ただけで管入口水圧の状態；入口水温と出口水温；水流速；ヘリウム・ガス圧；黒鉛

[*2] 訳註：　風船爆弾：日本陸軍が開発した気球に爆弾を搭載した兵器である．秘匿名称は「ふ号兵器」．気球の直径は約 10 m，総重量は 200 kg．兵装は 15 kg 爆弾 1 発と 5 kg 焼夷弾 2 発である．ジェット気流で安定的に米国本土に送るためには夜間の温度低下によって気球が落ちるのを防止する必要があった．これを解決するため，気圧計とバラスト投下装置が連動する装置を開発した．材質は楮製の和紙が使われ，接着剤には気密性が高く粘度が強いコンニャク糊が使用された．気球内には水素ガスを充填した．

減速体と熱遮蔽体の温度；全制御棒の位置；放射線漏洩検知監視装置，を確認出来た．安全回路が，例えば高水圧または低水圧，排出水の高放射能，あまりにも高すぎる中性子束，電源喪失，または高い排気温度のような問題の激烈さに応じて制御棒を展開するようにプログラムされていた．出力レベルは入流水と出流水間の温度差をモニターする単純な手段で決定された，それは流速と結び付けられパイルの熱出力を与えてくれる．

労働者達と環境の両方を安全にするために大きな労力が向けられた．放射線検知器が排出水，保留池，換気空気，取出区域，制御室をモニターした．放射線を浴びるに違いない労働者達は常に2つの個人線量計を身に着けた，それらの線量計を介して彼らの日被曝線量と集積被曝線量が追跡された；彼らは必要に応じて，防護服と顔マスクをも着用した．線量計の1つのタイプは携帯イオン化チャンバーで“ペンシル” (pencil) と呼ばれた．それらは使用前に静電気が付加されたもので，直の終わりにその放電量がガンマ線被曝継続量を示すことになる．フィルムはベータ放射線またはガンマ放射線によってかぶる (be fogged)；異なるエネルギーからの放射線被曝はフィルムの種々の遮蔽部材によってモニターされる[*3]．

プルトニウムは骨に集まる傾向があるため，尿と血液のサンプルが定期的に集められ，検査された．別の健康推進 (Health Instruments: HI) 部門が放射線防護規則と標準を定め，かつ従事者達と環境を監視する責任を有していた．従事者達の許容線量は非常に低い水準，0.01 レム/日と定められた（5.2 節でのレムの大まかな議論を参照せよ）．もしも労働者達が危険区域に入るならば，HI モニターがその区域を最初に評価し，被曝時間と線源からの距離の規準を定める．HI パトロール・グループもまたルーチンでパイル建屋とそのほかの区域に汚染の兆候を確認するためのサーベイもした．外部環境のモニタリングの一部として，陸軍警備兵が周期的にコヨーテ (coyotes) を撃ち殺した，その甲状腺のヨウ素 (iodine)，特有の核分裂生成物，が調べられた[*4]．戦時中の業務にもかかわらず，放射線被曝で重篤なケースはオークリッジまたはハンフォードのいずれでも1件さえも起きなかった．

[*3] 訳註：　フィルムバッジ：放射線によるフィルムの感光作用を利用した放射線測定器を言う．X 線，γ 線，β 線，中性子線を分離しそれぞれの線量を測定評価できる．入射放射線のエネルギーの情報が得られる．小型軽量で単価も安い．測定後のフィルムは長期保存できいつでも取り出して再評価できる等の長所があるものの，線量判定の処理が煩雑．被曝線量の評価に時間がかる．潜像退行が大きいとの欠点を有する．現在は繰り返し使用可能な蛍光ガラス線量計，熱ルミネセンス線量計へ移行している．

[*4] 訳註：　放射性ヨウ素 (iodine)：核分裂生成物の中で収率が高く（生成割合が高い），かつ揮発性であるため外界へ漏洩しやすい元素の1つである．ヨウ素が体内吸収されると甲状腺に集まる傾向が強い．従って放出された放射性ヨウ素も生体内に吸収されると甲状腺に集まるため，甲状腺の放射能強度がモニターされた．原子力事故に備えてヨウ素錠剤が備えられているのは，安定ヨウ素を体内に吸収させることで放射性ヨウ素の甲状腺へ集まる割合を低く抑えることにある．

6.5　操業とプルトニウムの分離

"法王の恩恵" (blessing of the pope) と呼ばれたパイルを授けたエンリコ・フェルミによってB原子炉へ最初の燃料が装荷されたのは1944年9月13日午後5:44だった[*5]．初期装荷期中，全ての制御棒は挿入されていた．パイル設計では数100の完全充填管が臨界にもって行き，低出力で働かすために必要なだけだった．最初は，Bパイルの中央部のほとんど1,595管のみが冷却システムに接続されていた，そしてそれらの895管にアルミニウム製ダミー・スラグが充填されていた．

最初の運転ベンチマークは原子炉技術者用語で "乾式臨界" (dry criticality) と言われるものだった，それは冷却材の循環無しでパイルを臨界に到達させる．水の毒性効果寄与から，これがパイルの最小可能臨界寸法である．もしも冷却が活性化すると，臨界度を失い，それを復活させるために追加管の装荷が必要となる．Bパイルの乾式臨界装荷は側面の22管の中央区域で開始し，400管を装荷した9月15日午前2:30に臨界に到達した．制御棒試験と計測器の校正作業が続き，その後に748管が装荷されるまで再装荷が続けられた．その時点で，冷却システムが放射化した，予期されたものだったが，それが反応を毒した．追加管が装荷され，そして装荷838管で9月18日，月曜日の午後5:30に "湿式臨界" (wet criticality) に達した．制御棒を挿入したまま装荷が9月19日の早朝まで続けられた，それまでに903管が装荷されていた，水圧不足のため2管が中止されてしまったのだが．様々な試験の後，湿式臨界が901管装荷で再び臨界に達するまで制御棒が引き抜かれた．これは1944年9月26日火曜日午後10:48に起きた，そしてパイルの公式運転とみなされた．その日の真夜中には，9月27日，Bパイルは200 kWで運転されていた，午前1:40までに9 MWを達成した．

最初，全てが完全に作動していると思われた．しかし9 MWを達成した約1時間後，運転員達は出力を維持するために制御棒を引き抜かなければならないことに気付いた，パイルが死につつあるように見えた．午後の4:00までに出力レベルは4.5 MWまで落ちてしまった，その時に低下を止めるために意図的に400 kW減らした．これが不成功だと認められ，午後6:30にパイル自体で完全にシャットダウンしてしまい，死んでしまったものと認識された．明白な問題は存在して無かった：水の流量と圧力は正常であった，漏洩またはスラグ腐食の証拠は無かった，ヘリウム雰囲気は正常だった．

驚かされたことに，数時間の休眠後，パイルは自発的に生きを吹き返し始めたのだった．増

[*5] 訳註：　フェルミが量子論をあらゆる範囲，あらゆる深さで説明しようとしましたが，そのグループのひとびとには，それは理解し難く，一般の人の考え方にあてはまらないことばかりでした．「物質もエネルギーも，ともに波動からなっていることは合理的に証明される真実であるというよりはむしろ教義なのだ」と彼らは主張しました．それは宗教なのです．宗教では法王には絶対に誤りがありません．量子論ではフェルミは絶対に誤りなしでした．つまりフェルミは法王なのです．それ以来彼は，「法王」という名前をつけられてしまいました．この名前は新来者をまず驚かしました．しかしフェルミが，いわば法王の高位にのぼったというニュースは世界中の若い物理学者の間にひろまっていきました [p. 67]．(Laura Fermi, *ATOMS IN THE FAMILY*, University of Chicago, 1954：崎川範行訳，「原子力の父　フェルミの生涯」，法政大学出版局，東京，1955)

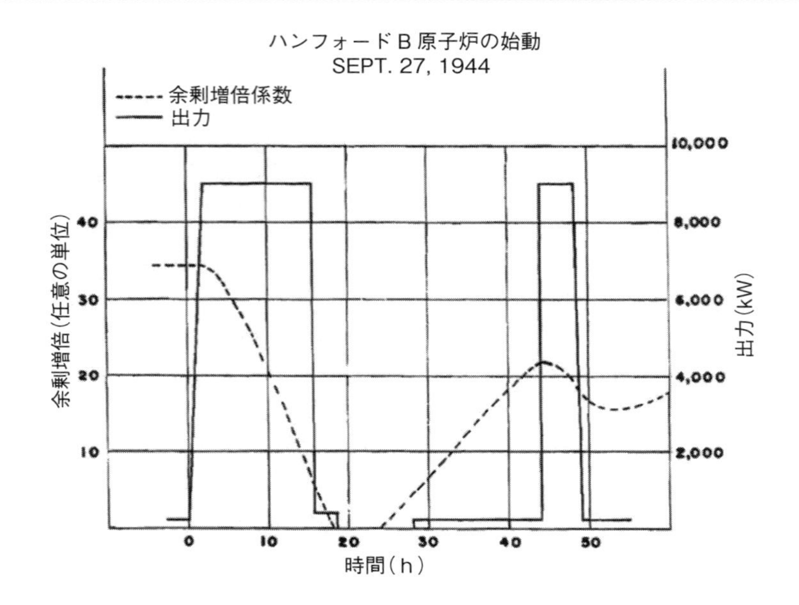

図 6.9 B 原子炉立ち上げでの出力（**実線，右目盛**）と余剰増倍係数，$k-1$（**点線，左目盛**）．0 時は 1944 年 9 月 26/27 日の真夜中に当たる．出力上昇で増倍係数が如何様に低下したのかに注目のこと． Babcock (1964) より

倍係数 k が翌朝，9 月 28 日午前 1:00 の時点で 1 に比べて大きな値に上昇し，午後 4:00 までに出力レベルが再び 9 MW へ上昇したのだった．しかしそのレベルに達するやいなや，増倍係数が再び低下し始めた．持続運転は不可能であることが証明された，そして火曜日と同様，金曜日になると，B パイルは再び完全に死んでしまった（図 6.9）．

パイルの反応度オン，反応度オフの時間的パターンから，エンリコ・フェルミ，ジョン・ホイラーと DuPont 社の化学技術者，デル・バブコック (Dale Babcock) はこの問題は中性子毒の高中性子吸収断面積を持つ核分裂生成物に違いないと判断した．モニターに基づき，9 MW の定常出力に維持するように制御棒が引き抜かれた，親同位体とその毒性のある崩壊生成同位体の両方が数時間オーダーの半減期を有することを確かめた．金曜日朝までに，豊富なデータからその毒物の半減期が約 9.7 時間と示された．同位体表の調査は，その問題がヨウ素 → キセノン崩壊系列のようだと示した．特定された元凶がキセノン-135 だった，この同位体はテルル-135 のベータ崩壊で生じ，テルル-135 自体は直接の核分裂生成物である．テルルは 19 秒でベータ崩壊しヨウ素-135 になる，これが 6.6 時間のベータ崩壊でキセノン-135 となる，この同位体は半減期 9.1 時間（現在の値）を持っている，その後，セシウムそして終局的にバリウムとなる．

300 万バーンを超える Xe-135 中性子捕獲断面積はどの核種と比べても最大であることが知られている．

唯一の解は，この毒効果に打ち勝つために原子炉の燃料量を増加させることだ．これが当初未使用だった燃料管内に細工を要求した，それが生体遮蔽ブロックを介してのボーリング穴を必要としたのだった．コンプトンが 10 月 3 日にシカゴでグローヴズにこの悪いニュースを伝えた．グローヴズはその問題を予見出来なかった科学者達を激しく酷評 (highly critical) した，そして中性子の性質がなし得た基礎的な新発見であるとのコンプトンの論点には何の感銘も受けなかった．コンプトンはそれからその状況を個人的にレビューするためにハンフォードへと去った．

B 原子炉運転開始（スタート・アップ）の数多くの報告書にキセノン毒 (**Xenon poisoning**) のエピソードが完全に予期してなかった現象として記録されている，しかしこのことは真実とかなり隔たっている．その 20 周年記念式典に発行された記事の中でバブコックが述べたように，激しい中性子吸収核分裂生成物の可能性については相当の関心が寄せられていた．フェルミの **CP-1** パイルで達成した増倍定数 (**reproduction constant**) は 1 よりも少しばかり大きいだけだった，そしてウイグナー，ホイラーと DuPont 社の技術者達は生産炉が CP-1 に存在しない，取り分け水とアルミニウム製管，多くの物質を含むものであると良く解っていた．ホイラーは設計仕様の微細変更でさえも如何に k 値に影響するかの詳細な計算を行った，しかしそれらの数値は不確定でかつ全ての分裂生成物が既知では無かったまたは予測できなかった．1942 年 2 月初旬，ホイラーは分裂生成物の可能性の有る効果を熟考した，そして同年 4 月にもしも捕獲断面積が約 100,000 バーンまたはそれ以上ならば，短寿命分裂生成物がパイル運転に重大な影響を及ぼすことを突き止めた．

設計業務が進み，各々の仕様が如何に k 値に影響するかでプラス・マイナス値が定められた：燃料被覆管または水ジャケットの厚さ，制御棒の設計，黒鉛ブリックの純度，などなど．この状態での不確定性は 1943 年 9 月にサム・アリソンとジョン・ホイラーによって単独で解析された事実により示された，彼らは “余剰反応度” (excess reactivity) [それはパーセントで表現される $(k-1)$ 値][*6]が各々 +1.22 と −0.18% であると予測した．ホイラーの結果が彼に，少々管直径を替えると同様にコアの周辺に 504 個の追加燃料管を加えることを勧めさせた．Wisely 社と DuPont 社が両方の提案を受け入れた．ホイラーは前もって幾つかの潜在的に問題が有りそうな分裂生成物の同定をも行った．取り分け関心を持った 1 つがサマリウム-149 だった，そ

[*6] 訳註：　臨界に関する現状用語の定義は以下の通り：
有限の大きさの炉心に対する増倍率を**実効増倍率** (effective multiplication factor) と呼び k_{eff} で表し次式で与えられる．

$$k_{eff} = k_\infty \cdot L_f \cdot L_{th}$$

ここで L_f は高速中性子の炉心外に漏れない確率，L_{th} は熱中性子の炉心外に漏れない確率である．$k_{eff} - 1 = k_{ex}$ を**余剰増倍率** (excess multiplication factor) とよび，また

$$\rho = \frac{k_{eff} - 1}{k_{eff}}$$

を**反応度** (reactivity) と言う．

れは安定核種で約40,000バーンの中性子捕獲断面積を持つ．しかしながら核分裂生成物が質量数に対して均一に分布しないという事実にその計算は非常に敏感であった（図3.7）；もしも違うサマリウム同位体が優先的に生じたなら，その結果は非常に異なったものになるだろう．しかしながら，それが正しいように思えた，誰もが100万バーンの断面積を持つ毒を予想しなかったのだ．

B原子炉への追加102管装荷が9月30日に始められ，10月3日に完了した．1,003管装荷で，パイルは素早く臨界へ戻され，10月5日まで出力15MWで運転された．ここで毒性が打ち勝つことは無く，パイルはさらなるチューブ（管）装荷のためにシャットダウンした．10月12日と15日の間に装荷数は1,128に達した，そしてパイルは出力60MWで運転された．毒が残存続けた；設計出力の250MWに達するにはさらなる燃料が求められる．装荷管を1,300に伸ばし，90MWに上昇させることを許すために10月19日にもう1つのシャットダウンが行われた．そして10月26日には運転管数を1,500に持って行った．出力110MWを11月3日に達したものの，維持することが出来なくて11月5日には90MWへと減じた．11月20日に次のシャットダウンが来て，1,595管がアクティブとなった．

Bパイルが11月30日に出力125MW（設計容量の半分）を達成したものの，全ての管が250MWを得るのに必要であることが明白だった．それで，パイルは全燃料装荷するために再び12月20日にシャットダウンされた；余剰反応度はダミー・スラグをアクティブ・スラグと置き換えることで得られた．全2,004管が12月28日までに準備出来た（2つの欠陥管不足）．Bパイルからの学習で，DパイルとFパイルは完全燃料装荷から始まった．Dパイルは1944年12月17日午前11:11に2,000管で臨界に到達，Fパイルは1945年2月25日に1,994管で臨界に到達した．1日以内で，Fパイルは100MWで運転しており，3月1日までには190MWの運転を継続した．3月28日の朝，3パイル全基が250MWで同時に運転された最初の日であるとマサイアス中佐が日記に記録している．3パイル全基のこの出力レベルでの運転で，理論的プルトニウム生産量が約17kg/月と成った，爆弾当たり約6kgのファットマンをほぼ3個/月作るのに充分な量に相当する．5月3日までに，およそ1.6kgのプルトニウムがロスアラモスへ送られた，そのハンフォードで取り出されたからニューメキシコまでの配送にたった2日を要するだけだった．6月1日までに，生産は10日当たり5kgの生産を維持するようにとグローヴズが命じた．6月初旬，マサイアスの日記がグローヴズとオッペンハイマーが可能な限り早く物質を得たいと催促したことに度々触れていた．Dパイルもプルトニウム生産に用いられた：5月4日までに，その燃料チャンネルの4つに264のビスマス・スラグが装荷された．

キセノン毒だけが運転上の問題では無かった．もう1つの問題が黒鉛のスエリング（膨潤）だった，これはユージン・ウイグナーによって予期されており，現在“ウィーグナー放出”(Wigner disease)として知られている．これはエネルギーの高い中性子が黒鉛結晶内の通常の位置に在る炭素原子をはじき出し，その結果結晶を膨張させる効果である．マサイアスがこの効果を5月18日の日記に明記していた，しかしその探求はプルトニウム製造に比べて優先度が低いのが当時の状況であった．スタート・アップの1年後，Bパイル中央の黒鉛は約1インチまで膨れ上がり，チューブの幾つかを包み込むことさえ引き起こした．奇妙なことに冷却黒鉛が同じ中性子束下で熱い黒鉛に比べて一層大きく膨張することだった，それでパイルのクラー端が実際に中心位置に比べてさらに膨張してしまった．Bパイルは1946年3月19日に待機モードに置かれていた，そしてDパイルとFパイルの出力レベルが更なる膨張応力を消すために低下させられた．この効果の解が発見された時，1948年7月に全出力運転が復活した：通常使用温度の100°Cに反し，もし黒鉛ブロックが約250°Cで運転されるならアニリング（焼鈍し）効果が起きることが発見されたのだ；変位した炭素原子がその結晶位置に飛び戻るのだ．運転上，これがヘリウムと二酸化炭素雰囲気の変更を要求した．もう1つの運転上の問題は，燃料スラグ破損の可能性だった；破裂または膨張したスラグが冷却水を閉塞させるかまたは工程管を詰まらせてしまうことである．多くのスラグが膨れ上がりそして包み込み，幾つかのチューブを引き出さねばならなかったものの，ハンフォードでは戦時中でのスラグ破損は1件も生じなかった．Fパイルで1948年5月に実際の最初のスラグ破損が起きるまでは1件も無かった．

リトルボーイとファットマン爆弾の両方に対し，核分裂性物質の期待された入手可能性が常に彼らが準備した時のペース元素 (pacing element) であった．キセノン危機に対応して様々な再配置が進むBパイルでさえも，グローヴズはDuPont社に生産増加の戦略を見つけるように圧力をかけ始めた．1944年10月，DuPont社は生産が1945年2月にプルトニウム200gで開始し，1945年8月までには6kg/月に増加する推定を出した．この速度は，物質の冷却期間，工程，輸送および爆弾コアの製作を許容した後，最初のプルトニウム試験爆弾が1945年10月中旬になるまで用意出来ない，そして最初の戦闘用爆弾はその1ヵ月後またはそれより遅く――提案されていた日本侵攻開始後――まで出来ないことを意味した．グローヴズは可能な限り早く5kgを試験用として，そしてもう1つの5kgを戦闘用兵器として可能な限り早くと望んだ．

増産するために3つの可能な方法が在った，そして“スピード・アップ・プログラム”または“超加速”プログラムと呼ばれるようになる中でその全てが使用された；(1) さらに高い出力レベルでパイルを運転する，(2) 標準に比べて一層早くパイルから燃料スラグを押し出す（スラグ当たりのプルトニウムは少なくなるがより多くのスラグが得られる――そしてさらに多くの廃棄物が得られる)，および (3) 分離施設へ移送する前のスラグの照射後崩壊熱と放射線学的冷却時間を短く出来る．スラグを水中下で約120日留める意図であったが，最初に約60日に短縮され，そして30日に，1945年半ばには15日までなった．DuPont社は6月中旬までに5kgを送ることが出来るようにすべきであり，もう1つの5kgを7月中旬までにとロジアー・ウイリアムス（4.10節参照）が1945年3月までにグローヴズへ助言した．グローヴズはさらに効率を上げるようにと圧力をかけ，そしてスケジュールは6月1日と7月5日の届け日付で窮屈になった．独立記念日（7月4日）までに，13.5kgが出荷され，もう1.1kgが準備中だった．スピード・アップ中，Bパイルは250MWを維持したが，1945年6月までDパイルとFパイルは各々280MWと265MWの運転となった．

クイーン・メリー (**Queen Mary**) 分離プラント，“渓谷建屋” (canyon buildings) としても知られた，の建設はパイルの建設との2頭引き (tandem) で行われた．2棟のクイーン・メリー，221-Tと221-Uが200-West区域内に1944年12月までに完了した；第3番目のリザーブ・ユニット，221-Bが200-East区域に建設され1945年春には完了した．基本的に大きなコンクリート製の箱，これら巨大な建物は化学工程の種々のステージの機器が組み込まれたセル (cells) で意図的に区分されていた．これらのセルは厚さ7フィートのコンクリート壁で囲まれ，重さ35トンの6フィート厚さのコンクリート蓋で覆われていた，この蓋は建屋全長を有する天井クレーンによって移動出来るものであった．各々のクイーン・メリーは40のセルを保有し，その殆どは約15フィートの正方形，深さは20フィートであった．一旦運転が始まると，セルは強力な放射線を有することになった；ペリスコープと初期のテレビジョン・モニターを介して観察することで，操作員達は遠隔操作によって働いた．分離プラント，それは1/100インチの許容差で建設されたのだが，その殆どは6インチ計算尺を使って設計されたのだった．

分離工程の一部に，フラスコの中で渦巻混合するのと同種の遠心析出が含まれていた．レオナ・マーシャル (Leona Marshall)（後のレオナ・リビー），シカゴ大学から1943年に化学Ph.D.を取得，そしてフェルミのCP-1チームの唯一の女性（図3.5）は渦巻行動が低級連鎖反応を起こすに違い無いほど集めるに充分なプルトニウムを生む析出を引き起こすのではないのかと心配し始めた．戦時中ハンフォードでは問題にならなかったことが認められるものの，戦後の事故はこのことが大きく影響して引き起こされたのだった．

1944年10月9日に221-Tを運転員達が引き継いだ，そして遠隔操作手順に慣れるために試験ランを始めた，一方B原子炉は11月の初期困難を経験することになっていった．照射燃料の最初の試験ランは11月6日にBパイルから取り出された燃料だった（しばらくそれは再配置されていたものだった）；これは通常の100日間照射に比べてかなり早いものだったが，スラグが操作と分離工程を試験するのに是非とも必要だった．使用済燃料スラグは会話において“遅延” (lags) として知られていた．11月25日に初めてアルミニウム缶が溶解された，そして缶詰工程から除かれたスラグを用いて12月初めに試験ランが開始された．221-Tはクリスマスの日にBパイルからの最初の生産・除荷ラン準備が整った，そして最初の純粋な硝酸プルトニウムが1月末前までに作られた．最初のハンフォード・プルトニウムが1945年2月5日にロスアラモスへの南下の旅を始めた．運転が1945年半ばまでにルーチンとなり，スラグが除荷からプルトニウムを単離するまでの平均時間が約50日，そしてその工程収率は90%へと上昇した．分離工程で生じた放射性廃棄物の大容量を受け取るため（分離プラント当たり10,000ガロン/日），64基の地下貯蔵タンクが作られた，多くが500,000ガロンの大きさを持つものだった．廃棄する前に，高酸性廃棄物は大量の水酸化ナトリウムを加えて中和された．これらタンクの多くが1950年代に漏れ始めた．

1945年初めまでに，グローヴズ将軍の分裂性物質生産プログラムの全てで結果を示し始めた．次の仕事はロスアラモスで科学者達と技術者達が分裂性物質を輸送出来る兵器にすることであった．この仕事が次章の主題である・

6.6 ハンフォードの戦後

ハンフォードでは戦後も長年運転が続いた．DuPont社は原子力ビジネスに留まることを欲しなかった，そして陸軍との契約を1946年9月1日に終えた時，GE社が施設の運転者となった；種々の運転契約者達は続く年月を継続した．1948年6月の再開始めで，Bパイルは275 MWの出力を得た；1956年まで，800 MWで運転を続けた．1956年遅く，冷却システム用に更に大容量ポンプを設置するためにシャットダウンした，それは1958年初めまでに1,440 MWでの運転を許すためであった．1年後に1,900 MWに上昇し，1961年初めには2,090 MWに達した．

1948 年秋，ハンフォードは，プルトニウム生産者としてそれを本務として加える重要な新計画を手に入れた：核融合兵器に使用するトリチウムの増殖（第 9 章）．これに用いられる過程はリチウムを伴う燃料スラグを種にする，リチウムは中性子を捕獲して $^{6}_{3}\mathrm{Li} + ^{1}_{0}n \rightarrow ^{3}_{1}\mathrm{H} + ^{4}_{2}\mathrm{He}$ 反応を介してトリチウムを造り出す．しかしこのためには払うべき価格が存在した：リチウム-6 の中性子捕獲断面積が小さいためトリチウム 1 kg を生み出すには 80-100 kg のプルトニウム生産をやめることを意味した；ハンフォードは最終的に 10.6 kg のトリチウムを生産した．核融合計画の更なる詳細を第 9 章で述べる；ここで触れておくことは，最初の米国核融合装置 “マイク” (Mike) は 1952 年 11 月 1 日に太平洋のエニウェトク環礁 (Enewetak Atoll) で実験されたのだ．この機器の驚くべきことは 10.4 メガトンの爆発力を示した，それはプルトニウムを燃料とした**トリニティ**と**ファットマン**機器が放出したエネルギーの 500 倍に近かった．

戦時での F パイル，D パイル，B パイルの最後のシャットダウンはそれぞれ 1965 年 6 月，1967 年 6 月，1968 年 1 月にやってきた．1949 年と 1963 年の間に 6 基の原子炉がハンフォードに建設された；これらは出力レベルを 4,000 MW まで上げて運転された．43 年間の生産で，ハンフォードは約 67,000 kg のプルトニウムを生み出した，それには B，D および F のパイルからの 15,000 kg を超えたプルトニウムが含まれている．1949 年と 1964 年の間で，合衆国はさらに 11 基の生産炉を建設し，1994 年には総計で約 103,000 kg のプルトニウム生産をもたらした．**ファットマン**当たり約 6 kg では，その様な機器がほぼ 17,000 基と充分過ぎる程に豊富であることを示す；後の爆弾設計改良が兵器当たりの分裂性物質の必要量を減少させた．1987 年 1 月までにハンフォードに建設された全てのパイルがシャットダウンされた．

1991 年，地元住民グループが，B パイルの歴史的そして科学的偉業について公衆教育に貢献する非営利組織，B 原子炉博物館協会 (B-Reactor Museum Association) を設立した．1993 年，エネルギー省はハンフォード原子炉群は 75 年間 “中間安全貯蔵” (interim safe storage) 場所にするとの指令を発した．これには遮蔽壁へ原子炉建屋の破壊と包囲屋根の設置を含む “繭化” (cocooning) 工程が含まれる．繭化が 1995 年に始められ，全てのパイルが 2015 年までに完了するスケジュールとなっている．1992 年に，しかしながら国立公園サービスは B パイルを連邦登録歴史場所とした，そして 2008 年に連邦歴史ランドマークとなった．B パイルを保護するコミュニティの関心に応じて，エネルギー省は 1999 年にそれを博物館にする代替プランを発した．B パイルは提案されたマンハッタン計画連邦歴史公園（第 9 章）のハンフォードの構成物となるのかも知れない．

ハンフォード計画がマンハッタン計画を成功裡に導いた成分の全てを例証した：最高権威と極めて困難な道を進むリダーシップ，煩わしき官僚的妨害の無さ，設計，建設および運転の各段階で厳格な品質管理を主張する傑出した契約者達と安全と機密への注目すべき献身を．グローヴズ将軍のギャンブルは引き合いを超える以上のものとなったのだ．

練習問題

6.1 図 6.8 から，ハンフォードの燃料チャンネル内側水環の内径が 1.44 インチ，水隙間幅が 0.086 インチだった．運転で 2,004 チャンネルの全てが作動していたならば，長さ 28 フィートのチャンネル内部の水体積を計算せよ，その水は如何なる瞬間でも原子炉のコアの内側に横たわる．1 U.S. 液体ガロンは 231 $inch^3$ の体積を持つ． [答：$\sim 1,202$ ガロン].

6.2 250 MW で運転中の原子炉は毎分 30,000 ガロンの水流速で冷却されている．もしも水が原子炉を通る単一パスとするなら，温度上昇は幾らか? 水密度 $= 1,000\,kg/m^3$，水の比熱 $= 4,187\,J/(kg\text{-}K)$，1 U.S. 液体ガロン $= 3.7861$ である． [答：$\sim 32\,K$].

さらに読む人のために：単行本，論文および報告書

D.F. Babcock, The discovery of Xenon-135 as a reactor poison. Nucl. News **7**, 38-42 (1964)

S.G. Bankoff, A. Weinberg, Notes on Hanford reactor startup. Phys. Today **57** (4), 17-19 (2004)

S. Cannon, The Hanford site historic district——Manhattan Project 1943-1946, Cold War Era 1947-1990. Pacific Northwest National Laboratory (2002). DOE/RL-97-1047 http://www.osti.gov/bridge/product.biblio.jsp?osti_id=807939, (2002)

R.P. Carlisle, J.M. Zenzen, *Supplying the Nuclear Arsenal: American Production Reactors, 1942-1992* (Johns Hopkins University Press, Baltimore, 1996)

A.H. Compton, *Atomic Quest* (Oxford University Press, New York, 1956)：仲晃 他訳，「原子の探求」，法政大学出版局，東京，1959

L. Fine, J.A. Remington, *United States Army in World War II: The Technical Services——The Corps of Engineers: Construction in the United States* (Center of Military History, United States Army, Washington, 1989)

M.S. Gerber, *The Plutonium Production Story at Hanford Site: Process and Facilities History*. Westinghouse Hanford Company, Richland, WA (1996), Report WHC-MR-0521, http://www.osti.gov/bridge/product.biblio.jsp?osti_id=664389

L.R. Groves, *Now It Can be Told: The Story of the Manhattan Project* (Da Capo Press, New York, 1983)

D. Harvey, *History of the Hanford Site, 1943-1990.* Pacific Northwest National Laboratory, http://ecology.pnnl.gov/library/History/Hanford-History-All.pdf

R.G. Hewlett, O.E. Anderson Jr., *A History of the United States Atomic Energy Commission, Vol. 1: The New World, 1939/1946* (Pennsylvania State University Press, University Park, PA, 1962)

L. Hoddeson, P.W. Henriksen, R.A. Meade, C. Westfall, *Critical Assembly: A Technical History of Los Alamos During the Oppenheimer Years* (Cambridge University Press, Cambridge, 1993)

V.C. Jones, *United States Army in World II: Special Studies——Manhattan: The Army and the Atomic Bomb* (Center of Military History, United States Army, Washington, 1985)

C.C. Kelly (ed.), *The Manhattan Project: The Birth of the Atomic Bomb in the Words of Its Creators, Eyewitnesses, and Historians* (Black Dog & Levental Press, New York, 2007)

L.M. Libby, *The Uranium People* (Crane Russak, New York, 1979)

J.C. Marshall, Chronology of District "X" 17 June 1942: 28 October (1942)

National Nuclear Security Administration: The United States Plutonium Balance, 1944-2009. Report DOE/DP-0137 (1996; updated 2012). http://nnsa.energy.gov/sites/default/files/nnsa/06-12-inlinefiles/PU%20Report%20Revised%2006-26-2012%20%28UNC%29.pdf

R.F. Potter, Preserving the Hanford B-reactor: a monument to the dawn of the nuclear age. Phys. Soc. **39** (1), 16-19 (2010)

R. Rhodes, *The Making of the Atomic Bomb* (Simon and Schuster, New York, 1986)：神沼二真，渋谷泰一訳，「原子爆弾の誕生——科学と国際政治の世界史 上/下」，啓学出版，東京，1993

A.H. Snell, Graveyard shift, Hanford, 28 September 1944: Henry W. Newson. Am, J. Phys. **50** (4), 343-348 (1982)

H. Thayer, Manegement of the Hanford engineer works in World War II. American society of civil engineers, New York (1996)

A.M. Weinberg, Eugene Wigner, Nuclear Engineer. Phys. Today **55** (10), 42-46 (2002)

ウエーブ・サイトおよびウエーブ文書

B-Reactor Museum Association: http://www.b-reactor.org

Historic American Engineering Record: B Reactor (105-B) Building, HAER No. WA-164. DOE/RL-2001-16. (United States Department of Energy, Richland, WA, 2001). http://wcpeace.org/history/Hanford/HAER_WA-164_B-Reactor.pdf

Queen Mary buildings: http://www.atomicarchive.com/History/mp/p4s24.shtml

第7章

ロスアラモス，トリニティとテニアン

ロスアラモス研究所はマンハッタン計画の頭脳センターだった，そして戦時中の研究所長，ロバート・オッペンハイマー (J. Robert Oppenheimer) 博士は，おそらくマンハッタン計画で最も広く知られた人物である．数10年後でさえ，仕事をやり遂げた科学者達と技術者達の集約されたイメージは，今もなお強力な感動的反応を引き起こす革新的新兵器を生み出した，華やかな自然美を備えた聡明で個性豊かなリーダーの指揮の下で，危険で隠遁の2年超しの難儀を閉じ込めてしまったのだ．

クリントン工兵施設 (**CEW**) とハンフォード工兵施設 (**HEW**) の組織者達が直面した業務に比べ，ウランおよびプルトニウムを搬送可能兵器に造るロスアラモスの使命は簡単なことのように聞こえる．望まれる時期に，爆弾のケーシング内側に詰め込むのにまとめて充分な核分裂性物質を手配し，反応開始用中性子源を供給し，その装置を運ぶ爆弾クルー達への訓練とその仕事を行うことだ．1943年初め，ロバート・オッペンハイマーがロスアラモスの所長に就いた時，ほんの数ダースの科学者，専門技術者とエンジニアが必要と彼は考えていた．しかしほぼ同時に，核分裂性物質の物性の複雑性と爆弾機構のエンジニアリングで研究所スタッフ拡大をもたらした．1945年半ばまでに，ロスアラモスの雇用者は2,000人を超えた．実験物理学者達が様々な物質の核パラメータの測定値を集めることが必要とされた．それら物性の精確で再現性のある測定には，計測器開発をしなければならなかった．サブ・マイクロ秒増分毎での核爆発の時間展開の数値シミュレーションを行うのに，計算尺，機械計算機と初期のコンピューターが用いられた，理論物理学者達は実験結果を用いて爆弾設計仕様に情報提供する臨界質量予測にそれを割り当てた．化学者達はオークリッジとハンフォードから届いたウランとプルトニウムを精製して数ppmの純度に仕上げた．純化後，貴重な分裂性物質は冶金屋に渡される，彼らはそれを望む形へと鋳込む，時々通常で無い合金物質を使う．原子炉生成プルトニウムは，その性癖が，弾薬専門家達をマイクロ秒のレベルの許容限内で作動する，全く新しい高速引き金機構 (wholly-new hig-speed triggering mechanism) の開発に向かわさるを得ない程に爆

発 (detonate) を直ちに起こさなければならないことが証明された．兵器エンジニア達は戦闘条件下で既存飛行機で運ぶことが可能な実用爆弾に分裂性物質を入れ込む組立で働いた．安定飛行を確実にするために爆弾ケーシング設計を洗練させる投下試験をし，そして信頼出来る信管（フューズ）機構を開発しなければならなかった．

飛行乗員訓練，飛行機配置と海を越えての作戦準備と同様にこれらタスクの全てが常に存在した最終期限に先んじて遂行された：充分な分裂性物質が入手出来るようになった時，爆弾の準備が出来てなければならない．テネシー州とワシントン州での予想生産スケジュールがロスアラモスでの研究ペースを追い立てた．天才的発明さが要求されたのだとエミリオ・セグレは記した；ロスアラモスの生産物は最初から (ab initio) 開発されたのだ——文字通り，“初めから” (from the beginning)．たったの 28 ヵ月で仕事をやり遂げてしまったそのオッペンハイマーと彼のスタッフらは，縦横の才気と献身の証明である．3 年以内の範囲で開発してしまったロスアラモスは多分世界中で最良を揃えた物理学研究所であるとヘンリー・スマイスが書いた．

本章では 1942 年遅くの研究所の始まりから 1945 年 6 月のトリニティ（三位一体：**Trinity**）実験までのロスアラモス研究所の研究および日本に対する原子爆弾ミッション準備での当惑 (involvement) について吟味する．目標都市の選択と原爆投下ミッションそれ自体については第 8 章で述べる．

7.1 研究所の起源

高速中性子研究と爆弾設計を行う政府のコントロール下での集約化された秘密研究所のアイデアがマンハッタン工兵管区 (**MED**) が正式に設立する以前から可成り出回っていた．1942 年春，**OSRD**（科学研究開発局）が中性子源として使う加速器を持つ 9 を下回らない大学と契約を結んだのだが，全体に対する指揮が欠けていた．グレゴリー・ブライトが 1942 年 5 月にその計画に登録された際，集約化された研究所の論拠を提起した，その 1 ヵ月後，ヴァネヴァー・ブッシュとジェイムス・コナントは，ウォーレンス副大統領，スチムソン陸軍長官，マーシャル陸軍参謀総長宛の報告書の中で核分裂性物質の軍事利用の全ての研究開発に責任を持つ特別委員会について触れていた．第 4 章で述べたボヘミアン・グローブの計画分科会の直後，オッペンハイマー，フェルミ，ローレンス，コンプトン，エドウィン・マクミランおよびその他の連中が 1942 年 9 月 19-23 日にシカゴで会い，爆弾設計研究所の概念の検討を行った．これら様々なアイデアがロスアラモスと軍事政策委員会 (**MPC**) として結実することになった (4.10 節)．

グローヴズ将軍が 1942 年 9 月にその計画に選任された時，任命書は設計研究所について全く触れていない．グローヴズは新任務をプロジェクト・サイト熟知の旅から始めた，そしてロバート・オッペンハイマーと 10 月 8 日にバークレーで初めて会った，そのときに彼らは集約化された研究所の概念について討論した．10 月 19 日にグローヴズがそのアイデアを了承，初めの考えではテネシー州の生産プラント近くにその施設の場所を決めようとしていた．マンハッタン管区符丁 (lingo) では，爆弾設計研究所はプロジェクト Y として知られていた．

コンプトン自身のシカゴ大学冶金研究所または多分バークレーのアーネスト・ローレンスの

放射研究所が設計センターとして論理的に選択されるに違いないとして，その計画がコンプトンを当惑させた．しかし研究所は，相対的侵入不可で隔離されていなければならない，通年の建設と運転を許す気候を持ち，実験区域を供給するに充分な広さがあり，敵からの攻撃を保障するに充分な程の内陸部でなければならないとグローヴズが決めた．オークリッジ，シカゴまたはバークレーのいずれも充分に隔離出来ないし，バークレーは日本の攻撃に堅固でなさすぎた．グローヴズは工兵監のジョン・ダットリー (John Dudley) 少佐をサイト問題の担当者に任命した．科学者の幾人かと話した後で，ダットリーは 265 名程度のスタッフが集まる必要があると推定した．彼はカリフォルニア州，ネバダ州，アリゾナ州およびニューメキシコ州内の様々な場所を調べた．ロスアンジェルスに近い候補地はグローヴスが機密性から拒絶，ネバダ州レノに近いもう 1 つは豪雪が障害になるとの理由で退けられた．ユタ州オーク・シティは有望に見えたが，数ダースの家族の立ち退きと農場の生産物の巨大なエーカー数を接収することが必要だった．その選択はニューメキシコ州アルバカーキ (Albuquerque) の北側の 2 つのサイトに絞られた：Jemez Springs 区域内のアルバカーキの北側約 50 マイルの場所，およびロスアラモス (Los Alamos) 近く，Jemez の北東約 25 マイルの場所だった．“Jemez” は “温泉場所” の，ロスアラモスは “ポプラ” (the poplars) のインディアン語名称である*1．高さ 7,300 フィート (2,227 m) のメサ (mesa)*2に在るロスアラモスのサイトは，当時はロスアラモス牧場学校 (Los Alamos Ranch School)，経済的困窮を抱えた荒野の男子校，のホームに使われていた．

1942 年 11 月 16 日，グローヴズ，オッペンハイマー，ダットリーとマクミランが馬に乗りその 2 つのサイト調査に出発した．Jemez Springs の処は渓谷の中に在り洪水になりやすいと認められ，不適切であると思われた．一方，ロスアラモスのメサは深い渓谷（キャニオン）に囲まれていた，それは実験サイトとして完璧なものだった．27 軒の家屋と寄宿舎を含む学校所有の 54 軒の既占有建屋の利点もあった．オッペンハイマーはロスアラモスからそう遠く無い処に牧場を所有しており，1930 年代を通じて毎年夏の一部をそこで過ごすことで，この区域内を良く知っていた（図 7.1）．

ロスアラモスは掘り出し物だった：丁度 49,000 エーカー（約 75 平方マイル）を超える土地が 415,000 ドル（2013 年価値で 530 万ドル）のコストで獲得された，マンハッタン計画予算の僅かな比率に過ぎなかった．（これを違った面から眺めると，2013 年初めのロスアラモスに在

---

*1 訳註：　軍は志願者たちをスタッフの濃黄緑色の車と小型バスに乗せ，ニューメキシコ州都の北西，リオグランデ (Rio Grande) を越えた荒野の土地 (desert country) へ運んだ．車は渓谷の切り立った崖端のガードレールの無い山道をくねくね曲がりながら悪戦苦闘して無事通り抜け，高所に在る松で覆われた森 (pine-forested) の平地へたどり着く，そこは世界の中で最大の休火山の噴火口から突き出した平地である．ロスアラモス (Los Alamos)，そのメサはそう呼ばれていた，は深い渓谷内で成長し，崖を堅く保護してくれているハヒロハコヤナギ (cottonwoods) から名付けられた．その平地の西端に建設されたサイト，そこには秘密研究所が建設されていた，はごたまぜだった——重量トラックと地ならし機が跳ね飛ばす泥で泥だらけだ——しかし端麗な隙間だらけの長い建屋の中心部分に，以前にサイトで祈りを捧げる聖壇 (sanctuary) として使われた男子校が残されていた [p. vi]．（R. Serber, *The Los Alamos Primer*, University of California Press, CA, 1992：今野廣一訳，「ロスアラモス・プライマー」，丸善プラネット，東京，(2015) より）

*2 訳註：　メサ (mesa)：地卓，周囲の地域から一段と高くなった，頂部が水平なテーブル形の巨大な岩山．アメリカ合衆国南西部の乾燥地帯に多い．

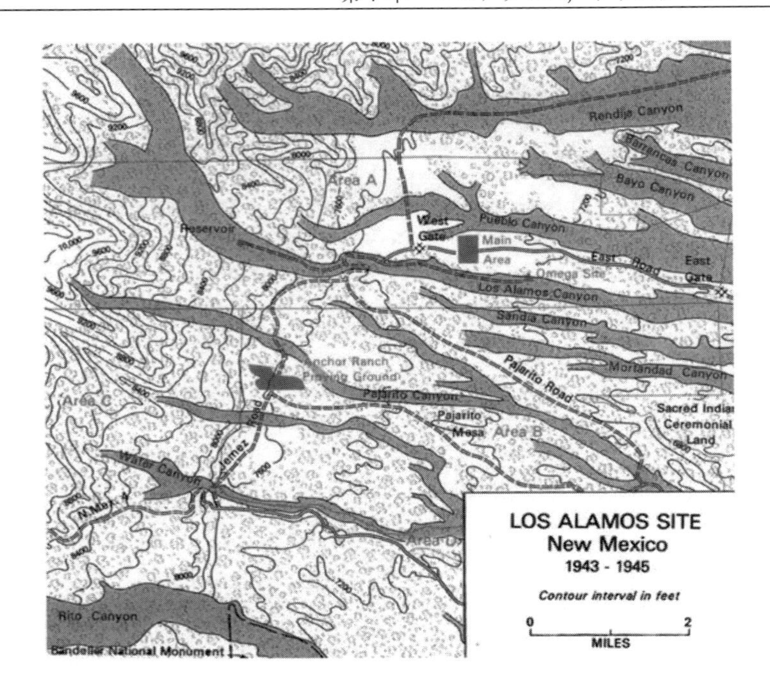

図 7.1 ロスアラモス区域．“主要区域” (Main Area) の詳細を図 7.2 に示す．V.C. Jones, United States Army in World War II: Special Studies――Manhattan: The Army and the Atomic Bomb. Center of Minitary History, United States Army の好意による．図 7.26 も見よ

る家の平均価格が約 283,000 ドルであった)．全体としてコストは穏当なものだった，しかし林野局 (Forest Service) の裁判権下で 8,900 エーカーが連邦政府の土地であったとされた．グローヴズがその土地に入る権利と学校の財産を 11 月 23 日に取得し，2 日後にはサイト取得許可を得た，そしてアルバカーキ工兵管区が建設を進める計画が 11 月 30 日に許可された，シカゴで **CP-1** が臨界となる丁度 2 日前のことであった．学生らが学習を完全に終わらすため，牧場学校は 2 月 3 日まで開校を許され，それまでは公式にサイトを放棄しなければならなかった．クリスマス休暇がキャンセルされ，最後の 4 人の学生達に 1 月 21 日に修業証書 (diplomas) が授与された．それら学生の 1 人であったスターリング・コルゲイト (Stirling Colgate) はコロネル大学で核物理学の Ph.D. を得て，ロスアラモスに戻り熱核兵器開発の研究を行うことになる．1943 年 3 月，ヘンリー・スチムソン陸軍長官は公式に農務長官から “爆発規模確立のため” に林野局所有の土地取得の請求を出した．クラウド・ウイッカード (Claude Wickward) 農務長官が 4 月 8 日にその請求を承認した，その時までに研究所の仕事は進行中であった．住民達に

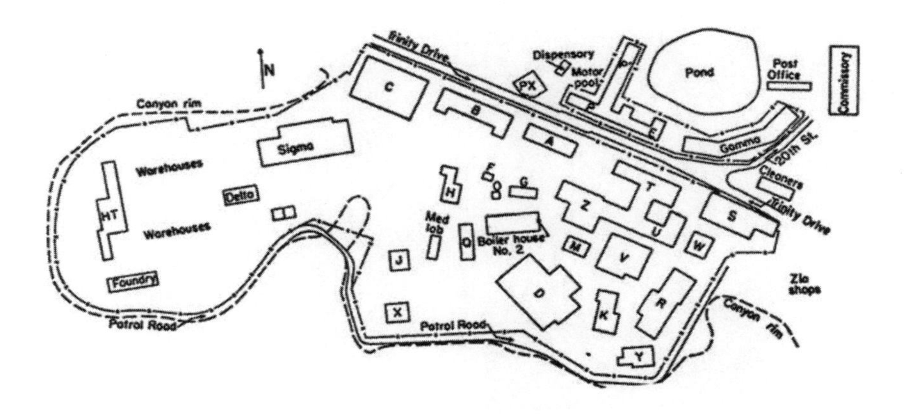

図 7.2　ロスアラモスの主要 "技術区域" 地図．本来のタウンと居住区域は Trinity Drive の北側に在った．
出典 C. Truslow 編集，*Manhattan District History: Nonscientific Aspects of Los Alamos Project Y 1942 through 1946.* Los Alamos report LA-5200, http://www.fas.org/ sgp/othergov/doe/lanl/docsl/00321210.pdf

とって，ロスアラモスは "ヒル" (The Hill) として知れ渡るようになった．オッペンハイマーの伝記著者，カイ・バード (Kai Bird) とマーティン・シャーウイン (Martin Sherwin) は，この研究所を陸軍キャンプと山岳リゾートの結合として記述している．全てのコミュニティはフェンスと警備員で守られ，"技術区域" (Technical Area) として知られる研究所自体も，学校が在った場所である内部フェンス区域内に建てられた（図 7.2）；25 の外側にある実験サイトもまたようやく建設された．ロスアラモスの建設コストは戦争を通じて 2,600 万ドル程であった．

オッペンハイマーを所長として指名すべきと感じたのは，グローヴズ自身でも，ブッシュまたコナントでも無かったとグローヴズは回顧録に書いた（図 7.3）．実際，彼は幾つもの欠点があるように見えた．聡明で幅広い教育を受けている――彼は 6 ヵ国語を知っていた――とみなされたものの，オッペンハイマーは実験物理学者では無いのだ．最も純粋なエッセンスのアカデミックで，学科長または学部長のような管理経験も有してなかった；彼の左翼的背景も疑い深い目で見られていた，そしてローレンスやコンプトンと異なり，彼はノーベル賞を授与されていなかったのだ．実験物理学者としてローレンスまたはコンプトンの何れかがその仕事を受け持つのが当然と思われたのだが，いずれも彼ら自身の仕事から離れることが出来なかった．オッペンハイマーの資質を有する候補者は他に居ないことが明らかになった時，その仕事を引き受けるかとオッペンハイマーが問われた．ローレンスはマクミランを所長にする案を好み，グローヴズがオッペンハイマーを選んだ時に明らかに憤慨した；オッペンハイマーはハンバーガーの店も経営することが出来る訳はない，と考えていたのだとルイス・アルヴァレが語っている．グローヴズがオッペンハイマーに焦点を当て，直接その問題を彼らにそうすると命じた

図7.3 左 ロバート・オッペン・ハイマー (1904-1967)，1944年頃；右 ジョン・マンリー (1907-1990)，1957年．
出典 http://commons.wikimedia.org/wiki/File:JROppenheimer-LosAlamos.jpg; Los Alamos National Laboratory，AIP エミリオ・セグレ視覚記録文庫，Physics Today Collection の好意による

ことでセキュリティ役人達もまた落胆を顕さまにした．1943年7月20日の工兵管区へのグローヴズの指令書は；

> 7月15日の私の口頭指令に従い，貴官がオッペンハイマー氏に関して持ち得た情報に関係無く，Julius Robert Oppenheimer 雇用のため機密委任許可を遅滞無く交付されんことを望む．彼はこの計画において絶対的に欠くことが出来ない人物である．

ロスアラモスで指揮したオッペンハイマーの成功は全て予測通りと定義された．理論物理学者のビクター・ワイスコップがオッペンハイマーの管理スタイルについて述べている："彼は本部事務所から直接指揮を取らなかった．彼は個々の決定的段階で知性的な物理学的でさえあることを伝えた．新たな効果が測定された時，新たなアイデアが思いついた時，彼は研究室内またはセミナーの部屋で説明を受けた．彼は多くのアイデアや提案を提供したわけでは無い；彼は時々行っただけだが，彼の主な影響は他から来るものだった．それは彼の継続で情熱的存在 (presence) だ，それは我々全員に直接参加の認識をわき起こさせるものだった；その時代を通じてその場所に行きわたった熱狂と挑戦のユニークな雰囲気を醸し出した ··· その場所は ··· インディアン文化の中心，その魅力的な隔離によって特別に特徴付けられていた．研究室群へ歩いて行ける距離での，世界の残りから切り離された，この通常で無い景色の中での生活——この全てが生活のコミュニティ種として造られた，ここでは仕事と娯楽が切り離されて無かったのだ．しかし特別な特質はそこに居る人々の性格から来るものだ．そこは積極的科学者達の大きなコミュニティだった，彼らの多くが最も強烈で生産的な年月をそこで過ごしたのだ" と．

もう 1 人のオッペンハイマーの伝記著者，アブラハム・パイス (Abraham Pais) は彼を以下の言葉で記述した；“私の生涯の中で，ロバート・オッペンハイマー程複雑な性格の人には会ったことが無い” と[*3]．オッピー (Oppy)，彼はそう呼ばれた，は新たなタスクへ彼の寄与の全てを向けることとなる．

7.2 研究所の組織化：ロスアラモス・プライマー

ロスアラモスの所長として正式に任命される以前でさえ，ロバート・オッペンハイマーは新研究所のスタッフに科学者達をリクルートする職権を与えられた，1942 年後半から 1943 年初めにかけてリクルートで国内中を旅した．そのタスクは容易では無かった．オッペンハイマーは研究所の最終目的をほんの僅かだけ示すことが出来ただけだ，そして多くの指導的科学者達は既にレーダーおよび他の戦争研究に深く関わっていた；幾人かはその爆弾を起こりそうもない事業と考えていた．ロスアラモスの歴史に付け加える 1 つとして，オッペンハイマーは，彼が特定出来ない場所で，彼が予測出来ない期間を，開示出来ない目的でスタッフ達をリクルートしなければならなかったのだ．

オッペンハイマーは特に 2 人の傑出した物理学者のリクルートを望んだ，彼らは MIT でレーダーの研究をしていたロバート・バッチャー (Robert Bacher) とイジドール・ラビ (Isidor Rabi) だ（図 7.4）．両人共レーダー・プログラムで極めて重要な人物だった，そして当初は軍事に直結する如何なる計画にも関係することを拒絶した．特にラビはロスアラモスが軍事施設になる計画，その制度がはっきり言って分権化された権威の科学的伝統においておかしいことだと心配した．1943 年 2 月 1 日のコナント宛の手紙で，オッペンハイマーは，ラビ，マクミラン，バッチャーおよびアルヴァレとの長ったらしい議論について説明した，ラビ（と他の是認者達）の絶対必要条件は，陸軍命令に従い科学的自由喪失の可能性を避けるためにその研究所が脱軍事化であらねばならない，と感じていると．2 月 28 日のラビへの真心がこもった手紙で，オッペンハイマーは “この計画への参加を望まない良き個人的理由があることを私は知っております，そして私は貴方へそうして下さいとは言いません．貴方はトスカニーニ[*4]のバイオリンのような音楽が嫌いなのですね” と言った．しかしながらオッペンハイマーはラビに 2 つのことを尋ねた：4 月に開催された研究所開所会議への出席とハンス・ベーテ（コロネル大学，当時レーダの研究を続けていた；図 4.13）の説得に彼個人の影響力を行使してくれと，そしてバッチャーは計画に加わり，両名共に参加した．ラビは正式にはロスアラモスに加わらなかったものの，コンサルタントとして頻繁に訪問した．

[*3] 訳註：　私の生涯の中で，ロバート・オッペンハイマー程複雑な性格の人には会ったことが無い．思うに，このことが，いろいろな人が彼に対してかくもさまざまな反応を示した理由なのだろう．彼のことを崇めた人を知っているし，嫌悪した人も知っている．16 年間，彼と親しくしてきた経験から言える，彼に対する私自身の答えは一言，両面感情（アンビヴァレンス）[p. 370]．　（Abraham Pais, *A TALE OF TWO CONTINENTS*, Princeton University Press, 1997：杉山滋郎，伊藤伸子訳，「物理学者たちの 20 世紀」，朝日新聞社，東京，2004 より）

[*4] 訳註：　トスカニーニ (Toscanini)：(1867-1957) イタリアの指揮者，主に米国で活動した．

図 7.4 **左から右へ** ロバート・バッチャー (1905-2004)；1983 年の I.I. ラビ (1898-1988)；トリニティ爆発写真を手に持つケネス・ベインブリッジ (1904-1996), 1945 年. **出典** http://commons.wikimedia.org/wiki/File:Robert_F._Bacher.jpg; Photo by Sam Treiman，AIP エミリオ・セグレ視覚記録文庫，Physics Today Collection の好意による；http://commons.wikimedia.org/wiki/File:BainbridgeLarge.jpg

オッペンハイマーは 1943 年 2 月 25 日に正式に所長として指名された．コナントとグローヴズからの指名レター記録によれば，軍事化論争での妥協点が見いだされる．研究所の業務は 2 期に分けられていた．最初には "科学，工学および兵器の実験的研究" が含まれ，第 2 番目には "困難な兵器手順と高度な危険物質の取扱いに関する大規模実験" が見える．個人，調達および事業運営はカリフォルニア大学との運営契約の下で遂行され，ロスアラモスの第 1 期は正確に民間ベースで運営されることになった．しかし研究の第 2 期に入った時，その時は 1944 年 1 月 1 日よりも早くはならないと予想されていた，科学者と技術者のスタッフ達は将校任命官 (commissioned officers) となった．オッペンハイマーはリクルートしたい個々人に対し，彼によって承認されたとの手紙を示した．

究極的に，ロスアラモスは 2 頭制の陸軍・民間契約者のハイブリッド組織としての機能を持つことに成った．公式的にはグローヴズに報告する部隊長 (Commanding Officer) の陸軍駐屯地 (post) であり，居住環境のメンテナンスと軍人の指揮に責任を有していた．全住民達，民間人そして軍人達も同様，軍事セキュリティと検閲規則の対象者となった．所長としてのオッペンハイマーはこのプログラムの技術的，科学的およびセキュリティ面に責任を負う．民間人雇用者達は決して任官されなかった，そしてカルフォルニア大学または他の契約者の雇用者に留まった．ロスアラモスは正式には 1943 年 4 月 1 日から陸軍駐屯地として発令され，1 月 1 日に遡及しているカリフォルニア大学契約が 4 月 20 日に有効となった．

研究所の科学的研究の全体の方向付け責任はオッペンハイマーの手中に横たわる，しかし彼には常に多くの理事会と委員会からの支援が得られた．オッペンハイマー，ロバート・ウイルソン，エドウィン・マクニラン，ジョン・マンリー（図 7.3），ロバート・サーバー (Robert

Serber)（オッペンハイマーの前ポスドク学生で，当時イリノイ大学の助教授；図 4.13）と副所長のエドワード・コンドン（WH 社；4.4 節参照）で構成された，第 1 番目の非公式グループが 1943 年 3 月 6 日に会い，何時人々と装置を到着させるか，如何様に研究を組織化するかについての検討を始めた．この初期グループは数週間後に企画理事会 (**Planning Board**) に替わり，そこでは 4 月初めを通じ研究所の技術的運営の組織化のための会合が持たれた．この企画理事会は引き続き，さらに永続的な統制理事会 (Governing Boad) に替わった，部門指導者（下記参照)，管理将校と技術的専門性を有する個々人で構成された．

ロスアラモスの初期の組織構造は管理部門 (Administrative Division) と 4 つの技術部門から構成されていた．後者はバークレーでのグレン・シーボーグの同僚であるジョセフ・ケネディ (Joseph Kennedy) が率いる化学部門（後の化学・冶金部門)，ウイリアム S. "Deak" パーソンズ海軍中佐（5.5 節；図 5.28）が率いる兵器・技術部門，ロバート・バッチャー (Robert Bacher) が率いる実験物理学部門とハンス・ベーテが率いる理論物理学部門である．各々の部門内に多数の独立の研究グループを抱えていた，そして様々な監視委員会が入り込みそしてその研究所が生み出した業務としてその存在を消滅させた，グループ活動の基本的構造はさらに大きい部門の範囲内に留まっていた，そして今日まで続いている．オッペンハイマーは明らかに所長として任じると同様，理論物理学部門を率いることを考えていたのだが，ラビの見解により断念した．

統制理事会の役割は，一体として研究所の業務を考えることであり，マンハッタン計画の他の部分の進捗と関連さすことにあった．技術的問題を別にして，理事会もまた住宅，建設の優先度，給水，採用，セキュリティ制約，調達品のボトルネック，モラルおよび給与水準のような民事問題で手一杯だった．後日の重要な 2 人の理事指名がジョージ・キスタコフスキー (George Kistiakowsky)（図 4.7）とケネス・ベイブリッジ (Kenneth Bainbridge)（図 7.4）だった，両人ともにハーバード大学からのリクルートである．キスタコフスキーは爆薬の専門家であり，やがてプルトニウム爆縮爆弾に直接関与することになる；物理学者のベイブリッジはトリニティ実験に直接携わることになる．研究所がプルトニウムに関する危機に対応するための再編成で分割された管理理事会と技術理事会にとって替わる 1944 年半ばまでその理事会が存続した．

大学または民間の研究所の設置と同じように，研究グループの仕事には図書室，工作室，写真および製図室，光学室，ビジネス事務所，安全および医療施設のような様々な支援が要求された．週当たり 2,000 マン・時の操作能力を有する独自の機械加工施設を求めことで，この兵器プログラム単独で高価なものへと成長させた；ある時点で，ロスアラモスで 500 名を超す機械加工者と治具製作者達が働くためにやって来た．1945 年 7 月までに，ロバート・サーバーの妻，シャーロット (Charlotte) によって組織化された図書館が 3,000 冊程の本，1,500 程のマイクロフィルムから再生された論文と本の一部のコピーを有し，月単位で 160 の論文誌を受け取り，6,000 冊程の内部発生の技術報告書（月当たり 200 冊を超えた）の保管場所として使われた．特許事務所は開発されるべき如何なる技術の国家的興味の防護を取り扱った；約 500 件のケースがワシントンの OSRD 本部に報告された．トリニティ実験が，特許代理人達が最初の頃"業務削減" (reduction to practice) として引用した多くの発明を生み出した．

放射性，爆発性でかつ毒性物質と伴に働くための健康と安全基準および手順の制定に責任を

持つ保健グループ (Health Group) がオッペンハイマーへ直接報告した．保健グループの業務が1944年春に大幅に伸びた，それはプルトニウムの最初の有意量がオークリッジから届き始めた時期だ．プルトニウムは外部から身体を危険に曝すものでは無いが，骨と腎臓に集まる傾向が有り，体内からゆっくりと排出されるだけであるとの理由から，潜在的有害線量は 1 μg と非常に低いレベルに設定された．尿中の少量プルトニウム，約 10^{-10} μg/l の検出の開発のためには，非常に敏感な試験が実施されなければならなかった．放射線安全操作の尺度のセンスはその1945年7月の統計：630個のガスマスク (respirators) が除染された；17,000着の衣類が洗濯された；3,550室がモニターされた，から垣間見ることが出来る．ロスアラモスの保健グループはマンハッタン計画を通じてそのような多数のグループの1つでしかなかったのだ．1943年初め，グローヴズは放射線の生物学的影響の調査プログラムの指揮を取るようにロチェスター大学のスタフォード・ワーレン (Stafford Warren) 博士を指名した．ワーレンはマンハッタン計画の影響力のある医療ディレクターとなり，陸軍医療監 (Army Medical Corps) の大佐として任命された．ロチェスター大学で拡張計画が遂行されていた，そこでは数百頭の動物と25万匹を超えるマウスの放射線影響が研究された．ロスアラモスにおいて，保健グループは，ワシントン大学からリクルートした放射線学者のルイス・ヘムパーマン (Lois Hempelmann) 博士の指揮下にあった．戦時中，ロスアラモスで業務上の事故死は皆無だったものの，放射線の過剰線量被曝で戦後に2名の死を招いてしまった（7.11節参照）．

企画理事会による第1番目の決定の1つは，来所してくる科学者個人達用のオリエンテーション講義シリーズを許可することだった．この講義は1943年4月5, 7, 9, 12, 14日にロバート・サーバーが行い，副所長のエドワード・コンドンが記録を取った．コンドンのノートは *The Los Alamos Primer* の題の24ページの小冊子として印刷された．ロスアラモスの正式な技術報告書として認定され，36冊印刷されただけだった．1965年に開示され，1992年にサーバーによる注釈入りの書籍として出版された[*5]，*Primer* は核兵器の歴史における基礎文献と現在みなされている；サーバー署名入りのタイプライターで作られたオリジナルのコピーは Federation of American Scientist ウエーブサイトから得ることが出来る．大工や電気工達が仕事で発するハンマーのバックグランドの響きを伴いながら，約30名が出席し講義が大きな図書閲覧室で行われたのだった．ある時には，薄っぺらな天井から脚が飛び出した．注釈の一節に，彼が講義の始めで単語“爆弾” (bomb) を使ったら，労働者達に立ち聞きされることを心配して，オッペンハイマーがジョン・マンリーをサーバーのもとに行かし，単語“ガジェット” (gadget)[*6] を替わりに用いるようにと伝えた．エドワード・コンドンは，グローヴズの情報区分方針に腹を立てて4月が終わる前にロスアラモスを辞任してしまった．

Primer は依然として魅力的読み物である．第1章“目的”が状況を明確にしている：“プロジェクトの目的は，核分裂性を示す物質の1つまたはそれ以上を用いて高速中性子連鎖反

[*5] 訳註：　プライマー (primer)：1. 手引き，入門書，初歩読本，2. 小祈祷書；1. 雷管，導火線，2. 従爆薬，3. プライマー（下塗り剤），4. 始動物質．
Robert Serber, *The Los Alamos Primer*, University of California Press, CA, 1992：今野廣一訳，「ロスアラモス・プライマー」，丸善プラネット，東京，2015である．

[*6] 訳註：　ガジェット (gadget)：簡単な機械装置，小道具，（実用的ではないが）気のきいた小物．

応によってエネルギーを放出させる爆弾 (bomb) の形体をした**実用軍事兵器** (practical military weapon) を造ることである”. 続く章で爆弾設計と操作の全ての主要な様相に触れている：反応断面積；分裂での放出エネルギー；どの様にして連鎖反応を引き起こすのか；分裂中性子のエネルギー分布；高速中性子連鎖反応に対して天然ウランは何故安全なのか；臨界質量を推定する拡散理論の使い方；如何にしてタンパーが臨界質量を低くするのか（3.5 節）；核兵器の期待効率；爆発 (blast), 熱線, 放射線効果からの予想危険度；意図した瞬間の前に爆発を起こしてしまう効果によって起こる低効率の“あっけなく立ち消えに終わる” (fizzle) 爆発，である．多くの実験的および理論的詳細を満たすことが残っているものの，核分裂爆弾開発に対する全戦略の基礎的概要は 1943 年春までには大体明確になっていた．

サーバーが彼の講義録を届けるやいなや，研究所の研究プログラムを計画する一連の会合が組織化された．これら会合が 4 月 15 日から 5 月 6 日に開催され，その期間中に研究と開発計画のレビューのためにグローヴズが指名した特別委員会がロスアラモスを訪問した．委員会の議長は MIT のワォレン・ルイス (Warren Lewis) である，彼は 1941 年のコンプトン委員会と 1942 年遅くの DuPont 社開始の全体プログラムのレビューに関係した（4.10 節）．他のメンバーはエドウィン・ローズ (Edwin L. Rose)，兵器専門家で Jones and Lamson Machine Company（兵器契約を結んでいる精密機械加工・装置会社）の研究部門長；理論物理学者ジョン・ヴァン・ヴレッグ（コンプトン委員会のメンバーでもあった)；ハーバード大学の物理化学者で爆発の専門家の E. ブライト・ネルソン (E. Bright Wilson)；とリチャード・トールマンだった．

委員会は報告書を 5 月 10 日に提出した．研究所提案の核物理学のプログラムを承認したのだが，2 方面で大きな変更を勧告した．その第 1 番目はプルトニウムの最終精製をシカゴの冶金研究所でよりもむしろロスアラモスで遂行すべきとした．この理論的根拠はロスアラモスでの実験用物質の後に，引き続き更なる精製が要求されていることから，精製はその場所で行うのが上手くいくに違いないということだった．もう 1 つの主要勧告は兵器開発とエンジニアリングは可能な限り早く執り行わねばならなく，更にこの業務には安全，武装，発砲，兵器装置，飛行機での爆弾配送，爆弾弾道の研究のようなものが含まれるべきであるとし；委員会は兵器とエンジニアリングの指揮者がこれら労力のコーディネートのために指名されるべきであると勧告した．これら勧告で，兵器問題で働く人数を 2 倍に増加させるのと同じく，研究所の化学者数を 30 名まで増やすことが予想された．これらの増加は研究所の成長における単なる第 1 段階でしかなかったことが証明される．

兵器指揮者の指名は，マンハッタン計画から海軍を外しておくというヴァネーヴァー・ブッシュへのルーズベルト大統領の執行権違反を招いてしまった．1943 年 5 月の軍事政策委員会で，グローヴズがその職位を埋める助言を求めた．彼の望みは兵器理論と実際の両方（高爆発，ガン（銃）および信管機構）を信頼出来る理解力を有する個人，しかし彼はロスアラモスの専門的な科学者達の敬意を集めるに充分な科学的バックグランドを持つ個人を見つけたかった．(技術コメント：用語“高爆発” (high explosive) が本章で時々現れる．百年前の初期の粉末タイプの爆発に対するものとして，この用語は TNT のような爆発を示すのに使われるのが正しい)．指名に際して，終局的に爆弾が戦闘で使われることは明白であるから，指名者が軍人であることも望ましい．グローヴズが語ることには，ブッシュ自身がパーソンズ (Parsons) 中佐を示唆したのだと．パーソンズは数年間に亘る近接信管 (proximity fuses)*7開発と試験を丁度終えたばかりで，彼が海軍でレーダー開発の仕事をしており，グローヴスが陸軍で赤外線技術の仕事をしていた 1930 年代にグローヴズとも会っていた．パーソンズの身近で働いていた化学者のジョセフ・ハーシュヘルダー (Joseph Hirschfelder) は彼のことをロスアラモスの "埋もれた英雄" (unsung hero) であると見なしている．

臨界質量の推定値を作るため，ロスアラモスの理論家達は，原子核パラメータの正確な測定値；断面積，2 次中性子の数，核分裂生起中性子のエネルギー分布，を必要とした．そのような測定値を得るための装置の設置が実験物理学部門の順位第 1 番のビジネスとなった．そのプログラムには粒子加速器のような大規模設備が求められたものの，穴掘りからそのような装置の設計と建設を行う時間は無かった．ジョン・マンリーが言うには，"我々が行おうと試みている事は，乗馬する時に用いた荷物入れおよび偉人伝本または牧場学校の少年達が読んだ本の図書館を除いて設備が皆無のニューメキシコ州の荒野の中に新研究所を建てることだった，中性子生成加速器を得るのに我々に非常に役立つものは何も無かったのだ" と．仕事を早く進めるため，科学者達の出身大学が必要な装置を売るか貸し出した．サイクロトロンはハーバード大学から，2 基のヴァン・デ・グラフ加速器はウイスコンシン大学から，コックロフト・ワルトン（重水素・重水素）加速器はイリノイ大学からロスアラモスへと旅立った．中性子を生成して種々の物質を衝撃するために全器を使用した；器機のエネルギー範囲は熱のエネルギーから数 MeV までの中性子エネルギーを生成させる実験を許容している．どんな特別なエネルギーでも信頼出来る実験法は皆無だった；重複測定が常に行われた．2 基のウイスコンシン大学器機がリチウムへの陽子衝撃を介した中性子生成に用いられた（$^{1}_{1}\mathrm{H} + {}^{7}_{3}\mathrm{Li} \rightarrow {}^{1}_{0}n + {}^{7}_{4}\mathrm{Be}$）；一緒に，20 keV から 2 MeV までの中性子を造り出した．コックロフト・ワルトン装置は $^{2}_{1}\mathrm{H} + {}^{2}_{1}\mathrm{H} \rightarrow {}^{1}_{0}n + {}^{3}_{2}\mathrm{He}$ 反応を介して 3 MeV までの中性子を生成させる．ハーバード大学のサイクロトロンの磁石の底部極部品は 4 月 14 日（サーバー講義の最終日に当たる）に設置され，実験が 7 月に始められた．最初，研究所はたったの約 1 g の U-235 と僅かマイクログラムのプルトニウムを所有した；実験のスケジュールと実験グループ間での物質の受け渡しは注意深くモニターされなければならなかった．ロスアラモスの最初の実験結果が 1943 年 7 月中旬に現れた：165 μg のプルトニウム試料の低速中性子分裂で放出される中性子数の測定である．2.6 ± 0.2 で，ウランの対応数に比べて約 20% 大きいことが証明された．両元素の核分裂断面積の測定がその後直ちに始められた．

ルイス委員会 (**Lewis comittee**) がその報告の準備をしていた当時，後年に深刻な国際的相互作用年間 (international repercussion years) を間接的に導くこととなる提案を統制理事会が行った．5 月 6 日，ハンス・ベーテは，今後毎週 1 回または 2 回の定期技術討論会 (colloquium) の開催を提案した．個人は自分の仕事を行うに直接必要なもののみの範囲内でアクセスするというグローヴズの情報隔離方針への潜在的巨大リスクになるとグローヴズはそのアイデアを見

*7 訳註： 近接信管 (proximity fuses)：砲弾が目標物に命中しなくとも，一定の近傍範囲内に達すれば起爆させられる信管をいう．太平洋戦争期間中に米国海軍の艦対空砲弾頭信管に採用され，命中率を飛躍的に向上させる効果が確認されたことにより注目された．目標検知方式は電波式以外に光学式，音響式，磁気検知式が開発され，魚雷等の信管にも応用されている．

図 7.5　クラウス・フックス (1911-1988)．1940 年頃．出典　http://commons.wikimedia.org/wiki/File:Klaus_Fuchs_-_police_photograph.jpng

た．オッペンハイマーは知ることが必要である合法者個人の間で情報を共有する討論会が最も効率的方法であるとしてコロキウムを継続させた．グローヴズは折れた，しかしオッペンハイマーから出席者数の制限と人物保証システム (vouching system) の確立の合意を得た．グローヴズの心配はそのようにして 6 月 24 日の軍事政策委員会でその問題を彼は話題にしたのだった．その結果は，ヴァネーヴァー・ブッシュによる巧みな処理で，ルーズベルト大統領からオッペンハイマーへの 6 月 29 日の手紙となった．戦争労力への科学者達の働きに謝意を表しつつ，大統領は非常に厳格な秘密 (secrecy) の必要性を明確にさせた．検討会はモラルを支持し，共通の目的の感覚として，それ程多くの情報を提供せずに存続した，と回顧録の中でグローヴズが書いている．しかしながら，彼の機密への心配事が正しかったことが証明された．定期討論会出席者の 1 人が，ドイツ生まれの英国派遣団（7.4 節）のメンバーである理論物理学者のクラウス・フックス (Klaus Fuchs) であった（図 7.5），彼は後日，ファットマン爆縮爆弾の詳細設計情報をソ連 (Soviets) に渡すことになる．フックスの背信行為は戦後になるまで発見されなかった，その時期に彼は英国原子力プログラムのために働いていた．1950 年，彼はスパイ活動で有罪となり収監された．1959 年の放免後，フックスは東ドイツに移住し，1988 年の死去までドレスデンに住んだ[*8]．

討論会に内々関与したことは無かったフックスがソ連に何を渡したのか我々には知る由も無い，しかしそこへの出席者達が確かに研究所活動の総覧的知識を彼に与えたのだ．ジョン・マンリーの記載には，フックスはロスアラモスへもぐりこんで来たわけでは無い，彼はスタッフ

[*8] 訳註：　クラウス・フックスの生涯については下記の本が参考となる：
Norman Moss, *KLAUS FUCHS: The man who stole the Atom Bomb*, St Martins Pr, 1987：壁勝弘訳，「原爆を盗んだ男」，朝日新聞社，東京，1989.

の公式メンバーであり，かつ理論物理学部門の非常に優れたメンバーだった；プルトニウム爆弾で多くの仕事をやり遂げた理論部門と（後に）爆発部門間の連絡員として彼自身が任命され，彼はその装置の本質的な実際知識を得た，のだと．ロスアラモス雇用者の他の 2 人，Theodore Hall と David Greenglass もまた情報をソ連の諜報部員へ渡した[*9]．

人間のさが（性）において，セキュリティ・システムが完全になることは無い．グローヴズのセキュリティが厳しすぎたため科学者の妻たちの殆どは夫達が何で働いているのか廣島の後まで想像付かなかった，幾人かの上位者がモラル向上のために彼らの仕事の目的を下位の者達へ話し，そして彼らへ目的のセンスを与えた．グローヴズの情報区分方策は殆ど密閉状態で封印されてしまった．

7.3 丘の上の生活

200 名のスタッフと伴に研究所を運営するというオッペンハイマーの意向はすぐにそのタスクの巨大さに遭遇してしまった．平均すると，ロスアラモスの労働人口は約 9 ヵ月毎に 2 倍へと増加した．1943 年 7 月初旬までに，“ヒル” (The Hill) はほぼ 460 名の民間人の雇用者に加えて 300 名を超える士官と個人協力者達のホームとなった．この年の暮までに総人数は 1,100 に近づきつつあった．1945 年 5 月の人口調査で，総計で 2,200 人を超え，陸軍特別工兵分遣隊 **(SED)** 員（下記参照）1,055 人；民間人 1,109 人，女子陸軍部隊 67 人とカウントされた．オークリッジと同様，そこでの生産物の 1 つは赤ん坊であることが知れ渡った．スタッフ員達の最も多い年齢がたったの 27 歳だった．その多くが最近大学を卒業し新家庭を始めたばかりだ，そしてそうすることを待つ時間は無かったのだ．戦争期間を通じて，ロスアラモスで 208 人の赤ん坊が生まれた（オッペンハイマーの娘，1944 年 12 月に生まれたキャサリンを含む）；1943 年から 1949 年の間に 1,000 人近くの赤ん坊が生まれた．全ての誕生証明書は住所として Box 1663, Santa Fe, New Mexico と研究所の公式住所が記載されていた．1944 年 6 月までに，ロスアラモスでは結婚した女性の 1/5 が妊娠の各段階にあり，人口の約 1/6 が子供達だった．出産の奔流が詩を飛び出させた：[*10]

シチューの中の将軍たち
彼は君を信頼する，そして君もだ
君が科学的だったと彼は思った
それよりむしろ君は正しく多産的だ

[*9] 訳註：　下記の本が参考となる：
Steve Sheinkin, *BOMB: The Race to Build-and Steal - the World's Most Dangerous Weapon*, Flash Point, 2012：梶山あゆみ訳，「原爆を盗め!」，紀伊國屋書店，東京，2015.

[*10] The General's in a stew
He trusted you and you
He thought you'd be scientific
Insted you're just prolific
And what is he to do?

そして彼が行うのは何であるのかだ?

1945年7月のトリニティ実験の時期までに，ロスアラモスは総人口が丁度8,000を超えるまでに膨れ上がった．1946年末までに，家屋と家族用アパートメント・ユニットの数はそれのみで617を数えるまでになった，これにはオリジナルの学校から譲り受けた16軒の牧場家屋，数ダースのトレーラー（移動式家屋）と51軒の見え映えしない“冬場の仮兵舎” (winterized hutments) を含んでいない．36棟の寄宿舎と55軒のバラックが2,700名の単身者達への住まいとして当てがわれた．牧場学校の主要建造物の1つであるFuller Lodgeは食堂エリアとして供せられた；ついには月当たり13,000食を供給するようになった．戦時機密の理由で，ロスアラモスでは1946年4月まで公式の人口調査は試みられなかった，その時期までのそこでのコミュニティは約10,000人だった．

オークリッジとリッチランドに比べても，ロスアラモスはフロンティア・タウンだった．偉観で美しい自然に囲まれ，親密な交際のセンスにもかかわらず，ヒル (The Hill) のベテラン達の後日談では，その生活は耐え難かったと．最初にやって来た者達の生活環境は難しいものだった，数家族がしばしば一緒にされ，近くの観光牧場 (guest ranches) に住まわされた．新家屋は（浴槽ではなく）シャワーのみ設置すべきと戦時建築規制で規定されていた，その結果浴槽のみを備えた家屋は僅かであり，それは牧場学校の教師達の住居として用いられた家であった；この家屋グループは“浴槽街” (Bathtub Row) として知れ渡った．輸送には，最上でも粗末であった道路を使って手配しなければならなかった．家屋，水，ミルク，肉と新鮮な野菜は常に不足した．歩道，車庫，舗装道路は皆無．全家屋が陸軍緑色に塗られ，それらは日常会話ではグリーンハウス (greenhouses) として引用された；ロスアラモスがマンハッタン計画全体の中で最悪の家屋を有していることが徐々に認識された．節水のため，入浴者達へ1分ないし2分間のシャワーを浴びる限度が奨励された．高い標高に在るため，簡単な食事の料理に数時間を要してしまう．蛇口を回すと，藻，沈殿物または虫が良く現われるに違いない．1人のGIがその場所を“殆ど喪失” (Lost Almost) と名付けたとジェイムズ・コナントの孫娘，ジャネット・コナントが書いた．理論物理学者ロバート・マーシェクの妻，ルス・マーシェクはその場所の印象を述べている，“危険の代わりに，彼らは苦楽 (weal or woe) を求めて未知 (Unknown) へ突き進む旅をした事実を放棄し，夫に連れ添った同類のパイオニアの女性達は地図に載っていない平原を西方へと渉った”と．新参者達は，長く，しばしば埃まみれの旅の後での第1番目の停車場がサンタ・フェの109 East Palaceの控えめな事務所だった．そこで彼らはドロシー・マッキビン (Dorothy McKibbin) 夫人と会うことになる，彼女がメサへの北へ向かう実に埃っぽい乗車を手配した．マッキビンは1943年3月からこの仕事を始め，1963年6月の退職までこの事務所を運営するために残ることになる．

マンハッタン計画の全サイトの深刻な問題は，取り分けロスアラモスで，技術訓練を受けた個人を充分に確保することだった．これには2つの主要な方法が採られた．多くの科学者の妻達が技術/科学，病院，管理，学校システムの職に就くことを強いられた．1944年10月までに，研究所の670名の民間人雇用者の約30%が女性だった．大学院生のような科学教育を受けた個人の引き抜きや海外渡航または他のことからマンハッタン計画への損失を防ぐため，**MED**（マンハッタン工兵管区）はこれら個人達をいわゆる特別工兵派遣隊 (Special Engineer Detachment: **SED**) へ送り込むリクルートをした．第9812番技術サービス・ユニットとして，

SED は 1943 年 5 月 22 日に創設された．1943 年末までに，475 名近くが SED のメンバーとしてロスアラモスに居た．1944 年 8 月までに，研究所の科学スタッフのほぼ 1/3 を彼らが占め，終戦までにほぼ 1,800 名に達した．1945 年春までに，ロスアラモスに勤めた **SED** の約 29% が学士号を保有していた，それには数多くの修士号，博士号を含む．しかしながら，**SED** 達にとって民間人から軍人生涯への移行はシンボリック以上のものだった．既婚の志願兵に住居を供給することが出来なかった，そして機密規則がサンタ・フェまたは近郊のコミュニティへ彼らの妻達を連れてくることを禁止していた．男は陸軍バラックの中のたったの 40 平方フィートが割り当てられ，規則が緩和される 1944 年夏に至るまでは休暇許可は無かった．**SED** 達はしかし志願者個人のマンハッタン計画の贈り物の 1 つの要素だった，1945 年秋までに約 5,000 名となった；ロスアラモスで，スタッフの 42% 程が制服を着ていた．不思議なことに，グローヴズは彼の回顧録の全てで **SED** 達に言及したことは無い．

オークリッジとリッチランドのように，高学歴の人々によって期待されているサービスの全てが供給されなければならなかった．住民投票で選出されたメンバーでコミュニティ議会が設置された（ロバート・ウイルソンが提案した，タウン議会 (Town Council) として知られた）．託児所と小学校を設立しなければならなかった；1946 年末までに，小学校だけで 350 名を超える生徒が入学した．中・高等学校，交通法，裁判所システム，カフェテリア，仕立てシステム，消防署（煙突火災と森林火災が普通だった；ロスアラモスは 6,800 件を超える鎮火を誇った），ランドリー・サービス，商店，駐車場（数 100 台用），自動車修理倉庫，クリーニング店，郵便局，ゴミ収集，獣医サービス（陸軍警察の馬だけで 100 頭を超えた），歯科サービス，病院を組織化しなければならなかった．家屋契約とレンタル料金の方針は雇用者の職位，家族数と給与を勘案して決めることだった．ハイキング，乗馬，スキー，スケート，沢山のパーティ，インディアンの村落訪問，粗野な 9 ホールのゴルフ・コースのようなリクレーション活動では，機密規則が個人のオフサイト旅行を厳しく制限した；外の施設を使用したいと少しでも望むいずれの人物もグローヴズは欲しなかった．エドウイン・マクミランの妻エルシー，彼女は研究所の目的を知っていたのだが，後日明記した，“私達はパーティを開きました，そう 1 度だけだったのですが，そこで開かれた数パーティと同じように私はそんなに飲みませんでした，何故なら貴方が蒸気 (steam) を排出させなければならず，貴方の魂を食べるフィーリングを排出させなければならない理由からです，アア，神ヨ，私達は正しいことを行っているのでしょうか?”

給与の尺度はディスカウントの慢性領域だった．民間の世界で彼らが行った価値と一致するべきなのに，それよりも技術者達が高めの給与を受け，学術的科学者と技術者の間で時々支払の不公平が起きた．手紙は検閲の対象だった；全ての手紙は Box 1663 の住所とされた．手紙には姓または研究所の場所の手がかりとなる情報を含ませることが出来なかった；単語 “物理学者達” (physicist) はやかましく禁止された．科学的ワーカー達が地元銀行に個人口座を開設することは許されなかった；ビジネス・オフィスが月給支払名簿を作りそれをロスアンジェルスへ送った，そこから小切手が雇用者の指定銀行へ送り出された．結局，6 歳以上の全住民はセキュリティ通行証が発行された．管理者のトップでさえ，グローヴズはマンハッタン計画の他の部局からロスアラモスを大きく隔離しておくようにした．1943 年 6 月のグローヴズのメモに，他のサイトの如何なる連絡員または個人は彼による個人的検閲を受けなければならない，そして討論は許可された話題リストに制限されなければならない，と書いている．外の世界において，ロスアラモスは存在して無かった．

7.4 英国派遣団

メンバー数以上に深くマンハッタン計画に寄与したグループが，公式には英国派遣団 (British Mission) として知られた英国と欧州生まれの科学者達の代表団だった．英国派遣団が何故に米国に来たのかとの物語は，政治的行為が大きくないとしても，物理学とエンジニアリングで成し得た事と短い書簡の利益が多大だった．

1941 年秋（技術的問題の相互交換が是認された時）から，相互交換が全て停止されたとしても英国への不当性は生じないだろうとヴァネーヴァー・ブッシュがルーズベルト大統領へ伝えた 1942 年遅くまで，原子力の件で英国と協力を結ぶ米国評価が如何に冷え切っていたかを 4.11 節で述べた．しかしながら，英国がそれら初期の研究の衝撃を見過ごして置いておくことはしなかった．ブッシュの英国対応者はジョン・アンダーソン (John Anderson) 卿，チャーチルの戦時内閣の一員，であった．戦時中の英国行政の困難性は人里離れた処て行うことだ：彼は 1943 年 9 月から 1945 年 7 月まで大蔵大臣でもあった．学生時分，彼は地質学，化学および数学を学んだ（彼はウランの学位論文を書いた），しかし彼は民間でキャリアを積むことに替えたのだった．

1942 年 3 月，アンダーソンはブッシュへ，完全な協力の継続を望んでいると書いた．ブッシュは後日，1942 年 6 月の **S-1** 管理構造（4.9 節）の再編成記述の中で対応した，しかし何のコミットメントもしなかった．その後直ちにチャーチルがルーズベルトに会うため米国を訪問した；彼らはウラン問題について 6 月 20 日の午後に話し合った．英国と米国は両国の情報をプールし，対等なパートナーとして働き，生産プラントが合衆国内の場所となるにもかかわらず，現れるだろう結果は何でも共有すべきであるとチャーチルが力説した．3 週間後，ルーズベルトがチャーチルとブッシュへ，彼と首相は "完全に一致" (in complete accord) したと書いたのだが，合意書には署名も如何なる詳細版も作られなかった．8 月 5 日，アンダーソンは英国設計の拡散プラントを米国内に建設すること，重水パイルをカナダに移すこと，共通の特許政策を開発すること，合同原子力委員会の設立を示唆したブッシュへの手紙の中でその話し合いの公式化を試みた．しかしアンダーソンのタイミングは殆ど最悪となってしまった．米国のプログラムは軍部当局へ移管途中だったのだ；グローヴズとブッシュに対し，国際間交渉は単に邪魔物でしかなかった．英国が拡散について幾つかの進捗を果たしたものの，他の製造方法の全ての研究——電磁気，パイルおよび遠心機——はまさしく米国製品だった．ブッシュは 10 月 1 日に米国内の再編成と，仕事を行うに両国の資源を如何にして効率良く注ぐのに何が最良なのかについて接触を保つことを曖昧に触れながら，アンダーソンへ伝えた．スチムソン陸軍長官がその問題を 10 月 29 日にルーズベルト大統領と話し合い，必要以上に如何なる情報も共有しないでさしあたりやっていくことを許しても良いのではないかと示唆したのだった．

英国と米国の原子力指導者達の急速に広がったその認識は 1942 年 12 月 11 日に明らかとなった，その時にジェイムズ・コナントがワシントンのチューブ・アロイ (Tube Alloys) の首席，ウォーレス・エイカーズの部局と協議していた．コナントは米国側の見解を説明した，それは，交換が英国が戦時中に使用出来る情報のみに制限されるべきであるというものであった．ルーズベルトとチャーチルが研究と製造の両方で協力を意図したとエイカーズが主張し，英国科学者達は大規模な米国の開発の全てにアクセスすべきであると思うと．コナントは翌日にブッシュへ報告のために戻った；その4日後，ブッシュは29頁の12月15日の**MPC**報告書をルーズベルトへ届けた，そこには相互交換無しまたは制限された相互交換のみとの勧告が記されてた．しかしながら，他の因子が働いたのだ．9月29日，英国とロシアが使用と開発の両方をカバーする新兵器の交換合意の結論に至った．ルーズベルトとスチムソンは明らかに12月26日頃に至るまでこのことを全く知らなかった．明らかにそのような合意は如何なる原子力情報のセキュリティをも疑わしいものにしてしまった．12月28日，相互交換制限の方針を設けてルーズベルトはMPC報告書をイニシャルにした：拡散プラントの設計と建設の協力，プルトニウムと重水の研究レベルでの情報交換，電磁気法またはロスアラモスの情報共有禁止．1943年1月のカサブランカ会合で2人が会った時に，チャーチルはこの問題を再度ルーズベルトへ提起した，そしてルーズベルトの助言者ハリー・ホプキンスの2月末に相互交換の制約が一体化での努力のアイデアに反するとしてさらにチャーチルは抗議した．ホプキンスは4月1日の電話でチャーチルが再び催促するまで何もしていなかった．ルーズベルトはブッシュにその返事を考えるようにと残しておいた，その返事とは米国の立場を変える理由は皆無であるということだった．

チャーチルは5月遅くのワシントン訪問中に再びこの問題を取り上げた，その間ブッシュはホプキンと英国助言者達との討論に引き出された．兵器は当時戦争に使用する（このケースでは“直接使用”のシナリオが生きていた）ために開発されなければならないとの根本理由で，ルーズベルトの個人的約束：仕事は一緒に行い，相互交換は続ける，を獲得したとの理解からチャーチルは離れてしまった．ブッシュは6月24日にルーズベルトに会い，この状況をレビューした．ルーズベルトはホプキンと英国助言者達とのブッシュの討論を明らかに承知してはいなかった，そしてその会合でルーズベルトは制限された相互交換方針の立場を超える意図は持っていないのだとブッシュは感じた．チャーチルは7月9日に再びこの問題を執拗に取り上げた，そして大統領は最後に不本意ながらも同意した：20日に彼は英国との完全相互交換に新たにするとの指示をブッシュへ書いた．

ルーズベルトの7月20日の指示当時，ブッシュはロンドンで戦争の科学的方面について英国対応者達と協議中だった．彼は15日にチャーチルと会い，首相はウラン問題が未確定事項であることに不満を述べた．大統領の指示を知らずに，チャーチル，ホプキンス，ブッシュとアンダーソンが7月22日に再び会った，その時にチャーチルが，1ヵ月後に署名されたいわゆるケベック合意 (Quebec Agreement) のもととなる5点の案を提供した．その基本点は (1) その事業は自由交換を伴い共有される；(2) いずれの政府ももう一方に対して核兵器を所有することはしない；(3) もう一方の政府の合意無しに他の国々に情報を渡すことはしない；(4) 戦争でその爆弾使用には共同承認が求められる；(5) 合衆国で誕生したものがあまりにも高価過ぎたと考えた大統領が英国による商用または工業での使用を制限してもよい．ポイント (2)-(5) は基本的に一部の変更でケベック合意に組み込まれたが，交換問題は合同委員会に委託された．8月初め，ワシントンでブッシュとコナントが英国大使のアンダーソンと会った．チャーチルのドラフト提案の作用で，アンダーソンは互いの国で何の仕事を行うべきかを指揮し，かつ交換情報に対する焦点として役立たせる“合同政策委員会” (**Combined Policy Commitee**) の設置を加えた．科学研究と開発の交換は“完全かつ有効”だったのだが，実規模プラントの設計，建設，運転の相互交換は**アドホック**を基礎に委員会で決定されるとして残されてしまった．スチムソン，ブッシュとコナントはその委員会の米国側委員として明記されていた；他の委員は2名の英国陸軍将官とカナダの軍需大臣 (Minister of Munitions and Supply) だった．この正式合意が，ケベック市会合の合間の1943年8月19日にルーズベルトとチャーチルによって署名された，そしてその委員達は9月8日にワシントンで初めて会った．

相互交換プログラムの一部として，生来の英国人と新しく国籍を取得した両方の英国科学者のグループが米国に来た．モントリオールのパイル研究プログラム，拡散と電磁気計画およびロスアラモスに取り分け関係するものとして彼らがやってきた．ジュームズ・チャドウィックが頭の“合衆国内英国科学派遣団”で，彼はワシントンで殆どの時間を過ごした．ルドルフ・パイエルス (Rudolf Peierls)，クラウス・フックス (Klaus Fuchs)，オットー・フリッシュ (Otto Robert Frisch) を含む19名の個人が結局ロスアラモスでの仕事に指名された；明らかにグローヴズ将軍がこれら個人のセキュリティ検査無しで許可したのだ．分遣隊の最初の2名，フリッシュとバーミンガム大学卒業生のアーネスト・ティッタートン (Ernest Titterton) が1943年12月13日に到着した．次節で述べるように，ロスアラモスでの英国派遣団員達は多くの重要な技術的および実験的見識で寄与した．ハンス・ベーテの見解は，

> 戦時中のロスアラモス計画の理論物理学部門での仕事に対して，英国派遣団の共同研究は完全に欠くことが出来ないものだった．異なる条件下で何が起きたのかを言うのは非常に難しい．しかしながら，少なくとも，英国派遣団抜きでは，理論物理学部門での仕事が一層大きな困難と一層小さな効率になってしまったであろう，そしてありそうも無くは無いのは，我々の最終兵器がこのケースでは効率が相当に劣るものになってしまっただろう，ということである．

マンハッタン計画への英国の寄与に対するグローヴズ将軍のそっけない態度は多分愛国心から来るものだったが，不公平だった．残念ながら，米国人の多くは，英国派遣団のマンハッタン計画成功への寄与に充分なる謝意を表していない．

7.5　臨界の物理学

本節と次節でロスアラモスの仕事の中心となる臨界質量と爆弾コア集合体の概念に横たわる物理学について述べる．もしも技術的詳細を完全に探求することを君が望まないとしても，ロスアラモスの科学者と技術者が直面した束縛を幾らか理解するのにこれらの節を見る価値が有る．

3.5節で述べたように，臨界質量の背後に在る基本的アイデアは，核分裂が一旦始まると，その質量から逃げてしまう中性子に比べてさらに多くの中性子が引き続き分裂を起こすに充分な質量で組み立てられていることにある．この質量は結局それ自体で分裂してしまう，しかし暫くの間で，中性子数を増加させるというゴールを得るのだ．臨界質量 (**critical mass**) はその物質の密度，分裂当たり生じる中性子数，核分裂断面積と散乱断面積に依存している．質量数を

決定する最も直截的解析法は，中性子が生成した時から他の原子核に会う時までの中性子の移動に**拡散理論** (diffusion theory) を適用することで得られる．拡散方程式の導出は数多くの教科書で入手出来る；基本的な表現と結果のみをここでは議論しよう．さらに詳しく述べるなら，拡散理論が供給するものは，核パラメータのセットが与えられての臨界**半径** (radius) の計算方法である．これは物質密度既知の等価質量へと転換出来る．

臨界半径計算の中心は所謂分裂と移動の中性子の**平均自由行路 (mean free paths)** であり，各々 λ_f と λ_t の記号で表す．これらは下記式で与えられる，

$$\lambda_f = \frac{1}{\sigma_f n} \tag{7.1}$$

と

$$\lambda_t = \frac{1}{\sigma_t n} \tag{7.2}$$

ここで σ_f は分裂断面積，σ_t は移動断面積である．もしも中性子散乱が等方的であったなら，その移動断面積は分裂断面積と弾性散乱断面積の和で与えられる：

$$\sigma_t = \sigma_f + \sigma_{el} \tag{7.3}$$

言葉で言えば，λ_f と λ_t の意味は "中性子が他の分裂を起こすことで費やされてしまう前までの移動の平均距離" と "中性子が散乱されるかまたは分裂を引き起こす前までの平均距離" と説明され得る．第 3 章を思い起こしてほしい，断面積は通常バーン (**bn**) で引用されている；1 bn = 10^{-28} m^2．我々はここで**非弾性**散乱の考察を行わない，これは中性子平均速度が低くなることに間接的に影響を及ぼすものである[*11]．

(7.1) 式と (7.2) 式の記号 n は原子核の数密度を表示し，ここでは立方メーター当たりの原子核数を表現している．分裂性物質が立方センチメーター当たり ρ g の密度とモル当たり A g の質量を有するならば，n（立方メーター当たりの原子核中の）が下式で与えられる，

$$n = 10^6 \left(\frac{\rho N_A}{A}\right) \tag{7.4}$$

[*11] 非弾性散乱の除去は，理由の結合に依り思う程にはドラスティックで無い．中性子成長の事態は時間 τ である，それは中性子が他の分裂を引き起こす前の典型的移動時間だ；(7.5) 式を見よ．もしも中性子が図 3.12 の多数の共鳴スパイクを通過する中性子の平均が近似的に $\sigma \sim 1/v_{neut}$ でふるまう．これは分裂平均自由行路 λ_f が v_{neut} と比例することを意味する，これが全体的に τ を v_{neut} と独立にさせている．もしも中性子が弾性または非弾性散乱の何れかをしたとしても，次の分裂を引き起こす前までの典型的移動時間はその速度に大部分依存し無いことを意味する．(7.3) 式の移動断面積を形成する時に非弾性散乱断面積も加えるべきであると思われる．このことは正しい，しかし他の効果が入りこんでくる：弾性散乱は等方的で無いのだ．これが弾性散乱断面積の有効値を若干低める効果を有する．ウランやプルトニウムのような元素において，(7.3) 式の正味結果が極めて合理的な近似であることを伴い，この 2 つの効果がお互いに殆ど相殺してしまう．詳細はサーバーの**プライマー**の付録に示されている；または H. Soodak, M.R. Fleishman, I. Pullman and N. Tralli, *Reactor Handbook, Volume III Part A: Physics* (New York: Interscience Publishers, 1962), Chap. 3 参照．

ここで N_A はアボガドロ数，6.033×10^{23} である．10^6 は密度を立方センチメーターから立方メーターに転換する因子である．

もう 1 つの重要な量は分裂を引き起こすまでの中性子の移動時間であり，記号 τ で示される．もしも中性子が平均速度 v_{neut} と分裂を引き起こす平均距離 λ_f を持つならば，その移動時間は

$$\tau = \frac{\lambda_f}{v_{neut}} \tag{7.5}$$

である．

コアの半径 R_{core} の**タンパー無し**球状爆弾の単純なケースで，それは如何なる種類の被覆ジャケットで囲まれていない爆弾で，拡散理論が下記の高尚な方程式が満足されるなら臨界が維持されることを示している．

$$\left(\frac{R_{core}}{d}\right)\cot\left(\frac{R_{core}}{d}\right) + \frac{1}{\eta}\left(\frac{R_{core}}{d}\right) - 1 = 0 \tag{7.6}$$

この表現で，d はコアの特性尺度の測度であり，下式により与えられる，

$$d = \sqrt{\frac{\lambda_f\,\lambda_t}{3\,(-\alpha + \nu - 1)}} \tag{7.7}$$

ここで，ν は分裂当たり生成する中性子数である．パラメータ α はここで述べられるだろう．(7.6) 式中の η は無単位で，移動自由行路とスケール尺度との比である：

$$\eta = \frac{2\lambda_t}{3\,d} = 2\sqrt{\frac{\lambda_t\,(-\alpha + \nu - 1)}{3\,\lambda_f}} \tag{7.8}$$

(7.6) 式の余正接 (cotangent) の存在故に解析的に解くことは出来ない；例えばスプレット・シートの解発見 “ゴールを求める” (Goal Seek) 関数を用いてトライ・アンド・エラーによってのみ解くことが出来る．

パラメータ α は爆弾コア中の中性子数の時間成長に関係している．拡散理論の代数を通じて行うとき，中性子の**密度**として取り扱うと実際さらに容易になる，ここでの密度は立方メーター当たりの中性子数である．分裂開始（“時間ゼロ” (time zero)）の瞬間でのコア中心の初期中性子密度を N_0 としたなら，それから t 時刻の中心密度は下式で与えられる，

$$N_t(t) = N_0\,e^{(\alpha/\tau)\,t}. \tag{7.9}$$

この初期中性子は適切な**始動物質 (initiator)** によって供給されなければならない，このことについては 7.7.1 節で述べる．

もしも $\alpha > 0$ なら，中性子密度は指数関数的に成長する．このケースでは，**超臨界 (supercriticality)** 条件を有し，分裂で生じたエネルギーもまた指数関数的に成長する．もしも $\alpha < 0$ なら，その反応は直ちに死滅する．もしも $\alpha = 0$ なら，その中性子数密度は増加も減少もせず，定まってしまう，そのケースでは**臨界閾値** (threshold criticality) を有する．臨界閾値半径と呼ぶものを求めるために，(7.7) 式と (7.8) 式に $\alpha = 0$ をセットし，臨界方程式 (7.6) を R_{core}

表 7.1 裸の臨界閾値に対するパラメータ値，臨界半径と臨界質量

量	単位	物理的意味	^{235}U	^{239}Pu
A	g/mol	原子量	235.04	239.04
ρ	g/cm^3	密度	18.71	15.6
σ_f	bn	分裂断面積	1.235	1.800
σ_{el}	bn	散乱断面積	4.566	4.394
ν	-	分裂当たりの中性子数	2.637	3.172
n	10^{28} 核子/m^3	原子核数密度	4.794	3.930
λ_f	cm	分裂平均自由行路	16.89	14.14
λ_t	cm	移動平均自由行路	3.596	4.108
τ	10^{-9} s	分裂間隔時間	8.635	7.227
d	cm	尺度の大きさ；(7.7) 式	3.517	2.985
η	-	(7.8) 式	0.6817	0.9174
R_{bare}	cm	裸の臨界閾値半径	8.366	6.345
M_{bare}	kg	裸の臨界閾値質量	45.9	16.7

について解く．非タンパー・コアは**裸の** (bare or naked) コアとしても知られている，そしてこの R_{core} 値は結局**裸の臨界閾値半径** (bare threshold critical radius) として知られている．これに対応する裸の臨界閾値質量 M_{bare} は $M_{bare} = 4\pi\rho R_{bare}^3/3$ に従う．この質量は屡々 "臨界質量" (**critical mass**) として引用されている，しかしながら以下のようにこの共通に使用されている用語は実際にはユニークに定義されたものでは無い．

ウラン-235 とプルトニウム-239 に対する裸の臨界半径と臨界質量の計算値を表 7.1 に示す．パラメータ値の出典は Reed の *The Physics of the Manhattan Project* (Springer, Berlin, 2011) に記載されたものである．

ある面からこれら数値を眺めるなら，正規のソフトボールは約 5 cm の半径を持ち，重さが約 180 g である．プルトニウムの裸の閾値臨界質量は少しばかり大きいものの，90 倍程度重い．46 kg は約 101 ポンドに等しい，16.7 kg は約 37 ポンドである．我々は直ぐにこれら質量がタンパーを覆うことで有意な減少を引き起こすのを知る（図 7.6）．特に注記すべき数値の組は中性子の分裂までの移行時間，τ である：それらは僅か数**ナノ秒** (nanoseconds) のオーダーに過ぎない．核爆発は信じられない程短い現象なのだ．公に出版された臨界質量の推定値が秘密区分データを公表してみようかとふと思いつき，貴方の頭を横切ったものとしてみよう；そのような推定値は長い間パブリック・ドメインで入手出来るのだ．例えば，米国原子力委員会の 1963 年出版物，"原子炉物理学定数" (Reactor Physics Constants) には，高濃縮ウラン（93.9% U-235）の**実験的に決定された**裸の臨界質量が 48.8 kg であると，Pu-239 では 16.3 kg であると表示している．臨界質量の推定は核兵器製造での困難さが**最も少ない**部分の 1 つに過ぎないの

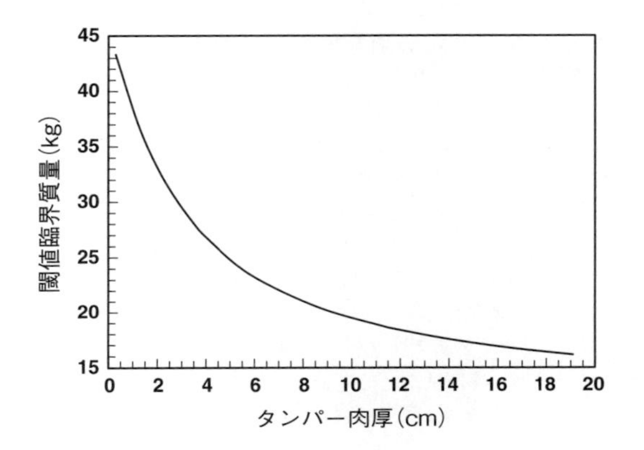

図 7.6　タングステン・カーバイド（鋼）製タンパー被覆厚を関数としたウラン-235 の閾値臨界質量．タンパーはコアの周囲とタンパー間に隙間無しにきっちりフィットさせていることが確実である．例えば，リトルボーイ爆弾に基づけば：タンパーの外半径を 18 cm と仮定したなら，そのコアの臨界半径が 6.17 cm であると証明される．この場合のコア質量は 18.4 kg である；タンパー肉厚が 11.83 cm となる，その質量は約 350 kg（770 ポンド）となろう．18.4 kg の臨界質量は非タンパー値の 45.9 kg から約 60% の減少を引き起こしている．Reed (2009) からの採用

である．

物理学と工学の学生には，これからの式がむしろ直截的に見えることだろう．学部の物理学コースの多くの上位レベルをカバーするのに比べて核兵器設計に横たわる計算が屡々複雑で無いことで非科学者達を驚かすことが度々やってくる．ロスアラモスの数学者，スタン・ウラム (Stan Ulam) が言うに，“私にとって驚きの果てしない源は黒板の上または 1 枚の紙の少ない走り書で人類の出来事のコースを変えることが出来るということだ” と．

我々は核分裂爆弾設計にとって非常に重要な考察へたった今，到着した：何故に 1 臨界質量を超えて集まるコアの組立が望まれるのか．

単一臨界質量のみの爆弾は非常に有効な爆発を示さない，コアは直ちに膨らみそして自体が消散する．このことはタイム・スケールで単一マイクロ秒のオーダーで典型的に起きる．この膨張の効果を吟味するため，(7.8) 式に戻って見よ．その中で示されて因子 η はコア物質の密度とは独立である．$\alpha = 0$ で (7.6) 式は R_{core}/d のあるユニークな値を満足する，それは考慮中の物質の特性である．平均自由行路と数密度 n を通じて，パラメータ d が密度の逆数に比例する，$1/\rho$，そこで (7.6) 式の解が与件値 ν と断面積の組に対する ρR_{core} のユニーク値を要求するのと等価と言うことが出来る．さらに一般的に言うならば，閾値臨界の条件は積 ρR の制約として表現出来る，ここで ρ は分裂性物質の質量密度，R はコアの半径である．

ここで，我々が 1 臨界質量を超えるコアで始めると想定しよう．このことは，我々が最初か

ら $R_{core} > R_{bare}$ を伴い，(7.6) 式の R_{core} 値の特定化を意味する．ρR_{core} 値はこの時，明らかに閾値臨界 ρR_{bare} の必要量に比べてより大きくなるだろう．しかしもしも R_{core} が前もって選択されるなら，方程式 (7.6) で使われるのは何なのか? その使用は依然として 1 変数：時間成長パラメータ α が在るということである．もしも R_{core} が特定されているなら，(7.6) 式は α について解くことが出来る，そしてもし $R_{core} > R_{bare}$ なら，1 つが常に $\alpha > 0$ であることが判る．定常反応と反対の指数関数的成長超臨界反応を得る方法は，物質の 1 臨界質量を超えて開始させることである．2 つの裸の臨界質量のコアに対し，α は典型的に 0.5 のオーダーである．

ここで，超臨界コアが膨張始めたとして何が起きるのか考察しよう．半径 R が増える，しかし密度が下がる．その積 ρR に何が起きるのか? 物質の質量 M は基本的に固定されている，そして密度は質量を体積で割るのに等しいので，我々は $\rho \propto M/R^3$ を得る．このことは常に $\rho R \propto M/R^2$ を意味する．結局，ρR はやがて閾値 $\rho_{original} R_{bare}$ 以下に落ちてしまうことは避けられない，その時点で臨界喪失となる．しかしもしも単一臨界質量だけで開始したのなら，コアが膨張した途端に臨界喪失してしまう，それは基本的に直ちに起きる．この即発シャットダウンを避けるため，多重-臨界-質量のコアを組み立てることが重要なのだ．

この点において，3.7 節で述べた爆弾爆発によるエネルギー放出のフリッシュ-パイエルス公式に戻ることはためになる．現在の記述法で示すと，この式は，

$$E \sim 0.2M\left(\frac{R_{core}}{\tau}\right)^2\left(\sqrt{\frac{R_{core}}{R_{bare}}}-1\right) \tag{7.10}$$

として現れる．例として，U-235 の 1.5 倍の臨界質量を考えよう．表 7.1 から，$M = 68.9\,\mathrm{kg}$ が求まる．1 と 1/2 の臨界質量は $R_{core}/R_{bare} = 1.5^{1/3} = 1.145$ または $R_{core} = 9.577\,\mathrm{cm}$ を持つことになる．$\tau = 8.635\times10^{-9}\,\mathrm{s}$ で MKS 単位で（E はジュール単位のエネルギー）

$$E \sim 0.2\,(68.9)\left(\frac{0.09577}{8.635\times10^{-9}}\right)^2\left(\sqrt{1.145}-1\right) \sim 1.19\times10^{14}\,\mathrm{J} \tag{7.11}$$

を有する．

1 キロトンが $4.2\times10^{12}\,\mathrm{J}$ と等価であるから，$E \sim 28$ キロトンである，これは正しくマンハッタン計画の核分裂爆弾のオーダーとなっている．実際には，この公式は若干楽観的な予測になる．詳細な導出では (7.10) 式の 0.2 が α^2 と等しいことを示す [Reed (2011) の 2.4 節を参照せよ]．U-235 の 1.5 臨界質量では，$\alpha_{initial} \sim 0.3$ であり，0.2 のフリッシュ-パイエルス因子が恐らくはむしろ $\sim 0.3^2 \sim 0.09$ のオーダーであろう，これが E を ~ 13 キロトンへと減少させる，その数値は廣島リトルボーイウラン爆弾の収率に非常に近い．この合致は若干偶然の出来事だった，しかしながらフリッシュ-パイエルス公式は 2 つの因子を考慮してない．第 1 番目は，膨張過程の間で α が初期値（(7.6) 式を解くことにより与えられた）から減少し，臨界喪失の瞬間にゼロとなることである．α^2 値全体に亘る効果はその初期値に比べて若干少なくなる，そしてこのことが E 推定値の減少に寄与する．しかしこの計算は 2 次的な効果である：リトルボーイは多量にタンパーされていた，これが膨張を遅らせかつ幾つかの中性子をコアへ反射させることでその収率を増加させた（下記参照）．フリッシュ-パイエルス公式はそれにもかかわらず予想すべきもののオーダー推定値を得るためには非常に便利である．

計算機またはスプレットシートを用いたトライ・エンド・エラーで貴方が α を解いているとしたなら，近似開始値が非常に役立つ．粗い近似で，この便利な表現は，

$$\alpha \sim (\nu - 1)\left[1 - (R_{bare}/R_{core})^2\right] \tag{7.12}$$

である．1.5 臨界質量の我々の例では，これが $\alpha \sim 0.39$ を与え，真値の 0.30 に比べ約 25% 高い．

上記解析から，1 臨界質量の物質以下しか入手出来ないのなら，有効な核爆発を造る望みが無いと思うかもしれない．驚くべきことに，これは真実で無いのだ．もしも貴方がその物質の通常の密度を充分に大きな密度へ押し潰すことが出来るならば，通常密度物質 $\rho_{normal}R_{bare}$ を超える ρR 値を達成することが出来る．もしも単一裸の臨界質量の比率 f を使用出来るなら，臨界達成の条件は，$\rho_{compress} \geq \rho_{normal}/\sqrt{f}$ を満足する密度にそれを押し潰すことである．そのような**爆縮 (implosion)** のエンジジニアリングは非常に困難だ（7.11 節参照），しかしながら非爆縮爆弾に比べて核分裂性物質を相当量少ない爆弾を造れる可能性が示された．ロスアラモスで，兵器技術者達がプルトニウム爆弾用爆縮を開発しなければならなかった，それは原子炉生産プルトニウムの物性がウラン爆弾用に開発された比較的単純なトリガー法の使用を排除したからである（7.7 節と 7.11 節参照せよ）．

もしも爆弾のコアが非球形またはタンパー **(tamper)**（金属製ジャケット）で覆われているなら，臨界の数学はさらに複雑となるであろう；コアの幾何学とタンパーの厚さと物性が計算に組み込まれ，臨界の単純で無い "ρR" 測度を持つことになる．理論では，無限厚さのタンパーは閾値臨界半径を 2 倍減少させる，このことは臨界質量を 8 倍のファクターで減少させることを意味する．図 7.6 に図解したように，臨界質量削減の殆どがタンパーの最初の数センチメーターから来るものであり，これはタンパーを供給する困難に対して実に値打がある．タンパーは臨界をチョットばかり長引かせることを許し，コア膨張を短時間遅らすことで兵器効率を高めることもする．爆縮とタンパーの両方を用いて造られた兵器は更に効率が増すことになる．タンパーは爆弾を攻撃地点まで運ぶことにおいて "重荷" (dead weight) である，しかし性能を有効にするものとして価値がある．

7.6 臨界集合体：ガンと爆縮法

超臨界質量をどの様にして組み立てるのかの疑問はロスアラモス計画で非常に早くから検討された．彼の**プライマー**で，ロバート・サーバーが述べた最初で最も直截的システムが所謂 "ガン" (銃：gun) 方式であった；彼はそれを "射撃" (shooting) として引用した．究極的に廣島**リトルボーイ**爆弾として実現し，図 7.7 にスケッチしたように，この概念は砲型ガンの砲身内の 2 個の未臨界分裂性物質で始まる．円柱状 "標的" (taget) 部品は砲身先端に固定されており，鞘（スリーブ）に合体する "射出" (projectile) 部品は尾端から標的へ向けて発射する．完全に結び合わさった時，その 2 つがその物質の臨界質量を超えて構成される．標的部品の**平均**密度は中空であるがためにかなり低いので，"実入り" (solid) 1 臨界質量よりも多くの量で等しく出来る，このことで 2 臨界質量を超える完全集合体を与えることになる．標的部品をタンパーで囲むことで，完全集合体は潜在的に僅かな被タンパー臨界質量で構成出来る．

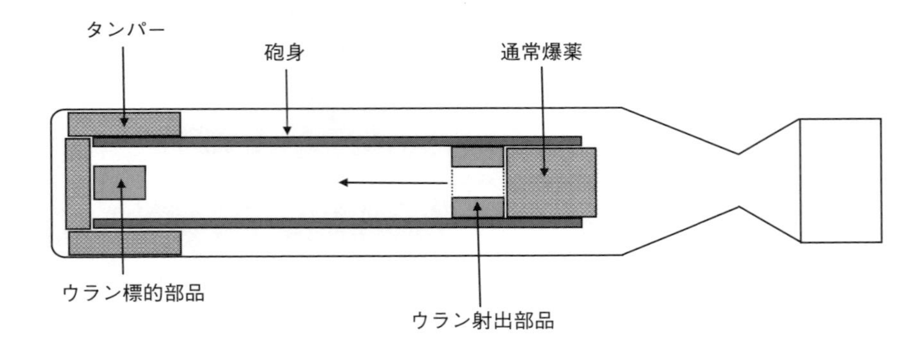

図 7.7 ガン型兵器の模式図．ウラン射出部品は先端部の標的部品へ向けて発射される．図 7.18 も参照のこと

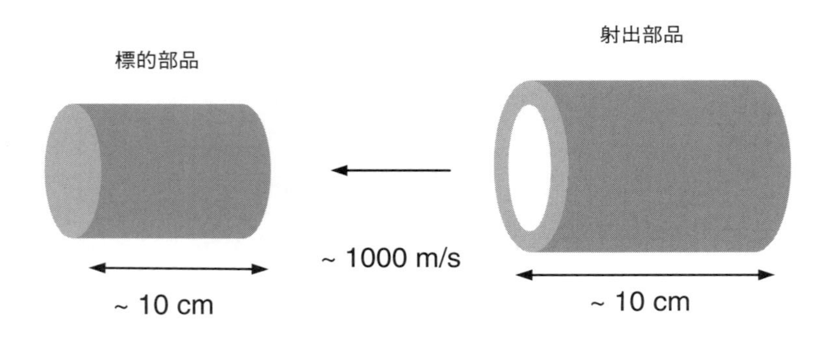

図 7.8 ガン型分裂兵器の合体工程

第 2 次世界大戦中，砲部品または海軍カノン（砲）で達成可能な最大銃口速度は約 1,000 m/s だった．標的部品と射出部品の寸法は 10 cm のオーダーであるため，1,000 m/s の合体速度で射出部品の先端が標的部品に出会うまでの時間が約 100 μs 経過する，そして完全な集合体が達成される（図 7.8）．この 100 μs 合体時間尺度は極めて重要である，そしてこの点について次節で振り返ることになろう．

サーバーが述べたもう 1 つの方法には爆縮技法 (**implosion** technique) として知られることになる創始を含む．プライマーで述べられたことには，このアイデアは爆薬が輪の外側に配置し，輪の内側上に分裂性物質の部品を埋め込むというものだった．発射された時，核分裂性片が円筒または球から中心へ吹き飛ばされるだろう，図 7.9 で示唆されるように．

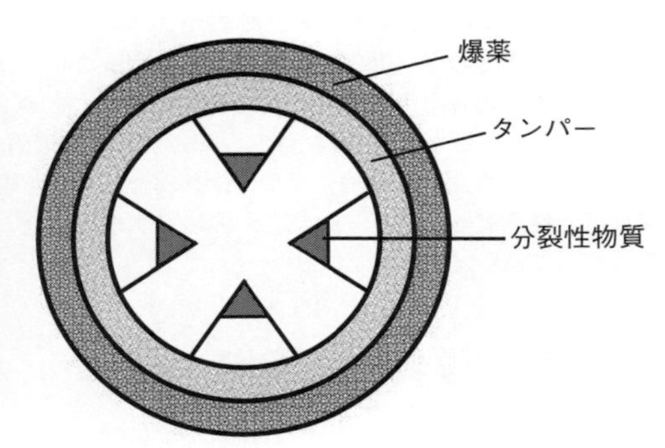

図 7.9　後年のセス・ネッダーマイヤー (1907-1988). 出典　David Azose 撮影, AIP エミリオ・セグレ視覚記録文庫, Physics Today Collection の好意による.
右：Robert Serber の *Los Alamos Primer* から適用した初期の爆縮概念のスケッチ. 4 個の三角形状くさびが, リング状に囲んだ爆薬の爆発によって合体させられる；分裂性物質（影付）が終局的に円柱状臨界集合体を形成する. もしも楔が 3 次元のピラミッドなら, 球状集合体を形成する. サーバーのオリジナルのスケッチには周りのタンパーが含まれていなかった

爆縮の概念は屡々物理学者のセス・ネッダーマイヤー (Seth Neddermeyer) に帰せられた, 彼はカルテックの Ph.D. でオッペンハイマーが連邦標準局から彼をリクルートした. しかしながら, このアイデアは 1942 年のバークレー夏季会合でリチャード・トールマンが提案したと言って, サーバーは “テレビ上の物語” だとし彼の寄与を退けた. サーバーとトールマン（そして後にトールマン単独で）は, ブッシュとコナントへ明らかに届く話題のメモを書いた. 通常の爆発の開始で “アクティブ物質” シェルそれ自体を内部へ吹き込むことが如何に可能なのかを述べたメモを 1943 年 3 月 27 日（サーバーの最初のオリエンテーション講義の直前), トールマンがオッペンハイマーに書いて出した. ネッダーマイヤーは明らかに厚いが中空円柱状コアまたは中空球状コアをタンパーで囲む改訂アイデアを初期に思いついたのだ, タンパー自体は爆薬の層で囲まれていた. 多数の場所で同時爆発した時, その爆発が数 km/s の速度で内側へ押し込み, ガン（銃）機構が未臨界部品を合体する時間に比べて非常に少ない時間でコアを臨界密度へ圧壊してしまう. そのアイデアが創始された, しかしながら, その概念はネッダーマイヤーのものとして割り当てられ, そして 1943 年 3 月 30 日と 4 月 2 日に開催されたロスアラモス企画理事会会合でそれを議論したことが記録されている. 4 月遅く, その達成するに違いない速度の計算法を彼は開発し, そして兵器部門内で爆縮研究を行う小グループを指導することをオッペンハイマーが承認した. 爆縮は当初低い優先度で, ガン法が失敗した場合のバッ

クアップであると考えられていたのだが，落下試験モックアップが上手く行くのかをさらに都合の良い形状でのガン爆弾のモデルと比較するために球状爆縮爆弾の大きさと重量の初期推定値が作り出されるために，その優先度は充分に大きいものだった（7.8 節，7.9 節参照）．ネッダーマイヤーは被タンパーの TNT を囲んだ中空鋼製円柱を使って最初の爆縮実験を 1943 年 7 月 4 日に行った．この爆縮の対称性は貧弱だったが，爆発を用いて幾らか圧壊させる基礎的な実行可能性を実証出来た．やがて，爆縮がプルトニウム爆弾計画を成功させるための深刻な問題になって来る．

7.7 前駆爆発の物理学

前節で，ガン型爆弾に対する 100 μs 合体時間尺度が非常に重要であると証明されるだろうと明記した．この時間尺度，起源は純粋に機械的なもの，は分裂兵器の有効な作用を含む 3 つの時間尺度の 1 つである．他の 2 つは分裂コアの物理学を伴う，そして 100 μs 合体時間の重要性を理解するために認識する必要がある．

他の 2 つの時間尺度の第 1 番目は完全コアの分裂で連鎖反応を開始させるのに要求される時間はいか程かを含む．7.5 節で，他の分裂を引き起こす前の約 10 ns 移行するだけで分裂で中性子がどれだけで放出されるのかを述べた．分裂の間でその様な小さい移行時間を伴い，その完璧爆弾コアを分裂させるのに約 1 μs 費やすだけである．この驚くべき短時間は単純推定値で理解出来る．原子量 A g/モルの分裂性物質質量 M kg のコアを我々が所有していると想定しよう．その質量に含まれる原子核数 N が $N = 10^3 MN_A/A$ となる，ここで N_A はアボガドロ数．もし世代当たり ν 個の中性子が生まれるとして，質量を完全に分裂させるのに必要となる世代数 G は $\nu^G = N$ となる．世代当たり τ 秒において，質量の全てが分裂する時間は $t_{fiss} \sim \tau G \sim \tau \ln(N)/\ln(\nu)$．$A = 235$ g/mol，$\nu = 2.6$ と $\tau \sim 8 \times 10^{-9}$ s を有する U-235 の $M = 50$ kg に対して，貴方は $t_{fiss} \sim 0.5\,\mu$s を示すことが出来るだろう．中性子の半分のみが分裂を引き起こすとしても（$\nu = 1.3$），$t_{fiss} \sim 2\,\mu$s であり，依然として合体時間尺度に比べて非常に短い．

第 2 番目のコア物理学の時間尺度は，臨界喪失に至る密度減少が生じる点までのコア膨張に要する時間に関する．コアがこの条件への進展時間，これは技術的に “2 次臨界” (**second criticality**)（最初の臨界は下記で定義されている）として知られる，は破裂するコアの数値的シミュレーションを介して決められる．この膨張が連鎖反応開始の完璧なコアの分裂を求めるものと同じ量の時間を取るというのがその結果である：1 マイクロ秒または 2 マイクロ秒．これら時間尺度の類似性は爆発の指数的成長と 2 次臨界の発作間での非常に強力な競争の存在を意味する．ロバート・サーバーが *The Los Alamos Primer* の中で，“終わりの数世代だけが多大な膨張を引き起こすに充分なエネルギーを放出するとしても，それは放射能物質の伸長で停止する前にその反応が興味ある程度生じることを丁度可能とする” と書いた．

我々は今や 100 μs 合体時間の潜在的問題が理解出来る．その困難さを図 7.10 にスケッチする．コア合体中のある点で，臨界質量に部分的合体システム (partially-assembled system) の状態が来る；これは “最初の臨界” (**first criticality**) として知られる．もしも合体が完全となる前

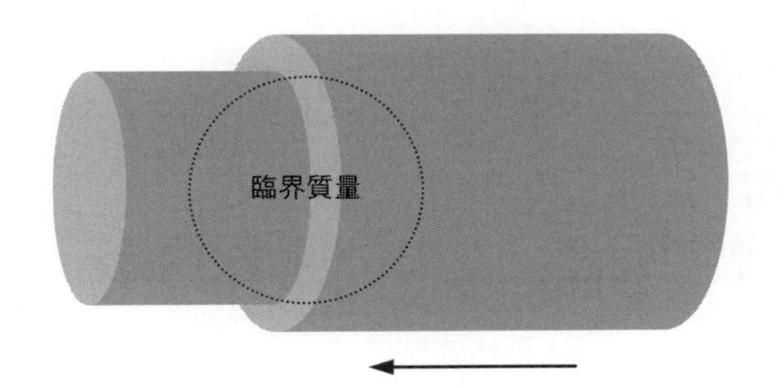

図 7.10　完全合体前のコアの最初の臨界達成

にさまよう中性子が最初の臨界の後の幾らかの時間で最初の分裂を始めたとして（それは指数的連鎖反応の始まりを意味する），集合体が完成する前にその反応が第 2 番目の臨界 **(second criticality)** に到達するかもしれない．その結果は，合体が完全に終えるまで反応が始まらない推定を達成するように設計された兵器に比べて非常に低い効率での爆発となろう．一般に，連鎖反応は最初の臨界と完全合体状態（“超臨界期” (supercritical period)）との間の如何なる瞬間でも開始出来るとの理由から，兵器効率の可能な範囲が存在する．最悪ケースのシナリオは最初の臨界の瞬間に連鎖反応を始めることである，このケースでは第 2 番目の臨界前に合体が完了する望みは殆ど無い．そのような極端な前駆爆発 **(predetonation)** は兵器技術者達に “あっけなく立ち消えに終わる” (fizzle) として知られている．

7.7.1　(α, n) 問題

さまよう中性子の第 1 番目のソースを第 4 章で述べた：もしも分裂性物質が軽元素の不純物，取り分けベリリウムまたはアルミニウムのような元素の痕跡量，を含むなら分裂性物質のアルファ崩壊から生まれたアルファ衝撃の結果として中性子が生み出される．化学工程と精製は必然的にある水準の不純物を含有してしまう，そしてウランとプルトニウムは両方とも天然のアルファ放射体であるため，この問題は避けることが出来ない：さまよう中性子は最初の臨界に達するやいなや早すぎる反応を始めるかもしれないのだ．物質のグラム当たりのアルファ放射比率は本質的に固定している，そこでコア合体中の前駆爆発の確率最小化は不純物水準の最小化および合体時間を可能な限り短くすることを意味する．その確率をゼロにすることは決して出来ないが，多くのケースで許容出来る程小さくすることは可能である．

(α, n) 問題解析の第 1 段階は第 2 章の半寿命崩壊速度の公式と関係している：

$$R_\alpha = 10^3 \left(\frac{N_A}{A}\right)\left(\frac{\ln 2}{t_{1/2}}\right) \text{ decays/(kg} \cdot \text{s)} \tag{7.13}$$

ここで A は g/mol 単位の原子量，$t_{1/2}$ は分裂性物質のアルファ崩壊半減期（秒単位）である．爆弾コアが数 10 年間倉庫に置かれていたとしてさえ，我々が崩壊率の指数的減少について困惑する必要は無い，何故なら U-235 と Pu-239 の半減期が相当大きいからだ，それが最初に製

表7.2 爆弾用物質のアルファ崩壊速度

同位体	半減期（年）	アルファ崩壊速度 ($kg^{-1}s^{-1}$)
U-235	7.04×10^8	8.0×10^7
Pu-239	24,100	2.3×10^{12}

造された時からその放射能強度は感じられるほどには減らない．U-235 と Pu-239 の数値を表7.2 に示す．崩壊速度が大きいものの，(α, n) 問題は続くのだ，それらは 2 つのファクターによって和らげられる：そのような反応の**収率 (yield)** および分裂性物質内でのアルファ粒子の**範囲** (range) である．

反応の収率 y は原子は殆どが空き空間である事実の反映である：アルファ粒子全てが軽元素原子核に当たるわけでは無い．戦後の核物理学の教科書中で，エンリコ・フェルミが 2 つのケースに対する例証的数値を与えている．その第 1 番目はベリリウムと良く混ぜたラジウム 1 Ci では約 $10 - 15 \times 10^6$ 中性子/秒の速度となる．第 2 番目のケースはベリリウムと良く混ぜたポロニウム 1 Ci では約 2.8×10^6 中性子/秒の速度となる（ラジウムとポロニウムの両方とも天然のアルファ放射体である）．1 Ci が 3.7×10^{10} 崩壊/秒と等価であることを思い出そう，これら数値は各々 $2.7 - 4.1 \times 10^{-4}$ と 7.6×10^{-5} 中性子/アルファの速度を与える．軽元素 (α, n) 反応の殆どが $y \sim 10^{-4}$ オーダーの速度である，これはここで推定されるだろう．

粒子の範囲は，物質を介して物質内で連続的にイオン化を引き起こしてエネルギーを失い停止するまでに如何に遠くまで移行するかの測度である．放出率の解析，重元素試料を通過するアルファ粒子の速度と範囲が，分裂性物質の密度とその不純物の項である中性子生成平均速度 R_{neut}（中性子/秒）の表現を導く．中性子生成速度が R_{neut} **を越えないようにする**ために必要とする分裂性原子核の数密度と軽元素不純物の数密度との比として表現される，これは通常では無いものだ：

$$\left(\frac{n_{fissile}}{n_{light}}\right) > y\left(\frac{R_{alpha}}{R_{neu}}\right)\sqrt{\frac{A_{light}}{A_{fissile}}} \tag{7.14}$$

ここで A は原子量である．

Pu-239 の 10 kg コアを考えよう，これが $R_{alpha} = 2.3 \times 10^{13}\,s^{-1}$ を持つ．もしも我々が R_{neu} を $10,000\,\mu s$ 当たり 1 中性子を要求したとするなら（= 0.01 neutrons/100 μs または 100 neutrons/s），不純物にベリリウム（$A = 9$）を取り，$y = 10^{-4}$ を当てると，

$$\left(\frac{n_{fissile}}{n_{light}}\right) > 10^{-4}\left(\frac{2.3 \times 10^{13}}{10^2}\right)\sqrt{\frac{9}{239}} \sim 4,460,000 \tag{7.15}$$

を得る．これは 450 万中の 1 原子を超えてはならないことを意味する，この 1 原子がベリリウムなのだ! ジェイムズ・コナントへの 1942 年 11 月 30 日付けの手紙で，ロバート・オッペンハイマーは，プルトニウム中のベリリウムの重量比率は 10^{-7} を超えてはならないことを示しな

がら分裂性物質の不純物要求の概要を述べている；我々の結果はオーダー的に正しい．オッペンハイマーは同様にリチウムとホウ素の要求を 10^{-7} の数倍と推定した．不純物として不可能な水準では無いものの，これらが強要された．ロスアラモスの化学者達はプルトニウム中の軽元素不純物を数 ppm のレベルへ低下させることが出来た，そのレベルは中性子の 2 次源（ソース）の観点から充分なものだった，このことについては次の小節で述べる．

U-235 の場合，その不純物の状況は一層許容され得る．50 kg のコアを有すると想定し，汚染物質としてベリリウムを再度用いると：

$$\left(\frac{n_{fissile}}{n_{light}}\right) > 10^{-4}\left(\frac{4.0\times 10^{9}}{10^{2}}\right)\sqrt{\frac{9}{235}} \sim 800 \qquad (7.16)$$

となる．1/1,000 は充分，通常化学不純物の限度範囲以内である．

軽元素誘発前駆爆発の可能性はウラン爆弾に比べてプルトニウム爆弾に対して一層制約であることについてはロスアラモスで当初から理解されていた．不純物は厳しく最小にしなければならない，そして合体速度は可能な限り大きくしなければならないと．プルトニウムの射出部品を 1,000 m/s へ加速出来る大砲 (artiller cannon) は長さ約 17 フィート (5.2 m) と予測された (練習問題 7.1)．ポジティブな面から，もしも銃（ガン）がプルトニウムに対して働くことが出来るなら，ウランに対しては確実に働くということだ．

アルファ粒子衝撃比率に関連する問題は核爆発がどの様にして始まるのかとの疑問であった．驚かされることの無い，**始動物質 (initiators)** として知られた装置がロスアラモスで完成した；それらの装置は"ハリネズミ" (Urchins) としても知られた．ほぼゴルフ・ボールの大きさの，中空中心部へ放射するための歯状に並ぶ内部空洞を含む，これらの球が爆弾コア内に置かれる．侵入して来る分裂性物質射出部品によって圧壊されると（ウラン爆弾）または爆縮によって圧壊されると（プルトニウム爆弾），ポロニウムとベリリウムが混じる；ポロニウムからのアルファがベリリウム原子核に当たり，生成された中性子が爆発の引き金を引く．そのような反応開始剤のアイデアは明らかにハンス・ベーテの考案による．マンハッタン計画の**始動物質**（イニシエーター）には約 50 Ci のポロニウム-210 が用いられた，その核種はオークリッジの **X-10** 原子炉とハンフォードの生産原子炉内でビスマスへの中性子照射で下記反応を介して生成された．

$${}^{1}_{0}n + {}^{209}_{83}\mathrm{Bi} \rightarrow {}^{210}_{83}\mathrm{Bi} \xrightarrow[5.0\,\mathrm{days}]{\beta^{-}} {}^{210}_{84}\mathrm{Po} \qquad (7.17)$$

50 Ci が約 11 mg の質量と等しく，アルファ放出率が $1.85\times 10^{12}\ \mathrm{s}^{-1}$ である．もし収率を 10^{-4} と想定したなら，イニシエーター作動の 1 μs 間に 185 個の中性子が放出される．

イニシエーター製造は困難な事業だった．ポロニウムはそれ自体が高アルファ放射体であるだけでなく動き回る元素 (motile elements) と知られているものの 1 つであるがために，危険である；それと伴に働くことおよびそれが人体へ入り込むことを避けることが明らかに不可能だ．しかしながら，幸運にもそれは急速に排泄され，ラジウムやプルトニウムのように骨に集まることが無い．ビスマスは低い熱中性子捕獲断面積（0.01 バーン）を持っているので，長時間の多量衝撃を加えても少量のポロニウムしか出来なかった．グローヴズ将軍宛の 1943 年 6 月 18 日の手紙で，オッペンハイマーは，もしパイルが 20 kW/燃料トンで運転されるとして，

X-10 パイルの中心近傍に置いた 100 ポンドのビスマスがたったの 9 Ci のポロニウムを 4 ヵ月毎に作り出すだけと触れていた；X-10 の全装荷燃料は約 120 トンである．ハンフォードのパイルが運転に入った時，ハンフォードのパイルからのさらなる多量の供給が期待された；同じ 100 ポンドのビスマスが日当たり4.5 Ci の収率であった．オッペンハイマーはイニシエーターの作動中に “平均 100 中性子放出” が望ましいのだとも述べた，この数値は上述計算値とオーダーが一致している．

オハイオ州 Dayton 郊外に在る Monsanto Chemical Company の研究部門長，チャールズ・トーマス (Charles Thomas) がそこに在る義母の大地所の屋内テニス・コートに当座しのぎの研究室を設置し．母物資のビスマスからポロニウムを分離した．照射済みビスマスの最初のバッチが 1944 年 1 月に Dayton に届いた，そしてロスアラモスは 3 月末までにポロニウムの出荷物を受け取り始めた．4 月までに，Monsanto 社は 2.5 Ci/月を生産続けた；夏までには 6 Ci/月へと上昇した，そしてハンフォードのパイルが稼働した 1945 年初めまでに，Dayton は 10 Ci/月の供給を手配した．ウラン銃型（ガン）爆弾は射出部品内に埋め込まれた 4 個のイニシエーターが使われた（図 7.18）；爆縮型爆弾はコアの正しく中心に 1 個のイニシエーターが使われた（図 7.21）．第 1 番目の “生産” ハリネズミ (Urchin) ユニットが 1945 年 6 月 21 日に完成した，トリニティ実験の僅か 3 週間前でしかなかった．ハリネズミが漏洩，振動および落下に対する復元力と水蒸気への抵抗性が試験された——それら全てが戦闘条件で経験するに違いないものである．

この小節を閉じるに当たり，軽元素不純物問題のもう 1 つの面について触れよう．それはプルトニウムが室温ではむしろ脆く，そして他の金属と合金化すること無しで欲する形状に成形するのが困難なことである．アルミニウムのような普通の軽金属を合金に使うことが出来ない，何故なら (α, n) 問題が有る；幾らかさらに重い元素が用いられなければならない．ロスアラモスの冶金学者達がプルトニウムを 3% 重量のガリウムと合金することを発見した，その合金は (α, n) 問題を除くことが出来る一方，室温で加工出来るのに充分な程にプルトニウム可鍛性 δ 相の融点をも抑制するものだった（3.8 節）．このアプローチの利点は，低めの密度の δ 相が圧縮下で高めの密度の α 相へ変態するので，α 相プルトニウムの臨界質量は始まりの物質である δ 相の臨界質量よりも少なくなる，これは効率を高める働きとなる．

物理学の目立つ仕事とロスアラモスで遂行されたエンジニアリングに比べて，冶金学グループの仕事は見過ごされがちであった．1943 年 6 月の約 20 名の補足者から，化学・冶金部門のスタッフは 400 名程に増え，約 1/6 が研究所の職員だった．プルトニウム物性の多くの研究はチャールズ・トーマスとクリル・スミス (Cyril Smith) によって行われた（図 7.11）．クリル・スミスは American Brass Company の冶金学者で，ワシントン州の NDRC で働いていた．

冶金学者達が面した業務の幾つかは通常では無かった．粉末にされるか薄くスライスされる時にウランとプルトニウムは空気中で自然発火する，それで屡々不活性雰囲気内で取り扱わなければならなかった．プルトニウムは腐食に高い感受性を持つ；爆弾コアを銀薄膜でメッキしてこれを回避した．他の業務には散乱と臨界性実験に使用するためのベリリウム・ブリック加工（7.11 節），核物理学実験用箔の製作とそれ自体で不純物をさらに加えることの無い精製工程に用いるためのるつぼの開発が含まれた．1981 年回顧録で，スミスはロスアラモスで化学，エンジニアリング，冶金学の重要さを総合的視野から述べた：

図 7.11 1948 年のクリル・スタンレイ・スミス (1903-1992). **出典** Allen M. Clary による肖像写真，AIP エミリオ・セグレ視覚記録文庫の好意による

勿論核爆弾は，物理理論と最も大きな部類の実験から由来する物理学概念だった，しかしその設計は素晴らしい化学無しでは，化学と機械工学の両者のエンジニアリングの驚嘆すべき成功無しでは，またはもしも冶金学者達が奇妙な物質を多くの手の込んだ形状に造ることが出来なかったなら，無となるだけであった．核断面積が測定出来る前までにまたは臨界集合体が達成出来る前に，何物かが造られてしまったのでなければならない．

7.7.2 自発核分裂問題

可能性を有する前駆爆発開始中性子の第 2 番目ソースは，ウランとプルトニウム両者が自発分裂 (**spontaneous fission: SF**) に遭うという事実から生じる．この問題はプルトニウム爆弾プログラムに対して殆ど破滅的だった．

自発分裂 (**SF**) もまた半寿命現象である，その事象の速度は上述で用いたアルファ崩壊公式で計算出来る．関連数値を表 7.3 に示す．SF 速度を自発分裂数/(kg·s) と自発分裂数/(g·h) の項で表示した，これらはロスアラモスの技術報告書で頻繁に使われた単位である．ここで表示されている両単位の速度はロスアラモス報告書に引用された数値比較を容易にしてくれる．Pu-240 の大きな数値はミスプリントでは無い．

自発分裂は，関係する緩和収率ファクターが存在し無いことで軽元素問題とは異なる：中性子が直接放射されるのだ．また中性子が無電荷であるが故に，イオン化によるエネルギー損失に依る範囲限度を経験しない．さらに，典型的に 2 ないし 3 個の中性子が分裂毎に放射されるため，**中性子**放射の速度のアイデアを得るために，表 7.3 の最後の 2 列の数値に約 2.5 を掛け

表7.3　ウラン，プルトニウム同位体の自発分裂速度

同位体	SF半減期（年）	SF速度 ($kg^{-1}s^{-1}$)	SF速度 ($g^{-1}h^{-1}$)
U-235	1×10^{19}	5.63×10^{-3}	0.02
U-238	8.2×10^{15}	6.78	24.4
Pu-239	8×10^{15}	6.92	24.9
Pu-240	1.14×10^{11}	483,000	1.74×10^{6}

なければならない．

純粋U-235または純粋Pu-239の何れかのケースで，自発分裂は爆弾技術者達にとって深刻に心配することでは無い．100μsを超えて，純粋なPu-239の10kgコアは平均して0.007自発分裂を与えるだけであり，そのためこの原因での前駆爆発の危険性は極めて低い．もしもそのようなコアの超臨界が完全に100μs間続くなら（これは，最初の臨界と合体完遂時までの間に100μs経過することである)，設計収率を完全に達成する確率は99%よりも大きくなる，もしも軽元素不純物水準の別の問題が正されることが出来たとして．この状況はウラン・コアでは随分と緩和する．廣島のリトルボーイ爆弾コアは約64kg質量，その内の約20%がU-238であった．汚染がこのレベルであっても，前駆爆発の可能性は100μs超臨界時間に対して1%以下だ．

プルトニウムでのこの問題は生産方法に関係する．もしも既に合成されたPu-239原子核が熱中性子で照射されたとしたなら，分裂継続とは反対に，中性子捕獲は1対4のチャンスであり，Pu-240になる．これは，原子炉生産プルトニウムはあるパーセントでPu-240を必然的に含むことを意味する．長時間原子炉内の燃料スラグにはさらに多くのPu-239を残すものの，おまけにPu-240も多くを生じさせる．問題はPu-240が大々的なSF速度を持っていることである，その少量の存在だけで問題となり得るのだ．トリニティと長崎爆弾には各々約6kgのプルトニウムが使われた．もしも6kgコアにPu-240がたったの1%だけ含まれているとしても，それは100μs超臨界時間の過程にわたり平均2.9SFsを供給する．図7.12から読み取れるように，このケースで前駆爆発を与えない確率は約10%に過ぎない．狙いを定める“正しい”非前駆爆発確率は存在しない，しかしきっと90%の範囲またはそれ以上を望むだろう．50%の非前駆爆発確率を持たせるには超臨界期間を約30μsに減らさなければならない，そして90%のチャンスに対して約5μsである．Pu-240の汚染レベルを僅か0.3%に減じても，100μs超臨界時間尺度では50%非前駆爆発確率を示すに過ぎない．分裂性物質合成に数億ドルを投じる時，そのような成功の低いチャンスに頼ることは許容出来ないのだ．その目障りなPu-240の除去の事実上不可能なタスクとは別に，数マイクロ秒のオーダーで合体工程をスピード・アップすることが唯一のオプションである．残念ながら，想像出来るかぎりのどの銃型機構でもこれは不可能だ．

図7.12が全体の物語を明確に示して無い．しかしながら，前駆爆発の確率を厳密にゼロへ減

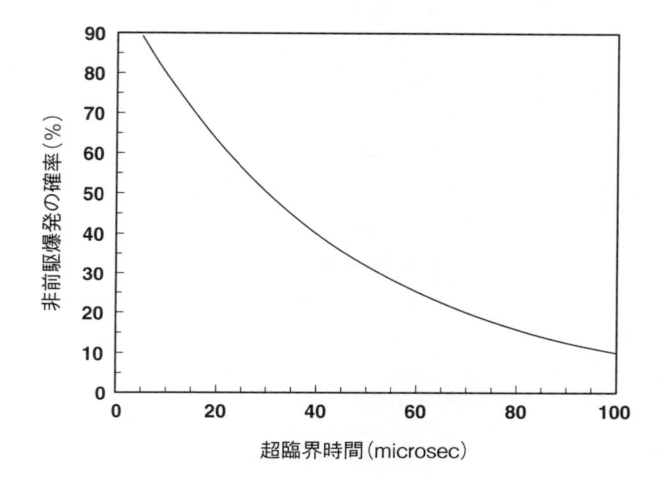

図 7.12 1% の Pu-240 で汚染している 6 kg の Pu-239 コアに対する非前駆爆発の確率．Reed (2009) より

少してしまうことは決して起きない，しかし爆弾の爆発収率へのその効果が全体に見てもう 1 つの疑問である．合体が殆ど完遂した時，連鎖反応が開始するとしたなら，その収率への効果は非常に僅かとなるにちがいない．他の極端は，最初の臨界の瞬間に反応が開始されたなら，最小"あっけなく立ち消えに終わる収率" (fizzle yield) の予測は? 敵が分裂性物質を復旧することが出来ない程に，少なくとも爆弾を破壊するに充分な猛烈爆発を起こせるのか? ロスアラモスの理論家達はこの方面の解析のために顕著な労力を捧げた．これらの疑問は軽元素問題と自発分裂の両方に対して適用可能であるものの，後者の問題には数多くの推定を伴う研究が必要になった，これがプルトニウム爆弾の最も深刻なものの 1 つだった．

そのような質問への答えは，確率で表現する．"貴方の爆弾は設計収率の正確に x パーセントを達成するだろう" とその効果をステートメントすることは出来ない．むしろ，"特定コアの兵器収率の少なくとも x パーセントが実現のチャンスであり，自発分裂を閉じ込めるパーセントはしかじかである" のように評価を定めなければならない．図 7.13 に Pu-240 を質量で 1%，6% および 20% 含む 6 kg プルトニウム・コアについて，爆縮兵器の持続特性の完全合体前の 10 μs の超臨界時間を仮定し，この様な計算の結果を示す．1% 汚染の完全達成確率は約 80% であるが，6% の汚染ケースでは僅かの約 27% に落ちてしまう．マンハッタン計画のプルトニウムは約 1% の Pu-240 汚染レベルを維持した．

ここに含ませた 20% 汚染に対する曲線は，そのようなパーセントが商用動力原子炉で生成されるプルトニウムの特徴であり，それで "原子炉級" (reactor-grade) プルトニウムと呼ばれる．そのような環境での Pu-240 比率は非常に大きい，何故なら典型的な商用原子炉では多月間原子炉内に燃料が留まるからだ．そのようなプルトニウムで製造された兵器に対する通常の

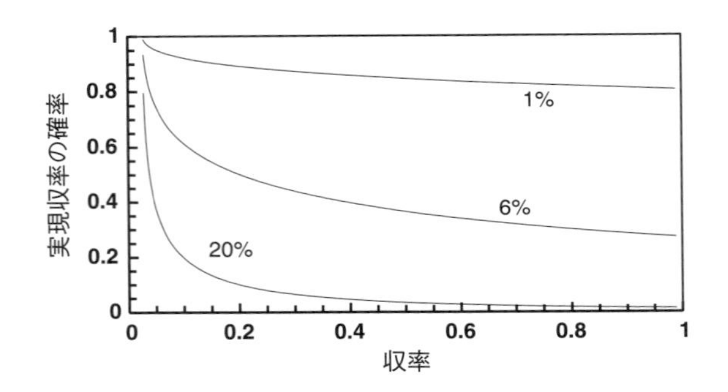

図 7.13　超臨界時間 10 μs で Pu-240 を質量で 1%，6% および 20% 含む 6 kg の Pu-239 コアに対する設計収率の望まれる速度を関数とした分裂兵器設計収率として与えられる成就確率．もしも汚染レベルが 6% ならば，少なくとも 20% の設計収率が約 50% のチャンスを持つ，しかし同じ汚染レベルでの 80% 設計収率達成はたったの約 30% に過ぎない．Reed (2011) より

設計収率の理にかなった比率を成就するチャンスはひどく悪い．一方，このことは，設計収率の僅か数パーセントだけが破壊的爆発を成し，広範に放射性汚染物の散乱を残すことの出来る装置を心に描きながら，使用済燃料棒から抽出したプルトニウムを基礎にテロリスト達が雑な爆弾の開発を試みる可能性を考慮した時の慰めと感じられるかもしれない．

関連計算が設計収率 20 キロトンの爆弾に対し，連鎖反応が最初の臨界（超臨界時間が 10 μs）で連鎖反応が始まる最悪ケースで約 500 トン TNT の最小のエネルギー放出と等しいと予想出来た．これは兵器自体を破壊するには充分過ぎるものだ（最初の臨界の時刻に連鎖反応が始まる “あっけなく立ち消えに終わる収率” (fizzle yield) の計算によれば，その結果は汚染物質のパーセントに独立である）．常の如く，詳細な結果は種々の核パラメータの選択に依存するものである．

プルトニウムの自発分裂に伴う問題は 1944 年の夏までロスアラモスにおいて現実のものとなっていなかった．その発見の状況とそれを扱うための研究所の当然の改組については 7.10 節で述べる．しかしながら，暫くの間，込み入り過ぎないよう本章の年代順記述を避けよう，次の 2 節を 1943 年に，爆弾設計の戦闘特性実験用の準備とより単純な銃機構爆弾配置へと戻す．

7.8　配送プログラム

ロスアラモスの科学者と技術者達は核兵器を簡単に製作し試験をした，彼らは仕事を半分しただけで仕事を残した．研究室実験は 1 つのことでしか無く，搬送可能な軍事兵器は全く違うものの 1 つだ．戦闘用に準備した爆弾を製造するとは，それを運ぶための航空機を改造し，乗組員達を訓練し，安定飛行を与える爆弾設計と電気システムが戦闘条件下での信頼性の有る性

図 7.14　**左側**：ウエンドーバー空軍基地（ユタ州）での**痩せ男**（前方）と**ファットマン**（後方）実験用爆弾；　**右側**：ノーマン・ラムゼー (1915-2011).
出典　http://commons.wikimedia.org/wiki/File:Thin_Man_plutonium_gun_bomb_casings.jpg;　AIP エミリオ・セグレ視覚記録文庫，ノーベル賞受賞者達の F. Meggers ギャラリー

能を持ちかつ敵の妨害から免れるのを確実とすることを意味した．

ウイリアム・パーソンズ (William Parsons) はこれらの必要性を早期から認識していた，そして適切な "配送" (delivery) プログラムを可能な限り直ちに組織化されたことを知る．1943 年 10 月，彼の兵器部門中の 1 つのグループが兵器の設計と配送をまとめる責任を担当したのだ．このグループの頭は物理学者のノーマン・ラムゼー (Norman Ramsey) であった（図 7.14)，彼は軍事作戦に精通し，マンハッタン計画の科学を理解する統合化したアイデアの持ち主であった．陸軍将軍の息子であるラムゼーは分子線物理学の分野の研究によりコロンビア大学から学位を取得していた，そして彼がロスアラモスへリクルートされた時，陸軍長官のマイクロ波レーダーのコンサルタントとして働いていた．ハーバード大学での戦後キャリアで，ラムゼーは原子と分子の電子遷移振動を精確に測定する方法の先駆者となり，その研究が原子時計と MRI スキャナーの導入をもたらし，彼に 1989 年ノーベル物理学賞の共同受賞をもたらした．

戦闘兵器を用意するこのプログラムの正式名称はアルバータ (Alberta) 計画または単純にプロジェクト A であった．ラムゼーの最初の任務は陸軍飛行部隊の航空機で運ぶことの出来る爆弾の寸法，形状と重量の調査だった（空軍は 1947 年まで軍としての分離独立組織になっていなかった）．

銃型（ガン）は爆弾長さ 17 フィート (5.2 m)，直径 23 インチ (56 cm) と想定されていた．これらの寸法が爆弾隔室 (bomb bay) の必要寸法を要求した，そしてラムゼーは間も無くして

長距離 B-29“スーパーフォートレス” (Superfortress) 爆撃機[*12]に狙いを定めた，当時まだ試験飛行中であったのだが．70 トンの総離陸重量（飛行機，燃料，爆弾）で B-29 は 1,600 マイル (2,575 km) に近い戦闘区域へ爆弾荷重 10 トンを運ぶことが出来た．各々が 2,200 馬力の 18 気筒エンジン 4 基のパワーを有する B-29 は第 2 次世界大戦中最大の戦争用航空機となった．最初の生産モデルは 1943 年 7 月に組立ラインから離れ，最初のミッションは 1944 年 6 月に日本の本州での任務遂行だった．

B-29 には長さ 150 インチ，幅 64 インチの爆弾隔室が 2 室備えられていた，1 室は前方に，もう 1 室は両翼の後部に．もしこの 2 つの隔室を一緒にくっつけることが出来るなら，主翼桁の下に想定されている銃型爆弾を収納することが出来る．1943 年 12 月 1 日，陸軍航空隊本部はオハイオ州デイトンに在るライト飛行場 (Wright Field) で B-29 爆撃機の改造を最優先とするようにとの軍需品命令 (Materiel Command) を指令した．この指令の名称は “銀メッキ計画” (Silver Plated Project) であった，この名称は徐々に “Silver Plate” へ，やがて “Silverplate” となった．最初の改造爆撃機は単一の長さ 33 フィート爆弾隔室を持ち，**痩せ男** (Thin Man) とファットマン (**Fat Man**：太っちょ) 設計の両方に対応する放出機構を有する原型機だった．Silverplate B-29 総数 46 機が 1945 年末までに製作された；1947 年 12 月のマンハッタン計画終焉までに総計で 65 機となる．Silverplate 飛行機のコストは 1945 年の時価で約 815,000 ドルと推定されている（2013 年の時価で約 1,000 万ドル）．

パーソンズはラムゼーをヴァージニア州ダールグレン海軍性能試験場 (Dahlgren Naval Proving Ground) での落下試験プログラムを監督するように手配した．銃型爆弾の 14/23 縮尺モデルを準備して，ラムゼーは直径 23 インチ，500 ポンドの標準爆弾を半分に割り，その各々の半分を直径 14 インチの一定長さのパイプで接続させたものを作った．“お針子パイプ” (sewer-pipe) 爆弾として知られた，このモデルの最初の落下試験が 1943 年 8 月 14 日に行われそして実証された，ラムゼーの言葉では “不吉なそして華々しい失敗だ．爆弾は今までに殆ど見たことの無いようなフラット・スピンで落下した”（フラット・スピンのイメージはヘリコプターの翼の回転を思い浮かべれば良い）．直ちに尾翼設の計と爆弾の重心を前方に移動する改造でより安定な飛行の結果を得た．銃型爆弾の箱型尾翼は最終的には四角形状で側面が 30 インチのものとなった（図 7.18）．

1943 年秋までに，ラムゼーは実寸モデルでの試験を始める準備を整えた．彼とパーソンズは開発中の爆弾の代表として 2 つの外形と重量を選択した：17 フィート 23 インチ (5.8 m) のガン・モデルと直径 59 インチ (1.5 m) で長さ 9 フィート (2.7 m) を丁度超える楕円体形状の爆縮モデルである．59 インチは B-29 爆弾隔室に押し込められる最大直径だった，この制約がファットマンの大きさ（胴回り：girth）の絶対限度を決めた．爆縮設計の入れ子式構造は（図 7.21），どの構成要素のどのような寸法変更はその設計全部へ伝搬してしまうことを意味した：兵器中心部の中性子生起イニシエーターの直径が分裂性コアの寸法を指図する，それが周囲のタンパー殻と高爆発性集合体を指図する，接極子回路と信管回路を繋ぐのに充分な隙間を伴い，その全てが外部弾道楕円体形に保たれた球状金属製ケース内に含まれている．

[*12] 訳註： Superfortress：第 2 次世界大戦で対日戦に使用され，廣島・長崎への原爆投下も行った米軍の重爆撃機 B-29 の愛称．

様々なロスアラモス爆弾設計の名称の起源——**痩せ男** (Thin Man)，**ファットマン**（太っちょ）と**リトルボーイ**——は論争のまとだ．終戦直後に用意された配送計画の歴史書の中で，ラムゼーが断言した：ルーズベルト大統領（痩せ男）とチャーチル首相（ファットマン）を運ぶために，あたかも航空機が改造されたがごとくそのアイデアは電話での会話から生み出され，空軍代表者達が**痩せ男**と**ファットマン**の名前を造り出した，のだと．1998 年の回想録で*13，ロバート・サーバーは爆弾の名称付けにクレイムを付けた，**痩せ男**はダシール・ハメットの 1934 年の探偵小説の題から採られたもので，**ファットマン**は 1941 年の映画**マルタの鷹** (The Maltese Falcon) の俳優シドニー・グリーンストリート (Sydney Greenstreet) が演じた役を引用したものだと，その主役がハンフリィー・ボガート (Humphrey Bogart) だった．

弾道挙動および信管と計測器回路の性能のための実寸モデル試験がカリフォルニア州モース・フィールド (Muroc Field) で 1944 年春に始められた．大きな乾いた湖底のサイトであるモースは現在のエドワード空軍基地である．国内で最も乾燥した処と想定された場所で，豪雨によって試験開始が 1 ヵ月遅れてしまった．改造された原型機の B-29 が 2 月 20 日に到着し，3 月初めに最初の落下試験を行った．

配送プログラムの早期開始指令を命じたパーソンズの保守主義が功を奏した．信管の信頼性が欠けたため代替として戦闘機の尾部に通常取り付けられているレーダー・ユニットの装着研究が始められた．高速度写真が**痩せ男**モデルの非常に安定した飛行特性を証明したが，**ファットマン**設計はその長軸が飛行線から 20° も上へと離れる程に，激しく動揺した．爆縮爆弾の簡単な組立は困難だった：1 個のモデルで 1,500 本のボルトを要求するのだ（長崎爆弾では，90 本に削減した)．**痩せ男**用の，および**ファットマン**用の適切な放出機構は，幾つか危険な支障を伴い完全な失敗だった．このシリーズの最後の試験が 3 月 16 日に行われた，**痩せ男**は早めに開放され，爆弾隔室ドアから落ちた，そのドアは爆弾放出のために開けていなければならなかった．そのドアは深刻な損壊を被った，そしてこの事故がモースでの試験を一時的休止であった試験を止めてしまった．後の落下試験は同様に悲惨なものとなる．さらに頑丈に改造された B-29（下記参照）の 1 機を用いて第 1 回目の試験が 1945 年 3 月 10 日にソルトン湖 (Salton Sea)*14で行われた，爆弾は早期に開放されて小さな町の近くに落ちてしまった．ユタ州ウエンドーバー飛行場で 1945 年 4 月 19 日に爆弾隔室をクリーニングした直後に爆弾が爆発した．幸運にも，それは信管機構を試験するためで僅か 1 ポンドの火薬が含まれていただけのユニットだった，その重量は望んだ高度で爆発するか否かを観測者達が確認するには丁度充分な量だったのだ．

銃型合体方法がプルトニウムで使用出来ないことは 1944 年中頃に現実のものとなる（7.10 節)，ウラン銃型爆弾の状況はさらに単純となつて行く．合体速度はゆっくりと 1,000 フィート/秒 (~ 30 m/s) に減少でき，爆弾の長さを 10 フィートまで短く出来る，このことは B-29 の単一爆弾隔室に合致させ得ることを意味した．その原型爆撃機のオリジナルの 2 爆弾隔室配置

---

*13 訳註：　回想録：「平和，戦争と平和」，丸善プラネット，東京，2016 の p. 120 に記載されている．また Robert Serber, *The Los Alamos Primer*, University of California Press, CA, 1992：今野廣一訳，「ロスアラモス・プライマー」，丸善プラネット，東京，2015 の追加注釈 [p. 69] で述べている．

*14 訳註：　ソルトン湖：カリフォルニア州東部にある塩湖；面積約 900 km^2；標高 ~ 70 m.

図 7.15　**左側** 廣島ミッションのため離陸する直前に**エノラゲイ**のコックピットから手を振るポール・チベッツ大佐 (1915-2007).
右側 後年になってからのロスアラモス講演でのフレデリック・アッシュワース (1912-2005).　**出典** http://commons.wikimedia.org/wiki/File:Tibbets_wave.jpg; http://commons.wikimedia.org/wiki/File:Frederik_Ashworth.jpg

が元に戻り，そして短尺化銃型爆弾のあだ名が“**リトルボーイ**”だった．

モースでの試験が再び 1944 年 6 月に始まった．新しいレーダー駆動信管ユニットは満足する性能であったが，大柄な**ファットマン**の動揺には更なるチャレンジを向けなければならなかった．そのパラシュート状円形尾翼集合体の動揺抑制を助けるために正方形尾翼に替えたが，動揺が完全に終焉することは無かった．ラムゼーは尾翼集合体に角度 45° の鋼板を取り付けた；この改造が非常に安定な飛行をもたらし，そして**ファットマン**を分別する尾翼端を与えた，これが爆弾の重量に 400 ポンドの増加をもたらした (図 7.16)．**ファットマン**試験ユニットは追跡が容易なように暗黄色 (mustard yellow) に塗装されていたので，“カボチャ” (Pumpkin) として知られるようになった．

銃型爆弾の発砲機構試験は，世界中で最大の砲撃と爆撃範囲を有する場所の 1 つであるユタ州のウエンドーバー陸軍飛行基地で行われた．マンハッタン計画の用語で，ウエンドーバーのコード・ネームは “Kingman”，“Site K” および “W-47” だった．落下試験プログラムは最初から非常に成功した；天然ウランの射出体を含む 32 回の試験が行われた，銃（ガン）の発射に失敗したのは電気接続不良の結果による 1 回のみだった．しかしこれらの結果が銃型爆弾の尾部設計の有意な修正へと導いた．爆弾に要求されるオリジナル設計では飛行機が離陸する時には，通常の火薬で完全装備されていたのだが，離陸時の衝突で核爆発するのを恐れて飛行中に爆弾を武装するのが望ましいように思われた．爆弾隔室のクランプされたスペース内で 1 名が

図 7.16 **左側** 組み立てられたファットマン爆弾．尾翼の特徴に注意せよ．**出典** http://commons.wikimedia.org/wiki/File:Fat_Man_on_Trailer.jpg
右側 テニアン島でファットマンが密閉剤（シーラント）を施工されている．**注意**：鼻部上の FM 銘板．**出典** http://commons.wikimedia.org/wiki/File:Fat_Man_on_Tinian.jpg

電源バッグを装荷または除荷出来るように，尾部は最終的に改造された．これは廣島爆弾で実際に行われることになる，パーソンズが飛行中に自分自身で実行した．爆縮爆弾ではそのような手配が実用的で無い，囲む設計では地上での完全武装だけが残されたのが理由だった．

爆弾設計の技術的洗練化に並行して，飛行搭乗員の選抜と訓練を行なわなければならない．1944 年 8 月 11 日，陸軍飛行部隊は爆弾ケーシング形状の設計を凍結させ，搭乗員達の訓練開始の指令を出した．設計凍結は B-29 の部隊が発足するまで修正が許され，一方搭乗員達は編成された．509 番混成グループとして知られた特別ユニット，このグループはポール・チベッツ (Paul Tibbets) 大佐の指揮下に置かれ，彼がその戦闘爆弾を投下する担当となった．ウエンドーバーで第 509 番隊は訓練を受けた；海軍中佐フレデリック・アッシュワース (Frederik Ashworth) はロスアラモスとウエンドーバー間の連絡員として任官し，ファットマン爆弾を積んだ長崎への飛行に同行した（図 7.15）．

B-29 改造機の最初の 17 機が 1944 年 10 月に到着し始めた，そして試験飛行が当月より始まった．訓練パイロット達へ特に強調されたことは，後に起きる爆発の前までに飛行機と爆弾の間の距離を可能な限り大きくとるよう設計された通常と異なる落下後の行動を実行することだった．爆弾投下後上向きにどの程度かしぐ効果を及ぼすのかをシミュレートするために，落下試験爆弾はコンクリートで充填された．改造航空機の最初のグループは貧弱な飛行性能であると認められた，それで燃料噴射エンジン，ピッチ可変プロペラー，実証された爆弾解放機構を備えた新しいバッチを 1945 年春に得た．尾部突出銃座を除き銃と砲の全てを取り除き，この第 2 番目グループの飛行機は通常の B-29 に比べて各々が 7,200 ポンド軽くなった．これら改造機は 30,000 フィート上空で平均 260 マイル/時の速度で，10,000 ポンドの積載重量でほぼ 2,000 マイルの距離を飛ぶことが出来る．他に，飛行中の爆弾の電気回路を監視する電気試験士官の場所を付け加えた改造も含まれていた．

この第2番目グループ中の2機が，日本に投下した原子爆弾を運んだ飛行機として歴史に書き留められることになる．ドイツの降伏が告げられた1945年5月9日，ポール・チベッツ (Paul Tibbets) は最初の原爆投下に使う爆撃機を選び出すためネブラスカ州オマハに在るMartin Aircraft 工場にいた．B-29 製造番号 B29-45-MO-44-86292 がチベッツの母親の旧姓，**エノラゲイ (Enola Gay)** と命名された．機は5月18日に陸軍飛行部隊へ正式に引き渡された，パイロットのロバート・ルイスがウエンドーバーへ6月14日に飛んできて，再びルイスによってテニアン島（下記参照）へ7月6日に着いた．製造番号 B29-35-MO-44-27297，**ボックスカー** (Bockscar) が3月19日に届き，テニアンには6月16日に着いた．その機の司令官，キャップテン Frederik C. Bock にちなんで名付けられた，この飛行機は時々2単語に切り離されて引用された，"Bock's Car" と．**エノラゲイ**と**ボックスカー**は Silverplate 飛行機の唯一の生き残りであると信じられている，そして現在各々がワシントンとオハイオ州デイトンの博物館に展示されている．

第509番部隊の訓練スケジュールのペースは容赦無いものだった，そして廣島と長崎ミッションの時期へ直進し続けた．1944年10月と1945年8月中旬の間に総計155基の試験爆弾が落とされた，ほぼ1基/日に近い比率だった．**ファットマン**爆弾の最も困難な面の1つはXユニットとして知られる装置の部品だった，それは球状に分散された火薬のネットワークを同時に発火させるものである（7.11節）．これは込み入った仕事だった．32個の爆縮レンズ部分の各々への冗長性起爆薬と伴に，64本のケーブルが含まれていた，その全てが同じ長さで同じインピーダンスを持たなければならないのだ．1945年7月末になってはじめてXユニットの充分な数が入手出来始めた．高爆薬とXユニットを付けた**ファットマン**の最初の落下試験は8月5日まで実施されなかった，その日は廣島ミッションの1日前である．

ファットマン爆弾の戦闘モデルは数多くの安全冶具を繋げていた．爆弾外殻の前方から突き出した直径約3インチの4個の円柱管を長崎爆弾の前方写真が示している（図7.16）．これらは接触信管であった：もしも爆弾の信管回路が "空中爆発" を失敗させたなら，爆弾が地面を叩いた時に爆薬システムを起爆させるものである（**リトルボーイ**には，地面を打っと "自己合体" するので接触信管は取り付けられていない）．もう1つの冶具は内部損傷を引き起こすことの出来る0.50口径機銃 (0.50-caliber machine gun) 発射で傷つけられるのを保護する強靭鋼 (tempered-steel) 爆弾殻であった．この結果，全体の**ファットマン**の弾道的殻に加えて**リトルボーイ**兵器上の覆い板と両爆弾の尾翼カバーが硬質化兵器プレートで造られた．

爆弾の組立，チェック，航空機への搭載準備もまた海を越えた戦闘基地で行わなければならなかった．グアム (Guam) 島[*15]とテニアン (Tinian) 島[*16]の両島を調査し，グローヴズとチェス

[*15] 訳註：　グアム島：マリアナ諸島最大の島で，その南西端に位置する（549 km^2）．海底火山によって造られた．北部は珊瑚礁に囲まれた石灰質の平坦な台地で，南部は火山の丘陵地帯である．最高所はラムラム山で標高406 m．1941年12月8日に太平洋戦争（大東亜戦争）が勃発．日本海軍は真珠湾攻撃の5時間後に，グアムへの航空攻撃を開始し，同月10日に日本軍がアメリカ軍を放逐し，日本領土とし，その後2年7ヵ月にわたり占領した．1944年8月にアメリカ軍が奪還した．以後アメリカ軍は日本軍が使用していた基地を拡張し，戦争終結までの間日本本土への爆撃拠点として使用した．

[*16] 訳註：　テニアン島：北緯15度00分，東経145度38分に位置する101.01 km^2 の面積を持つ

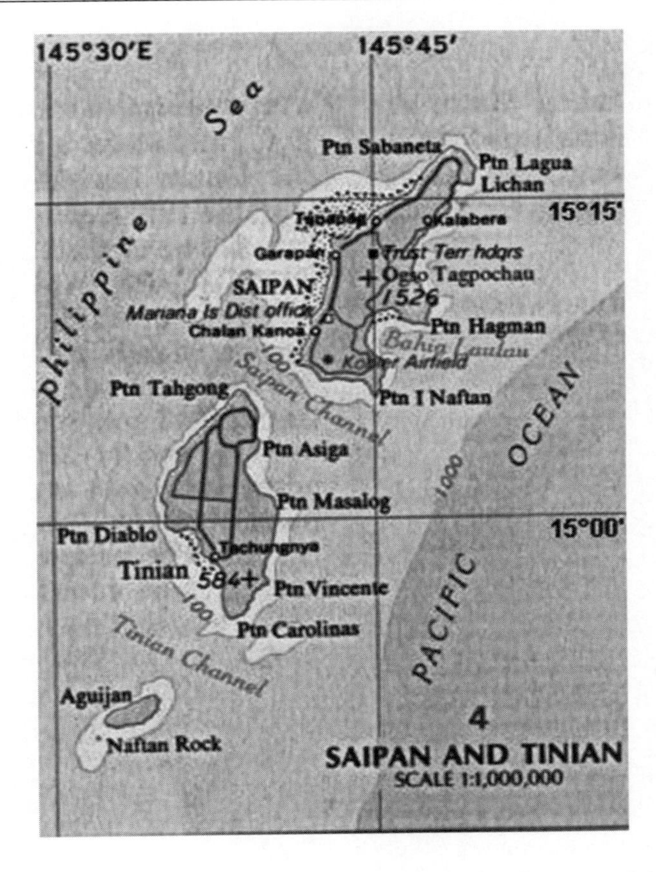

図 7.17 テニアン島とサイパン島の地図．緯度 1 分が約 1.15 マイルに相当する．図 8.3 も参照せよ． **出典** http://commons.wikimedia.org/wiki/File:Map_Saipan_Tinian_islands_closer.jpg

ター・ニミッツ (Chester Nimitz) 提督（合衆国太平洋艦隊および太平洋方面司令長官）と相談した後，アッシュワース中佐はテニアン島を選んだ：そこはグアム島と比べて約 100 マイル日

島．サイパン島からは約 8 km の距離にある．太平洋戦争中は島北部に当時，南洋諸島で一番大きい飛行場であるハゴイ飛行場があったことから日本軍の重要な基地となり，軍人の駐屯は，陸海軍合わせて約 8,500 人に達した．米軍はテニアンの戦略的価値の高さに注目し，1944 年 7 月 24 日に北部のチューロ海岸から上陸，8 月 2 日に同島を占領した．その後，ハゴイ飛行場は拡張整備され，島の東部にはウエストフィールド飛行場が建設されて，本格的な日本本土空襲を行う基地となった．

本に近く，建設部隊を投入出来て，グアムに比べて港湾施設の負荷が少なめであった．テニアンはマリアナ諸島の1つで，サイパン島の真南に位置している（図7.17）．僅か長さ12マイルの島は1944年7月に海兵隊(Mariners)によって接収され，当時世界最大の空港を有する処だった：長さ8,500フィート(2,590m)を有する6本の滑走路，日本本土へ不眠不休の爆撃投下襲撃の出撃基地として供せられた．2時間以内で400機の飛行機が離陸するのは異常では無かった．テニアンのマンハッタン・コード・ネームは“目的地”(Destination)だった．

アッシュワースはテニアンの第509番目施設の建設を監督した．修理建屋や修理室に沿って，空調設備付き組立建屋が建てられた．下部から飛行機に爆弾を積み込む水力装荷機のための特別なピットが建設された；その他の方法では，その兵器を収納する飛行機の機体とグランド間に不充分なクリアランスが存在したのだ．もしも建設または輸送のボトルネックが生じたとしても，アッシュワースは暗号名“Silverplate”を念じることが必要なだけだった，“Silverplate”が陸軍内で全ての原子爆弾に関連する全ての活動を区分する名称となり，そして全員からの即時協力を要求するものとなっていた．第509番隊は廣島と長崎に対する“ホット・ラン”(hot runs)を進める実際の任務を行うために1945年6月遅く，テニアンへその作戦を移した．

この時点で，銃（ガン）型爆弾開発，自発分裂危機の緊急事態および爆縮兵器の開発と実験の探査のためロスアラモスに戻ることは許されるであろう．爆弾部材のテニアンへの配送，爆弾の組立と試験は7.14節で述べる；第509番隊の乗組員の選抜と訓練についての更なる詳細を第8章で述べる．

7.9 ガン型爆弾：リトルボーイ

ロスアラモスが存立して最初の6ヵ月の間で，唯一，分裂性物質合体のガン（銃）方法が広範にわたるエンジニアリング・プログラムを是認するに充分な根拠があるとみなされた．設計，エンジニアリング，落下試験およびウラン銃爆弾組立の責任は，兵器部門の銃グループに任されていた，グループはハーバード大学地球物理学者で海軍中佐のアルバート・フランシス・バーチ(Albert Francis Birch)が指揮していた，彼は物理学，電子工学および機械設計の広い知識の持ち主だった．

ガン方法は原理に直截的である一方，典型的軍事兵器問題との類似点が全くない数多くのユニークな技術的問題にも直面した．標準的な海軍砲には4インチから16インチまでの範囲の整数口径を有していた．もしも原子銃に非標準口径を持つべきだと決められたなら，追加設計を要求されることになろう．このことがこのケースで証明された；リトルボーイ銃が最終的に6.5インチの口径を持つことになった．ガンに用いられた鋼の中性子の反射性質を決定しなければならない；もしも鋼が反射的と証明されたなら，臨界質量を低める寄与が可能となるのだ．しかし設計での最も普通で無い問題は，通常の殻（シェル）としての銃の存在よりもむしろ，射出部品が標的部品と会った後にタンパーで停止させられること，それが合理的な効率を与えるに充分な時間で連鎖反応の進行を可能にすることであった．幸運にも，U-235は破壊無しでそのような減速度に健全である程，充分強度があると証明された．

痩せ男 (Thin Man) の配置を検討中の時，確立された兵器実践が，銃口速度 3,000 フィート/秒を達成し，重量 5 トン，射出部品の推進に用いら化学爆発からの 75,000 ポンド/平方インチの破壊圧力に堪え得るガン設計を示した．これらの要求が，潜在的に深刻な兵器配送問題を引き起こした．B-29 爆撃機の積載重量はこのミッションの航続距離にかかわるものだ：10 トンまでは，約 1,600 マイルの戦闘半径へ運ぶことが出来る，これはほぼテニアンと東京の距離だった．しかし重いカノン (artillery cannons) は通常爆弾として運ぶものでは無い．そのカノン，タンパー，鋳物および計器類と伴に**痩せ男**の重量を如何にして安全な配送可能なレベルにまで減らせるのか?

これら衝突する要求の解法がエドウイン・ローズの認識から現れた，通常の砲部品は発砲の数 1,000 倍の応力に健全であるように設計されている，しかしそのような要求はこの兵器に対して必ずしも完全に必要なことでは無い，その兵器は試験でたった数回発砲するだけである，そして戦闘では 1 回きりなのだ．冗長性を犠牲にし，実際的兵器として配置できる点でガン爆弾の禁止的重量を減じることが出来る．

ロスアラモスがガン試験区域を設定した，研究所主要区域から約 3 マイルの Anchor Ranch Proving Ground である（図 7.1）．第 1 番目の真の試験用ガンは 1944 年 3 月まで届かなかった，しかし最初の試験射撃は 1943 年 9 月 17 日に発射された．1980 年に出版された回想録の中で，エドウィン・マクミランは，9 月 17 日の発射がロスアラモスの "初期" 歴史から "後期" 歴史への推移を作ったのだと明記した．ロスアラモスのガンの全てはワシントン海軍工廠の海軍ガン工場で造られた．ワシントンから配送された最初の 2 基のガンは 3,000 フィート/秒の原型機だった，しかしそれらが丁度到着した時にプルトニウム自発分裂危機がイメージされ始め，それらは未使用で放棄された．3 基の新しい 1,000 フィート/秒作動に設計された**リトルボーイ**銃が即座に注文された．銃グループは "分裂性物質（アクティブ)" U-235 構成材を用いた試験発射が出来ないため，機械的性質が U-235 とよく似た代替物資を見つけ出さねばならなかった．天然ウランはこの目的に相応しいことが証明された．軽量設計のガン砲身であるがために，繰り返しの試験射撃：200 ポンドの射出物を 1,000 フィート/秒での計測射撃から成る実証試験，が出来なかった，その後，ガンにはグリースが塗られ，将来の使用のために保管された．そのような "ライブ" (live) ガンに加えて，廃棄された海軍砲から造られた数多くのダミー・モデルが組立てられた爆弾を模擬した落下試験に使用された；これらのユニットは試験発射を目論むものでは無かった．

ガン設計と爆縮設計の両方で重要な要素がタンパー物質選択だった．最良オプションは中性子を弾性散乱する重金属である．タンパー調査の責任が実験物理学部門の放射能グループに割り当てられた．1943 年 10 月までに，金や白金を含む 2 ダースを超える元素の測定が行われたのだが，タンパー物質の可能性リストがタングステン・カーバイト（鋼)，天然ウラン，酸化ベリリウム，鉄および鉛に狭められた．ロバート・サーバーが書いた**プライマー**注釈で，"核分裂性物質があまりにも高価なものと思われたので，他の物質は反対に安価に見えた．数 100 ポンドの金を爆発で気化させる意見を奇妙だとして我々の頭を打つことは無かった" と[*17]．皮肉

[*17] 訳註： Robert Serber, *The Los Alamos Primer*, University of California Press, CA, 1992：今野廣一訳，「ロスアラモス・プライマー」，丸善プラネット，東京，2015 の追加注釈 [p. 35] で述べている．

にも，ベリリウムはアルファ粒子が当たった時に中性子を生成するのだが，他方で素晴らしい中性子反射体で，理想的なタンパー物質である，しかしながらその使用が当時のその金属国内供給を事実上使い尽してしまうとの現実があった．しかしながら，ベリリウムは所謂“臨界”(criticality) 実験で反射的タンパーとして使用された（7.11 節参照）．

リトルボーイ銃型爆弾用タンパーにタングステン・カーバイトが高弾性散乱断面積に基づき選択された，一方で**ファットマン**設計はその慣性 (inertial) と核的性質の観点から天然ウランが用いられた．不思議なほどに最初の銃型爆弾標的ケースは試験射撃で最良に製作されたものであることが証明された．“古い信義” (old faithful) として知られたように，Anchor Ranch で 4 回の試験を行い，そして廣島での原爆投下として具体化した．**リトルボーイ**の直径 28 インチ (71 cm) の標的ケースは長さ 3 フィート (91 cm) で重量 5,000 ポンド (2,268 kg) を超えていた．標的ケース内に直径 13 インチのタングステン・カーバイト敷き金（ライナー）（適切なタンパー物質）が備わっていた，直径 6.5 インチの銃身（筒）を囲んでいた（図 7.18）．タングステン・カーバイトの化学記号，WC が“クレソン” (Watercress) として知られるようになる．

戦闘用爆弾が爆発する高度もまた慎重な検討が与えられた．核爆発には巨大な電磁放射線量と放射線強度が数 10 億キュリーもの生起が加わることで，近づく程に高圧力を生起する同じエネルギーの通常の爆発とは異なる．**トリニティ**実験の結果を基に，廣島爆弾と長崎爆弾に対する爆発高度が 1,850 フィート (564 m) と定められた．この値は爆弾から生じた衝撃破壊力を最大化するとして選択された，一方でもしも地面近くで爆発しそしてダートとデブリの被照射トンを造り出す降灰量を最小化する．高度方面での兵器部門の関心事は多くの戦闘爆弾が地表近くで爆発することにあった；高高度で作動する機構の設計は全く考えられていなかった．極端な信頼性が最優先事項となった．通常のミッションでは数千個の爆弾が投下され，数パーセントの失敗は作戦の結果に影響しないようにみえる．その当時のあらゆる種類の信管の 1% の失敗さえ，数億ドルを費やした単一の爆弾には許容出来ないものだ．その結果，信管仕様は計画した高度の約 100 フィート以内で爆弾の爆発失敗のチャンスが 1/10,000 以下であることを求めた．

信管開発の 2 つの主要方面が調査された．1 つは高度の関数である空気圧に敏感な気圧計 (barometic) スイッチを用いることだった．もう 1 つは，前に触れたが，信頼される信号が投下爆弾から得られるものと仮定して，兵器と伴に用いられる近接信管または戦闘機尾部警報レーダー・セットのような電子技術を適用することだった．**リトルボーイ**と**ファットマン**の両方に対し，時計，気圧計，“高射砲” (Archies) として知られた 4 基の改造尾部警報レーダーからなる冗長連続-並行システムが取り付けられた．発砲工程の最初の段階は爆弾が解き放された時，引き抜きスイッチが時計を作動させ，兵器システムが作動する前の 15 秒遅れを数える；これが飛行機からの安全な距離まで引き離すことを確実にする（15 秒で爆弾は約 1,100 m 自由落下するだろう；300 マイル/時の飛行機は同じ時間で約 2,200 m 飛行する）．これに従い，気圧計スイッチが高度 17,000 フィートでレーダー・ユニットを起動する；これらはそれらの 2 つが計画された発火高度を探知した時，事前決定高度でリレイが閉じるように設計された．日本の電波妨害に依る失敗の可能性を減らすために，各々のレーダーは少し異なる周波数で作動させた．

図 7.18 にスケッチした最終的な**リトルボーイ**爆弾は長さが 10 フィート (3 m)，直径が 28 インチ (0.7 m)，重量が約 9,700 ポンド (4,400 kg) だった．銃の砲身自体は長さ 6 フィートで重

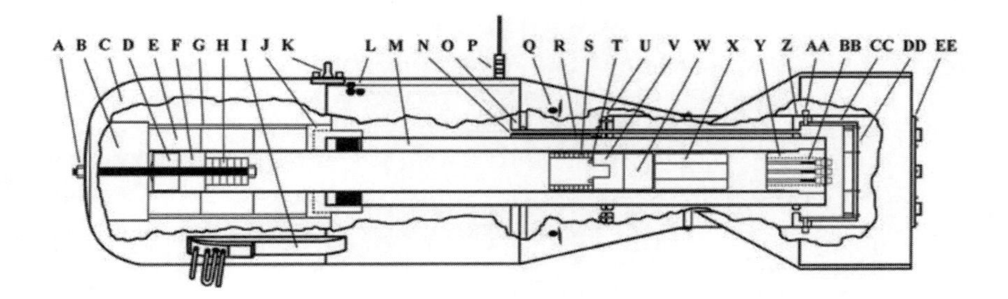

図 7.18　主要部材を示す Y-1852 リトルボーイの断面設計図．レーダー・ユニット，引出線付き時計箱，気圧計スイッチと管類，電源，電気配線は図示していない．カッコ内の数は同一部品の数を示す．設計図は一定比率で縮尺されている．複写および使用は John Coster-Mullen の許可を得た．(A) 鼻先弾性ロック・ナットが直径 1 インチの Cd メッキ引き抜きボルトに装着，(B) 直径 15.125 インチ鍛造鋼鼻ナット，(C) 直径 28 インチ鍛造鋼標的ケース，(D) 挟み板付き衝撃吸収鉄床，(E) 直径 13 インチの WC タンパー敷き金 3 部品，6.5 インチの穴，(F) 直径 6.5 インチ WC タンパー挿入土台，(G) 直径 14 インチ K-46 鋼 WC タンパー敷き金スリーブ，(H) 直径 4 インチ U-235 標的挿入デスク (6)，(I) 八木アンテナ集合体 (4)，(J) 6.5 インチ穴と 4 個のベント・スロットを有する銃身と標的ケースとの結合器，(K) 吊具，(L) 安全/武装信管 (3)，(M) 6.5 インチ穴の銃身，(N) 起爆線を含む直径 0.75 インチ装甲管 (3)，(O) 直径 27.25 インチ隔壁板，(P) 電気プラグ (3)，(Q) 大気圧計穴 (8)，(R) 直径 1 インチ後部アライメント棒 (3)，(S) 直径 6.25 インチ U-235 射出リング (9)，(T) ポロニウム-ベリリウム・イニシエーター (4)，(U) 前方板尾部管，(V) 射出 WC 充填栓，(W) 後部標的鋼，(X) 2 ポンドのコルダイト粉末袋 (4)，(Y) 着脱可能内側尾部栓と静止外側軸受け筒を有する銃尾，(Z) 尾部管尾部板，(AA) 長さ 2.25 インチ，5/8-18 ソケット頭部尾部管ボルト (4)，(BB) AN-3102-20AN コンセントを伴う Mark-15 Mod 1 電気銃雷管 (3)，(CC) 直径 15 インチ装甲内部尾管，(DD) 直径 15 インチの装甲管とボルト締めされた内部装甲板，(EE) 直径 17 インチ尾管にボルト締めされた煙吹き払い管付き後部板

量が 1,000 ポンドだった．標的片と射出片は一体化で鋳込まれたものでは無かった；むしろそれらはオークリッジから入手出来たウラン鋳造の多数の座金様リングで構成されていた．射出片は全長計 7 インチ，内径 4 インチ，外径 6.25 インチの 9 片のリングで仕上げられた．オークリッジから受け取るウラン量が出荷ごとに変動したため，各々のリングに同一肉厚のものは無かった（しかし濃縮度は正確に同一）．射出片の体積は 126.8 $in.^3$ または 2,078 cm^3 だった．純粋な U-235 の密度 18.71 g/cm^3 で，組立てられた射出リングの総重量は 38.9 kg だった．標的片は 6 リングで構成され，全長もまた 7 インチであるが，内径 1 インチ，外径 4 インチのリングの体積は 82.4 $in.^3$（1,351 cm^3）で質量は 25.3 kg だった．合体されたコアの総重量は丁度

64 kg を超えており，その内の約 60% が射出片に属する．射出片は約 52 インチ（~ 130 cm）移動して標的片に会う，その標的片は標的ケース鼻部の後ろ約 20 インチ（半メーター）に備えられている．標的集合体とタンパー敷き金（ランナー）がナットと伴に爆弾前方部を保護している，このナット自体の重量は数 100 ポンドもある．

1944 年 12 月までに，グローヴズ将軍は，1945 年 7 月 1 日までに銃型爆弾の研究と開発を完遂するようにと彼が命じたウラン生産スケジュール予測に充分な確信を持った．設計が 1945 年 1 月に凍結され，リトルボーイは 1945 年 5 月までに戦闘のための準備が整った．配備は充分な U-235 のみで待たされた，そのウランはほぼ 8 月 1 日に準備が整うと予想された．このガン爆弾，ロバート・サーバーの "射撃" (shooting) コンセプトは戦闘で使われた最初の原子兵器となる．

7.10 自発核分裂危機：研究所の認識

自発分裂 (**spontaneous fission: SF**) 誘起前駆爆発問題のポテンシャルは，ロスアラモスが設立された時には全く想像さえされていなかった．ロバート・サーバーが**プライマー**の中で，この問題を考察していた，しかし SF データは当時天然ウランに関係するものとして入手出来るのみだった．天然ウラン中の SF は 1940 年にソヴィエト連邦の Flerov と Petrzhak によって発見された（そして *Physical Review* 誌に掲載された），それとプルトニウムも同一効果を被るだろうとの予測は確かになされていた．

米国内で，エミリオ・セグレに導かれたバークレーのグループが 1941 年遅く/1942 年早くの頃に SF の研究を始めた．アーネスト・ローレンスの 60 インチのサイクロトロンで U-238 への重水素衝撃で生成されたプルトニウムを用いて，1943 年 6 月までに彼らはその新元素の SF 速度が 18 n/(g·h) であることを突き止めた．表 7.3 より，彼らは主に Pu-239 が下記の反応を介して生成されると考えたに違いない，

$$ {}^{2}_{1}\mathrm{H} + {}^{238}_{92}\mathrm{U} \;\rightarrow\; {}^{1}_{0}n + {}^{239}_{93}\mathrm{Np} \;\xrightarrow[\text{2.356 days}]{\beta^-}\; {}^{239}_{94}\mathrm{Pu}\,. \tag{7.18} $$

ユーモラスな記述として，ロバート・サーバーが**プライマー**（1992 年出版）で触れた，バークレーでセグレを最後に見たのは，バンパー・スティッカーを付けた使い古しのおんぼろ車でドライブしている彼であった，そのスティッカーはこう読めた，"私の持ち主はノーベル賞を持っている"*18；セグレは反陽子の発見で 1959 年のノーベル物理学賞を受賞した．

望まれる Pu-239 に連れ添って原子炉で高自発分裂性 Pu-240 が生成される結果もまた初期には予想されていなかった．グレン・シーボーグの 1943 年 3 月 18 日の日記には，"^{239}94 での (n, γ) 反応から，かなりの程度の収率の可能性はむしろ別種からのように思われる；しかしながら分裂断面積の 1% 断面積が豊富な ^{240}94 が純粋問題を複雑にする結果となるのだろう ··· もしも ^{240}94 の自発比率が高いなら，例えば半減期が 10^{10} 年以下，それは深刻な問題となるに

*18 訳註： Robert Serber, *The Los Alamos Primer*, University of California Press, CA, 1992：今野廣一訳，「ロスアラモス・プライマー」，丸善プラネット，東京，2015 の追加注釈 [p. 27] で述べている．

違いない”と書かれている．(n,γ) によって，Pu-239 原子核が中性子を吸収して Pu-240 と成る反応を起こし，そのときにガンマ線の放射によって余剰エネルギーを放つとシーボーグは描いている．Pu-239 の熱中性子放射化捕獲断面積の現在値が 271 バーンである，この値は分裂断面積 750 バーンの約 1/3 となる．困難を創り出すポテンシャルを持つがごとく，これはシーボーグの特定値 1% の 30 倍を超えている．自然は SF 速度のケースよりも幾らか余計に存在した，しかし大きな捕獲断面積を相殺するには充分でなかった：Pu-240 の自発分裂半減期が 1.1×10^{11} 年，彼の“深刻な”閾値 10^{10} 年に比べて約 10 倍だけ大きい（物質の与件質量から自発分裂/秒がより少なくなる結果として，より長い半減期が好ましい）．

オッペンハイマーはセグレの業務をロスアラモスに移すよう招聘し，彼は 1943 年 6 月に移ってきた．自発分裂計数が低いのとバックグランド放射線の小さな揺動により面食らわせられた理由で，**SF** 測定用特別遠隔場ステーションが，研究所の主要区域から 14 マイル離れた Pajarito Canyon の林野庁 (Forest Service) キャビンに設置された．夢見ることの出来る最も景観な配置の 1 つであると，セグレがこのキャビン研究室を言及していた；フェルミはこのサイト訪問を好んだ．セグレと彼のグループが 8 月までに設置し，バークレーで準備してきた 5 個の ^{239}Pu，20-μg 試料で研究を続けた．SF 速度の信頼出来る決定にはこれらがあまりにも少なすぎると証明されたものの，自発分裂当たりの中性子数を $\nu = 2.3$ として計量できた．表 7.3 のデータから，純粋な Pu-239 の 20μg が僅か平均約 0.36 自発分裂/月を示すにすぎない．20-μg 試料はゆっくりと自発分裂計数を集積した，1944 年 1 月 31 日までに 5 ヵ月コースを総計で 6 回を超えた．しかしながら，少数統計が大きな不確定性を条件とするのは避けられない；真の信頼性はオークリッジからのパイル生産プルトニウムの到着のみから得られることになる．

設置後間も無く，グループはウランの自発分裂の奇妙な効果に気付いた．^{238}U の速度はバークレーで測定されたものと一致したのだが，^{235}U の速度はバークレーでの値に比べてロスアラモスでのほうが高かった．^{235}U 自体が変わった訳では無い，速度上昇の原因は多分外部の何ものかに違いないのだ．ロスアラモスの一層高い海抜の処で，バークレーの海面レベルのものに比べて，宇宙線がさらに多くの分裂を引き起こすのだと間も無く突き止められた，バークレーではその厚い間に挟まる大気によって宇宙線の多くが吸収されてしまう．両方の場所で，宇宙線が ^{238}U に分裂を導く程の充分なエネルギーを有していないが，^{235}U の海面レベルでのそれら効果は認められなくなってしまう．^{238}U 海面レベル自発分裂速度は宇宙線誘起分裂速度を大きく上回る，ウラン中の自発分裂の大多数がより重い同位体から生じるとの認識を導いた．その同位体に対する相対的に緩やかな純度要求と結びつけて ^{235}U に対する推定される非常に低い SF 速度が，ウラン爆弾に対する合体時間緩和をもたらした，前節で述べたように．

最初の **X-10** プルトニウムがロスアラモスに 1944 年春に届けられ，そして 4 月 5 日に検出チャンバーに置かれた．次週にわたってさらに多くが届いた，すぐにそれが問題を発生させていることが明らかとなった．観察の最初の 3 日間に，パイル生産物質がサイクロトロンで用意した試料に比べて 5 倍の自発分裂速度を示したのだ．4 月 15 日，セグレは 200 自発分裂/(g·h) または純粋 Pu-239 の速度の 8 倍の暫定速度を報告した．5 月 9 日までに，この推定値は 261 自発分裂/(g·h) に上昇してしまった，この値は Pu-240 の汚染レベル 0.01% に対応している．このことは劇的に見えないかもしれない，しかし 10 kg コアに対して合体が完全になる前の 100μs で超臨界になるのだ，汚染レベルが僅か 10 倍大きい（0.1%）だけで，兵器設計の完璧達成確率を約67%に減らしてしまう．250-MW生産規模炉のさらに大きい中性子束（フラックス）に依り，計画よりも大変早く燃料の引出をしないかぎり，ハンフォード生産プルトニウムは0.1% Pu-240よりはるかに多く含まれるのだ．ロバート・バッカー (Robert Bacher) がこのニュースを6月初めのシカゴ訪問中にアーサー・コンプトンへ報告し，その時コンプトンは白紙のように真っ白に変わった．

参列者のジェイムズ・コナントと共に，オッペンハイマーは7月4日研究所コロキアムに出席していた．プルトニウム爆弾用ガン・合体機構を放棄しなければならないことは明白だった．17日，シカゴでコンプトン，オッペンハイマー，チャールズ・トーマス，コナントが出席した会議が開催された；フェルミ，グローヴズ，ケネス・ニコルスは後の夕刻の同じグループのもう1つの会合に参加した．コナントが用意した手書きのサマリーからの抜粋がこの状況の酷烈さを伝えている（少々編集した）：

> この心配な見通しについて7月4日のロスアラモス訪問でコナントがオッペンハイマーと初めて討議し… を検討した．ハンフォードで準備された **"49"** には合体の銃（ガン）手法が使えないことが明白と結論付けられる… オッペンハイマー博士は，現時点で **49** 使用の唯一希望的方法として残った爆縮法による早期解決については楽観視をしていない．

翌日，オッペンハイマーはグローヴズにこの状況を纏めた手紙を書いた："現時点で，全てに優先される方法に爆縮 (**implosion**) 法が割り当てられなければなりません"．皮肉にも，コナントの反応の心奥が，チャールズ・トーマスからの6月13日のプルトニウム精製を鼓舞する報告の手紙に書き加えた注記で捉えられる（図7.19）．ジョン・マンリーはこの状況を1文節でまとめ上げた："誰かが爆発するであろうプルトニウム物質を兵器に組立てる方法無しでは，その選択はプルトニウム生成の連鎖反応の発見全体を，そしてその時点での投下資金の全てとハンフォードのプラントでの労力をクズとして棄てることだ" と．

オッペンハイマーは即座にこの危機打開のために研究所の再編成計画を打ち立てた．この再編成は7月20日の経営委員会会合で承認され，8月14日に正式に確定した．この刷新は大規模なもので，管理委員会と技術委員会の2つに分けられて経営委員会が廃止された．プルトニウム・プログラムはオリジナルの兵器部門から抜かれ，新たな2部門に分けられた．これら部門の最初はX部門（"爆発: Explosives"），部門長はジョージ・キスチャコスキー，で爆発実験；イニシエーション方法；爆縮システムの開発，製造と試験；爆薬とイニシエーション・システムを組み立てる適切な設計開発を担う．X部門は兵器部門内に以前在った幾つかのグループを吸収した．もう1つの新しい新参者がG部門（"ガジェット: Gadget"；兵器物理部門としても知られた）であった，この部門はロバート・バッチャー (Robert Bacher) が指揮した．G部門は爆縮の対称性，圧縮，物質の挙動が取り分け強調された水力学研究とタンパー，分裂性物資のコアと中性子始動源 (neutron-initiating source) の設計仕様の開発に義務を有することになる．プリンストン大学のロバート・ウイルソンに率いられたR (Reserch) 部門と改名された実験物理学部門を構成していた幾つかのグループをG部門が吸収した．R部門は臨界実験を遂行した（7.11節），断面積，自発分裂速度のような核パラメータの計測を行い，トリニティ実験のための計測機器の開発を担当した．兵器部門（現O部門）はウラン・ガン爆弾対応のため，ウイリアム・パッチャーの指導の下に残された；キスチャコスキーとバッチャーは彼らの仕事

SECRET

REGISTERED NO. 240511

THIS DOCUMENT CONSISTS OF 4 PAGES
THIS IS COPY 1 OF 5

JUN 13 1944
OFFICE OF THE CHAIRMAN

This document contains information affecting the national defense of the United States within the meaning of the Espionage Act, U. S. C. 50:31 and 32. Its transmission or the revelation of its contents in any manner to an unauthorized person prohibited by law.

June thirteenth
1 9 4 4

Report No. 7

Major General L. R. Groves
Dr. J. B. Conant

As the news is good, this report will be brief. The summary of events as they stand today on the final purification and metallurgy of 49, is as follows:

49 metal can be obtained by reducing $PuCl_3$ with calcium in a vitrified magnesium oxide crucible with yields over 90 per cent. The purity of the metal is generally above 98 per cent. This means that the first phase of our problem, namely, obtaining 49 metal of 98% purity for the implosion method, has been reached in the laboratory.

Apparently there are two allotropic forms of the metal. The alpha form has a density between 18.5 and 20. This form appears to be stable at room temperature and has a complex crystal structure. The x-ray pattern is not yet resolved.

all to no avail, alas! JBC July 27, 1944!

図 7.19　ジェイムズ・コナントのプルトニウム状況への悲観的評価．手書きの注記は“悲しいかな，全てが無駄だ，JBC July 27, 1944” と読める．　出典　M1392(1), 0900.jpg

をパーソンズに知らせる親密な関係を維持した．

爆縮実験者達はエドワード・テラーの指揮の下，理論物理学部門のグループが手伝った．このグループは数 100 万気圧の圧力下での爆縮金属物性の推定解析のために 1944 年 1 月に実際に設立されていた．爆縮水力学を記述している方程式を数値的に統合するため，これらの労力はパンチ・カードを介して情報を供する初期コンピューターを設置することだった．この仕事で，マンハッタン計画が実験と理論を補足しあう大規模数値シミュレーターとしての最初の主要な科学的探検者となった，これが物理学研究 “3 番目の脚” (thired leg) として正式に確立したシミュレーションである．不幸なことに，テラーは核融合 “スーパー” (super) 爆弾のアイデアに引き付けられていたため，オッペンハイマーは（ハンス・ベーテの要求で），1944 年 6 月にルドルフ・パイエルスに替えてしまった．全体として，爆縮は T，G，X 部門内の 14 グループを超える寄与で現実のものとなった．他の組織も同時に影響を及ぼした．ロスアラモスに頻繁にコンサルタントのために来たエンリコ・フェルミはハンフォードでの彼の仕事が完了した後で新たな F 部門長のフル・タイム職でロスアラモスへ着任した．彼を指名した後，この部門は水素爆弾調査を含む他の部門と合致しない問題の対応を含むものだった；フェルミとパーソンズもまた研究所の副所長となった．

爆縮プログラムはその後数ヵ月を超えて複雑性が増していったため，他の委員会が立ち上げられた．これら委員会の中で最も重要なのは中期スケジュール会合 (Intermediate Scheduling Conference: ISC；パーソンズ下)，技術及びスケジューリング会合 (TSC) と “カウボーイ” (Cowpuncher) 委員会だった．後者の 2 つはシカゴ大学でフェルミの同僚，1944 年 11 月に到着したサムエル・アリソン (Samuel Allison) の指導の下に置かれた．ISC はガンと試験用と終局的に戦闘基地に配送する爆縮爆弾の両方の “梱包” 方面を調整する義務を有していた，一方 TSC は実験，加工時間，使用する分裂性物質のスケジューリングの義務を有していた．カウボーイ委員会が 1945 年 3 月に実在するものとなった；この義務については 7.12 節で述べる．

7.11 爆縮型爆弾：ファットマン

銃型爆弾計画に比べて低い優先度で開始したにもかかわらず，セス・ネッダーマイヤー (Seth Neddermeyer) 下での爆縮プログラム（7.6 節）は 1943 年秋から先で，興味引く測定と知識蓄積増加を経験した．ネッダーマイヤーは幾らか進捗させたが，被圧縮物質の主要質量の頭を移動する “ジエット” (jets) 物質の存在に依る非常に粗い爆縮対称性に到達しただけだった．そのような非対称がその方法を実用兵器として役に立たないものにしてしまうと約束するようなものだった．しかし 1944 年中頃の再編成で，爆縮がメサの台地で中心段階を迎え始めた．

ニュージャージー州プリンストン高等研究所 (Institute for Advanced Study in Princeton) のジョン・フォン・ノイマン (John von Neumann) がロスアラモスを訪問した 1943 年 9 月末までは，ジエット問題が克服出来ないと見られていた．聡明な数学者であるフォン・ノイマンは **NDRC** のために衝撃波の研究をしていた，そして装甲穿孔射出器 (armor-piercing projectiles) を用いた爆薬装填形状解析のかなりの経験を持っていた．フォン・ノイマンの研究が，ネッダーマイヤーが達成したものに比べて物質速度がさらに高速なら，いっそう対称性爆縮が達成できると彼を確信させた．ネッダーマイヤーの上司，ウイリアム・パーソンズはフォン・ノイマンのアプローチが優れていると見た，1943 年 10 月 28 日の経営委員会で爆縮プログラムの強化が決定された．この優先度が 11 月 9 日の軍事政策委員会会合にてコナントとグローヴズにより追認された，これは自発分裂危機が認識される半年前の出来事だった．

不幸にも，ネッダーマイヤーとパーソンズは殆ど正反対の性格だった，そして有効な業務執行関係を築くのは困難であることが判った．ネッダーマイヤーは単独でまたは小さいグループで研究するアカデミックの伝統を好んだ，そしてパーソンズの厳格な軍事的アプローチ下をからかった．もし爆縮研究を有効に進めたいならば，若干の変更が必要であると間も無く明らかとなった．オッペンハイマーの解はこの研究を監督させるためにハーバード大学の爆薬の専門家ジョージ・キスタコスキー (George Kistiakowsky) を招聘することだった（図 4.7）．キスタコスキーは NDRC 爆薬部門の長である間，コンサルタントとしてロスアラモスを訪れていた，そして 1944 年 2 月にパーソンズの代理者として研究所にフルタイム職として加わった．この職位が彼をネッダーマイヤーの上司にした；科学者としてキスタコスキーはネッダーマイヤーとパーソンズ間の有効な緩衝材となった．オッペンハイマーは 1944 年 6 月 15 日に爆縮実験グループ・リーダーのネッダーマイヤーを正式に交代させた，しかし技術アドバイザーと

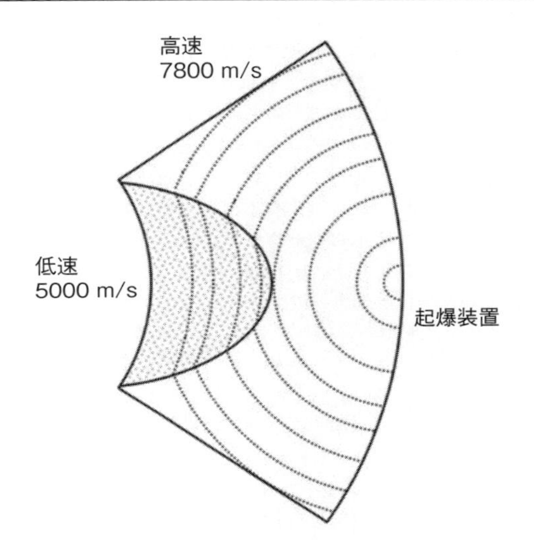

図 7.20　2 成分爆薬爆縮レンズ部分の模式図．一定比率では無い

爆縮運営委員会の委員として留まらせた．兵器部門の階位でキスタコスキーと並行するのはエドウィン・マクミランであった，彼はガン爆弾プログラムの指揮者だった．研究所再編成の時期におけるもう 1 つの価値あるリクルートがノーリス・ブラッドベリー (Norris Bradbury) 少佐，スタンフォード大学出身の物理学者で海軍予備士官であった（図 7.31）．ブラッドベリーは Dahlgren Proving Ground で弾道論の研究をしていた，そして“爆縮レンズ”研究支援のためロスアラモスへ引き抜かれた；彼は爆縮実地実験プログラムの長でもあった．

1944 年の春と夏の間，爆縮プログラム状況の感覚を伝えることは難しい．ロスアラモス計画の公式歴史で，デイビット・ホウキンスがこの状況を纏めている：“当時，プルトニウム爆弾を造ることが出来ると信じられる良き理由を与えてくれる実験結果が 1 つも無かったのだ” と．その年の春に用意された報告書中で，キスタコスキーは同年最後の四半期で行う研究の概要を述べ，11 月と 12 月の予測に彼の悲観を漂わせて纏めた：“ガジェットの実験は失敗し… キスタコスキーがナットのところに行きそしてそれを締め上げる” と．

英国派遣団員のジェームズ・タック (James Tuck) の提案によりもう 1 つの大きな段階へと爆縮研究が前進した．彼のアイデアは装填形状コンセプトを 3 次元爆縮“レンズ”システムへ改良することだった．電気起爆装置使用の組合せで，このコンセプトがその後に続く爆縮爆弾成功の鍵となった．タック，ネッダーマイヤーとフォン・ノイマンがこのコンセプトの特許を続いて満たしたのだ，このことは決して公にされなかった．

爆縮レンズの原理的アイデアを図 7.20 にスケッチする，これは側面断面から見た単一レンズを示している．このコンセプトを 3 次元に拡張するには，約 1 フィートの端辺と端端間 1.5

フィート（図の左側から右側へ，図は一定比率では無い）の5面または6面の若干ピラミッド形状をイメージすると良い．各々のブロックは非常に精密に合う異なる爆薬の2つの割付(castings)で構成され，そして完全球形成のために隣のブロックをインターロックする．各々のブロックの外側割付は“コンポジション B”(Comp B)として知られる高速燃焼爆薬である，この爆薬はキスタコスキーが開発したものだ．内側レンズ形状割付はバラトール(Baratol)として知られた低速燃焼物質で，窒化バリウムとTNTの混合物である．Comp Bブロックの外側端の起爆装置(detonator)が外側へ広がる爆発波を触発させる，この爆発波は図の左側へ進む．この爆発波がバラトールを打ち，それがまた爆発を始める．2物質の境界が真に正しい形状なら，境界に沿って進みバラトール内に内部方向収斂(converging)燃焼波を形成さすものとしてこの2波の結合を配置出来るのだ．爆縮の右側から左側への進行を図7.20に模式的に点線で示す．

トリニティとファットマン治具で，完全球体形成のためにインターロックした32個の“2成分爆薬”集合体を図7.21に示す．完全球はComp Bの32ブロックの内側球状集合体に囲まれる（図7.21の(D)である)，内側球状集合体がタンパー/コア集合体を囲んでいる．32集合体の選択は数多くの五角形状と六角形状のブロックがほぼ正規の外面を与えて一緒に合致出来るとの事実によって指図された；サッカー球のパッチを考えよ．トリニティと長崎の爆弾には12個の五角形状と20個の六角形状の部材が用いられた，各々の重量は約47ポンドと31ポンドだった*19．

バラトール・レンズ爆縮によって爆発するComp Bの内側層の目的は，タンパーとコアへの高速対称性圧壊の達成である．Comp Bでのより高速度達成可能性こそが，自発分裂前駆爆発問題を克服するため圧縮時間を数マイクロ秒へと下げるための根本だった．タンパー材の栓と伴に配置されたトラップ・ドア（図7.21のE）は，爆弾組立におけるコア挿入のために設置されていた．想像出来るように，HE配置の組立は困難で時間を要した：文学的表現では爆薬部品を非常な精密さでピッタリとくっつける3次元のジグゾウパズルを手で組み上げると言い得る．高速爆薬集合体単独での総重量が約5,300ポンドと，爆弾総重量である約10,200ポンドの半分を丁度超える値であった．厚さ1インチの外殻単独で1,100ポンド寄与した．

最も深刻な複雑さの1つが，アルミニウム/ウランの入れ子状タンパー球配置に起因するファットマン設計の収率を推定する試みだった．英国派遣団のもう1人のメンバー，ジェフリー・テイラー(Geoffrey Taylor)は，重金属が軽金属に対して加速された時，その相互作用が安定であることを突き止めた．しかし，軽金属を重金属に打ち込んでの加速ならば，その相互作用は不安定となり，その物質の主要質量の先頭へ軽金属を噴出させるジエットを引き起こす，それはネッダーマイヤーが発見したものである．この効果は天井からの塗りたてペンキの滴下

---

*19 訳註：　プルトニウムの周りのその表面に等空間で置かれた32点の高爆発ブロック殻を同時に爆裂させる方法，二十面体の20の正六角形面の中心と十二面体の12の正五角形面とを交互に関連させ，その32点を表す．核兵器の高爆発殻は同じ表面配置を持っている——五角形と六角形を交互に——サッカーのボールのように．爆発ブロックに埋め込んだ導火細線への放電で爆破させるために，Luis W. Alvarezは高電圧コンデンサーを用いた．

切頂二十面体(truncated icosahedron)：正二十面体の各頂点を切り落としたような立体である．一般的なサッカーボールは，この立体に空気を入れて，球に近づけたものである．60の各頂点に，正五角形1枚と正六角形2枚が集まる．

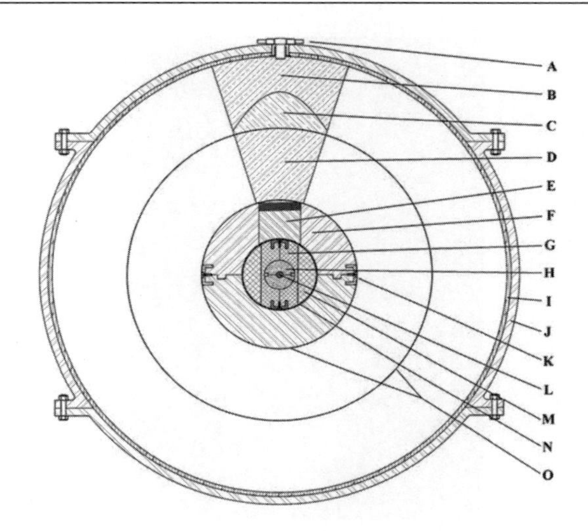

図 7.21 主要部材を示す Y-1561 ファットマン爆縮球の断面図．32 個のレンズ，内部詰物と起爆装置の 1 組だけを示している．**カッコ内の数**は同一部品の数を示す．設計図は一定比率で縮尺されている．複写および使用は John Coster-Mullen の許可を得た．(A) 真鍮煙突スリーブに挿入された 1773 電気ブリッジ・ワイヤー起爆装置 (32)，(B) 外側多角形レンズの Comp B (32)，(C) 外側多角形レンズのコーン状バラトール部材 (32)，(D) Comp B 内部多角形充填 (32)，(E) 上部プッシャー半球にねじ込まれた着脱可能アルミニウム製プッシャー・トラップ・ドア栓，(F) 直径 18.5 インチのアルミニウム製プッシャー半球 (2)，(G) 直径 5 インチの 2 片の U-238 タンパー栓，(H) 直径 2.75 インチのジェット・リングを伴う直径 3.62 インチの Pu-239 半球，(I) 0.5 インチ厚のコルク内張り，(J) 7 部品の Y-1561 ジュラルミン球，(K) プッシャー半球を留めるアルミニウム製カップ，(L) 直径 0.8 インチのポロニウム・ベリリウム始動物質，(M) 直径 8.75 インチの U-238 タンパー球，(N) 直径 9 インチのホウ素プラスチック曲版，(O) レンズと内部充填物の下に敷き詰められたフェルト

に例えられる．このジエット効果は現在 Rayleigh-Taylor 不安定性として知られる；これを避けるため，爆縮は極端に対称でなければならない．このことから，何故図 7.21 のより軽いアルミニウム殻（F）がより重いウラン殻（M）へと爆縮されるのかと疑問に思うに違いない．この理由が爆発効率だった：ファットマンの 20% 程の収率がタンパー球内の U-238 の高速中性子分裂に依るものだ．

爆縮の力学は極端に複雑である．爆弾コアから生じる圧力は地球の中心と似ていると推定され，そしてそのような環境下での物質の性質は良く知られて無かった．爆裂波 (detonation

図 7.22　1959 年頃のロバート・F・クリスティ (1916-2012)．出典 AIP エミリオ・セグレ視覚記録文庫

wawes) は，完全に伝搬するように配置しないと干渉を起こし得る，それが多重点同時点火を要求する；爆縮速度の変動は約 5% よりも低く維持しなければならない．爆縮スキームのオリジナルの概念で，分裂性物質薄殻をその正規密度の何倍にも圧縮する意図がジエット問題を悪化させていた；対称性を維持する必要性に対してほとんど注意が払われなかったのだ．1944 年 9 月，オッペンハイマーの前の学生で，ロスアラモスにリクルートされた最初の 1 人であったロバート・クリスティ (Robert Christy)（図 7.22）が始動物質（イニシエーター: **initiator**）を保持する小さい中央孔を除いて固体コアの配置を提案した．クリスティの設計は“クリスティ・コア”として知られるようになった，そしてトリニティと長崎の爆弾に組み込まれた．クリスティが語るには：

> 爆縮爆弾の初期の設計は相対的に薄いプルトニウムの殻だった，それは爆縮で吹き飛ばされた．それは理想的に非常な高密度と球状形で中心に組立てられていた．しかし不規則性に起因して総体的に許容出来ない形状で終わってしまう爆発について，当時において常に心配し続けていた．彼らはそれが球状にならないで，入り込んでくるジエットで終わらされ，爆発しないのではないかと心配した．これらの心配は大変に現実的だった．それが失敗しないことを確実にすることを望んだ．それが私が示唆した中間の穴を取り除き，それを固めた（ソリッド）なら，非球状を上手く造ることは出来ない．要求によりイニシエーターのための非常に小さい穴が設けられた．

爆縮爆弾の爆薬部材開発の責任はジョージ・キスタコスキーの X 部門だった，この部門は終局的に 600 名程のスタッフを抱えることになる．これは高爆発 (high-explosive: HE) 部材の方

図 7.23　ニューメキシコ州アルバカーキの国立核科学歴史博物館に展示されているオリジナルの爆縮レンズ鋳込み機．著者撮影

法研究，殻の品質改良，レンズ・システムの開発と試験および爆薬内部詰物の製造を意味した．起爆装置点火点の最良数，爆薬の種類と配置およびつぶされる物質の調査のために，大規模な一連の試験ショットをキスタコスキーが組織した．この試験プログラムの活動レベルは 18 ヵ月にわたり許容出来得る 20,000 程の殻 (castings) を生み出した事実から推し量ることが出来る，一方でそれ以上の数が拒絶されたのだ．月当たり 100,000 ポンドもの HE が使われた．鋳込み (castings) 操作が大規模となったため分離サイト（Sawmill または “S” サイト）がこの目的のため設置された，スタッフの多くは **SED** が占めた．1944 年 5 月に操業を始めた．21 歳の **SED**，マックアリスター・ハル (McAllister Hull) が 1944 年の秋にロスアラモスに着き，彼は “レンズを要求仕様へ如何にして鋳込むのか理解すべき” として仕事に就いた．Hull は TNT を殻に鋳込む兵器プラントで働いていた，さらにその様な作業の実務経験が豊富だった．レンズ鋳込みは，改造した商用キャンディ製造機でスラリー (slurries) として鋳込まれた（図 7.23）．

しかしながら，鋳込み作業で主に 3 つの問題が持ち上がった．冷却した爆薬を鋳込むため，内部ボイド（空隙）が形成される傾向で，かつ表面には気泡が生じがちだった．爆薬を製造したそれらの化学物質が冷却中に分離する傾向さえも有していた．Hull と彼のグループは各々の問題を順繰りに素早く対応した．レンズ用鋳型 (molds) は二重壁だった，それらは冷却水コイルとホースで繋がれていた．熔融爆薬を鋳型に注ぐためにコイルを介して熱水がポンピングされ，表面気泡の形成が水温を徐々に低下させることによって消滅させることが出来た．ボイドと分離問題の解決に長い時間を要した．学生の時分，Hull がウエイターとして働いていた時期があった，そこで彼は滑らかで良く混合されたミルクセーキ (milkshakes) を作る経験をした．その経験から，彼は爆薬中に攪拌機 (stirrer) を設置し，固相線の丁度面に当たるように攪拌機を垂直に引き上げる手順を開発した．これが化学物質を良く混合した状態を維持し，ボイド形成を阻止したのだ．1944 年遅くまでに，もしも（規則に反して）激しい雷雨 (thunderstorms) 中でさえも通常 3 直制で働く労働集約的鋳込みシステムが決まったのなら，相当確実であるとみなされた．Hull が触れている：

> 私は，外側から冷やされる鋳込みに対して，バラトール混合物を均一に内部キャビティ（空洞）が無いようにしながら徐々に引く抜く攪拌機を用いた．ほぼ同時の 10 個の内側レンズ鋳込みでの攪拌機引き上げ，そこでの固相線が到達するのを見るための 5 分間のインターバルの半分と見て，その引き上げ速度を決めた．レンズ内側の固相曲線の先頭を攪拌翼が維持する速度で攪拌機が引き上げられた．

彼の回顧録で，Hull はそれが真実でなくとも信じられないグローヴズ将軍との出来事について触れている．ある日グローヴズとオッペンハイマーが鋳込み作業の視察に来た，そしてグローヴズは突如水道線の上でステップしたのだ．水道線が壁の接続部から外れてはね飛び，沸騰近傍水のジエットがグローヴズの背面に当たった．水栓を閉めるあいだ制服姿の Hull は笑うのをこらえたのだが，オッペンハイマーが“水の非圧縮性をまさに示すものです”と言った時に彼は吹き出してしまった．

爆薬は鋳型に固着する傾向があるため，離型剤として普通のワセリン (Vaseline) が使われた．鋳型から取り出された後，全ての鋳物が X 線でその均一性を検査した．ボイドを含む鋳物は案内無しドリルでボイドに達するまで穴あけされ，熔融爆薬を注ぎこんだ，歯科医がキャビティを埋めるがごとくに．そのような爆薬 1 g が仕事を完了ることが出来ると言うことで，ジョージ・キスタコスキーがこの作業を総合的視野から位置付けた．修理後，鋳物は堰 (flashings) または凹凸 (roughness) 除去のため加工される；1 回の事故爆発も無く数 1,000 回もの機械加工が行われた．鋳型の設計と製作と許容品質の充分な数の鋳物の製造は常に爆縮試験ペースの素だった．

爆縮プログラムの膨大なチャレンジを要しながら決定的に重要な業務の分野が適切な診断業務として開発された．根本的に，この問題がマイクロ秒オーダーの分解時間での爆発の内部事象の情報を得ることになる．この 7 つの補完し重複する開発された方法は，ロスアラモスで提供可能となった独創力とマンハッタン計画が継続される貢献の証しである．

最も直截的な診断的技法が“ターミナル観察” (terminal observations)：爆発済爆薬の残りの調査，と呼ばれるものだった．これは言葉の響きに比べて，実際に一層洗練されたものであった．爆縮レンズの 2 次元断面積用平坦鋳型が創られ，爆薬がその中に鋳込まれた，そしてその“トップ”（頂部）に起爆装置 (detonator) が置かれた（多くの診断的試験に 2 次元レンズが用いられた，その理由は爆薬の切断または鋳込みによって製作するのが容易だからである）．レンズ形状の鋼板が切り落とされ，鋳物がそれに合わせて置かれる．爆薬の爆発で，燃焼波が板上に痕跡を残す．その痕跡から爆発の対称性を測ることが出来る．爆発速度の正しい比率を得る努力として，異なる“屈折率” (indexes of refraction) に対応する爆薬ペアの様々な種類が試された．

光学部門において，フィルムが回転ドラム上で高速度で進む間，シャッターが開き続けるカメラまたは回転鏡によって固定フィルムに沿って画像がスキャンされるカメラが開発された．そのようなカメラでサブ・マイクロ秒の分解能の画像を得ることが出来た．もう 1 つの技法は，簡潔にしかしガイガー計数器の列によって強力な X 線バーストが検知された爆縮する爆薬のブロックを描くものであった．所謂 “磁気的方法” (magnetic method) は交番磁界内での金属運動の事実を上手く取り入れた．変化している磁界がワイヤーに電流を誘起させる，電流の時間成長が爆発の進展情報を与える解析を可能とする．この方法が金属爆縮球の外表面速度の情報を与えるのに優良であると証明され，1944 年 1 月 4 日に最初の試みが行われた．驚くべきことに，要求された磁界の強さはたったの約 10 ガウス (Gauss) に過ぎない，現代の冷蔵庫の磁石と比べても非常に小さいものだ．この磁気的方法は，実寸爆縮集合体に適用出来た唯一の診断技法であった点がユニークだった．この磁気的方法を補完したのが “電気的方法” (electric method) だ，これは爆縮球と事前配置ピンのネットワーク間に形成される電気的接点からの応答記録を含むものである．この方法は，爆縮中の速度対称性の 3 次元情報を与える点で取り分け価値を有するものだった．

最も独創的な診断技法の 1 つが “放射性ランタン” (radiolanthanum) または “**RaLa**” 方法だった．1943 年 11 月にロバート・サーバーによって生み出されたもので，この方法はブルーノ・ロッシ (Bruno Rossi) の指揮下で実施された，エンリコ・フェルミと同様，彼はイタリアから米国へ飛んだのだった[*20]．この方法は爆縮球内の強力ガンマ線放出体含有物と球の密度変化に伴う時間関数としてガンマ線強度をモニターすることで予測される．ガンマ線源強度が 100 Ci のオーダーを持たなければならないとサーバーが推定した，この数値は次第に増加させられることになる．5.2 節で述べたように，ガンマ線源としての放射性ランタン-140（半減期が 4 時間）は，オークリッジの X-10 原子炉から抽出された直接核分裂生成物であるバリウム-140 のベータ崩壊から得られた．放射性ランタンの単一バッチには放射能強度 2,300 Ci まで含むことが出来る，これは極めて危険な量である．テネシー州内に特別抽出研究室が設立された，そこより鉛内張コンテナーに入れ，ロスアラモスまでの 1,400 マイルの旅へと出荷された．最初の RaLa 実行可能性研究ショットは，モックアップの鉄製コアとたった 40 Ci のソースを用いて 1944 年 9 月 22 日に発射された．第 2 番目のショットが 130 Ci のソースを用いて 10 月 4 日に，第 3 番目が 10 月 14 日と続けた．12 月 14 日の試験がクリスティ・コア集合体の圧縮の勇気づける証拠を示した．引き続き 1945 年 1 月 7 日と 14 日に行われたソリッド・コア試験では新型電気起爆装置が用いられ，さらに勇気付けられる結果を得た．1945 年 3 月中，放射性ランタンの不足が理由でほとんど **RaLa** 試験が見られなかった，しかし **RaLa** をもちいた爆縮レ

[*20] 訳註：　ブルーノ・ロッシ (1905-1993)：電気技術者の息子であるロッシはイタリアのパドヴァ大学とボローニア大学で教育を受けた．1938 年アメリカに移民した．シカゴ大学とコーネル大学で研究していたが，1943 年，ロスアラモスに移った．戦後の 1946 年，MIT の物理学講座の教授に任命され，1970 年に引退するまでそこに留まった．ロッシの主要な研究は宇宙線分野であった．1934 年，ロッシはエリトリアの山中に彼のカウンターを設置し，東からの粒子が 26% 過剰であることを見出し，宇宙線の大多数が正に荷電していることを示した．
『物理学者　ブルーノ・ロッシ自伝：X 線天文学のパイオニア』小田稔訳，中公新書 (1993) に宇宙線観測から，ユダヤ人科学者としての亡命，ロスアラモスでの研究等が詳述されている．

ンズの最初のショットが4月1日に遂行された．

最後の診断的技法，"ベータートロン"(betatron) 技法がネッダーマイヤーとドナルド・カースト (Donald Kerst) によって1944年8月に提案された．この方法もまたガンマ線を使うのだが，言わばRaLa技法を補完するものだった．ベータートロンは電子を加速させて高速度にする器械だ．加速された時，電子はガンマ線を放射する，そしてそのガンマ線は，RaLa技法のように内部から発生させるのとは反対に，外側から爆縮集合体を直接透過する．ガンマ線は集合体の密度変化に影響され，爆発のもう一方側に在るベータートロンの反対側に置かれた大きなイオン・チャンバーによって検出される．ベータートロンと検出チャンバーの両方は，爆発からそれらを遮蔽するための数フィート厚さの防御コンクリート壁の背後に配置しなければならなかった．ネッダーマイヤーとカーストの提案を受け取った数日以内に，オッペンハイマーは国内で唯一の適当なベータトロン・ユニットを捜し出してしまった，それは陸軍用として製作されイリノイ大学で試験が行われていた．それをロスアラモスへ移すオッペンハイマーの優先要求が聞き届けられ，そして12月中旬に6トンのユニットが到着した．1月中旬までに，それは画像を作り出していた（画像はフィルムに記録された；1945年にはデジタル・カメラは無かった!)．

ロバート・バッチャーのG部門の爆縮研究では高度な対称性爆縮を始めるのに充分大きな同時性で点火する起爆装置開発の問題に集中していた．この同時性要求は入手出来る如何なる商用起爆装置をはるかに超えるものだった，それは通常1時に1回のみの爆発の起爆に用いられていた．起爆装置設計研究の多くはルイス・アルヴァレ (Luis Alvarez) とドナルド・ホーニック (Donald Hornig) が担った（図7.24)，彼らはエジソンのような試行錯誤アプローチを採用した．ハーバード大学でホーニックは爆発で生じる衝撃波の博士論文を書き，そしてマサチューセッツ州のWoods Hole海洋研究所の水中爆発研究室からロスアラモスにやってきた．ホーニックは"スパーク・ギャップ"(spark-gap) スイッチの研究をした，これは高電圧が爆薬内の少し離して置いた2つの金属間にスパークを飛ばすのだ．興味惹かれることに，起爆装置 (detonator) により起爆される爆薬が直接爆縮レンズを始めるのでは無い，しかしむしろ銅製"スラッパー"(sllapper)*[21]板がレンズへ移動する，その板が高圧パルスを介して爆縮の起爆となる．多重電気起爆装置の最初の試験が1944年5月に行われた，そして年の終わりまでにホーニックがマイクロ秒の数100分の1にまで起爆タイミングの分散を減らすことに成功した．起爆装置生産は常に計画よりも遅れていたのだが，それら設計改善がトリニティ実験時期まで続けられた．

R部門とG部門で最も劇的な研究は臨界実験 (criticality experiments) と呼ばれるものと関係していた．これらは，ほぼ臨界質量に配分されたU-235またはPu-239の量を変化させた集合体であった．実爆発は問題外として，実規模大のガン集合体または爆縮集合体で達成する超臨界の程度を決定する方法は皆無だ，しかし未臨界またはほぼ臨界実験データの外挿で理論推定値の確認を与える．初め，ウラン水素化物 (uranium hydride) ブロック集合体で臨界実験を行った，これは水素が中性子を減速させ，高速中性子形態へ移行する前の低速反応での研究実験をもたらすことを根拠としている．中性子反射用ベリリウム・タンパーのブロックと伴に水素化

*[21] 訳註：　sllapper：（英俗）売春婦，（口語）= slap shot；パックを勢いよくたたいてするシュート．

図 7.24　左 ルイス･アルヴァレ (1911-1988) のロスアラモス身分証明写真．右 1964 年のドナルド・ホーニック (1920-2013).　出典　http://commons.wikimedia.org/wiki/File:Luis_Alvarez_ID_badge.png; AIP エミリオ・セグレ視覚記録文庫，Physics Today コレクション

物の未臨界集合体で囲まれ，分裂数が増される；その実験は “ゴダイヴァ” (Godiva)[*22] として知られた，そこでは，それとは違って裸のコアがタンパー・ブロックで “被服” (clothed) されていた．幾つかの水素化物集合体があまりに臨界に近接していたために，集合体近傍に留まる人体の中性子反射効果でそれを超臨界にすることが出来る程だった；その実験者は臨界に達したと同時に飛び跳ねて逃れた．

1944 年 9 月までに，水和無しの臨界実験を始めるに充分な量の純粋なウラン金属が入手出来た．その最初の実験には U-235 が 70% の濃縮ウランで直径 1.5 インチ球が使用された；後の実験では 73% 濃縮ウランの直径 4.5 インチ球が用いられた（純粋な U-235 の裸の臨界直径が約 6.6 インチである）．球内に中性子源が置かれた時，球から生まれてくる中性子数は分裂誘起効果に依る中性子源単独に比べて非常に大きく増える；無限中性子増倍率 (infinite neutron multiplication) への外挿により，その臨界質量が決定出来る．1945 年 3 月までに，被タンパー臨界質量を造ることが出来るに充分なウランが集積し，4 月 4 日に 4.5 インチ半球 2 つとタンパー立方体の結合で臨界の 1% 範囲内をもたらした．ベリリウム・タンパーを伴うプルトニウム水溶液を用いての最初の臨界プルトニウム集合体は，1945 年 4 月に臨界を達成した．

[*22] 訳註：　ゴダイヴァ (1040?-?80)：英国のマーシア伯 Leofric の妻；伝説によれば夫が Coventry の町民に課していた重税を廃止してもらう約束のもとに町中を全裸で馬を乗り回したという．

図 7.25 ドラゴン装置．椅子が尺度の参考となる．Malenfant (2005) より

臨界実験がロスアラモスで戦後に 2 件の事故死を招いてしまった．1945 年 8 月 21 日の宵，Harry Daghlian がプルトニウム球とタンパー・ブロックを用いて（規則に反して）1 人で働いていた，その時に 1 個のタンパー・ブロックが彼の手から滑り短い連鎖反応を引き起こしたのだ．Daghlian はその反応を止めるためにパイルを部分的に分解しなければならなかったのだが，被曝放射線量は 500 レム (5 Sv) に達したと推定された．その線量は通常被曝した個人の 50% が 30 日内に死亡する単一照射線量と見なされている（種々の線量により引き起こされる損傷の詳細については 7.13 節で述べる）．Daghlian は 25 日後の 9 月 15 日に亡くなった．彼の身体で最も集合体に近接していた彼の両手は壊疽 (gangrenous) し，終局的に腎臓は血液からの分解生成物を除去出来なくなった．同様の事故が 1946 年 5 月 21 日，Louis Slotin の生命を奪った．Daghlian が使用した同一の球を用いてどの様にして臨界測定を行うかのデモンストレーションを行っていたのだった；それらは “悪魔のコア” (demon core) として知れわたった．Slotin は半球の間隔をねじ回しで徐々に狭めていた，しかしそのねじ回しが滑って，その半球同士が合体してしまった．熱膨張が直ちにその反応を終わらせた，しかし Slotin が受けた線量は 2,000 レム (20 Sv) を超えたと推定された，そして 9 日後に亡くなった．他に 7 人がその時に同室内に居た；2 名が急性放射線症状を被るも回復した．Slotin 事故がロスアラモスでの全手動臨界作業を永久に終焉させた．

手動は少ないものの，潜在的に危険な実験は “ドラゴン落下” (Dragon drops) として知られることになる実験だった．1944 年 10 月，ウラン水素化物のスラグを同一材料のほぼ臨界集合体の中心へ落下させる装置建設をオットー・フリッシュが提案した（図 7.25）．スラグが通過する時，その集合体は短時間超臨界となる．ロスアラモスの理論家で後日のノーベル賞受賞者となるリチャード・ファインマン (Richard Feynman) はこれを“ドラゴンの尾尻のくすぐり”(tickling the dragon's tail) と表現した，そしてフリッシュの装置はドラゴン装置 (**Dragon machine**) として知られるようになった．フリッシュはその装置を火山に登り火口を覗こうともう 1 歩火口縁へ近づくも落下しない探検者の好奇心と関連付けた．運営審議会 (Coordinating Council) がこの実験を追及する価値を高く評価した時に，フリッシュは驚いてしまった．

実現したドラゴン装置は高さが約 6 m．大部分が遠隔で操作されるように設計され，種々の安全インターロックが作動するまでは，操作者が所謂“始めるぞ”(Here We Go) ボタンを作動させることが出来なかった．ガイド・ワイヤーに取り付けられたウラン水素化物を入れた鋼製箱，そして装置の頂点からその鋼製箱は落下する，その装置は石油井戸のデリックのように見えた．その箱が水素化物を一層積んである下部テーブルを通過し，その約 0.01 秒の間に非常に僅かな超臨界集合体を形成するのだ．その箱が動けなくなったとしても，その爆発結果は高爆薬の数オンスと等価であるに過ぎないとフリッシュが推定した．

フリッシュは 12 月半ばまでに準備を整え，アクティブ物質に移行する前にダミー（模擬）物質を使っての実験を始めた．1945 年 1 月 20 日にドラゴン装置が世界最初の高速中性子連鎖反応を生み出した．この反応は僅かな瞬間だったが，2,000 万ワットと水素化物内温度を約 3 ms にわたり 2 °C/ms の上昇を伴いながら 10^{15} 個に達する中性子を生み出した；単一の事故または落下装置に物質が引っかかることも無かった．他の実験グループが水素化物を必要としていたことから，2 月に実験が中止され，引き続きその装置は解体された．ドラゴン実験は分裂間の生起時間および連鎖反応の指数的成長としてのパラメータを提供した．

爆縮の見通しが 1944 年の後半期と 1945 年の前半期を通じ増進した．ジェイムズ・コナントにとって，1944 年 7 月の悲観的な見方が取り払われ堅い楽観主義へと移行し始めた．10 月までに，1945 年 5 月 1 日の実験でレンズ装置が働くチャンスを 50:50 と彼は見なしていた，そして 6 月 1 日の実験では 3 対 1 のオッズ (odds)[*23] と見なした．上述の実験に関する 12 月 14 日の実験の時期にコナントは研究所を訪問していた，そしてその方法が巨大な困難さに直面しているものの相対的に高い効率（数パーセント）を与える可能性を有すると結論付けた：“3 月 1 日までには完遂するだろう今後の実験で，1945 年にこれを使うチャンスを示すことになるだろう”．爆縮爆弾が 850 トン TNT 等価に比べて低く，多分 500 トンでしかない収率と判断した．

1945 年初めまでの進展が，2 月 17 日に開催された技術及びスケジュール会合 (TSC) で実規模実験が展開され，それに向かっての作業スケジュールの決定である．実規模レンズ法は 4 月

[*23] 訳注：　オッズ（歩）：マネジメントの決定は，特定の事象 A が生起するであろう可能性に関するマネージャーの信頼度に基づいている．これは，与えられた仕事に対する賭け事のオッズ（歩）で表現されるところの経験を基礎とした専門家的判断の定量化されたものとしての予想であろう．3 対 1 の歩は，いわば確率 0.75 に相当する．通常，

$$\text{オッズ（歩 odds）} = \frac{\text{確率}}{1 - \text{確率}}$$

(John L. Jaech, *Statistical Analysis of Measurement Errors*, John Wiley & Sons, Inc., NJ, 1985：今野廣一訳，「測定誤差の統計解析」，丸善プラネット，東京，2007 の p. 4 より)

2日までに鋳物が入手出来き，多重点起爆装置のタイミング試験の実規模レンズ・ショットが4月15日までに準備出来る予定だった．4月25日までに，爆薬半球でのショットが準備される予定．起爆装置（デトネーター）は3月15日と4月15日の間にルーチン生産に入らなければならない．分裂性物質抜きであるが磁気的診断法を用いての爆縮実規模実験が4月15日と5月1日の間に行われるべきである．3月15日と6月15日の間に，プルトニウム球が製造され臨界性試験が実施されなければならない．実規模実験用爆縮レンズの製造は6月4日までに進行中で，爆縮用球の製造と組立は7月4日までに始めなければならない．実験自体の目標日は7月20日付けとして置く．

TSC会議の丁度11日後の2月28日，オッペンハイマーとグローヴズがComp Bとバラトール製の爆縮レンズを有するクリスティ・コア設計を暫定決定した．マンハッタン計画内の数多くの決定の特徴として，彼らの選択は賭け事だった：それまでに僅かな爆縮レンズが診断プログラムで試験されていただけだった．

7.12　トリニティ

実験指揮者，ケネス・ベイブリッジ (Kenneth Bainbridge) が編纂した公的に入手可能な報告書がトリニティ (**Trinity**) 実験情報の最も重要なソースである．実験直後に用意されかつ太平洋ビキニ環礁 (Bikini Atoll) で行った2つの実験から集めた情報で1946年に増補されたこの報告書は，1976年ロスアラモス報告書LA-6300-Hとして明確に公開され，現在ではオンラインで読むことが出来る．マンハッタン計画に対する真面目な学生読書用として供せられている．

爆縮法の不確定さが在るため，実規模実験のアイデアが1944年半ばでの自発分裂危機が想起される以前にかなり駆け巡っていたのだった．実用的“ガジェット”のための実験室規模実験と理論から莫大な飛躍が在るとの理由で実験が根源的であると認識されていた；敵中でファットマンの第1番目の実験を望んだ者は皆無だった，そこでもしも失敗したなら，敵は大量の分裂性物質を回収できるに違いないのだから．グローヴズ将軍は分裂性物質の無駄であると実規模実験のアイデアを認識していた，そして如何なる実験装置も連鎖反応を丁度開始するのに充分な量のみを含ませるように命じた．オッペンハイマーはこれに対して，そのような状況を達成するに必要な精確な物質量を決めることは実際上不可能であるとの理論根拠で異議を申し立てた．1944年2月16日，彼はグローヴズ宛に“爆縮ガジェットはそのエネルギー放出が最終的に使用される熟考中のものと比べられる範囲で実験しなければなりません”と強調する手紙を書いた．グローヴズが折れ，実規模実験の準備が1944年3月に始められた，オッペンハイマーがこの作戦を総覧するようにベイブリッジを任命した時である．

第1番目の問題は適切なサイトの選定だった．規準には，測定を容易にするための平坦さ，好適な気候，人口密集地域に過剰なフォールアウト (fallout) で被曝させることの無い風パターン，旅行が簡略的であるようロスアラモスから近いことが含まれていた．内務長官 (Secretary of the Interior) は実験のためにインディアンの立ち退きを要しない土地を望んだ，そしてグローヴズはその条件を上手に混合して付け加えた．ニューメキシコ州のリオグランデの東側荒野 Jornada del Muerto（“死の旅：Journey of death”）を含む4サイトが; コロラド州の1ヵ所；

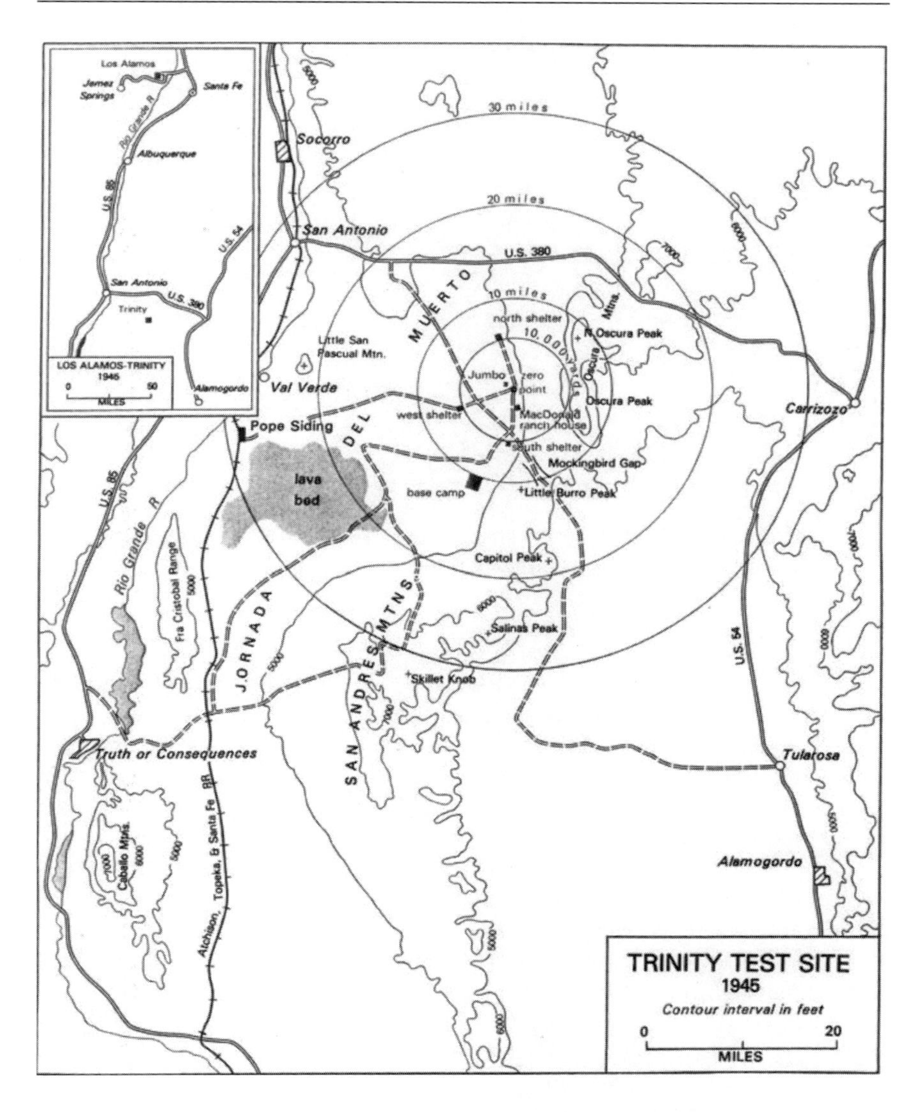

図 7.26 トリニティ実験サイト．V.C. Jones,「第 2 次世界大戦の合衆国陸軍：特別研究――マンハッタン：陸軍と原子爆弾」． 合衆国陸軍，軍事史センターの好意による

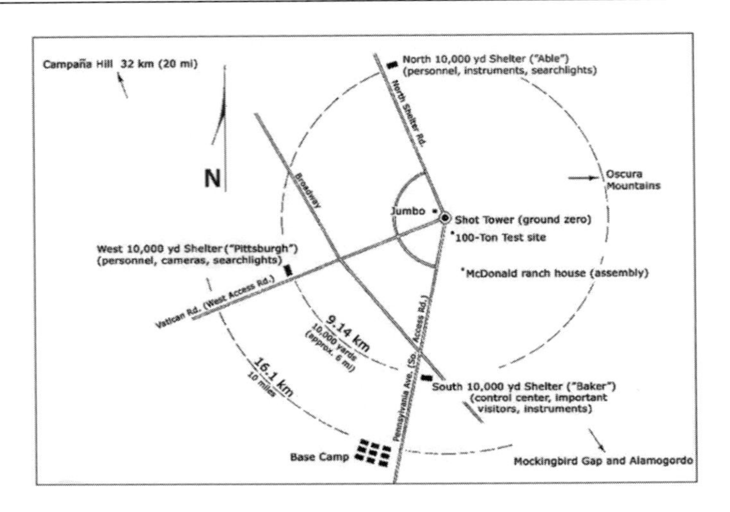

図 7.27 グランド・ゼロ地点の詳細地図． 出典 http://www.lahdra.org/pubs/reports/In%20Pieces/Chapter%2010-%20Trinity%20Test.pdf, based on Lamont (1965)

カリフォルニア州東部の Mojave 砂漠内の Rice の町近くを含むカリフォルニア州の 2 ヵ所；およびテキサス州海岸の砂洲 (sand bars off the coast of Texas) が検討された．Jornada と Rice に絞られ，Jornada（ジョルナダ）が勝ち抜いた．ロスアラモスに近いことが好まれたためだが，グローヴズが使用に関して接近を試みたのだが，ジョージ・パットン将軍によって使われている場所を理由に Rice の処を拒否されたことが不満だった．パットンは “私がかって会った人物の中で最も不愉快なヤツだ” とグローヴズが言ったとあるソースが引用している．

ロスアラモスから約 160 マイル (257 km) 南，ジョルナダ・サイトはアラモゴード爆撃区域 (Alamogordo Army Air Field) の北側 18 マイル (29 km)×24 マイル (39 km) からなるものだった．アラモゴードの町（2008 年の人口が約 36,000 人）は爆弾の地点から約 60 マイル南西に在る；ソコロ (Socorro) は北西約 35 マイルの処に在る（現在の住民は約 9,000 人）．この地域の夏季温度は毎日 100 °F (37.78 °C) を超える．実験当時，最も近接した住居地が約 12 マイルだった．戦争の前，その土地は家畜牧草地として利用されていたが，1942 年にジョージ・マクドナルド一家の 4 部屋の牧場家屋を陸軍がアラモゴード爆撃と砲撃区域の一部として充当した．その家屋はトリニティ爆弾用組立ステーションとして使用された；爆発によって若干損傷したが，グランド・ゼロの南西約 2 マイルに依然として立っている（図 7.26，図 7.27，図 7.28）．現在，1945 年当時の外観へ復元され，この家屋は年に 2 回の週末の間，旅行者に公開されており，そのサイトは通常，訪問者に公開されている．

不朽のミステリーが，サイトとその実験の両者の識別に用いられたトリニティの名称がどの

図 7.28 マクドナルド牧場家屋前の著者，2004 年 10 月

様にして生まれたのかだ．それが示唆された時にオッペンハイマーは不満を示し，そして共通の思索はジョン・ダン (John Doinne) の詩への彼の愛であると言った．ダンの祈りの詩 “私の心をうちつぶす” (Batter My Heart) の最初の 4 行を読んだ．

私の心をうちつぶす，あなたは 3 身の神よ
未だに，打ち，息づき，輝き，償いを求めはしない；
私は起き，立ち上がると，私を打ちのめし，そして従わせる
貴方の力は壊れ，吹き，焼き尽くして私を新たなものへと創り出す[*24]．

ダンは父 (Father)，子 (Son) と精霊 (Holy Ghost) としての神格のキリスト教信念を言っている[*25]．もう 1 つの思索はオッペンハイマーのヒンズー文化への関心から導かれたものだ，そこでのトリニティのコンセプトは 3 神を示している：創造の神バラモン (Brahma)，維持を司るヴィッシュヌ (Vishnu)，破壊の神シバ (Shiva) である．この宗教では，宇宙（ユニバース）は決して破壊されないものとして存在するものの，むしろ変わるものであり，核爆発を想起させる．

牧場家屋を除いて，そのサイトは完全な未開発状態だった．バラックのベース・キャンプ，士官達の本部，倉庫，修理工場，爆弾防護構造物，技術施設，基地食堂，他の支援施設をやがて 250 名以上に膨れ上がるスタッフに必要なものとして建設しなければならなかった．100 車両を超える車隊に沿って，20 マイルを超えるアスファルト道路と 200 マイルの電話線が供給されなければならなかった．オッペンハイマーは 1944 年 10 月 27 日にその建設計画を承認した，そして第 1 番目の住民，ハロルド・ブッシュ (Harold Bush) 少佐が率いる憲兵隊が 1944 年

[*24] Batter my heart, three-person'd God, for you
As yet but knock, breathe, shine, and seek to mend;
That I may rise and stand, o'erthrow me, and bend
Your force to break, blow, burn, and make me new.

[*25] 訳註： トリニティ（三位一体）：キリスト教で父（=神）・子（=キリスト）・精霊という三位はすべて 1 つの神の表れで元来一体のものであるとの教理．

図 7.29 トリニティ・ベース・キャンプ． **出典** http://commons.wikimedia.org/wiki/File:Trinitybase_camp.jpg

12 月暮に業務遂行のため到着した．ベース・キャンプは実験自体の場所である“グランド・ゼロ”の南（9.6 マイル）約 17,000 ヤードに位置していた．トリニティ爆弾は地中に 20 フィート近く埋めたコンクリート土台の高さ 100 フィート余りの鋼製林野局火の見やぐらに吊り上げられることになっていた．グローヴズは，ブッシュ，コナントおよびフェルミを含む様々に分けられた訪問者と伴にベース・キャンプから爆発を見守った（図 7.29）．

グランド・ゼロを中心に約 100 平方マイルの区域内は，実験サイトから全て 10,000 ヤード離れた大雑把に北側，西側と南側に 3 つの計測ステーションが置かれていた（図 7.27）．南ステーションは司令センターとしても用いられた，そこには自動的発射シーケンスを起動する最終的スイッチが置かれていた；オッペンハイマーはこの場所から観察した．実験の時期には，全てのシェルターが爆弾の爆発に至るまで科学者達の管理下にあった，当時必要ならば撤退命令を承認する医学博士を命令は通過していた．北側，西側，南側シェルター担当の科学者達は各々，ロバート・ウイルソン，ジョン・マンリー，ロバート・オッペンハイマーの弟のフランクだった．爆弾開発で参加したのだがカウント・ダウン観察中司令ステーションで必要としない個人は，北西ほぼ 20 マイルに在る Campañia Hill の上の見晴らしのきく地点からこの光景を眺めた．このグループにはハンス・ベーテ，ジェイムズ・チャドウィック，アーネスト・ローレンス，エドワード・テラー，ロバート・サーバーの著明者達が含まれていた．

実験を観察した正確な人数は報告書となっていないが，フィルム・バッジの計数からほぼ 350 名が 1945 年 7 月 16 日（実験当日）にサイトにいた．トリニティを観察しなかったマンハッタン計画の偉大なプレーヤーの 1 人がアーサー・コンプトンだった．オッペンハイマーが彼に招待状を送っていた：“15 日後は何時でも我々の釣り旅行 (fishing trip) に行く最良の時です”と．コンプトンは参加しないことに決めた，そして冶金研究所で何の疑問も持たなかった，しかし実験後にオッペンハイマーが彼に報告した：“我々が非常に大きな魚を捕まえたことを知ることに興味をおぼえることでしょう”と*26.

1945 年初めまで，トリニティ準備が非常に複雑となって来たのでオッペンハイマーは爆縮プログラムの執行管理を与える“カウボーイ委員会”(Cowpuncher Committee) を指名した——それを“馬で巡回しながら見張る；監督する”(ride herd) ために．カウボーイは研究所の科学と経営の首脳で構成された：オッペンハイマー，ベイブリッジ，ベーテ，キスタコフスキー，パーソンズ，バッチャー，アリソンとクリル・スミス (Cyril Smith)．最初の委員会を 3 月 3 日に開き，イニシエーター開発，爆薬，レンズ鋳型調達を最高優先度とすることを承認した．

実規模実験に先行しての実験試行手順と計測器校正のため，リハーサル実験が 1945 年 5 月 7 日のほぼ 4:30 a.m. に行われた．これはトリニティ・タワーが立つであろう場所から約 800 ヤード南東に在る高さ 20 フィートの頂点に載せた 108 トンの高性能爆薬の爆発であった．この爆発の高さは任意では無かった．当時，トリニティ収率の最良予測は約 5,000 トン TNT 火薬と等価とされていた．核爆発収率 E から距離 d 離れた観察者に対し，初期衝撃波背後の空気圧が $E^{2/3}/d^2$ に比例することを理論解析が示していた，それでトリニティで計画された高さ 100 フィートでの爆発と予想される収率に案分比例し，108 トン詰の重心を地表高さ 28 フィートに置いた（衝撃波が通過中のピーク圧力のコメントは 7.13 節を参照せよ）．トリニティの収率は 5 キロトンを大きく超えることが証明されることになる，しかしながらそれは実際の実験で当惑させられた多くの記録装置での結果なのだ．監視計測器類もまた案分比例距離に設置された．核爆発で予想されるフォールアウト（降下物）パターンの低いレベルでのシミュレーションを起こすため，ハンフォード燃料スラグからの分裂生成物を含むチューブが TNT の中に埋め込まれていた．これらはベータ線 1,000 Ci とガンマ線 400 Ci を供給するのに充分だった．TNT 爆発は手順に対する有効な試験であることを証明し，実際の実験前に解決が必要な

---

*26 訳註： U-235 の 1 kg には $5 \cdot 10^{25}$ の原子核が存在するから，全てのキログラムを取出す (to fish) には，約 $n = 80$ 世代（$2^{80} \approx 5 \cdot 10^{25}$）が必要とされる．

第 1.3 節の第 2 段落は注目に値する間違いがある．ウラン 1 kg の原子核数は $5 \cdot 10^{25}$ では無い．密度 19 g/cm^3 を有するウラン金属では，それらは $2.58 \cdot 10^{24}$ である；$5 \cdot 10^{25}$ は $2.58 \cdot 10^{24}$ の 19 倍となる，そしてその核子は 1,000 cm^3 に在る数であって，1,000 グラムの中に在る数では無い．他方，2^{80} は $5 \cdot 10^{25}$ では無くて，$1.2 \cdot 10^{24}$ である．それで 80 世代は依然として正解である（もしもあなたがそれについて気難しさを望むなら 81 世代）．分裂は約 10^{-8} 秒で起きるから，80 世代では 0.8 マイクロ秒を経過する：ウラン 1 kg の核分裂に百万分の 1 秒よりも少ない所要時間を要する．

これらノートで私は動詞“分裂する”(to fission) を用いた．プライマーでは動詞“取出す，魚をとる”(to fish) を我々は使用した．それは新しい我々の仕事が何なのかをいくらか示している．オットー・フリッシュとリーゼ・マイトナーは，その新しい核反応を 1939 年に彼らが確証した生物学からの用語を借りて“分裂”(fission) と名付けた．我々はその名詞を動詞形では取り扱っていなかった．“取出す，魚をとる”(to fish) は定着しなかった．今日では我々は“分裂する”(to fission) と言う，しかしその発音は維持した：それは“*fishin*”であって，“*fizj-un*”ではなかった．

[pp. 11-12]（ロバート・サーバー，「ロスアラモス・プライマー：開示教本「原子爆弾製造原理入門」」，今野廣一訳，丸善プラネット，東京，2015. より）

数多くの課題を示した．これらの幾つかは，計測ケーブル類のインターフェースのような技術的なもの，他方は配置された計測器全てに電気を供給するに充分なバッテリーの供給失敗のような一層単調なものだった．多分，最も重要な練習は実験区域に導入されないだろう装置類のデータを切ってしまうことだった．もう1つは爆弾組立中タワーでののぞき込み (kibitzing)（horseplay：騒々しい遊び）の禁止であった．

トリニティ実験の最も深刻な問題の1つが“ジャンボ” (**Jumbo**) プログラムだった．爆縮に対するチャンスはわずか (slim) と見えた時，核しくじり（fizzle：あっけなく立ち消えに終わる）の事象で，プルトニウムを回収出来るために，高爆発力を閉じ込めるある種の容器内で爆発を作動させるのが賢いように思われた．要求された圧力は60,000ポンド/平方インチまたは約4,000気圧と推定された．検討されたスキームの1つは，高性能爆薬の50-100倍重い水タンク中に爆弾を吊るすことだった．このスキームの欠点はもしも容器が維持され，その反応を止める中性子吸収ホウ素が加えられずに，爆発が超臨界で生じたときに凝集蒸気中にプルトニウムが分散されることだった．可能に見える唯一のオプションは強力な容器内で爆弾を作動させることだった．これが爆弾が内部に設置される重い鋼製シリンダー，ジャンボの設計と調達へ導いた；ケネス・ベインブリッジによれば，“爆縮爆弾成功への研究所の望みの中で我々の多くはジャンボを物理的表明の最下位と位置付けていた．それは常に付きまとう悩みの種 (a very weighty albatross around our necks) だった” と．

ジャンボの設計はキスタコフスキーのX部門技術グループに任された．1944年5月初め，縮尺モデル“ジャンビノス” (Jumbinos) が実行可能性試験に供せられた．その最終情報で，重さ214トン，長さ28フィート，内径10フィートのジャンボは厚さ14インチのシェルとコスト1,200万ドル（2013年価格で15,000万ドル）を有するものだった．オハイオ州のBabcock and Wilcox Corporationで製造された巨大ベッセルは，ミシシッピー河でニューオリンズまで下る旅を含む遠回りのルートで特製平坦車（それ自体の重量が157トン）上に積載され鉄道で1,500マイル運ばれた．ジャンボの鉄道の旅はグランド・ゼロから30マイルの待避線で終わった．そこから実験サイトまで73トン，64車輪トレイラーで3マイル/時の速度で引っ張られた．しかしながら実験の時期までに爆縮成功の信頼性が一層大きく成り，さらにジャンボの期待需要が消えてしまった．また実験で計測計器類をベッセルに接続させる上での心配があった．この計画は放棄され，ジャンボは爆発地点の北西800ヤードのタワーの上に立った．タワーは蒸発してしまったが，ジャンボは生き残った．ニューメキシコの空の中の放射性降下物が数トンであった結果と，破片の大きな塊を遠くへ飛ばしたことに使われた．端部が無い（幾つかの情報によれば，吹き飛ばされた）残されたジャンボの100トン・ボディで，その内部に1人が立つには充分な程大きく，7月16日の朝に在ったところに現在も横たわっている（図7.30）．端部の1つはSocorroの旅行者アトラクションとして現在提供されている．

トリニティ実験は多分当時の歴史上で最も多くモニターされ撮影された科学的実験であった．物理学者達が実験を終了させないよう提案したのだが，実験に至る数週間が買い物する褒美として与えられ，全ての提案は，基本的（効率，突風圧力，爆薬性能），望ましい（火の玉写真と解析，周囲土壌の動き）または必要無しと区分する制限文書検証委員会へ渡さなければならなかった．実験は爆弾作戦に影響を及ぼさなかった，そして組立，リハーサルおよびデバッグの時間を残すために実験日時を4週間以内で設置することで実験無しが許された．提案者達

図 7.30　左 1945 年のジャンボ．出典　http://commons.wikimedia.org/wiki/File:Trinity_Jumbo.jpg. 右 トリニティのグランド・ゼロから 800 ヤード離れた処に在るジャンボ 100 トン・ボディ内側の著者（明るいシャツと帽子）

には，推定マンパワーの要求，校正，必要な信号線，駆動機構，作業時間を含むダースを超える質問への回答を提出するように要求された．

実験の 6 チーフ・グループが編成された：爆縮診断；エネルギー放出量の測定；損傷，突風と衝撃；一般的現象；放射線測定；気象学である．これらのグループ内には，爆発の想像出来るどの局面も測定するよう設計された数ダースの個別実験が展開されていた．未完成リストに含まれているのは，起爆装置（デトネーター）同時起動；高爆薬の爆縮を介しての衝撃波の伝播；分裂速度の成長；ガンマ線；中性子；分裂生成物；大気圧効果；地震擾乱；地殻変位；構造材の燃焼である．50 種類を超えるカメラが使用された，単純なピン・ホール・モデルから 10,000 コマ/秒まで高めることが出来るモーター駆動ユニットまで；100,000 の各々の現像物が得られた．スペクトログラフ・カメラが火の玉から放射された様々な波長の光を記録した．サイトの周りに分散して置いた保護管中の金箔が中性子衝撃に依り放射化し，そして中性子束の強度を示す[*27]．土中の核分裂断片 (fission fragments) は底がトラップ・ドアを持つ鉛張りタンクから集められる；そのような分裂断片は爆弾効率の価値ある情報源となった．爆発によるエネルギー放出の測定のため圧力計が配置された．装置の幾つかは衝撃波で破壊されてしまうことも認識していた，そして爆発とそれらの破壊の時間でデータを送るように設計されなければならなかった．全て，500 マイルの電線とケーブルがこの実験のために設置された．

グローヴズは取り分け空中と地表水準の両者からの衝撃測定を得ることに注意を払った．自記気圧計 (barographs) が距離 800 ヤード，1,500 ヤード，10,000 ヤードと爆発サイトから 50 マイルから 100 マイルに配置された．これらのユニットは 2 つの目的で供された：これらデータが戦闘爆弾の爆発高度を設定する案内をするだろうと，そしてグローヴズは実験から引き起

[*27] 訳註：　金箔の放射化：${}^{197}\mathrm{Au}\,(n,\gamma)\,{}^{198}\mathrm{Au}$ 反応で生成された ${}^{198}\mathrm{Au}$ は半減期 2.7 日の β^- 崩壊と伴に γ 線を放出する．この γ 線強度と金箔の中性子吸収断面積を用いて，中性子束を求める．

こされる損傷訴訟の場合の証拠としてデータを欲したのだ．放射線露出記録を得るため，地方の郵便局を通じてダミーの住所にフィルムが郵送された，そして後日情報士官 (intelligence officers) によってピックアップされた．最後の瞬間に牧場と町々の疎開の必要性が証明されるのではないかと危惧し，グローヴズも実験場の北側に 160 人のセキュリティ分遣隊を配置した．

サイトでの労働時間は屡々 18 時間まで伸びた．6 月 9 日，カウボーイ委員会は最速での実験可能日として 7 月 13 日金曜日を，可能性のある日として 23 日を設定した，この最速可能日が 7 月 16 日月曜日に改訂された．政治的理由で（下記参照），グローヴズは可能な限り早期の実験を望んだ．オッペンハイマーは 14 日でも可能であると考えていた，しかし 16 日に据えたのだった．7 月 2 日，**トリニティ**装置用プルトニウム・コアの半球が完遂した，そしてモックアップ装置の 4 分の 1 が組立てられ臨界性の確認を受けた．6 日に**トリニティ**のウラン・タンパーが加工された，10 日には入手出来たレンズ鋳物の最良品を選択した．

気象条件は実験スケジュール設定での特別な関心事であった，そしてマンハッタン計画気象予報者として働く者の物語で，同一環境が異なる観察者達によって如何に大きく異なるものに結び付けることが出来るかとの興味引く事例を作り出した．マンハッタン計画の気象学スーパーバイザーはジャック・ハーバード (Jack Hubbard) だった，カリフォルニア工科大学から加わっていた．携帯気象ステーション，野外レーダー・セット，異なる高度での温度と湿度の読み値を与えてくれる装置，気球と地元と国の記録で装備し，ハーバードの最初の責務の 1 つが 100 トン実験の日付選択だった，彼は最適な日付として 4 月 27 日と 5 月 7 日を同定した．後者が選択され彼の予報が正確であると証明された；気象予報サービスは実験の日が快晴 (excellent) であったとベイブリッジが述べている．しかし，南西部の 7 月の気象は 5 月の気象に比べてさらに不安定になり得る，と．

トリニティ実験に対して，物理学，気象学と政治が飛びぬけて衝突した，そして異なる報告がハーバードの働きと衝突する評価として差し出された．様々な実験グループの要求は取り分け一致させることが不可能だった．幾つかのグループにとって，実験前の雨は気にするべきものでは無かった，しかし他のグループでは，もしも乾燥させる時間が無いならば計測用ケーブルの使用不可を導くかもしれないのだ．12 日と 14 日が第 2 番目の選択と伴に，ハーバードの最初の選択日付は 7 月 18-21 日だった，そして 16 日だけが可能な日付だった．しかしながら爆弾が準備出来るであろう最早日付である理由から 16 日が好まれた，そしてグローヴズも可能な限り直ちに実験を遂行するように強い圧力をかけていた．トルーマン大統領は，欧州の戦後占領軍の配備と日本に対する戦争遂行に関するウインストン・チャーチルとヨシフ・スターリン (Josef Stalin) との折衝のポツダム会議のため 7 月 16 日から 8 月 2 日までドイツに滞在予定であった．会議は最初 7 月 6 日開始と設定されていたが，トルーマンがロスアラモスにもっと時間を与えようと開始日を 15 日へ延期するように求めたのだった．英国とカナダは 7 月 4 日の合同政策委員会 (**CPC**) 会合で米国が爆弾を使用する意図があると伝えられていた．

戦略的状況は複雑かつ流動的だった．日本本土南部への米国・英国の 11 月 1 日侵攻計画はかなり早く用意された．ソヴィエト連邦はドイツ降伏後 3 ヵ月以内に日本との戦争に入ることを約束しており，そのドイツの降伏が 5 月 8 日に宣言されていた．もしもソヴィエトが日本との開戦を宣言したなら，彼らは領有権 (territorial claims) を主張するにちがいない，米国と英国の指導者達の立場はそれを除くのを好んだ．実験成功が米国と英国の交渉者達の手を強くすることになり，日本を降伏させる最後通告 (ultimatum) として利用できるのだ．事が始まった，ソヴィエトは彼らが約束した最終の日，8 月 8 日を守ったのだ，それは廣島と長崎への原爆投下の日時の間の日だった；ソヴィエトの領有権は幾らか小さく制限された日本の島々で終えた．

ハーバードの手で決められた実験日だったが，最良として決めたのではなかった．6 月 25 日より先，ベース・キャンプとグランド・ゼロの気象観測ステーションで毎時間観測が記録された．7 月 6 日，ハーバードがその地域は停滞する熱帯性大気団に覆われるだろうと予報した，これが部分的に正しかったことが証明された．16 日にむけて実験がセットされた日に覚えとして，日記へ記録した：“激しい雷雨期間のど真ん中だ，これを行うのはどんな野郎なのだ?” と．

放射性降下物が居住地域へ運ばれる可能性について心配されておらず，最も強く考慮した気象は風と雨だった．南南西の風が降下物（フォールアウト）を北東方面に吹き流すとして好まれた．15 日朝，翌日 14,000 フィート以下で東から西への穏やかな変化する風が，15,000 フィート超えたところでは南南西の風とハーバードが予報した．彼が明らかに予報しなかったことは，スケジュールされた時刻の 2 時間前，16 日 2:00 a.m. 頃にその地域に移動してきた強力で局地的な激しい雷雨だった．

ロバート・ノリスはハーバードの物語を異なる視点から説明した．ハーバードが獲得された時，その業務の目的が示されなく，カルテック (Cal Tech) が “劣性の” (lesser-qualified) スタッフの 1 人を選任したということである．この物語のこの改訂版では，グローヴズは実験が近付くと明らかにこのことを認識し始めた，そして航空部隊気象学者のベン・ホルツマン (Ben Holzman) 大佐を連れてきてしまった，彼はノルマンディ上陸の D-Day の選択に参加していた．ハーバードは精確な長期予報を行ったが，彼が正しくなかった唯一の時は “計数されたその 1 日” だけだとグローヴズが回顧録の中で書いていた．グローヴズは自分自身の予報を信じることにして，天気予報官達の実験前の数時間の予報を退けたと言っている．

リハーサル実験が 7 月 8 日，12 日，13 日と 14 日に実施された．トリニティのプルトニウム半球はロスアラモスから車でサイトへ 11 日に運ばれ，始動装置がその翌日に届けれれた．高爆発構成部材の最終組立てがロスアラモスの遠隔地サイトの 1 つで 13 日に行われ，その後日にトラックでサイトへ運ばれた．磁気法試験射撃が 14 日に行われた時，爆弾が有効な性能を持たないと思われて，研究所のムードは沈滞してしまったのだが，その解析は無効とされ，許容受入れ可能な始動装置 (detonator) 対称性が実際に達成されたことをハンス・ベーテがその日のうちにデモンストレートして救ったのだった．詩の一節がこの時の雰囲気を捉えている：

> 不発弾を産んだこの粗野な研究所から
> 彼らの首はトルーマンの斧で斬首されてはいない
> 見よ，陣容を整えた学者達が立っているではないか
> そして火を噴いた失敗作は世界中へ轟かせた[*28]．

トリニティ装置の最後の組立は，100 フィート・タワーの土台上のテントの中で，7 月 13 日

[*28] From this crude lab that spawned a dud
Their necks to Truman's axe uncurled
Lo, the embattled savant stood
And fired the flop heard round the world.

図 7.31 1945 年 7 月 15 日の実験タワー頂部のトリニティ装置，ノーリス・ブラッドベリー (1909-1997) と伴に．途中の箱型装置からの供給ケーブルが本書で述べた爆縮レンズ始動装置に繋げられている． **出典** http://commons.wikimedia.org/wiki/File:Trinity_Gadget_002.jpg

金曜日の午後 1 時に始められた．それらが幸運をもたらすよう願いを込めて，その日付と時刻はジョージ・キタコフスキーが選んだ．午後 3 時の丁度後，コア集合体を高爆薬内へ挿入する準備が整った，しかし引っかかりが生じた．コア自体の内部で起きているアルファ崩壊熱と砂漠気候で暖められた金属製プルトニウム・コアがより冷たい高爆薬集合体の中へピッタリとはまり込むことが出来ないのだ．2 分間の間接触から離し，熱的平衡にそれらを持って行き，コアをあるべき場所へ滑り込ませた．爆弾内部機構組立てが 5:45 p.m. までに完了し，翌日の始動装置と発射電気回路の装備準備のためその集合体がタワーの頂部に引き上げられた．爆弾を引き上げた際，マットレスの保護ベッドが爆弾の下に敷かれた．7 月 15 日の日曜日は最終検査のために確保されていた（図 7.31）．

ベインブリッジ報告書には，この実験の詳細スケジュールが含まれている．部材の精確な位置決めと取扱いに関する議事録中に，“夜中のテントの中での作業にはライトが入手出来ることが必要である” や “G 技術者の足台を持ち出せ” というようなうんざりする事が見いだされる．7 月 15 日の日曜日に対して，スケジュールのエントリーは “ウサギの後ろ足[*29]と四つ葉のクローバーを探せ，我々は牧師をここに何故連れてこなかったのだ? 検査のための時間は 0900 から 1000 まで可能だ” と読める．7 月 16 日のエントリーは “月曜日，7 月 16 日，0400 轟音!”

[*29] 訳註： rabbit-foot：ウサギの後ろ足（幸運のまじないとして持ち歩く）．

とだけ読める.

その爆弾に参加した最大のグループがベイブリッジを長とする兵器班だった，爆弾が南10,000ステーション[*30]から起爆出来るようにタイミングとアーミング・スイッチを作動させるために15日夜のほぼ10:00 p.m.に取り掛かり，そしてドナルド・ホーニング (Donald Horning) が受け取るのだ，彼は早くからタワーに登り，作動のための実際の起爆回路のスイッチを切り，爆弾の上をガードするために立っていた．ホーニングの話：

> オッペンハイマーは本当に恐ろしいほど慌てていた… サボタージが容易だろうと．それで彼は誰かが発射する瞬間まで子守りをするのがベターだろうと考えた．彼はボランティアを探し，現在居る若いやつとして私が選ばれた．何故そうなったのか，私が最も消耗品的だったのか，100フィート・タワーに登ることの出来る最適者なのかを私は知らない．その時までに，狂暴な激しい雷雨と軽い嵐が在ったのだ.「**砂漠の島，デカメロン**」(Desert Island Decameron) の本を持って私はそこを登り，爆弾の在るタワーの頂部に登った，全てが結線されており準備が出来ていた．小さい金属製掘立小屋，1側面は壁無し，ほかの3面は窓無し，60 W電球と爆弾横の私が座るたった1つの折り畳み椅子，そこに私は居たのだ! 全てが電話のみだった．私自身を守る装置を持っていなかったのだ．私がすることになっているのが何であるかを私は知らない．インストラクションが皆無だったのだ! 落雷がタワーを襲う可能性が私の心の大部分を占めた．しかしそこは非常に濡れていた，そして奇妙にタワーが巨大な避雷針のように働き，電気は直接下って濡れた砂漠の中に逃げてしまうのだ．このケースでは何も起きない．他のケースでは爆弾を外さなければならない．そしてそのケースでは，私はそうすることを知らないのだ! それで私は本を読み始めた.

実験の時まで，ハーバードは2日以上眠っていなかった．気象会議が16日の2:00 a.m.に開催され，コンディションは夜明けには許容できるまでになると予想した．ホルツマンが明らかに合意した，そしてその起爆時刻が5:30と設定された．間違いなくやれよ，“さもないと縛り首だ”と言いながら，ハーバードが彼の予報に署名するようにグローヴズは命じた．そして，グローヴズはニューメキシコ州知事を電話に呼び出し，州中央部の全体に厳戒令を敷くことになるかもしれないと伝えた．しかしながら，重要なことに，実験のための風とは，希望としてのものだったことだ.

ベース・キャンプでエンリコ・フェルミは，爆弾が大気を発火させることが出来るか否か，もしそうならば，それがニューメキシコ州だけなのかまたは世界全体を破壊尽くすのかとの自分自身の賭け事で頭がいっぱいになった；もしも空気中の窒素が発火したとしても，それは約35マイルまでに過ぎない．依然として価値ある実験との意味で，爆弾が爆発するか否かに差異は無いと彼は付け加えた．フェルミの話しをグローヴズは面白がらなかった，しかし爆弾が爆発するか否かについては賭け事ムードの1つだけだったわけでは無かった．物理学者らは爆弾の収率についての共同出資（プール）を募った．賭け金1ドル毎で．エドワード・テラーは楽観的で45キロトンと賭けた；ハンス・ベーテが8キロトンに決めた．オッペンハイマーは200トンを選び，爆弾が全然働かなかった場合のキスタコフスキーの1ヵ月分の給料に対して10

[*30] 訳註： 図7.27のSouth 10,000 yd Shelterのこと．実験のコントロール・センターだった.

ドルの二次的賭けをした．プールの勝者はI.I. ラビだった，低い数値を選択するにはあまりにも遅れて到着したものだから，18キロトンに決めなければならなかった；彼は102ドルを自宅に持ち帰った．他の連中は異なる心配を持った．“私の個人的悪夢はもしも爆弾が爆発しないまたは遅発 [起爆と爆発間の遅れ] したならば，実験の長としての私が最初にタワーへ向かい，何が悪かったのかを見つけ出さなければならないことを知っていることだった”とケネス・ベイブリッジが後日に書いていた．彼のパートである，オッペンハイマーは取り分けナーヴァスな病人だった；水ぼうそうを患っている間に30ポンド (13.6 kg) も痩せた；6フィートを超える身長にもかかわらず，体重はたったの約115ポンド (52 kg) でしかなかったのだ．

S-10,000のコントロール・バンカー (control bunker) 内部では，緊張は際立っていた．グローヴズの副官，トーマス・ファレル (Thomas Farrell) 准将が語ったことは：

> シェルター内部のシーンは言葉に尽くせない以上にドラマチックだった．シェルターの中と周に最後の瞬間をアレンジすることに関係しているり20人余りの人々が･･･爆発に先立つてんてこまいの2時間の間．グローヴズ将軍は所長とともに留まった，彼と一緒に歩き，彼の興奮を静めていた．都合が悪いことが起きたとの理由で，毎回，所長は爆発するかのようだった，グローヴズは彼を連れ出し，雨の中を彼と一緒に歩いた，全てが上手く行くと彼をカウンセリングし元気づけたのだ．

グローヴズは爆発の20分前にベース・キャンプに向かうため去った．彼とファレルが危険要素の存在する場所で状況を一緒に過ごしてはならないと指令していたのだった，両方の場所とも間違いなく危険要素が存在していたのだが．

最終のカウントダウンが5:10 a.m.に始まり，サムエル・アリソンによって指揮された．Tマイナス45秒で，兵器班物理学者，ジョセフ・マッキベンがドラム回転式の自動タイマーと時間敏感機器をトリガーするピン駆動スイッチを起動する最終スイッチをセットした．ドナルド・ホーニングが実験を中止出来る唯一の方法である最終切断スイッチの配置員だった．

そのシェルターで連邦時刻サービス・ラジオを聴くのが困難だったとの理由で，トリニティ装爆発の正確な時間は近似としてのみ知られている．ベインブリッジ報告書には最良推定値として5:29:15 a.m. プラス20秒マイナス5秒の値が与えられている．ベース・キャンプでの観察では，タワーから離れる方向に顔を向け地面に伏せるようにし，爆発波が通過してしまうまで立ち上がらないようにと命令されていた，ファレルが言うには：

> 時間間隔が小さくなるにつれて･･･とんとん拍子に緊張が増した．オッペンハイマー博士の肩にはかなりの重荷がかかっていたが，最後の数秒は，取り分け緊張の度が高まった．彼はようやく息をついているという有様だった．体を支えるために柱にもたれかかっていた．最後の2，3秒間，彼はまっすぐ前方にじっと目を凝らしていた，そしてその時に‘今だ!’とアナウンサー [アリソン] が発した，そしてこの途方もなく大きな光の爆発が，直ぐ後に続く爆発の低音でごろごろと轟く爆発音とともに来た，彼の表情はリラックスへと変わり途方もなく大きな救済を顕わしていた．シェルターの背後に立ち，光の効果を観察していた数人が爆発で倒されてしまった．
>
> 室内での緊張がゆるみ，お互いにお祝いを述べ始めた･･･キタコフスキー博士は･･･オッペンハイマー博士に両腕を回し，大喜びで抱きしめた．

この爆発の記述には数多くの本が出版された，その中の幾つかをここで示そう．最も驚かさ

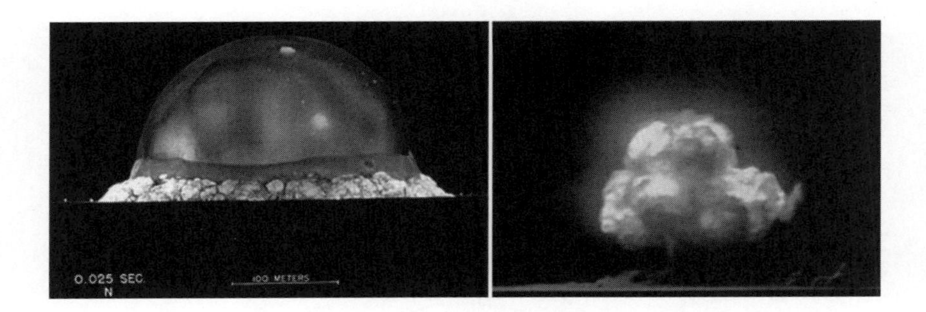

図 7.32　左 原子力時代に突入した 25 ms でのトリニティの火の玉．右 数秒後のトリニティのマッシュルーム（キノコ）雲．出典　http://commons.wikimedia.org/wiki/File:Trinity_Test_Fireball_25ms.jpg; http://commons.wikimedia.org/wiki/File:Trinity_shot_color.jpg

れるものの 1 つが敬虔なクリスチャンであるファレルによってもたらされた，彼のグローヴズへの報告：

> 効果は前代未聞の壮麗で，美しく，驚嘆すべきものでそしてぞっとさせられると称して良いものです．そのような人類が作り上げた巨大なパワーは過って無かった．この照明効果は叙述的描写を求めました．昼間の太陽の数倍もの強さの灼熱光で全土を照らしました．それは黄金色，紫色，青紫色，灰色，青色でした．近くの山々も山頂，クレバス，尾根を記述出来ない想像物に違いない程に，はっきりと美しく照らしました．それは偉大な詩の夢のように美しいのですが，言葉にすると貧弱でそぐわないものになってしまいました．爆発音の 30 秒後，殆ど同時に強力で，継続的，恐ろしげにごろごろと轟きを従えた，最初の爆風が人々と物を激しく圧した，それは世界の終わりの日 (doomsday) を警告し，我々ちっぽけなものが，今まで全能の神 (The Almighty) に残しておかれたその力で生意気な画策をし神をないがしろにしてしまったことを我々に感じさせるものでした．物理学的，精神学的，心理学的影響に存在しないことを告げる仕事にとって言葉は不適切な道具でしかないのです．

ファレルは実験後直ちにグローヴズに “戦争は終結する” とコメントした．グローヴズが “そうだ” と答えた，“直ちにこれらの 1 つまたは 2 つを我々が日本に落とすとことだ” と（図 7.32）．

ベース・キャンプでは，エンリコ・フェルミがエレガントな単純実験で爆風の強さを推定した：

> 爆発はおよそ 5:30 a.m. に行われた．黒い熔接用ガラスをはめ込んだ大きな板で私の顔は保護されていた．爆発での私の最初の印象は非常に強い閃光と露出している私の身体の一部への熱の感覚だった．私は直接対象物を眺めたわけでは無いものの，完全な昼

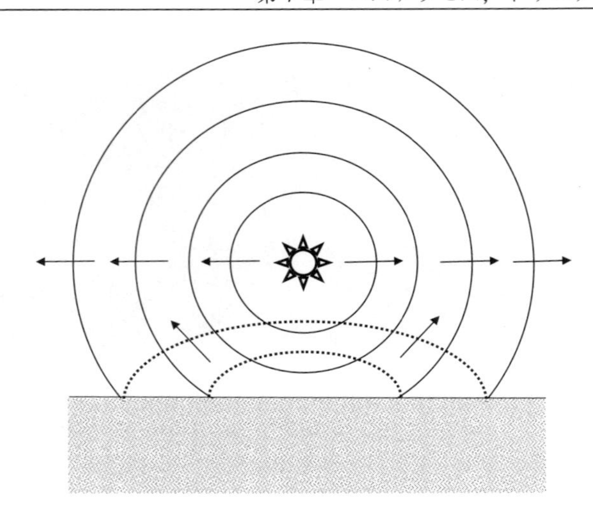

図 7.33 反射衝撃波形成の模式図．Glasstone and Dolan (1977) より採用

光線に比べて片側が突然明るくなったとの印象を持った．私は徐々に爆発の方向を黒いガラスを通して眺め，直ちに昇り始めた火炎の塊のような何ものかを見ることが出来た．数秒後に，昇る火炎の明るさが失われ，多分高さ 30,000 フィートのオーダーの雲を超えて急速に昇る巨大なマッシュルームのように膨張した頂部を有する煙の巨大な柱が現われた．その最高高さに達した後，その煙は風がそれを消し去るまで暫くの間定常的に留まった．

爆発後約 40 秒で爆風が私のところまで達した．爆風が通過する前，通過中，通過後に約 6 フィートの小さな紙片を落として爆風強度を推定する試みを行った．その時刻，無風だった，爆風が通過している間に落下過程があった紙片の変位を明確かつ実際的に測定した．その変位は約 2.5 m だった，その時に，10,000 トン T.N.T が作り出す爆風に相当すると私は推定した．

ケネス・ベイブリッジがこの実験を “邪悪で恐ろしい見世物” として説明した．衝撃波の通過後，ベイブリッジがオッペンハイマーを祝福し，彼に言った：“これで，我々全員悪党だ（サン・オブ・ビッチ)” と．ベイブリッジの検証が最良だったと実験後に皆が言っていたと 1966 年にオッペンハイマーはベイブリッジの娘に話したと，ベイブリッジが 1975 年の回顧録の中で触れた．

Campañia Hill の上でのハンス・ベーテ：“それは巨大なマグネシウムの炎のように見え，1 分間も続いたように思われたが，実際は 1，2 秒だった．白球が成長し，数秒後には地面からの爆発によりかきたてられたダストで覆われ，背後にダスト粒子の黒い尾を残した．遅く感じられるその上昇速度は 120 m/s だった．0.5 分を超えた後，炎が消えて，白く輝いていた球は鈍い紫へと変わった．球は上昇を続け，同時に広がり，地表から 15,000 フィート上空の雲を突き抜けてその上までに達してしまった．その色から雲とは明確に区分出来た，そして地表から 40,000 フィート (12,160 m) の高さまで続いていた”.

ベース・キャンプでのジェイムズ・コナント：“全空を覆うと感じられた白色光の爆発が来た時，数秒で終わりになると感じられた．私は比較的急速な明るい閃光を予想していたのだ．光の巨大さ（enormity：大罪）とその長さでぼうぜんとなった．何か悪いことが起きるのではないのかと過って議論したことのある可能性について，かつ数分前に冗談で触れた核熱の大気中への遷移が実際に私の即座の反応として頭を横切った”.

ベース・キャンプでの I.I. ラビ：“夜明け早く，我々は非常に緊張してそこに横たわった，そして東側に数本の金の棒が在った；周囲は非常に薄暗かった．その 10 秒は私が経験したことの無い最も長い 10 秒だった．突然，巨大な閃光が在った，私が過って見たことも無いし，また誰も見たことが無いと私が思う，最も輝く光だった．それが爆発した；それが急襲した；それが君を介してその正しい道に穴をあけたのだ．それは目で見るシーンを超える幻覚 (vision) だった．永遠の終わりに見えた．それを止めたいと君は望むだろう；最後の 2 秒なのだが．結局はオーバーとなった，時間が僅かとなり，爆弾が在る場所の方向を眺めた；回転しながら成長続ける巨大なボールが在った；黄色の閃光から真紅と緑へと変わり，大気中に立ち上がった．それが我々へ向かってくるように感じられた．新たなものが正に誕生してしまったのだ；新たな制御；人類の新たな理解，それらを人類が自然を超えて獲得してしまったのだ”.

ベース・キャンプでのエミリオ・セグレ：“非常に濃いガラスをつけていたにもかかわらず，信じられない程の明るさで空全体が閃光されるのを我々は見た ⋯ 1 秒未満で，太陽が造り出す充分な光を浴びたのだ”．彼が後日に書いたフェルミの伝記の中で，セグレが書いている，“その目的が恐ろしく怖がらせるものであろうとも，それは歴史上の偉大な物理学実験の 1 つだった ⋯ この偉業は今後長く，人間の努力の偉大な記念碑として高く聳え立つものであろう”.

コントロール・シェルターのノリス・バドベリー：“その発射は本当に畏敬の念 (awe-inspiring) を起こさせた．人生のたいていの経験はそれまでの経験によって理解出来る，しかし原子爆弾はいかなる人のどんな先入観念にも一致しなかった．その最も驚かす様相はその強力な光だった”.

Campañia Hill の上でのロバート・クリスティ：“それは畏敬の念 (awe-inspiring) を起こさせるものだった．それは，大きくさらに大きく成長し，紫に変わった ⋯ そのデブリは強い放射能を持ち，ベター粒子とアルファ粒子をあらゆる方向に放射し，空気をイオン化した．このボールの周りの空気は青いグロー (glow) を放っていた ⋯ それは幻

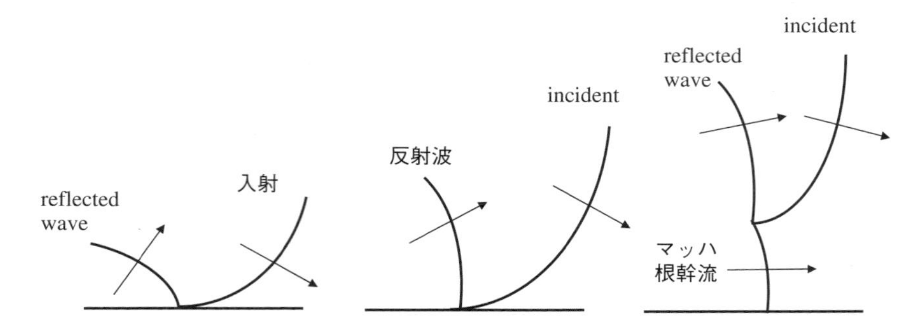

図 7.34 マッハ根幹流形成の模式図．Glasstone and Dolan (1977) より採用

> 想的だった，それは上昇し渦をまきながら回りそして終局的にもう見えない処へ冷却されて消えてしまった”．

ジョージ・キタコフスキーは両腕でオッペンハイマーを抱き，こう言った“オッピー，君は私に 10 ドルの借りがあるよ” と．1980 年の回顧録で，キタコフスキーは依然としてその 10 ドル請求を有しているとクレイムをつけた．

実験へのオッペンハイマーの反応は，論争のまとである．彼の弟のフランクは 1980 年のドキュメンタリー「トリニティの後」(*The Day After Trinity*) のインタビューで，兄が “上手く作動した!” (It worked!) と言ったのが全てと思うと述べた．戦後しばらくの間，オッペンハイマーは実験への彼の反応に対するドラマチックで，準哲学的声明の数々を発表した．MIT での “同時代世界の物理学” 1947 年講義に以下のような屡々引用される一節が含まれていた：

> 戦争中の国家指導者達のビジョンと先見の明のある知恵にもかかわらず，勧告に対し，支援に対し，最後に，大規模な手段で原子兵器の実現化達成に対して物理学者達は特有の内心での責任を感じていた．兵器が実際に使用され，現代の戦争の非人間性と邪悪性を無慈悲にもドラマ化したものとして，これら兵器を忘れてしまうことは出来ない．俗悪で無い，ユーモアで無い，誇張無しのある種の未熟なセンスを失わせることが可能な，物理学者達は罪 (sin) を知ってしまった；そしてこれこそが彼らが失うことが不可能な理解 (knowledge) なのだ．

数多くの物理学者達がこの声明に不快感を感じた．コロネル大学の物理学者のフリーマン・ダイソン (Freeman Dyson) は終戦の数年後，このように言った：

> コロネル大学のロスアラモスで働いた者の多くがオッピーの一言を憤慨し拒んだ．彼らは罪なんてナンセンスだと感じた．戦争に勝つのを助けるために困難かつ必要な仕事をやり遂げたのだ．戦争に使用するいかなる種類の致死兵器を造る誰もが有罪だと，オッピーが公に涙を流したことをアンフェアーだと彼に感じた．ロスアラモスで働いた者の怒りを理解したが，私はオッピーを認める．ロスアラモスでの物理学者達の罪は致死兵器の製造に横たわっているのでは無かった．ヒトラーのドイツに対する絶望的

> 戦争で交戦している時に爆弾が造られるのは道徳的に正当化され得る．しかし正しく爆弾を造ったのでは無い．爆弾を造ることを楽しんでしまったのだ．それを造っている間，彼らの生涯の最良の時期を持ちえたのだ．それこそが罪を持ったと彼が言った時のオッピーの考えであると私は信じる．そして彼は正しかった．

テレビのドキュメンタリー番組「**爆弾投下の決定**」(*The Decision to Drop the Bomb*) 中の 1965 年のインタビューで，オッペンハイマーが**トリニティ**への反応を与えている：

> 世界が同じものでは無いことを我々は知った．数人が笑った，数人が叫んだ，多くの人々は沈黙した．ヒンズー聖典**バガヴァドギーター** (*Bhagavad-Gita*) の一節を私は思い出した．ヴィシュヌ (Vishnu) が王子としての彼の責務を行い，そして彼の多重形態を整え，そして“今，私は死神 (Death) になるのだ，世界の破壊者に”と言うことを信じ込ませようとしていたことを．どっちみち，我々の全てがそれを考えたと私は推測している．

グローヴズはマンハッタン計画へジャーナリストのウイリアム・L・ローレンス (William L. Laurence)，**ニューヨーク・タイムス**紙の科学レポーター，のアクセスを許した（3.6 節）．ローレンスは**トリニティ**爆発を Campañia Hill の上から目撃した．マンハッタン計画の多くの記事の最初のものが**タイムス**紙に載った，ローレンスは 1945 年 9 月 26 日版の第 1 面にこの爆発のドラマチックな記事を載せた（推定）：

> “人が人のため働く火を最初に起こし，そして文明へのマーチを開始したかなり昔の出来事に伍する，歴史上の偉大な出来事として，物質の原子のハート内に閉ざされたこの厖大なエネルギーは，多くの超太陽の光を伴う永遠なるものと感じられる僅かな時間で大地と空を描きながら，この惑星でこれまで見たことも無かった火炎爆発の中で最初に解き放たれたのだ．… それは，魅惑的かつ怖ろしげ，高揚させかつ押しつぶすように，不吉なかつ破壊的な，偉大な約束と偉大な前兆で一杯の，元素の奇跡交響楽のグランド・フィナーレのようだった．… そしてその瞬間，この世に無い光，その中の多くの太陽の光が地中から湧きあがったのだ．… その瞬間が未来永劫のに長さだった．時間が止まってしまった．スペースはピンポイントで契約された．… 激しい雷雨が荒野，シエラネ・オスクロス (Sierra Oscuros) の前後ではね返るエコー，エコーでその全てに轟かせた．地震のように我々の足元で地面が震えた”．

同じ記事の中で，ローレンスはジョージ・キタコフスキーが言った“この世の終わりに——地球が存在する最後のミリ秒の間で——最後の男は我々が見たものを見るだろうと私は確信した”を引用した．**トリニティ**実験の顕著な最良検証は作家のジョセフ・カノン (Joseph Kanon) によるものであろう：“アラモゴードでの 1945 年 7 月は世紀のちょうつがいである．その後に同じなのは何も無いのだ”．

トリニティの最もドラマチックな顕示が膨大な火の玉だった．核爆発からの即発エネルギーの多くが X 線と紫外線形態である，そして冷たい空気がこれらの波長での放射を通さないことで，兵器の周囲の空気がそのエネルギーを吸収し，劇的温度上昇で数フィートの半径外では約 1,000,000° の温度となる．この高熱バブルである白熱空気が電磁気学スペクトルの X 線と紫外線領域でエネルギーを放射することから，外側の観察者には**不可視**になる．しかしそのバブルは色付きの覆いで囲まれている，それは毎日の標準では信じられない程に高温ではあるが，

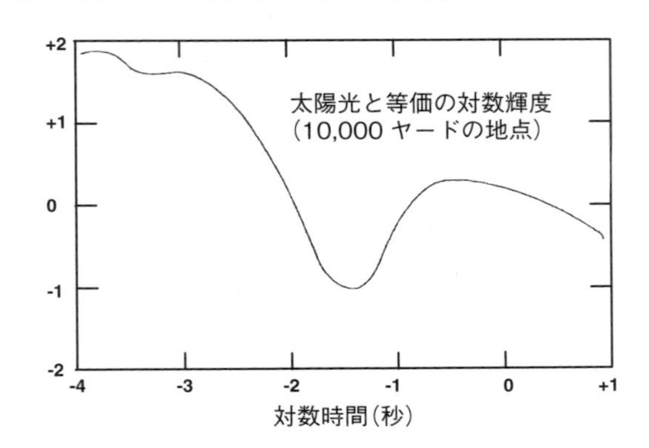

図 7.35 トリニティ爆発の時間を関数とした輝度，対数目盛である．本図はロスアラモス報告書 LA-6300 の図 7 のコピーを走査し作成した．Reed (2006) より

遠く離れた観察者には見えるようになる．この周囲空気温度は爆弾放出エネルギーに関連する測定と物理的有意さは僅かにすぎなかった．火の玉は大きさを増し，その総放射光が増し，最初の最大値まで達する（図 7.35；熱放射の Stefan の法則が，放射は表面積掛ける温度 ^{4} に比例していることを示す），その後は一気に集められた空気の成長する質量に依り冷却が始まる．熱気球のように，火の玉もまた昇る．火の玉内の温度は巨大であるから，脇に在った兵器を，分裂生成物も含んで全てを蒸気の形態にしてしまう．火の玉が膨れ上がり冷やされると，これら蒸気が凝縮して固体デブリ粒子の雲を形成する；火の玉は大気より水も取り込む．この物質の全ては終局的にフォールアウト（降下物）に成る，時々放射能雨の形態を取る．火の玉が上昇し，その外側の冷却と空気の吸い込みで時々台風（ドーナツのような）形状を形成する．この段階で，雲はその表面での窒素酸化物の存在に依り時々赤く見える

引き続く X 線の放射と再吸収によって火の玉の内側の空気が冷やされる．空気が約 300,000° の温度へ冷えた時，圧縮空気の “前線” (front) と呼ばれる “水力学衝撃” (hydrodynamic shock) を形成する．エネルギーが放射線の継続吸収と再放射によって移行出来るのに比べて一層速くこの衝撃前線が移動する，それで中心の熱球を “食い入る” (eats into) 相対的に冷たい空気領域を背後に残して，熱球から “分離し” (decouples)，エネルギーの前面へ躍り出る．外側の観察者にとって，可視放射線が衝撃波から来る．衝撃前線が冷やされ，観測可能温度が最小約 2,000° の底値に達する．衝撃前線も透明になる；観察者は，もし彼または彼女が目と知覚力を有するなら，第 2 番目の最高輝度となる高温空気を見つめることが出来る．可視放射線の時間推移中でのこの “2 重の最大値” は核爆発のユニークな特徴である（図 7.35）．しかしながらこの時間の間，中心の火の玉は基本的に不透明であることに充分な高温で，従って姿をあらわさない．衝撃前線が外向きに進み，直ぐに “負圧” (negative pressure) 領域と呼ばれる，その前線背後の空気圧が通常の大気圧よりも低い時がしばらく続く．この局面で，爆発サイトに向かう空気が急速に流れ込む，“のち風” (afterwind) である．

ハンス・ベーテとロバート・クリスティが書いた日付無しの覚書において（多分，1945 年の夏），“約 2 ないし 3 分で火の玉は成層圏（高さ約 15 km）まで昇るだろう ··· 最初の瞬間に得られた閃光は爆発から約 100 km 距離の処で太陽のように輝くだろう ··· 成層圏に達した時，約 250 km 距離の処では月のように輝き続けるだろう．放射性物質は火の玉の中心近傍に在り，かつ火の玉に伴い成層圏へ昇ると予測される．多分，火の玉は拡散または冷却の何れかによって上昇が止まる前にかなりの高さ（100 km またはそれ以上）まで昇るだろう．もしも確実に半径 100 km を超えて放射性物質が広がり，多分それ以上に広がるまで放射性物質が落ちないならば，それ故に完全に無害となろう”．

トリニティが放出した放射性物質は 1 兆キュリーと推定されている[*31]．

核爆発の第 2 番目のイコン的イメージは，所謂 “空中爆裂” (airbust) 兵器で起きる，爆発後に形成する特徴的なマッシュルーム形状 (mushroom-shape) の雲である．空中爆裂とは地表の上で爆発するものである（兵器戦略において，空中爆裂とは火の玉が上述した第 2 番目最大での輝度の時に地面に接してないような技術的に高所での爆発である．“最適高度” 空中爆裂はその爆裂損害区域を最大化するものの 1 つである）．マッシュルームの “茎” (stem) は最初の爆風が地面に反射される時に形成される．しかしながら反射波は，最初の波の通過により既に熱せられ圧縮されている空気を介して空気中を動き続ける，そしてその最初の波に比べてさらに速く動く．図 7.33 と図 7.34 にスケッチしたように，反射波が最初の波に追いつき，茎 (stem) を形成する．技術用語で，この茎は “マッハ根幹流” (Mach stem) として知られる．

火の玉内部に形成される信じられない温度は簡単な熱力学で推定出来る．ウラン原子核の分裂で約 200 MeV のエネルギーを放出する，その殆どが核分裂破片 (fission fragments) の運動エネルギーとなる．運動理論から，粒子の運動エネルギーは絶対温度 T が与えられると $3kT/2$ に等しい，ここで k はボルツマン定数，1.38×10^{-23} J/K である．100 MeV の運動エネルギー（1.6×10^{-11} J）を有する核分裂破片は従って約 8×10^{11} K と等価である．この核分裂破片は空気分子との衝突で急速に減速されるが，その結果は依然として感銘的である．

分裂兵器により生じた総エネルギーの約 1/3 が紫外線，可視光線と赤外線である．このエネルギーを運ぶ速度があまりにも速く，遠く離れた距離でも紙，木，織物のような可燃性物質を焦がすか炎を吹き出させる．そのような物質は平方センチメーター当たり 10 物理学的カロリーの即時配送で発火出来る；20 キロトン爆発は半径 6,000 フィートへこの多量のエネルギーを配送する．トリニティで，この距離にある幾つかのモミの木が僅かに焦げた；そのように焦げるには約 400 °C の温度が要求される．人に対して，皮膚で保護されない中庸火傷 (moderate burns) は約 3 カロリー/cm^2 の預託で生じる．20 キロトン爆発で，この効果の半径が約 10,000 フィートである；長崎において，皮膚の火傷が 14,000 フィートで報告された．トリニティの放射エネルギー出力（これは熱である）単独で，3 キロトンの TNT と等価であると推定された．

この実験のバインブリッジ報告書に時間を関数とした爆発の輝度グラフが含まれている（図 7.35）．ここでの輝度は爆発から 10,000 ヤードの距離での “太陽数” (Suns) の輝度と等価の単位で測られている．$t = 10^{-4}$ s でほぼ 80 個分の太陽；$t \sim 0.04$ s で約 0.1 個分の太陽に低下し，$t = 0.4$ s で 2 個分の太陽へ上り $t \sim 10$ s で約 0.4 個分の太陽へと低下した．80 個分の太陽の輝

[*31] 訳註：　1 兆= 10^{12}：trillion.

度で，かつ大気吸収と雲に覆われたことに依る効果を無視して，**トリニティ**は瞬間的に月上での観測者には金星に比べて30倍を超える明るさに見えたことだろう，水星，金星，火星上の観測者にも見ることが出来ただろう．爆発後数10分の1と等価な火の玉が～2個分の太陽へ冷やされると，月での観測者に対する金星の輝度に落ち，10秒後でもそのような観測者に対して木星の輝きを保っている（実験当日，月は1/4ヵ月でニューメキシコ州時間の約1 a.m.に始まった，それは爆発のほぼ4時間半前であった．金星と火星だけが実験の時刻に水平線上に在った）．

トリニティ火の玉の高速度撮影写真は爆発後約0.65 msで火の玉が地面を叩いたことを示していた．爆発高さ100フィート(30.5 m)に対し，対応する平均膨張速度は約46 km/sとなる；比較すると，音速度は約340 m/sに過ぎない．周囲の荒野土壌の25万平方メートル（70エーカー）は半インチの深さまで溶けて，**トリナイト**(Trinitite)として知られるようになる脆い，緑がかった，ガラス状の物質となった．緑がかった色は土中の鉄の存在に依る；本著者が所有している小試料はいまだに非常に僅かな放射線を放っている．

グローヴズはポツダムでのスチムソン陸軍長官への言質を与えることを切望していた，そして実験の約90分後に（ワシントン時間で約9:00 a.m.）ワシントンの彼の秘書，ジャン・オラリー(Jean O'Leary)に電話した．オラリーはペンタゴン事務所のアドヴァイザー，ジョージ・ハリソン(George Harrison)に繋げ，そこで彼らは簡潔な暗号電信を草稿した：

> 爆発からの光はアルバカーキー，サンタフェ，エルパソ，一般に約180マイル離れた他の地点から明確に目撃された．その音響は⋯一般に100マイル離れた処で聞こえた．数窓のガラスが割れただけだった，そのうちの1つは125マイルも離れた処だったのだが．全ての植生が消失してしまったクレーターは直径1,200フィートを有する⋯その中心は直径約130フィート，深さ6フィートの底の浅い皿状となった．⋯タワーの鉄骨は蒸発してしまった．⋯そのような爆弾からペンタゴンが安全なシェルターであるとはもはや私は考えることが出来ない⋯少量の放射性物質が120マイルも遠方で突き止められた．⋯60マイル離れているアラモゴード航空隊基地での私の連絡将校が北西の空全体を照らす光の，目をくらますような閃光を[報告した]．

この報告書を受け取ると，直ちにマーシャル将軍とトルーマン大統領へ伝えた；チャーチルもまた情報を受け取った．スチムソンはこの報告書を読んで誇りに思った．奇妙なことに，グローヴズの記憶の中で再生産されたこの報告書の改訂版にはオリジナル版に含まれていた声明が含まれてない："それは球の周囲を囲む5,000ポンド程の高爆薬の爆発により圧縮された約13と1/2ポンドのプルトニウムの原子分裂から生じた結果であった"と．

24日の朝，もう1つの電信がハリソンからスチムソンへもたらされた，"客の準備と気候条件の状態に依存するものの，作戦は8月1日から何時でも可能と思われる"と．その朝の遅く，米国と英国のスタッフ・チーフの会合をチャーチルとトルーマンが招集した；トルーマンの伝記作者ダビッド・マックルー(David McCullough)が爆弾使用を決める上で決定的なものであったと指摘している．その夕刻，トルーマンはヨシフ・スターリンに近づき，米国が"尋常で無い破壊力の"新型兵器を開発し終えたと告げた．その計画について恐らく充分な報告を受けていたスターリンは明らかに特別な興味がないとの態度を示しながら，彼が望むことは米国が"それを日本に対して上手く使う"ことだけだと返事した．ソヴィエト核スパイ活動の解析において，ジョセフ・アルブライト (Joseph Albright) とマリシア・クンセル (Marcia Kunstel) 著「爆弾殻：米国が気付かなかった原子力スパイ陰謀の秘密物語」(*Bombshell: The Secret Story of America's Unknown Atomic Spy Conspiracy*) で，1945 年 2 月 28 日（ロスアラモスで爆縮爆弾用にクリスティ・コアを決めた当日である）に，モスクワの NKGB（"国家セキュリティ人民委員部"）が秘密警察長官のラヴレンチー・ベリア (Lavreni Beria) に届けられることになる原子力インテリジェンスの広範囲報告書を終えた，と書いている．ソヴィエトは**トリニティ**実験の 5 ヵ月前に爆縮爆弾の主要な特徴を知っていたのだ．

グローヴズは実験結果の範囲を網羅するように書かれた数多くのプレス・リリースを用意した．彼が用いたストーリーは，"高爆薬と照明弾の相当な量" がアラモゴードの陸軍航空隊基地のグランドで爆発したのだが，死亡者またはけが人は皆無だった，との記事を含む遠く隔たった御用マガジンだった．このストーリーはその地域と西海岸沿いに広範囲に報告された，しかしワシントン紙の朝刊の数行を除いて東海岸では目に触れることは無かった．

トリニティの収率は予測に比べて 3 倍程であったが故に，多数の計測器類が爆発で圧倒された．タワーの 200 フィート以内の爆発計測機器で助かったものは皆無だったが，208 フィートに置かれた 1 基が 5 トン毎平方インチに近い圧力の読値を与えた，これはほぼ 700 気圧に相当する．殆どの γ 線と中性子の計測器はオーバーロードだった．ピーク爆発圧力の計測用に設計したダイヤフラム・ゲージ（隔壁計）が 9.9 キロトンの結果を示した，しかし土壌試料からの放射化学分析がそのほぼ 2 倍，18.6 キロトンを示した．20 キロトン爆発は約 18% 効率と等価である．**トリニティ**の予想しなかった大きな収率の直近効果は，**リトルボーイ**銃型爆弾使用のため集められた U-235 を，ウラン・プルトニウムの複合コアでの製造に切り替えることをオッペンハイマーがグローヴズに 7 月 19 日に提案したことだった．グローヴズは分別よく既存計画での遂行を好み，そのアイデアを拒否した，しかし複合コアは戦後の兵器へと組み込まれた．

戦後の種々の原爆実験と同様**トリニティ**実験後に続く廣島爆弾と長崎爆弾から収集された情報の見解下で，**トリニティ**計測の多数の再評価が実行された．1946 年の実験のデータに基づき，1952 年の解析では**トリニティ**は 23.8 キロトンとして校正された．2000 年 12 月，エネルギー省は合衆国全ての核実験をリストにし，そこで公式収率を 21 キロトンと報告している．この値は大雑把に 2,100 機の全積載 B-29 爆撃機が 84,000 個の 500 ポンド爆弾を同時に投下したのに等しい．**トリニティ**爆発は当時，歴史上最大の人造爆発であった；2.9 キロトンと推定されるそれ以前の記録は，1917 年ノバスコシア州 (Nova Scotia) ハリファックス港内での軍需船の爆発事故であった[*32]．

実験時の風パターンは好ましいものだった，**トリニティ**からの重篤なフォールアウトは無かった．それにもかかわらず，重大性が存在した．直接分裂生成（それとそれに続く崩壊）物

[*32] 訳註：　訳者は 2018 年 7 月 10 日にカナダ大西洋岸のファリファックスへ入港し「グラン・プレとワイナリー訪問」のツアーに参加した．ガイドからハリファックスの 3 大悲劇：(1) 英国大佐が造った砦がファリファックスの起源，英国からの独立闘争で多くの犠牲者を出した，(2) タイタニック号が沖合で氷山と衝突し沈没（1912 年），(3) 1917 年に，湾内で火薬を積載したベルギー船/フランス船が衝突・沈没して大爆発，事故を見ていた群衆に被害が及び即死者 2,300 人，負傷者 9,000 人以上にのぼる大惨事となった，を聞いた．

に加え，その爆発が推定100-250トンの土壌を蒸発させ，その多くを中性子衝撃により（大気中に吹き上げられなかった追加的土壌のように）放射能を帯びていた．この放射能雲は3部分に分かれた，その大部分は北西へ動き，長さ約100マイル，幅30マイルの区域を超えて放射性物質を落下させた．影響区域内で約3レム/時 (R/h) の読み値は異常なものでは無かった；現時点 (2012年) で放射性物質の従事者の最大被曝の標準が5レム/年であるのだ．土壌試料を回収するため準備された鉛張りタンクはクレーター自体をざっと通り抜けるのみだった，そこでの土壌試料は600-700 R/hの初期放射能量を記録した．シェルターと周囲区域からの脱出のトリガーとなる被曝限度は厳格に定義されていなかった，“彼自身の意思で”被曝する何人も，1回の被曝で5レムを超えて被曝してはならないとの勧告とともにそれに関する閾値として10 R/hが緩やかに許容されていた．North-10,000シェルターは爆発の約20分後に10 R/hが記録された時に立ち退きを受けた，しかしそれは読み間違えだったと疑われている．

最も深刻な影響を受けた放射線の犠牲は動物であるらしい，特に地元牧場のヘレフォード種*33放牧牛であった．実験の数週間後，数頭の牛の毛が抜け，その通常の赤みがかった色とは反対に白い毛が生え戻った；ルイス・ヘムパーマンの保健グループが4頭の牛を買い，ロスアラモスへ研究のために連れて来た．色が消えた牛の血統証明に疑問が持たれるとの理由で，牧場主達は価格カットに直面した，そして1945年12月，ロスアラモスは最も重篤な被害を受けた75頭ばかりの動物を購入した．説明できない原因で死んだのは皆無で，数頭は食肉として，それらは通常に再生産された．さらに深刻な目につくものの幾つかが徐々に進行する背の皮膚がんだった，しかし被曝牛と子孫牛を非被曝コントロール・グループと比較した時，その間に目立った差が無いが総合的結論だった．

トリニティのフォールアウトの1つの影響が，サイトから遠く離れた処で見つかった．1945年秋，ニューヨーク州ロチェスターに在るイーストマン・コダック社で工業用X線フィルムの幾つかのバッチに点状欠陥の斑点の存在が観察された．フィルム自体は素晴らしかったのだが，カートン中のフィルムを分離するのに用いた黄板紙 (strawboard liners) に放射性粒子が埋め込まれていたのだった．その黄板紙はトリニティ実験後の数週間にアイオワ州とインディアナ州の製紙工場で用意されたものであった，これは製紙工程中の水源として用いられている川の中へ雨でフォールアウトが流し込まれたと考えられた．元凶フォールアウト生成物の1つがセリウム-141であった，それは半減期約32日でベータ崩壊する．

廣島と長崎への爆撃の後に幾人かの心配性のコメンテーター達が両市共に人が住めなくなると断言した，驚くべき1つのアセスメントは住民達が生き残れるというものだった．放射線効果の関心を和らげる助けとして，グローヴズはレポータ達とカメラマン達を現在では“メディア・デイ”と呼ばれている9月9日にトリニティ・サイトへ招待した，誰もが靴を覆う防護カバーを付けて（図7.36と図7.37）．放射線強度として12 R/hが計測された，そしてその訪問は手早く行われた．皮肉にも，トリニティは地面近くでデモンストレートしたため，サイトの地面は廣島，長崎に比べて放射線が高かったのだ．トリニティの長期影響の系統的研究が1947年に始まり，それ以降は周期的に実行された．1947年の調査で，プルトニウムが土壌中および爆発サイトから85マイル離れた場所の植物で発見された，さらに幾つかの鳥，齧歯類

*33 訳註：　Hereford:体が赤く，顔・胸・腹が白い肉用品種の牛．

図 7.36　1945 年 9 月の**トリニティ・グランド・ゼロ**．オッペンハイマー（中央の帽子），グローヴズおよびその他に人々が 100 フィート・タワーの残存物を見ている．　**出典**　http://commons.wikimedia.org/wiki/File:Trinity_Test_-_Oppenheimer_and_Groves_at_Ground_Zero_001.jpg

(rodents)，昆虫は奇形，白内障または異常な斑点が観察された．1 年後の他の研究では，その影響は一般的に死滅したわけでは無いと示しつつ，鳥や齧歯類への損傷が観察されなかった．トリナイト (trinitite) は水に不溶であることを証明した，そのため植物や動物に容易に入り込むことは出来なかった．

戦争後の年月中に，**トリニティ・サイト**をナショナル・モニュメントにしようとの試みが始められた．この影響に関する様々な研究が行われ，放牧場としてその土地を利用する関心と White Sands Missile Range として運命付けられるインパクト間で論争が起きた．1950 年代中に，トリナイトは樽に詰め込み，埋設された；1967 年の研究では，プルトニウム-239 の最大許容全身負荷量の摂取には 100,000 kg の物質を食べた人と計算された，核分裂生成物からの許容ベータ線およびガンマ線被曝量に達するにはたったの 10 kg に過ぎなかったのだが．1965 年，連邦公園サービスがサイトを連邦歴史的史跡 (National Historic Landmark) とすると公表し，モニュメントを建てた（図 7.38）；1975 年，その場所は連邦歴史サイト (National Historic Site) に指名された．陸軍はジャンボをソコロ (Socorro) 市へ寄贈したが，それをサイトから移動する手段を見つけ出すことが出来なかった．

トリニティ・サイトが現在，White Sands Missile Range でのセキュリティ条件に依存して，4 月と 10 月の第一土曜日の毎年 2 日がツーリスト達へ公開されている．本著者はサイトを訪問した，そこで正常でない体験をした．歴史的に顕著な多くの場所に近づいた時，著者は実際に到着する前に畏敬の念に打たれるのだが，**トリニティ**ではそうで無かった．荒野を数マイル

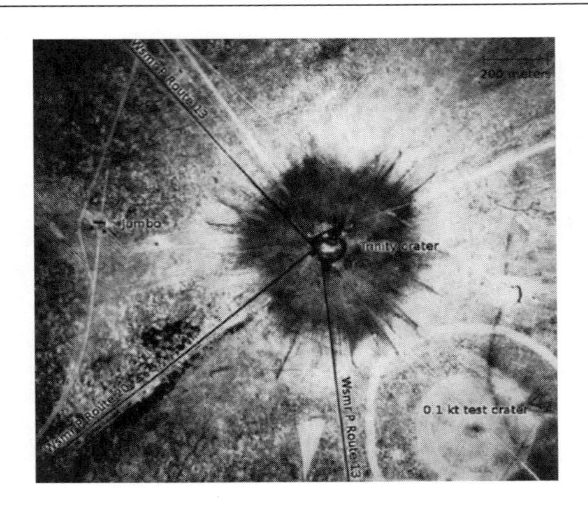

図 7.37 トリニティ実験後の上空からの写真．0.1 kt 実験のクレーターは 100 トン TNT 実験によるもの．この画像をカバーしている領域は幅約 1,550 m，縦 1,400 m である． 出典 http://commons.wikimedia.org/wiki/File:Trinity_crater_(annotated)_2.jpg

横切った後，ジャンボの残骸を見て生じた何ものかが最初のしるべだった．グランド・ゼロで実際に立ち，またはマクドナルド牧場家屋内はもう 1 つの事象だが，サイトそれ自体へのアプローチが全く忘れがたい経験では無い．残留放射線に気遣う程に，ツーリスト達はサイト訪問について心配する必要は無いのだ：1985 年のロスアラモスはその地域の放射線サーベイを報告しているグランド・ゼロ区域に公衆訪問中の被曝は公衆に対するエネルギー省放射線防護標準値の 0.2% 以下であると結論付けている（図 7.39）．

トリニティ実験が成功裡に終わり，核兵器の戦闘での使用へとステージが設定された．戦闘ミッションへの海外準備を議論する前に，核兵器の破壊効果についてざっと述べることは適切であるように思える．次節のトピックスであり，その後にテニアン島へ戻ることにしよう．次節は控えめな技術的であるものの，非技術的読者は核兵器の破壊性について定性的センスが得られるように目を通されることを望む．

7.13 爆弾効果の簡易な講義

人と構造物への核兵器の 3 つの主要破壊効果は圧力（“爆風”），熱放射（熱）とフォールアウトである．これら効果は兵器収率，爆発高さ，構造物および地形による遮蔽，曇りまたは霧のような気象条件の因子に依存するので．全環境での効果の推定を有効に出来る単純な一般方程式は存在しない．専門的な兵器技術者達は，Glasstone と Dolan によって準備された巻中に見

図 7.38　**左** 2004 年 10 月，トリニティ・グランド・ゼロのモニュメント前での著者（左から 2 番目）．**右** モニュメントの銘板

図 7.39　西-10,000 計測バンカーでの著者

いだされるような近似的方程式と図式的サマリーへと抽出するために屡々な実験データの使用を行う．しかしながら，教育学的目的のため，澄み切った空，空中爆発兵器および平坦な地形を仮定することで，オーダー量推定値を作る近似関係を用いることが我々は出来る．

むしろ混乱するのは，これらの表現に用いる単位の幾つかが米国単位（マイル，ポンド毎平方インチ）であり，その他が MKS 単位（カロリー，キロトン）であることだ．慣例的に合衆国単位が正規であった時分の戦後の米国製兵器実験から装置の兵器効果を入手出来る情報の多くは，この事実を反映している．我々はこれら 3 主要効果の各々に戻ろうではないか．

7.13.1 爆発圧

核兵器によって引き起こされる物理的破壊の大部分は，火の玉から抜け出した高圧力衝撃波に依るものである．通常の大気圧は 14.7 ポンド毎平方インチ (psi) である．兵器効果は通常**過剰圧力 (overpressure)** 生成の用語で表明されている，それはこの環境値を超えて造り出された psi の数値で表現される．見かけ上，小さな過剰圧力が破壊的効果をもたらし得るのだ．過剰圧力 1 psi は通常のガラス窓を破壊するのに充分な大きさである．木造家屋は過剰圧力 5 psi の作用下で破壊されてしまう，その値は人の鼓膜を破壊する閾値でもある．大きな高層ビルディングは過剰圧力 6 - 7 psi で穏当な損傷で維持されるものの，20 psi では破壊されてしまう，20 psi は 500 マイル/時の風速に相当する．過剰圧 8 - 10 psi は，レンガ製家屋を破壊，工場や商用ビルディングを崩壊させるに充分である．もしも君が崩壊する構造物内に閉じ込められ，危険が無いとしても，君は必ずしも安全では無いのだ：圧縮効果からの致死の閾値が約 40 psi と設定されているのだから．

観察者または構造物の経験から余剰圧力は兵器収率と爆発の "傾斜距離" (slant range)——爆発と観察者間の直接視軸距離——に依存している．最適高度での空中爆発兵器の場合，兵器の収率が Y キロトンで傾斜距離 R マイルと仮定すると，psi 単位での**最大**過剰圧力は以下の方程式で近似される，

$$P_{max} \sim 1.4 \frac{\sqrt{Y}}{R^{3/2}} . \tag{7.19}$$

例えば，2 マイルの傾斜距離で収率 20 キロトンから，$P_{max} \sim 2.2$ psi が得られる．君の家屋は損害を受けるが，ほぼ存続出来るだろう——君に関しては，飛んでくるデブリ，フォールアウト，火傷を避けることが出来たなら，生き残れるだろう．しかし兵器技術は 1945 年以来相当進歩し続けていることを思い起こせ；数 100 キロトンの収率は，今や異常では無いのだ（第 9 章）．2 マイルで収率 400 キロトンはほぼ 10 psi の過剰圧力を与えることになる．

7.13.2 火傷

熱放射の人への即発露光の痛ましい効果は通常 2 つに区分される：皮膚への直接露光で引き起こされる "閃光" (flash) 火傷および衣服の発火または爆発によって発火した他の火災によって引き起こされる "接触" (contact) 火傷である．被服していた布の色でさえもが重要になってくる：黒色の織物は白色の織物に比べて熱放射線を余計に吸収し，そして容易に燃え出すことになる．閃光火傷の効果は接触火傷の効果に比べて容易に定量化出来る，しかしそれらは，露光時間や個々人の皮膚の色などの予測出来ない因子にあまりにも依存している．

閃光火傷の定量化に用いる単位は皮膚の平方センチメーター当たりのカロリー単位の預託エネルギー（$\mathrm{cal/cm^2}$）である．その火傷結果は第 1 度，第 2 度および第 3 度に区分される．第 1 度火傷が最も軽く，傷跡が残ると予想されずに回復する．悪性日焼けが第 1 度火傷の古典的事例であり，2 - 3 $\mathrm{cal/cm^2}$ の即発露光が多くの人達に対してそのような火傷を引き起こす．第 2 度火傷（$\sim 4 - 5\ \mathrm{cal/cm^2}$）はかさぶたを生じさせるが，感染しない場合には通常 1 週間または 2

週間で治る．第 3 度火傷（>～ 6 cal/cm^2）が最も有害である：火傷範囲は衝動的痛みを伝えることが出来ない程に破壊され，そのため痛みはその周囲の領域から感じられるのみである．そのような火傷で，皮膚移植が傷跡を残さないために必要となる．総合的視野で見るため以下の数値を示そう，マツ，レッドウッドおよびカエデの木を焦がすには 10 - 15 cal/cm^2 を必要とする；布および室内装飾用織物は典型的に 20 - 25 cal/cm^2 の露光で発火する．

火傷効果は大気の環境に大きく依存する，それで熱露光に対する近似的表現のみが提供出来る．熱露光の記号として Q を用いて，その公式は，

$$Q \sim 1.1 \left(\frac{\tau Y}{R^2}\right) (\mathrm{cal/cm^2}), \tag{7.20}$$

ここで再び Y はキロトン単位の兵器収率で R はマイル単位の傾斜距離である．因子 τ は "透過率" (transmittance) として知られ，大気中の減衰効果の測度である．かなり低い高度での空中爆発（地面から数マイル以内）と爆発が数マイル以内の距離において，敏感な値 $\tau \sim 0.7$ である．20 kt 爆弾で $R = 2$ マイル，および $\tau \sim 0.7$ に対して，$Q \sim 3.9$ cal/cm^2 となる，この値は第 2 度火傷に充分な大きさである．もしも君が火の玉を実際に眺めていたとしたなら，君の眼の焦点効果で重篤な網膜火傷を導くことが出来るのだとアドバイスされることになる．廣島での原爆投下で重篤な火傷を受けた後の最初の 1 日に死亡した人は 2/3 の割合にのぼると推定されている．2 マイルでの 400 キロトン爆弾は破滅的だ；君は文字通り生きたまま焼かれてしまう．

7.13.3 放射線

多くの人々にとって，核爆発での最も大きな怖れの結末は放射能を浴びること．しかしながら，実際には核攻撃での殆どの犠牲者達にとって，放射線被曝は圧力と熱の効果に比べれば恐らく微弱なものであろう：もしも君が深刻な放射線被曝線量に充分な程の線量近傍まで浴びたとして，君は多分爆発で飛ばされまたは焼かれて死に至るだろう．放射線が目に見えず，低線量では自覚症状が無い理由で，恐らくそのような怖れを鼓舞することになったのだろう．

兵器解析では放射線効果を 2 つのカテゴリーに分類している：初期または "即発" (prompt) 被曝および長期また "残留" (residual) 被曝である．この 2 つの間の境界時間は定義されておらず，厳密な方法が無い，しかし爆発後 1 分間が通常作業上の定義として採用されている．最も破壊的即発放射線は，爆発から直接放射された中性子とガンマ線および周囲の空気中の窒素分子による中性子捕獲の結果として放出されるガンマ線である．この後者の効果，正確には爆発の 2 次的なものだが，あまりにも速く起きるので即発放射線源として付与されている．

爆風と熱効果と伴に，放射線強度を引き起こす個々人の被曝（と反応を通じての被曝）は気候条件，周囲構造物による遮蔽のような因子に依存する．非防護個人に対する即発放射線被曝の近似的公式が開発されたのだが（下記式），残留効果に対して行うことは，数多くの偶然性が作用するために基本的に不可能である：風はフォールアウトのどれだけの量を離れた場所へ運ぶのか? 供給される食料と水が汚染されるのか? 空気は濾過され得るのか? 医療措置が可能なのか? 我々は即発線量事象を見て，そしてその線量を受けてから長期癌にかかる確率を見ることだろう．

放射線線量の“レム”(**rem**) 単位を5.2節で導入した[*34]．収率 Y キロトンの弾頭から距離 R マイルの非防護個人に対して，レム単位での即発被曝線量が下式の表現で非常に粗い値として得られる，

$$D_{prompt} \sim \frac{6\,Y}{R^{7.6}}. \tag{7.21}$$

我々の20キロトン爆弾の2マイルの処で，$D_{prompt} \sim 0.6$ レム，殆ど危険の無い量である；単一照射の致死線量が ~ 500 レムであることを思い出してほしい．表7.4に種々の深刻な放射線量の効果を纏めている．

もしも君が実際に激烈な有害放射線量を受けないとしても，放射線誘起癌からの長期死亡と成り得る統計学的機会が存在しているのだ．医療コミニィティーでは，これを**過剰癌死亡** (excess cancer death) として計上されている．この用語の理由は，人工放射線に曝されなかったとしてもその人口の約20% は癌で死亡するだろうと統計学が示したことによる（このパーセンテージは地域と部分母集団によって変わる，しかし20% を平均とした選択が我々の目的へ提供される）．それで，人口100,000において，およそ20,000人が癌で死亡すると期待出来る．そこで，もしも彼または彼女が人工放射線で被曝したとして，個人の癌死亡の**過剰**確率とは何なのか? 人間または動物へのイオン化放射線の影響が広範に研究され，そしてこれに関する最も権威のある出版物“イオン化放射線の生物学的影響”(The Biological Effects of Ionizing Radiation) が合衆国科学アカデミーによって用意された．統計学での幾つかの“雑音（ノイズ)”が在るものの，全体的な結果は放射線量の各々100レム価値に対し癌での死亡のチャンスを約24% に増加させると経験則で纏めることが出来る，このことは，100レムの線量が君の癌に依る死亡のチャンスを20から24% へ上昇させることだ．もしも人口100,000の市で100レムの線量を受けたなら（それは**多量**の被曝となろう)，ほぼ24,000名が癌で死亡すると期待出来る，これは4,000名の**過剰**死亡と対応している．我々はこれを下記の通りに表現出来る，

$$\text{過剰死亡} \sim \frac{0.04\,(\text{被曝人口})\,(\text{レム単位の線量})}{100\,\text{レム}}. \tag{7.22}$$

0.6レム線量での上記計算に対して，このモデルは人口100,000が被曝したとして24名の過剰死を予測している．勿論，被曝により実際の起きた（正規の）20,024から**個々人**の死を決定することは不可能である．これらの計算には，事故，殺害，落下，他の医療条件など，他の原因による死亡は含まれていないことに注意しておくこと．平均放射線量20レムを受けた廣島と長崎の生存者はおよそ100,000名と推定されていた，それには800名が過剰死として含まれる．比較として，爆風，火傷と重篤な放射線によって殺された数は100,000人のオーダーだった，その多くは複数の原因で傷ついたのだ．

合衆国内で，1人当たりの年平均放射線量は約0.6レムである，その各々約0.3レムがバクグランド放射線と医療過程による被曝である．原子力規制委員会は，公衆に対する最大付加年線量を0.1レムとする許可制限値を要求している；放射性物質と伴に働く成人に対して，その制限値は5レムである．人口3億人が0.1レムの線量に曝されると，12,000名の過剰死を導く

[*34] 訳註： 1 Sv = 100 rem.

表 7.4 深刻な放射線被曝効果．Sartori (1983) と Glasstone and Dolan (1977) に従って

線量 (rems)	症状，治療，治療後の経過
0-100	僅かな症状または症状無し．治療を必要としない；予後は素晴らしい
100-200	嘔吐，頭痛，めまい；白血球の軽い損失．入院の必要無し；数週間で完全回復
200-600	白血球の重篤な損失，内出血，潰瘍，出血，~ 300 レムで抜け毛，感染の危険．輸血と抗生物質治療．線量範囲の低限側で監視治療継続，しかし高限側で ~ 90% の致死確率
600-1000	200 – 600 と同じだがもっと深刻．骨髄移植治療，しかし 90 – 100% の致死確率
1000-5000	下痢，発熱．電解質平衡維持治療；循環系虚脱に依り 2 日-2 週間で死
> 5000	直ちに痙攣と震え発作．鎮痛治療．呼吸器損傷と脳組織膨張に依り 1-2 日を超えず死

と期待出来る．比較のため，合衆国内では毎年 30,000 人程が交通事故で亡くなり，加えてほぼ同じ数が銃発砲の負傷から亡くなっている．

100 レム当たり 4% のモデルへの付加的コメント：この論理的根拠によって，2500 レムの線量が過剰癌の 100% を与えることになる．このことは正しい，しかし表 7.4 が君に癌が発達するチャンスを持つかなり以前にさらに多くの喜ばしくない効果で死に至り占めることを語っている．

7.14 計画 A：戦闘兵器の用意

トリニティ実験を進めるための準備と並行して原子爆弾の戦闘使用の準備もまた遂行された．戦闘用爆弾の開発と配備の準備の幾つかを 7.8 節で述べた．テニアン島への爆弾部品の配送と廣島投下と長崎投下に先立ってそこで行われた実際のミッションについて本節で述べる．

最初のロスアラモスの爆弾準備員達がテニアン島に向けて旅立ったのは 1945 年 6 月 18 日だった，爆弾部材が到着し始めるほぼ 1 ヵ月前である．7 月，リトルボーイ銃型爆弾のウランが 2 つの方法でテニアンへ届けられた，1 つは船で，もう 1 つは飛行機で．7 月 14 日，土曜日に鉛裏張りシリンダー内に収められた射出リングがアルバカーキーのキートランド飛行場に向けてロスアラモスを離れた．そのシリンダーはパラシュートに取り付けられ，DC-3 輸送飛行機に積み込まれた，そしてサンフランシスコの丁度外側へと飛んだ．そこから，ハンターズ・ポイント海軍造船所まで運ばれ，高速重巡洋艦 USS インディアナポリス (*Indianapolis*) へ積み込まれ，デッキにボルトで固定されるまでの 14 日と 15 日にそこに留まった．インディアナポ

リスはリトルボーイの“不活性”(inert) 部品も運んだ，その重量は約 10,000 ポンドだった．インディアナポリスは 7 月 16 日，月曜日の午前 8:00 にサンフランシスコを離れた，それはトリニティ実験の丁度 3 時間半後だった，そして 7 月 28 日，土曜日にテニアンに到着した．後から鋳込まれた 6 個のリトルボーイ標的リングは各々 2 個のリングのみを搭載した 3 機の C-54 輸送機で届けられた．その C-54 は 7 月 26 日の午後にキートランドから飛び立ち，テニアンに 28 日に着いた．

射出部品と標的部品およびイニシエーターが 7 月 30 日に爆弾内部に装着された．レーダー高度計スイッチと気圧計スイッチの設置が翌日になされ，リトルボーイの戦闘準備が整った，あとは可視で爆弾投下が追えるように気象が充分に良好であることを期待するだけである．ロスアラモスに戻り，理論部門の最も最近の収率予測が 13.4 キロトンだった，この値は驚くべき正確さであったことが証明されることになる．

ポツダム (Potsdam) で，7 月 26 日の夕刻，米国，中国および英国の政府要人達が（ロシアは未だ日本と戦争して無い）合同ポツダム宣言を発布した，そこでは日本が無条件で降伏すること，さもなくば“直ちにかつ徹底的な破壊”に直面すると要求した．夏時間の影響で，ポツダムはテニアンに比べて 8 時間遅かった，その声明は，テニアンでは 7 月 27 日の非常に早い時刻だ，その日はリトルボーイの射出リングと標的リング到着の 1 日前である．物理学と政治が再び交差したのだった．

この宣言が日本へラジオで放送され，それを記述したチラシが米軍爆撃機から撒かれた．日本はテニアンの西側 1 時間のゾーンにあり，ドイツより 7 時間早い時刻である；その放送は東京で 7 月 27 日，金曜日の午前 7:00 に聴けた．日本政府の役人達はその最後通牒の議論にまる 1 日を費やしたが，日本にとっての唯一の頼みは戦い続けそして歴史家達が“黙殺”(silent contempt) として特徴付けたものによってその宣言を扱うことだとの結論を鈴木貫太郎首相が導いた．東京の土曜日午後（ポツダムの土曜日午前），同日にリトルボーイの標的リングがテニアンに到着，鈴木首相が記者会見で黙殺したことを公式に触れた．東京のラジオ放送が日本での日曜日午後（ポツダム時で日曜日午前）に鈴木の声明をラジオで流した．日本の原子力的運命がリトルボーイの完成の 2 日前に閉じられてしまった．

ファットマン部材のテニアンへの配送はリトルボーイの準備と並行して進められた．リトルボーイの標的リングがキートランド飛行場で分けられた同じ時期に，他の C-54 の 2 機がファットマンのプルトニウム・コアとイニシエーターを分けて積載し，同じようにテニアンに 28 日に到着した．7 月 28 日の朝，3 機の B-29 爆撃機が各々に高爆発爆縮前集合体を積載しキートランドから飛び立った．テニアンには 8 月 2 日正午頃に着いた（ワシントン時刻で 8 月 1 日夕刻遅く）．

構成物の様々なロットは単純な予備品で無かった．“活性の”(active) リトルボーイとファットマンのユニットとして同一の形状および重量の兵器を爆発させたのに加えて，両方の不活性爆弾および通常爆薬を装荷した爆弾を用いて，数多くの試験が種々のシステム確認のために実施された．リトルボーイ試験爆弾は“L”ユニットとして知られた，ファットマン試験爆弾は“F”ユニットとして知られた．7 月 23 日にユニット L1 の投下が見られた，それはレーダー信管で空中で火を噴いた（図 7.40）．

ユニット L2 と L3 が 7 月 24 日と 25 日に続いた．7 月 29 日，ユニット L6 が硫黄島での爆

図 7.40　リトルボーイ試験ユニットとミッション直前の長崎 F31 ファットマン爆縮兵器．ロスアラモス国立研究所アーカイブの好意による

弾を他の飛行機へ積み込む緊急再積載手順試験に用いられた．7 月 31 日に観測機 2 機を従えて同じユニットを搭載した爆撃機が硫黄島へ試験のために向かい，予定場所へ集合し，投下試験完遂後にテニアンへ戻る試験を行った；これは基本的に数日後の廣島ミッションのための礼装リハーサルであった．この試験に続き，放射性物質を伴うリトルボーイの戦闘配送の準備リハーサルの全てが完了した；ユニット L11 は廣島爆撃用として指名された．

最初のファットマン試験がユニット F13 を用いて 8 月 1 日に行われた．このユニットは信管と爆発回路の試験に用いられた，そして高性能爆薬の代わりに鋳込んだプラスター (plaster) ブロックが使われ，“不活性” だった．8 月 5 日のユニット F18 投下は不成功となった（発火機構が適切に作動しなかった），その日は廣島ミッションの 1 日前だった．ユニット F33，不活性コアを除いて完全機能装備モデル，が 8 月 8 日に投下された；これは翌日の長崎ミッションのためのリハーサルだった．“活性” 長崎ファットマンはユニット F31 であった（図 7.40）．もう 1 つのユニット F32 が第 3 番目の投下の場合に備えてテニアンに保管されていたのだが，その分裂性物質は決して合衆国を離れることはなかった．

しかしながら第 509 搭乗員に対する訓練は，模擬リトルボーイとファットマンの投下試験に比べればさらに多くのもので構成されていた．6 月 30 日から 7 月 18 日の間で，27 のくじ (sorties) で構成されている 7 つの訓練とオリエンテーション・ミッションで飛行した（“くじ” は個々の飛行機の飛行を意味する，単独飛行かまたはグループの 1 部として飛ぶのかを）；爆弾はこれらのミッションでは搭載されなかった．7 月 1 日から 8 月 2 日の間，合計 89 のくじで 15 回の実際的な爆撃ミッションが遂行された．これらでは近くに在る防御が弱い日本保有の島々へ，500 ポンド通常爆弾と 1,000 ポンド通常爆弾を投下した．奇妙にも，これらは “戦闘” ミッションとして計上されるものとは考えられて無かった．戦闘作戦は 16 回の “パンプキン” ミッション（51 のくじ）として計上された．そこでは 6,300 ポンドの高性能爆薬を含むファットマン形状の 10,000 ポンド爆弾が日本の相応しい様々な都市の上空で高度約 30,000 フィートを超えるところから投下されたのだ（パンプキンの名称の起源については 7.8 節を参照せよ）．これらのくじの 2 つは中止させねばならなかった，その結果 49 個のパンプキンのみが投下された；1 つのケースで爆弾は投棄された，もう 1 つはテニアンへ安全に戻ってきた．パンプキン・ミッションは 7 月 20 日から日本降伏の日，8 月 14 日まで延長された．廣島原爆投下と長崎原爆投下後もほぼ 1 週間にわたって第 509 ミッションを継続したことについて一般に認められることでは無い．

テニアンで荷物を下ろした後，**インディアナポリス**は約 130 マイル南に在るガム島に向けて出港した，そしてそこから引き続きフィリッピンのレイテ島に向けて航行していた．1,196 名の乗組員は 11 月 1 日と計画された日本本土最南端の島，九州へ上陸侵攻準備のタスクフォースに組み込まれていた．しかし 7 月 29 日，日曜日の深夜，日本の潜水艦伊-58 からの魚雷攻撃を受けた．**インディアナポリス**は 12 分以内に沈んだ；850 名程が海へと逃れることが出来た．遭難信号が送られた，しかし伝送出力が残っていたか明確でない．火曜日の朝，8 月 2 日にふとしたことから発見され 316 名が救助された．その多くが鮫の攻撃に屈しての意気消沈を生き抜いた者達だった．**インディアナポリス**の損失は，海軍の歴史において単一での最大海上人命損失を記録し，米国史における最悪海軍凶事と呼ばれることになった．**ニューヨークタイムズ**紙は 8 月 15 日，水曜日の一面の下欄でこの物語を伝えた，その一面の見出しは日本が降伏を決めたとの報告であった．**インディアナポリス**の艦長，チャールズ・マックベイ (Charles McVay) は生き残った，しかし軍人として勇敢であり，魚雷を避けるためのジグザグ・コースの航行をしなかったことは罪であると認識された，彼がそうするようにと明瞭に指示してなかったとしても．沈没前までの戦闘でのマックベイの勇敢さは認識されていたのだが，海軍長官はその文節を引用した．マックベイは 1949 年の退役での海軍少将への昇格を受けていたのだが 1968 年に悲劇的な自殺を遂げた．2001 年 7 月，マックベイの記録に**インディアナポリス**と彼の乗組員の損失に対する彼の責任を免除すると改訂したと海軍が公告した．

原爆の技術的準備とともに，それらを使用するための法的下準備を終えた．7 月 22 日，ポツダムに滞在していたマーシャル将軍がワシントンの実行スタッフのチーフ，トーマス・ハンディ将軍へ自分自身とスチムソンへの作戦命令具申書を用意するようにと命じた．グローヴズがその命令を 23 日に用意し，ハンディを介してマーシャルへ送り返した．トルーマンとスチムソンがそれらを承認したとマーシャルがハンディに 25 日に告げた．その命令が記の通り読める：

1945 年 7 月 25 日
カール・スパーツ将軍宛
合衆国陸軍戦略航空隊

1. 第 20 航空部隊第 509 混成グループは 1945 年 8 月 3 日以降可視爆撃を許す天候下で可能な限り直ちに第 1 番目の特別爆弾を攻撃地点：廣島，小倉，新潟，長崎，のうちの 1 つへ運ぶこと．陸軍省からの軍人と民間人の科学者達を爆弾爆発効果の観測と記録のために搭乗させるために，爆弾搭載機に加えて追加飛行機を付き添わせること．観測機は爆弾の爆発ポイントから数マイル離れた距離に留まること．
2. プロジェクト・スタッフによる準備が整い次第直ちに追加の爆弾 (bombs) が上記攻

撃地点上空へ運ばれる．上記リスト以外の攻撃地点は追加命令として後日発する．

3. 日本に対するその兵器使用に関する如何なる情報および全情報の議論は陸軍長官と合衆国大統領が保有する．その話題の公式発表 (communiques) または情報の公表は特定の権威筋無しの戦場（フィールド）で司令官達によって発せられることは無い．如何なるニュース記事も機密委任許可のため陸軍省へ送られること．
4. 合衆国陸軍長官と参謀長の承認とともに，今後の命令は貴君へ直接伝える．貴君がこの命令書のコピーを情報としてマッカーサー将軍およびニミッツ提督へ個人的に配られんことを望む．

（署名）THOS. T. HANDY
THOS. T .HANDY
General, G.S.C.
Acting Chief of Staff

事実上は，これらの命令書が戦場の司令官達の責任での爆弾使用を決定した；さらに上級者達からの権威付けを必要としないことになった．グローヴズはマーシャルにも作戦計画を述べた覚書を送った．ハンディの命令書に載っている攻撃地点の 4 都市の各々が表示されている *National Geographic* 地区から切り抜いた小さな日本地図がその覚書に添えられていた．長崎を除いたこれら都市全ては，新兵器用の処女地とするために特別に爆撃を "留保" されていた；グローヴズはスパーツ将軍の攻撃に対する合同参謀長達を赦免するために必要な命令書の草稿も含ませた（攻撃目標都市の選択に関する詳細は第 8 章で述べる）．グローヴズもそれ以降の爆弾の入手可能な予想スケジュール概要を記載していた：

> 第 2 番目の爆縮爆弾は 8 月 24 日までに整わすべきだろう ···9 月の約 3 基から 12 月の多分 7 基まで増加させて，1946 年初期と予想される生産の急激な増加で，追加される爆弾 (bombs) を加速された速さで届けるための準備が整った．

トルーマン大統領の 7 月 25 日の個人的日記の抜粋は，ポツダム宣言が発布される 1 日前，若干終末観的見解を示している：

> 我々は世界の歴史において最も恐ろしい爆弾を発見してしまった．それは，ノアと彼の巨大な箱舟以後のユーフラテス渓谷時代に予言された火炎絶滅のようだ．とにかく，原子の崩壊を引き起こす方法を見つけてしまったことだ，と我々は考えている．ニューメキシコ州の荒野での実験が始まりだった——穏やかにした実験なのだが．13 ポンドの爆発が高さ 60 フィートの鉄塔の完全な崩壊を引き起こしたのだ，深さ 6 フィート，直径 1,200 フィートのクレーターを形成し，鉄塔を 1/2 マイルの遠くまで吹き飛ばし，10,000 ヤード離れた人々を吹き倒したのだ．この爆発は 200 マイル以上離れた処でも見え，爆音は 40 マイル以上で聞こえたのだった．
>
> この兵器が今より 8 月 10 日の間で日本に対し使われる予定だ．それで軍事的目標物，兵士達および船員達へそれを使うように，女や子供達に使用しないようにとスチムソン陸軍長官に話した．ジャップが獰猛，残酷，無慈悲かつ狂信者だとしても，我々は通常兵器の世界の指導者としてこの恐ろしい爆弾を古都及び新首都へ落とすことは出来

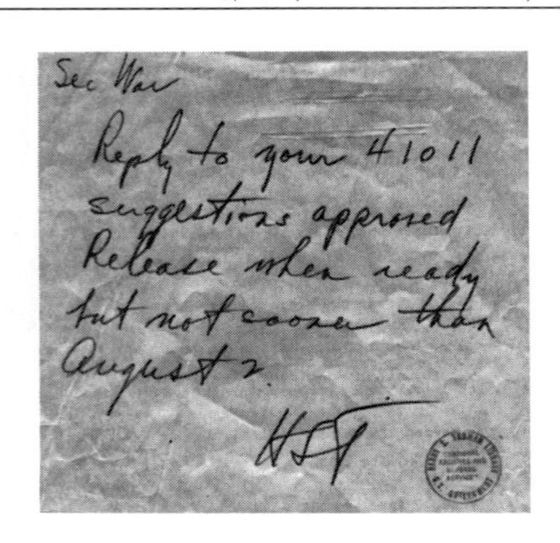
Sec War
Reply to your 41011
suggestions approved
Release when ready
but not sooner than
August 2.
HST

図 7.41　トルーマン大統領よりスチムソン陸軍長官へのメモ，1945 年 7 月 31 日.
出典　http://www.trumanlibrary.org/oralhist/arnimag2.httm の写し

> ない．その目標地点は純粋に軍事目標であり，ジャップに降伏し生き残るようにと警告の声明を発した．彼らは降伏しないであろうと私は確信しているのだが，我々は彼らにチャンスを与えるのだ．ヒトラーの連中またはスターリンの連中がこの原子爆弾を発見しなかったのは世界にとって幸いな事だったのは確かだ．これまでに発見されたもので最も恐ろしい物と思われるが，もっと有用なことにも作ることが出来る….

トルーマンが触れた“古都”とは日本の歴史上の都だった京都市のことだった．グローヴズは京都を攻撃目標のリストに挙げたのだが，第 8 章で述べるように，スチムソンが京都を削除したのだった．爆弾を純粋に軍事的目標物に対して使用するようにと命令したとのトルーマンの信念は錯覚だった．廣島と長崎は実際に重要な日本軍基地のサイトであったが，核兵器は 1 回の爆発で全都市を末梢してしまう程充分なパワーであることを世界は学んだのだ．

原爆投下が公衆に知れ渡る時に備えての声明草稿とプレス発表の準備で，ワシントンのスチムソン事務所は天手古舞となった．太平洋上での準備ペースがあまりにも速く進展したので，その時までにワシントンに戻ったスチムソンは 7 月 30 日にトルーマン（ポーツマスに滞在中）へ声明の改訂提案を緊急電報で送らざるを得なかった，そこでは“グローヴズのプロジェクトの時間スケジュールの進捗が急速なため，8 月 1 日の水曜日より遅くならないようにあなた自身による声明発表が現在最も欠くことが出来ないものとなっています”と触れていた．トルーマンはこの伝言を 31 日の朝に受け取った，そして遅くとも 8 月 2 日まで如何なる公表も留保しておくようにとの返事を鉛筆で書いた，その時は帰国のため海上を航行中の予定だった（図 7.41）．

トルーマン大統領は多分ワシントン時間での 8 月 2 日を意味したのだと思う（テニアンの 8 月 2 日はアメリカの 8 月 1 日に対応する）．1945 年 7 月末までに，最後の分裂性物質を太平洋上に届け，許容出来る天候を待つだけのロスアラモスの爆弾使用は，基本的に必然的な結果だった.

練習問題

7.1 半径 r で質量 m の**固体シリンダ状**射出部品を持つ銃型爆弾が砲尾圧力 P 下で x 距離の合体標的に向けて発射されたと考えよ．単純化して，射出部品が砲身に沿って移動するものとし，その圧力 P の値が維持されとする．単純な力と運動学概念を使用し [$F = m\alpha$; $v^2 = 2\,a\,x$]，射出体が砲身を走るその速度表現を示せ．君の結果を $r = 3$ インチ，$P = 75,000$ ポンド毎平方インチ，$m = 50\,\text{kg}$ と $x = 17$ フィートの射出体に適用せよ．換算係数に注意せよ；1 インチ = 2.54 cm；1 ポンド毎平方インチ = 6895 Pascals である．君の結果は本章で求めた結果との近似的な一致を得られたか? [答：1398 m/s]

7.2 表 7.1 に表示したパラメータ値からの作業で，表に与えられている U-235 と Pu-239 の臨界質量を検証しなさい；臨界方程式 (7.6) を解く方法を君自身が理解していると都合が良い．そこで今度は U-233：$A = 233.04\,\text{g/mol}$，$\rho = 18.55\,\text{g/cm}^3$，$\sigma_f = 1.946\,\text{bn}$，$\sigma_{el} = 4.447\,\text{bn}$，$\nu = 2.755$ 中性子/分裂と考え，その臨界質量を求めよ． [答：14.2 kg]

7.3 7.7 節の崩壊速度方程式と自発核分裂データから，Pu-239 の $20\,\mu\text{g}$ から 30 日間での自発分裂の期待値を計算せよ．テキストで引用した値 ~ 0.36 と君の結果とが一致したか?

7.4 重量比 99.99% の Pu-239 と残り 0.01% の Pu-240 組成比のプルトニウム 1 g を君が所有しているものと仮定せよ．君の有するプルトニウムのグラム当たりの毎時自発分裂速度を計算せよ． [答：199]

7.5 テキスト中で核爆発で生じる衝撃波圧力は $E^{2/3}/d^2$ に比例すると明記されている，ここで E は爆発で生じるエネルギー，d は距離である．もしも**トリニティ**実験は TNT 火薬で 20,000 トンと等価なエネルギーを生じたと予測された場合，**トリニティ**実験と試験爆発が各々高さ 100 フィートと高さ 28 フィートで行われたとして，グランド・ゼロで同じ圧力を生じさせる校正実験において 1945 年 5 月に幾らの TNT トンを使うべきだったのか? [答：439 トン]

7.6 図 7.21 に示した寸法から，**ファットマン**爆弾のアルミニウムと天然ウラン製タンパー球の質量を計算せよ；“トラップ・ドア” 入口の効果は無視せよ．アルミニウムと天然ウランの密度をそれぞれ 2.699 と 18.95 g/cm^3 とする． [答：アルミニウム 131 kg = 289 ポンド；ウラン 101 kg = 223 ポンド]

7.7 物質の熱力学物性研究において，以下の簡単な微分方程式が圧力変化 dP に従属して物質の試料の体積 V の体積変化量 dV がモデルとして用いられている：

$$\frac{dV}{dP} = -\frac{V}{B},$$

ここで B はその物質の**体積弾性率** (bulk modulus) である，圧縮率の測度；より高い B 物質はより低い B 物質に比べて圧縮がより困難となる．プルトニウムの体積弾性率が約 30 GPa である（一定と仮定する）．もしも爆縮爆弾がプルトニウム核を圧力上昇で 100 万気圧（1 気圧 ~ 10^5 Pa）にさらすなら，この微分方程式を積分してプルトニウムの最終体積をその初期体積の比として推定せよ． [答：$V_{final}/V_{initial} \sim 0.036$]

7.8 空中爆発核兵器で生じるホールアウトを最小化するためには，火の玉，その最大寸法で地面に接しないような高さで爆発させねばならない．収率 Y の空中爆発兵器で生じる火の玉のマイル単位での最大半径の近似的表現が $R \sim 0.041Y^{0.4}$ である．もしも 200 キロトン兵器がこの高さで爆発したとしたら，最大過剰圧力が 5 psi を超えるのはグランド・ゼロからいくら離れた処か? 最大過剰圧力に (7.19) 式を使用せよ． [答：2.48 マイル]

7.9 本問の目的は分裂兵器によって造られる放射能の極めて粗い推定を行うことである．^{235}U の分裂がもっぱら下記の反応で生じると仮定せよ，

$$^{235}_{92}\mathrm{U} + {}^{1}_{0}n \rightarrow {}^{141}_{56}\mathrm{Ba} + {}^{92}_{36}\mathrm{Kr} + 3\,({}^{1}_{0}n)$$

1 kg の ^{235}U がこの方法で分裂すると仮定せよ．$^{141}_{56}$Ba と $^{92}_{36}$Kr が引き続き各々 18 分と 1.8 秒の半減期のベータ崩壊で減衰する．本章で説明した崩壊速度を用いて “直接の” ベータ線の発生を推定せよ；簡素化のため，この反応で生じる中性子は無視する．もしも放射能が 10 平方マイルにわたってフォールアウトするとして，平方メートル当たり何キュリーの直接の放射能を被ることになるのか? [答：近似的に 2.7×10^{13} Ci；1.0×10^{6} Ci/m^2]

7.10 原子炉事故に依って，人口 200,000 の都市が放射線量を平均 3 レム/人浴びると予想されている．君が市から避難させるか否かを決める市の責任者である．避難で予想される混乱状態での交通事故，心臓病発作，他の原因で多分約 300 人の死亡結果を招くだろうと警察署長が君に話した．放射線被曝が導く余剰癌死亡者数の予測値と避難で生じる予想死者数を比べてみよ．君はどうするのか? [答：ほぼ 240 名の余剰死亡]

さらに読む人のために：単行本，論文および報告書

J. Albright, M. Kunstel, *Bombshell: The Secret Story of America's Unknown Atomic Spy Conspiracy* (Times Books, New York, 1997)

L. Badash, J.O. Hirschfelder, H.P. Broida (eds.), *Reminiscences of Los Alamos 1943-1945* (Reidel, Dordrecht, 1980)

K.T. Bainbridge, Trinity. Los Alamos reoport LA-6300-H, http://library.lanl.gov/cgi-bin/getfile?00317133.pdf

K.T. Bainbridge, Orchestrating the test, in *All In Our Time: The Reminiscences of Twelve Nuclear Pioneers,* ed. by J. Wilson (The Bulletin of the Atomic Scientists, Chicago, 1975)

B. Bederson, SEDs at Los Alamos: A personal Memoir. Phys. Prespect. **3** (1), 52-75 (2001)

J. Bernstein, *Plutonium: A History of the World's Most Dangerous Element* (Joseph Henry Press, Washington, 2007)：村岡克紀訳,「プルトニウム」, 産業図書，東京，2008

H.A. Bethe,　Theory of the Fireball. Los Alamos report LA-3064 (1964), http://www.fas.org/sgp/othergov/doe/lanl/docsl/00367118.pdf

H.A. Bethe, R.F. Christy,　Memorandum on the Immediate After Effects of the Gadget, http://www.lanl.gov/history/admin/files/Memorandum_on_the_Immediate_After_Effects_of_the_Gadget_Hans_Beth_and_Robert_Christy.pdf

K. Bird, M.J. Sherwin,　*American Prometheus: The Triumph and Tragedy of J. Robert Oppenheimer* (Knopf, New York, 2005)：河邊俊彦訳，「オッペンハイマー「原爆の父」と呼ばれた男の光栄と悲劇　上/下」，PHP 研究所，東京，2007

A.A. Broyles,　Nuclear explosions. Am. J. Phys. **50** (7), 586-594 (1982)

R.H. Campbell,　*The Silverplate Bombers* (McFarland & Co., Jefferson, North Carolina, 2005)

R.P. Carlisle, J.M. Zenzen,　*Supplying the Nuclear Arsenal: American Production Reactors, 1942-1992* (Johns Hopkins University Press, Baltimore, 1996)

M.B. Chambers,　Technically Sweet Los Alamos: The Development of a Federally Sponsored Scientific Community. Ph.D. thesis, University of New Mexico (1974)

J. Conant,　*109 East Palace: Robert Oppenheimer and the Secret City of Los Alamos* (Simon and Schuster, New York, 2005)

R.H. Condit　Plutonium: An Introduction. Lawrence Livermore National Laboratory report UCRL-JC-115357 (1993), www.osti.gov/bridge/product.biblio.jsp?osti_id=10133699

J. Coster-Mullen,　*Atom Bombs: The Top Secret Inside Story of Little Boy and Fat Man* (Coster-Mullen, Waukesha, WI, 2010)

Deoarment of Energy Nevada Operations Office:　United States Nuclear Tests July 1945 through September 1992. (Report DOE/NV-209 REV 15), http://www.nv.doe.gov/library/publications/historical/DOENV_209_REV15.pdf

D.F. Dvorak,　The other atomic bomb commander: Colonel Cliff Heflin and his "Special" 216th AAF Base Unit. Air Power Hist. **59** (4), 14-27 (2012)

F. Dyson,　*Disturbing the Universe* (Harper and Row, New York, 1979)：鎮目恭夫訳，「宇宙をかき乱すべきか――ダイソン自伝」，ダイヤモンド社，東京，1982

D.C. Fakley,　The British Mission. Los Alamos Sci. **4** (7), 186-189 (1983)

E. Fermi,　*Nuclear Physics* (University of Chicago Press, Chicago, 1949)

R.H. Ferrell,　*Harry S. Truman and the Bomb.* High Plains Publishing Co., Worland, WY (1996)

F.L. Fey,　Helth Physics Survey of Trinity Site.　Los Alamos report LA-3719 (June, 1967), http://library.lanl.gov/cgi-bin/getfile?00314894.pdf

G.N. Flerov, K.A. Petrzhak,　Spontaneous fission of uranium. Phys. Rev. **58**, 89 (1940)

S. Glasstone, P.J. Dolan,　*The Effects of Nuclear Weapons* (United States Department of Defense and Energy Reserch and Development Agency, Washington, 1977)：1950 年発行の原書からの翻訳書；篠原健一，石川数雄，山口宗男訳，「原子爆弾の効果」，主婦之友社，東京，1951；武谷三男，中村誠太郎，佐々木宗男，豊田利幸，小野健一，西宮博道訳，「原

子兵器の効果」，科学新興社，東京，1951*35

P. Goodchild, *J. Robert Oppenheimer: Shatterer of Worlds.* British Broadcasting Corporation, London (1980)

L.R. Groves, *Now It Can be Told: The Story of the Manhattan Project* (Da Capo Press, New York, 1983)

W.R. Hansen, J.C. Rodgers, Radiological Survey and Evaluation of the Fallout Area from the Trinity Test. Los Alamos report LA-10256-MS (June 1985)

D. Hawkins, Manhattan District History. Project Y: The Los Alamos Project. Volume I: Inspection until August 1945. Los Alamos, NM: Los Alamos Scientific Laboratory (1947). Los Alamos publication LAMS-2532, available on line at http://library.lanl.gov/cgi-bin/getfile?LAMOS-2532.htm

R.G. Hewlett, O.E. Anderson, Jr., *A History of the United States Atomic Energy Commision, Vol 1: The New World, 1939/1946.* Pennsylvania State University Press, University Park, PA: (1962)

L. Hoddson, P.W. Henriksen, R.A. Meade, C. Westfall, *Critical Assembly: A Technical History of Los Alamos during the Oppenheimer Years* (Cambridge University Press, Cambridge, 1993)

M. Hull, A. Bianco, *Rider of the Pale Horse: A Memoir of Los Alamos and Beyond* (University of New Mexico Press, Albuquerque, 2005)

J. Hunner, *Inventing Los Alamos: The Growth of an Atomic Comunity* (University of Oklahoma Press, Norman, OK, 2004)

V.C. Jones, *United States Army in World War II: Special Studies——Manhattan: The Army and the Atomic Bomb* (Center of Military History, United States Army, Washington, 1985)

R.L. Kathren, J.B. Gough, G.T. Benefiel, *The Plutonium Story: The Journals of Professor Glenn T. Seaborg 1939-1946* Battelle Press, Columbus, Ohio (1994). シーボーグによって用意された抄訳版が入手可能：http:///www.escholarship.org/uc/item/3hc273cb?display=all

C.C. Kelly (ed.), *Oppenheimer and the Mahattan Project* (World Scientific Publishing, Singapore, 2006)

C.C. Kelly (ed.), *The Mahattan Project: The Birth of the Atomic Bomb in the World of Its Creators, Eyewitness, and Hisororians* (Black Dog & Leventhal Press, New York, 2007)

C.C. Kelly, R.S. Norris, *A Guide to the Mahattan Project in Mahattan* (Atomic Heritage Foundation, Washington, 2012)

G.B. Kistiakowsky, Trinity——a reminiscence. Bull. Atomic Scientists **36** (6), 19-22 (1980)

L. Lamont, *Day of Trinty* (Antheneum, New York, 1965)

*35 訳註： S. Glasstone, M.C. Edlund, *THE ELEMENTS OF NUCLEAR REACTOR. THEORY.* D. Van Nosterrand Co., New York (1952)：伏見康治，大塚益比古訳，「原子炉の理論」，みすず書房，東京，1955 の著者でもあり，本書は日本における原子炉理論の手引書として広く行きわたった；計算尺で計算出来る原子炉物理学と言えよう．

W.L. Laurence, Drama of the Atomic Bomb Found Climax in July 16 Test. The New York Times, 26 Sep 1945, pp. 1, 16

L.M. Libby, *The Uranium People* (Crane Russak, New York, 1979)

S.L. Lippincott, A Conversation with Robert F. Christy——Part I. Phys. Perspective **8** (3), 282-317 (2006). A Conversation with Robert F. Christy——Part II. Phys. Perspective **8** (4), 408-450 (2006)

Los Alamos Beginning of an Era 1943-1945. Los Alamos Historical Socity, Los Alamos (2002), http://www.atomicarchive.com/Docs/ManhattanProject/la_index.shtml

R.E. Malenfant, Experiments with Dragon Machine. Los Alamos publication LA-14241-H (2005), http://www.osti.gov/energycitations/purl.cover.jsp?purl=/876514-I1Txj9/

D. McCullough, *Truman* (Simons and Schuster, New York, 1992)

T. Merlan, *Life at Trinity Base Camp* (Human Systems Reserch, Las Cruces, NM, 2001)

R.A. Muller, *Physics and Technology for Future Presidents: The Science Behind the Headlines* (Norton, New York, 2008)

D.E. Neuenschwander, Jumbo: Silent Partner in the Trinity Test. Radiations. Fall 2004, 12-14, http://www.spsnational.org/radiations/2004/neuenschwander.pdf

K.D. Nichols, *The Road to Trinity* (Morrow, New York, 1987)

R.S. Norris, *Racing for the Bomb: General Leslie R. Groves, the Manhattan Project's Indispensable Man.* Steerforth Press, South Royalton, VT (2002)

J.R. Oppenheimer, Physics in the contenmporary world. Bull. Atomic Scientists **4** (3), 65-68, 85-86 (1947)

A. Pais, R.P. Crease, *J. Robert Oppenheimer: A Life.* Oxford University Press, Oxford (2006)

N. Polmar, *The Enola Gay: The B-29 that dropped the Atomic Bomb on Hiroshima* (Brassey's Inc., Dulles, VA, 2004)

I.I. Rabi, *Science: the Center of Culture* (World Publishing, New York, 1970)

N. Ramsey, History of Project A, Steerforth Press, http://www.alternatrwars.com/WW2/WW2_Documents/War_Department/MED/History_of_Project_A.htm

F. Reines, Yield of the Hiroshima Bomb. Los Alamos report LA-1398, 18 April 1952, http://www.fas.org/sgp/othergov/doe/lanl/la-1398.pdf

B.C. Reed, Seeing the light: Visibility of the July 1945 *Trinity* atomic bomb test from the inner solar system. Phys. Teacher **44** (9), 604-606 (2006)

B.C. Reed, A brief primer on tamped fission-bomb cores. Am. J. Phys. **77** (8), 730-733 (2009)

B.C. Reed, Predetonation probability of a fission-bomb core. Am. J. Phys. **78** (8), 804-808 (2010)

B.C. Reed, Fission fizzles: Estimating the yield of a predetonated nuclear weapon. Am. J. Phys. **79** (7), 769-773 (2011a)

B.C. Reed, *The Physics of the Manhattan Project* (Springer, Berlin, 2011b)

R. Rhodes, *The Making of the Atomic Bomb* (Simon and Schuster, New York, 1986)：神沼二真，渋谷泰一訳，「原子爆弾の誕生——科学と国際政治の世界史 上/下」，啓学出版，東京，

1993

H. Russ, *Project Alberta: The Preparation of Atomic Bombs for use in World War II* (Exceptional Books, Los Alamos, 1984)

L. Sartori, Effects of nuclear weapons. Phys. Tody **36** (3), 32-41 (1983)

E. Segrè, *Enrico Fermi, Physicist* (University of Chicago Press, Chicago, 1970)：久保亮五，久保千鶴子訳，「エンリコ・フェルミ伝　原子の火を点した人」，みすず書房，東京，1976

R.W. Seidel, *Los Alamos and the development of the Atomic Bomb* (Otowi Crossing Press, Los Alamos, 1995)

R. Serber, *The Los Alamos Primer: the First Lectures on How To Build and Atomic Bomb* (University of California Press, Berkely, 1992)：今野廣一訳，「ロスアラモス・プライマー：開示教本「原子爆弾製造原理入門」」，丸善プラネット，東京，2015

R. Serber, R.P. Crease *Peace and War: Reminiscences of a Life on the Frontiers of Science.* Columbia University Press, New York (1998)：今野廣一訳，「平和，戦争と平和：先端核科学者の回顧録」，丸善プラネット，東京，2016

C.S. Smith, Some Recollections of Metallurgy at Los Alamos, 1943-45. J. Nucl. Mater. **100** (1-3), 3-10 (1981)

H.D. Smyth, *Atomic Energy for Military Purposes: The Official Report on the Development of the Atomic Bomb under the Auspices of the United States Goverment, 1940-1945* (Princeton University Press, Princeton, 1945)：杉本朝雄，田島英三，川崎榮一訳，「原子爆弾の完成――スマイス報告」，岩波書店，東京，1951

H. Soodak, M.R. Fleishman, I. Pullman, N. Tralli, *Reactor Handbook, Volume III Part A: Physics* (Interscience, New York, 1962)

M.B. Stoff, J.F. Fanton, R.H. Williams, *The Manhattan Project: A Documentary Introduction to the Atomic Age* (McGraw-Hill, New York, 1991)

C. Sublette, Nuclear Weapons Frequently Asked Questions, http://nuclearweaponarchive.org/Nwfraq/Nfaq8.html

F.M. Szasz, *The Day the Sun Rose Twice* (University of New Mexico Press, Albuquerque, 1984)

F.M. Szasz, *British Scientist and the Manhattan Project: The Los Alamos Years* (Palgrave McMillan, London, 1992)

R.F. Taschek, J.H. Williams, Measurements on $\sigma_f(49)$ / $\sigma_f(25)$ and the value of $\sigma_f(49)$ as a function of neutron energy. Los Alamos report LA-28, 4 Oct 1943

E.C. Truslow, Manhattan District History: Nonscientific Aspects of Los Alamos Project Y 1942 through 1946. Los Alamos Scientific Laboratory, Los Alamos, NM (1973). オンラインで入手可能：http:///www.fas.org/sgp/othergov/doe/lanl/docs/00321210.pdf

S.M. Ulam, *Adventures of a Mathematician* (Charles Scribner's Sons, New York, 1976)：志村利雄訳，「数学のスーパースターたち――ウラムの自伝的回想」，東京図書，東京，1979

United States National Academy of Sciences, Health Risks from Exposure to Low Levels of Ionizing Radiations: BEIR VII Phase 2, Washington, D.C. (2006)

S.L. Warren, The role of radiology in the development of the atomic bomb, in Radiology in

World War II: Clinical Series, ed. by K.D.A. Allen, Office of the Surgeon General, Department of the Army, Washington (1966)

S. Weintraub, *The Last Great Victory: The End of World War II July/August 1945* (Dutton, New York, 1995)

V.F. Weisskopf, The Los Alamos Years. Phys. Tody **20**(10), 39-42 (1967)

J.H. Williams, Measurements of ν_{49}/ν_{25}. Los Alamos report LA-25, 21 Sept 1943

J. Wilson, *All in Our Time: The Reminiscences of Twelve Nuclear Pioneers* (Bulletin of the Atomic Scientists, Chicago, 1975)

ウエーブ・サイトおよびウエーブ文書

American Institute of Physics Array of Contemporary American Physicists website on Manhattan Project, http://www.aip.org/history/acap/institutions/manhattan.jsp#losalamos

British Mission to Los Alamos, http://www.lanl.gov/history/wartime/britishmission.shtml

Documents on Los Alamos land acquisition, http://www.lanl.gov/history/road/pdf/Acquisition%20of %20Land%20for%20Demolition%20Range,%20November%2025,%201492.pdf; http://www.lanl.gov/history/road/pdf/Secreatary%20of%20War%Requisitioning%20Lands,%20March%2022,%201943.pdf; http://www.lanl.gov/history/road/pdf/Secreatary%20of%20War%Agriculture%20Granting%20Use%20of%20Land%for%20Demolition%20Range,%20April%208,%201943.pdf

Federation of American Scientists index to Los Alamos reports, http://www.fas.org/sgp/othergov/doe/lanl/index1.html

Fermi's description of Trinity test, http://www.lanl.gov/history/story.php?story_id=13; http://www.atomicarchive.com/Docs/Trinity/Fermi.shtml

Harry Daghlian and Louis Slotin, http://en.wikipedia.org/wiki/Harry_K._Daghlian,_Jr; http://en.wikipedia.org/wiki/Louis_Slotin

James Tuck, http://bayesrules.net/JamesTuckVitaeAndBiography.pdf

Los Alamos National Laboratory History site, http://www.lanl.gov/about/history-innovation/history-site.php

Los Alamos Primer, http://www.fas.org/sgp/othergov/doe/lanl/docs1/00349710.pdf

McDonald Ranch House, http://en.wikipedia.org/wiki/McDonald_Ranch_House

Monsanto Corporation Dayton operations, http:moundmuseum.com/

Oppenheimer appointment letter as Director of Los Alamos, http://www.lanl.gov/history/road/pdf/Conant-Groves.pdf

Oppenheimer quotes, http://en.wikiquote.org/wiki/Robert_Oppenheimer

Oppenheimer memoranda on Gadget and Explosives Divisions, http://www.lanl.gov/history/road/pdf/Organization%20of%20Explosives%20Division,%20August%2014,%201944.pdf; http://www.lanl.gov/history/road/pdf/Organization%20of%20Gadget%20Division,

%20August%2014,%201944.pd
Roosevelt to Oppenheimer, June 29, 1943,　http://lcweb2.loc.gov/mss/mcc/083/0001.jpg and http://lcweb2.loc.gov/mss/mcc/083/0002.jpg
Sir John Anderson,　http://en.wikipedia.org/wiki/John_Anderson,_1st_Viscount_Waverley
Tinian Island,　http://www.globalsecurity.org/milotary/facility/tinian.html
Trinity eyewitness accounts,　http://www.dannen.com/decision/trin-eye.html

第 8 章

廣島と長崎

廣島と長崎への原子爆弾投下はマンハッタン計画絶頂期の出来事だった．第 7 章で述べたように，爆弾を搭載して運ぶ乗員達への訓練は 1944 年暮より始まった．目標地点を選択する意味において，その爆弾を究極的に用いるための計画とそのようなラジカルな新兵器の戦時における戦後の戦略的伴立の配慮が，ほぼ同時に科学者，政治家，政府のアドバイザー，将校らによって考慮されるようになり始めた．

爆弾投下ミッションの準備，爆弾を直接使用すべきか，最初はデモンストレーションとして用いるべきかの争点，ミッションそれ自体，爆弾の効果，それらを使用することでの反応，1945 年 8 月の日本降伏と言う状況下での原爆投下に対する，いまだに続く役割の争点について本章で吟味する．

8.1　第 509 混成グループ：訓練と爆撃

7.8 節で述べたように，爆弾を投下する搭乗員の選択と訓練がこの配送プログラムの必須要件だった．この選択において，このユニークなグループの歴史に簡単に触れよう．

ヘンリー・アーノルド (Henry Arnold) 将軍（陸軍航空隊の司令官）の諮問で，グローヴズ将軍は——セキュリティと隔離化の理由をもって再び——爆弾配送を取り扱う自己継続性の航空ユニットを組織した．1944 年の夏と秋の間で，航空部隊とマンハッタン計画の人々はこの新たなユニットを指揮する可能性のある候補者を篩いにかけ，ポール・テベッツ (Paul W. Tibbets) 大佐が残った．無類の戦闘パイロットであったテベッツは，第 2 次世界大戦中に英国海峡を飛び越えた最初の B-17 爆撃機での爆撃ミッションを遂行し，その後に北アフリカでも最初の米国人として飛んだ男だ．25 回を超える戦闘ミッションの後，彼は合衆国に戻り，B-29 爆撃機の試験飛行に没頭した．1944 年 9 月 1 日，第 2 航空隊司令部の指揮官であるウザル・エント (Uzal Ent) 将軍の本部であるコロラド・スプリングズで最後のセキュリティでぎゅうぎゅ問い詰められる尋問に彼は耐えた．質問に対する回答がグローヴズのセキュリティ主任のジョン・

ランスドール (John Lansdale) 大佐を満足させ（4.10 節）[*1]，テベッツはエントの事務所へ迎え入れられた．そこでウイリアム・パーソンズ (William Parsons) とノーマン・ラムゼー (Norman Ramsey) がテベッツに紹介され，彼らはテベッツへの新たな任務の概要を説明した．

アーノルドはテベッツに新たな任務を遂行するためのスタッフを選択する広い自由裁量権を与えたのだが，テベッツは究極となるミッションの選抜者名を言うことが出来なかった．その戦争での優秀なパイロット，航空士，爆撃手と同様，テベッツには彼らをリクルートするに費やす時間は無かったのだ．最速の獲得者は数多くのミッションで飛んだ彼の個人的友人の2人だった：爆撃手のメジャー・トーマス・フィアビー (Major Thomas Ferebee) と航空士のテオドア "Dutch" バン・カーク (Theodore Van Kirk) だった（図 8.1），それぞれ 63 回と 58 回のミッションを遂行してきたベテランだった．両者共にテベッツと一緒に廣島ミッションへ飛び立つのだ．本書を書いている時（2013 年の早く），ヴァン・カークが 2 機の原爆投下機の搭乗員の唯一の生存者である．第 509 混成グループのレーダー将校，ジェイコブ・ビーサー (Jacob Beser) は廣島と長崎へ爆弾を運び，"原爆投下" した爆撃機の両機に搭乗した唯一の乗組員となる．もしも日本が爆弾発火機構を止めようとまたは前駆爆発を引き起こさせようと試みるか否かを見極めるために，ビーサーは日本のレーダーを監視する責任者となるのだった．

第 509 のユニークさは，それが "混成" (composite) グループだったこと．飛行編隊は通常単一目的の属性から成っていた：整備，爆撃，エンジニアリング，配送などのように．第 509 は異なるユニットのメンバーを引き抜いて一緒にし，全てが自己継続できる形態にした：第 393 重爆撃グループ（15 名の爆撃手クルーで構成されていた）；第 320 兵輸送飛行大隊；第 390 飛行サービス・グループ；第 603 航空エンジニアリング大隊；第 1,027 航空材料大隊；第 1 特別兵器大隊（軍用機）；第 1,395 憲兵中隊（50 名程のマンハッタン計画エィジェントが含まれている）；および陸軍省の雑多なグループ，民間人および軍人の科学者と技術者達の収納ユニットである第 1 技術分遣隊がら引き抜かれた．第 509 は 225 名の将校と 1,542 名の協力者；アルベルタ計画からの人員 50 名を加えて 1,800 名を超える人員で構成された．

ウエンドーバー飛行場で 1944 年 10 月 21 日にロバート・ルイス (Robert Lewis) パイロットが操縦し第 509 グループ B-29 初の飛行が行われた．ウエンドーバーでの落下試験に加えて，ウエンドーバーからほぼ 600 マイル南に在る南カリフォルニアのソルトン湖（塩湖）へと飛んで単一の "超大型" (blockbuster) 爆弾（しばしばコンクリート詰め）を落とし，爆撃機と終局の核爆発点間を約 8 マイル（12.9 km）保つように設計された 155° ダイビング・ターンを達成するための爆撃訓練を行った．爆発過剰圧力に対して第 7 章で与えた公式から，20 キロトン爆弾は 8 マイルの処で過剰圧力約 0.3 psi が形成されるだろう，その値は爆撃機が生き残るのに問題が無い値と予想された．日本の防衛陣の注意を避けるために第 509 爆撃機はミッション遂

[*1] 訳註：　将官が出てきて自己紹介し，テベッツをわきに連れて行き，これまでに逮捕されたことがあるかと尋ねた．テベッツは状況を考え，この見知らぬ人物に正直に，10 代のころノース・マイアミビーチで，車の後部座席に女の子と一緒にいるところを現行犯で逮捕されたことがあると答えた．原子爆弾の情報と保安のことでグローヴズに義務を負っていたジョン・ランスドール大佐は，その逮捕について知っていて，こう質問することでテベッツの正直さを試験したのだった [p. 318].（R. Rhodes,「原子爆弾の誕生　下」，啓学出版，東京，1993 より）

図8.1　**左** エノラ・ゲイの搭乗員の一部：後列左から：ジョン・ポーター（地上整備将校），テオドア・ヴァン・カーク，トーマス・フィアビー，ポール・テベッツ，ロバート・ルイス，ジェイコブ・ビーサー；前列左から：ジョセフ・スチボリク，ロバート・キャロン，リチャード・ネルソン，ロバート・シュマード，ワィアット・デューゼンバリー．写真に入っていない者としては，ウイリアム・パーソンズ，モーリス・ジェプソン．写真はJohn Coster-Mullenの好意による．　**右** モーリス・ジェプソン．　**出典** commons.wikimedia.org/wiki/File:Morris_Jeppson.jpg

行時に戦闘機を随伴させないことにしていた；またその衝撃波から生き残れるために，実際の防御が出来ない程に戦闘機は爆撃機からかなり遠く離れていなければならないためであった．テベッツ大佐は，対空砲範囲を遥かに超え，日本の“ゼロ”戦闘機の飛行上限を超える，高度34,000フィートで飛行中に機銃と機関砲を剥いでしまえることを知っていた．第393爆撃機グループは1944年11月24日に兵装を解かれたB-29を15機，全機そろって受け取った．ライト兄弟の最初の飛行から41回目の記念日であった12月17日，第509が正式に活動を始めた．フィアビーとヴァン・カークがそれぞれ爆撃手グループと航空士グループに指名された．

1945年春，第509の訓練ペースは太平洋への配備に向けたものになった．5月19日，グループの最初のメンバーがテニアン (Tinian) に到着；他のメンバーも続き，8月初めまでに全ての人物と飛行機が揃った．技術的には，第509はカーチス・ルメイ (Curtis LeMay) が将軍の作戦区域内に在り，ルメイは1945年1月に第20空軍第21爆撃司令部の司令官をつとめていた．ルメイはテニアン島から約130マイル南のガム島に司令本部を置いた．

日本の工業力を無力化するため，ルメイは夜間低空飛行（高度 ~ 5,000フィート）焼夷弾爆撃の戦略を遂行することに決めた．1945年3月9-10日の夜間，300機に近いB-29爆撃機群が東京に焼夷弾爆撃を遂行した，1,600トン程の焼夷弾を投下した（表8.1）．個々の火災が合体して火災嵐 (firestorm) となり，その結果都市の16平方マイル程が焼き尽くされた（都市の約25%）．百万人程の人々が家を失い，廣島または長崎における直死亡者数の数に比べて総計で大きい84,000人が殺された（幾つかの推定では100,000人を超えたとのクレイム有り）；

表8.1 廣島，長崎の原爆投下と東京空襲の比較

統計	廣島	長崎	東京
飛行機数	1	1	279
爆弾数	1（原爆）	1（原爆）	1,667 トン
平方マイル当たりの人口密度	46,000	65,000	130,000
破壊区域（平方マイル）	4.7	1.8	15.8
死者と行方不明（$\times 10^3$ 人）	70-80	35-40	83.6
負傷者（$\times 10^3$ 人）	70	40	102
死亡率（$\times 10^3$ 人/平方マイル）	15	20	5.3

たったの14機が失われただけだった．空気が加熱され，上空6,000フィートのB-29爆撃機群は深刻な乱流状態に見舞われた；搭乗員達は下の敵達の生身の焼ける匂いを嗅ぐことが出来た．同様に長崎，大阪，神戸および他の都市に対して遂行され，4月13日には東京をさらに11平方マイルも焼き尽くした．

上記で示唆したように，太平洋での第2次世界大戦の残忍性は殆ど理解を超えている．米軍が日本占領の島々を介して進軍するとともに，5,000名の米国人とさらにそれを超える日本人が毎週死んで行く．1945年6月半ば，日本占領勧告への合同参謀総長 (Joint Chiefs of Staff) 計画書には幾つかの損耗人員統計が纏められていた．レイテイ島（1944年遅く），ルソン島（1945年初め），硫黄島（1945年1月-3月），沖縄（1945年4月-6月）を取るのに米国は総計110,000名を損耗する．日本人死者と捕虜の不完全な勘定では総計で300,000名を超える．沖縄の140,000名程の民間人達は殺されるか自殺に追い込まれると推定される．もし日本本土への侵攻が進められ，日本人が狂信的レベルのレジスタンスを採用したなら，損耗は天文学的数値と成り得る．この全戦争期間を通じて，日本のユニット（部隊）の降伏は皆無である．

日本占領勧告は2つの要素から成っていた．本土の南側の島，九州（ホームは長崎）が1945年11月1日から始める予定のオリンピック作戦の目標地点としてあった（図8.2と図8.3)．これには760,000名の地上部隊と3つの海軍船団からの支援が含まれる．比較のため，1944年6月6日の間に陸揚げされた軍隊の数，D-Dayノルマンディ侵攻では約156,000名だった．その計画は軍隊を九州に沿って約1/3の処まで進み（図8.2の点線），1946年3月1日とスケジュールされた東京（主要の島，本州に在る）周辺地域の占領を支援する航空基地を設置する．本州侵攻には丁度百万を超える数の地上軍の投入が計画された．その間に，ルメイの爆撃機群は日本都市への荒廃をし続けた，1945年の末までに100,000トン/月の爆弾を配送し，1946年3月までに220,000トン/月の配送をしたと推定される．米軍が九州で自分たちの政権を打ち立てるなら，米軍は10年も続くゲリラとの戦闘に直面するに違いない，との怖れを懐いたとダグラス・マッカーサー (Douglas MacArthur) 将軍が語っている．1人の米国インテリジェンスの推定ではおよそ560,000名の日本兵が九州内の基地に居ると示されていた．

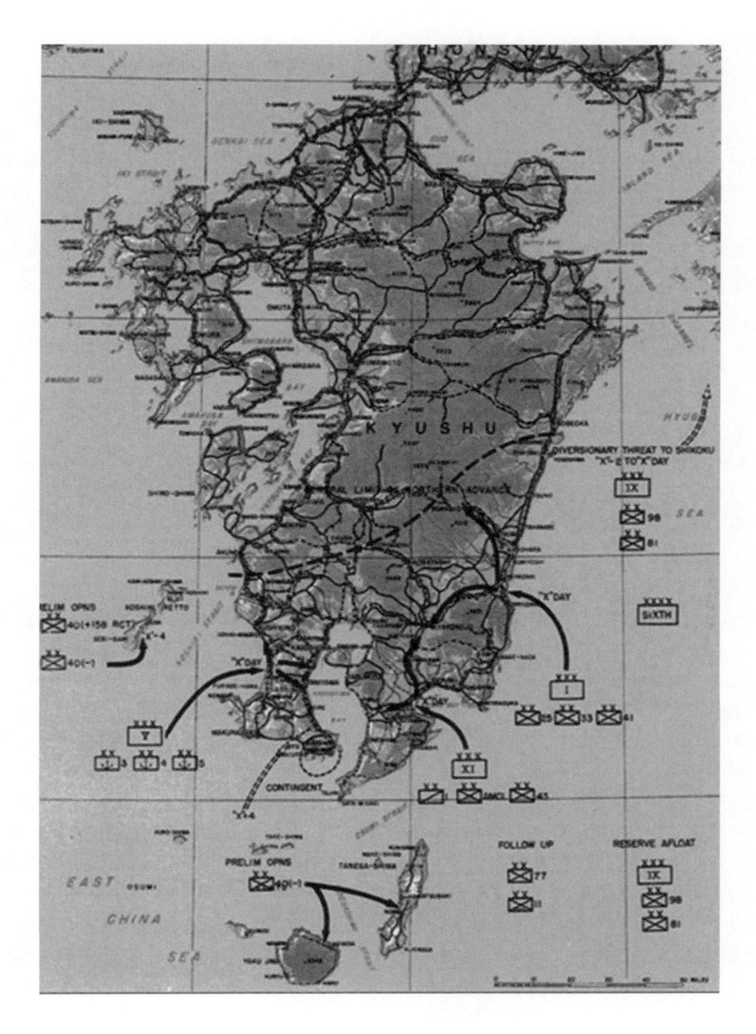

図 8.2　九州南部の占領区域を示す地図．下部右側の尺度は 50 マイルを示す．図 8.14 と比べよ．　出典 http://commons.wikimedia.org/wiki/File:Operation_Olympic.jpg

1945年春早く，グローヴズ将軍は攻撃地点の選択論争に目を向けた．グローヴズはマーシャル将軍と会い（グローヴズの事務所の日誌には3月7日にマーシャルとスティムソンの両者と会合したと記録されている），そして陸軍作戦計画部内でのコンタクト指示をマーシャルに求めた．マーシャルは必要以上にその論争に多くの人物が入り込んだことで落胆していた，そしてグローヴズに攻撃地点を彼自身で見つけるようにと指導した．グローヴズにとって，彼の攻撃地点の規準は，"日本人の戦争継続意思に最も不利益な効果を及ぼす爆撃場所" であると書き込んだ．それに加えて，攻撃地点は実際に軍事的であるべきだ；本部，兵隊の密集場所，生産拠点．グローヴズはローリス・ノースタッド (Lauris Norstad) 将軍，陸運戦略航空部隊の幕僚長，に攻撃目標地点を勧告する委員会を設立するようにとコンタクトした．アーノルド将軍の事務所からの3人のスタッフに加えてロスアラモスから3人の科学者が選ばれた：ジョン・フォン・ノイマン，ロバート・ウイルソンおよび英国派遣団からのウイリアム・ペニー；後者は日本の都市は種々の高さで種々の収率の爆弾による日本都市の損害レベルの広範な解析を行っていた．委員会の任務は前もって空襲から除いて残しておいた4都市のリストを発展させ，可視爆撃のために充分良好との気象予報と伴に，各々のミッションに対して対応可能な3都市を選択することだった．

3回の攻撃地点委員会の最初は，4月27日の金曜にペンタゴンのノースタッド将軍の事務所で開催された．グローヴズは会合の初めに短いブリーフィングを行い，その後ファレル将軍を担当として残した．最初の会合でその殆どの討論は夏季期間の日本上空の許容可能な気象の暗い見通しに傾注した．過去の経験は6月が最悪の月であることを示した．7月中，7日間の良好日（雲が上空の3/10またはそれ以下に覆われた場合と定義して），8月には僅か6日間，9月でも五分五分より幾らか少な目だった．東京において，連続2日間の良好な可視空爆日は5年間にたったの1回切りだ．1月が最良月なのだが，それほど長く待つことは問題外だった．昼食後，可能な攻撃地点へと討議は戻った．航空隊のウイリアム・フィッシャー (William Fisher) 大佐が進行中の作戦について纏めた．第20航空隊の第21爆撃機集団は優先表上で33ヵ所の主要攻撃地点を持っていた．その会合議事録に "第20航空隊は主要な日本都市の全てを破壊する作戦を優先して遂行中，もし彼らの観点から戦争作戦遂行に障害となるなら我々にとっての優先攻撃目標地点を救う提案はしない．既存手順は爆撃で東京を地獄にしてしまう，航空機製造と組立工場，エンジン工場を爆弾で航空機産業を概して無力にする" と書かれた．そして，東京と長崎が含まれる8都市のリストには "1石を他の処に残すことは無いとの覚悟でその主要目的で" 空爆が遂行されるとの文言が記されていた．

可能なマンハッタン管区攻撃目標地点として，明確に4都市が検討された（図8.3）：廣島はその第21爆撃集団の優先リストに載っていない最大の都市だった，そして第2陸軍本部（そこから九州の防衛を直接指揮する）の在る場所だった；大阪からそう遠くない八幡は製鉄所の在る場所だった，横浜（東京の南，東京湾に面する）；東京それ自体．しかしながら，"実際上，皇居のみが取り残されて他の全てが瓦礫の山" となったことで，東京を最優先地とする配慮をしなかった（皇居宮殿と天皇ヒロヒトは熟考の上壊滅を容赦されていた）．既攻撃での損傷，気象データ，新兵器から予想される損壊の程度および "殺すことの出来る最遠距離" に関する更なる調査が必要であるとしつつも同定した17ヵ所の攻撃目標地点のリストとともに，その会合は午後4時に休会した．高い人口密度を有する処が半径3マイルを下回らない大都市圏に対

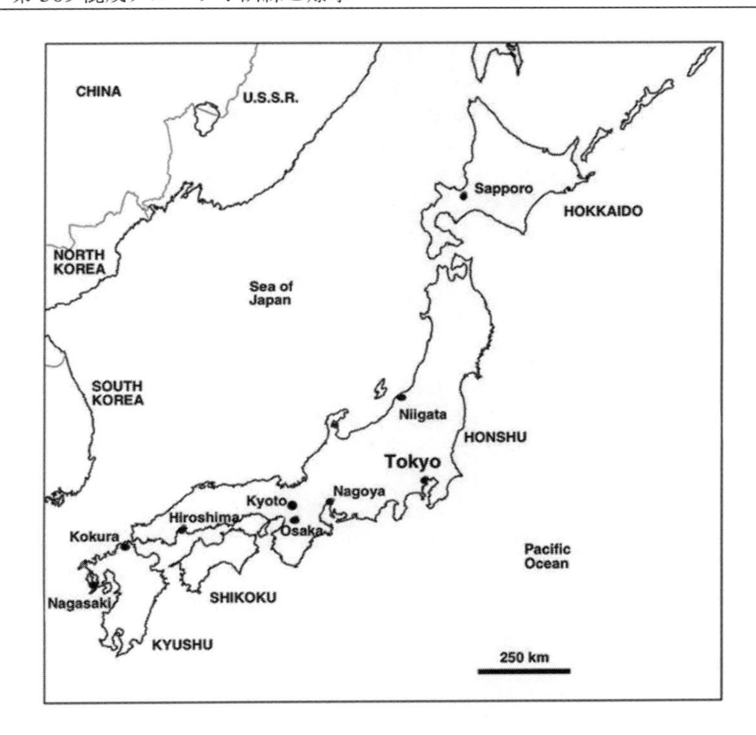

図 8.3　主要な島と主要都市を示す日本地図．数多くの小島は省略した．　適用：http://www.hist-geo.co.uk/japan/outline/japan-cities-1.php

して取り分け考慮された．

攻撃地点委員会の第 2 回会合が 5 月 10-11 日にロスアラモスのオッペンハイマーの事務所で開催された，丁度トリニティサイトでの 100 トン実験[*2]の直後だった．議題は広範囲にわたり，そして爆発の最適高度，気象報告書，爆撃機が爆弾を投下するかまたは放出せずに基地へ戻ってくるかの手順，爆撃目標地点の事情，予想される心理学的効果と放射線学的効果，リハーサル，第 21 通常爆撃キャンペーンとの調整と多様な話題を含むものだった．5 psi の過剰圧力を示す爆発高度が望まれたが，それに相応する破壊半径はその議事録中に同定されていない．確かな爆弾収率の推定不足にもかかわらず，爆発高度での注目すべき許容範囲が入手可能だった；最適高さの 40% 低く，または最適高さの 15% 高くで爆発した場合，損壊区域が僅か 25% 損失

[*2] 訳註：　トリニティ実験の爆発力比較のために TNT 火薬 100 トンの通常爆弾を爆発させ，そのクレーターの大きさを比較するために行われた．図 7.37 を参照せよ．

するだけと予測された．リトルボーイで，爆発高度1,550フィートと2,400フィートでそれぞれ5キロトンと15キロトンの収率と適切に考察された．ファットマンの収率見通しは依然として悲観的だった，4つの異なる信管高度のセットが可能なように決定された：両方の爆弾に使えそうな1,400フィートと伴に，1,000，1,400，2,000と2,400フィートであった．

第2回会合までに，航空隊が4月27日の会合での立場よりも寛大となり，そしてマンハッタンの理由のために5ヵ所の目標地点を“リザーブ”（空爆せずに残しておく）しても良いと．そのリストの第1番目は日本文化の中心地である京都だった，約百万の人口を有する；他の都市が破壊されたため工場がそこへ疎開されていた．“京都は日本の精神的中央であり，そこに住む人々はそのような兵器の重大さを一層認めやすいと考える”と指摘した．リストの第2番目は廣島だった．対空砲火機が集中している観点から有利では無いとしつつも，横浜が第3番目に留まった．第4番目の場所は，そしてリストでの新参者が小倉，日本で最大の軍需工廠の1つのサイトが在る都市だった．しんがりをつとめるのは新潟，本州の西側，東京の北に位置する工作機械産業と石油精製のサイトが在る積出港であった．幾つかの議論の後，目標地点として最初の4ヵ所が勧告された（ここで述べた順位で）．長崎はこの会合中に議論されたことは無かったと思われる．

パーソンズ，ラムゼイ，アッシュワースとテベッツの参加のもと第3回で最後の攻撃地点委員会合が5月28日にペンタゴンで開催された．爆発高度設定の改訂に関する簡単な討議の後——今では1,100フィートと2,500フィート間の5つのオプション——テベッツが搭乗員達の訓練状況の詳細を述べた．15名の爆撃手は所定の高度から多くが80-100の投下を，少なくとも50の投下を記録した．高度20,000フィートでレーダーに基づく爆発を行う投下は平均して目標点の1,000フィート以内だった；可視爆発で500フィート以内の成功率50%を達成した．予備燃料を充分に積んで，10,000ポンド爆弾を搭載しての4,300マイルまでの往復飛行を行った．パーソンズは19基のパンプキンがウエンドーバーから出荷され，7月15日までテニアンで25-30基有する，6月中旬までに75基/月の製造速度に達することが可能に見えると報告している．第509地上部隊は既にテニアンに置かれていた；全てのグループは7月中旬までに到着する予定だった．民間人と軍人で構成された37名の爆弾組立現地要員が指名された．民間人は同化された軍人階級を持った；例えばロバート・サーバーはインスタントの大佐となった[*3]．リザーブされた攻撃目標地点のリストは3ヵ所に縮んでしまった：京都，廣島，長崎；何故横浜と小倉が落ちたのかその理由は記録されて無い．全体としての結論はリトルボーイは確実に進行中で8月1日までに準備が出来る．ファットマンについて詳細な討議は行われず，

[*3] 訳註： 翌日，殆んどが行進に費やされた，それはいたって単純な行動だったが，ぶらぶらしていたことも伴うものだった．全ての書類はOKだった．特別パスポート，そこには“この携帯者は公式ビジネスのため海外訪問中の政府役人である”と書かれ，かなり強い印象を与えていた．このパスポートは素晴らしい記念品となるであろう，しかし返さなければならなくなるのではと心配した．スタッフの共同チーフから命令と許可が出された．我々はAGOカードを受け取った．私の同化地位 (assimilated rank) は確かに大佐 (Colonel) である．ルイスは落胆させられた，彼は中佐 (Lt. Colonel) である．他の大多数は大尉 (Captain) であった．余分な射撃を必要としない唯一の1人であったと私は考えている [p. 113].（R. Serber,「平和，戦争と平和」, 丸善プラネット，東京，2016より）

6 週間後のトリニティ実験結果待ちとされた．

グローヴズ個人として好む攻撃地点は京都，爆弾効果を最大に知らしめるに充分な大きさの区域との観点からだ．しかし，ヘンリー・スチムソン陸軍長官の個人的干渉で予備に回されてしまった．5 月 30 日，攻撃地点委員会合の 2 日後，グローヴズがスチムソンと協議している時にスチムソンが攻撃地点の状況について質問した．個人的に 2 度程京都を訪れたことのあるスチムソンは，日本人にとって重要なその歴史，文化および精神の土台である都市を攻撃地点とすることに直ちに反対を唱えた；博愛の精神から彼は京都を予備とすることを欲したのだ．

6 月 14 日，グローヴズがマーシャル将軍に小倉，廣島，長崎の改訂リストを送付したのだが，彼の優先順位を諦めはしなかった．6 月と 7 月にわたり，京都をリストに戻すために多分 1 ダース程の回数を試みた，スチムソンがポツダム会議のために離れてしまった後までも．7 月 21 日のスチムソンへの海外電信でジョージ・ハリソン（7.14 節）が伝えた “現地の軍アドバイザー全てが，貴方の明確なペット (pet)[*4]都市選択準備に喜んで携わり，第 1 の選択としてそれを用いることは自由だと思われる”．スチムソンは陸軍省に賛同しているトルーマンに助言した；スチムソンの返事は決定を変更する明確な因子が無いだった．京都の執行延期が長崎の滅亡となった：7 月 25 日のグローヴズ-ハンディ指令で（7.14 節），小倉が新たに記載されるとともに，歴史の都が長崎に替えられた．グローヴズの記憶では，京都を予備のクレジットとして，リザーブ・リストに京都が載っているとグローヴズがアーノルド将軍を説き伏せようとクレイムをつけた時に，京都承認へのスチムソン拒絶の後に航空隊がリストから京都を削除したに違いないと気付いた．廣島と長崎の運命は，爆弾ミッションの前数週間に割り振られてしまったのだ．

8.2　1944 年暮れ：戦後計画案の始まり

核兵器開発と使用は世界の力の均衡を根本的に変える，かつ危険な兵器競争を潜在的に引き起こすことがマンハッタン計画の指導者達の多くには明白に見えた．戦争の圧力にもかかわらず，その爆弾の存在が示されたなら直ちに戦力とするには最高レベルでの考慮が払われるべきであるとされた．数多くの可能性がテーブルに載せられた：敵に警告無しに使うべきか，または最初にデモンストレーションとして使うべきなのか? 戦後に，原子力は民間または軍のコントロール下となるのか? セキュリティ事象の破滅無しにマンハッタン計画の研究を公開できるのは何か? 法律制定と議会監視が確立されるために何が必要なのか? 民間の原子力産業の研究と規制を支援する政府の役割はどうあるべきなのか? 兵器競争の機先を制するため，異なる国々間で知識を分かち合いながら，ある種の国際的コントロールが必要となるのか?

これら論争の最初の幾つかを起こしたのは，シカゴに在るアーサー・コンプトンの冶金研究所科学者達だった．1944 年夏までに，**X-10** 原子炉はハンフォードで性能試験中で，建設が順調に進捗していた．シカゴ大学での技術的研究が徐々に終了し始め，爆弾の使用可能性，研究所の長期将来展望，原子力のさらなる広範な派生物への論点へと関心が移った．コンプトンは

[*4] 訳註：　pet：不機嫌，むずがり；愛玩動物，お気に入り．

コンサルタントとして冶金研究所にかり出されていた冶金学者でGE社取締役のイザヤ“Zay”ジェフリーに“原子核工学設立趣意書”(Prospectus on Nucleonics) 準備委員会の長にならないかと尋ねた，冶金研究所の科学者達の用語：原子核工学は広大な戦後の研究と産業分野として彼らが予知するものに使われていた．委員会の他のメンバーにロバート・ミリカンとエンリコ・フェルミが含まれていた．1944年11月18日にコンプトンへ届けられた彼らの報告書は7節で構成されていた．最初の5節は，核物理学の歴史とこの分野での平和時での可能性を有する，商用発電，船舶推進，医療，農業および工業など様々な応用をレビューした．放射性同位体のトレーサーとしての潜在的研究応用はおびただしいものだった；明確に指摘した1つはメタボリックと光合成の経路を追跡することであった．さらに思弁的可能性として巨大建設計画で，またはハリケーンをそらすために核爆発の使用も包含されていた．その最後の2節は，現在，ジェフリーズ報告書 (**Jeffries report**) として記憶されている．特に，第6節“国際関係と社会秩序への原子核工学のインパクト”は可能性のある将来事象展望の不思議な程の予言だった．この報告書の写しはマーチン・シャーウイン (M.J. Sherwin) の「破滅への道程」(*A World Destroyed*) で見つけることが出来る．

物理学の法則は普遍的であり，どの工業先進国も原子力を利用出来ることを認識し；ブレークスルーはどこでも生じ得るのだとして，合衆国が原子核工学の研究と開発をする他の国々の先頭に留まる単純な試みによって最後のセキュリティを保証することは不可能であると報告書が警告した．将来の長期にわたる冷戦の予測と今日の核不拡散とテロリズムに関して，報告書は以下のように述べている，

> 通常，大規模な兵器工業を持たない国の中の小さな隠れ場所で，核兵器が造られるかもしれない….国家，または政治的グループでさえ… 1939-1940年のに比べて，一層果てしなく恐れさせる“電撃奇襲作戦”(blitzrieg) を解き放つことが出来るだろう….今日の重量爆弾を搭載して使用しているのに比べれば，これを吹き飛ばすために配送される破壊兵器の重量は無限小へ近づくだろう，そして商用飛行機によってこっそりと運ばれるかまたは侵略者の手先によって前もって集積することさえ容易に出来るのだ．

このような不安定にする事態に先んじて，中央情報局 (CIA) は原子力発電のコントロール，関連物質の管理と合法的な研究に必要な物質を入手可能とする執行を確立させねばならない，と委員会が唱道した．“相互保証破壊”(mutually assured destruction) 戦略と呼ばれることになる未知の予測において，“独自の米国製原子核工学の再軍備達成は，ニューヨークまたはシカゴの突然の完全破壊の翌日に敵の都市をさらに広範囲に破壊尽くすと答えることが出来るのは確実である，そしてそのような報復の怖れが敵を無力にすることが望みである”としまいには権威が確立されるとグループは意識していた．“原子力の不正使用を防ぐために必要なモラルの開発”を確実にすることが唯一の方法であることを信じ，核問題の公衆への広範な教育の必要性にも報告書は触れていた

フリー・マーケットの掲載の役割に戻り，報告書の最終節は事例としてアルコール産業を用いて規制当局のアイデアと個人企業の通常操業間で固有の対立が存在しえることは無いと指摘した：生産と販売は個人企業の手に，しかし政府の取締り下に行われる．しかし活発な原子核工学産業はそれ自体では充分で無い．殆どの個人企業が長期研究を設定して無いことから，グループは“基礎研究と応用研究の両方のための十分な施設群”を有する政府支援の原子核工業

研究所群を確立させることが肝要であると思う．ジェフリーズ報告書 (**Jeffries report**) が産業と政府の活動分野で予測したことの大部分が実現した．国立研究所群の複合体と一緒に，政府の免許と規制法下での民間の原子力発電所が 1950 年代までに整備された．しかしながら核物質の有効的国際管理は政治的泥沼へ陥ることになり，そして予期された兵器競争が続いて起きた．

ほぼ同時期にジェフリーズ委員会が設置された，計画を進めるとともにマンハッタン計画の上位管理層の注意を更に向けさせようとし始めた．マンハッタン計画用の製造施設と研究所群の巨大な複合体が戦争が終わった日に単純に消えてしまうものでは無いのだ．それらは民間人の下でまたは軍の管轄権とすべきなのか? 如何様にしてそれらは投資され，操業されるのか? 1944 年 8 月，憲兵委員会がリチャード・トルーマンを原子エネルギーと国家セキュリティとの関係を研究するための戦後政策委員長に委任した．トルーマンの小グループ（トルーマン自身，ウォーレン・ルイス，プリンストン大学のヘンリー・スマイスとアール・ミルズ海軍少将）が 40 名を超えるマンハッタン計画の科学者達をインタビューし，また意見具申書を受け取った．グローヴズ宛の彼らの 12 月 28 日の報告書で海軍艦船へのプロペラ推進用原子力を直ちに開発すべきと強調し，セキュリティを配慮した領域内で原子核工学産業は強固に奨励されるべきであるとも強調した．また知識の広範な普及は，国家セキュリティ維持に必要とされる分野で戦後レベルの発展を奨励することが基本となる．多分，最も重要なことは，軍，民間，大学，工業の研究所群へ研究開発資金を配分する国家権威を彼らが描いたことだった．国際関係は委員会の責任の外側に横たわり，そしてその分野では一言も語られなかった．

ヴァネヴァー・ブッシュとジェイムズ・コナントも彼ら自身のアイデアを持っていた．1944 年 9 月 19 日，如何にして基礎的な科学情報を公開し，如何にして原子力の国内コントロールのための法律制定を行うのか塾考する時期が間も無く来ると指摘した手紙を彼らがヘンリー・スチムソンに宛てた．9 月 30 日，彼らはさらに広範囲にわたる覚書：題，“原子爆弾対象将来の国際的取扱に関する吐出点” (Salient Points Concerning Future International Handling of Subject of Atomic Bombs) でフォローした．この 3 頁の書類が丁度ジェフリー報告書の予言と同様に証明されることになる．6 つの概要文節で，ブッシュとコナントが詳しく説明したのは，事実上冷戦に関する脚本だった．最初の文節は脚本の基礎にあてられた：“1945 年 8 月 1 日以前に原子爆弾がデモンストレートされてしまっていると信じ得る理由が沢山在る ···1,000 トンから 10,000 トンの高性能爆弾と等価な ··· 貧弱な工場と民間人の目標に対して B-29 爆撃機が 100 機から 1,000 機で与えた損壊と同じことが，その爆弾を搭載した 1 機の B-29 爆撃機が成し遂げるのだ”．第 2 文節は，如何にして核分裂爆弾がさらに激烈な爆発の引き金として用いられのかに対する可能性を指摘している：“重水素原子がヘリウムに入り込む変換を ··· そのようなエネルギーが爆発させる始動体として使用することが可能と信じられている．このことが出来たとするなら，1,000 倍またはそれ以上のファクターをエネルギー放出量に入れ込むことが出来るのだ ···．そのような状況が世界へ新たなチャレンジを提供することは明白である”．第 3 文節は，そのような兵器についての合衆国と英国の現時点での優位は正しく一時的なものになる；良好な技術力と科学資源を有するどの国家でも 3 年または 4 年で合衆国・英国の位置に達することが出来る，その推定は非常に正確に実証されるであろう．第 4 文節は，マンハッタン計画があまりにも広範囲であった故に，様々な事象に関する情報が実際極めて広範囲に広がってしまった，そのため“最初の爆弾がデモンストレートされたなら直ちに”マンハッタン計画の歴史と開発を公開するためのプランを作るべきである．“降伏するまで日本人に対してその物質が用いられるとの日本へのデモンストレーションに続く警告とともに，このデモンストレーションは敵の領域上で行われるか，または我が国の外で行われるにちがいない”．

ブッシュとコナントの覚書の第5文節では，不完全なセキュリティで将来開発を実行しようとする試みが合衆国と英国にとって極めて危険となる，そのことが疑いなくロシアが同じことを行う動機を与える；もし他の国が最初に核融合爆弾を開発したなら，合衆国はそれ自体を“恐ろしい難局；脅威”と見るだろう．と助言した．これとは反対に，決められた科学情報の全ての自由交換の国際的システム“国家連合のどの国からでもその力を引き出すことが，現時点の戦争の終わりを作り出す”国際オフィスの主権下で確立されるべきと提案した．彼らは更に監督事務所の技術スタッフには“全ての国に在るそのような研究が含まれる科学研究所のみでは無く，軍事施設も同様にフリー・アクセス”を与えられるべきと示唆した．このアイデアの単純素朴さを認めた上で，彼らは警告：“世界の未来への危険性はこの試みを正当化する程に充分大きなものだ… このような条件下で，その兵器が決して採用されない，そしてこれらの兵器の存在が他の大きな戦争の機会を減らすに違いない”と記載して閉じた．

ジェフリーズ報告，トルーマン報告，ブッシュ・コナント報告に共通の議論が衝突した．そのような勧告は最高レベルでの考察が必要とするものだが，戦争での日々のプレッシャーが自然と邪魔立てとなっていた．1944年10月遅く，ブッシュが1つのアプローチは大統領へ直接報告する諮問グループを設置することかもしれない，とスチムソンに示唆した．スチムソンとグローヴズは12月30日にマンハッタン計画の最新状況をルーズベルト大統領に伝えたのだが，戦後計画については議論しなかった；スチムソンは明らかに諮問委員会のアイデアを切り出すのに時期がまだ適切で無いと感じていた．1945年に年が変わり，ハリー・トルーマンが大統職に就任するその年の4月まで，計画は役所的忘却の中へ帰せられた．スチムソンは1945年3月15日のルーズベルト大統領との最後の会話でこの問題を提起しなかった，しかしその機会が来ることは無かった．

8.3 トルーマン大統領のマンハッタン計画学習

1945年4月12日の午後，フランクリン・ルーズベルト大統領が亡くなった；63歳での脳溢血死，大統領 (Chief Executive) として丁度12年を超える奉仕であった．マンハッタン計画の存在を知っていたが詳細の殆どを知らない副大統領のハリー・トルーマン (Harry Truman) はホワイトハウスでその夕刻に宣誓させられた．トルーマンは1944年選挙で副大統領候補者となって以来，公式には8回しかルーズベルトとは会っていない（図8.4）．

宣誓就任に続く簡単な大統領顧問委員会 (Cabinet) 会合後，新大統領に，“現在進行中の計り知れない計画——信じることが出来ない程の破壊力を持つ新型爆薬の開発を求める計画について”告げる望みを懐いたスチムソンがトルーマンに近寄った．翌日の午後，戦時体制局長官（その後すぐにトルーマンの国務長官となる）のジェイムズ・バーンズ (James Byrnes) が大統領に“我々は全世界を破壊するに全く充分な爆薬を仕上げている．終戦で我々自身の言葉で委

図 8.4　**左** ハリー・S・トルーマン (1884-1972). **右** 1945 年 7 月 15 日ベルギーのアントワープにてトルーマン, ジェイムズ・バーンズ国務長官, チャールズ・ソーヤー在ベルギー大使.　**出典** http://commons.wikimedia.org/wiki/File:Harry_S._Truman_-_NARA_-_530677.jpg; NARA-198780.*tif*

ねる位置へ我々を置いたことになる" とドラマチックに語った. 彼の新たな任務に合致させるプレッシャーの中, トルーマンがマンハッタン計画の全貌紹介を受けるまでにほぼ 2 週間が過ぎ去ってしまった. トルーマンの伝記作家ディビット・マックロフ (David McCullough) の記載によれば, その爆弾計画は, チャーチルと結んだルーズベルトのケベック市合意を保護する説明書無しでトルーマンが受け継いだルーズベルト遺産だった（7.4 節）. ルーズベルトの個人的支持無しでは, マンハッタン計画を進めるに必要な優先権は決して得られなかっただろう, しかしその結果がトルーマンの手にまともに入ってしまったのだ.

4 月 25 日水曜日の昼, スチムソンとグローヴズが新大統領にマンハッタン計画要旨を説明した. 大統領の予定は立て込んでいたのだが, スチムソンは完全なブリーフィングをもはや先延ばし出来ないと感じていた. その夕刻, サンフランシスコで国際連合の設立会合が開かれることになっていた. トルーマンはラジオで参加し, スチムソンは新兵器の潜在能力の認識無しでそうすることが大統領にそぐわないと感じていた. 2 日前, グローヴズは大統領に渡すための背景覚書をスチムソンへ渡していた. この全体計画の基本的入門書であるこの覚書, 題："原子分裂爆弾" (Atomic Fission Bombs) は僅か 2 行空きの 24 頁だったのだが, ウラン分裂のアイデアから核融合爆弾の見通しまでのマンハッタン計画の各々な面をカバーするように対処されていた.

グローヴズの数分前に大統領執務室に着いたスチムソンは, 彼自身の手で 2 頁のカバー覚書を用意していた. その最初の文節は："4 ヵ月以内で我々はほぼ 100% の確率で, 人類の歴史で最も恐ろしい兵器を完成させることになります, その 1 個の爆弾で都市全てを破壊しつくすことが出来るものです" と読める. ジェフリーズ報告 (**Jeffries report**) を反映して, 何らかの管理システムの開発無しでは，そのような兵器が秘密裏に造られ怪しまない民族やグループに対して突如使用される時が将来に起きると，スチムソンはその怖れを表明した．しかしながら，そのようなシステムは“疑いなく最も困難な事業であり，これまでに我々が決して熟考したことが無かった徹底的な査察権と国際管理のようなものとの掛かわり合いとなる”と．戦後責任に関するスチムソンの覚書を彼が読み終えた後に，グローヴズが会見に加わり，そして 3 人が彼の長い文書を詳細に精査した．

グローヴズ覚書は，有効的要旨文書を如何にして準備するかのモデルである．そのような爆弾の期待パワーの根本的ファクターが最初の数頁に配置されている．最初の文節がトルーマンの注目を引かずにはおかなかった：“原子分裂爆弾の成功裡の開発は巨大なパワーの兵器を合衆国にもたらすだろう，そのパワーは現在の戦争の勝利をさらに早めて米国人の生命と財産を救う決定的因子となる．もしも合衆国が原子力兵器の開発でリードし続けるなら，その将来は，より一層安全で世界の平和を維持するチャンスが大きく増える．各々の爆弾は，現在基本的に TNT の 5,000 トンから 20,000 トンと等価の効果を持つと推定され，そして最終的には 100,000 トン程度が可能と推定される”．核分裂発見の歴史の考察；ウランとプルトニウムの分裂性；ブリッグス委員会の設立；オークリッジ，ハンフォード，ロスアラモスで行われた研究の規模；黒鉛パイルの概念；臨界質量の概念；銃（ガン）型爆弾と爆縮爆弾；予期される作戦計画；英国との提携；外国が達成するに違いないものの纏め；戦後計画の必要性も含んだバランス良い報告書である．グローヴズは銃型爆弾が 8 キロトンから 20 キロトンの収率，爆縮装置が 4 キロトンから 6 キロトンの収率が予期されることに触れ，実規模実験要求が予想されていない最初の銃型爆弾は 8 月 1 日までに用意が整うと予測し；第 2 番目の爆弾は本年末までに準備されるべきであり，その後は約 60 日の間隔で引き続き供給され得る．爆縮装置の実験は 7 月の初旬までには可能となる．もし必要ならば，第 2 番目の爆縮実験は 8 月 1 日までに準備すべきで，8 月の後半までに爆弾自体の量の準備——10 日毎に約 1 個分——が出来る．グローブスが書いた，目標地点は“現在もそして過去も常に日本が想定されている”と．1945 年 3 月での建設と操業積算コストは 15 億ドル近くに達し，6 月末までに 20 億ドルに伸びると予測された．戦後時期に直面すべき問題のアウトラインの後に，グローヴズは，秘密がもはや有効でない時期に備えて政府の行政および立法部門によって要件を勧告するための委員会設置を示唆したジョージ・ハリソンの所見（7.12 節）をもって閉じた．

グローヴズ自身のファイルでの会合纏めでは，大統領は費やした金額の量に関心をちっとも示さなかったのだが，大統領はそれを“その計画に必要なものとして完全に了承する”として明確にした．トルーマンは政策提案の発展を始める委員会アイデアを承認した；スチムソンが委員をリクルートすることになった．

上院議員として，引き続き副大統領としてさえも，その真の大きさをほのめかすだけで身につまされた程に極端な秘密の中で開発されてしまった仰天させられる程の複雑さは，単に氷山の先をつかんだだけだとトルーマンが感じたに違いないと，想像してしまう．また，もしマンハッタン計画が成功裡であるなら，彼が受け継いでしまった戦争からの途方もない評決 (deliverance) と言うことが出来る，といくらか感じていたのではないのかと想像をたくましくしてしまう．

8.4 勧告と異議：暫定委員会，科学パネル，フランク報告書

ヘンリー・スチムソンに彼の諮問委員会を一緒に引っ張る時間的余裕が無かった．5 月 2 日，8 名の推薦リストをもってホワイトハウスに戻った：彼自身，彼の側近ジョージ・ハリソン（スチムソンが出席できなかった時に議長の代理を務めることになる），ラルフ・バード海軍次官，ヴァネヴァー・ブッシュ，ジェイムズ・コナント，カール・コンプトン[*5]，国務長官補佐ウイリアム・クレイトンと大統領が選ぶ大統領特別代理，すぐに国務長官となるジェイムズ・バーンズ，を入れた．議会が多分原子力の監督と規制する常設機関を設置することになるとの面が認識され，このグループは "暫定委員会" (**Interim Committee**) として知られるようになる．最初の会合が 5 月 9 日に開催され，スチムソンが冒頭で述べた；"紳士諸君，文明のコースを曲げるかもしれない行為を勧告することが我々の責務である" と．委員会の責任は，"暫定的戦時期間のコントロールと後の広報の全体の問題を学びかつ報告することであり，さらにこれら目的のために必要な戦後の研究，開発，コントロールと法律制定の調査を行い，勧告書を作ることである"．背景説明用として，このグループはグローヴズの 4 月 23 日報告書をレビューした．

コナントをその委員会につとめさすため，スチムソンが最初に近づいた時，指導的科学者達の幾人かを招聘し，爆弾に関しての国際関係に関する彼らの見解を説明させることは価値が有るに違いないとコナントが示唆した．この示唆が第 2 回会合の議題の第 1 番目の項目だった，この会合は 5 月 14 日に開催された．科学パネル (**Scientific Panel**) の指名が承認された，メンバーはアーサー・コンプトン，アーネスト・ローレンス，ロバート・オッペンハイマー，エンリコ・フェルミだった．このパネルは技術的事項にかかわらず自由に勧告出来るのだ，"それだけでなく委員会へその問題の政治的面に関する彼らの認識表明が自由" だった．第 2 回会合には，英国との連携の考察，トリニティ実験と爆弾の最終的使用をフォローする公衆への声明の開発がバランス良く設定されていた；ニューヨークタイムズ紙のウイリアム・ローレンスは (3.6 節と 7.12 節)，声明草稿作成者に指名された．5 月 18 日の第 3 回会合で，目標地選定委員会 (**Target Committee**) の最終会合の 3 日後の 5 月 31 日の委員会に科学パネルを招くことを決めた．

1 時間の昼食休憩を含んで，5 月 31 日の会合は午前 10:00 から午後 4:15 まで開かれ，如何様に爆弾が使われるのかとの "決定" に達するセンスで転換点となった．グローヴズ将軍とマーシャル将軍がゲストとして招待され，委員会と科学パネルの全員が出席した．マンハッタン計画の意義をどの様に見ているのかとのスチムソン冒頭声明で開けた：

> マーシャル将軍と共有する認識で，陸軍長官はこの計画を軍事兵器の用語で単純に認識されるべきで無く，人類と宇宙との新たな関係として認識すべきと表明する．この発見はコペルニクス理論と重力の法則の発見とに比類されるものに違いない，しかし人類の生存に影響する点ではそれらに比べて一層重要である．この分野の進捗が戦争の必要

[*5] 訳注：　MIT 学長，アーサー・コンプトンの兄．

> 性で育てられた時代に始まった一方，この計画の係わり合いは現戦争の要求を遥かに超えて現実化したことは重要である．もしも可能ならば文明の脅威よりもむしろ将来の平和保障を構築するため，それはコントロールされなければならない．

アーサー・コンプトンがマンハッタン計画の開発をレビューした，その後は討論が国内問題に移った．“研究は絶え間なく進めなければならない”とローレンスは感じ，プラント拡張は続けるべきであり，爆弾の蓄積と必要とする物質を増やさなければならないと．科学パネルのメンバー全員が種々の戦後の研究プログラムの重要性について述べた．コントロールと査察の面で，本テーマの知識はあまりにも広汎なため米国の開発を世界に知らす段階を踏むべきであり，特に平和時使用の開発に重点を置いた情報の自由な交換を合衆国が世界に提供することは賢いことであるに違いないとオッペンハイマーは感じた．どの様な種類の査察が効果的なのだろうか，科学的自由と結合した国際管理プログラム下で民主的政府対全体主義政府の政治形態のポジションとはどういうものなのかとスチムソンは訝った．ヴァネヴァー・ブッシュの意見は，もしも相互交換無しで研究結果がロシア人へ引き渡されてしまったなら，アメリカが永久に先頭を維持することは困難である，だった．査察提案の効果にあまりにも信を置くことが無いようにとマーシャル将軍が注意を促した，しかしトリニティ実験観察のためにロシア人科学者 2 名を招待するのは望ましいに違いないとも言った；このアイデアは明らかに進捗しなかった．

グループは午後 1:15 に昼食のため解散した．昼食時の会話記録は無いのだが，明らかに人命損失を上げる爆弾の実戦配備をする前に日本人に爆弾のパワーをデモンストレーションするアイデアが出された；多分実験を辺鄙な島で行うべきだと．このアイデアはアーサー・コンプトンとアーネスト・ローレンスの両者に帰す；ジェイムズ・バーンズは明らかに手の込んだ質問をした．続く議論の中で，抵抗を続けることが無意味だと日本人を納得させるのに充分なパワフルなデモンストレーションを心に抱く者は皆無と思われた．アーサー・コンプトンの回顧録では，“午前の討論中，爆弾が使用されるとの最初から分かっている結論があるように感じられた”と書かれている．昼食後，爆弾を如何様にして用いるのかの議論が再開した；マーシャルは午後の会議には出なかった．議事録には（強調はオリジナルからのもの）：

> 攻撃目標地点（標的）と生み出される効果の様々な種類に関する多大な討議の後，**陸軍長官が結論を述べた，これは全員の合意である，我々は日本人にいかなる警告も与えることは出来ない；民間人区域に集中させることは出来ない；しかし可能なかぎり多数の住民達へ深甚な心理的影響を最大限にすることを追求すべきである．コナント博士の示唆により，最も望ましい標的が大多数の労働者を雇用した巨大な戦争プラントとそれに近接して取り囲む労働者の住宅であることに陸軍長官は同意する．**

会合が終わり，科学パネル (**Scientific Panel**) は何時でもその見解を自由にその委員会へ表明すべきグループとして継続されるとハリソンが言った．取り分け，どの様な種類の管理組織を設立するべきかについてのパネル・メンバーの見解を聞くことを委員会が欲した．委員会でパネル・メンバーを下位メンバーとして彼らに自由に話させたことからこの質問が生まれたのだった．

スチムソンによって指名された委員会と結び付けられること，および彼ら（パネル）がその主題の如何なるフェーズでも彼らの見解を完璧な自由さで表明したことから，彼らが自由と感じていたと見るべきことに同意する．科学パネルは 6 月 16 日ロスアラモスでの再会合開催に合意した．バーンズは直接ホワイト・ハウスに行き，トルーマン大統領に委員会討議の概要を説明し，スチムソンがこの件について大統領と6月6日に詳細な討議をした．

下位者としての見解を懇願する意思をアーサー・コンプトンが気にした．冶金研究所に戻ってから，7月2日に上級科学者のグループと会合し，そしてその点を彼らに尋ねた．種々の委員会が研究，教育，管理と組織体のような問題のために立ち上げられた，しかしジェイムズ・フランク (James Franck))[*6]が長のグループが最も大きなインパクトを与えることになった．フランクは1925年ノーベル物理学賞をグスタフ・ヘルツ (Gustav Hertz)[*7]と共同受賞していた，そして1930年代半ばにドイツから合衆国へ移住し，シカゴ大学に腰を据えた．1945年夏，冶金研究所化学部門長になった．

グレン・シーボーグとレオ・シラードが加わっていたフランク委員会が，爆弾に伴う“政治問題と社会問題”報告書の準備をした．6月4-11日にわたる週の作業で，フランク報告書 **(Franck report)** として知られることになる文書草稿を作った，この報告書は，核不拡散運動 (the nuclear non-proliferation movement) の基礎マニフェストとして現在広く知れ渡っている．

フランク報告書は，ジェフリーズ報告書 **(Jeffries report)** が既に述べた多数の点でのエコーであったのだが，高い道徳性の調子で幾つかの論争点を加えた．合衆国憲法前文から数行を引用してそのアイデアを与えている：

> この計画の科学者達は，国内政治および国際政治の問題に権威をもって思い切って話すことは無い．しかしながら，少なくとも5年にわたるイベントの力によって，市民の小さなグループの立場で，将来における他の国家と同様この国の安全に対する重大な危機を認識している，人類の残りの人々はこのことに気付いていない... このことを我々自身の手で見つけてしまった．核工学の現状を良く認識する我々全員は，我々の多くの都市の誰もが真珠湾の災難を1,000倍も拡大されて繰り返される，我々自身の国の突然の破壊を目にする前にそのビジョンを耐え忍ぶものである．

次節は，“軍備競争の見通し” (Prospects of Armaments Race)，ジェフリーズ報告書の結論と暫定委員会 **(Interim Committee)** へのオッペンハイマーの論拠を繰り返したものだった：核工学の基本的科学真理の知識はあまりに広がりすぎていて，数年を超えてセキュリティがアメリカを守ると望むのは，ばかげている，ということだった．もしも兵器競争が発展したなら，その人口密集地帯と工業化が人口集中化を招く傾向から，ロシアのような仮想敵国と相反して，アメリカは非常に不利な立場を負うことになる．間も無く実験に供せられる**トリニティ装置**を

[*6] 訳註：　ジェイムズ・フランク (1882-1964)：1906年ベルリン大学から博士号を得た．第1次大戦に従軍し，2個の鉄十字勲章を受けるという殊勲を挙げた後，ゲッチンゲン大学の実験物理学講座教授に任命された．武功のため官公庁からのユダヤ人を排斥するというナチスの1933年の法律の適用を免除されていたが，公職を自ら辞任することを強要されていた．1935年アメリカに移民し，1938年から1949年までシカゴ大学の物理科学教授をつとめた．

[*7] 訳註：　グスタフ・ヘルツ (1887-1975)：ハインリッヒ・ヘルツの甥．1828年ベルリン工業大学の実験物理学教授に任命されたが，ユダヤ人であったため1935年その職を追われた．ジーメンス社で働いていたが1945年ソヴィエト軍に捕らえられた．1955年，当時東ドイツのライプニッツの物理学研究所の所長となって再登場した．1925年，ジェイムズ・フランクと一緒にエネルギー遷移が量子化される性質に関する研究でノーベル物理学賞を受けた．

予想していないが，彼らは，“10 年で，多分 20 kg のアクティブ物質で 6% 効率で爆発出来る原子爆弾を，従って TNT で 20,000 トンと等価の原子爆弾” を配置する，だろうと．

核兵器の秘密を長期間維持することは出来ないとの論拠と兵器競争が潜在的惨事をもたらすことで，彼らの核心命題へと進んだ：“この観点から，我が国で現在秘密裏に開発されている核兵器は，その巨大さと恐らく破滅的重要さで世界へ最初に知らしめることになる”．日本人は多くの都市が瓦礫の山になってしまった後でもなお戦い続けていることから，著者らはこの最初の入手可能な爆弾が日本の抵抗を止めるに充分であるとの認識には疑問を感じる．他方，もしも核兵器禁止 (prevention of nuclear warfare) の国際合意が期待できるなら，“日本に対する原子爆弾の突然の使用により達成される軍事的優位性と米国人の生存が，結果として続く信頼喪失と残りの世界中を凌駕する恐怖と嫌悪の波によるものよりもより優るかもしれない，そして我が国の公衆の意見はおそらく半々に分かれてしまうだろう．**この観点から，連合国の全ての代表者達の目前で，砂漠または不毛の島で新兵器のデモンストレーションを行うことは最善であるに違いない．**… そのようなデモンストレーションの後に，もしも連合国（および本国の市民の意見）の裁可が得られたならば，おそらく日本を降伏させる，または少なくとも完全破壊の代わりとして退避させた区域へ，前置きの最後通告の後に多分日本に対して使われることになるだろう”．

報告書の概要最終節は，原料物質と工程物質の配給量の集中化と注意深い追跡での国際管理 (international control) の可能な方法について述べられていた，要旨の節には最終提案が記載された：

> 纏めれば，この大戦での核爆弾使用は軍事的得失よりもむしろ長期国家政策問題として考察されるものであると，かつこの政策は核兵器手段の効果的国際管理の合意形成達成に基本的に向かわせるものとして，我々を促すものである．

フランクがスチムソンに報告書を届けてくれと，ワシントンに居たコンプトンへ 6 月 12 日に直接手渡した．スチムソンは入手出来なかったのだが，コンプトンはその報告書をハリソンに渡した．コンプトンはその報告書にコンプトン自身のカバー・レターを付け加えた，そのエッセンスを纏めると：

> この提案は技術デモンストレーションを行うものであって軍事デモンストレーションではありません，これは原子爆薬の軍事使用が確立した国際合意によって非合法化されるために合衆国が勧告するための準備手段なのです．我々によるその軍事使用は，原爆の使用は許されないとの我々の将来の世界に対しての如何なる勧告もその妥当性を失わせることになるのです．

コンプトンはこのポジションでの彼自身の考えを述べなかったのだが，その報告書が触れていなかった 2 つの重要事項の考察を加えた：新型爆弾の軍事デモンストレーション失敗は戦争を長引かせ損耗人員を更に増すことになる，そして軍事デモンストレーション無しでは，最後のセキュリティを得るために国の犠牲者 (national sacrifices) が必要であったと世界に印象付けることは不可能であるに違いない．スチムソンがこの報告書を見たか否かが明確では無い．

6 月 15 日，ロスアラモスに居たコンプトンに電話で翌日開催予定の会合で，科学パネルもまた核兵器即時使用を疑問視しているのかとハリソンが尋ねた．パネルの 1 頁の結論は 3 つの声明を報告していた．第 1 番目は，兵器使用の前に英国，ロシア，チャイナ（中国）のような国々に開発情報を伝え“我々はこの開発を国際関係強化に寄与する点で協力出来る”との示唆を与えるために招待するべきである，と幾らか不明確な勧告であった．第2番目と第3番目の声明は，その論点の要点で，その全部を掲載することに価値が有るだろう：

科学パネルの同僚達のこれら兵器の最初の使用に関する意見は全員一致している：それらは，純粋な技術的デモンストレーションから降伏を導くように最良に設計された軍事的適用としてのものまで広がっている．純粋な技術的デモンストレーションは原子兵器の使用の非合法化を望み，もしもこの兵器を現在使用したなら我々のポジションを将来の交渉の妥当性を損なわせるものとして恐れる者がこれを擁護する．他の者は，直ちに軍事使用によってアメリカ人の生命を救う機会を強調し，かつこの特別な兵器の廃棄に比べて戦争防止により関心を持つことで，その使用が国際的展望を増進させ，と信じている．我々自身は後者の考えに近いことを知った；戦争を終結させるような技術的デモンストレーションの提案は出来ない；軍事への直接使用の許容出来得る代替案は見つけられない．

原子力使用のこれら一般論争に関し，科学者として我々が所有権を有するものでは無いことは明白である．これらの問題を過去数年間にわたり熟考する機会を与えられた数少ない市民であることに間違いは無い．我々はしかしながら原子力出現によって顕在化された政治，社会，軍事問題を解決するための特別権限を要求はしない．

6月21日の暫定委員会の会合；グローヴズが出席したがスチムソンや科学パネルのメンバーは欠席．公式声明草稿と幾つかの法的論争の取扱いで午前中は費やされた．昼食後，科学パネル報告書が取り上げられた．将来政策の議論は後の“戦後管理委員会”(Post-War Control Commission)に残されたのだが，兵器の使用について，

ハリソン氏がシカゴ大学の科学者のグループからの勧告およびその他のことが記載された報告書をA.H.コンプトン博士を介して最近受け取ったことの説明をした，その報告書は兵器を今大戦で使用すべきで無い，しかし他の国々に知らしむべく純粋な技術的実験を行うべきである，と勧告するものである．ハリソン氏はこの報告書を研究と勧告のために科学パネルに渡した．科学パネルの報告書第2部には直接軍事使用に代わり得るものは無いと表明している．兵器は最早の機会に日本に対し用いる，警告無しに用いる，軍事施設または軍需工場に囲まれるかまたは最も損害が大きいと予想する家屋または他の建物近隣のジュアル（2重の）攻撃点に使用する，とした，5月31日と6月1日会合でのポジションを委員会は再確認した．

暫定委員会は以後も数多くの会合を持ったのだが，使用対デモンストレーション論争が改訂されることは無かった．

5月31日決定の再確認にもかかわらず（6月1日会合は戦後の産業化争点についての取扱いに殆ど費やされた)，暫定委員会のメンバーは考え方において一枚岩では無かった．6月27日，ラルフ・バードが簡単な覚書を用意した：

このプログラムに私が関与して以降，日本に対して爆弾が実際に使用される前に，例えば使用の2ないし3日前に予告警告を与えるべきであると感じてきた．偉大な人道的国家としてかつ我が国民のフェアプレー姿勢としての合衆国のポジションは，この印象の主要な責務である．最近の数週間の間に，日本政府は降伏手段として使うことの出来

> る機会を伺っているかもしれないとの大変明確な印象を私は感じている･･･ この国からの密使が日本からの代理者達と接触できるなら･･･ それと･･･ 大統領が天皇を気遣っているとの言質と伴に，原子力の提案使用に関する情報を彼らに与えるなら，･･･ この賭けは途方も無く大きすぎるので，非常に現実的な考察でこの種の計画が与えられるべきであると言うのが私の意見である･･･.

ハリソンはバード覚書をスチムソンとバーンズに渡し，バードはトルーマン大統領とのインタビュー結果を生んだ，その間で彼は海上封鎖は不必要な侵攻であるとの主張を試みた．トルーマンは侵攻への疑問と警告の申し出を注意深く傾聴した事を彼に保証した．

7 月 2 日，トリニティ実験の 2 週間前，ヘンリー・スチムソンが 3 頁の題名が“日本への提案プログラム”の覚書をトルーマン大統領へ送った．その国を破壊尽くす延々と続く戦いで日本侵攻が殆ど高価なものになるのはほぼ間違いないと認識したうえで，無条件降伏と等しい保証を求めながら，侵攻を避けることが出来る幾つかの代替策が提案出来ないか否かについての疑問をスチムソンが挙げた．スチムソンは取り分け，連合国が憲法制定君主政体 (constitutional monarchy) を排除しないポリシーと共に，日本国民と同様に日本国の破壊を望んでいないことを明確にした警告の発信が成功のチャンスを保証するに違いないと示唆した．日本の状況は絶望的だった：同盟軍は皆無，海軍は事実上破壊され，空襲に弱い家屋，チャイナ軍が日本に対して増強し，ロシの脅威が目前に迫りそしてアメリカの工業力は戦争中でも維持し続け，“日本最初の奇襲 (sneak attack)*8 の犠牲者を介して道徳的優位性”を有していた．この覚書では原子爆弾に一言も触れていない．スチムソンの示唆の多くが丁度 3 週間後のポツダム宣言中に見られる，しかし憲法制定君主政体に関する文節は無い．日本人の対応は同じであったかもしれない；平和を考慮した日本政府内での争いが，将来の原子爆弾の恐怖がそれらのポジションを拡大する点までまだ達していなかったのだ．

もしもポリティカルな声明が公にされたなら，レオ・シラードが活動の中心になっていただろう．彼が知りたいと思う，もしも国際管理の合意達成が無いならば兵器競争が避けられないとの心配事に対してどの様な現実的道もマンハッタン計画の階層制度が抑制することになっただろう，シラードは大統領への他の直接アプローチを試みる決心をした．1945 年 3 月初め，彼は題が“世界における合衆国の原子爆弾と戦後のポジション”の覚書草稿をしたためた，この中でもしもロシアとの管理合意が達成出来なかったならアメリカは高価な兵器競争に付き合わされざるを得なくなり，巨大な危険性が“予防戦争”(preventative war) 突発となるだろう．シラードが 3 月 12 日に覚書を完成させ，再びアルバート・アインシュタインへ冒頭レター準備に協力を求めることに決めた．シラードはプリンストンへ向かい，そこでアインシュタインは 3 月 25 日付けの 1 頁レターを彼に預けた．秘密主義はシラードが彼の覚書内容を口外することを禁じていた（アインシュタインはマンハッタン計画の詳細を殆ど知っていなかった）；アイ

---

*8 訳註：　奇襲 (sneak attack)：宣戦布告前または交戦状態以前の奇襲．在ワシントン，日本大使館員が本省の指令を無視して帰国大使館員の送別会に参加したため，宣戦布告文書の解読とタイピングで遅れ，真珠湾攻撃後に手交；「卑怯者国家，ジャップ」と米国人達から罵られる口実を作った．しかし大使館員らは罪とならず，戦後も外務省で出世の道を歩む．「エリートは無謬」との概念は，軍隊および政府に跋扈していた歴史的事実である．

ンシュタインはその争点を“私が理解しているのは… この研究を行っている科学者達と政策決定の責任を有する貴方の内閣のメンバー間での適切な連絡不足に関し，現在彼は非常なる心配をしています”と書いて纏め，シラード個人の考察を彼に説明させてくれるようにとルーズベルトに訊ねた.

シラードはアインシュタインのレターの写しをルーズベルト夫人へ送った，夫人は5月8日にニューヨークでシラードと会うとの提案を4月初めの回答でしてくれた．しかしその日が来る前にルーズベルト大統領が亡くなり（4月12日），シラードは自分自身が無視されていることに気付いた．利口なことに，彼は冶金研究所で1人の雇用者を見つけ出した，数学者のアルバート・カーン (Albert Cahn) で彼はトルーマン大統領のホーム・タウンのカンサス・シティで幾らかの政治的関係を持っていた．カーンがホワイト・ハウスでの5月25日金曜日の予約を首尾よく手配してくれた．シラードはカーンとシカゴ大学科学部長ウオルター・バーキー (Walter Bartky) と共にワシントンへ旅した，しかし当時南カロライナに住んでいたジェイムズ・バーンズとの面会へと大統領の予約秘書によって書き換えられていた．シラードとバーキー，今回加わったハロルド・ユーリーを伴い，南カロライナへの列車の旅を続けた（グローヴズの幾人かのエージェントに尾行されて），そこで5月28日にバーンズと面会した，その日は最後の攻撃地点委員会 (**Target Committee**) がワシントンで開催中でもあった．この会合は大失敗だった：バーンズはシラードが政策決定を妨害する試みを快く思わなかった，そしてシラードはバーンズが原子力の有意性把握に完全に失敗していると感じた.

思いとどまること無しに，シラードは次の作戦へと移行した：新大統領への直接嘆願書だった．7月3日付けでシラードの他に58名の署名入りの嘆願書の最初の版は，日本への原子爆弾投下は現在の状況下で正当化され得ない，その原子爆弾はなによりもまず都市を“無慈悲に壊滅” (ruthless annihilation) させる道具であると意見を述べた．署名者達は，これらの爆弾を使うか否かの不可避な決定が大統領の手中にあることを思い起こさせ，そして“破壊目的のために生み出された新しいフォース（力）を使う先例となる国家は，想像出来ないスケールの荒廃の時代の扉を開く責任に耐え忍ばなければならないだろう”と主張した．ルール上，合衆国最高軍司令官として“戦争の現在の状況下”で原子爆弾使用の助けを借りることが無いように彼の力を行使するようにと記して嘆願書を閉めた.

多分，コンプトンを介してシラードの活動の言動がオークリッジに達した．爆弾使用に対する彼の同僚達の意見投票調査を行うことについてケネス・ニコルスがコンプトンに訊ねた．コンプトンはこの仕事をファーリントン・ダニエルズ (Farrington Daniels)，冶金研究所の前所長に任せた．5つの意見が提案された（おそらく）；

1. 最も効果的軍事状況下での爆弾の使用；
2. 兵器の完全使用前に降伏の意見が生まれることを目的に日本内でのデモンストレーションを行う；
3. 日本人代表団を参加させて合衆国内でのデモンストレーションの実施；
4. 兵器の軍事使用を差し控えるが，それらの効果を公開実験のデモンストレーションで示す；
5. 新兵器の開発の全てを可能な限り機密維持し，現大戦での新兵器使用を差し控える.

ほぼ250名の雇用者のうち150名から回答を得た；ダニエルズはこの結果を7月13日に報

告した．投票数はそれぞれ23，69，39，16，3票だった（15，46，26，11，2%）．核兵器で生じる破壊水準において，(1)と(2)の意見の区分は明確で無い，しかしながら過半数を超える投票者が日本に対してある種の直接的使用が適切であると考えていたことは明らかである．暫くして，シラードは彼のポジションを再草稿し，7月17日に第2版を作成した——トリニティ実験後の日——それは69名の共同署名を獲得した．この改訂版では最初の版にあった“無慈悲に壊滅”が抜け落ちたが，モラル要素が加えられた：

> この加えられた物質の強さが，合衆国がそれをもたらしたことで束縛義務を導くことになる，そして我々のモラル・ポジション義務を破壊することになれば，世界の目と我々自身の目が衰退することになろう．管理下での解放された破壊力をもたらした我々の責任に恥じない行動をすることはその時点で一層困難となるだろう．

シラードはこの嘆願書を大統領に届けてくれるようにと7月19日にコンプトンへ渡した．コンプトンはこの嘆願書にニコルスの投票結果を加えて直ちに送った，ニコルスはその結果をグローヴズに報告していなかった．グローヴズはスチムソンとの8月1日の会合までそれらを入手していなかったのだ，その会合後にジョージ・ハリソンがそれらを彼の報告書と一緒にファイルした；大統領はこの嘆願書を明らかに見ていなかった．グローヴズの行動は高圧的に思われるかもしれないが，科学者達は暫定委員会の科学パネルを介してインプットの機会を持ったのだった．8月の初めまでに，第509混成グループ命令は大統領の承認を受けていた，爆弾投下ミッションのための準備がフル稼働で進行していた．

デモンストレーション発射の疑問についての論争が続いた．ルドルフ・パイエルスは回顧録で評価を述べている：

> 私にとっての明確な答えは，日本政府に大規模核攻撃を避ける最後通牒を対として，人口がまばらな区域に爆弾を投下して爆弾の効果を示すことだ．これはある程度の人々の死と建物の破壊を含むものとなるが，他に爆弾のパワーを明確に示せるものが無い所以である；アラモゴルド実験後の可視効果は，専門家を恐怖にさせたが門外漢には深い印象を与えなかった．勿論そのような最後通牒が失敗するかもしれない，しかしながら少なくともそれが必要ない悲惨さを避けるための試みとはなるだろう．… アクションが引き起こす可能な帰結に対する完全かつ明瞭な討議に基づいて軍と政治のリーダー達ともっと対話すべきと我々が主張しなかったことを私は残念に思う，勿論，そのような討論がどの様な結論に達するかは明確では無いが．

政治的争点の開始のオピニオンから本著者はあまりにも遠のいてしまった．懐古の差し止め申請は容易だ，国際管理 (international control) とデモンストレーション発射の争点について私の簡便なコメントを次に示すとしよう．他の国家，特にロシアが，核兵器で武装したアメリカと折り合うことはハッピーかもしれないが，この間である種の管理システムの機能が達成出来ないと私には思える；もしも核分裂自体の発見が無かったとしても，マンハッタン管区の設立とともに兵器競争が生まれたのである．ロシアまたはアメリカ（この件での他の国家）が新たに設立される国際“機関” (agency) からの侵略的詮索を行うというそれ自体の条件を望んでいるとのアイデアは同様に怪しいと思われる．デモンストレーション発射の提案は，敬意と人道的と思うものの，その利点に比べて更に多くの問題をはらんでいるように私には思われる．巨大な費用と労力で得た分裂性物質に限度があった；労力を費やした大きな割合を何故に優柔不断の信号として，死ぬまで戦おうとする敵へ説明しなければならないのか? 爆弾使用が戦争の終わりを促し，そして戦後世界におけるアメリカの戦略的ポジションを確立させたことにその開発の中に暗に含まれ，完全に正当化されるものと私は信じる．その爆弾が使用されず，核戦闘の結末で世界にそのように仮借ないデモンストレートしたなら，さらに多くの最悪の戦慄が次の戦争で展開されるのではないのか? 最終的に，マンハッタン計画が 1945 年夏までに獲得したモーメント（慣性）は実務上停止不能であった．大統領職を継承した時にすでに長期にわたり準備され続けてきた一連の事象の変更は無いとして選ばれた者であるトルーマン大統領は爆弾使用に "難しい決定" (hard decision) をすることはなかった．次節で述べるように，戦争終結の時期決定は，実に日本政府の手中にその多くが横たわっていたのだ．

8.5 原爆投下ミッション

トルーマン大統領は 7 月 25 日のハンディ/グローヴズ命令（7.14 節）を承認し，ヘンリー・スチムソンの公開用公式声明準備の許可要請に答えた，日本に対する原子爆弾配備に対する公式上の最高レベルの最終認定であった．設計をし，開発し，革新的新兵器を配送する 3 年を超えて開発した込み入ったグローヴズ将軍のプログラムが実現されようとしている．

1945 年 8 月 1 日，太平洋では種々な組織の編成が効果的に成された．ルメイ (LeMay) 将軍はスパーツ将軍 (General Spaatz) の参謀長 (Chief of Staff) へ移動し第 21 爆撃司令官に昇格しナサン・ツィニング (Nathan Twining) 中将司令官配下の第 20 空軍に入った．8 月 2 日に出された第 20 空軍基地命令第 13 番には 2 つの署名がなされた．命令は廣島と小倉兵器工廠と長崎を第 1，第 2，第 3 の攻撃地点と特定した．新潟は他の攻撃地点から遠すぎるとして消された．廣島は 5 月 7 日と 6 月 2 日に空爆を受けたが，爆弾は太田川の中に効果なく落下していた．長崎は 7 月 22 日と 8 月 1 日の 2 回爆撃の攻撃地点となってしまった．

8 月の最初の数日の気象は曇りと雨であったのだが，8 月 4 日の日曜日，パーソンズ中佐が気象が良くなっているとの情報をもたらした．その午後，午後 4:00 に第 509 混成グループ乗組員らに最初のブリーフィングが行われた．ティベッツは，訓練を受けたものを手中にして，ペイロード（搭載物）の特徴を明かすことなく彼の乗組員らにブリーフィングを始めた．そして彼はパーソンズを紹介した，彼はトリニティ実験のフィルムを見せる試みをした．その投影機がジャムつてフィルムをずたずたにしてしまった，それでパーソンズはこの実験の口述説明のみが出来ただけとなった．彼はコメント "貴君らが投下しようとしている爆弾は戦争の歴史上で新しいものだ．これまでに製造された中で最も破壊的な兵器だ．それは 3 マイル区域内の全てをたたき出してしまうと我々は考えている" で始めた．

ルメイ将軍は 8 月 5 日の任務命令を承認した（図 8.5）．現地レベルでは，これは同日付けの第 509 作戦命令第 35 の形式で用いられた．航空機 7 機による出撃を必要とするミッションは，彼らの "勝利者" (Victor) 番号によって同定された．V-82，ポール・ティベッツがパイロットのエノラゲイ (**Enola Gay**) が "ストライク" (strike) 飛行機だった——爆弾搭載機（爆弾の種類は "特別" (Special) としての命令表示であることに注意）．Victors 89 と 91 は爆発計測器と高速度カメラを搭載した．Victor 90 はエノラゲイのバックアップとして硫黄島へ配備された．

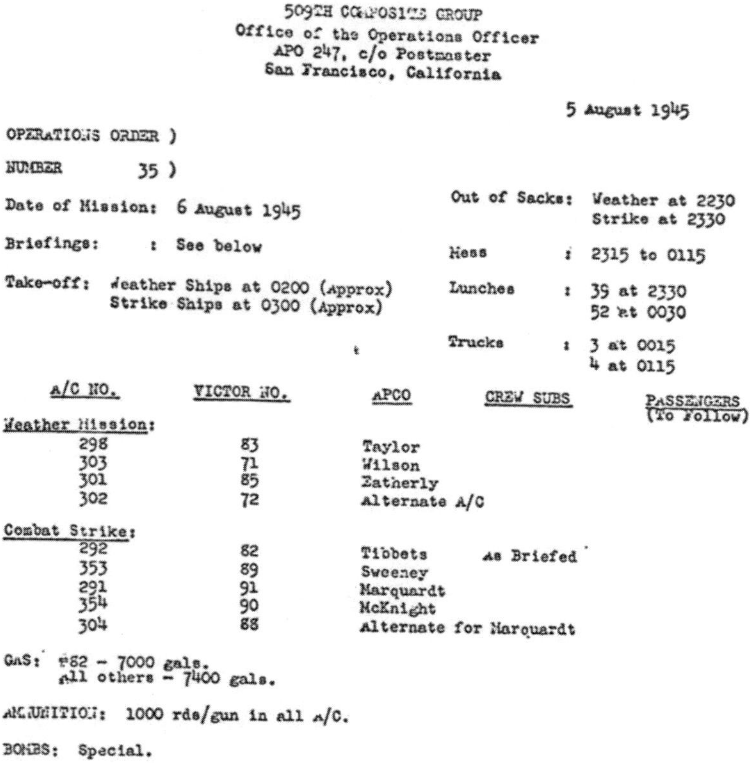

509TH COMPOSITE GROUP
Office of the Operations Officer
APO 247, c/o Postmaster
San Francisco, California

5 August 1945

OPERATIONS ORDER)
NUMBER 35)

Date of Mission: 6 August 1945

Briefings: : See below

Take-off: Weather Ships at 0200 (Approx)
Strike Ships at 0300 (Approx)

Out of Sacks: Weather at 2230
Strike at 2330

Mess : 2315 to 0115

Lunches : 39 at 2330
52 at 0030

Trucks : 3 at 0015
4 at 0115

A/C NO.	VICTOR NO.	APCO	CREW SUBS	PASSENGERS (To Follow)
Weather Mission:				
298	83	Taylor		
303	71	Wilson		
301	85	Eatherly		
302	72	Alternate A/C		
Combat Strike:				
292	82	Tibbets	As Briefed	
353	89	Sweeney		
291	91	Marquardt		
354	90	McKnight		
304	88	Alternate for Marquardt		

GAS: #82 – 7000 gals.
All others – 7400 gals.

AMMUNITION: 1000 rds/gun in all A/C.

BOMBS: Special.

図 8.5　廣島ミッション作戦命令書の一部複写.　出典 http://www.lanl.gov/history/admin/files/509th_Composite_Group.JPG

Victors 72 と 88 は廣島ミッションで飛んでいない.

廣島は日本の本島である本州南部，太田川のデルタ地帯に位置している．その川は幾筋にも分れ，市街地を島のように分けており，上から見ると特徴のある指のようにも見える景観を与えている（図 8.6）．戦前，廣島は約 340,000 の人口を有する日本で第 7 番目に大きな都市だった．1945 年 8 月の人口は，およそ 280,000 の民間人とおよそ 43,000 の兵士と推定されるが，多数の軍隊と労働者が市内にかり出されていた．平坦で丘でブロックされない廣島は新兵器の効果を試すための完璧な攻撃地点だった．

リトルボーイは日曜日の午後 2:00 に組立建屋から車で引き出された．2:30 までに装荷ピットに到着し，そのピットを低く下げてエノラゲイがその上まで後退出来るようにした．飛行機

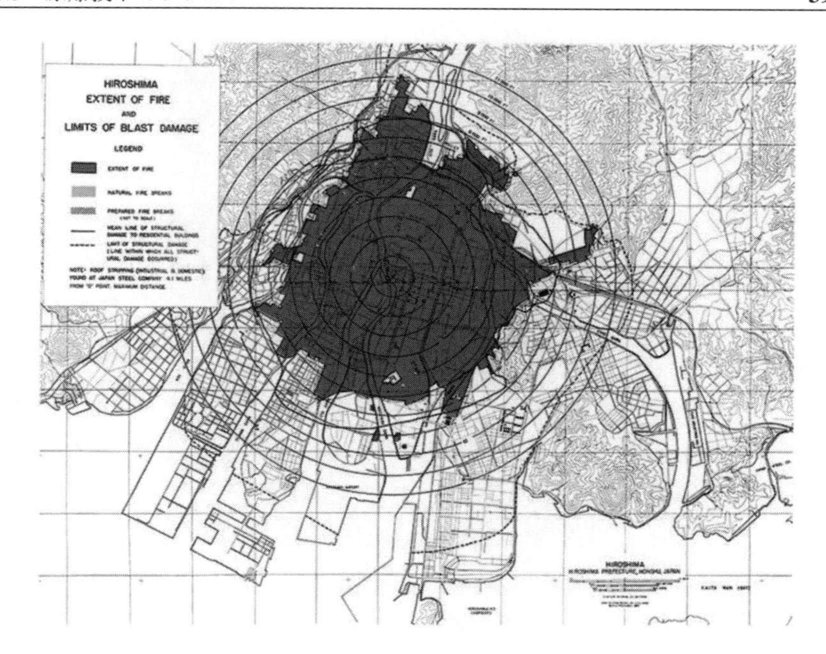

図 8.6　廣島原爆破壊の合衆国戦略爆発調査地図．黒い区域は火災損壊の大きさを示す．**曲線**は住宅用ビルディングの構造的損壊の平均を示し，**点線**は構造的損壊の限界を示す．グランド・ゼロの地点から 1,000 フィート毎に 11,000 フィートまでの円を加えた．　出典 http://commons.wikimedia.org/wiki/File:Hiroshima_Damage_Map.gif

は 3:00 までに所定の位置に就き，3:45 までに積載が完了した．信管検査は 5:45 に完了，最終検査は 6:45 に実施された．ティベッツは**エノラゲイ**の文字を飛行機鼻先の左側に書き，警備兵らが如何なるいじくり操作も防ぐように配備された（図 8.7）．

土曜日，ファレル将軍は**エノラゲイ**がワシントン時間の日曜日正午頃に離陸するとの情報をグローヴズに電話で伝えた（ワシントンはテニアンから 14 時間遅れ；これはテニアン時間で月曜日の午前 2:00 に当たる）．グローヴズの手の届かないはるかに離れたところで，パーソンズは飛行小隊にその爆弾を与える決断をした，そして日曜日の午後は作業の進捗に費やされた．爆弾が搭載された後，彼は爆弾隔室のクランプ拘束機の作業を再び行った．テニアン時間の日曜の夕刻まではファレルはグローヴズに計画変更についての電話をしていない——グローヴズが干渉するには遅すぎるのだった．乗組員達への最後のブリーフィングが午後 11:00 に始まった．

爆弾投下 (strike) 機と観測機の約 1 時間前の午前 1:37 に気象観測航空機 3 機が離陸を開始し

図 8.7　装荷ピット内のリトルボーイ．　出典 http://commons.wikimedia.org/wiki/File:Atombombe_Little_Boy_2.jpg

た．気象観測乗組員達がテニアンを背景にした撮影に失敗した**エノラゲイ**が灯光照明され撮影班員がフィルムを撮り始めたのが 2:00 であった；グローヴズは後世に伝えるためにこのミッション記録を望んでいたのだった．ノーマン・ラムゼイ (Norman Ramsey) はそのシーンをハリウッドの特別封切と比べた；伝えられるところによれば 1 人の科学者がそれをドラグ・ストアの開店と比べた．爆縮機構を助けた技術者のハロウ・ルス (Harlow Russ) は約 350 名の群衆が居たと推定した．ティベッツは午前 2:45 に**エノラゲイ**の離陸に向けての移動を開始した．テニアン時間，8 月 6 日の月曜日，2 マイルの滑走路全部を使って離陸した（図 8.8）．計測，撮影およびバックアップ航空機が 2 分間隔で後に続いた．ワシントン時間で，日曜日午後 12:45 であった．表 8.2 に廣島，長崎への原爆投下機の搭乗員リストを，表 8.3 にこのミッションの幾つかのパラメータを示す．

離陸 15 分後に，パーソンズと第 2 代理 (Second Lieutenant) のモーリス・ジェプソン (Morris Jeppson) が爆弾隔離室内に入り込んで，武装手順を開始した．ジェプソンがフラッシュライトを抱え，パーソンズが道具を持って，パーソンズが 10 段階確認表を通じて仕事をした：

1. 緑色プラグ装着確認．
2. 背板の取り外し．
3. 装甲板の取り外し．
4. 砲尾プラグ内に砲尾レンチの挿入．
5. 砲尾プラグを抜いて，ラバー・パッドを置く．

図 8.8 テニアン島でのエノラゲイ． 出典 http://commons.wikimedia.org/wiki/File:050607-F-1234P-090.jpg

表 8.2 廣島，長崎原爆投下機の搭乗員名リスト

職位	廣島	長崎
指揮官	Paul Tibbets 1915-2007	Charles Sweeney 1919-2004
操縦士	Robert Lewis 1917-1983	Don Albury 1920-2009
副操縦士		Fred Olivi 1922-2004
航空士	Theodore Van Kirk 1921-	James Van Pelt 1918-1994
爆撃手	Thomas Ferebee 1918-2000	Kermit Beahan 1918-1989
爆撃指揮官	William Parsons 1901-1953	Frederick Ashworth 1912-2005
電子対抗手	Jacob Beser 1921-1992	Jacob Beser
電子試験士官	Morris Jeppson 1922-2010	Philip Barnes 1917-1998
機関士	Wyatt Duzenbury 1913-1992	John Kuharek 1914-2001
副技士	Robert Shumard 1920-1967	Ray Gallagher 1921-1999
ラジオ操作手	Richard Nelson 1925-2003	Abe Spitzer 1912-1984
レーダー操作手	Joseph Stiborik 1914-1984	Edward Buckley 1913-1981
尾部射撃手	George Caron 1919-1995	Albert Dehart 1915-1976

出典 Campbell 30, 32

6. 火薬挿入，4 区分，砲尾へ赤色端を向けて．
7. 砲尾プラグを挿入して元の位置まで締める．
8. 導火線の接続．
9. 装甲板の取り付け．
10. キャットウォーク[*9]と治具の取り外しとしまい込み．

[*9] 訳註： キャットウォーク (catwalk)：航空機内の荷物置場・貨物列車の屋根の上・橋の通路などの一端などに設けれれた狭い通路．

表 8.3　廣島，長崎ミッションの幾つかのパラメータ

パラメータ	廣島	長崎
投下機名称	エノラゲイ	ボックスカー
離陸（テニアン時間）	8月6日 02:45	8月9日 03:48
離陸（ワシントン時間）	8月5日 12:45	8月8日 13:48
爆弾投下（日本時間）	8月6日 08:15	8月9日 11:08
爆弾投下（ワシントン時間）	8月5日 19:15	8月8日 22:08
着陸（テニアン時間）	8月6日 14:58	8月9日 23:06
着陸（ワシントン時間）	8月6日 00:58	8月9日 09:06
ミッション時間	12時間13分	19時間18分
落下高度 (ft/m)	31,600/9,630	28,900/8,810
爆発高度 (ft/m)	1,900/580	1,650/503
爆弾収率 (kt)	~ 15	~ 21

出典 Coster-Mullen, 39, 326; Campbell 31-34; Los Alamos report LA-8819. Mission time for Bockscar includes 3-h stop at Okinawa

第1段階で，“緑色プラグ” (green plugs) は，電池から爆弾への発火システムを隔てる3個の “安全” (safing) プラグであった；ジェプソンが後で赤色 “ライブ” (live) プラグに交換することになる．この手順全体で約20分を要した．

そう長い飛行時間が経過しない時点で，ティベッツは飛行機のインターコム・システムで搭乗員らに世界初の戦闘用原子爆弾を運んでいるとの情報を伝えた．観察者としての同乗を許されず落胆していたニューヨークタイムズ紙のレポーター，ウイリアム・ローレンス (William Laurence) の要求で，副操縦士のロバート・ルイスが日誌を持ち続けた，それが1971年に37,000ドルのオークションとなる．ローレンスが計測機に搭乗して飛んだ時，長崎ミッションへの彼の望みがかなえられた．

離陸から約3時間後，**エノラゲイ**は硫黄島で撮影機と計測機を集合させた，それは番号91(*Number 91*) と偉大な芸術家 (*The Great Artiste*) であった（原爆ミッション後，*Number 91* は避け得ない災い (*Necessary Evil*) と呼ばれることになった）．*The Great Artiste* 搭乗員の1人であるローレンス・ジョンストンは**トリニティ**，廣島，長崎の爆発の全てを観察したと信じられている．ジョンストンは，1944年5月にロスアラモスに加わり，爆縮装置の爆薬の研究をしていたルイス・アルヴァレの学生だった．

パーソンズはこのミッションの工程日誌を持っていた，それは教科書的操作の何が証明されたのかとの進捗を語っていた（括弧内の事象はパーソンズのオリジナル工程日誌には無いが，ここでは完全をきすために加えた．全ての時刻はテニアン時間である；日本時間は1時間を差し引く；ワシントン時間は14時間を差し引く）：

02:45　離陸
03:00　ガンの最終装着開始
03:15　装着完了
05:52　（硫黄島へ接近．9,300 フィートへ上昇開始）
06:05　硫黄島から帝国へ機首を旋回
07:30　赤色プラグ挿入

ジェプソンが赤色武装プラグを装荷した後，爆弾は“ライブ”となった．ロバート・ルイスの日誌に，彼は“爆弾は今や飛行機とは独立である．それは妙な感覚だった．我々と伴に何もなさないと爆弾自体の生命を持っているとの感じにとらわれた”と書いた．ジェプソンは緑色安全プラグ 1 個と予備の赤色ライブ・プラグ 1 個を土産として持っていた；それらは 2002 年のオークショインで 167,000 ドルで売れた．

エノラゲイが廣島に近づくと，ルイスは日誌に書き加えた：“我々が攻撃地点に爆弾を落とす間に短い休憩時間があるだろう”．パーソンズの工程日誌を再び続けよう：

07:41　上昇開始．気象報告を受け取る，第 1 と第 3 攻撃地点の天候は良好だが第 2 番目の攻撃地点は良くない
08:25　（気象飛行機——全ての高度で雲に覆われているのは 3/10 以下である．助言：第 1 攻撃地点への投下）
08:38　高度 32,700 フィートで水平飛行
08:47　試験された対空砲 (Archies) 全て OK である
09:04　コースを西へ
09:09　攻撃地点（廣島）が視界に入る
09:12　（開始点）
09:14　（メガネ装着）
09:15$\frac{1}{2}$　爆弾投下．飛行機から 2 本の稲光を発した．巨大な雲
10:00　高さ 40,000 フィートを超えたにちがいない雲がいぜんとして見える
10:03　戦闘報告
10:41　高度 26,000 フィート，廣島から 363 マイル地点の飛行機から雲の映像見えず
14:58　テニアンに着陸

リトルボーイは爆発する前に約 43 秒自由落下した（図 8.9）．爆撃手トーマス・ファービーの照準点は市の中心部に在る特徴的 T 字形の相生橋だった；彼はたったの数 100 フィート違えただけだ．ヴァン・カークのナビゲーションは完璧だった．落下の予定時刻は 09:15 だった；8 時間半の飛行の後，**エノラゲイ**がその攻撃地点に予定時刻よりたったの 2 秒遅れで到着したのだ．図 8.10 に原爆投下後の写真を示す；左側の写真の中央に生き残った相生橋が明瞭に見える．

ティベッツは退避操縦を行い，テニアンへ戻るコースに設定する前に，それから 2 分間程搭乗員達が廣島を観察出来るように南へと機首を向けた．数千もの罹災者を下にして，ロバート・ルイスが“おお神よ，我々は何事をしてしまったのでしょうか?”と書いた．彼は後に，“もしも私が百歳まで生きたとして，これら数分間を頭から離れることは全く無いでしょう”と言って引用されることになる．

図 8.9 廣島のキノコ雲. **出典** http://commons.wikimedia.org/wiki/File:Atomic_cloud_over_Hiroshima.jpg

ワシントンでは，グローヴズが午後 2:00 頃までに**エノラゲイ**が離陸したことを聴いたものと予想されていたのだが，コミュニケーションが遅れてしまった．神経の昂りを解消しようと，グローヴズはテニスの試合に向かい，それから家族と一緒に食事をした．最終的に午後 6:45 に飛行機が離陸したと電話で伝えられた；その時刻までに**エノラゲイ**は投下高度まで上昇し，廣島へ接近中だった．グローヴズはその夜を事務所で過ごそうと目論み事務所に戻った．回想録の中で，グローヴズが如何にして彼の異常な堅苦しさを捨ててしまったかを述べている："事務所内で高まる緊張を消そうとし，ネクタイを外し，カラーを開け，腕まくりをしていた"．

投下後直ちにパーソンズがグローヴズに簡単な暗号電文を送った，それは最終的にワシントン時間で午後 11:30 頃に届き，爆弾投下後 4 時間以上経過していた：

> 全ての点で明確で成功裡な結果だ．ニューメキシコでの実験に比べてその効果は一層巨大と見える．配送後の航空機内は正常なコンディションを保っている．
> 廣島の攻撃地点は可視攻撃された．052315Z で 1/10 の雲．戦闘機皆無，高射砲火皆無．

グローヴズがパーソンズの電文を受け取った時刻は，**エノラゲイ**がテニアンへ戻り始めてからわずか 90 分後だった．パーソンズ電文の 052315Z は 8 月 5 日 23:15 グリニッジ時間またはワシントン時間で日曜日夕方の午後 7:15 を意味する．グローヴズが直ちにマーシャル将軍にその電文を伝え，彼の事務所内に在る折り畳み式簡略寝台 (cot) で寝る前に，翌日朝マーシャ

図 8.10 左 原爆投下後の廣島の上空写真．相生橋は写真の中央に在る．出典 http://commons.wikimedia.org/wiki/File:AtomicEffects-p7a.jpg. 右 廣島の一般的損壊風景． 出典 http://commons.wikimedia.org/wiki/File:AtomicEffects-Hiroshima.jpg

ルに届ける粗い草稿報告書を準備した．

エノラゲイがテニアンにワシントン時間の午後 1:00 頃に着陸した．ティベッツは直ちにスパッツ将軍による殊勲十字章 (Distinguished Service Cross) で飾られた；パーソンズは後に銀星章 (Silver Star) を授与された．ファレルはグローヴズへ長い電文を送った：

> 060500Z にテニアンに戻ったパーソンズ，搭乗員，オブザーバー達によって提供された追加情報は以下の通り．搭乗員とオブザーバー達の尋問で報告書を組み立てるまで報告を遅らした．尋問提供はスパッツ，ギレス，ツイニングとデイヴィスである．
> 戦闘機または高射砲による攻撃が無かったこと，攻撃地点の上空に大きな穴を持つ雲で空の 1/10 が覆われていたことが証明された．高速度カメラが素晴らしい記録をもたらした．他の観察機もまた良好な記録を期待されたのだが，フィルムが未だ現像されていない．爆弾投下後写真を撮った偵察機は未だ戻ってこない．
> 音響——認められる程の観測は無し．
> 閃光——明るい太陽光が理由で，ニューメキシコ実験程は視力を奪われなかった．最初，数秒の間で火の玉は紫雲に変わり，そして炎が上のほうに沸騰し渦巻いた．閃光は丁度飛行機が回転からころがり出たときに観察された．光は強力に輝き，ニューメキシコ実験に比べてより速く数分間で 30,000 フィートに達する白雲が立ち昇った，それは直径の 1/3 よりも大きかった．柱から突然離れ，頂部はマッシュルームとなり，再び柱がマッシュルームとなった．雲は非常に荒れ狂った．雲は少なくとも 40,000 フィートに達した．このレベルでその頂部は平らに横たわった．それは，25,000 フィートの航空機と伴に 363 海里[*10]離れた戦闘機群から観察された．観察は霞みで限度を生じ，地

[*10] 訳註： 海里 (knautical mile)：6,080.20 フィート= 1,853.248 m.

球のカーブで観察出来なくなった.

爆風——高射砲爆風に近い強さの2つの衝撃を投下爆撃機は受けた. ドッグ区域の末端を除いて市全体が雲柱に繋がった暗い灰色のちりの層で覆われた. そのちりの中に炎の閃光が極端に荒れ狂っていた. このちり層の推定直径は少なくとも3マイルである. 1人の観察者は, その町に接近する谷から立ち上ったちり柱で全ての町が引き裂かれてしまったように見えたと語った. ちりに依り, 構造物破壊の可視観察を行うことが出来なかった.

パーソンズと他の観察者達は, この攻撃がニューメキシコの実験と比べてさえ途方も無く巨大で恐ろしいものであると感じた. この効果を巨大隕石のせいに日本人はするかもしれない.

ファレルのメッセージがグローヴズに午前4:30頃に届いた. 2回の衝撃を機内で感じたのは爆発の直接衝撃波と衝撃波が地面で反射されたことに依る. グローヴズはマーシャルへの報告を改訂し, 郵便局に午前7:00までに出した.

残念なことに, 撮影飛行機から現像されたフィルムが戻された時, 乳剤の半分が失われていた; どの様な画像が記録されていたのか知る由も無かった. 廣島ミッションのケースでは, これら爆発のワン・シーンの大まかなフィルムは乗組員の手持ちカメラで撮られた; 偉大な芸術家 (*The Great Artiste*) に搭乗していたロスアラモスの科学者, ハロルド・アグニューがその爆発を撮影した. 廣島が依然として爆発によって生まれた雲に殆ど覆われているのを偵察機が観察したものの, その端の周囲に炎を見ることが出来た; 明確な画像になるには翌日まで待たねばならなかった.

トルーマン大統領の承認前の声明がワシントン時間の午前11:00に明らかにされた時に世界は原爆投下を知った; トルーマンはポツダムから米国への帰路の途中であった, そして午後7時まで到着しないことになっていた. この公開テキストは以下の通り,

16時間前に米国機が日本陸軍の重要基地である廣島に1個の爆弾を投下した, この爆弾はTNT火薬の20,000トンを超えるパワーを持つ. 兵器歴史上これまでに使用された最大の爆弾である英国の“グランド・スラム”の爆発力の2,000倍以上となる.

日本の真珠湾空襲で開戦した. 彼らは何倍もの報いを受けた. そしてまだ終わってはいないのだ. この爆弾により, 革新的破壊力増強を我々の武装パワーの成長に寄与するものとして今や加えられたのだ. 現在の姿でこれらの爆弾が製造中であり, さらにもっと強力な形が開発中である.

それが原子爆弾だ. それは宇宙の基礎パワーの利用 (harnessing) である. 太陽がそのパワーを引き寄せる力からそれらを解き放し極東の戦争に借り受けたのである.

1939年前, 原子エネルギーの解放が理論的に可能であることは, 科学者達の受け入れ可能な確信であった. しかしそれを行う実際的方法を知る者は皆無だった. 1942年までに, ドイツが世界を奴隷にする望みと伴に原子エネルギーを戦争の他のエンジンに加える道を見つけ出す研究を熱心に行っていることを我々は知った. しかし彼らは失敗した. ドイツが手に入れた制限された数量のV-1と後からのV-2の天祐に感謝する, それにも増して彼らが全く原子爆弾を手中にしなかった天祐に感謝する.

空, 陸および海での戦いと同様に研究所での戦いは, 我々にとって致命的リスクを持っ

ていた，そして現在我々は他の戦いと同様に研究所での戦いに勝った．
1940 年の初め，真珠湾攻撃の前，戦争で有用な科学的知識は合衆国と英国間で共有されていた，そして我々の勝利を助ける多くの貴重な支援が協定として現れた．通常ポリシーの下で，原子爆弾の研究が始められた．米国人と英国人の科学者達が一緒に研究し，ドイツに対抗しての発見競争に突入したのだ．
合衆国は知識が必要とされる多くの分野に卓越した多数の科学者を供給出来た．これは，その計画に必要とする巨大な産業と財政源を有し，他の緊要な戦争研究を損なうこと無しにそれを彼らに任せることが出来たのだ．合衆国内に，事実上既に開始していた，研究所，製造プラントは敵の爆撃範囲から遠く離れた場所に設置された，一方，当時英国は定常的空襲に曝され，未だ侵略の可能性に脅かされ続けていた．チャーチル首相とルーズベルト大統領はこれらの理由から，この計画を当地で行うことが賢いと合意した．我々は現在 2 つの巨大プラントと多くの小規模の施設を原子力の生産に向けた．建設のピーク時の雇用者は 125,000 名で，65,000 名を超える個人が現在プラントの操業に加わっている．多数がここで 2 年半働いた．彼らが生産したものが何かを知る者は僅かしかいない．彼らは巨大な量の物質が入っていくのを見た，そしてこれらプラントから何も出てこなかったことを見ている，爆発物に装荷する物理的寸法ははなはだ小さ過ぎるのだ．我々は歴史上最大の科学的ギャンブルに 20 億ドルを費やし——そして勝った．
しかし最も大きな驚きは，機密だった経費の大きさでも無い，コストでも無い，異分野科学の多数の男達が保有していた無限に複雑な知識断片を一緒に詰め込んだ科学頭脳が研究可能な計画を成就させたのだ．そして過っておこなわれたことが無かった，工業界の設計，労働者らの操業，それを行う機械や方法の決して信じられなくも無い大きなキャパシティで，多くの理性の頭脳所産が，想像した通りに物理形態として顕われ履行され得たのだ．科学と工業の両方が合衆国陸軍の方針下で働き，それが驚くばかりの短期間で知識を推進させる様々な問題を管理しユニークな成功をおさめた．そのようなもう 1 つのコンビネーションが世界で一緒に存在していることは疑問である．達成こそが歴史上組織化された科学で最大の偉業である．それは強いプレッシャー下で失敗無しにやり遂げられたのだ．
現在，我々は，日本人達が地上に所有する如何なる都市の生産的企業もいっそう急速かつ完璧に消滅する準備をしている．我々はドッグ，工場および通信施設を破壊する．このことは間違い無い；我々は戦争を起こす日本のパワーを完全に破壊してしまおうとしているのだ．
7 月 26 日の最後通牒がポツダムで発せられたことで日本人達への徹底的破壊から容赦されていたのだ．かの国の指導者らはこの最後通牒を拒絶した．もし彼らが現在も我々の条件を受け入れないなら，これまで地球上で見たことが無いような空からの破滅の雨を想起することになる．空襲の後から，未だ見たことの無いかつかの国が既に良く意識している戦闘術を持つ多くの人員とパワーを有する海軍と陸軍が続くのだ．
マンハッタン計画の全てのフェーズで個人的接触を続けてきた陸軍長官が直ちにより詳細な公式声明を作る．

彼の声明はテネシー州ノックスビル近傍のオークリッジ，ワシントン州パスコ近傍のリッチランド，ニューメキシコ州サンタフェ近傍の軍事施設のサイトに関する事実を与えようとするものだった．それらサイトの労働者達が歴史上最大の破壊力を生み出すものに使われる物質の生産を成したにもかかわらず，彼らの安全に極度の注意が払われ，多くの他の就業者を超える程の危険に遭わなかったのだ．

我々が解放出来るとの事実が，人類が自然の力を理解した新時代の原子エネルギーの案内役を勤めた．原子エネルギーは現在石炭．オイル，水の落下から得られている動力源の供給に将来なりえると思う，しかし現時点でそれらと商用として競わせることに基づいて生産させることは出来ない．これを招来する前に，長期間にわたる徹底的研究がかかせないのだ．

世界の科学知識に抗ったのは，この国の科学者達の気質でも無かった，この国の政府ポリシーでも無かった．従って原子力研究の全ては社会がなし得たものなのだ．

しかし，突如破滅の危険からの世界の安息と我々を守る可能な方法の将来調査を待ちながらも，現況下で製造の技術工程または軍事応用の全てを公表する意図は無い．

合衆国内で原子力の製造と使用をコントロールする適切な委員会の設立を合衆国議会が直ちに検討するよう，勧告するであろう．世界平和維持に向かって原子力が如何様にしてパワフルで強力な影響を及ぼすかについてさらに深い考察といっそう進んだ勧告を成すように議会へ働きかけるだろう．

トルーマンの 20,000 トンは過大評価だった，多分**リトルボーイ**と**トリニティ**実験の混同によるものだろう．陸軍省の引用公開文は相当長かった，そして製造プラント，参加した幾つかの契約企業と大学，マンハッタン計画のコスト，暫定委員会 (**Interim Committee**) の存在に関する詳細が含まれていた．

ヘンリー・スチムソンはトルーマン大統領へメッセージを発した，トルーマンは USS オウガスタ (*USS Augusta*) 艦上での昼食時にそれを受け取った（図 8.11[*11]）．

ワシントン時間午後 2:00 にグローヴズは電話でオッペンハイマーに祝辞を伝えた．その会話の一部写しは：

グローヴズ：あなたと貴方全員を私は非常に誇りに思う．

オッペンハイマー：ほんとうですか?

グローヴズ：明らかにそれは途方も無く大きな轟音を伴っていた．

オッペンハイマー：これが起きた時，日が沈んだ後でしたか?

グローヴズ：違う．不幸にも飛行機の安全とそこに居た戦闘司令官の支配下に残しておくことを勘案して昼間に行われたのだ，そして彼は日没後にそれを行うことの有利さを知っていた，彼はそのことの全てを丁度語り終えたところだ，それで私はそれが彼を昇格させると言ったのだ；それは最高のものでは無かったが非常に望ましいものだったと．

オッペンハイマー：正解．それについて無理なく良いものと誰もが感じています，そし

[*11] 訳註：　ワシントン時間，8 月 5 日午後 7:15 廣島にビッグ爆弾を投下した．第 1 報が，早期実験に比べてさらに顕著であったと完璧な成功を伝えている．

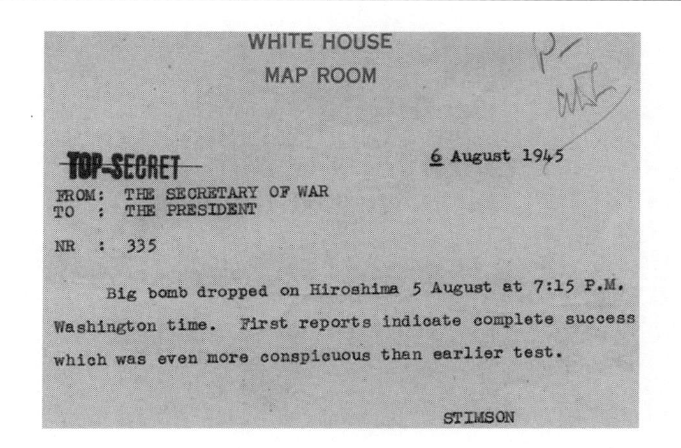
WHITE HOUSE
MAP ROOM

~~TOP-SECRET~~ 6 August 1945

FROM: THE SECRETARY OF WAR
TO : THE PRESIDENT

NR : 335

Big bomb dropped on Hiroshima 5 August at 7:15 P.M. Washington time. First reports indicate complete success which was even more conspicuous than earlier test.

STIMSON

図 8.11 廣島原爆投下をトルーマン大統領に伝えた電文． 出典 http://presidentiallibraries.c-span.org/Content/Truman/bomb.pdf

て心からの祝辞を述べたい．それは長い道のりでした．
グローヴズ：全くだ．長い道のりであったし，私がロスアラモスのディレクターに指名された時，これまで行った最も賢明なことの 1 つと私は思っている．
オッペンハイマー：良かった．私は疑っていました，グローヴズ将軍殿．
グローヴズ：そうだ，知っての通り私は如何なる時でもそのような疑いを決して是認し無かったのだ．

その夕刻，ロスアラモスで，仲間たちが大講堂に集まった．物理学者のサム・コーエン (Sam Cohen) の話では：

その夕刻，オッペンハイマーが指定した時刻の可成り前に我々は集まった．··· 通常ならば，これら討論会の 1 つではオッペンハイマーは幾分時間通りで控えめに袖から舞台に歩いてきて，低い調子で幾つかの注意を語り講演者の紹介で聴衆を静かにさせたものだった．しかしこの歴史的日はそのようにはならなかったのだ：彼は遅れた，大変に遅れたのだ．彼は袖から舞台へ何気なく滑り込まなかった．講堂の背から入り，通路を大股で歩き舞台にかかる階段を上った，そして彼が入ったときから舞台に立った後も長く彼を喝采し始めた科学者仲間たちが大声を上げ，手を叩き，足を踏み鳴らすことを静めようとの努力を払わなかった．
この大混乱が続く中，約 70,000 の日本の民間人が廣島で屍となって，同じ数だけの負傷者とともに横たわっていることを心に刻んでほしい．被害者の約 30% が致死または有害核放射線量を受けてしまったのだ ··· 放射線が恐ろしい道具になることを科学者の殆どが知っていた，または知っておくべきだった，しかし勝利感の喜びの最中のこの瞬間に，彼らはそれに伴う特別のモラル違背について全く平気だった．彼らは成功で意気揚々としていた，そしてそれを示したのだった．そして私も彼らの1人だったのだ．
最後にオッペンハイマーは叫ぶ聴衆を静かにさせることが出来て，ひどく低音の調子で話し始めた．原爆投下結果がどんなことになるのかを決めるにはあまりにも早すぎて出来ないが，日本人がそれを好まなかったことは確信出来る．さらなる喝采．彼は誇りに思うと，そして我々が成し遂げたものを示した．それ以上の喝采．そして彼の唯一の悔恨がドイツに対して使用する時期に爆弾開発が出来なかったことだと．これで取り分け大喝采になった．

引き続く時間と日々にわたりその係わり合いの速度を上げよう，ロスアラモスでの反応は無拘束な式典の1とは決して言えなかった．冶金学者クリル・スミスの妻であるアリス・スミスがその雰囲気を述べていた：

日が経つにつれ，——戦争終結が原爆投下を正当化したと信じていた人々さえも——それを悪魔本体の激しい個人的経験として振り返り，嫌悪感が大きくなった．通常のセンスでは罪との感じは無かったのだが，彼の多くの引用としばしば誤解された一言，科学者らが罪業 (sin) を知ってしまった，によってオッペンハイマーが意味したことはこのことだったのだ．

マックアリスター・ハル (McAllister Hull)，彼は爆縮レンズを鋳込んだ（7.11 節）：

トルーマンは個々の連合軍犠牲者に対する責任があり，防護手段を有したのだから，原爆使用のトルーマン決定を誤りだと私は思わない．私はそのような責務を持ったことは無いのだから．私が丁度今彼に望むのは——または我々が望むのは——廣島と長崎での数10万人の死——そして数千人を超える焼けただれた負傷者をまねくために働いた我々の製造物を使うこと無しに直ちに戦争を止める方法を見出してしまうことだ．友人達がどう思ったのかを知らないが，この責任性についての瞬間を忘れてしまうことは決して出来ない．

原爆投下に続き，民間人が天皇と統治している軍国主義者へ圧力をかけ戦争を終わらせることを強調した，600万枚ほどのチラシを47都市を超える上空からばらまいた．皮肉にも，長崎は原爆が投下された後も，チラシの長崎割り当て分を受け取ることは無かった．このチラシには，：

日本の国民へ：このチラシで我々が言うことを直ちに留意すべきと問う．
過って人類が発明した中で最も破壊的爆発力を我々が所有している．我々が新たに開発した原子爆弾は，単一で単一作戦で巨大 B-29 爆撃機 2,000 機で運ぶ爆発力と等価である．この恐ろしい事実はあなた方が熟考することの1つであり，恐ろしいほど正確であることを我々は厳格に保証する．
我々はこの兵器を貴国本土に対して丁度使い始めたところだ．もし疑うのであれば，廣島にたった1個の原子爆弾が投下された時の廣島で起きたことを調査するが良い．
この無益な戦争の発端となった軍事資産破壊にこの爆弾が使用される前に，あなた方は今，天皇陛下へ終戦を嘆願しているのかを我々は問う．我が大統領閣下は名誉ある降伏の13項目の結果概要を示した．貴国がこれら結果を受入れ，新たな，より良くかつ平和を愛する日本国建設を始められんことを強く望むものである．
貴国は今現在で軍事抵抗を停止しなければならない．さもなくば，我々はこの兵器を断固として用い，かつ他の秀でた兵器の全てを使い即座にかつ効果的に戦争を終わらせることになる．

日本政府は未だ止める準備が出来てなかったが，その状況は現地時間 8 月 8 日午後 5:00 までに一層危機に瀕する，在モスクワ日本大使は，8 月 9 日付けでソヴィエト連邦政府からソ連と日本が戦争状態にあると見なすとの情報を受け取った．5 時間ゾーンの東にある日本では，既に午後 10:00 だった，そしてロシア軍は満州に向かって進軍していた．日本政府は降伏交渉の仲介者としてロシアを使う望みをいだいていたのだが，その望みは今や粉砕された．トルーマン大統領がワシントンで午後 3:00 にこのニュースを発表した，ファットマン搭載機は既に太平洋上を飛行中だった．

第 2 番目の核攻撃は当初 8 月 20 日に計画されていたのだが，7 月末までに 8 月 11 日に早めるのを許すに充分な時間があるとされた．廣島ミッションの 1 日後の 8 月 7 日までに，そのスケジュールは 8 月 10 日へとさらに縮められた．良好な天候が 9 日であると予報され，しかしその後 5 日間の悪天候が続く；グローヴズは第 2 番目の原爆が第 1 番目に続いて可能な限り短期間で続くことを望んだ．アルバータ計画のスタッフは 8 月 8 日夕刻までに最初のライブ (live) ファットマンを準備してしまう試みを設定した．しかしながら，それを開始してから，長崎ミッションは廣島ミッションで避けられていた，殆どが有り得ないような不運に遭遇してしまった．F31 の保護装甲板弾道ケーシング (casing) の前半部と後半部で丸くなってないのだ，その結果，球状の高爆薬ケースの赤道フランジとケーシング部品を接続するボルト穴が適切な位置に揃わない．他の装甲板弾道ケーシングが入手不可能であった，それでその部品をハンマーで叩く成形が施された．それが失敗した時，2 人ドリルでボトル穴を広げようとしたのだがジャムり作業者の 1 人に深手を負わせた．自棄になり少々時間を過ごしてから，組立者らは通常鋼ケーシングに交換した；ファットマンは日本の機関銃火砲を浴びる機会が有り得るのだ．パンプキン色塗料で塗られ，間違った気圧計を読む結果となるだろう割れ (cracks) をシールしたものを受け取った後，組立クルーはファットマンの小さな輪郭銘板を作り，JANCFU の文字を添えて爆弾の鼻部に取り付けた（図 7.16）．最初の 4 文字は “Joint Army Navy Civilian” の頭文字；最後の 2 文字の意味は日本の有名な火山からと推定出来る．積み出される前に，多くの連中が爆弾に署名した，その中にはパウエル，ファレル，パーソンズ，ラムゼイらが含まれた；爆弾は総計 60 の署名で終わる．

ケーシングのみが問題だったわけではない．8 月 7 日夜，組立メンバーの 1 人，バーナード・オキーフ (Bernard O’Keefe) がケースに収める前にファットマンの発火ユニット (firing unit) の最終確認を行う責任者であった：

> 8 月 7 日夜の 10 時まで，その球は完璧だった，レーダーは挿入されており，発火セットは球の前端にボルトで留められた．他の者達の最終確認と機械組立クルーがケーシングへの最後の接触をしている間，眠気に襲われた．最後の確認のために私は真夜中に戻り，発火セットとレーダー間のケーブルの両端を接続する予定だった；そのケーブルは前日に装着された．それで，私はフィンと鼻キャップを挿入するための治具を機械クルーに渡した．
>
> 私が真夜中に戻ってきた時，私のグループの他の者達は幾らかの睡眠をしようとその場から去っていた；最後の接続を行う唯一の陸軍技術者として組立室にたったの 1 人で居

たのだった….
最後の確認を行い，ケーブルを発火セットに挿入するところまで来た．それが噛み合わないのだ!
“何かの間違いをしてしまったのだ” と私は思った．“ゆっくり行こう；お前は疲れている，そして正しく考えて無いのだ”
私は再度見つめた．愕かされたことに，発火セットの雌プラグとケーブルの雌プラグがそこに付いていたのだ．2つの雌プラグ．ケーブルは反対に取り付けられていたのだった．私は確認し，さらにダブル・チェックした．私は技術者にも確認させた；彼は私の発見を検証した．寒気を覚え，空調の効いた部屋で発汗し始めた．
何が生じたかは明白だった．良好な天気の利点を確保することで急ぎ，誰かが不注意にケーブルを反対に取り付けてしまったのだ．一層悪いことに，そのチェック・リストが無視されてしまったことだ，それでケーシング組立前のダブル・チェックが行われなかったのだ．

現地命令第 17 番，作戦命令第 39 番に第 1 目標および第 2 目標の詳細が記されている；小倉軍需工廠と小倉市，および長崎自治区 (Urban Area)；このミッションでは第 3 目標地点は無かった．九州本島の最南端から約 100 マイル離れた，両区域は豊かな処である．約 168,000 の人口を抱える都市，小倉は車両，機関銃，対空火砲を製造している大規模兵器工場群からなる小倉軍需工廠のホームであった．当時の人口が約 250,000 と推定される長崎は九州で最良の天然港と記述される場所に在った．造船センターでかつ軍港で，その中でも主要な目標地点として三菱重工業の造船工場群とそれに近接する三菱製鋼と兵器工場が含まれている．後者は真珠湾で使用された魚雷を製造した処である．廣島，小倉と異なり，長崎は丘に囲まれており，若干それが阻害要因となる．

ファットマンは 8 月 8 日夕刻，午後 8:00 までに準備出来た，そして**ボックスカー** (*Bockscar*) に積み込まれた（図 8.12）．チャールズ・スウィニー少佐が原爆投下機のパイロットに任命された；その通常司令官が，**偉大な芸術家** (*The Great Artiste*) のパイロットであるフレドリック・ボックス大佐である．最終ブリーフィングが 9 日の 00:30 に行われた（図 8.13）．

ボックスカーの離陸準備中に，別の問題が生じた．爆弾重量を相殺するためのバラスト (ballast) として，飛行機の後部爆弾隔室が 2 個の 320 ガロン燃料タンクでつり合わされていた．航空機関士のジョン・カーレック (John Kuharek) がタンクから燃料を移送するポンプが作動しないことを見つけた．燃料入手が出来ないだけでなく，ガロン当たり約 6 ポンドと，ほぼ 2 トン近くの重量品をミッション中運ばねばならないことになる．タンクを空にしてポンプの交換，または他の飛行機で爆弾を配送するにはあまりにも時間を浪費し過ぎる；良好な気象の時間は狭まることになるのだ．スウィニーはミッションを進めることに決めた．**ボックスカー**がテニアン時間の 8 月 9 日木曜日 03:48 に離陸した；ワシントン時間の 8 月 8 日水曜日午後 1:48 である．

ボックスカーと撮影機，観測機の集結地は九州南岸に隣接する屋久島だった（図 8.14）．嵐の中を飛行した後，**ボックスカー**が 09:00 頃に到着して直ちに**偉大な芸術家**と合流した，しかしジェイムズ・ホプキンス大佐が操縦する撮影機，**大きな悪臭** (*Big Stink*) は確認されなかった．ホプキンスはそこに居たのだがある理由から 39,000 フィートで飛んでいた，これに対して

図 8.12　ファットマンの実寸模型に立つ著者．核科学と歴史国立博物館，Albuquerque, NM, 2004 年にて．

図 8.13　ボックスカーの搭乗員達（一部）．後列（左から右へ）：Kermit Beahan, James Van Pelt, Don Albury, Fred Olivi, Charles Sweeney；前列（左から右へ）：Edward Buckley, John Kuharek, Ray Gallagher, Albert Dehart, Abe Spizer．撮影時に居なかった者：Frederik Ashworth, Philop Barnes.　写真は John Coster-Mullen の好意による

図 8.14　廣島，長崎原爆投下ミッション．テニアンから廣島までの距離は約 2740 km (1700 マイル)．　**出典** http://commons.wikimedia.org/wiki/File:Atomic_bomb_1945_mission_map.svg

ボックスカーの飛行高度が 30,000 フィートだった．屋久島区域で回遊飛行をすべきことなのに反対に 50 マイルのジグザグ飛行を始めたとホプキンスが後に語ったことについて，スウィニーが回顧録の中でクレイムをつけている．ティベッツはスウィニーに集結地点で 15 分を超えない範囲で待つようにアドバイスしたのだが，彼は小倉への投下を決める前に約 45 分も待ち続けてしまった．

混乱の他の要素は，その爆弾を監督していたアッシュワース大佐が少なくとも**ボックスカー**の原爆投下ミッションに付き添う観測・計測機が確実に随行することを望んだことによると思われる．アッシュワースは，スウィニーが集結すべき他の飛行機の情報を決して彼に伝えなかったとクレイムを発した，そして**偉大な芸術家**はアッシュワースが目視するには遠すぎる距離で留まっていた．撮影機がミッション計画に沿って履行することが極めて重要であると感じていたと述べたことを除き，スウィニーは彼自身の回顧録の中でこの問題に触れてはいない．アッシュワースは不満ながらフライト・デッキの中に頭を突っ込ませ，第 1 目標に進むよう命じた；そうするのが彼の決定だったとスウィニーはほのめかした．しかし，ポジティブなニュースが 2 機の気象機から届いた；両方の目標地点とも気候は良好との報告だった．

ホプキンスの正確でない高度が *Big Stink* の唯一の問題では無かった．ロバート・サーバーは爆発記録用高速度カメラを操作する特別の目的でホプキンスの飛行機で飛ぶ予定だった．ホプキンスが離陸準備のためテニアンの滑走路の端まで飛行機を走行させ，パラシュート・チェックを求めた．サーバーはそれを所持していなかった，それで飛行機から降ろされた，そして彼を残して離陸した*12．（日本の狙撃兵におびえながら）基地へ歩いて戻った後，サーバーは飛行機に操作法を伝えるためにラジオ閉鎖を破る許可を得た，しかしこれが全く無駄だったと実証された．ある点で，明瞭に話すホプキンスの声でラジオした，“特別機動隊は中断するのか?” (Has Sweeney aborted?) と．テニアンでは，これが “特別機動隊中断” (Sweeney aborted) と聞こえ，ファレル将軍を外へ走らせ吐かせる事象を引き起こした．

集結地点から小倉まで**ボックスカー**は約 50 分の飛行を要する，しかし（テニアン時間）約 10:44 に照準点 (Aiming Point) に到着した時刻までに都市は煙 (smoke) と産業煙霧 (industrial haze) によって覆われてしまった．近隣の八幡は前日に焼夷弾空襲を受け，そして煙が小倉上空まで漂っていた．日本が高射砲火を始めたので，スウィニーが 31,000 フィートへ高度を上げた．煙と煙霧が可視下の原爆投下を不可能にしていた；異なる高度での異なる方向からの試みを 3 度行った後，スウィニーは長崎へと機首を向けることに決めた．この時刻までに，**ボックスカー**の燃料供給量が低下しつつあった．長崎上空を 1 回飛ぶには充分な燃料があるとスウィニーは推定したのだが，沖縄から最も近い友軍基地まで 50 マイル程あるため太平洋上に不時着水するかもしれない（図 8.14）．

小倉から長崎までの飛行に僅か約 20 分を要した；**ボックスカー**がテニアン時間の約午前 11:50 に着いた，雲は高度 6,000 フィートから 8,000 フィート間の柱状雲が 80-90% を覆い，天候が良好へと変化していた．燃料状況は決定的になりつつあった．幾つかの説明では，アッシュワースがその責任を有していたのだとして，アッシュワースが爆撃手のケーミット・ビーハムにレーダ基礎の原爆投下を指揮した．スウィニーは回顧録で同じ命令をしたとしてクレイムを付けている．しかし投下の 30-45 秒前，雲の中に穴が開いた，そしてビーハムが “見える! 見える! 確保した!” と効果的な何ものかを大声で叫んだ．照準点のドッグ（造船）区域を既に

---

*12 訳註：　パイロットは飛行機から降りるようにと私に命令した．それは本当にばかばかしいことだった：彼は遊覧飛行ではないことを忘れていたのだ，飛行機は任務を与えられていた．そのミッションは写真を撮る事であり，そのカメラの撮影操作を知る唯一の搭乗者だったのだ．私はこの点を彼に向けようとしたのだが，その飛行機はいかなる消音設備も備えてなかった．エンジンはそこに木靴があるように音をたて，私自身の声さえ聞くのが出来ない程だった．パイロットと乗組員はのどマイクとイヤホーンを着けていた．それで私はいやだと両手を振り始めたが，軍曹が私の片手を掴み，ドアを開けて，私を外へ押し出した．飛行機は離陸し，朝の 3 時に私は滑走路の端に居たのだった，どこの場所からも 3 マイル (4.8 km) 隔てた地点に．夜中に出没して歩き回る日本の神風兵士達が居ることを誰もが知っていた場所に．

私は歩いて戻り，最後には本部にたどり着き，中へ入り，グローブス一家から抜けて来たトーマス・ファーレル将軍とそこに丁度居合わせたティベッツ大佐とルイス・アルヴァレを大変驚かせた．勿論，ティベッツは何が起きたかを聞いた時にびっくり仰天してしまった，そしてちょっとした一般的な会議の後，その飛行機へのラジオ封鎖を解くことに決めたのだった．彼はパイロットをとがめてから，彼は私を電話口に出して彼らへカメラの操作方法を話すように勧めた [p. 130]．(R. Serber, *Peace and War*：今野廣一訳，「平和，戦争と平和」，丸善プラネット (2016) より)．

図 8.15　**左** ボックスカーの鼻部アート，長崎ミッション後に追加された．出典 http://commons.wikimedia.org/wiki/File: Bockscar.jpg　**右** 長崎のキノコ雲．出典 http://commons.wikimedia.org/wiki/File:Atomic_cloud_over_Nagasaki_from_B-29.jpg

通り過ぎていたから，ビーハムは工業地帯に新たな照準点を選んだのだ．飛行機の制御を彼は放棄し，そしてファットマンを高度約 29,000 フィートから解き放った，長崎時間の午前 11:08 である（ワシントン時間の 8 月 8 日午後 10:08）．原爆は三菱工場群上空で炸裂した；反射しやすい丘の地形のため，搭乗員達は 5 回の衝撃波を感じた（図 8.15）．

スウィニーはラジオ操作手のアベ・スピッザーに原爆投下報告を伝達するように命じた：

> 長崎 090158Z を有視界で爆撃．抵抗は皆無．技術的に成功裡の結果．可視効果はほぼ廣島と同等．沖縄に向かっている．燃料の問題あり．

（スパッツ報告の時刻は表 8.2 に記載された時刻と 10 分異なっている；種々のソースによって僅かに時間差が見られる．）80 マイル離れたところで，*Big Stink* の搭乗員達がこの爆発に気付いた．ホプキンスの飛行機に搭乗した英国オブザーバーのグループ・キャップテン，レオナルド・チェシャー (Leonard Cheshire) によれば，

> 我々は爆発の 10 分後に高度 39,000 フィートで目標点に着いた．この時間で，その雲は柱から離れほぼ 60,000 フィートまで伸びていた．爆弾照準器から私ははっきりと地上と雲を眺めることが出来た，衝撃の中心が照準点から北東 4 マイルにあり，本来あるべき市街は戦禍を受けていない．しかしながら，幸運にも町の北部の工業センターに偶然にも落ちかつ相当量の損壊を引き起こした．

午前中の作業の結果をざっと名残惜しそうに眺めた後，スウィニーは沖縄へのコースにセットした．スピッザーは救難電話信号 (Mayday call) を発信したが，返事は届かなかった．“燃料問題” は控えめな表現だった；スウィニーは 1 時間の飛行時間を有していると推定していたのだが，沖縄は約 75 分の彼方だった．“段階飛行” (flying on the step) として知られた技法を用いて，出力設定を一定にしておいたが，飛行機が急降下した，スウィニーは燃料追加をせずに

対気速度を僅かばかり増して機首を引き起こすことが出来た．急降下と水平飛行復帰の繰り返しが沖縄まで燃料供給を伸ばすことを可能にしたのだ．

しかし**ボックスカー**は未だ困難を切り抜けて (out of the woods) はいなかった．沖縄のYontan 飛行場に向かっていたのだが，スピッザーは交信する (raise the tower) ことが出来なかった．日本に最も近い米軍基地として，沖縄は常に出入りの飛行機で渋滞していた．スウィニーはフレッド・オリヴィに緊急火炎信号弾 (emergency flares) を射出するよう命じた．異なる緊急事態（燃料僅か，損壊，衝突への備え，死者および負傷者搭乗，火災など）を示すために異なるカラーの火炎信号弾が使われていた．オリヴィがそれら全てを発射し，飛行場の飛行機と車両を明るく照らし始めた．実際の管制パターンを省いて，スウィニーは離陸したB-24の背後に直接付けた．**ボックスカー**は丁度第 2 エンジン（左胴体寄り）を止めた時に空中へ飛び上がり手荒く着地した；可逆プロペラだけを使って，スウィニーと副操縦士のドン・アルバリーは滑走路から飛行機がはみ出してしまう前に停止させることが出来た．スウィニーが言うことには，“飛行機を滑走路の脇へ導きタクシー路へと走行させた丁度その時点で，私は精神的にも肉体的にも疲労困憊となっていた．もう 1 つのエンジンはやめた”．種々の報告によれば，彼らは燃料が僅か 7 ガロンまたは 35 ガロンを残して到着した——トラップされていた燃料を除いて．搭乗員達が食事をし，**ボックスカー**が再給油された後，彼らはテニアンへの帰路についた，19 時間を超えるミッション後のファンファーレ無しで午後 11:00 頃に着いた．第 2 次世界大戦での単一ミッションで敵地上空を飛行した他の飛行機に比べて**ボックスカー**が最も長時間飛行した，と幾つかのソースが言及している．

戦争とは非人道的かつ無差別の残忍行為である，しかし愕くべき生存も偶然に生じるものである．廣島と長崎の歴史において，これら不可能な物語の 1 つに，日本人が “2 重被爆者” (nijyu hibakusha) 粗い翻訳では “2 度の被弾” と呼ぶものも含まれていた．廣島に投下された後，数多くの生存者が長崎へ移住させられたかまたは自ら移った，そこで 3 日後に彼らは**ファットマン**の爆発を体験した．両方の原爆で 165 名程が生き残ったと推定されている，日本政府が公式に認めた者は唯一 1 人だった：山口彊 (Tsutomu Yamaguchi) 氏である．三菱の技術者である山口は 8 月 6 日の朝，出張で廣島に滞在していた，**リトルボーイ**が爆発した時，グランド・ゼロから 2 マイルも離れていない路面電車から降りているところだった．彼の鼓膜が破れ，幾らかの火傷をこうむったものの，防空壕で 1 夜を過ごした後に長崎へ戻ることが出来た．9 日朝，彼は事務所で彼が目撃した廣島について上司に話していた時に “突然同じ白い光が部屋を照らし出した” のだった．山口氏は 2010 年の初めに 93 歳で胃癌で亡くなられた；彼の娘が山口氏の生涯の殆どの期間で健康を保っていたと表明している．

原爆投下の数週間前，米国諜報機関は日本の声明の傍受と解読をした；それは，日本政府が名誉ある降伏と考えているものに向けた方法を見つけ出そうと望んでいる多くの要素と認識された．その問題になる条項は，連合国の要求する “無条件降伏” 文脈における天皇裕仁の運命だった．8 月 9 日の東京では，高官達の会合が終日行われた．最高戦時会議 (Supreme War Council) の午前会合で，ポツダム約定が皇室保持を認めているものとしての完璧な条件で受け入れることに決定した．もし日本占領が避けられないなら，その時には少なくとも日本人が自分自身の手で武装解除し，戦争犯罪の対処に責任を持つべきであると軍国主義者の不満分子が強要した．会議が進む中，長崎への爆撃が伝えられた．会合は夕刻遅くまで続けられたが，合意に達することは無かった．真夜中近く，その会議が天皇自身と会見し（御前会議），終戦が望ましいと考えていると天皇陛下自身が知らしめた．

東京時間10日午前8:47（ワシントン時間9日午後7:47），外務大臣からの低機密性メッセージがスイスとスエーデンの公使館宛に出された．その内容は，“至高の統治者として陛下の大権を変更するいかなる要求”も含まれて無いと日本政府が理解する限りにおいて日本はポツダム条件を受諾する準備がある，との声明を含むものだった．傍受され，解読されたそのメッセージは10日の朝早くにトルーマンの机の上に在った．正午までに，その回答が“天皇及び日本政府の国家統治の権限は，降伏約定を実現するのに適切であるとみなす，その様な段階を踏む連合軍最高司令官に従属する (subject to) ものとする”と明記したものとなった．

8月10日にもまた，グローヴズはマーシャル将軍へ次の爆弾の配送計画を伝えた（図8.16）：

> 爆縮型の次回爆弾は1945年8月24日後の最初の良好天候日に目標地点へ配送する準備が整うスケジュールとなっている．製造で4日間短縮し，最終部品が8月12日か13日にニューメキシコから出荷すると期待している．製造中，劇場への配送また劇場に到着した後での不慮の困難さは無く，爆弾は8月17日または18日後の最初の望ましい天気で配送の準備を整わせるべきです．

しかし，大統領がこれ以上の原子爆弾投下を停止する命令で，最高司令官としての特権を行使してしまった．トルーマンの前の副大統領で商務長官であったヘンリー・ウォーレス (Henry Wallace) がその日の午後について日記に記録した，

> 通常2:05より遅れずに大統領顧問委員会に来る大統領が，2:25頃に現れ，遅れてすまなかったと言ったが，大統領とジェミー [バーンズ] は日本提案への回答のために忙しかったのだ… トルーマンが原子爆弾投下の停止命令をしたと言った．さらに100,000人を殺害することはあまりにも恐ろしすぎる．大統領は“子供達の全てが”と言って皆殺しのアイデアを嫌ったのだ．

日本提案に対する連合国回答は，8月12日の早朝に東京のラジオ傍受で接受され始めた．日本の役人達は昼間から宵までディベートで明け暮れた．起死回生をほのめかすも，戦争継続賛成派は阻止さた．14日朝，天皇自ら午前10:30（ワシントン時間13日午後9:30）に皇室会議（御前会議）を招集した．集まった大臣達に天皇の平和を望む意思を再度明確にし，裕仁は帝国詔勅 (Imperial Rescript)（公式声明）を準備するようにと指揮した，それを天皇は国民全国ラジオ放送用にレコードにした；多数の日本国民にとって天皇の肉声を聴く初めての事となる．その夕刻，天皇の状況に関する提案された危惧を受け入れるとの公式声明が草稿された．しかし国立日本ニュース機関はポツダム条件を受諾する天皇の声明が間も無く出されることを示すメッセージを既に放送してしまっていた．午後11:48（ワシントン時間14日午前10:48），外務省がスイスとスエーデンへ妥当な暗号メッセージを送り始めた．

だらだらと続く交渉で，日本人には更なる動機が必要であるとアーノルド将軍が感じ，そして最後のパンチを食わせることに決めた：449機のB-29で14日に昼間爆撃を行った．襲撃が夜間まで続けられ，この戦争での最後の爆弾は日本時間15日の午前3:39に土崎の町に落とされた（ワシントン時間14日午後2:39）．正式な降伏ノートが国務省で，3時間半後の午後6:10に受理された．トルーマン大統領はこの降伏を午後7:00に大統領執務室内のレポーター達に伝え，それからホワイトハウス柱廊玄関から公然とアナウンスした．東京では，裕仁天皇陛下

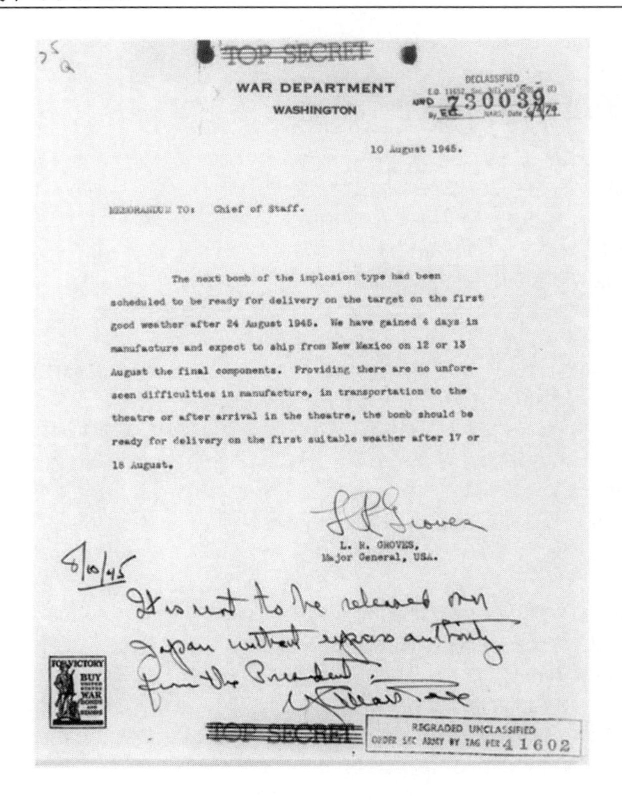

TOP SECRET

WAR DEPARTMENT
WASHINGTON

DECLASSIFIED
NND 730039

10 August 1945.

MEMORANDUM TO: Chief of Staff.

The next bomb of the implosion type had been scheduled to be ready for delivery on the target on the first good weather after 24 August 1945. We have gained 4 days in manufacture and expect to ship from New Mexico on 12 or 13 August the final components. Providing there are no unforeseen difficulties in manufacture, in transportation to the theatre or after arrival in the theatre, the bomb should be ready for delivery on the first suitable weather after 17 or 18 August.

L. R. GROVES,
Major General, USA.

8/10/45
It is not to be released on Japan without express authority from the President.

TOP SECRET

REGRADED UNCLASSIFIED
ORDER SEC ARMY BY TAG PER 41602

図 8.16 グローヴズ将軍からジョージ・C・マーシャル陸軍参謀総長宛への手紙，1945 年 8 月 10 日．下部の手書き注記はマーシャルのもので，以下のように読める；“8/10/45 大統領の是認無しに，日本は放免されない”． 出典：M1109 (3), 0653-0654

の声明が 15 日正午に放送された，トルーマン声明の丁度 4 時間後だ．裕仁の公式声明には “降伏” の言葉が含まれて無かった，“耐え難きを忍び，我が政府に … 帝国が合同宣言の政令を受諾しているとコミュニケートするように命じた． … 我が 1 億の人民達よ，戦況は必ずしも日本に有利に展開して無い，この間の世界の趨勢は全て反対勢力へと変わってしまった．さらに敵は新型で最も残忍な爆弾を採択し始めた” との文言に替えて引用したのだった．正式降伏文書は 9 月 2 日東京湾の戦艦ミズリー (*USS Missouri*) の甲板上で署名された..

8.6　原子爆弾の効果

爆弾配送と降伏勧告とともに，レズリー・グローヴズは次のタスクへと移行させた：彼の創造物評価である．8月11日，彼は日本現地での調査実施部隊を編成し始めるようにとニコルス大佐に命じた；ファレル将軍が太平洋方面の組織の責任者となっていたのだが．マンハッタン計画原子爆弾調査グループは結果的に3チームが編成された：廣島の1チーム，長崎の1チームと原子爆弾投下地域の日本人の放射能量を調査する1チームであった．ニコルスは手早く27名を集めて1グループとした，そこにはロスアラモスの物理学者達，ロバート・サーバー，フィリップ・モリソン，ウイリアム・ペニーが含まれた．

調査結果は“廣島と長崎の原子爆弾”の題名のマンハッタン工兵管区 (**MED**) 報告書として1946年6月に出版された．そのグループは1次調査を廣島で9月8日と9日に，長崎で9月13日と14日に行った；占領軍が過剰残留放射線で被曝されないことを保証するものであった．マンハッタン・チームは総計長崎で16日間，廣島で4日間滞在した．同時期に，合衆国戦略爆撃調査 (**USSBS**) もまた日本人モラルへの影響調査を特に強調した，その爆弾投下の調査を独自に行った．MED報告書とUSSBS報告書から爆弾のパワーを調べた統計を選択してみよう．“ポイントX”はグランド・ゼロで，爆弾がさく裂した点の直下地面上の点である：

廣島では：

- 原爆投下前の推定人口255,000の内，死者66,000人，負傷者69,000人と推定される；日本の調査で死者71,000人，負傷者68,000であると示された．死者の60%が火傷により，30%は落下したデブリ (debris) による．
- 攻撃前には市内に200人を超える医師のうち，90%を超える者が犠牲となった，たった30人のみが原爆投下の1ヵ月後にも通常の医療業務を行うことが出来た．
- 看護婦1,780人中，1,654人が殺されるか負傷した．
- 45の民間病院中，僅か3院が原爆投下後も使用出来た．
- ビルディング90,000棟の内60,000棟が破壊または重篤な被害を受けた．
- 水道管70,000本が破壊された．
- 半径約600フィートで，最大半径約11,000フィートの区域が重篤な火災損壊を被った．
- 約50棟の大量の鉄筋コンクリート製ビルディング，その殆どが地震に対して健全であるように設計されたもの，を除き，ポイントXから約1マイルの処まで殆ど全てが破壊された．ポイントXから4,400フィートまでの多層階レンガ製ビルディングが完全に破壊された．鉄骨構造ビルディングは4,200フィートまで破壊され，重篤な構造的損壊は5,700フィートまで被った．両市内の軽量コンクリート建屋は4,700フィートまでつぶされてしまった．
- 火炎嵐がポイントXの周囲約4.4平方マイルを焼けつくした．
- 火傷を被った人々は7,500フィートに及ぶ．
- 4,000フィートまで屋根瓦が熔けてしまった．
- 両市内で，路面電車の破壊は5,500フィートまで及び，10,500フィートのところまで損壊を受けた.

- 乾燥可燃物の即時発火が 6,400 フィートまで観察された.
- 全ての家屋の重篤損壊は 6,500 フィートに達した；殆どの損壊は 8,000 フィート.
- 電柱の即時焦げは 9,500 フィートであった.
- 両市とも 1 次熱放射によって火災が開始されたのは約 15,000 フィート.

長崎では：

- 原爆投下前の推定人 1959,000 の内，死者 39,000 人，負傷者 25,000 人と推定される.
- 死者の 95% が焼かれたことによる.
- ビルディングと家屋 50,000 棟の内約 50,000 棟が破壊された．破壊区域の総計は約 3 平方マイル.
- ポイント X からほぼ 0.5 マイル以内の重構造物を含むほぼ全てが破壊された.
- ポイント X から 1,500 フィートで，高品質鋼鉄製ビルディングは倒壊しなかったが多大な変形を被り全てのパネルと屋根が吹き飛ばされた．2,000 フィートで，10 インチの壁を有する鉄筋コンクリート製ビルディングが倒壊した；4 インチの壁を有するビルディングは重篤な損壊を受けた．3,500 フィートに在った 18 インチ壁を有する教会ビルディングは完全に破壊された．多層階レンガ製ビルディングは 5,300 フィートまで破壊され，6,500 フィートまで重篤な構造的損壊を被った．鉄骨構造ビルディングは 4,800 フィートまで破壊され，6,000 フィートまで重篤な構造的損壊を被った．ビルディング損壊の極限は 23,000 フィートだった.
- 厚さ 12 インチのレンガ壁には 5,000 フィート離れても重大な割れが生じた.
- 屋根瓦は 6,500 フィートの処まで熔けた.
- 人への重篤な火傷は殆どが約 14,000 フィートまで見られた.
- 乾燥可燃物の即時発火が 10,000 フィートまで観察された.
- 住居 52,000 戸の約 27% が完全破壊，さらに 10% が半焼または破壊．住居全て重篤損壊は 8,000 フィート；殆どで 10,500 フィート.
- 丘斜面を 8,000 フィートまで焦がした.
- 葉っぱの黄変は約 1.5 マイルに達した.
- 電柱の即時焦げは 11,000 フィートであった.
- ポイント X の南側 10,000 フィートまで重大な火災損壊を被り，川によって止まった.

長崎では，ポイント X の 1,000 フィート（305 m）範囲内で死亡率は 93% と推定され，5,000 フィートで 49% へと低下する．断然，爆風と火傷の効果が死亡と傷害の最大の原因だった．マンハッタン計画の医療ディレクター，スタッフォード・ウォレン博士は，放射線が原因の死は 15-20% の高さまで推定されたのにもかかわらず，死者の 7% 程が主に放射線被曝の結果と推定した．放射線効果は，血球数低下，毛髪喪失，皮膚からの出血，口と喉の炎症，嘔吐，下痢，悪寒が含まれていた．放射線被曝から死までが，被曝後約 1 週間で始まる，ピークは約 3-4 週間に現れ，7-8 週間までに止む．生き残れたが市内に爆発後 6 週間継続して留まった人は 6-25 レムの線量（廣島）または 30-110 レム（長崎）を被曝したと推定出来る，後者は限られた地域から引用された値である（種々のレム単位での線量で起こる被害のレビューは 7.13 節で纏めた）．グランド・ゼロから 3,000 フィート以内に居たことがわかっていた廣島の様々な段階の妊娠中の女性達は全員が流産し，6,500 フィートまでで幾らかの流産と幼児誕生後短期に死亡した早産が記録されたと **USSBS** 報告書が述べている．原爆投下の 2 ヵ月後，流産，妊娠中絶，早産の総インシデンスが，通常 6% の比率に反し 27% まで上昇した．

USSBS 報告書は原爆投下と 3 月 9/10 日の東京上空の焼夷弾攻撃との比較を提供した：

市が完全な再建を要求したのだが，廣島の人口は，1945 年 11 月 1 日まで 137,000 に戻ったと，USSBS が推定した．長崎の人口は 143,000 へ戻った．

多数の方法を使って調査チームは，爆発力，爆弾の爆発高度のようなパラメータを決定した．ビルディングに残されたコンクリートは破壊応力の試験に供された．ウイリアム・ペニーは様々な距離の多かれ少なかれ圧壊したガス缶を拾い集めた．それを英国に持ち帰り，彼は似たような缶を用いて圧壊するに必要な圧力のモックアップ試験を行った．グランド・ゼロから丁度 1 マイルに在った廣島郵便局のビルディングで，ロバート・サーバーは爆発に面した部屋で大きな窓の窓ガラスが吹き飛ばされ，窓枠だけが健全に残り，隣の壁に窓の影を投影していることを発見し，爆発が高度 1,900 フィートであったことを決定した，そしてその影の半影を計測して火の玉がいか程に大きなものかを決めるアイデアを得ることが出来た．さらにユーモラスな行動が，ウイリアム・ペニーが長崎で通常で無い出来事を見た時だった：障子の半分が破け，半分が健全であった．その家に居た婦人に “原子爆弾ですか?” と質問した時に，彼女は “違います，子供です” (No. Small boy) と答えた[*13]．1970 年，ペニーと同僚達が爆発収率の測定結果を廣島が 11-13 キロトン，長崎が 20-24 キロトンと決定した大規模論文を発行した．

廣島および長崎の人々によって死傷者達のぞっとするような話が発行されている．このような話は物理学の教科書として除くべきものと思われるが，少しも含ませないのは不条理に見える．精神科医で作家のロバート・ジェイ・リフトン (Robert Jay Lifton) は彼の著書：「生の中の死：廣島の生存者達」(*Death in Life: Survivors of Hiroshima*) で 1960 年代に廣島の多数の生存者達をインタビューしている．僅かな抜粋を示そう：

重い火傷を負った雑貨屋：

> 人々の風態は ··· 皮膚は焼けて黒くなり ··· 毛髪は焼けてしまって無く，一見しただけでは前か後か見分けられなかった ···．彼らは腕を前のほうに曲げ ··· その皮膚——手の皮膚だけでなく顔や体の皮膚も垂れ下がっていた．··· もしもそういう人が 1 人や 2 人だけだったなら ··· 恐らくこれ程強い印象は受けなかったかもしれない．しかし私が歩いたいたるところでこういう人々に出会った ··· その多くは道端で死んだ——私は今でも思い浮かべることが出来る ···．

グランド・ゼロから 100 m に居た 25 歳の社会学者：

> 私の見たものは全て脳裏に刻み込まれている——近くの公園は荼毘に付されるのを待

[*13] 訳註：　ある日，破壊程度が同じ距離を発見することにした．完全な実例と見なし得るような物を発見するまで，彼はジープに乗り，1 人の通訳と数マイル郊外へドライブした．それは半分が破け，半分は健全な障子紙だった．通訳はその家の婦人をつかまえ，ちょっとした会話を行った．ビルが指さして：“原子爆弾?”，婦人，“違います．子供 (Small boy) です”．作り話のように聞こえるが，本当の出来ごとだ [p. 144]．(R. Serber, *Peace and War*：今野廣一訳，「平和，戦争と平和」，丸善プラネット (2016) より)；広島型ウラン原子爆弾は “リトルボーイ” と呼ばれていた．

つ死体で覆われていた… 取り分け心に残ったのは何人かの少女達で，とても若い少女達だったが，衣服が引きちぎられているだけでなく，皮膚も衣服と同じようにはがれていた… ここは地獄に違いないと思った… そしてその時に思ったのは，これは私がいつも読んで知っている地獄のようなものだということだった．

家の下敷きになった母親を救い出そうとした13歳の少女：

火が私達を囲んできたので急がなければいけないと私は思いました… 私は煙に巻かれて窒息しそうになりこのまま留まるなら2人とも死んでしまうと思いました．もしも私が広い通りに達することが出来たなら助けてくれる人を見つけ出せると思い，私は母をそこに残して立ち去りました．… 私は後で家の近所の人から，母は顔を水桶に突っ込んで死んでいたと聞かされました… その水槽は私が母を残して去った場所のすぐ近くでした… もし私がもう少し大きく力があったら，母を救えたでしょう… 今でもなお私には，助けを呼ぶ母の声が聞こえるのです．

両親を探す17歳の少女：

私は歩いて廣島駅を通り過ぎました… そして，はらわたや脳みそが飛び出している人達を見ました．… 乳幼児を腕にかかえている老婦人を見ました．… その恐ろしさは言葉では言い表せません．

放射線宿酔を患った火葬専門職員

私は3日間正常でした… しかしその後，悪寒と下血の症状が始まりました… 数日後，吐血もしました．… 私の腕には非常に重度の火傷が有りました，そして私が水の中へ手を入れると，煙のような奇妙で青っぽい何かが出てきました．その後，体が膨れ上がり，体の外表面を虫が這いまわっていました．

1946年にトルーマン大統領が連邦科学アカデミーに廣島と長崎の生存者達の放射線の影響を調査するようにと命じた．その結果, 原爆傷害調査委員会 (Atomic Bomb Casualty Commission: ABCC) が1975年まで機能し，日本と米国政府によって折半出資を受けて共同運営される非営利の日本財団である放射線影響研究所 (Radiation Effects Reserch Foundation) に改組された．委員会の最も著しい研究は，イオン化放射線効果の長期にわたる遺伝学研究とイオン化放射線の妊婦とその子供への影響であった．遺伝学ダメージの広範な証拠は発見されなかった，しかしながら子宮内で放射線を浴びた胎児に小頭症と知恵遅れが見つかった幾つかの事例がある．

日本の降伏決定において原爆の効果とは何んなのか? **USSBS** 報告書はこの事象について詳細な考察を行い，混合する結論を導き出した．公衆のモラルが失われるのは，検閲制度の結果とマス・コミュニケーションの不足から廣島と長崎の約40マイル以内のみに相当な効果があったことだけが確かだ．一方，政治指導者達の考えに原爆効果が一層大きい影響を及ぼした，と報告書が結論付けていた（抜粋）：

しかしながら，降伏に必須の平和を成し遂げる指導者らの確信を原子爆弾が導いたとは言えない．日本人のモラルの低下が部分的に影響を及ぼし，少なくとも早期の最高戦時方針会議の6月26日付け会合で天皇陛下臨席の上で降伏の決定が採択されたものである… 原子爆弾投下は，政府部内のこれらの政治策動をかなりスピードアップさせた．… もしも政府議会内でそれら原子爆弾の性質を適切に判断するなら，本国防衛が不可能な兵器として，その爆弾は有益で無いと結論を下すだろう．しかしながら，軍の指導者達に“顔を向け”ようとして，その兵器を所有せずにそれを所有している敵に立ち向かうことは出来ないと政府が言うことは許される．… しかしながら，廣島と長崎への原爆投下が平和推進グループに反対する意向を弱めたことは殆ど疑いが無いと思われる．… 原子爆弾で，ポツダム条項を受諾するとの政府部内の現存デッドロックを打ち破り，日本が求めていた機会を見つけ出したことは明らかだ．

8.7　戦争の余波

合衆国内では，原爆投下に続きメディア関係者と公衆によるマンハッタン計画情報提供の要求が噴出した．愕きもせずにグローヴズはこの事を予期していた，そして猛烈な勢いで下準備をし続けていたのだ．1944 年初め，原子爆弾の成功裡な使用を公表する準備のためにマンハッタン計画の幾つかの報告が必要であることをグローヴズはジェイムズ・コナントと話し合った，そしてこの年の 4 月に彼はプリンストン大学のヘンリー・スマイス (Henry Smyth) に報告書を用意する業務を引き受けるように依頼した．この報告書の目的は，情報の公衆要求を満足させるだけでなく，マンハッタン計画に雇用された者達が公開する計画の情報が何であるかを明瞭に示すことでもあった．グローヴズは，マンハッタン計画の全ての部分から情報を集めることが出来るようにするため彼の異常な隔離化規則からスマイスを免除した，そしてリチャード・トールマンが報告書をレビューして機密規則を破っていないことを確認するために指名された．スマイスは 1945 年 7 月 28 日に報告書を完成させた．廣島原爆投下前に，グローヴズは国防省の最高機密複写施設を使用し 100 部を印刷してしまった．ロシアの助けになるに違いないとの恐れを若干抱いたにもかかわらず，スチムソンはその報告書を 8 月 2 日に公開するようにと命じた，そしてトルーマン大統領は彼自身の許可を 9 日に得た．この報告書は 8 月 11 日午後 9:00 のラジオ放送を使用して公開され，8 月 12 日の日曜日の新聞朝刊紙でも公開された．スマイス報告書の正式な題名は「軍事目的のための原子力：合衆国政府援助下での原子爆弾開発の公式報告書，1940 年-1945 年」(*Atomic Energy for Military Purposes: The Official Report on the Development of the Atomic Bomb under the Auspices of the United States Goverment, 1940-1945*) である．オリジナルの一般用版はプリンストン大学出版より発行された；現在はオンラインで入手出来き，スマイス報告書 (**Smyth Report**) として知られている．この報告書は核兵器の実際の製造に関する如何なる情報も示していないのだが，公開したという事こそが，マンハッタン計画が遂行されたとの秘密を与えた驚くべき事柄だった．物理学の背景を詳細に取り扱った章の後に，読者は臨界寸法とタンパーの使用の普遍的アイデア，如何にして同位体分離とプルトニウム製造するか，集合体対標的/射出の配置の情報が伝えられる．爆縮は述べられて無い．スマイスの報告書は広範な読者の購入を意図するものでは無かった，むしろ緒論で，“一般の科学者，技術者，その他の物理学と化学とに充分な基礎を持った大学卒業生に理解できるように”と述べていた．爆弾開発で生じた政治及び社会問題を言及した総括の章中で，公衆の教育が依然として熟考する価値を有するとアピールしている：

我が国のような自由の国では，このような問題は国民が議論すべきで，その決定は国民が自らの代議士を通じてなされなければならない．これが本報告書を公表する 1 つの

> 理由である．この報告書は半ば専門的な報告書であるが，この国の科学者はこれを利用して，同胞市民が賢明な決定に導かれるように助けてほしいのである．この国の国民が，責任を賢明に遂行するためには，国民はまず知らされることが必要である．

グローヴズの秘密妄想を受けてのそのような広範な報告書の公開は柄にないことをしたように見える．彼自身のファイルに後から書いたメモの説明でグローヴズ自身の心境は驚くほどにリベラルだった：

> 機密維持は常に戦争の終わりで負け戦となるものだ．··· 今後 10 年または 20 年後の科学の進歩を精確に予測することは何人も出来ない，しかしそれらの殆どが全ての情報にアクセスし，自由な雰囲気の中の気楽で指図の無い若者の頭から現れ出ると推定することは出来る．··· 新兵器で戦争に勝ったアメリカの容量は ··· 通常の科学的，技術的そして我が国の産業の強さに依存するものであり，民間研究所または政府の研究所の秘密研究に依るものでは無い．··· それ故に，我々は既に達成した秘密をもっぱら維持するよりむしろ継続的な科学的発展に信頼を置くべきである．

廣島，長崎に続く数日で，合衆国内のパブリック・オピィニオンは原爆投下に大多数が賛成だった．1945 年 8 月 10 日と 15 日のギャラップ世論調査で回答者の 85% が原爆使用に賛成，10% が反対，5% が無意見だった．1990 年に行ったこの問題に対する次のギャラップ世論調査で（1946 年から 1989 年の間，明らかに調査されなかった——冷戦時代），53% が賛成，41% が賛成しなかった；2005 年ではその数値は 57% と 38% だった．2005 年の調査で回答者の 80% が原爆投下は米国人の生命を救い戦争を短くしたと感じていたが，不思議にも，原爆投下は戦争継続で失われる人命に比べて日本人の生命を結局**より以上**に犠牲にしたと 47% の人が感じていた．

直接的な戦争が遠のき，原爆の含意が一層深く認識され始め原爆使用の必然性について後知恵での批判が生まれた．この変化の有意な因子が，ジャーナリストのジョン・ハーシー (John Hersey) 署名の 1946 年 8 月のニューヨーカー誌，**ヒロシマ** (*Hiroshima*) という題の記事だった；これは直ちにベストセラーの本となった．直接，控えめな態度で，ハッセイが原爆投下された市からの 6 名の生存者達の物語を伝えた．多くの米国人にとって，この記事が核兵器の人類の犠牲を暴露した最初であった．

合衆国は非人道的兵器を冷酷にも配置してしまったことに関し，マンハッタン計画に没頭した個々人は，間も無く彼ら自身側からの物語を語り始めた．1946 年 12 月，アトランティック・マンスイリー誌上で，“地上での原子爆弾使用を現在非難する事後戦略家中の賢い考えは，その使用が非人道的であるからか，または日本は既に打ち伸ばされていたが故に必要でなかったからなのか” と，カール・コンプトンが 3 頁の反駁を目的とした記事を載せた．幾つかを抜粋：

> 事が終わった後で，日本は既に打ち負かされた国だと，そしてそれ故に原子爆弾を非人道的方法で絶望的な数千もの日本人を殺すために用いることの正当性は何なのかを振り返って言うのは簡単だ；さらに，もしも必要ならば，今後も秘密兵器として我々自身でそれを保持することは望ましい事では無いのか? この非難がしばしば押し寄せてくる，しかし私には全くの誤りと思える．··· 原子爆弾の使用で数 10 万人——多分数 100 万人——の生命を米国人と日本人の双方で救われたと完璧な確信をもって信じている；スチムソン国務長官と参謀総長が行ったように，素晴らしい合意の知恵は皆無なのだ，多

分将来，原子爆弾が役目を終えることは違う意思決定で行われることが出来るに違いない．

原爆が日本降伏を早めたとのコンプトンが提供した論拠は：

(1) 日本の公式サークル内で一層情報に通じ知性を有する幾人かが，負け戦を戦っていることに気付いた ··· この人々はしかしながら軍部支配の事態を吹き飛ばす程に充分な力は無かった ···(2) 原子爆弾が，平和を希求している者達の立場を良くする新たな劇的要因をその要素につぎ込んだ ···(3) 第2番目の原爆が投下された時，これが孤立した兵器で無く，これに続くものが在ることが明瞭となった．これら恐ろしい爆弾が殺到しそれらを防ぐ可能性は皆無との忌まわしい見通しと伴に，降伏の論拠が説得力を持つようになったのだ．

断然，最も影響を与えた記事の1つが1947年2月のハーパー・マガジン (*Harper's Magazine*) 誌へのヘンリー・スチムソン署名の記事である，実際にはスチムソンと他の多数によって書かれたものであったのだが．4月25日のトルーマンとグローヴズとの会合，暫定委員会と科学パネルの作業，1945年夏における日本軍のレベル推定，彼の7月2日の"日本への提案プログラム"およびコンプトン同様，米国人の多くが知らされないでいた降伏プロセスの詳細の内容をスチムソンが明らかにした．そして彼は幾つかの感想を提供した（抜粋）：

しかし原子爆弾は，恐ろしい破壊兵器を超えたものだ；それは士気に影響を与える兵器だった． ··· 原爆は，我々が意図する目的通り正確に用いられた．平和希求派が降伏の道を採択出来た，そして天皇の威信の全てを平和賛成へと傾くのを後押ししたのだ． ··· 他のコースを採るかまたは他のアドバイスを最高責任者に与える，私のような責任を負った人物を私は見たことが無い． ··· 最高責任者の目標は，私が招集を援助した兵士達の生命を可能な限り最小のコストで，戦争を勝利で終えることだ．この二者択一が公平に見て，我々をオープンにしてくれた，この目的を達成し，生存者を救う可能性を有する兵器を手中にしていてその使用に失敗し，そして後世から田舎者とまともに見られたしまう，我々のような地位と責任を有したものは皆無であったと私は信じている．

米国が天皇の将来の地位を明確に示していたなら6月の可成り早い時期に降伏が可能となっていたに違いないと多数の米国政府役人達が感じていたことで，スチムソンは小さくない非難を受けた．終戦直後に出されたグローヴズ将軍の意見は愕くべきことでは無かった：

それを造り使用することについて良心の呵責を覚えたことは無い．それは多分数千人の命を救う責任を果たしたのだ． ··· 私が知る公的な視点から，その成功は我々に大きな優位をもたらし，個人的な点でも私自身の息子を救うことが出来たのだ．

グローヴの伝記作家，ロバート・ノリス (Robert Norris) は：

原爆は終戦のために必要では無かった，しかしそれが使用された時，決定的な終末となった．原爆を準備するのに長き期間を要した，歴史は明らかに異なる様相を見せた． ··· 我々が知り得ることはグローヴズが1945年7月まで原子爆弾の製造を続けたことである；日本に投下されたその2つはある種の意図と効果で日本統治サークル内の動きを高めたのだ；そして戦争は8月14日に終結した．その残り全ては憶測でしかない．

政策と道徳性の問いは物理学法則の外側に横たわるものだ；それらは読者が自分自身で熟考するために残されている．しかしながら，この線に沿った最後の考えとして，ロバート・オッペンハイマーの言葉を引用するのは多分適切であろう．オッペンハイマーがロスアラモス所長を辞任した 1945 年 10 月 16 日に，その時にグローヴズ将軍は陸軍長官の感謝状 (Certificate of Appreciation) を持参して出席していた．その時のオッペンハイマーの所見：

> 何年か先に，ロスアラモス研究所の仕事にかかわった全ての人が，達成した仕事を誇りを持って振り返ることが出来る日が来るように望んでいます．
> 今日のところ，その誇りは深い懸念によって加減しなければなりません．原子爆弾が交戦中の国々の，あるいは戦争に備えている国の新しい兵器として加えられることになれば，ロスアラモスと廣島の名前を人類が呪う日が必ずやって来ます．
> 世界中の人々が団結しなければなりません，さもなければ人類は滅亡します．地球上の多くのものを破壊した今回の戦争に，この言葉を書き残しました．他の時代に，戦争や武器について似た言葉を残した人たちもおりました．その言葉は受け入られませんでした．こんな言葉は今日通用しないと，間違った歴史感覚に導かれて言い張る人達が今でもいます．私達はそんな主張を認めません．法律や人間性全体に共通な危機が及ぶ前に，我々は仕事を通じて団結した世界をつくることを誓います．

練習問題

8.1 フランク報告書（8.4 節）で核分裂性物質 20 kg を含む 6% 効率で爆発する原子爆弾は TNT の 20,000 トンと等価な効力を持つと推定した．ウラン 1 kg の核分裂での放出エネルギーを第 3 章に戻って見よ．報告書で描かれたことは基本的に整合しているか?

さらに読む人のために：単行本，論文および報告書

K. Bird, M.J. Sherwin, *American Prometheus: The Triumph and Tragedy of J. Robert Oppenheimer* (Knopf, New York, 2005)：河邊俊彦訳，「オッペンハイマー：「原爆の父」と呼ばれた男の栄光と悲劇　上/下」，PHP 研究所，東京，2007/2007

J.M. Blum (ed.), *The Price of Vision: The Diary of Henry A. Wallace, 1942-1946* (Houghton Mifflin, Boston, 1973)

R.H. Cambell, *The Silverplate Bombers* (McFarland & Co., Jefferson, 2005)

A. Christman, *Target Hiroshima: Deak Parsons and the Creation of the Atomic Bomb* (Naval Institute Press, Annapolis, 1998)

S. Cohen, *The Truth About the Neutron Bomb: The Inventor of the Bomb Speaks Out* (William Morrow, New York, 1983)

A.H. Compton, *Atomic Quest* (Oxford University Press, New York, 1956)：仲晃　他訳，「原子の探求」，法政大学出版局，東京，1959

K.T. Compton, If the Atomic Bomb Had Not been Used. Atlantic Mon. **178** (6), 54-56 (1946)

J. Coster-Mullen, *Atom Bombs: The Top Secret Inside Story of Little Boy and Fat Man* (Coster-Mullen, Waukesha, 2010)

R.H. Ferrell, *Harry S. Truman and the Bomb.* (High Plains Publishing Co., Worland, 1996)

L.R. Groves, *Now It Can be Told: The Story of the Manhattan Project* (Da Capo Press, New York, 1983)

P. Guinnessy, Components of 'Little Boy' sold at auction. Phys. Today **55** (8), 23 (2002)

D. Hawkins, *Manhattan District History. Project Y: The Los Alamos Project.* Volume I: Inspection until August 1945. Los Alamos, NM: Los Alamos Scientific Laboratory (1947). Los Alamos publication LAMS-2532, available on line at http://library.lanl.gov/cgi-bin/getfile?LAMOS-2532.htm

J. Hersey, *Hiroshima* (Vintage, New York, 1946, renewed 1973)：石川欣一，谷本満，明田川融訳，「ヒロシマ　<増補版>」，法政大学出版局，東京，1949, 増補版 2003，新装版 2014

R.G. Hewlett, O.E. Anderson, Jr., *A History of the United States Atomic Energy Commision, Vol 1: The New World, 1939/1946.* Pennsylvania State University Press, University Park, PA: (1962)

L. Hoddeson, P.W. Henriksen, R.A. Mead, C. Westfall, *Critical Assembly: A Technical History of Los Alamos During the Oppenheimer Years* (Cambridge University Press, Cambridge, 1993)

M. Hull, A. Bianco, *Rider of the Pale Horse: A Memoir of Los Alamos and Beyond* (University of New Mexico Press, Albuquerque, 2005)

V.C. Jones, *United States Army in World II: Special Studies——Manhattan: The Army and the Atomic Bomb* (Center of Military History, United States Army, Washington, 1985)

C.C. Kelly (ed.), *The Mahattan Project: The Birth of the Atomic Bomb in the World of Its Creators, Eyewitness, and Hisororians* (Black Dog & Leventhal Press, New York, 2007)

W. Lanouette, B. Silard, *Genius in the Shadows: A Biography of Leo Szilard, the Man Behind the Bomb* (University of ChicagoPress, Chicago, 1994)

R.J. Lifton, *Death in Life: Survivors of Hiroshima* (Vintage, New York, 1969)

J. Malik, The Yield of the Hiroshima and Nagasaki Explosion. Los Alamos report 8819 (1985) http://library.lanl.gov/cgi-bin/getfile?00313791.pdf

S.L. Malloy, *Atomic Tragedy: Henry L. Stimson and the Decision to Use the Bomb Against Japan* (Cornell University Press, Ithaca, 2008)

Manhattan Engineer District, The Atomic Bombings of Hiroshima and Nagasaki. (1946) http://www.atomicarchive.com/Docs/MED/index.shtml

D. McCullough, *Truman* (Simon and Schuster, New York, 1992)

M. McDonald, Survivor of 2 Atomic Bombs Dies at 93. New York Times, 6 Jan 2010

R.S. Norris, *Racing for the Bomb: General Leslie R. Groves, the Manhattan Project's Indispensable Man.* Steerforth Press, South Royalton, VT (2002)

B.J. O'Keefe, *Nuclear Hostages* (Houghton Mifflin, Boston, 1983)

A. Pais, R.P. Crease, *J. Robert Oppenheimer: A Life* (Oxford University Press, Oxford, 2006)

R. Peierls, *Bird of Passage: Recollections of a Physicist* (Princeton University Press, Princeton, 1985)

W.G. Penney, D.E.J. Samuels, G.C. Seorgie, The Nuclear explosive yields at Hiroshima and Nagasaki. Phil. Trans. Roy. Soc. London **A266** (1177), 357-424 (1970)

N. Polmar, *The Enola Gay: The B-29 That Dropped the Atomic Bomb on Hiroshima* (Brassey's, Inc., Dulles, 2004)

M. Price, Roots of Dissent: The Chicago met lab and the origins of the Frank report. Isis **86** (2), 222-244 (1995)

N. Ramsey, History of Project A: http://www.alternatrwars.com/WW2/WW2_Documents/War_Department/MED/History_of_Project_A.htm

R. Rhodes, *The Making of the Atomic Bomb* (Simon and Schuster, New York, 1986)：神沼二真，渋谷泰一訳，「原子爆弾の誕生——科学と国際政治の世界史　上/下」，啓学出版，東京，1993

H. Russ, *Project Alberta: The Preparation of Atomic Bombs for use in World War II* (Exceptional Books, Los Alamos, 1984)

R. Serber, R.P. Crease *Peace and War: Reminiscences of a Life on the Frontiers of Science* (Columbia University Press, New York, 1998)：今野廣一訳，「平和，戦争と平和：先端核科学者の回顧録」，丸善プラネット，東京，2016

M.J. Sherwin, *A World Destroyed: Hiroshima and the Origins of the Arms Race* (Vintage, New York, 1975/1987/2003)：加藤幹雄訳，「破滅への道程——原爆と第二次世界大戦」，エイビーエス・ブリタニカ，東京，1978

A.K. Smith, *A Peril and a Hope: the Scientists' Movement in America, 1945-47* (University of Chicago Press, Chicago, 1965)

H.D. Smyth, *Atomic Energy for Military Purposes: The Official Report on the Development of the Atomic Bomb under the Auspices of the United States Goverment, 1940-1945* (Princeton University Press, Princeton, 1945)：杉本朝雄，田島英三，川崎榮一訳，「原子爆弾の完成——スマイス報告」，岩波書店，東京，1951

H. Stimson, The Decision to Use the Atomic Bomb. Harper's Mag. **194** (1161), 97-107 (1947)

M.B. Stoff, J.F. Fanton, R.H. Williams, *The Manhattan Project: A Documentary Introduction to the Atomic Age* (McGraw-Hill, New York, 1991)

C.W. Sweeney, J.A. Antonucci, M.K. Antonucci, *War's End: An Eyewitness Account of America's Last Atomic Mission* (Avon, New York, 1997)

G. Thomas, M. Morgan-Witts, *Enola Gay——Mission to Hiroshima* (White Owl Press, Loughborough, 1995)

United States Strategic Bombing Survey, The Effects of the Atomic Bombings of Hiroshima and Nagasaki. Washington (1946). http://www.trumanlibrary.org/whistlestop/study_collections/bomb/large/documents/pdfs/65.pdf#zoom=100

S. Weintraub, *The Last Great Victory: The End of World War II July/August 1945* (Dutton, New York, 1995)

ウエーブ・サイトおよびウエーブ文書

Atomic Bomb casualty Commission: http://en.wikipedia.org/wiki/Atomic_Bomb_Casualty_Commission; http://www7.nationalacademies.org/archives/ABCC_1945-1982.html

Field orders for 509th Composite Group: http://www.beserfoundation.org/FO13.pdf http://www.beserfoundation.org/Field%20orders%2017.pdf

Frank Report: http://www.atomicarchive.com/Docs/ManhattanProject/FrankReport.shtml

Gallup poll on use of atomic bombs: http://www.gallup.com/poll/17677/majority-supports-use-atomic-bomb-japan-wwii.aspx

Groves' April 23, 1945, memorandum to Stimson: http://www.gwu.edu/%7Ensarchiv/NSAEBB/NSAEBB162/3a.pdf

Hiroshima mission operations order: http://www.lanl.gov/history/admin/files/509th_Composite_Group.JPG

Interim Commitee meetings: http://www.nuclearfiles.org/menu/key-issues/nuclear-wepons/history/pre-cold-war/interim-committee/index.htm

Mount Holyoke Collage site on document relating to Hiroshima: http://www.mtholyoke.edu/acad/intrel/hiroshim.htm

Robert Lewis log: http://en.wikipedia.org/wiki/Robert_A._Lewis

Smyth Report: http://www.atomicarchive.com/Docs/SmythReport/index.shtml

Truman library documents on decision to drop the bomb: http://www.trumanlibrary.org/whistlestop/study_collections/bomb/large/index.php

Website on Twenty-First Bomber Command and bombing on Tokyo: http://en.wikimedia.org/wiki/XXI_Bomber_Command, http://en.wikimedia.org/wiki/Bombing_of_Tokyo

第 9 章

マンハッタン計画のレガシー

廣島と長崎への原爆投下と終戦がマンハッタン計画の公式業務の終焉をもたらした，それと同時に第 8 章で述べた戦後のプランニング論争の全てが前面に躍り出た．本章は戦後の核兵器開発の明瞭では無い調査結果を提供する．この期間について記載した大量の書物が残っている，そしてその困難に陥った論争の多くが今日でも実際に残り続けている．ここでのゴールは，さらに詳細な勉強をしようと興味を持つ読者らに自分自身での方向付けの道標を与えることである．

9.1　原子力委員会と国際管理の宿命

ロスアラモスでは，ノーリス・ブラッドベリーがロバート・オッペンハイマーの後釜として 1945 年 10 月に研究所長を引き継いだ．多くの科学者達が秋学期開始の時期にアカデミック職へ戻るために去った，そして 2 年を超える緊張を強いられた研究後に，休息という実際に初めてのチャンスをスタッフらが持ったことで大きな安息が生まれた．兵器製造と “スーパー” (super) 融合爆弾の幾つかの理論的研究は続いていたが，目的を失った感覚が研究所を覆っていた．ロバート・クリスティ (Robert Christy) がそのことを述べている，“それが究極的に終焉した時，皆が突然作業を止めた．書類を周りに回すことも，何か行う者も皆無となった．··· 基本的に作業が停止したのだ．それが殆どの反応だったと私は思う．··· 明確な時期までに何かを進めようとする精神的エネルギーを持つ者は皆無となった”．しかし，それは長くは無かった，マンハッタン計画の科学者の多くがそれらに対する非常に新しい世界の活動を取り上げ始めるにそう長い時間を要しなかった：それは政治分野だった．

1945 年夏，暫定委員会 (**Interim Committee**) は原子力法案の草稿作成のために陸軍省の法律家，ケニス・ロイヤル (Kenneth Royall) とウイリアム・マーバリィ (William Marbury) の 2 名を指名した (8.4 節)．グローヴズ将軍からの無視できない圧力を受け，彼らは民間人 6 人と陸軍と海軍の各々を代表する 2 人から成る 9 人委員会へ，その委員会は最終的改訂版で連邦議会議長が加わり委員の幾人かまたは全員が軍の将校達になってしまう，の勧告を草稿した．委員達は，軍事応用，産業への使用，研究および医療への応用に関係する 4 つの諮問理事会に支援されることになる.

その暫定委員会権限として許されていたパワーが一掃された：原料，施設，装置の管理；技術情報と特許；核分裂性物質の製造に関する全ての契約；委員会自身の所有施設で研究を行うことまたは他の研究所と契約を結ぶ権限；原子力活動全てに対する指揮，監督および規制化，外部組織によるそれら遂行の権限さえも．そのようなパワーは大学を基礎とした研究と大いに調和出来る，とヴァネーヴァー・ブッシュとジェイムズ・コナントが心配し，委員会が委員会自体の研究として遂行することは委員会の正規責任と両立しないであろうと感じた．取り分け揺さぶられたのは，国家機密に区分された情報の公開に対する，委員会が個々人を10年の刑に投獄するまたは上限10,000ドルの課徴金を科すセキュリティ規定だった；断面積を講義している教授は冗談無しで彼自身が非常に深刻なトラブルに陥っていると分かった．陸軍省は基本的に立場を変えることを好まないのだが，終戦の直後にロイヤル=マーバリィ草案がトルーマン大統領へ送られた．10月3日，大統領は，速決行動が必要と強調し議会で演説した，そしてロイヤル=マーバリィ教書が同日，メイ=ジョンソン法案 (**May-Johnson bill**) として提出された，法案名称は後に提案者の下院議員，Andrew May と上院議員 Edwin Johnson の名称から名付けられた．愕くべきことに，メイは提案する法案のヒアリングにたったの1日しか割り当てられなかったのだ.

この法案の過酷な法的規定が科学者達の行動に拍車をかけた．ロスアラモス，オークリッジ，シカゴで，法律制定に反対するグループが形成された．ロスアラモスにはロスアラモス科学者協議会 (**ALAS**) が結成された．シカゴでは，シカゴ原子科学者が設立され，オークリッジではオークリッジ科学者協議会が生まれた．11月1日，これらグループは米国原子科学者連盟 (Federation of Atomic Scientists) として合体し，12月に米国科学者連盟 (Federation of American Scientists: **FAS**) となって現在まで続く.

アーサー・コンプトンとロバート・オッペンハイマーのメイ=ジョンソン法案支持にも拘わらず，どの様にして法的規定が研究を窒息させ，原子力の国際管理の見込みを妨害するのかとの意識を起こさせることによって，普通の科学者達がその影響を立証してしまった．多くの科学者達は，彼ら自身がプレスと政治家達を新体験へと引き付ける中心に居ることに気付いた．10月18日に軍事下院委員会 (House Military Affairs Committee) での2日目のヒアリングが予定されたのだが，残念なことに多数の科学者を含む多数の傍聴者はあからさまな敵意で扱われた．衝突する法案の提案によってさらに状況は困惑視された，そして議会委員会はその論争を法的に管轄しているとして巧みに事を運んだ．10月遅くまでに，トルーマン大統領の大きな支持がしぼみ，そして実質的に絶えた.

メイ=ジョンソン法案はしくじってしまったのだけれど，コネチカット選出の野心的な若い上院議員，ブレイン・マクマホン (Brien McMahon) が彼自身で制定法案草稿を作り続けていた．10月10日，マクマホンは，原子力と全ての法規およびそれに関する決議を研究する特別委員会を創設させる解決策を導入させた．マクマホンを議長とし11名の構成委員の委員会が10月26日に設立され，ヒアリングが11月27日から12月20日まで行われた．後日，マクマホンが提案した法案が民間人の機関，原子力委員会 (**AEC**) を成立させた.

マクマホン法案 (**McMahon bill**) は軍事管理を非常に少なくし，更なる研究支援と何の情報が自由に交換出来るのか，それに対して何の情報が制限されるのかを明確にすることに重点が置かれた．その委員会権限は，核分裂性物質生産プラントの最高オーナーであるが操業は下請けに出すべきもの；原子力の軍事応用に関する研究と開発を承認すること；組立てた原子爆弾および爆弾部品と解体された爆弾と部品の全ての管理；大統領によって許可された原子爆弾製造の従事，である．再び，大統領の承認に基づくのみにだけ，兵器は軍隊に配置されるとされた．基礎的科学情報は，国防上機密と見なされない“技術情報関連”(related techinical information) として自由に広めることが出来るようになった．その委員会は原子炉を含む，核分裂性物質を用いる施設または装置の運転免許証の発行する権限も有していた．軍法を尊重し，原子力の軍事利用に関する事を原子力委員会へ諮問する軍連絡委員会 (Military Liaision Committee) 設立に改訂し，連絡委員会と原子力委員会間で論争があった場合；大統領を最終決定の裁判所にするとした．技術的事象について諮問するための一般諮問委員会 (**GAC**) もまた設立された；ロバート・オッペンハイマーが最初の議長に就任した．メイ=ジョンソン法規と同様，原子力委員会 (**AEC**) は 4 部門に支援されていた；研究，製造，エンジニアリング，軍事応用の 4 部門である．上院はマクマホン法案を 1946 年 6 月 1 日に承認し，引き続いて 7 月 20 日に下院で承認された．トルーマン大統領が 8 月 1 日に法案に署名，原子力委員会が 1947 年 1 月 1 日に正式に設立した．**AEC** は 1974 年まで存在し，再編成時に 2 つの責任体制に分割された；エネルギー研究開発庁（その後，エネルギー省の一部となった）と原子力規制委員会 (**NRC**) である．AEC を民間人の手に正式に委ねることでのグローヴズの心配に反し，これに続く改良型核兵器の開発が妨害される道は皆無となったように見える．

国内の開発と並行して原子力の国際管理もまた考慮すべき事柄となって来た，この分野への労力は究極的に皆無であったのだが．78 歳の体力を使い尽し健康を害したヘンリー・スチムソンが陸軍長官を辞任するものの，その問題に関する 1945 年 9 月 11 日記載の最後のメモをトルーマン大統領へ渡した．原子爆弾をシェアーする条件としてロシア国家がさらに開かれた社会へとロシア国内を変えるよう要求をしたが，その望みが無いことに憤慨させられていることを認めつつも，ソヴィエトを“むしろ自暴自棄な性格の秘密兵器競争”を止めさせるように信頼を寄せるべきとスチムソンは感じていた．単に関連しているだけでなく，むしろ“原子爆弾の問題”によって全く優位に立つたとして，ロシアと納得のいく関係問題を熟慮し，スチムソンは平凡なアドバイスを提供した：“長い人生で私が学んだ第 1 番のレッスンは，貴方が彼を信頼することで貴方が信頼出来る男を作ることが出来る唯一の方法であるというものです；そして彼を信頼出来ない男にするには彼を裏切りそして貴方の邪推を示すのが最も確かな方法です”．

国際的ディベートの方法で結論が得られる可能性を疑い，スチムソン提案の難問題は，戦争の道具としての原子爆弾使用の制限と管理の手配を開発するために，そして人道主義的目的のための原子力開発を促進するために，アメリカが（英国との討論の後）ソヴィエトへ直接アプローチを行った．取り分け，それは 3 ヵ国全員の同意無しに戦争の道具として決して原爆を使用しないとの英国とロシアとの合意に達したなら，原爆の改良と製造の業務を停止し，アメリカの手中の原爆を没収するとの提案を示唆するものだった．しかしながら，ジェームズ・バーンズ (James Byrnes) 国務長官はロシアとの協力の試みに反対し，そしてトルーマンの大統領顧問委員会はその争点でバラバラとなった．由緒ある官僚的策略家，バーンズは 1946 年 1 月に原子力国際管理のアメリカの政策を定める特別委員会に任命された．国際連合 (United Nations) が国際連合原子力理事会 (UNAEC) を設立させたところで，アメリカは代表に指名さ

図9.1　左 デイビッド・E・リリエンタール (1899-1981)，1947年頃．　右 ウインストン・チャーチル (1874-1965) とバーナード・バーチ (1870-1965), バーチ邸の外側の車中にて，1961年．
出典 http://commons.wikimedia.org/wiki/File:David_E_Lilienthal_c1947.jpg,
http://commons.wikimedia.org/wiki/File:Winston_Churchill_and_Bernard_
Barunchi_talk_in_car_in_front_of_Baruch%27s_home,_14_April_1961.jpg

れ，先導政策の提供が求められることになっていた．

バーンズ委員会は国務副長官のディーン・アチソン (Dean Acheson) を議長に；他のメンバーはブッシュ，コナント，グローヴズと陸軍副長官を最近引退したジョン・J・マックロイ (John J. McCloy) であった．最初の委員会が1月14日に開かれ，原子力に関して勧告する科学専門家パネルを彼らが設立するとの提案をアチソンが突如持ち出した．合体される他のグループに比べてグローヴズ，コナント，ブッシュは既にその争点について良く知っていたことに基づき，グローヴズは抵抗したのだが，可決されてしまった．アチソンは，テネシー渓谷開発公社の会長で長きにわたり政府のアドバイザーをつとめていたデイビッド・リリエンタール (David Liliental) をパネルの長に指名した（図9.1）．

彼のグループを埋めるべく，オッペンハイマー，モンサント化学会社のチャールズ・トーマス（7.7.1節），チェスター・バーナード (Chester Barnard)（ニュージャージー電話の社長）とGE社副社長でオークリッジの電磁気プラントに加わっていたハリー・ワイン (Harry Winne) をリリエンタールが選んだ．そのパネルは1月28日に開かれ，オッペンハイマーの2日間の凄まじい核物理学コースで始まった．必要により他の専門家達のコンサルティングで，彼らは2月中にアチソン委員会用の4巻の報告書草稿を作り上げた．その基本的なアイデアの多くがオッペンハイマーからのものだった．パネル提案の核心は国際原子力開発機関 (international Atomic Development Authority) の設立，その機関は世界中から供給されるウランとトリウムの原料と精製；分離工場の操業とプルトニウムを増殖するパイル；それ自体に繋がる研究；原子炉運転員の免許と検査；発電のために用いられ爆弾のためでは無い“脱天然” (denatured) ウランの分配，を管理することになる．全ての国家が核兵器の所有権を放棄し，提案した機関の約定を破る国々への制裁を注目しつつ，プラントは停止される．

報告書の前書きの文言からしばしば，パネルは彼らの仕事が “最終プランでは無い，建てるべき基礎を始める場所なのだ” と見ていた．草稿が 3 月 7 日にアチソン委員会に説明され，直ちにアチソン=リリエンタール報告書として知れ渡った．殆ど同時に懐疑論が沸き始めた．グローヴズ将軍は，鉱石物質が効率的に管理出来ることに疑いを持ち，その提案は推移段階を明確に述べることで更に明示する必要があると考えた．“脱天然” のアイデアが架空事として非難された：原子炉で使用可能なウランは不法に濃縮されたものから免れたのでは無いのだ．ヴァネバー・ブッシュは，原爆が合衆国を更に大きなソヴィエト連邦の軍隊と相殺する手段の代償なのだと弁護し，ソヴィエト連邦が影響を受けて穏やかで自由になった段階の後でのみアメリカは核兵器を手放すべきであると考えた．会合は科学パネルへ履行段階の章を準備するようにとの要求をもって休会した．翌週が過ぎてからパネルはこれに効力化する章を加えたが詳細さが不足していた．提起された主要アイデアは，合衆国に対して純粋な理論知見と鉱石物質のアセスメントを公開するものの，さらに機微な情報の非公開および物理的施設の移転はその権威が稼働する準備が始まる時まで待たなければならないとの提案であった．この報告書の最終版がバーンズへ 3 月 17 日に渡された．間も無く漏れ（グローヴズが国務省を非難した)，合衆国の公式の政策として解釈されることになった．

トルーマン大統領は UNAEC の代表者を指名しなければならなかった，そしてここで再びバーンズの手が働いたように思える．3 月 16 日，大統領は，ソヴィエトの政治形態に冷淡な保守的で虚栄心の強い人物として知られる裕福な資産家で政府のアドバイザー，バーナード・バーチ (Bernard Baruch) を指名した；彼の技術的バックグランドは皆無だった（図 9.1)．リリエンタールが雑誌にバーチ指名のニュースで “明らかに病気” (quite sick) になったと記録した，そして後日オッペンハイマーは，“私が希望を失ったのはその日だった，しかし私がそのことを公に告げた日では無かった” と語った．

バーチには彼自身のアイデアをアメリカの地位に注ぎ込む裁量を与えられた，そしてアチソン=リリエンタール報告書の大幅改訂作業を始めた．彼の改訂で，権威規定違反が攻撃勢力に対する宣戦布告によって罰せられるべき国際犯罪と見なされた．しかし最も議論の的は，違反の事態で，連合セキュリティ機関 (United Nations Security Council) が攻撃国家（群）の仕打ちへの拒否権が皆無であることだった．バーチは――現在，バーチ・プランとして知られている――彼の提案を，1946 年 6 月 14 日の UNAEC の開始セッションで示した．19 日，ソヴィエト大使のアンドレィ・グロムイコ (Andrei Gromyko) がソヴィエトの回答を説明した．ソヴィエト連邦はその拒否権手続きの如何なる変更も拒否し，そして原子兵器の製造，所有および使用の全面禁止を進めるための国際的権威機関の設立を提案した．効果的に，グロムイコはアメリカに管理または査察システムが設立される前に兵器の在庫を破壊してしまうことを呼びかけた．ディベートが暗礁へ乗り上げてしまった，しかし両サイドとも立場を固執続けた．12 月 31 日，UNAEC の代表者達は投票にかけてバーチ・プランを 10-0 としたが，その結果は無意味であった：ロシアとポーランドが棄権したのだ，そしてプランは実質的な死を迎えた．ロシア人の非妥協的態度を見て，オッペンハイマー自身は 1947 年初めまでに国際管理の如何なる形態に対しても強く反対するように変わってしまった．議論は UNAEC が 1948 年 3 月 17 日に自らの手で中断勧告をするまで無意味に継続した．国際連合本部 (UN General Assembly) と安全保障理事会 (Security Council) とは自律的だが報告しなければならない，現行の国際原子

力機関 (International Atomic Energy Agency: **IAEA**) は 1957 年まで設立されなかった．

1980 年，ノーリス・ブラッドベリーが，バーチ・プランは“通常コンセプトの中の遥か遠くを望む，素晴らしいもの”だったのだが，時代の遥か先を行き，それを喜んで支持する者は居ないとの意見を述べた．しかしながら，はるか遠くを望むプランは，両陣営で偽善的行為が明らかとなってしまった結論を除くのは困難だった．交渉がだらだら続き，ロシア人は彼ら自身の黒鉛原子炉，コード名称 F-1（物理-1）建設で忙しかった．基本的にはハンフォードに建設された燃料スラグ試験用原子炉のコピーである F-1 が 1946 年クリスマスの日の夕刻，出力 10 W での最初の臨界に達した．アメリカでは，戦後間も無くから軍艦船体への原子爆弾の効果を調べる一連の試験計画が進行中であり，その *Crossroad* 実験が太平洋上のビキニ環礁で UNAEC 交渉の最初のフェーズ期間中の 1946 年 7 月 1 日と 25 日に行われた．1946 年夏までに，冷戦 (Cold War) が始まった．

ビキニでは，2 個のファットマンが炸裂した，1 つは空中投下，1 つは水面下に固定された．*Crossroad Able* は米国および日本の艦船の約 500 フィート上空で炸裂した，しかし沈没したのは僅か 5 隻で若干落胆させられた．意図した照準点から水平で 1,800 フィート程離れた地点に落ち，明らかに不正確な弾道学データの結果であった．*Crossroad Baker* は深さ 90 フィートで炸裂し，直径半マイルで華々しく水柱を立ち上げ，直径 1 マイルで空中へ海水を飛び散らし，10 隻沈没，沈没を免れた艦船に後に乗艦した多くの男達が放射線被曝を被った．1996 年政府がスポンサーになり *Crossroad* の退役軍人達の道徳性調査を実験から 46 年後に行った，退役軍人達は非退役軍人の比較参照グループに比べて 4.6% 上回る道徳性を示した．グレン・シーボーグは *Baker* を“世界で最初の核災難”と称した．第 3 番目の提案実験，*Charlie* は幾らかさらに深い処で炸裂したのだが，*Baker* 実験に続いて標的艦の除染が出来ないためにゴシゴシ洗われた．しかしながらこれら実験は当時のアメリカの“核の蓄積”の幾らかつかみどころのない風景を与えている．トルーマン大統領は 1947 年 3 月に，国内には使用可能な原爆が全く無いことを知らされてあきれ返った，その年末には 13 基，1948 年末までに 50 基が揃うのだけれども．

9.2 ジョウ-1，スーパー，P-5

エンリコ・フェルミの **CP-1** 原子炉の最初の臨界とトリニティ実験の間で 938 日が経過した．ロシアの原子炉 F-1 が稼働した正確に 978 日後の 1949 年 8 月 29 日，最初の原子爆弾を炸裂させた，ロシア人達のこの行為は本質的な複写だった．ソヴィエトの RDS-1（西洋ではジョウ-1 (**Joe-1**) として知られている)，この装置はファットマンと瓜二つのプルトニウム爆弾だった；設計はクラウス・フックス (Klaus Fuchs) によって届けられた情報に基づいていた．その実験からの核分裂生成物が，日本，アラスカ，北極上空の気象踏査で飛んでいたエア・サンプリング装置を備えた B-29 爆撃機に採取された；核分裂生成物はまたアラスカ内で集めた雨水で検出された．トルーマン大統領はその実験を 9 月 23 日に報じた．グローヴズ将軍は合衆国にロシアが追いつくのに多分 10-20 年を要するものと推定していた；皮肉にも統制経済は望む目標に労力を集中出来ることを彼は過小評価してしまったのだ．

合衆国とソヴィエト連邦の両方で，注目点もまたさらに強力な核融合爆弾の可能性へと変化した，その爆弾は1942年以来，エドワード・テラーの興味を虜にしてしまったものだ．1949年10月29日と30日に，**AEC**の一般諮問委員会(General Advisory Committee: **GAC**)が合衆国は水素爆弾(hydrogen bombs)開発に総力を挙げるべきか，否かについての討議を行った．そのような兵器を製造する上での技術的困難さを克服出来るのか，もし出来たとしてさえも分裂爆弾威力の1,000倍もの兵器の理にかなった軍事使用が有り得るのか，その全てが明らかとは言えなかった．AECのコミッショナー，リリエンタール宛の報告書の中で，委員会はそのような開発を達成するよう満場一致で勧告すると記された．**GAC**は実質的に2つのグループに分かれた，そのグループの各々がリリエンタール報告書に添付書類を加えた．スーパー爆弾は基本的に皆殺し(genocide)兵器であると認識する多数派グループ，このグループにはオッペンハイマーとジェイムズ・コナントが含まれていた，は下記のコメントを提案した（文節からの抜粋）：

> 我々の兵器集積の中でのそのような兵器の存在は世界の意見をさらに広範囲に広げてしまう影響を与えることでしょう；破壊力が実質的に限界無しのこのタイプの兵器の存在が人類競争の未来を脅威として描き，忍び難いものとなると，世界中に広がる合理的な人々が悟ことになるでしょう．我々の手中にある兵器の心理学的影響が我々の所有権に反対するものと我々は信じています．
> スーパー爆弾は決して製造されるべきでは無いと我々は信じます．世界の意見の現行の風潮が変わるまで，人類がそのような兵器の実行可能性デモンストレーションをしないほうがましであろうと．
> その兵器が完全に開発出来たとしても無意味です，ロシアが10年以内に造ることになるとしても意味が有りません．ロシアがこの兵器の開発を続けるかもしれないとの意見に対して，我々がこの兵器を持ったからといってなんら戦争抑止の手段になるとは言えない，というのが我々の答えです．もし彼らがその兵器を使ったとしても，我々が保有している多くの原子爆弾で報復するほうがスーパーを使用するより効果的でしょう．
> スーパー爆弾の開発を進めるべきでないと決めたなら，戦争全体の限界その結果の恐怖の限度および人類希望の喚起の例を与えられるユニークな機会となると見ております．

I.I.ラビとエンリコ・フェルミが署名した少数意見はそのような開発への反対をさらに強めたものだった（文節からの抜粋）：

> そのような兵器の必要性は軍事目的を遥かに超えており，非常に巨大な自然大災害の範囲に入るものです．それは軍事目的に限定出来ず，実際の兵器がほぼ皆殺し(genocide)を招来することになります．
> そのような兵器使用が，個性と尊厳を兼ね備える人間性を与えている道徳において，どんな場合でも正当化出来ないことは明白です．これは他の国々の人達の考えであることも我々にとって明らかです．その使用が合衆国を世界中の人々に関して不利な道徳地位へ追いやることになります．
> この兵器の破壊力に限界が存在して無いとの事実は，その個体とその製造知識が全体として大いなる人類危機を作り出すということです．それはもちろん何処から見ても悪魔の持ち物であります．

> これらの理由で，そのような兵器開発のプログラムを始めるのは基本的な道徳原理上の間違いであると我々は考え，合衆国大統領がアメリカ国民と世界に向けて話すことが重要であると考えます．同時に，この種の兵器の開発または製造をしないとの厳粛な誓約下で，世界の国々を我々と団結するよう招聘するのは望ましいことです．もしそのような誓約が機械類のコントロール無しで受け入れられたとしてさえ，開発の先の段階で入手可能となる物理学的手段によって検知される他のパワーによる実験を導く可能性が高いように見えます．さらに，“スーパー”の製造または使用に対する適切な“軍事”報復手段として我々は原子爆弾を数多く保有しております．

ソヴィエトのジョウ-1 (**Joe-1**) 実験と 1948/1949 年ベルリン閉鎖で，トルーマン大統領へのアンチ・ソヴィエトの政治圧力が強まった，そして 1950 年 1 月 31 日，大統領が AEC に“所謂水素爆弾またはスーパー爆弾と称されている物を含む原子兵器のあらゆる形体の研究継続”を命じたと発表した．イシドール・ラビはその声明にぞっとさせられた：“如何様にして造るのかを未だ知らなかった時分，その時に，彼が水素爆弾を造ろうとしている世界で警戒態勢を取らせてしまったことは，彼が犯した最悪の事象の 1 つだった”.

核融合爆弾の開発の詳細を述べることは本書の範囲を超える；興味ある読者はこの非常に複雑な歴史の素晴らしき調査として Richard Rhodes の「原爆から水爆へ」(*Dark Sun*) を調べることを勧める．ここで，私はこれら兵器に横たわる物理学についてのみ簡単に述べる．

融合兵器開発の第 1 段階が分裂兵器の**増強** (*boosting*) 概念である．増強 (boosted) 分裂兵器内で，重水素 (deuterium) ガスと 3 重水素 (tritium) ガスが分裂コアへ注入され，そこでは温度と圧力が充分な大きさで所謂 D-T 融合反応 (**D-T fusion reaction**) が開始する：

$$ {}^{2}_{1}\mathrm{H} + {}^{3}_{1}\mathrm{H} \rightarrow {}^{1}_{0}n + {}^{4}_{2}\mathrm{He}\,. \tag{9.1} $$

この反応の Q 値 (**Q-value**) は 17.6 MeV である．この“増強” (*boosting*) は 17.6 MeV（分裂で放出される典型的 ~ 200 MeV に比べて小さい）からは来ない，しかし中性子が運動エネルギー約 14 MeV を獲得して生成し，周囲の分裂性物質に追加の分裂を起こす事実による．天然ウラン・ケーシング内の分裂・融合コアの覆い (jacketing) が更に強力な“分裂・融合・分裂”装置を形成する，これら中性子は U-238 の分裂を誘起するに充分な程のエネルギーを持つている．増強原理の最初の試験は 1951 年 3 月の合衆国の *Greenhouse Item* 実験で行われた．この装置で収率約 45 キロトンを達成した，増強しなかった場合に比べて約 2 倍の大きさだった．トリチウム (tritium) は半減期約 12 年のベータ崩壊核種であり，そのような兵器では周期的な交換が必要となる；原子炉でのリチウムへの中性子照射によって合成される（下記参照）.

真の“熱核” (thermonuclear) 兵器とは何かを考えることが，融合誘起エネルギーを大量に供給するもう 1 つ他の段階へと導く．そのような装置内で，増強分裂コアで誘起された X 線とガンマ線は重水素を含む 2 次装置を圧縮するに充分な強力エネルギーである，2 次装置は通常固体のリチウム重水素化物 (Lithium deuteride) の形態である．図 9.2 にそのような装置の高度に理想化した模式図を示す．

放射線圧縮 (radiation compression) が重水素・重水素 (D-D) 反応を開始させる，この反応は

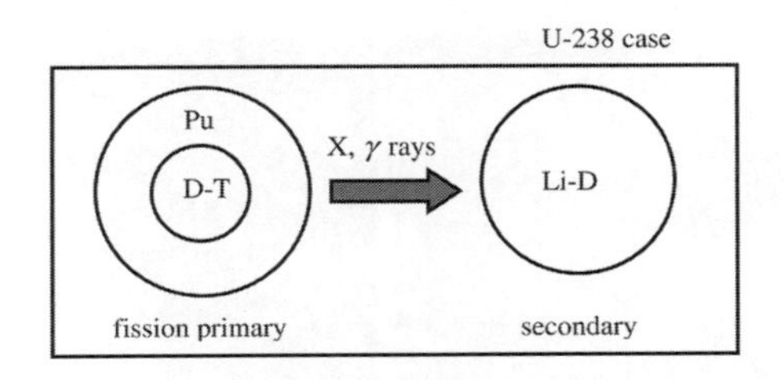

図 9.2　分裂・融合・分裂の熱核装置模式図

ほぼ同じ確率で 2 つのチャンネルを持っている：

$$ {}^{2}_{1}\mathrm{H} + {}^{2}_{1}\mathrm{H} \rightarrow \begin{cases} {}^{3}_{1}\mathrm{H} + {}^{1}_{1}\mathrm{H} & (\mathrm{Q} = 4.03\,\mathrm{MeV}) \\ {}^{1}_{0}n + {}^{3}_{2}\mathrm{He} & (\mathrm{Q} = 3.27\,\mathrm{MeV})\,. \end{cases} \tag{9.2} $$

この反応の最初の分岐がトリチウム（3 重水素）を生成する，これが 1 次 (primary) 内の D-T 反応 (**D-T reaction**) の更なる増強を助ける．中性子生成の第 2 番目分岐はリチウムに達すると更なるトリチウムを生成する：

$$ {}^{1}_{0}n + {}^{6}_{3}\mathrm{Li} \rightarrow {}^{3}_{1}\mathrm{H} + {}^{4}_{2}\mathrm{He} \;\; (\mathrm{Q} = 4.78\,\mathrm{MeV}). \tag{9.3} $$

このような装置で，分裂と融合で全体のエネルギー放出のうち各々で約 50% を生み出す．増強 1 次で，D-T 反応が D-D 反応に替わって用いられる，D-T 反応速度は D-D 反応速度の約 100 倍も速く，反応当たりのエネルギーが 4 倍も大きいことで装置内で温度を急上昇させるのがその理由である．2 次の D-D 反応は更にトリチウムを造り出すだけでなく，重水素が重水中で自然に生じるような感覚で “安くつく” (cheaper) ことによる．1951 年 5 月の合衆国グリーンハウス・ジョージ (**Greenhouse George**) 実験，収率が 225 キロトン（図 9.3），は熱核反応が開始することが出来るか否かの実験だった．

1952 年 10 月 30 日，アイヴィー・マイク (**Ivy Mike**) 実験が米国最初の実規模熱核兵器として現れた．これは収率 10.4 メガトン (MT) を達成した，これはファットマンの 400 倍を超える大きさだった．この装置は所謂テラー=ウラム (Teller-Ulam) 設計を試験したものだ，その全ては現代の融合爆弾の基礎となっている．しかしながら，重量が 60 トンで，兵器を配送できる手段が皆無だった．この認識において，配送可能な融合兵器を 1953 年 8 月 12 日にソ連が実験した時，ソヴィエト連邦は合衆国の先を越したと言えよう．最初の配送可能アメリカ製熱核装置は 1954 年 2 月 28 日のキャッスル・ブラボー (*Castle Bravo*) 実験で炸裂し，その収率は 15 MT を示した，予測の約 3 倍であった[*1]．キャッスル・ブラボーからのフォールアウト（降下物）は 7,000 平方マイルをカバーし，日本漁船，**第 5 福竜丸** (Lucky Dragon 5) の乗組員達

[*1] 訳註：　この装置は 5 MT の爆発力を発揮すると期待されていた．しかし，リチウムの核融合断面積を測定したロスアラモスのグループは，「シュリンプ」の燃料成分として使われたリチウムの，残りの 60% を占める Li-7 の核融合反応の重要性を見誤る手法を採用していた．この点について，

図9.3　**左** グリーンハウス・ジョージ実験，1951年5月9日；**右** アイヴィー・マイク実験，1952年10月31日．　**出典** http://commons.wikimedia.org/wiki/File:Greenhouse_George.jpg, http://commons.wikimedia.org/wiki/File:Ivy_Mike_-_mushroom_cloud.jpg

を被曝させた．乗組員の1人が死亡，彼らの魚類数トンが日本市場に出荷された．これまで炸裂した中で最高収率の熱核装置は1961年10月に行ったソヴィエト連邦の“皇帝・爆弾”(*Tsar Bomba*)である．この装置はほぼ60MTの収率を示し，その素晴らしい値の97%が熱核反応から結果であった——“クリーン”(clean)な爆弾だった．ウランで2次の周囲を囲む設計ならば，それは100MTを達成したに違いない．

合衆国によって炸裂した最大の純粋な**核分裂**爆弾は1952年11月に500ktで爆発のアイヴィー・キング(**Ivy King**)だった．これが疑問を起こさせた：もし分裂兵器がそのような効率水準まで開発することが出来るなら，何故融合兵器開発の複雑なタスクを行おうとするのか?基本的に，それは経済的事項なのだ．それらの**メガワットとメガトン**について，リチャード・ガーウイン(Richard Garwin)とジョージ・シャルパーク(Georges Charpak)が事例を並べている．プルトニウム分裂装置から10-MTの収率を得ようと望むなら，600kg程の物質を核分裂

ハロルド・アグニューは，「彼らは^{7}Li$(n, 2n)^{6}$Li反応（すなわち，リチウムの原子核に入ってきた1個の中性子が2個の中性子を叩き出す反応）が起きていることを知らなかった．彼らは全くそれを見落としていた．だから「シュリンプ」の爆発力は予想外に大きくなったのだ」と説明している．「ブラボー」は15MTの爆発力で爆発した．これはアメリカが実験した熱核装置としては，最大の規模だった．「2個の中性子が叩き出されると，（その原子核）はLi-6と同じように振る舞う．この結果，「シュリンプ」の爆発力は推定よりずっと大きなものになった．推定を誤った理由は，断面積の見積もりを間違えたからだ」とアグニューは言う．

今回は，火球の直径は4マイル近くに膨れ上がった．それは，観測のために配置された7,500フィートのパイプを全て飲み込んだ．… 火球はさらに，予想された影響圏のずっと外側に置かれた観測壕にいた人々をも危険に陥れ，海上遠くに待機していた特殊任務部隊の船団をも脅威にさらした[pp. 829-830]．（R. Rhodes，「原爆から水爆へ　下」，紀伊國屋書店，東京，2001より）

させなければならないのだ（第3章より，分裂過程でkg当たり17ktの経験則を思い出すこと[*2]）．もし兵器の効率が30%なら，600/0.3 = 2,000kgの分裂性物質を求めるだろう．他方，プルトニウム6kgのみ（ファットマンのように）を用いての1次分裂を熱核爆発のトリガーとして用いるなら，同じ2,000kgは2,000/6 ~ 333個の爆弾の燃料となりえる．更に，核兵器設計者が爆弾設計で1次装置内にD-Tガスまたは開始前の1次装置から2次装置を切り離すことが出来るようにしたならば，ミッションの要請に従う爆弾配送の時に収率が“呼び出し可能” (dialable) に出来る．上述の通り，現行の合衆国で保管されている爆弾は分裂と融合の組合せで使用される．

融合過程は融合性物質を圧縮し熱することのみに依存する；分裂反応とは異なり，それ自体の伝搬を維持するのに中性子のような“触媒化” (catalyzing) 粒子に依存し無い．原理的に，熱核兵器の収率に限界は無い．実際，エドワード・テラーが計算した如く，数メガトンを超える破壊力はそう多く無い；如何なる追加的収率も多くが地球の大気の燃焼を吹き飛ばしてしまうものだ[*3]．合衆国で開発された現時点での最大収率の爆弾はB83弾頭である，これは収率を1.2MTまで可変出来る；これらの核弾頭はB-2とB-52爆撃機用に配備されている．

1949年から1964年の間に，英国，フランス，中国もまた核兵器を開発した（表9.1）．英国最初の実験がオーストラリア西海岸沖のモンテベロ (Montebello) 諸島で行われ，フランス最初の実験がアルジェリア内のサハラ砂漠で行われた．英国は1956年に増強装置を初めて実験した，そしてフランスと中国は両方とも1966年に実験した．最初の真の熱核装置を英国が1957年に実験した；続いて1967年に中国が，フランスが1968年に実験した．合衆国，ロシア，英国，フランスおよび中国は，現在“主要5ヵ国” (primary five) または“**P-5**”核兵器国として知られている．

P-5の国々に加えて，他に4ヵ国が核パワー国としても認識されている：インドが1974年に最初の兵器を実験し，パキスタンは1998年に，北朝鮮が2006年に行った，北朝鮮は失敗したかもしれないのだが（幾つかのソースがパキスタンの兵器を1990年に中国が実験したとクレイムしている；1998年の実験はパキスタン国内での実験）．北朝鮮の兵器化の程度が明確では無い．イスラエルは1960年代に核兵器を取得し，80のオーダーで保有していると広く認識されているが，核力を保持している（または保持してない）こと自体を公式声明しないことによって公認の曖昧政策をイスラエルは維持し続けている．イラク，南アフリカ，リビアのよう

[*2] 訳註： 3.7節および7.5節．R. Serber,「ロスアラモス・プライマー」の1.2節；核分裂過程のエネルギー，を参照．

[*3] 訳註： エドワードは大気の引火という有名な (notorious) 質問を引っ提げて来た．ベーテはいつもの通りに行うことを止めて，それをメンバーに押しつけた，それから彼はそれが起こり得ないことを証明した．それは答えなければならない質問であった，しかしそれは絶対に何時でもというわけでは無い，それは数時間だけの質問であった．オッピーはアーサー・コンプトンとの電話での会話で，その事に関するコメントで大きな間違いをしてしまった．コンプトンはそれについて沈黙する程大きなセンスを持っていなかった．それはどういうわけか文書化され，ワシントンに届いてしまった．その後では時々，誰かがそれに気がつく，そして序列を下って質問が来る，そしてその事に休息は決して訪れなかった [p. xxxi]（R. Serber,「ロスアラモス・プライマー」，丸善プラネット，東京，2015より）．

表 9.1 2013 年時点での P-5 核兵器保有国の核マイルストーン，表 9.2 も参照せよ

パラメータ	合衆国	USSR/ロシア	英国	フランス	中国
第 1 実験日	’45/7/16	’49/8/29	’52/10/3	’60/2/13	’64/10/16
第 1 実験収率	21 kt	22 kt	25 kt	60-70 kt	20-22 kt
第 1 実験名	Trinity	RDS-1/Joe-1	Huricane	Gerboise Bleue	596
最大弾頭数	31,255	45,000	520	540	240
最大達成年	’67 年	’86 年	’75-’80 年	’93 年	2012 年?
実験数/爆発数 [a]	1,030/1,125	715/969	45/?	210/?	45/?
弾頭製造総計	66,500	55,000	850	1,260	750
保管核弾頭数 [b]	2,150	4,480	225	300	240
最終実験日	’92/9/23	’90/10/24	’91/11/26	’96/1/27	’96/7/29
最大実験，Mt	15/5	50/2.8-4	3/<150 kt	2.6/120 kt	4/420 kt
総メガトン数 [c]	141/38	247/38	8/0.9	10/4	21.3/1.3

出典 Robert S. Norris and Hans M. Kristensen, Nuclear pursuits, 2012. Bulletin of the Atomic Scientists **68** (1), 94-98 (2012); John R. Walker, British Nuclear Weapons Stockpiles, 1953-78. RUSI Journal **156** (5), 66-72 (2011); Robert S. Norris, private communications; Bulletin of the Atomic Scientists: Russian nuclear forces, 2013: **69** (3), 71-81 (2013); US nuclear forces, 2013: **69** (2), 77-86 (2013)

[a] 1 個の弾頭以上に同時爆発実験が含まれていた

[b] 合衆国保管数には ~ 2,650 の予備と解体を待つ 3,000 の弾頭が含まれて無い；ロシアの保管数には解体を待つ ~ 4,000 の弾頭が含まれていない

[c] 大気中/地下

な他の国は核兵器開発プログラムを持ったことがあったが，そのプログラムを放棄してしまった．本書を執筆中，イランの状況はあまりにも流動的なため明確な調査を提供することが出来ない．

9.3 核実験概略調査と現況配備

幅広い収率を有するより軽く更にコンパクトな設計の開発を導く兵器物理学の発展で，核兵器ミッションのスペクトラムは急速な成長を遂げることが出来た．また軍隊の各々の部隊は自然と核行動を保有することを望んだ．2009 年の記事で，ロバート・ノーリス (Robert Norris) とハンス・クリステンセン (Hans Kristensen) は，1945 年から 2009 年の間で，合衆国が 100 の

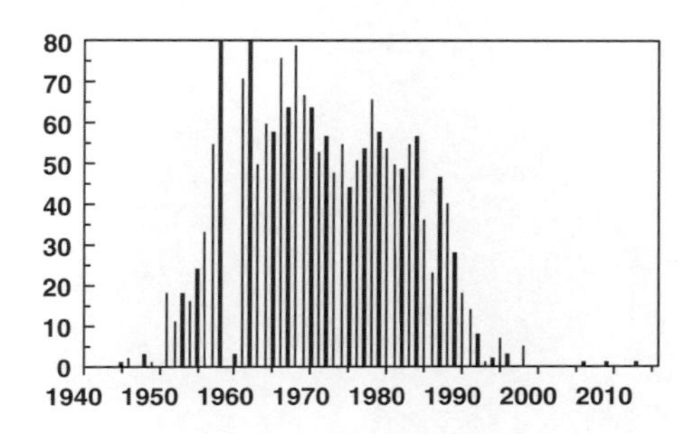

図 9.4　世界中の 2,054 件の核実験年分散．1958 年と 1962 年の総計は 116 件および 178 件である．1958 年で (US, USSR, UK) = (77, 34, 5)；1962 年で (US, USSR, France, UK) = (96, 79, 1, 2) である．縦軸の最大値を 80 に設定してある年での少数でも分かるようにしている．ソ連は 1990 年以降，合衆国は 1992 年以降実験をしていない．廣島と長崎の原爆は，戦闘兵器で実験では無いと考え，ここには含まれていない．2013 年時点での各国の件数：(US, USSR, France, UK, China, India, Pakistan, North Korea)=(1,030, 715, 210, 45, 45, 4, 2, 3)．データは自然資源防衛協議会 (NRDC) による．さらに R.S. Norris and W.M. Arkin, Known Nuclear Tests Worldwide, Bulletin of the Atomic Scientists **54** (6), 65-67 (1998) を見よ

異なる基本タイプと変形タイプ用に 66,500 を超える核弾頭を製造したものと推定した．この値は 1 年当たり平均約 1,000 の弾頭を製造したことに相当し，または 70 年間にわたり殆ど 3/日で製造したことになる．これには，爆撃機に積まれて運ばれる；陸上，海上および潜水艦用弾道ミサイルに装着される；地雷の中に；短距離発射ロケット上に；地上，空および潜水艦発射巡航ミサイルに；対潜水艦ロケット；魚雷；および空対空，空対地と地中侵入ミサイルに配備されるものが含まれている．最も多く造られた爆弾タイプは W68 弾頭（40-50 kt）だった；5,200 を超えるものが 1970 年から 1991 年の間で潜水艦に配備された．幾つかの戦術的核装置（戦闘尺度で）は 1 人で運ぶに充分な程小さいものだった．

そのような設計過多が拡張実験プログラムを要求した．1945 年から 1992 年の間で，合衆国は 1,030 の核実験を，それに加えて英国と共同での 24 の核実験を行った．幾つかの実験に 1 つ以上の兵器による同時炸裂が含まれているので，これらの実験を含む爆発総数は 1,149 であった．図 9.4 と図 9.5 に示したように，合衆国が大部分の実験を遂行したのだが，ソヴィエト連邦もそれほど遅れてはいない．

弾頭の予想されうるミッションにより，構造，車両および核爆発に影響する環境の変化に対応して実験が形造られた．爆発は地表レベル，地下（殆ど），水中および投下，気球，司令艦艇，ロケットおよびタワーのようなプラットフォームを通して高高度で行われた．1962 年 7 月の 1.4-MT *Starfish Prime* 実験は高度 400 km で炸裂させ，電磁気パルス現象を発見する結果となった，この現象は 900 マイル程離れたハワイ島の電気的損害を引き起こした．合衆国の

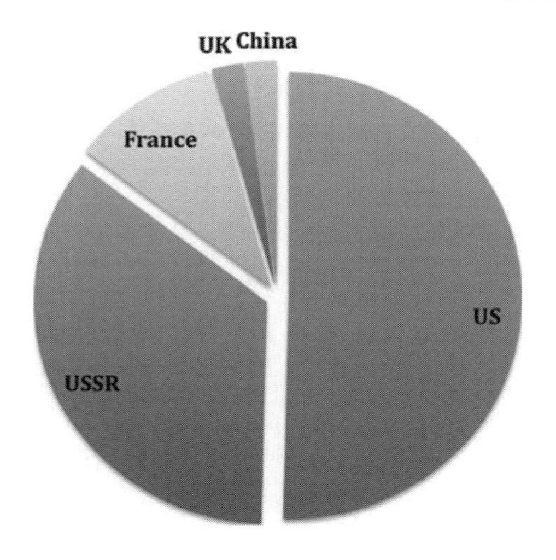

図 9.5 1946-1996 年間で 2,045 件の "P-5" の戦後核実験の分散．(US, USSR, France, UK, China) = (1,030, 715, 210, 45, 45)．UK には合衆国内での地下実験 24 件を含む．1988 年のパキスタンの 2 回，3 回の北朝鮮実験（2006, 2009, 2013 年）の 5 回の非難された爆発と，1974 年のインドの 1 回の核実験，1998 年の 3 回の実験はここに含まれていない．データは自然資源防衛協議会 (NRDC) による．

1,030 件の実験の 210 件が大気中，815 件が地下，5 件が水中で行われた．最も頻繁に用いられた実験場所はネバダ実験場だった，そこでは 1,021 件の爆発を含む 928 件の実験が行われた．

そのような夥しい開発，実験，配置複合体がそれに相当する巨大な予算を伴わせた．ワシントンのブルッキングス研究所による 1995 年の研究が，1940 年から先の U.S. 核兵器プログラムに伴うコストを分析した．研究，開発，実験，配置，命令と管理，兵器システムの防衛と解体，廃棄物のクリーンアップ，核兵器の製造と実験によって害された者達に対する賠償，廃棄物の貯蔵と処分のための将来の推定コスト，および余剰物質の処分を含む総額は，1996 年の時価で 5.8 兆ドルとなった．1940 年から 1996 年の間での全軍事支出の 29% に当たり，その期間の政府支出全額の 11% に相当することを示した．核兵器複合体の支出は，非核防衛と社会保障を除いた他の政府の支出を全て超えていた．現在，合衆国は依然として 15 弾頭タイプをアクティブ保有物として維持している．新しい弾頭製造は 1992 年に止めたが，既存装置は定期的に改良と改造が行われている；"寿命延長プログラム" (life-extension programs) と称されている．空軍と海軍だけは，核兵器を一般に広く配備し，陸軍と海兵隊は配備してない．

兵器製造と実験プログラムの他のレガシーが放射能汚染である．1996 年出版物が合衆国とソヴィエト連邦によって放出された放射能総量はその時点までに 17 億キュリーであると推定した．この数値は地球の海洋中に天然に存在する値の約 0.4% に過ぎないのだが（後者の殆ど

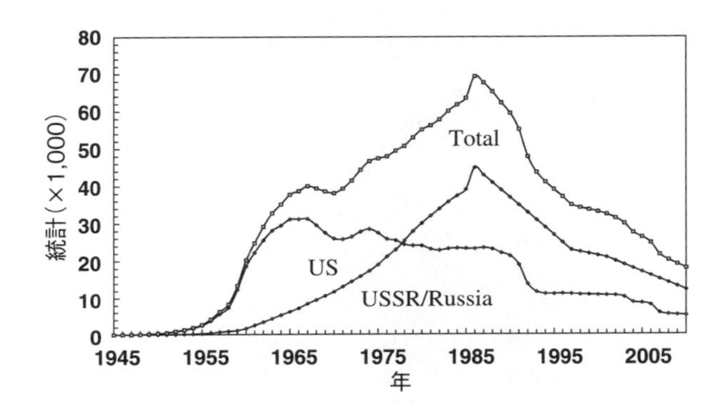

図 9.6 世界の核兵器保有量推定，1945-2010 年．総計曲線には "小さな" 核兵器国（英国，フランス，中国，イスラエル，インド，パキスタン）を含む，それらの国々は 2010 年で総計で約 1,000 兵器を保有していると推定された．データは，R.S. Norris and Hans M. Kristensen, Global nuclear inventories, 1945-2010, Bulletin of the Atomic Scientists **66** (4), 77-83 (July 2010) による

はカリウム (K-40) に依る)，兵器に関連する放射能は狭い区域に集中している，このことがかなりの局在的環境衝撃を生じさせる．これらの 17 億キュリーの大部分はソヴィエト連邦によって放出された；合衆国はその内の約 300 万キュリーだけであり，全体の 0.2% にも満たない．合衆国内での最大汚染集中区域はオークリッジであった（セシウムとストロンチウムの地中注入に依る約 100 万キュリー）；ジョージア州のサバンナ川で（川と浸透池への流れ込んだ核分裂生成物のから 900,000 キュリー）；ハンフォードで（地中と池にしみ込んだ核分裂生成物からの 700,000 キュリー）．2012 年推定によれば，ハンフォード単独でのクリーンアップ作業のコストは 2065 年を通じて 1,120 億ドルにのぼると推定されている．

配備または容易に配備可能な核兵器の世界中の保有量が 1950 年代に急激な上昇をみた．この成長が 1980 年代前半まで続き，1986 年時点で丁度 69,000 を超える核兵器の使用が可能であった．これらのうちの 98% 以上がアメリカとロシアの手にあった（図 9.6)．その時以来，種々の兵器制限条約（9.4 節）およびアメリカとロシア双方の種々のビーナスからの単独，1 国だけでの取り下げに依る数量削減は，現在の総保有量約 20,000 兵器までに下がった，この数に解体待ちの兵器は含まれていない．

任意の時に手中に有る兵器数に関し，多くの核力は全体的見通しを持って無い．表 9.2 に 2011-2013 年付けでの **P-5** 国に対する推定値の幾つかを示す；全ての数値は近似値と見なすべきである．2010 年 3 月に，合衆国国防総省がこれまでで初の，先例の無い声明；その時点での正確な保有兵器数が 5,113 基（配備済みと予備で）であると報じた．**ICBM** 核弾頭の収率が 300 キロトンと 335 キロトン，SLBM 核弾頭が 100 キロトンと 455 トンの収率を持っていた．弾頭は更に小さな飛行機に搭載されている（所謂 "戦術核" または "非戦略核" と呼ばれる）の

表 9.2　2011-2013 年付けでの P-5 国の核兵器配備数

パラメータ	合衆国	USSR/ロシア	英国	フランス	中国
戦略核兵器					
ICBMs	500	1,050			~ 138
SLBMs	1,150	620	160	240	
爆撃機，飛行機配備	300	810		60	~ 20
非戦略核兵器	200	2,000		50	僅か
予備/整備	2,650		65		~ 62
解体待ち	3,000	~ 4,000			
総計	7,800	~ 8,500	225	350	~ 240

全ての数値は近似値と見なすべきである．ICBM：大陸間弾道ミサイル；SLBM：潜水艦発射弾道ミサイル．出典 Robert S. Norris and Hans M. Kristensen, “Nuclear notebook” series published in Bulletin of the Atomic Scientista: Russian nuclear forces, 2013: **69** (3), 71-81 (2013); US nuclear forces, 2013: **69** (2), 77-86 (2013) ; British nuclear forces 2011: **67** (5), 89-97 (2011); French nuclear forces, 2008: **64** (4), 52-54 (2008); Chines nuclear forces, 2011: **67** (6), 81-87 (2011); Indian nuclear forces, 2012: **68** (4), 96-101 (2012); Pakistan’s nuclear forces, 2011: **67** (4), 91-99 (2011); 非戦略核兵器，2012: **68** (5), 96-104 (2012)

収率はキロトンの数 10 分の 1 から約 170 キロトンまで可変である．推定 500 基の非戦略兵器の内，200 基がヨーロッパ内に実配備され，そして合衆国内保有を現行ロシアの **ICBM** と SLBM の最大収率を各々 800 キロトンと 100 キロトンと推定して均衡を保っている．

表 9.2 への幾つかの追加：インドは 80-100 程保有していると推定される；戦闘機および短距離用地上ミサイルを含む配送プラットフォームを持っているが，遠距離用地上ミサイルおよび海ベース（海上および潜水艦）ミサイルは開発中である．パキスタンは世界の中で最速で核兵器が成長していると考えられている，現在の保有数は 90-110 と推定される；パキスタンの保有数は英国の保有数を 2020 年代初めに上回ることが出来るだろう．パキスタンの配送システムには航空機と弾道ミサイルを含んでいる，巡航ミサイルは開発中である．英国は核兵器を潜水艦発射ミサイルのみを配備している；その推定保有数は 225，何時でも稼働可能なものは 160 を超えないと考えられている．2010 年，英国政府は今後 15 年の間に 180 個の弾頭を超えないようにする保有量削減計画を発表した．フランスの兵器は飛行機（陸上および運搬ベースの両方とも；収率は 300 キロトンに達する）と潜水艦発射ミサイル（300 キロトン）として配備された．中国 (China) の確かな数値把握は難しい，しかしこの国は兵器を増産している唯一の **P-5** 国であると信じられている；中国の予備 62 兵器の姿には解体待ちと SLBMs のための

製造が加わっているが潜水艦配置への困難性の理由でまだ作戦可能になっていない．

兵器は引退し，解体されるので，もう 1 つの問題が現実化してくる：高濃縮ウラン (HEU) とプルトニウムの安全な貯蔵．核分裂性物質の国際パネルが発行した世界の核分裂性物質報告書 (Global Fissile Material Report) によれば，2011 年の世界の民間用プラス軍事用 HEU の保有量は約 1,440 メトリック・トン；1 メトリック・トンが 1,000 kg に等しい．ロシアが約 740 メトリック・トンで最大量を保有，合衆国が第 2 番目で 610 メトリック・トンだった．技術的定義で，HEU は U-325 の濃度が 20% またはそれを超えるものであるが兵器級の物質としては全く意味が無い，しかし兵器へ濃縮するには，はるかに容易だ．粗末な廣島タイプ兵器が兵器級 U-235 約 50 kg で造られたとして，HEU のこれらのトンが，数万の兵器を潜在的に意味する．1980 年代の遅く，ロシアは HEU 生産を止めた，合衆国は 1992 年だった．両国とも原子炉燃料として使うために HEU の "希釈混合" (down-blending) したが，その集積速度は僅か年数 10 トンであった．同報告書は分離されたプルトニウム（使用済燃料の束では無い）の世界の保有量を約 495 メトリック・トンと推定した，その内訳はロシアが 176 メトリック・トン，英国が 95 メトリック・トン，合衆国が 92 メトリック・トン保有だった．これらの国々は未だに余剰プルトニウムの処分を始めていない．

9.4　核禁止と保有量会計報告

更に高い収率爆弾の開発と実験が 1950 年代を通じて行われた．雨に流され食物連鎖に入り込む放射性降下物への公衆の関心が急速に高まった．1957 年 8 月，ドワイト・アイゼンハワー (Dwight Eisenhower) 大統領が，もしソヴィエト連邦が兵器用核分裂可能性物質 (**fissionable materials**) 生産の永久停止 (permanent cessation) と承諾を保証するために査察システムを導入することに合意したならば，合衆国は 2 年にわたるまで核兵器の停止を喜んで行うとの声明を出した．1958 年 3 月にソヴィエトが対応してきた，西洋諸国もまた実験停止する条件で，彼らが全ての核実験停止を単独で行うとのことだった．1958 年 4 月から 8 月の間，ジュネーブで実験爆発を伴う技術的課題の研究のための専門家会合が開催された，そして包括的禁止は監視ステーションの世界中に広げられたネットワークによって検証出来るとの結論に達した．同年 10 月 31 日，合衆国，英国およびソヴィエト連邦が広範な核実験禁止の交渉を始めた．同時に，合衆国と英国は自主的な 1 年間の実験一時停止 (moratorium) を始めた，ソヴィエト連邦も間も無くこれに加わった．

1959 年，交渉が続き，アイゼンハワー大統領がその年に終わる合衆国の実験一時停止を延長した；西洋勢力が一時停止遵守を継続する条件でなければ実験休止しないと，ソヴィエトが声明を出した．アメリカ単独での一時停止が 12 月 31 日で切れた，アメリカは実験停止が自由であると感じているが前に進むとの認知無しでそれを行うことは無いと，アイゼンハワー大統領が表明した．しかしながら，数週間後，フランスはフランス最初の実験を行った．国際間緊張を高めたフランス実験を引き合いに，ソヴィエト連邦は 1961 年 9 月の大気中実験を再開した，そしてその年の残りで 59 を超える実験を行った．合衆国は 9 月 15 日に始めた地下実験のシリーズで報いた．これらの逆行にもかかわらず，大気中実験の全面禁止提案は進捗していた．

交渉第1ラウンドの結果が1963年の部分的核実験禁止条約 (**LTBT**) だった．本条約は，もしもそのような爆発を実施する爆発の管轄権またはコントロール権を有する国の国境外に放射性デブリを生じさせる，大気中，大気圏外，水中および他の如何なる環境においての核実験または他の如何なる核爆発をも禁じた；この条約は地下実験を禁止していない．LTBTが1963年8月5日にモスクワで署名された；合衆国上院は9月24日に条約を批准し，そして10月10日に発効した．このLTBTは108ヵ国で署名されたが，フランスと中国は署名しなかった．

続く数年間にわたり，数多くの核兵器関連条約が発効された．これらの幾つかを次文節で述べよう．

多分最も顕著な核合意が核兵器不拡散条約 (Non-Proliferation of Nuclear Weapons)，これは**NPT**として知られている，である[*4]．1968年7月1日に署名されたNPTは1970年3月に発効した．NPTは国を2つのカテゴリーに分けている：所謂核保有国 (Nuclear Weapons States: NWS)，これは当時の**P-5**国で構成された，および非核保有国 (NNWS) である．総計189ヵ国がNPTに加盟した，しかし4ヵ国は加盟していない：インド，イスラエル，パキスタンおよび北朝鮮である（北朝鮮はNPTに加盟したものの1993年に脱退，2003年に再び脱退した．イランは条約の一員である）．NPTは所謂3つの"柱" (pillars) で構成されている：不拡散，解体および原子力の平和利用である．**P-5**ヵ国は，"核兵器または他の核爆発装置"の移転をしないこと，そして"援助，支援または導入する道を取らない"ことを合意した．NNWS国は"受入れ，製造または集積をせず"または"核兵器製造の援助を求めず受け取らない"ことに合意した．NNWSグループ国は，平和利用から核兵器または他の核爆発装置へ核研究を拡散させてい無いことを**IAEA**が検証する保障措置 (safegurds) の受け入れに合意した．この条約のVI条で，全署名国が核と総体としての軍備縮小の通常方向へ動かすようにと，非常に不明瞭な，非拘束な，責務を課している一方，NPTはNWSが保有している弾頭数に制限を課していなかった．条約の第3の柱は，民間の原子力プログラム開発のため署名国への核技術と核物質の移転を，その核プログラムが核兵器開発に使われ無いことをデモンストレート出来る限りにおいて認めている．そのような条約の全ては"除外条項"を有するものである，NPTのX条が署名国に対して3ヵ月前通告で脱退の権利を認めている．北朝鮮がこの条約から脱退した唯一の国である．

合衆国とソヴィエト連邦間の1972年弾道弾迎撃ミサイル制限 (Anti-Ballistic Missile: ABM) 条約が核兵器搭載ミサイルに対抗する防衛領域内で用いられる弾道迎撃ミサイルシステムの制限に関わった．この条約は合衆国の2002年単独引き揚げまで効力があった．この条約の条項下で，互いの国が防衛基地システム2ヵ所の設置が許された：首都に1ヵ所とICBMサイロの1ヵ所である．後の改訂で（1974年），1国当たり1ヵ所に削減された，その多くは，どの国も第2サイトの設置が無かったことが理由である．Safeguards（保障措置）と名付けられた

[*4] 訳註： NPT保障措置の正式モデルの変遷とデータ検証理論についての解説書は以下の教科書が参考となる：
R. Avenhaus, M.J. Canty, *Compliance Quantified: An introduction to data verification* (Cambridge University Press, London, 1996)：今野廣一訳，「データ検証序説：法令遵守数量化」，丸善プラネット，2014.

単独の合衆国システム，はノース・ダコタ州内に置かれたが 4 ヵ月を満たさないオペレーションの後に任務を解かれた．モスクワを防御するロシア製 A-135 ABM システムが本書を執筆中時点においても配備されている唯一の活動システムとして残っている．2001 年 12 月 13 日，ジョージ・W・ブッシュ (George W. Bush) 大統領がロシアへこの条約から合衆国は引き揚げるとの予告を通知した；これは U.S. が大きな国際兵器条約から脱退した最近の歴史における最初であった．

弾頭数を検討する最初の条約が U.S. と U.S.S.R. 間での 1991 年戦略兵器削減条約 (Strategic Arms Reduction Treaty) であった (**START** I)．この条約は条約加盟国が ICBMs，SLBMs と爆撃機の総数 1,600 の頂上へ 6,000 個の弾頭を超える配備の禁止であった．2001 年遅くの最終履行において，全戦略核兵器の約 80% が除去され，その結果残りが現存している．条約は 1991 年 7 月 31 日に署名され，発効はソヴィエト連邦の瓦解で数ヵ月後と遅れた；条約は新独立国となったロシア，ベラルーシ，カザフスタン，ウクライナを含むように拡張しなければならなかった，これら全ての国は数多くのソヴィエト兵器を "継承していた"．後者の 3 ヵ国は廃棄のために彼らの核兵器をロシアへ運ぶことに合意した．

1993 年 1 月，START II 条約がジョージ・W・ブッシュ大統領とロシアのボリス・エリツィン (Boris Yeltsin) 大統領によって署名された．この条約は，地上からの大陸間弾道ミサイルの複数弾頭独立目標再突入運搬体 (multiple independently targetable re-entry vehicles: MIRVs) の使用を禁止していた．批准されたものの，START II が発効することは無かった，それは 2002 年 6 月 14 日にロシアが脱退し，1 日後に U.S. が 1972 年の ABM 条約から脱退したのがその理由である．時が過ぎ，START II は相対的に重要でなくなった；それは 2001 年 11 月の戦略的攻撃兵器削減条約 (**SORT**) によって効果的に回避された，これは作戦配備された戦略的核弾頭数を 2012 年までに 1,700-2,200 に削減することを求めた．

核実験を制限する最も野心的な努力が包括的核実験禁止条約 (Comprehensive Nuclear-Test-Ban Treaty: CTBT) である，この条約は如何なる目的であっても全ての環境下で全ての核爆発を禁じるものである．国連総会で 1996 年 9 月に採択されたが，未だ未発効である．2012 年 2 月現在で総計 157 ヵ国が CTBT を批准しているが，残りの 25 ヵ国は署名したものの未だ批准していない．発効要件を満たすには条約の "アネックス 2" に載っている 44 ヵ国が批准する必要がある．アネックス 2 国は 1994 年から 1996 年の間に CTBT 交渉に参加した国と定義されている，そしてその国はその時点で動力用原子炉または研究用原子炉を所有していた．2011 年 12 月現在，アネックス 2 の 5 ヵ国が署名したものの条約を批准していない（中国，エジプト，イラン，イスラエル，合衆国），一方 3 ヵ国が署名していない（インド，パクスタン，北朝鮮），ロシアは 2004 年に条約を批准した．合衆国上院は，他の国々が容易に欺くことが出来るとの心配から，1999 年 10 月に CTBT の批准を否決した．しかしながら，違反が未検知となり得るとの論拠が継続を困難にしつつあった．ウイーンに在る国際機関本部に包括的核実験禁止条約組織準備委員会が，世界に広がる 337 ヵ所の検知と分析施設のネットワーク確立と操業を含む検証のレジメを作るために設立された．これらには地震学的，流体音波的，超音波および放射性核種のモニター施設が含まれており，それらの施設が解析のためにウイーンにデータを送り，そして条約加盟国へ配られる．このシステムの敏感性は，2006 年の北朝鮮の非常に収率が低い地下実験からの分裂生成物がカナダ北部のモニタリング施設で容易に検知された事実から実証された．詐欺師が極端に低い収率の爆発をうまくやり遂げるに違いないことは容易に想像出来る，そのような兵器の実用使用は殆ど無い．

合衆国はCTBTを批准せずに，その準備に甘んじていた．しかしこのことがもう1つの疑問を生じさせた：もしも兵器の実験が出来ないのであれば，どの様にしてそれら年老いた兵器の安全性と信頼性を確かなものにし得るのか? 本書を書いている現時点で，合衆国は20年以上にわたり核兵器の実験をしてこなかった，いずれ，もしかすると短い予告で使用の準備をするに違いない．兵器年齢にともない，多くの劣化効果が顕れ出す：1次内の高爆薬の化学変化が性能に影響を及ぼす；プルトニウム中のアルファ崩壊がプルトニウム結晶構造に影響を与える；融合ベースの部材中の水素ガスが腐食を引き起こす．この扱いに，連邦核安全局 (National Nuclear Security Administration) が科学ベース保有量会計報告 (Science-Based Stockpile Stewardship) プログラムを設置した．このプログラムでは，兵器部材の老化過程を定期的にモニターし，分析して，必要に応じて改造または交換が出来る．物質内の性質の変動が兵器性能にどの様な効果を及ぼすかの歴史的実験データと計算機シミュレーションの調査によって，これらの分析が確認される．このプログラムの業務は瞬間予告で開始し駆動する準備状況に自動車を維持するのにたとえることが出来る．君はオイルの交換，バッテリー交換，君が望む部品の取り外しと交換が出来るのだが，その自動車はスタート出来ないのだ．現行U.S.兵器の少なくとも1つの新兵器，地中侵入型B61 Mod-11が1996年に実験無しで“実戦” (live) 配備された．

最も最近の核兵器合意が“新START”条約である，この条約は2010年4月にU.S.とロシアが署名した．大雑把に言って，この条約は合衆国とロシアが配備されているICBMs，SLBMsと重爆撃機を700に削減することを，ICBMs，SLBMsと重爆撃機搭載用“弾頭数”の総数1,550基の弾頭数に削減することと伴に要求している．更に配備または未配備のICBM発射装置，配備または未配備のSLBM発射装置，配備または未配備の重爆撃機の総数限度を800とする．表9.3に幾つかの結果としての弾頭数推定値を示す．U.S.に対する新START数は推定420のミニットマンIIIミサイル，その各々に単一の弾頭を搭載；240のSLBM，その各々に4基の弾頭を搭載；および60機の爆撃機と予想されている．条約の計数規則に従い，各々の爆撃機は単一の弾頭だけ搭載しているとして計数されている，物理的にもっと搭載出来るとしてさえも；このスキームでは合衆国が1,440の“計数された”弾頭を持っていることになるのだが，実際の数は約1,800へ上ることが出来る．これらの制限は条約発効後7年以内に完了することとしている，それが2011年1月に生じた．条約は相互データ共有，遠隔測定器からの送信データ，現地査察のシステムによって施行されている．

表9.3の数値は合衆国を有利にするように見えるが，ロシアはU.S.に比べてより多くの戦術核兵器を所有していることを思い出さなければならない（表9.2)．このクラスの兵器を検討する条約が未だ皆無である，ロシアとアメリカの代表達が，少なくとも20年にわたって戦術的兵器配備の大幅削減をしてきたのだけれども．アメリカの戦術核兵器の全てはヨーロッパに展開されている．

アメリカとロシアの兵器数は減り続けているが，新たな疑問が表面化するであろう．他の国々がどの様な点で交渉に加わるべきなのか，そしてアメリカとロシアが喜んで同格として受け入れてくれるのか? 数の減少で，各々の兵器の相対的重要性が増し，騙した相互の穏当量でも重大なものになり得るのだ．国々がその結果として更に押しつけがましい査察を喜んで受け

表 9.3　2010 年と新 START 削減後の核兵器推定数．数値は新 START 計数規則下での配備弾頭数である

	合衆国		ロシア	
	2010 年	新 START	2010 年	新 START
ICBMs	550	420	1,250	550
SLBMs	1,100	960	448	640
戦略爆撃機	60	60	76	76
弾頭総数	2,000	1,440	1,774	1,266

出典 P. Podving, Physics & Society **39** (3), 12-15 (2010)

入れることが出来るのだろうか? 最後に，核兵器の役割として今，見つめている軍の戦略家は何をしようとするのか? そのような兵器の価値が戦争抑止効果に大きく横たわるのであれば，現行兵器が可能なところまで収率を下げることが出来るのではないのか? その核兵器は，冷戦後の世界での衰微の重要性として軍の高位将官によって認識されていることが 2012 年 3 月までに明白になっている，ジェームス・E・カートライト (James E. Cartwright) 将軍の声明によるものであった．現在，引退しているカートライトは統合参謀本部副議長と合衆国核兵器軍 (United States Nuclear Forces) 司令官をつとめた．ニューヨークタイムズ紙発行の記事で，カートライトは合衆国の核抑止は総計 900 の弾頭の兵器で保障されている，それらの半数のみが何時でも配備されている：“世界は変わった，しかし現行兵器が冷戦の荷物を運んでいるのだ．予備として巨大な数の荷物が在るのだ．我々が必要とする数を超えた核集積の荷物が在る．我々が躊躇させられることは何なのか? 我々の現行兵器は 21 世紀の脅威を正さ無い”．

核集積の量が依然として信用出来る軍事必要度と整合性が取れていないかもしれないうちに，集積量の削減がその後数年間を超えて続くことを是非知りたいと思う．

9.5　エピローグ

マンハッタン計画に加わった科学者の多くは，彼らのキャリアの中で最もドラマチックな時代だったと述べた．化学者のジョセフ・ハーシュフェルダー (Joseph Hirschfelder) は：

> 第 2 次世界大戦中にロスアラモスで遂行されたことを見た私は，それ以来科学的・技術的奇跡を信じるようになった．最良の科学者達と技術者達がマンハッタン計画に名を連ねた．彼らは優先権を無視してしまったのだ．計画の根幹と思える何もかもを彼らは手にした；コストは重要で無かった．彼らはお互いに完全な協力を持ち，創意と技術的手腕を一緒に混ぜ合わせ，自らを長時間その業務に捧げた．…2 年半の期間で，彼らは奇跡を造ったのだ——原子爆弾，これが原子核内に蓄えられた途方もないエネルギーを解き放す間に…50,000,000 °C オーダーの温度を生み出し…20,000,000 気圧オーダー

> の圧力を生み出すのだ．… 第2次世界大戦中にロスアラモスで，原子爆弾の仕事に関してのモラル論争は皆無だった．… 文明社会の全ての命運はドイツよりも我々が前を進むことにかかっていたのだ! … 我々が原子爆弾を造ったことで世界は良くなったのかまたは悪くなったのかは未解決の問題だ．… オットー・ハーンとフリッツ・ストラスマンの発見の後，遅かれ早かれある国が原子爆弾を造るであろうことは明白になってきた．もしも第2次世界大戦中に原子爆弾が製造されず，爆発も無かったなら，核兵器の途方もない脅威の対処を覚悟する用意が出来ないことになっただろう．… 兵器は国家間の差異を始末する合理的手段ではもはや無いのだ．

世界初の大規模，政府出資，科学ベースの創始であるマンハッタンを設立したとして，数10年の努力に対する銘板が与えられた．戦争の間，合衆国内の研究用政府出資は年5,000万ドルから年5億ドルに伸びた，そして現在は年1,000億ドルを超えている．戦後の直近数年で，3つの分かれた連邦研究庁が設立された：海軍研究本部 (Office of Naval Research)，連邦科学財団 (National Science Foundatrion)，原子力委員会 (**AEC**) である；他のホストが続くことになる．ロスアラモスを含む幾つかの国立研究所が現在，国内中にちりばめられている．これら組織は時に，マンハッタン計画で大規模，共同的，階層制組織化で研究と開発の先駆者のパターンを取り入れていた．これら組織での先駆的な技術開発は，我々が現在当然と思っている最新医療処置，消費者用電子商品，世界中での即時コミュニケーションを応援している．例えば，インターネットの最初のコンポーネントは防衛先進研究計画庁 (Defense Advanced Reserch Projects Agency) で開発されたのだ．

原子力レガシーは永遠に混合物であり続けよう．数千の核兵器が未だに存在する．一方で，数千の人々が毎日放射性同位元素に基づく医療処置の利益を受けている，そして合衆国内発電量の20% 程が地球温暖化に寄与しない非炭素放出の原子炉から送られてくる．放射能，同位体，核分裂が未発見であることは不可能なことなのだ．

マンハッタン計画が歴史コースに変化した．ディーン・アチソンの側近者，ハーバー・マークス (Herber Marks) が次のように観察した，

> マンハッタン管区は我が国の産業生活または社会生活と無関係に進んだ；それは自己所有の飛行機と自己所有の工場と数千の機密を有する別の国家だった．それは，他の全ての統治権を，平和的にまたは暴力的に終わらせることが出来る，独特の統治権を持っていたのだった．

本書の執筆中に，マンハッタン管区の設立以来の時の経過が，1945年にアメリカで生まれた人の予測寿命と等しくなっている．マンハッタン計画の生存しているベテランの数は減少続けている，そして計画に伴う物理的構造物の多くがトーンダウンまたは消え去ってしまった．しかしながら最近の数年間に，残された施設の幾つかのコンポーネントを保護する数多くの努力に引き付けられる魅力を獲得し始めた．2011年7月，合衆国内務省とエネルギー省がマンハッタン計画国立歴史公園を議会が推挙するように伝えた，その公園にはロスアラモス，オークリッジ，ハンフォードのサイトが含まれていた．2012年6月，その公園設立の法案が上院および下院の両方に提出された．2013年4月，天然資源下院委員会が下院版を承認した，そして2013年3月エネルギー天然資源上院委員会がその法案の主要部分の改訂版を承認した．この法案は各々の全体によって考えなければならない；執筆時点で，これらの投票日程が予定表

に入って無い．もしもこのイニシアティブが成功なら，将来の世代者達は，人類歴史で最も非凡な時代の 1 つからの所産を眺め，触りそして思案することが出来るであろう．

さらに読む人のために：単行本，論文および報告書

L. Badash, J.O. Hirschfelder, H.P. Broida (eds.), *Reminiscences of Los Alamos 1943-1945* (Reidel, Dordrecht, 1980)

S. Biegalski, International monitoring system of the comprehensive test-ban treaty. Phys. Soc. **39** (1), 9-12 (2010)

D.J. Bradley, C.W. Frank, Y. Mikerin, Nuclear contamination from weapons complexes in the Former Soviet Union and the United States. Phys. Tody **49** (4), 40-45 (1996)

R.P. Carlisle, J.M. Zenzen, *Supplying the Nuclear Arsenal: American Production Reactors, 1942-1992* (Johns Hopkins University Press, Baltimore, 1996)

C. Carson, D.A. Hollinger (eds.), *Remembering Oppenheimer: Centennial Studies and Reflections* (University of California, Berkely, 2005)

J. Cirincione, *Bomb Scare: The History and Future of Nuclear Weapons* (Columbia University Press, New York, 2007)

J. Davis, Technical and policy issues for nuclear weapons reductions. Phys. Soc. **41** (2), 6-9 (2012)

Department of Energy Nevada Operations Office: United States Nuclear Tests July 1945 through September 1992 (Report DOE/NV-209 REV 15). http://www.nv.doe.gov/library/publications/historical/DOENV_209_REV15.pdf

H. Friedman, L.B. Lockhart, I.H. Blifford, Detecting the Soviet bomb: Joe-1 in a rain barrel. Phys. Tody **49** (11), 38-41 (1996)

R.L. Garwin, G. Charpak, *Megawatts and Megatons: A Turning Point in the Nuclear Age?* (Knopf, New York, 2001)

F.G. Gosling, *The Manhattan Project: Making the Atomic Bomb.* U.S.Department of Energy, Washington (2010). http://energy.gov/manegement/downloads/gosling-manhattan-project-making-atomic-bomb

L.R. Groves, *Now It Can be Told: The Story of the Manhattan Project* (Da Capo Press, New York, 1983)

D. Hawkins, *Manhattan District History. Project Y: The Los Alamos Project.* Volume I: Inspection until August 1945. Los Alamos, NM: Los Alamos Scientific Laboratory (1947). Los Alamos publication LAMS-2532, available on line at http://library.lanl.gov/cgi-bin/getfile?LAMOS-2532.htm

R.G. Hewlett, O.E. Anderson, Jr., *A History of the United States Atomic Energy Commision, Vol 1: The New World, 1939/1946.* Pennsylvania State University Press, University Park, PA: (1962)

L. Hoddeson, P.W. Henriksen, R.A. Mead, C. Westfall, *Critical Assembly: A Technical History of Los Alamos During the Oppenheimer Years* (Cambridge University Press, Cambridge, 1993)

R. Jeanloz, Science-based stokpile stewardship. Phys. Tody **53** (2), 44-50 (2000)

V.C. Jones, *United States Army in World II: Special Studies——Manhattan: The Army and the Atomic Bomb* (Center of Military History, United States Army, Washington, 1985)

Y. Khariton, Y. Smirnov, The Khariton versiuon. Bull. At. Sci. **49** (4), 20-31 (1993)

D. Lang, *From Hiroshima to the Moon: Chronicles of Life in the Atomic Age* (Simon and Schuster, New York, 1959)

S.L. Lippincott, A Conversation with Robert F. Christy——Part I. Phys. Perspective **8** (3), 282-317 (2006). A Conversation with Robert F. Christy——Part II. Phys. Perspective **8** (4), 408-450 (2006)

National Nuclear Securiuty Administratrion: The United States Plutonium Balance, 1944-2009. Report DOE/DP-0137 (1996; updated 2012) http://nnsa.energy.gov/sites/default/files/nnsa/06-12-inlinefiles/PU%20Report%20Revised%2006-26-2012%20%28UNC%29.pdf

R.S. Norris, *Racing for the Bomb: General Leslie R. Groves, the Manhattan Project's Indispensable Man.* Steerforth Press, South Royalton, VT (2002)

A. Pais, R.P. Crease, *J. Robert Oppenheimer: A Life* (Oxford University Press, Oxford, 2006)

P. Podvig, New START treaty and beyond. Phys. Soc. **39** (3), 12-15 (2010)

R. Rhodes, *Dark Sun: The Making of the Hydrogen Bomb* (Simon and Schuster, New York, 1995)：小沢千重子，神沼二真訳，「原爆から水爆へ：東西冷戦の知れらざる内幕　上/下」，紀伊國屋書店，東京，2001

S.I. Schwartz, (ed.), *Atomic Audit: The Costs and Consequences of U.S. Nuclear Weapons Since 1940* (Bookings Institution Press, Washington, 1995)

E. Teller, J.L. Shoolery, *Memoirs: A Twnttieth-Century Journey in Science and Politics* (Perseus, Cambridge, MA, 2011)

H. Thayer, *Management of the Hanford Engineer Works in World War II* (American Society of Civil Engineers, New York, 1996)

E.C. Truslow, R.C. Smith, Manhattan District History: Project Y——The Los Alamos Project. Vol. II: August 1945 through December 1946. Los Alamos report LAMS-2532 (vol. II), http:///www.fas.org/sgp/othergov/doe/lanl/docs1/00103804.pdf

J. Weisgall, *Operation Crossroads: The Atomic Tests at Bikini Atoll* (Naval Institute Press, Annapolis, MD, 1994)

ウエーブ・サイトおよびウエーブ文書

Acheson-Liliental report: http://www.learnworld.com/ZNW/LWText.Acheson-Lilienthal.html#nuclear

Atomic Heritage Foundation: http://www.atomicheritage.org/
Comprehensive Test-Ban Treaty chronology: http://www.fas.org/nuke/control/ctbt/chron1.htm
General Advisary Committee report on super bomb: http://www.pbs.org/wgbh/amex/bomb/filmmore/reference/primary/extractsofgeneral.html
General Cartwright on the nuclear arsenal and tactical nuclear weapons in Europe: http://www.cfr.org/proliferation/nuclear-posture-review/p21861, http://www.nytimes.com/2012/05/16/world/cartwright-key-retired-general-backs-large-us-nuclear-reduction.html?_r=1
Hanford cleanup: http://www.oregonlive.com/pacific-northwest-news/index.ssf/2012/02/hanford_cleanup_oversight_to_c.html
International Panel on Fissile Materials report on highly-enriched uraniumband pulutonium: http://fissilematerials.org/library/gfmr11.pdf
Nuclear Weapon Archive: http://nuclearweaponarchive.org/
Nuclear test-ban and arms-limitation treaties: http://en.wikipedia.org/wiki/Nuclear_non_proliferation_treaty; http://en.wikipedia.org/wiki/START_I; http://en.wikipedia.org/wiki/START_II;http://en.wikipedia.org/wiki/START_III; http://en.wikipedia.org/wiki/SORT; http://en.wikipedia.org/wiki/Comprehensive_Nuclear-Test-Ban_Trety; http://en.wikipedia.org/wiki/Anti-Ballistic_Missile_Treaty
Operation Crossroad: http://en.wikipedia.org/wiki/Operation_Crossroad

付録 A

ボールド体の語彙解釈

25 U-235 のマンハッタン工兵管区の暗号；${}^{235}_{92}$U より．

49 Pu-239 のマンハッタン工兵管区の暗号；${}^{239}_{94}$Pu より．

Activation energy（活性化エネルギー）反応が生じた時に供給されるエネルギーの用語；**分裂障壁**と**クーロン障壁**も参照せよ．核反応において，活性化エネルギーは通常 100 万電子ボルト **(MeV)** で表現される．

AEC 原子力委員会（米国）．原子力規制委員会 **(NRC)** へ引き継がれた．

ALAS ロスアラモス科学者協議会．米国科学者連盟 **(FAS)** によりとって替わった．

Alpah (α) **decay**（アルファ崩壊）ラジウムやウランのような重元素に特徴の原子核からアルファ粒子を放出する放射性自然崩壊機構である，アルファ粒子はヘリウム-4 の原子核である．${}^{A}_{z}X \rightarrow {}^{A-4}_{Z-2}Y + {}^{4}_{2}\mathrm{He}$ または ${}^{A}_{z}X \rightarrow {}^{A-4}_{Z-2}Y + \alpha$ と記述する，ここで X は親核種，Y は娘核種と呼ばれる．

Ångstrom（オングストローム）10^{-10} m と等価な長さの単位．原子の有効寸法に特徴付けられる．

Atomic number (Z)（原子番号）原子核中の陽子数．その原子が属する化学元素を同定している．

Atomic weight (A)（原子量）原子質量単位での原子の重さ；2.1.4 節と 2.5 節を参照せよ．記号 A は**核子数 (necleon number)** としても使われている，原子核中の陽子と中性子の合計数である．

Barn (bn)（バーン）10^{-24} cm^2 = 10^{-28} m^2 に等しい反応断面積の単位．

Baruch plan（バーチ計画）1946 年 6 月に合衆国によって国際連合へ移譲された核物質と核兵器の管理計画．国際連合原子力委員会の合衆国代表，バーナード・バーチから名付けられた．数ヵ月の論争にもかかわらず，この計画は決して履行されることは無かった；第 9 章．

Becquerel (Bq)（ベクレル）放射性崩壊速度の単位；1 Bq = 1 崩壊/秒．**キュリー**も見よ．

Beta (β) **decay**（ベータ崩壊）中性子または陽子が豊富な原子核からの放射性自然崩壊機構である，中性子豊富な原子核なら，中性子が自発的に陽子および電子へと遷移し，その電子を外界へ放出する：${}^{A}_{z}X \rightarrow {}^{A}_{Z+1}Y + {}^{0}_{-1}e^{-}$，ここで X は親核種，Y は娘核種を示す．β^{-} 崩壊として知られる（電子は β^- 粒子として知られる）このケースでは，娘核種は周期律表で親核種に比べて 1 元素重い元素である．反対に，陽子が豊富な原子核ならば，陽子が自発的に崩壊して中性子と**陽電子**となり，陽電子を外界へ放出する：${}^{A}_{Z}X \rightarrow {}^{A}_{Z-1}Y + {}^{0}_{1}e^{+}$；このケース（$\beta^+$ 崩壊）で，娘核種は親核種に比べて周期律表上 1 元素軽いものとなる．このような崩壊スキームは核種が安定になるまで続くかもしれない．

Binding Energy（結合エネルギー）質量より創り出されるエネルギーの形態，そしてこのエネルギーは質量へ戻ることが出来る；2.1.4 節と 2.5 節を参照せよ．生成物の質量がインプット反応物の質量に比べて小さい反応では，結合エネルギーが生まれると言う（$E = mc^2$），このエネルギーは生成物の運動エネルギー and/or 生成物の "内部励起" エネルギー水準を高めるものとして顕れる．アウトプット生成物の質量がインプット反応物の質量よりも大きいなら，インプット反応物からの運動エネルギーは質量へ転換される．**質量欠損 (Mass defect)** または **Q 値 (Q-value)** も参照せよ．

B-Pile（B パイル）プルトニウム生産用としてハンフォード工兵施設（**HEW**，ワシントン州）に建設された最初の大規模な原子炉 (250 MW)．B パイルは 1944 年末に運転を開始し，その後間も無く D と F パイルも同じサイトで続く；第 6 章．

Calutron（カルトロン）原子量の異なる同位体をイオン化し強力な磁場を通過させることでその同位体分離に用いた**サイクロトロン**に基づく装置；5.3 節を見よ．*Cal*ifornia *U*niversity cyclo*tron* の建設．**質量分析器**も見よ．

CEW（クリントン工兵施設，テネシー州）マンハッタン計画ウラン濃縮施設の場所；第 5 章．

CIW（ワシントンのカーネギー研究所）

Combined Policy Committe: CPC（合同政策委員会）原子力研究の監督と情報交換を焦点とする貢献のため，1943 年 8 月に設立された米国・英国・カナダからなる委員会；7.4 節．

Control rod（制御棒）反応速度制御のため原子炉内で使われる中性子吸収材で造られた装置．カドミウムとホウ素が優秀な中性子吸収体である．

Coulomb barrier（クーロン障壁）"標的" 核に近づく "入射" 核の運動エネルギー量は，衝突し標的核に核反応を導入するためその 2 つの原子核内の陽子間の電気的反発力に打ち勝つだけのエネルギーを有しなければならない．典型的な値は 100 万電子ボルト (**MeV**) になる；2.1.8 節．

CP-1（Critical (or Chicago) Pile number 1）自己持続性核連鎖反応を達成した最初の原子炉．未冷却，黒鉛減速システムで 1942 年 12 月 2 日に初めて運転された；5.2 節．

Critical mass（臨界質量）物質の表面から失われる中性子を勘案して自己持続性核分裂連鎖反応達成に必要な分裂性物質の最小質量．もしもその物質が中性子反射タンパーで囲われていない場合，"裸の" 臨界質量の用語を用いる．ウラン-235 とプルトニウム-239 に対し，裸の臨界質量はそれぞれ約 45 kg と 17 kg である；7.5 節．

Cross-section（断面積）入射粒子に衝突された時に与えられた**核種**が特定の反応（分裂，散乱，吸収 ⋯）を行う可能性の測度の量．断面積は**バーン (barns)** と言う面積として表現されている，ここで 1 barn = 10^{-24} cm^2 である，そして通常，反応の種類を下付きとした σ が記号として用いられる．断面積は当てられた粒子の種類，当たる粒子の種類と当たる粒子のエネルギーに依存している；2.4 節．

Curie (Ci)（キュリー）放射性崩壊速度の単位；1 Ci = 3.7×10^{10} 崩壊/秒．これは抽出された 1 g の新鮮なラジウム-226 のアルファ崩壊速度に対応する．ベクレル (**Becquerel**) も見よ．

Cyclotron（サイクロトロン）電界と磁界を用いて高エネルギーの電荷粒子へと加速させるための改良型質量分析器（**Mass sprctroscopy** を見よ）；2.1.8 節参照．**Calutron** も見よ．

Diffusion（拡散）空間を介して通過する粒子の一般的用語．その粒子速度は質量と環境温度に依存する．マンハッタン計画では，ウランがガス拡散と熱拡散の両方で濃縮された；5.4 節および 5.5 節参照．

Dragon machine（ドラゴン装置）ロスアラモスで開発された実験装置の日常会話での名称．ウラン-235 スラグが落下してウラン-235 板中の穴を通過する瞬間に高速中性子連鎖反応を生じさせる；7.11 節．

D-T Reaction（D-T 反応）重水素とトリチウムの融合でヘリウムと中性子が生まれる反応：$^{2}_{1}H + ^{3}_{1}H \rightarrow ^{1}_{0}n + ^{4}_{2}He$；9.2 節参照．

Electron capture（電子捕獲）内部軌道電子が原子核に捕獲される崩壊機構．捕獲電子は陽子と結合して中性子を形成する，その過程は逆 β^- 崩壊と言われ，β^+ 崩壊と等しい．

Enola Gay（エノラゲイ）廣島**リトルボーイ**核兵器を運んだ B-29 爆撃機の名称．

Enrichment（濃縮）インプット供給物質の試料中の同位体組成比を変える過程の一般的用語．非分裂性ウラン-238 の数に比べて分裂性ウラン-235 の数を増加させる過程のセンスで通常用いられている．マンハッタン計画では，電磁気濃縮法と拡散濃縮法の両者が用いられた；第 5 章．

eV（電子ボルト）1.602×10^{-19} Joules と等価なエネルギー単位．典型的な化学反応でのエネルギー交換は数 eV である．**MeV** も見よ．

FAS（米国科学者連盟）：Federation of American Scientists.

Fat Man（ファットマン）長崎爆縮型プルトニウム爆弾のコード名称，その爆発力は約 22 キロトンに達した．

First criticality（最初の臨界）コアが自己維持連鎖反応に必要な条件に初めて到達した時の核兵器爆発の瞬間．

Fissile（分裂性）分裂性物質とは任意のエネルギー中性子衝撃により当たったときに分裂する原子核の 1 つ．ウラン-235 とプルトニウム-239 の両者ともに分裂性である．分裂性は **Fissionable** の部分集合である．分裂障壁 (**Fission barrier**) をも見よ．

Fisson（分裂）原子核が 2 つのほぼ等しい断片に分かれる核反応，典型的には巨大なエネルギーの放出（~ 200 MeV）を伴う．分裂は外部粒子（通常は中性子）によって原子核に当たることで引き起こされるのだが，幾つかの重元素では自発的に生じることもある．融合 (**Fusion**) と比べてみよ．

Fission barrier（分裂障壁）標的原子核を分裂させるために必要とされる衝撃中性子の最小運動エネルギー量．典型的には 100 万電子ボルト (MeV) で計測される；3.3 節．周期律表中位に在る元素の原子核に対して，その分裂障壁は ~ 55 MeV 程の高さになる，しかしウランのような重原子核ではその同位体に応じて 5-6 MeV のオーダーである．後者の場合では，その障壁は中性子吸収で生じる**結合エネルギー**を超えるに充分な程に低く，原子核**分裂性** (**fissile**) を引き起こす．

Fissionable（分裂可能）分裂可能物質とは中性子衝撃で当たった時に分裂を起こす原子核の1つである．実用上，この用語は，典型的に運動エネルギーが～1 MeV またはそれより大きい"高速"中性子の衝撃下でのみ分裂する物質用として通常用意されている．上記の**分裂性 (fissile)** と比べて見よ．ウラン-238は分裂可能であり，分裂性では無い．

Frank report（フランク報告書）核兵器の政治問題と社会問題に焦点を当てた，1945年6月にシカゴ大学の科学者達が準備した報告書；8.4節．現在，核不拡散運動の基礎文書と認めれれている．**Jeffries report** も見よ．

Frisch-Peierls memorandum（フリッシュ=パイエルス覚書）1940年早期，バーミンガム大学のオットー・フリッシュとルドルフ・パイエルスが準備した覚書，この覚書が英国政府権威筋へ分裂爆弾の可能性を警告した．

Fusion（融合）典型的には数 MeV または数 10 MeV のエネルギー放出を伴い，2つの原子核が"融合し" (fuse) て1つの重い原子核を形成する．融合反応は分裂反応に比べて少ないエネルギーを生む，しかし反応核の質量単位でのエネルギーは融合のほうがより大きいエネルギーを生み出す，そしてしばしばさらなる分裂反応または融合反応の触媒となりえる粒子を生み出す；9.2節．上記の**分裂**と比べて見よ．

General Advisory Committee: GAC（一般諮問委員会）原子力委員会の諮問委員会，技術問題への勧告のため設立された；9.1節．

Greenhouse George（グリーンハウス・ジョージ）放射線爆縮兵器の合衆国第1番目の実験，1951年5月．225キロトンを示した；9.2節．

Half-life（半減期）特定の崩壊過程下で自然崩壊同位体の原子核が半分となるに要する特定時間．半減期は秒のごく小さい比率から数10億年までと変化に富んでいる．

Heavy water（重水）水素原子が水素の同位体形態の重水素と交換した水の形態．化学記号は D_2O で表す．D は重水素 (deuterum) または"重水素" (hevay hydrogen) 核，^2_1H を示す．極めて優秀な中性子**減速材 (moderator)** として，重水は原子動力と原子力研究で興味深いものである，

HEW（ワシントン州ハンフォード工兵施設）Hanford Engineer Works. マンハッタン計画プルトニウム生産施設の場所；第6章．

Hex（ヘックス）六フッ化ウランの日常会話での名称，UF_6.

Hibakusha（被曝者）廣島爆弾と長崎爆弾で生き延びた人々の日本語．

IAEA（国際原子力機関）International Atomic Energy Agency.

ICBM（大陸間弾道ミサイル）Inter-Continental Ballistic Missile.

Implosion（爆縮）"内向き"方向への化学爆発．核兵器の関係では，初期の未臨界質量を臨界密度へ圧壊するのに用いる；7.11節．

Initiator（始動装置）連鎖反応開始の中性子を放出する核兵器コアに在る装置．マンハッタン計画で，始動装置は Urchins としても知られた．

Interim Committee（暫定委員会）戦後の原子力計画を勧告するために1945年5月にヘンリー・スチムソン陸軍長官により設立された諮問グループ；8.4節．

Isotope（同位体）**核種 (Nuclide)** も見よ．元素を特徴付ける陽子数（**原子番号**）**(Atomic number)** を持ち，幾つかの特定中性子数を持つ元素の原子核または原子．与えられた元素の全

ての原子核が同数の陽子数を持つ，しかし異なる中性子数を持っている．与えられた元素の異なる同位体は結局異なる**原子量 (Atomic weights)** を持つ．

Ivy King（アイヴィー・キング）合衆国によって行われた最大の純粋な分裂兵器，1952 年 11 月．~ 500 キロトンを示した；9.2 節．

Ivy Mike（アイヴィー・マイク）第 1 番目の本当の米国熱核（融合）兵器，1952 年 11 月爆発．~ 10.4 メガトンを示した；9.2 節．

Jeffries report（ジェフリーズ報告）核エネルギー分野での予測される戦後研究と工業的応用について記述した 1944 年遅くにシカゴ大学の科学者達が準備した報告書；8.2 節．"原子核工学設立趣意書" (Prospectus on Nucleonics) としても知られた．**Franck report** も見よ．

Joe-1（ジョウ-1）1949 年，ソヴィエト核兵器の第 1 番目の実験の西欧用語；9.2 節．

Jumbo（ジャンボ）核兵器の最初の実験爆発閉じ込めに使用する目的の 200 トン鋼製容器の名称．ジャンボは使用されず，その一部は**トリニティサイト**に残っている；7.12 節．

K-25 クリントン工兵施設 **(CEW)** に在るガス拡散プラントのコード・ネーム；5.4 節．

kiloton: kt（キロトン）通常爆薬の 1,000 メトリックトン (1 metric ton = 1,000 kg) の爆発で放出されるのと等価なエネルギーの単位，通常は核兵器のエネルギー**表示の (yield)** 定量化のために用いられる；1 kt = 4.2×10^{12} Joules = 1.17 million kWh である．第 2 次世界大戦時代の核兵器は 10-20 kt の範囲を示した．

kWh（キロワット時）1 時間（3,600 秒）にわたって 1,000 ワットの電力消費（または発生）に対応するエネルギー単位．1 kWh = 3.6×10^{6} Joules.

Lewis Committee（ルイス委員会）マンハッタン計画において，MIT の化学技術者ウォレン・ルイスが含まれる種々のルイス委員会が存在した．最も重要な委員会報告の 1 つが，**CP-1** 原子炉が臨界に達する 1942 年末の時期に原子エネルギー・プログラムのレビューをしたこと (4.10 節)，そして 1943 年 3 月/4 月にロスアラモスでの研究プログラムを勧告した（7.2 節）．

Little Boy（リトルボーイ）廣島銃型ウラン分裂爆弾のコード・ネーム，約 13 キロトンの収率を達成した．

LTBT（部分的核実験禁止条約）Limited Test-Ban Treaty. 大気圏内，大気圏外または水中での核兵器実験または他の核爆発を禁止する 1963 年条約．地下実験は禁止されなかった；9.4 節．

Mass defect（質量欠損）原子核を構成する個々の陽子と中性子の質量の合計と "組立てられている" 原子核間の質量の差異；通常等価なエネルギー単位で表現される．それらを構成している**粒子 (nucleons)** の質量合計に比べて全ての安定な原子核は小さい質量を持っている；2.14 節と 2.5 節．

Mass spectroscopy（質量分析器）高精度で原子質量を決定する実験的技法．イオン化した原子または分子を磁界内の空間に向け導入される．その粒子の軌道は粒子自体の質量に依存する；粒子の "着地" を示すことで，質量を精確に測定出来る；2.1.4 節．**Cyclotron** と **Calutron** も見よ．

MAUD committee（モード委員会）核分裂を可能性を有する軍事利用を研究する**フリッシュ=パイエルス覚書**に対応するために設立された英国政府の委員会；3.7 節と 4.4 節．委員会は 1941 年 7 月，ウランの分裂爆弾としての使用可能性を解析し報告した（4.4 節）．

May-Johnson bill（メイ=ジョンソン法案）1945 年 10 月に合衆国議会に導入された原子エネ

ルギーに関する法律．この法案は科学コミュニティ内で考慮すべき批判を生じさせたコントロールとセキュリティ対策を徹底的に議論したものだった，**McMahon bill** のほうが選ばれて廃案となった．

McMahon bill（マクマホン法案）米国原子力委員会を設立させた法律；9.1 節．

Mean Free Path: MFP（平均自由行路）他の粒子に衝突して恐らく反応を導入するまでの物質を通る粒子の平均距離．核兵器の文脈では，通常分裂性物質の試料中を通る中性子に適用される；7.5 節．共通の記号として λ が用いられる．

MED（マンハッタン工兵管区）米国陸軍のマンハッタン工兵管区；4.9 節．

Megaton: Mt（メガトン）通常爆薬 100 万メトリック・トンの爆発で放出されるエネルギーと等価の単位，通常は極めて強力な核兵器のエネルギー放出量に用いられる．1 Mt = 4.2×10^{15} Joules = 1.17 billion kWh.

Metallurgical Laboratory（冶金研究所）アーサー・コンプトンが指揮したシカゴ大学原子力研究所のコード・ネーム．この研究所は，特に原子炉とプルトニウム分離化学の開発に対する責務を負った．

MeV（メガ電子ボルト）100 万電子ボルト．1.602×10^{-13} Joules と等価のエネルギー単位．典型的核反応では数 MeV のエネルギーが交換される．**eV** も見よ．

Military Policy Committee: MPC（軍事政策委員会）1943 年 9 月にヘンリー・スチムソン陸軍長官により設立された核兵器開発と使用を勧告する委員会．MPC はマンハッタン計画の理事会の 1 種として活動した；4.10 節．

Moderator（減速材）高エネルギー中性子を “熱的” 速度（2.4 節）まで減速させて U-235 原子核の分裂のチャンスを増やす原子炉内に在る物質．通常水を使うことも可能だが，その場合は濃縮ウランが原子炉燃料として要求される．

MW（メガワット）100 万ワット．エネルギー消費速度を定量化する出力の単位．1 Watt = 1 Joule/sec.

NAS（連邦科学アカデミー）National Academy of Sciences (United States).

NDRC（国防研究協議会）National Defence Reserch Committee. 軍事応用が可能と思われる民間科学者達により行われる研究の支援と調整のためにルーズベルト大統領により 1940 年 6 月に設立された．ウラン委員会は後日設立された NDRC に吸収された（4.2 節）．1941 年 6 月に **OSRD** の中に組み込まれた．

Neutron（中性子）原子核を構成している電気的中性の粒子．原子核内の陽子数（**原子番号**）が与えられると，原子核内の中性子数がその元素の**同位体**を示す．中性子は陽子の互いの電気的反発力に抗し原子核を一緒に保持する “核のにかわ” (nuclear glue) の形態と考えることが可能である．

Neutron number (N)（中性子数）原子核内の中性子の数．中性子数 N と陽子数 Z（**原子番号**）を和すと**核子数** A となる．**原子量 (atomic weighs)** も見よ．

NBS（連邦標準局）National Bureau of Standards (United States).

NPT（核兵器不拡散条約）the Treaty on the Non-Proliferation of Nuclear Weapons (1968) の頭文字語；9.4 節．

NRC（連邦研究諮問委員会；原子力規制委員会）National Research Council; Nuclear Regulatory

Commission (United States).

NRL（海軍研究所）Naval Reserch Laboratory (United States).

Nucleon（核子）中性子と陽子に対する集合的用語.

Nucleon number (*A*)（核子数）原子核内に在る陽子と中性子の合計数，常に整数値である．**原子番号**と**中性子数**も見よ.

Nuclide（核種）陽子数と中性子数が与えられた原子核に対する属性用語記号：$^{A}_{z}$X，ここで *X* は元素のシンボルで，*Z* は陽子数（**原子番号**），*A* は陽子と中性子の合計数（**原子量**）である．**同位体**の用語が通常元素の核種として引用される文脈で使われることを除いては，基本的に核種は**同位体 (isotope)** と同意語である.

Nucleus（原子核）原子の正電荷核，陽子と中性子で構成されている.

OSRD（科学研究開発局）Office of Scientific Reserch and Development．ルーズベルト大統領により 1941 年 6 月に軍事的価値（例えば，レーダー，近接信管，核分裂兵器）を有する機器の研究と開発を監督するために設立された.

Overpressure（過剰圧力）核兵器の爆発で引き起こされる "正常な" 大気圧を超える大気の環境，通常ポンド毎平方インチ（psi）で計測される；7.13 節.

P-5（初期 5 ヵ国）"初期 5" (primary five) 核兵器保有国；合衆国，ロシア，英国，フランス，中国.

Parity（パリティ）原子核内の陽子数と中性子数の偶 (oddness) 奇 (evenness) 性のこと；3.21 節．核不拡散会話の中で，核兵器数の総体的平等 (evenness) が種々の国々によって維持された.

Pile（パイル）原子炉に対する歴史的用語.

Planning Board（企画理事会）マンハッタン計画には 2 つの企画理事会が含まれていた．第 1 番目の理事会は分裂性物質の製造計画と工学研究のための契約に関する勧告を行わすために 1941 年 11 月に設立された；4.6 節．第 2 番目の理事会はロスアラモスであった，研究所での技術的研究を司るために組織化された；7.2 節.

Positron（陽電子）正電荷の電子，正のベータ (β^{+}) 粒子としても知られる.

Predetonation（前駆爆発）爆弾コアが完全に合体する前の核爆薬の爆発，意図した収率 **(yield)** に比べて低い爆発収率の結果となる．中性子放射不純物または自発分裂によって引き起こされがちである；7.7 節.

Project Alberta（アルベルタ計画）戦闘用爆弾手配のためのロスアラモス・プログラムのコード・ネーム.

Proton（陽子）原子核を構成する正電荷粒子．原子核内の陽子数は原子核の**原子番号 (Atomic number)** に等しい.

Q-value（Q 値）核反応で生まれるまたは消費されるエネルギー量，典型的には 100 万電子ボルト (MeV) で計測される；2.1.6 節.

Queen Marys（クイーン・メリー）ハンフォード工兵施設 (HEW) のプルトニウム工程施設の集合的名称；6.5 節．長さ 800 フィートの建屋が遠洋定期船クイーン・メリー号の全長（1,020 フィート）に匹敵していた.

RaLa ロスアラモスで開発された "放射性ランタン (radiolanthanum)" 爆縮診断技法の略記法；

7.11 節.

Reaction channel（反応チャンネル）2 つ（またはもっと多く）のインプット粒子による反応が出現出来得る数多くのものの 1 つ．軽元素への中性子注入反応では，数多くの可能なチャンネルが生じ得る；2.4 節.

Rem（レム）放射線被曝の単位；“人体放射線当量” (Radiation Equivalent in Man) でありレントゲン (**Roentgen**) と同義語；7.13 節．人体に対して，500 レムのオーダーの単一照射線量は屡々死を招く結果となる.

Reproduction factor（増倍係数）原子炉内で消費される中性子当たり生まれる中性子の正味数の測度，記号 k で表す．もしも $k \geq 1$ なら，自己持続反応が進行する.

Roentgen（レントゲン）**Rem** を見よ.

S-1 Committee; S-1 Section（S-1 委員会；S-1 課）1941 年 7 月に設立された科学研究開発局（**OSRD**）にウラン委員会が取り込まれたことによって生まれた新名称.

S-1 Executive Committee（S-1 最高執行委員会）1941 年 6 月に設立した S-1 委員会の後継，**OSRD** 内部で分裂性物質生産の様々な方法の研究を指揮した；4.9 節．ジェイムズ・コナント議長，他のメンバーはライマン・ブリッグス，アーネスト・ローレンス，ハロルド・ユーリー，アーサー・コンプトン，エガー・マーフィーだった.

S-50 クリントン工兵施設（**CEW**）に在った熱拡散プラントのコード・ネーム；5.5 節.

Scientific Panel（科学パネル）核兵器の将来の開発と使用に関する技術的問題への勧告のため，暫定委員会 (1945)（**Interim Committee**）のサブ委員会として設立された；8.4 節．メンバーはロバート・オッペンハイマー，アーサー・コンプトン，アーネスト・ローレンス．もう 1 つの科学パネルは戦後の原子力政策のアドバイスとして指名された；9.1 節.

Second criticality（2 次臨界）自己持続連鎖反応に必要な条件がもはや保持できない点までコアが膨張する核兵器爆発で生じる瞬間.

SED（特別工兵派遣隊）Special Engineer Detachment；技術と科学の訓練を受けた軍人達のグループ；7.3 節.

SP（自発核分裂）Spontaneous fission.

Smyth Report（スマイス報告書）ヘンリー・スマイス著報告書の集合的題名で，1945 年 8 月の廣島と長崎への原爆投下直後に合衆国政府から発行された；8.7 節．本書がマンハッタン計画を記述した最初の公開書籍；その題名は “Atomic Energy for Military Purposes: The Official Report on the Development of the Atomic Bomb under the Auspices of the United States Goverment, 1940-1945” である*1.

SODC Standard Oil Development Company.

SORT（戦略的攻撃兵器削減条約）Strategic Offensive Reductions Treaty (2001)；9.4 節.

START（戦略兵器削減条約）Strategic Arms Reductions Treaty (1991, 1993 and 2010)；9.4 節．合衆国とロシア間で複数の START 条約が存在している.

Tamper（タンパー）逃れ出る中性子をコアに戻すように反射するように，爆発中のコアの膨

*1 訳註：　H.D. スマイス，「原子爆弾の完成」，杉本朝雄，田島英三，川崎榮一譯，岩波書店，東京，1951 の日本語訳が出版された.

張をちょっとの間遅らすように設計された，核兵器のコア周囲を囲む重い（通常は金属製）構造物．両方の効果が兵器効率の上昇をもたらす．

Target Committee（攻撃地点委員会）核兵器の日本への攻撃目標都市選定のアドバイスのため 1945 年 4 月に設置された軍将校達と科学者達のグループ；8.1 節．

Top Policy Group（最高政策グループ）1941 年 10 月にルーズベルト大統領によって設立された原子力方面から生じる政治的配慮についてアドバイスするための政府役人，軍人および科学者達の委員会；4.5 節．

Trinity（トリニティ：三位一体）ニューメキシコ州内で 1945 年 7 月 16 日に行われた核兵器の最初の実験．この爆縮装置は約 22 キロトンの収率を達成した．

TVA（テネシー渓谷公社）Tennessee Valley Authority，合衆国政府の 1 部局．

Uranium Committee（ウラン委員会）正式には，核分裂の軍事利用の可能性を研究するために 1939 年 10 月に設立されたウラン諮問委員会である；4.1 節．この委員会が分裂爆弾と原子力の可能性を検討するために米国政府のグループが集まった最初である．このウラン委員会は 1940 年 6 月に **NDRC** の中に取り込まれた，そして 1941 年 7 月に設立した科学研究開発局（**OSRD**）の S-1 課として知られるようになった（4.4 節）．

USSBS（合衆国戦略爆撃調査）United States Strategic Bombing Survey；8.6 節．

X-10 クリントン工兵施設（**CEW**）の黒鉛型原子炉のコード・ネーム；5.2 節．

Xenon poisoning（キセノン毒）キセノンは核分裂で造り出される；原子炉内で集積し，中性子を吸収する傾向に依る反応を "毒する" (poisons) と言う；6.5 節．もしも短い半減期（9 時間）が無いとしたならば，相応同位体，Xe-135 は原子炉が長期停止に至るまで集積を続ける[*2]．

Y-12 クリントン工兵施設（**CEW**）の電磁気分離複合施設のコード・ネーム；5.3 節．

Yield（収率）核兵器から放出されるエネルギー，通常キロトン（**kt**）またはメガトン（**Mt**）で測られる．

[*2] 訳註：　^{135}Xe の毒作用：炉を停止すると，^{135}Xe は運転中に蓄積された ^{135}I の壊変によって生成し，自身の壊変によって消滅するが運転中の中性子吸収による消滅がなくなるので，^{135}Xe の消滅は運転中より減少する．運転が長時間続けられ ^{135}Xe の濃度が X_∞ に近づき，運転中に ^{135}Xe の生成と消滅がほとんどつりあっている場合には，炉を停止すると ^{135}Xe の生成が消滅を上回り ^{135}Xe の濃度は上昇を始める．しばらくして ^{135}I の壊変が進むと ^{135}Xe の生成が減少するので，^{135}Xe の濃度は極大値に達したのち下降する．炉停止後，再起動しようとするとき，炉が ^{135}Xe の吸収反応度を打ち消すに十分な正の反応度をもっていないときは，^{135}Xe が放射性壊変して，ある程度まで減少しないと，炉を再起動できない．この時間を再起動不能時間 (reactor dead time) という．

付録 B

略伝註記

Biographical Notes*1

ルイス・アルヴァレ (Luis Alvarez)，物理学者．生理学研究者の息子として 1911 年サンフランシスコに生まれる．1932 年シカゴ大学で B.S. を 1936 年に物理学の Ph.D. を取得．1936 年にカリフォルニア大学バークレー校に奉職．1940-1943 年まで MIT 放射研究所のスタッフ・メンバーだった．1943-44 年にシカゴ大学冶金研究所で，1944-45 年にロスアラモスで働いた．1945 年にテニアンに行き配送される爆弾の組立を手伝い，廣島に行く**エノラ・ゲイ**に付き従う 2 機の観測機の 1 つに乗り込んだ．第 2 次世界大戦後，バークレー研究所で泡チェンバー・グループを率いた，彼の泡チェンバーを用いた新粒子の発見により 1968 年にノーベル賞を受賞．粘土層の中にイリジウムが異常に高濃度で含まれることに興味を持った．彼は最初に，近くの超新星爆発からイリジウムが飛来した可能性を示唆した．アルヴァレの衝突説は 1980 年代には恐竜類の絶滅をもっともよく説明するものとして生き残った．1988 年死去．

アントワーヌ・アンリ・ベクレル (Antoine Henri Becquerel)，フランスの物理学者．1852 年生まれ．ベクレルの初期の科学と工学教育はエコールポリテクニークと橋梁・道路学校であり，1876 年からエコールポリテクニークで教え始めた．ベクレルは 1896 年の放射能の発見者として有名である．ベクレルは引き続きこの放射線の性質を研究した．1899 年，その一部は磁場で曲げられ，従って荷電粒子から構成されていることを示した．1903 年，彼はキュリー夫婦とノーベル物理学賞を共同で受賞した．1908 年死去．

ハンス・ベーテ (Hans Bethe)，理論物理学者，1906 年ドイツのストラスブルクに生まれる．

*1 訳註：　読者の利便のため R. Serber 著,『平和，戦争と平和』に加えた「略伝註記」を加筆・修正し，ここに再掲載した．本文には日本の物理学者達：仁科芳雄，嵯峨根遼吉，湯川秀樹について触れていないが，3 人ともに日本の原子爆弾研究に参画し，戦後の核物理学を先導した．初代の原子力委員として「原子力の自主開発」を唱えた湯川博士，日本原子力研究所理事，日本原子力発電副社長を歴任した嵯峨根博士の略伝です．

1935 年に米国帰化，コーネル大学で物理学の教鞭をとる．1943 年から 1946 年までロスアラモスの理論物理学部を率いた．1967 年ノーベル物理学賞を受賞．2005 年死去．

レイモンド・バージ (Raymond Birge)，実験物理学者，1887 年ニューヨークのブルックリンで生まれる．ウイスコンシン大学で 1913 年に学位取得．1933 年から 1955 年までカリフォルニア大学バークレー校の物理学部長．1980 年死去．

フェリックス・ブロッホ (Felix Bloch)，理論物理学者，1905 年スイスのチューリッヒに生まれる．1934 年から 1971 年までスタンフォード大学で物理学を教える．スタンフォード，ロスアラモス，ハーバードで戦争研究を行う．1952 年ノーベル物理学賞を受賞．1983 年死去．

ニールス・ボーア (Niels Bohr)，理論物理学者，1885 年デンマークのコペンハーゲンに生まれる，量子力学の始祖．1922 年ノーベル物理学賞を受賞．戦時中，ロスアラモスの顧問を勤めた．1962 年死去．

ヴァルター・ボーテ (Walther Bothe)，1891 年ドイツ，オラニエンブルクに生まれる．プランクのもとベルリン大学に学び，1914 年学位を得た．X 線による電子放出を測定する「同時計数法」を工夫し，1929 年にはこの方法を宇宙線研究に応用し，宇宙線が光子でなく質量を持つ粒子から構成されていることを示すことができた．この研究によって，彼はボルンと共同で 1954 年のノーベル物理学賞を受賞した．第 2 次世界大戦中は原子エネルギーを研究するドイツの科学者を指導した．戦争が終了すると，彼はハイデルベルク大学の物理学の講座を与えられ，亡くなるまでその地位にあった．1957 年死去．

グレゴリー・ブライト (Gregory Breit)，1899 年ロシア生まれの理論物理学者，1929 年から 1944 年までワシントンのカーネギー協会の地球磁気学部門の研究員を勤めた．マンハッタン計画でロバート・オッペンハイマーの前任者の高速中性子研究のコーディネーターだった．1981 年死去．

ジェイムズ・チャドウィック (James Chadwick)，実験物理学者，1891 年英国チェツシャーのボーリントンに生まれる．1913 年，ガイガーのもとで研究するため，ライプツィヒへ行ったが，第 1 次世界大戦が起き，1914 年，敵国人として捕らわれてしまった．1919 年，イギリスにもどると，ラザフォードからケンブリッジ大学へ来るよう誘われ，1922 年から 1935 年までキャヴェンディッシュ研究所の研究副部長としてつとめた．1932 年，彼が中性子という大発見をしたのはこの時期のことであった，これによって 1935 年ノーベル物理学賞を受賞．ロスアラモスでの英国派遣団長．1974 年死去．

アーサー・ホリー・コンプトン (Arthur Holly Compton)，実験物理学者，1893 年オハイオ州ウースターに生まれる．1942 年から 1945 年までシカゴ大学冶金研究所のコーディネーター，この研究所で初めて核反応開発を行い，ウランよりプルトニウムを分離するに必要な化学技術を考案した．1927 年ノーベル物理学賞を受賞．1962 年死去．

ジェイムズ・ブライアント・コナント (James Bryant Conant)，化学者，教育者，科学行政官，外交官，1892 年マサチューセッツ州ボストン市に生まれる．ハーバード大学で化学を専攻し，1917 年博士号を取得した．1917 年-1918 年，陸軍で毒ガスなど化学兵器関係の業務に従事．第 1 次世界大戦後ハーバード大学に赴任し，1919 年から助教授，1928 年から教授，1933 年-1953 年学長を歴任した．1941 年-1946 年，アメリカ国防研究委員会委員長を務め，科学研究開発局長ヴァネバー・ブッシュに協力．マンハッタン計画では政策決定過程に関与した．

1953年-1957年，西ドイツ駐在高等弁務官，在ドイツアメリカ合衆国大使．1978年死去．

エドワード・コンドン (Edward Condon)，理論物理学者，1902年ニューメキシコ州アラモゴルドに生まれる，1930年から1937年までプリンストン大学の物理学助教授，1945年から1951年まで連邦標準局長．彼はロスアラモスで最初の数カ月は副所長であったが，機密論争で辞任した．1974年死去．

シャルル・オーギュスタン・ド・クーロン (Charles-Augustin de Coulomb)，フランスの物理学者，1736年フランスのアングーレムに生まれる．パリで教育を受け，技術者として軍隊に入った．彼はマルチック島で9年間を要塞の設計と建造にすごし，病気のためフランスにもどった．フランス革命が勃発したため，パリから逃れ，ブロアで静かに安全に時をすごし，科学に没頭した．彼はナポレオン時世のもとで公的生活にもどり，1802年から公的教育査閲官をつとめた．彼のもっとも良く知られている業績は，1785年に出版した電気的及び磁気的引力と斥力に関する逆2乗の法則である．クーロンは彼の名誉のために電荷の単位としての名前がつけられたため，不朽の名声を与えられた．1アンペアの電流が1秒間に運ぶ電荷量を1クーロン (C) という．1806年パリにて死去．

マリー・キュリー (Marie Curie)，化学者，1867年ポーランドのワルシャワに生まれる．父は物理学の教師であり，母は女学校の校長であった．当時のポーランドでは，女性が高等教育を受ける機会は皆無だった．1891年に意を決した彼女は姉と2人でパリに旅たった．赤貧洗うがごとき生活の中で，文字通り苦学生としてソルボンヌで物理学を学び，1893年に首席で卒業し学士号を得た．ようやく母国ポーランドから奨学金を給付されることとなり，彼女は1年間数学を学び，今度は次席で卒業した．1894年，彼女はピエール・キュリーに会い，翌年に結婚した．彼女の学位論文は1903年に提出され，フランスで上級の学位を得た最初の女性となった．同じ年のうちに彼女は夫とベクレルとの3人で，彼らの放射能に関する研究でノーベル物理学賞を受ける．1911年に彼女は2度目のノーベル賞を受けた．今度は単独で，ラジウムとポロニウムの発見に対しての化学賞であった．1934年死去．

ピエール・キュリー (Pierre Curie)，フランスの物理学者，1859年パリに生まれる．父は医者で，彼はソルボンヌ大学で教育を受け，1878年助手になった．1882年，工業物理学・化学学校の実験主任に任じられ，1904年ソルボンヌの物理学教授に任命されるまでそこに留まった．彼の科学上の経歴は自然に2つの時期に分けられる．1つはベクレルによる放射能の発見以前の時代で，彼は磁性と結晶学について研究していた．もう1つは彼の妻マリー・キュリーとこの新現象を共同研究し始めた後である．前期では「圧電効果」の発見とある温度で強磁性を失うことを示し，その臨界温度は「キュリー点」として知られている．ピエール・キュリーは放射能障害に罹った恐らく最初の人であった．1906年パリのある通りを横断中に滑り，通行中の馬車の下敷きになり，死へと追いやられてしまったのである．放射能の単位，キュリーは1910年，彼にちなんでつけられた．

ルイ・ヴィクトル・ピエール・レイモンド・ド・ブロイ (De Broglie)，フランスの物理学者，1892年フランス，ディエップに生まれる．貴族の子孫で，彼は初めソルボンヌ大学で歴史家としての教育を受けたが，第1次世界大戦中に通信部隊の一員としてエッフェル塔に配属されていた時に科学に対して興味を持った．1924年，ソルボンヌから物理学の博士号を得た．1926年からソルボンヌで教え，1928年から1962年までは新たに創設されたアンリ・ポアンカレ研究所の理論物理学教授をつとめた．1924年，アインシュタインの研究に影響を受け，ド・ブロイは逆のアイデアを考えた．つまり，波動が粒子のようにふるまうように，粒子もまた波動のようにふるまう．電子がその運動量を p とし，h をプランク定数とすると波長 h/p の波動運動（ド・ブロイ波）をしているようにふるまえるということを提唱した．この革命的理論はド・ブロイの博士論文で提案された．「電子の波動性の発見」によって1929年のノーベル物理学賞を受けた．1987年死去．

ポール・ディラック (Paul Dirac)，理論物理学者，1902年英国のブリストルに生まれる，1928年に電子の性質を記述する相対性理論を作り出した；この方程式から，電子にとって負のエネルギー状態がなければならないことを予見した．この正の粒子は後に陽電子と呼ばれるようになった．1933年にシュレジンガーと共にノーベル物理学賞を受賞．1932年から1969年までケンブリッジ大学で数学のルーカス教授であった．1984年死去．

エンリコ・フェルミ (Enrico Fermi)，実験および理論物理学者，1901年イタリアのローマに生まれる，レオ・シラードと核反応炉の共同考案者で，戦争中にシカゴ大学冶金研究所に最初の原子炉建設を指導し，1942年12月に最初の人類による核連鎖反応を達成した．1938年ノーベル物理学賞を受賞．1954年死去．

リチャード・ファインマン (Richard Feynman)，理論物理学者，1918年ニューヨークに生まれる，ロスアラモスの理論部門で働く．1965年ノーベル物理学賞を受賞．1988年死去．

スタンレー・フランケル (Stanley Frankel)，理論物理学者，1919年カリフォルニアのロスアンゼルスに生まれる，ローレンス放射線研究所とロスアラモスに勤務．1978年死去．

クラウス・フックス (Klaus Emil Julius Fuchs)，ドイツの物理学者，1911年ルーテル派牧師の息子として生まれる．キール大学とライプツィヒ大学で教育を受けた．もともとは社会民主党員であったが，1932年，ナチスに対する激しい抵抗を示すため共産党に入党した．1932年の国会議事堂放火事件とその時の弾圧の後，1933年フックは英国に逃れた．ブリストル大学のモットの助手の仕事を得て博士号をとるための研究を開始した．1937年ボルンのもとで研究職につくためエディンバラ大学に移るまでそこに留まった．戦争の勃発と共に，フックスは敵国人として，最初はマン島，その後間も無くカナダに抑留された．ボルンの要請によって1941年末，当局はフックスを解放した．パイエルスは原子爆弾の研究をするためにバーミンガム大学にフックスを招聘した．英国の諜報機関MI5はフックスの経歴を良く知っていたが，その任命に反対しなかった．1945年，戦争が終わると，フックスは英国に戻り，翌年ハーウェル原子力研究施設の理論部門の長に任命された．フックスに疑いがかけられMI5が少し尋問すると，彼はすべてを告発した．彼は逮捕され，裁判にかけられ，1950年に14年間の懲役とイギリス国籍剥奪の判決を受けた．8年間服役し，1959年釈放されると，彼は東ドイツに向かった．彼は国籍を与えられ，共産党に入党した．1979年に引退するまで，フックスは多くの名誉や勲章を受け，ロッセンドルフの原子核研究所副所長をつとめた．彼は1988年突全死亡した．彼がもう少し生き延びていたなら，彼があれほど忠実に，長期にわたって奉仕した共産主義体制が崩壊したことを目の当たりにしたであろう．

オットー・ロバート・フリッシュ (Otto Robert Frisch)，理論物理学者，1904年オーストリアのウイーンに生まれる．叔母のリーゼ・マイトナーと共に核分裂を定義し，それをfissionと命名した．“スーパー爆弾”の可能性に関する彼の報告書は，英国が戦争に核分裂を応用する研究開始の契機となった．1979 年死去．

ジョージ・ガモフ (George Gamow)，ロシア帝国領オデッサ（現在はウクライナ領）に 1904 年に生まれる．1928 年，レニグラード大学を卒業後，ケンブリッジ大学に移る．1934 年，ジョージ・ワシントン大学教授に就任．のちコロラド大学に移る．1928 年に，放射性原子核の α 崩壊に初めて量子論を応用し，それが原子核の周りのポテンシャル壁を α 粒子がトンネル効果で透過する現象であるとの理論をたてた．一般向けに難解な物理理論を解りやすく解説する啓蒙書を多く著わしている．1968 年死去．

モーリス・ゴールドハーバー (Maurice Goldhaber)，理論物理学者，1911 年オーストリアのレムベルグに生まれる．1938 年英国から米国に帰化．1973 年までイリノイ大学で物理学を教える．2011 年死去．

レスリー・R・グローヴズ (Leslie R. Groves)，米陸軍技官，1896 年ニューヨークのアルバニーに生まれる．ペンタゴン（国防省）建設に従事，マンハッタン計画を統率した．1970 年死去．

オットー・ハーン (Otto Hahn)，放射化学者，1879 年ドイツのフランクフルト-アム-マインに生まれる．フリッツ・シュトラスマンと共同で核分裂を発見．1944 年にノーベル化学賞を共同で受賞．1968 年死去．

ウエルナー・ハイゼンベルク (Werner Heisenberg)，理論物理学者，1901 年ドイツのウルツブルグに生まれる．量子力学を創始し，これによって 1932 年ノーベル物理学賞を受賞．戦争中はドイツで原爆と原子炉の開発に従事した．1976 年死去．

フレディリック・ジョリオ (Frédéric Joliot)，実験物理学者，1900 年フランスのパリに生まれる．妻イレーネ・キュリーと人工放射能の共同発見者．ジョリオ - キュリーは 1935 年ノーベル化学賞を受賞．1939 年パリで核分裂からの 2 次中性子出現をハンス・フォン・ハルバンとレオ・コワルスキーと共同で実証した．1958 年死去．

エミール・コノピンスキー (Emil Konopinski)，理論物理学者，1911 年インディアナ州ミシガン市に生まれる．1943 年から 1946 年までロスアラモスに勤めた．1990 年死去．

チャールズ・ローリッツエン (Charles Lauritsen)，実験物理学者，1892 年デンマークのホルステブロに生まれる．1930 年から 1962 年までカリフォルニア工科大学で教えた．1968 年死去．

アーネスト・ローレンス (Ernest Lawrence)，実験物理学者，1901 年南ダゴダ州のカントンに生まれる．サイクロトロンを発明し，1939 年その研究に対してノーベル物理学賞を受賞．戦争中，バークレーとオークリッジでウランの電磁分離を指導した．1958 年死去．

エドウィン・マクミラン (Edwin McMillan)，実験物理学者，1907 年カリフォルニア州レドンビーチに生まれる．ネプツニウムの発見およびグレンシーボーグと共同でプルトニウムを発見した．これに対し 1951 年ノーベル化学賞を受賞．1991 年死去．

ジョン・マンリー (John Manley)，実験物理学者，1907 年イリノイ州ハーバードに生まれる．戦争中，ロスアラモスの科学者であった，その後そこの副所長となった．1990 年死去．

リーゼ・マイトナー (Lise Meitner)，理論物理学者，1878 年オーストリアのウイーンに生まれる．1878 年に甥のオットー・ロバート・フリッシュと共に核分裂についての最初の理論的解釈を行った．1968 年死去[*2]．

エルドレッド・ネルソン (Eldred Nelson)，理論物理学者，1917 年ミネソタ州スターバックに生まれる．戦争中，ロスアラモスの理論物理部門のグループリーダーだった．

ケネス・ニコルス (Kenneth Nichols)，米陸軍技官，1907 年オハイオ州クリーブランドに生まれる．マンハッタン計画の 2 代目の司令官となった．2000 年死去．

仁科芳雄 (Y. Nishina)，原子物理学者，1890 年岡山県に生まれる．1914 年東京帝国大学の工科大学電気工学科に入学．1918 年大学を首席で卒業し，翌日から理化学研究所の研究生になるとともに大学院工科に進学．ヨーロッパに留学し 1928 年にコンプトン散乱の有効断面積を計算してクライン=仁科の公式を導いている．1930 年東京帝国大学より理学博士．1937 年 4 月には小型サイクロトロンを完成させ，10 月にボーアを日本に招いている．1943 年 8 月 6 日，アメリカ軍によって廣島市に「新型爆弾」が投下されると，8 月 8 日に政府調査団の一員として現地の被害を調査し，レントゲンフィルムが感光していることなどから原子爆弾であると断定，政府に報告した．1951 年肝臓癌で死去．

ロバート・オッペンハイマー (Robert Oppenheimer)，理論物理学者，1904 年ニューヨーク市に生まれる．1943 年から 1945 年までロスアラモス研究所を設立し，所長を勤めた．1967 年死去[*3]．

ウオルファング・パウリ (Wolfang Pauli)，理論物理学者，1900 年オーストリアのウイーンに生まれる．1945 年ノーベル物理学賞を受賞．1958 年死去．

ルドルフ・パイエルス (Rudolf Peiers)，ドイツ，イギリスの理論物理学者，1907 年ベルリンに生まれる．ベルリン，ミユンヘン，ライプツィヒで教育を受け，1929 年，ライプツィヒ大学で博士号を取得した．その後 3 年間，チューリヒの連邦工科大学のパウリの助手としてすごした．ドイツへの帰国が難しいと思い，パイエルスはイギリスに職を求めた．彼は最初，マンチェスター大学で研究し，1937 年，バーミンガム大学の物理学教授に任命された．パイエルスは 1940 年，イギリスに帰化した．1939 年の核分裂発見；フリッシュは彼の発見を発表すると直ちにバーミンガムにおもむき，この問題をパイエルスと議論した．パイエルスはドイツでも同様な計算をしていることを恐れた．その結果パイエルスとフリッシュは直ちに報告書を用意したが，それが最終的にはジョージ・トムソンのしかるべき政府の委員会に届けられた．戦線機構「チューブアロイ」がガス拡散方式でウラン-235 を抽出する研究を開始すべきと勧告した．パイエルスは出身がドイツであったことから，初めは多少混乱したが，「チューブアロイ」にスカウトされロスアラモスで研究を継続すべく，アメリカに派遣された．戦後，パイエルス

[*2] 訳註：　R.L. サイム，*Lise Meitner. A life in Physics*, University of California Press, CA, 1986：鈴木淑美訳，「リーゼ・マイトナー　嵐の時代を生き抜いた女性科学者」，シュプリンガー・フェアラーク東京，2004：ナチスによって亡命を余儀なくされ，核分裂発見の栄誉も奪われたマイトナーの「消された」生涯を克明に再現している．

[*3] 訳註：　カイ・バード，マーティン・シャーウイン，*AMERICAN PROMETHEUS*: The Triumph and Tragedy of J. Robert Oppenheimer, 2005：河邊俊彦訳，「オッペンハイマー「原爆の父」と呼ばれた男の栄光と悲劇（上/下）」，PHP 研究所，東京，2007：ピュリッツアー受賞作品．「微妙で的確な描写……伝記と社会史という両分野において傑出した書」（『サンフランシスコ・クロニクル』）と評されている．

はバーミンガム大学のもとの講座に復帰した．1963 年，オックスフォード大学に移りワイクハイム物理学教授となり 1974 年に引退するまでその地位にあった．1995 年死去．

イジドール・イザーク・ラビ (I.I. Rabi)，実験物理学者，1898 年オーストリアのリマノフに生まれ，子供の頃に米国帰化．1942 年から 1945 年の間，レーダー研究を行った MIT の放射研究所副所長とロスアラモスの顧問を勤めた．1944 年ノーベル物理学賞を受賞．1988 年死去．

ノーマン・ラムゼー (Norman F. Ramsey)，物理学者，1915 年ワシントン DC に生まれ，コロンビア大学数学科を卒業し，英国ケンブリッジ大学で物理学士となり，米国に戻りコロンビア大学で博士号を得，1947 年以来ハーバードの物理学教授をつとめた．ラムゼーはイジドール・ラビの学生であり，彼と共に分子の回転磁気モーメントについて研究し，それらの原子核質量に対する依存性を明らかにした．第 2 次世界大戦中，初めはレーダーについて，その後はロスアラモス研究所で研究した．その後は引き続き高エネルギー粒子散乱と低エネルギー磁気共鳴双方について研究した．分子線についての研究によって 1989 年のノーベル物理学賞を受けた．2011 年死去．

アーネスト・ラザフォード (Ernest Rutherford)，物理学者，1871 年ニュージーランドのネルソンに生まれる．クライストチャーチのカンタベリーカレッジに学び，1895 年英国ケンブリッジ大学への奨学金を得た．ケンブリッジでは J.J. トムソンのもとで初めは高周波磁場の研究をし，1896 年になると X 線でイオン化された空気の伝導率に関する研究を開始した．1898 年カナダのマッギル大学の教授となって赴任した．マッギル大学には世界中で最良の設備を備えた物理学研究室の 1 つがあり，特に，当時非常に高価な臭化ラジウムが十分に供給されていた．第 1 次世界大戦後，ラザフォードは海軍で音響によって潜水艦を発見する方法について研究していたが，1919 年英国のケンブリッジ大学のキャヴェンディシュ物理学講座とキャヴェンディシュ研究所所長を継ぐために移った．1919 年，α 線，β 線，γ 線と α 線の散乱から有核原子模型の提唱に次ぐ 3 番目の大きな発見である原子核の人工破壊を報告した．1908 年にノーベル化学賞を受けた．1937 年ロンドンにて死去．

嵯峨根遼吉 (R. Sagane)，実験物理学者，1905 年長岡半太郎の 5 男として東京に生まれる．嵯峨根家の養子となった．1929 年東京帝国大学理学部物理学科を卒業．英国，米国に留学後，1938 年帰国．理化学研究所研究員となり，仁科芳雄の下で原子核物理学の研究に従事．大型サイクルトロンを建設．1943 年東京帝国大学教授に就任．1949 年渡米．アイオワ大学・カリフォルニア大学で研究．1955 年東京大学教授を辞職．1956 年帰国．その後，日本原子力研究所理事，副理事長，日本原子力発電取締役，副社長，産業計画会議委員（議長：松永安左ヱ門）を歴任．戦争中は，海軍の原爆開発を目的とした「物理懇談会」のメンバー（委員長：仁科芳雄）だった．1969 年死亡．

グレン・シーボーグ (Glenn Seaborg)，核化学者，1912 年ミシガン州イシュペニングに生まれる．エドウィン・マクミランと共同でプルトニウムを発見し，これによって 1951 年ノーベル化学賞を受賞．ウランからプルトニウムの化学的分離法を開発．ワシントン州ハンフォードでその分離法を適用し蓄積したプルトニウムがトリニティと長崎の原子爆弾として使われた．1999 年死去．

エミリオ・セグレ (Emilio Segré)，実験物理学者，1905 年イタリアのローマに生まれる．1938 年に米国帰化，戦争中ロスアラモスのグループリーダーであった．1959 年ノーベル物理学賞を受賞．1989 年死去．

ロバート・サーバー (Robert Serber)，理論物理学者，1909 年フィラデルフィアに生まれる．1930 年にリーハイ大学応用物理学科を卒業，1934 年ウイスコンシン大学より Ph.D. を取得．その時の指導教官がジョン・ヴァン・ヴレック．ポスドク研究コースでカリフォルニア大学のオッペンハイマーの下で研究を続けた．1938 年にイリノイ大学アーバナ校に奉職した．オッペンハイマーが原子爆弾開発責任者に指名された時，彼はサーバーを第 1 番目にリクルートした．戦後，コロンビア大学教授とそこの物理学部長をつとめた．1997 年ニューヨーク市で死去．

フリッツ・シュトラスマン (Fritz Strassmann)，無機化学者，1902 年ドイツのボッパードに生まれる．オットー・ハーンと共に核分裂を発見．1980 年死去．

レオ・シラード (Leo Szilard)，ハンガリー出身の物理学者，1898 年ハンガリーのブタペストに生まれる．ブタペストで工学を学んだ後，ベルリン大学に移り物理学の研究を始め，1922 年に博士の学位を得た．1938 年にアメリカに移民した．戦後，生物物理学に移り，1946 年シカゴ大学の生物物理学講座教授に任命され，亡くなるまでそこに留まった．1964 年死去．

エドワード・テラー (Edward Teller)，理論物理学者，1908 年ハンガリーのブタペストに生まれる[*4]．1935 年に米国帰化．戦争中ロスアラモスで原子爆弾と水素爆弾の研究に従事，1951 年ポーランド人数学者スタニスラウ・ウラムと共に米国の水素爆弾の発明者となった．2003 年死去．

リチャード・トールマン (Richard Tolman)，理論物理学者，1881 年マサチューセッツ州ウエストニュートンに生まれる．1922 年から 1948 年に死去するまでカリフォルニア工科大学大学院長であった．1967 年ノーベル物理学賞を受賞．1948 年死去．

ジョン・ヴァン・ヴレック (John H. Van Vleck)，理論物理学者，1899 年コネチカット州ミドルタウンに生まれる．1935 年から 1969 年までハーバード大学の物理学教授であった．1977 年「磁性体と無秩序系の電子構造の理論的研究」の功績によりノーベル物理学賞を受賞．1980 年死去．

ジョン・フォン・ノイマン (John von Neumann)，ハンガリー・アメリカの数学者，1903 年ハンガリーのブダペストに生まれる．ベルリン大学，ベルリン工科大学，ブダペスト大学で学び，最後の大学から 1926 年に博士号を得た．ベルリン大学の私講師 (1927-29)，ハンブルグ大学で教えた (1929-30)，1930 年にヨーロッパを去ってプリンストンに行き，最初は大学で，後には高等研究所で働いた．1943 年から原子力爆弾計画の顧問をつとめた．フォン・ノイマンはたぶん純粋数学と応用数学の両方の広い分野を扱うことができた最後の 1 人であろう．1944 年にオスカー・モルゲンシュテルンと共著の "*The Theory of Games and Economic Behavior*"[*5]の出版によって注目を集めた．ゲーム理論以外に計算機の設計に広範な知識を展開し，またオートマトン理論の一般論に対する興味から，まったく新しい原理の創設者の 1 人になった．癌のた

[*4] 訳註：　ハンガリー出身の科学者たちについてはジョルジュ・マルクス著「異星人伝説 20 世紀を創ったハンガリー人」，盛田常夫訳，日本評論社，東京，2001 が詳しい．

[*5] 訳註：　銀林浩，橋本和美，宮本敏雄監訳，「ゲームの理論と経済行動　全 5 巻」，東京図書，東京 1972．

め 54 歳で早世した (1957).

ユージン・ウイグナー (Eugene Wigner)，理論物理学者，1902 年ハンガリーのブタペストに生まれる．1930 年に米国帰化，1938 年から 1971 年までプリンストン大学の物理学教授であった．戦争中シカゴ大学冶金研究所でワシントン州ハンフォードに建設された原子炉の設計をした，この炉が最初の原子爆弾用プルトニウムを生産した．1963 年ノーベル物理学賞を受賞．1995 年死去．

ジョン・ウイリアムズ (John Williams)，実験物理学者，1908 年カナダのアスベスト鉱山に生まれる．1943 年から 1946 年までロスアラモスの研究科学者であった．1966 年死去．

ロバート・ウィルソン (Robert Wilson)，実験物理学者，1914 年ワイオミング州フロンティアに生まれる．1943 年から 1944 年までロスアラモスでサイクロトロン・グループを率い，1944 年から 1946 年まで実験研究部門部長を勤めた．2000 年死去．

湯川秀樹 (H. Yukawa)，理論物理学者，1907 年地質学者・小川琢治の 3 男として東京に生まれる．1 歳の時に父の京都帝大教授就任に伴い京都で育つ．湯川玄洋の次女湯川スミと結婚し，湯川家の婿養子となる．1932 年京都帝大講師．大阪帝大講師を兼任する．1934 年中間子理論構想を発表，1935 年，「素粒子の相互作用について」を発表，中間子の存在を予言する．1949 年にノーベル物理学賞を受賞．1956 年原子力委員長の正力松太郎の要請で原子力委員になる．正力の原子炉を外国から購入してまでも 5 年目までには原子力発電所を建設するという持論に対して，基礎研究を省略して原発建設に急ぐことは将来に禍根を残すことになると反撥，結局体調不良を理由に在任 1 年 3 ヵ月で辞任した．1981 年死亡．

ウォルター・ジン(Walter H. Zinn)，カナダ-アメリカの物理学者，1906 年オンタリオのキッチナーに生まれる．1930 年米国に移住し，その 4 年後コロンビア大学から博士号を受けた．引き続きシラードとコロンビア大学で研究を続け，原子核分裂を調べた．1938 年に米国に帰化した．1 年後，ジンとシラードは中性子が衝突するとウランが核分裂し，その質量の一部がアインシュタインの有名な式 $E = mc^2$ に従ってエネルギーに変換されることを証明した．第 2 次世界大戦中，この研究によって彼は原子爆弾製造の研究にかかわった．戦後は原子炉の設計を開始し，1951 年初めての増殖炉を作った．1946 年から 1956 年までアルゴンヌ国立研究所の初代所長を勤めた．2000 年死去．

訳者あとがき

2年前の9月15日付けでロバート・サーバー著，ロバート・P・クリース編集，『平和，戦争と平和：先端核科学者の回顧録』を上梓した [1]．サーバーは彼の生涯を第2次世界大戦前，大戦中，大戦後に分け，廣島，長崎への原爆投下余波の直截報告と伴に感動的に語ってくれた；特にカリフォルニア大学バークレー校でオッペンハイマーの門下生となり，ロスアラモス研究所長として正式に指名される前のオッペンハイマーに最初にその秘密研究所員としてリクルートされ，開所前にバークレーで原子爆弾（核分裂爆弾）の原理解明のみならず核融合爆弾の可能性について議論し，原子爆弾の開発に優先権を与えた．しかし，融合爆弾（水爆）開発も並行開発すべきと譲らなかったエドワード・テラーには単独での水爆研究継続を認め；戦後，テラー=ウラム配置のブレークスルーで現実のものになる．

原書をアマゾンから購入して日本語訳としたのだが，そのアマゾンから B.C. Reed, *The History and Science of the Manhattan Project* の発行を知らせてきた．著者の緒言：“学部レベルの一般教育コースのマンハッタン計画を何年も教えた後，私の（心の）奥底で，マンハッタン計画の科学と歴史に詳しい物理学者によって用意されたマンハッタン計画の広範囲でわかりやすい要約のニーズが在るとの結論に至ることが出来た．勿論マンハッタン計画について学びたいと望む非学生や非専門家についても入手可能となる1巻である．… マンハッタン計画を話すもう1つの動機は，時が経過し，歴史的に重要な出来事に関する機微情報へのアクセスが不可避的に一層オープンになって来たからだ．これを書く時点で，スマイス報告書以来ほぼ70年，ヒューレットとアンダーソンの「新世界」(New World) から50年，ローズの『原子爆弾の誕生』(The Making of the Atomic Bomb) から25年以上の時を経ている．その間，少なからぬ数のマンハッタン計画の技術書および非技術書が現れ，しかも著者たちが書を書くために準備した場合に比べてさらに多くのオリジナル文書を容易に入手出来るようになった．私自身の専門的な見方と情報アクセス視点との両方から，本巻を用意する時が訪れたように思う”と記している．私も全く同感で，日本の若い読者達にもこのことを共感してほしいと本書の翻訳を決意した．

何故なら第2次世界大戦中に遂行されたマンハッタン計画には，ウラン濃縮技術（電磁気分離法，液体熱拡散法，ガス拡散法），プルトニウム生産原子炉（黒鉛炉），プルトニウム抽出分離技術（再処理），原子爆弾設計理論と製造技術が含まれており，戦後の「原子力の平和利用」でのウラン濃縮，再処理および原子力発電技術に繋がっている，かつ原爆から水爆への開発が「核抑止論」の発生とともに「核兵器削減条約」や「核禁止条約」等，未だに続く論争もまたマンハッタン計画のレガシーである．戦後に合衆国内に散りばめられた国立科学研究所群の殆どもマンハッタン計画で生まれた研究所・工兵施設が基となっており，その運営方法や国家資金の投入システムも戦時中から踏襲された．日本でも戦後に設立された日本原子力研究所，原子燃料公社（後の動力炉・核燃料開発事業団），原子力船開発事業団，宇宙開発事業団（後のJAXA）等も官民共同での大規模技術開発組織体として合衆国の国立研究所をモデルに設立されたものと言えよう．従って，日本の科学・技術開発とその実用化において，「マンハッタン計画の科学と歴史」を学ぶことは，非常に参考となる．

マンハッタン計画以外の合衆国で戦争中に開発された顕著な例は，(1) レーダー開発と実用化，(2) VT 信管（近接信管）；一定の近傍範囲内に達すれば起爆，(3) B-29 戦略爆撃機の配備と展開；都市上空での「絨毯爆撃」戦術，であろう．ドイツで開発されたジエット・エンジンおよびロケット・エンジンは戦後のジエット戦闘機，ジエット大型旅客機へと，大陸間弾道弾ミサイル，巡航ミサイル，人工衛星打上ロケット，宇宙船打上ロケットへと発展し [2]，新たな問題を生起している．このマンハッタン計画のレガシーについて著者は 9.5 節のエピローグで“国立研究所が現在，（合衆）国内中にちりばめられている．これら組織は時に，マンハッタン計画で大規模，共同的，階層制組織化で研究と開発の先駆者のパターンを取り入れていた．これら組織での先駆的な技術開発は，我々が現在当然と思っている最新医療処置，消費者用電子商品，世界中での即時コミュニケーションを応援している．例えば，インターネットの最初のコンポーネントは防衛先進研究計画庁 (Defense Advanced Reserch Projects Agency) で開発されたのだ．原子力レガシーは永遠に混合物であり続けよう．数千の核兵器が未だに存在する．一方で，数千の人々が毎日放射性同位元素に基づく医療処置の利益を受けている，そして合衆国内発電量の 20 % 程が地球温暖化に寄与しない非炭素放出の原子炉から送られてくる”と語っている．

原子力の利用が，軍事利用と連関していることは事実であり，この開発の歴史を実直に見つめなおすことは，原子力基本法に基づき，原子力の利用は平和の目的に限る非核兵器保有国の日本にとっても重要であり，その説明責任と核不拡散のための検証理論書『**データ検証序説：法令遵守数量化**』を上梓した [3]．原子力発電の面からは，フランス原子力庁で編纂された『**加圧水型炉，高速中性子炉の核燃料工学**』を上梓している [4]．

本書で触れていない原子爆弾製造技術を除く原子力開発の黎明期と TMI 原子力発電所 2 号機事故に関するエピソードを福島事故後の観点から補足しよう．現在の商業原子力発電所の主流である加圧型軽水炉 (PWR) と次世代の炉として開発が進められている高速中性子増殖炉 (FBR) の開発の端緒の 1 つは，米国海軍 Hyman Goerge Rickover 大佐 (1900-1986) による原子力潜水艦推進のための原子炉開発計画に対して，WH 社が開発提案した加圧水型熱中性子炉 (PWR) と GE 社が開発提案した中速中性子 Na 冷却炉であった．リッコーヴァー大佐は**並行開発**を承認し，各々地上に原型炉を建設した；加圧水型軽水炉「STR Mark1: Submarine Thermal Reactor」と中速中性子炉「SIR Mark1: Submarine Intermediate Reactor」である．STR Mark1 は 1950 年 8 月に開発が始まり 1953 年 3 月には臨界に達した．STR Mark2 を搭載した潜水艦ノーチラス号は 1954 年 12 月 30 日に臨界達成．1958 年 8 月 3 日潜航状態で北極点の氷下を潜航のまま初めて通過．原子力潜水艦と濃縮ウラン燃料による PWR での商業発電への路を開いた．一方，SIR Mark1 も開発を終え，同型の SIR Mark2 を搭載した潜水艦シーウルフ号は

1956 年，港内に係留された状態で臨界に達した．しかし冷却材の金属 Na が腐蝕のため漏れだして 7 名の乗員が被曝した．漏洩個所の修理が困難な場所であったためその部分を塞ぎ出力を計画の 80 % 程下げて運転された．しかし性能面と安全面に重大な問題があるとして，後に SIR Mark2 原子炉を下し STR Mark2 に交換された．STR Mark2 は正式名称を S2W と改名され原子力潜水艦の原型となった．W は WH 社の W である．第 6 世代の原子炉は WH 社製に代わって数 10 年ぶりに GE 社製 S6G となって 60 隻以上の原子力潜水艦が建造された．S7G, S8G 炉は 21 世紀に対応する最新の原子力潜水艦に使われている．民需産業になって消滅した WH 社に取って代わり GE 社になったが型式は全て PWR である [5].

1950 年の初め頃までは軽水炉であっても，原子炉容器の中で沸騰を生じさせる原子炉は，水と蒸気の混じった状態での中性子のふるまいが不明で，制御が困難で設計できないと考えられていた．それにもかかわらず，沸騰水型の原子炉のアイデアを具体化していったのは，アルゴンヌ国立研究所の技術者たちであった．彼らは BORAX (Boiling Reactor Experiment) という装置を組み立て問題をひとつひとつ解決していき，実際にウラン燃料を装荷した BORAX-III で，沸騰炉心でも原子炉の核暴走は起きないことを実証した．1953 年のことであった．これはボイド（気泡）効果と呼ばれる現象によるものであった[*6]．また BORAX を改良して 1955 年 7 月に初の発電実験を行い，その電力は近くのアルコという町に送電された．原子力発電が市民生活に役立ったという意味で，これがアメリカでの最初である [6]. GE 社 BWR へと進展して行く．しかし，世界で最初に原子力発電を行ったのは，ウォルター・ジンらの高速増殖炉 EBR-I である（1951 年 12 月 20 日にはじめて 4 個の電灯を灯した）.

その**原子力潜水艦開発の父**：リッコーヴァー提督の逸話を福島事故を経験した観点から引用する [7]：

> （1986 年 1 月 28 日スペースシャトル・チャレンジャー打上で，モートン・シオコール社からの「ケネデー宇宙センターは極寒となるので打上げを断念するように」との働きかけを受けたものの，NASA 首脳は，「**打上スケジュールというプレッシャー**」に負けてしまい，予定通り打上げた．O リング部からの燃料漏洩により引火・爆発事故に至った事例紹介の後）事態を正すためにプロジェクトを即時停止させた人物は，米国科学技術史において何人か見られる．米国初の原子力潜水艦ノーチラス号に原子炉が取り付けられた後，岸壁の試運転で蒸気パイプに小さな破断が発見された．潜水艦原子力

---

*6 訳註：　ボイド（気泡）効果：BWR の冷却材は原子炉内で沸騰しているので，増大する熱エネルギーに比例して冷却材中の蒸気の泡 (ボイド) の量も増えてゆく．これは結果として冷却材の密度を低下させるが，軽水炉の冷却材は減速材でもあるため，冷却材の密度が減ると減速される中性子が少なくなり，そのため核分裂反応が減少していく．逆に核分裂反応が減少すると熱エネルギーが減って蒸気泡が減り，減速される中性子量が増えていくため，核分裂反応が増えていく．このような現象は負の反応度係数によるフィードバックといい，BWR 固有の自己制御性であり，核分裂反応の極端な増減を自ら抑えている．

BWR では，この自己制御性を利用して原子炉出力の短期的な制御を行っている．原子炉出力を上げたい時は冷却材再循環ポンプの出力を上げる．原子炉内を循環する冷却材の流量が増え，運び出される熱量が多くなる結果として蒸気泡の量が少なくなり，原子炉出力が上昇する．原子炉出力を下げたい時は再循環ポンプの出力を下げると蒸気泡が多くなって原子炉出力が低下する．

化計画の長だったハインマン・G・リッコーヴァーが耳にしたのは，パイプの素材が本来のものとはちがっており，道路のガードレールのパイプ程度の強度しかないという事実だった．リッコーヴァーは造船所の品質管理記録を調査させたが，問題の箇所以外の蒸気システムのも，まちがったパイプが使用されていないかはっきりしなかったので，同じ径の蒸気パイプ――延べ何百メートルにもなる――をすべて除去し，正しいものと取り替えるように命令した．彼の補佐役だったテッド・ロックウエルによれば，リッコーヴァーは全員に告知をし，この日を記念すべき日として，品質管理を推進する強力な一撃として記憶してほしい，と述べた．もちろんそれには多くの費用を要したが，これによって，リッコーヴァーはほんとうに期日よりも安全性を重視しているのだというきわめて明確なメッセージが，海軍とその契約者のすみずみまで伝わったのだった．こうした費用構成改革は海軍にとって迷惑だっただろうか．リッコーヴァーにしてみればそうした質問はばかげていた．「**科学技術の規律**」と彼が呼ぶものは，まさにそのことを要求していたのだ [pp. 137-138].

リッコーヴァーの 7 つのルール：リッコーヴァーは，TMI-2 原子炉熔融事故から学ぶべき組織運営上の教訓について証言するように招請されたとき，原子炉の安全運用に関する 7 つの原則について説明した：

・**第 1 原則**：時間が経過するにつれて品質管理基準をあげていき，許認可を受けるために必要な水準よりもずっと高くもっていく．

・**第 2 原則**：システムを運用する人びとは，さまざまな状況のもとでその機材を運用した経験者による訓練を受けて，きわめて高い能力を身につけていなければならない．

・**第 3 原則**：現場に居る監督者は，悪い知らせがとどいたときにも真正面からそれを受けとめるべきであり，問題を上層部にあげて，必要な尽力と能力を十分につぎこんでもらえるようでなければならない．

・**第 4 原則**：この作業に従事する人びとは，放射能の危険を重く受けとめる必要がある．

・**第 5 原則**：きびしい訓練を定期的におこなうべきである．

・**第 6 原則**：修理，品質管理，安全対策，技術支援といった職能のすべてがひとつにまとまっていかなければならない．その手だてのひとつは，幹部職員が現場に足をはこぶことだ．ことに夜間当直の時間帯や，保守点検のためにシステムが休止しているとき，あるいは現場が模様替えしているときに．

・**第 7 原則**：こうした組織は，過去の過ちから学ぼうとする意思と能力をもっていなければならない [pp. 411-412].

事故調査・検証委員会（政府事故調）の畑村洋太郎委員長の日本原子力学会誌報告の中で「技術は育てるもの」と語っている [8]：

筆者は産業革命以降の発達の基幹となる技術の 1 つとしてボイラの発達の歴史を概観し，“1 つの技術分野で十分な失敗経験が蓄積するには 200 年かかる” という仮説を立てた．ボイラは 18 世紀に発明され，19 世紀初めに実用技術として確立したが，高圧化に伴って多くの犠牲者を伴う事故を繰り返した．対策として様々な安全基準を設けると共に，材料や溶接技術等の発達もあり，安全性は徐々に高まり，米国の ASME（アメリカ機械工学会）では1942年に安全率を5から4に引き下げた．ボイラの大事故はそれ以降起こっていない．さらにASMEは1998年に安全率を4から3.5に下げた．ボイラは約200年かけて十分な失敗を経験し，現在安定的に使われるようになったのである．

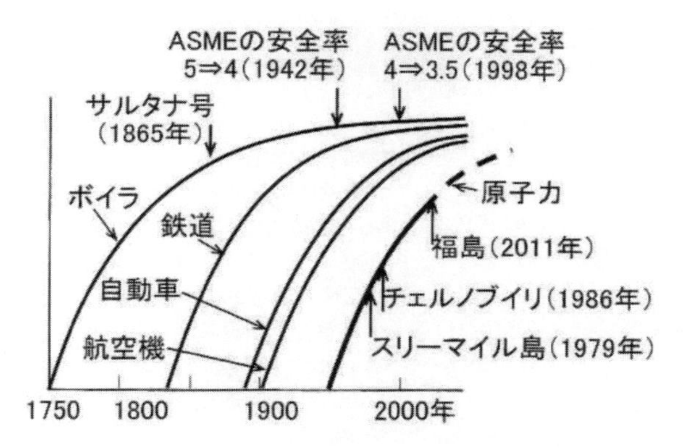

図 B.1　どんな分野でも十分な失敗経験を積むには200年かかる（原子力はまだ60年しか経っていない）

ボイラの技術の変遷および鉄道，航空機，自動車などの技術の変遷をグラフに表したのが図 B.1である．

一方，原子力発電所は1950年代に商用への利用が始まって以来，現在（2012年）までに60年が経過したにすぎない．この60年間にこの分野で大事故と考えられているのは，スリーマイル島事故（1979年），チェルノブイリ事故（1986年），福島原発事故（2011年）の3つである．これらの事故の直接的な原因はそれぞれ，ヒューマンエラー，発散系（低出力下での正の反応度と格納容器無し）のシステムという設計思想の誤り，地震と津波という自然災害の考慮不足と考えられる．

上述の仮説に従えば，原発分野では今後140年かけて様々な失敗を経験しなければならない．しかし，他分野の知見を取り入れることによってはるかに短縮することができるのではないだろうか．そのためには原発分野が他の技術分野から隔絶されることなく，他分野の知見を十分に学び取るだけの謙虚さ柔軟さをも持たなければならない．決して“原子力村”を作ってはならないのである．

今後“200年”を短縮するには，原子力発電関係者たちが広い視野を持って今回の事故で得られた知見，海外も含め様々な事故で得られた知見，また他分野に学ぶことが必要である [pp. 25-26].

核兵器削減交渉・禁止条約およびNPT下での「核物質会計（計量管理）」査察等について，9.4節 核禁止と保有量会計報告，で簡単に触れているだけなので，『物質会計』[9]，『データ検証序説』[3] を参照してほしい．実際の核兵器削減交渉の当事者だったウイリアム・ペリー元国防長官の回顧録も参考となる [10]．さらに第 2 次世界大戦の俯瞰的歴史とルーズベルト大統領・トルーマン大統領の政策について，フーバー大統領が語る第 2 次世界大戦の隠された歴史とその後遺症が半世紀の封印を破って刊行された：『裏切られた自由』のレビューを勧めたい [11]．フーバー大統領が語る第 2 次世界大戦の隠された歴史の文脈中で「マンハッタン計画」が遂行され日本へ原子爆弾投下がなされたことの再認識をする点で，また戦後の「冷戦構造」を招いた点からも，『裏切られた自由』は理系・技術系の若者にとっても重要な道標となる．

翻訳完了草稿を印刷し，5 月 8 日横浜出港の「オーシャン・ドリーム号」で「地球一周の船旅」：西回り，台湾，シンガポール，スリランカ，海賊対策のため C 地点から紅海入口の A 地点まで自衛艦「曙」に先導護衛されその間は船窓の遮光カーテンで閉め，スエズ運河，地中海沿岸諸国，ロシア・サンクトペテルブルク，北欧諸国，アイスランド，北極圏，カナダ，カリブ海諸国，パナマ運河，メキシコ，シアトル，釧路経由の「第 98 回ピースボート」に乗り込んだ；8 月 21 日に横浜帰港予定．奇しくも昨年度のノーベル平和賞を ICAN が受賞し，その基幹組織体の 1 つであるピースボート事務局長：川崎哲がノーベル平和賞・メダルのコピーを携え横浜から台湾・基隆まで乗船し「ノーベル平和賞受賞基調講演会」を 5 月 10 日に船内で行った．6 月 26 日にはストックホルムのノーベル博物館を参観し，昨年度の平和賞受賞：ICAN のパネルが大きく表示されていることを確認した．付録 B 略伝註記に記したマンハッタン計画に関与した数多くの科学者達のノーベル物理学賞，化学賞受賞者達の受賞理由と略歴を検証し，また椅子底へ山中伸弥さんがサインした椅子が売店入口の天井に掲げられていたため写真撮影が出来た．ノーベル賞の由来は，ダイナマイトの発明で巨額の富を得た資産の寄付に基づく；ダイナマイトが産業用としてだけでなく兵器としても用いられたことに対するノーベルの認識も本賞創設の起因となった．科学技術開発の「光と影」をここでも再認識出来た．翻訳草稿の校正作業はストックホルム到着前に校了した．また船中での時間が長いことから，37 年前のアメリカ派遣時に贈られた『特命全権大使　米欧回覧実記』第 1 巻を滞在中に読了したものの，その後に購入した第 2 巻から第 5 巻までの本は手を付けづに退職してしまった．そこでこの機会に全巻を読了しようとして『特命全権大使　米欧回覧実記』全巻を持参した [12]．現在でも非常に参考となる海外調査報告書であり，是非若い人達も手に取ってほしいと思う．

1 冊目 [13] を上梓する起因となった丸善出版事業部編集部（現在：丸善出版社）角田一康さんは，TEX の呼び方さえ解らなかった訳者に，これからの理工図書は TEX や LATEX でなければならないと解説してくれた．その言葉で TEX の本 [14-16] を勉強し，本書で LATEX を用いて 5 冊を翻訳することができた．また丸善プラネット編集の戸辺幸美さんには懇切丁寧な支援を受けた．版権取得は営業・総務の水越真一さんにしていただいた．2 冊目 [9] から LATEX での出稿となり，その編集・校正・印刷は三美印刷株式会社にお願いしている．回を重ねるにつれてそのコツが判り，編集や目次様式の変更などは希望を出して三美印刷に任すように業務を移譲してきたが，快く引き受けて頂いた．

2018 年 7 月 5 日　北極圏内航行中の船内にて
今野 廣一

参考文献

[1] ロバート・サーバー著，ロバート・P・クリース編集，*Peace and War*: Reminiscences of a Life on the Frontiers of Science, 1998；『平和，戦争と平和：先端核科学者の回顧録』，今野廣一訳，丸善プラネット，東京，2016：マンハッタン計画の主要メンバーでロバート・オッペンハイマーの親友である人物の回想録である．サーバーは彼の生涯を第 2 次世界大戦前，大戦中，大戦後に分け，廣島，長崎への原爆投下余波の直截報告と伴に感動的に語ってくれた．

[2] Magnus, Kurt, *Detshe Forscher hinter roten Stacheldraht* ；『ロケット開発収容所：ドイツ人科学者のソ連抑留記録』，津守滋訳，サイマル出版会，東京，1996：1946 年，スターリンのソ連は，第 2 次大戦末期恐れられていたドイツの V2 ロケットとともに，多数のドイツ科学者をソ連に連れ去った．隔離されたゴロドムリャ島でのロケット開発，苦悩と恐怖の日々….ロケットの要：ジャイロスコープ専門家が明かす現代史の秘密．

[3] Avenhaus, R. and M. J. Canty, *Compliance Quantified*: An introduction to data verification, 1996 ；『データ検証序説：法令遵守数量化』，今野廣一訳，丸善プラネット，東京，2014：検証理論の執筆動機は 20 年を超える核保障措置システムの開発と解析が知識の富を生み出したものの，実施者にとり会得も履行も出来るものではない，その説明は観察，測定およびランダム・サンプリングを基礎とする検証過程の仕組みと洞察の会得にあると認識しているからである．主題は従って我々の検証手法が工程管理または品質管理で適用されている方法論となぜ異なるのか，なぜゲーム理論を用いると実用的関連性の答えを出してくれるのか，を説明することにある．

[4] フランス原子力庁，『 加圧水型炉，高速中性子炉の核燃料工学』，今野廣一訳，丸善プラネット，東京，2012：2011 年 3 月 11 日東日本沖大地震の大津波により多大な被災者・犠牲者を出した．福島第 1 原子力発電所事故の深刻な影響は，国民に大きな衝撃を与え，世論は脱原発に大きく傾いている．しかし第 1 次オイルショックの残る 1976 年，米国地質研究所の Hubber は，人類が長い歴史の中のほんの数百年で化石燃料を使い尽くすデルタ関数状の曲線を示し，「長い夜の 1 本のマッチの輝き」と呼んだ．今後，新エネルギーを含む再生可能エネルギーの利用拡大が進むと期待されるが，枯渇に向かう化石エネルギーの全てを代替できるわけではない．その点から，特に基幹電源用大規模発電手段としての原子力の役割を決して軽視すべきではない．

[5] 五代富文，“論壇：宇宙開発と原子力 (4)”，宙の会，12.14. 2011 (http://www.soranokai.

jp/pages/space_ nuclear_ 4.html).

[6] 日本原子力学会編，『原子力がひらく世紀』，日本原子力学会，東京，pp. 22-25, 1998：初等・中等教育の副読本として，および一般市民の原子力に関するリテラシー向上のために編集・出版された．核分裂の発見とそのエネルギーの利用から原子力の平和利用，原子炉の原理，放射線の解説まで平易ながらその学問的水準を維持しており，核燃料工学技術者においても座右の書として度々参照すべき書の1つ．

[7] ジェームズ・R・チャイルズ，『最悪の事故が起こるまで人は何をしていたのか』，高橋健次訳，草思社，東京，2006年10月（原書は2001年発行）：過去に発生した50あまりのケースを紹介しつつ巨大事故のメカニズムと人的・組織的原因に迫るノンフィクション・ドキュメント．

[8] 畑村洋太郎，"福島原発事故が教えるもの　政府事故調査委員長を終えて"，日本原子力学会誌，Vol.55, No.1 (2013).

[9] Avenhaus, R.，『物質会計：収支原理，検定理論，データ検認とその応用』，今野廣一訳，丸善プラネット，東京，2008：物質収支原理に基づく物質会計（計量管理）の統計検定理論，データ検認方法とその応用事例を解説した応用統計学入門書である．核燃料物質計量管理，国際核物質保障措置，化学工業での分溜法，ウラン濃縮，製造工程での金属収支，環境会計および軍備管理と広範な応用事例を数値解析とともに示している．

[10] Perry, William J.，*MY JOURNEY AT THE NUCLEAR BRINK,* Stanford University Press, CA, 2015：『核戦争の瀬戸際で』，松谷基和訳，東京堂出版，東京，2018：1927年生まれ．第2次世界大戦後に米国陸軍の1員として東京と沖縄に滞在．復員後にスタンフォード大学卒業，同大学院修士課程修了（数学），ペンシルベニア州立大学博士課程修了（数学, Ph.D）．64年に防衛関連企業ESLを創業．93年にクリントン政権の国防副長官，94年に国防長官に就任．退任後も「核なき世界」を実現するために活動を続けている．浦賀に「黒船」を率いて来航したペリー提督は5世代前の伯父にあたる．

[11] Hoover, Herbert, George H. Nash ed.，*FREEDOM BETRAYED; Herbert Hoover's Secret History of the Second World War and Its Aftermath,* Hoover Institution Press Publication, 2011：『裏切られた自由：フーバー大統領が語る第2次世界大戦の隠された歴史とその後遺症　上/下』，渡辺惣樹訳，草思社，東京，2017/2017：半世紀の封印を破って刊行された衝撃の回顧録．元大統領が告発するアメリカの「責任」とは? アメリカ大統領の「裏切り」が世界にもたらした災いとは? 1次資料・証言をもとに「戦勝国」史観を覆す，20年の歳月をかけて完成した大戦史の金字塔．

[12] 久米邦武編，『特命全権大使　米欧回覧実記 1/2/3/4/5』，岩波文庫，東京，1977/1982：右大臣岩倉具視を特命全権大使とする明治4 (1871) 年11月の岩倉使節団は，幕末維新期の最大にしてもっとも質の高い，そして最後の遣外使節団である．総勢約50名．回覧した米欧12ヵ国と，当初予定していたが回覧を中止したスペイン，ポルトガル両国の略記等を含めた報告書が『米欧回覧実記』全100巻（5編5冊）なのである．最年長の大使岩倉でさえ出発時の数え年は47歳，木戸，大久保はそれぞれ39歳，42歳で副使中一番若かった伊藤博文は31歳であった．岩倉使節団の平均年齢はほぼ30歳，20代，30代を中心に使節団は編成されていたのである．11月横浜を出港，太平洋を亘りアメリカ合衆国

サンフランシスコに到着，アメリカ大陸を横断しワシントン等を訪問．当時南北戦争終結間もない，建国 100 年の新しい国家であるアメリカ合衆国訪問から始めたことは，本使節団にとって明らかに独自の比重をもたらした．ボストンから大西洋を渡り，長い歴史的伝統と相互に錯綜した国際関係を持つ西欧を歴訪し，マルセーユから帰国の途に就き，開通したばかりのスエズ運河を通り明治 6 (1873) 年 9 月に横浜に到着．私は西回りのため第 5 巻から第 1 巻まで逆順で読み，150 年前の挿絵の風景が現在と変わらないことを検証出来た．現在の旅行書に比べても，民族構成，宗教，人口，言語，国民性，産業度，農業等，正確精密な説明をしており，かつ明治の指導者達の西洋に立ち向かう気概が綿々と綴られており，今日においても読む価値は大である．

[13] Jaech, J.L.,『測定誤差の統計解析』, 今野廣一訳，丸善プラネット，東京，2007：N 個の異なる測定法または N 人で各々 n 個測定したアイテムに対する測定誤差の推測統計学書である．最尤法による測定誤差推定量と他の推定法によるものとの短所，長所を比較する．

[14] 奥村晴彦，黒木祐介，『LaTeX2e 美文書作成入門 改定第 7 版』，技術評論社，東京，2017：版を重ねているだけに，初心者にも解るよう懇切丁寧な解説を行っている．著者の「美文書」サポートページも大変役だつ．

[15] Goossens, M., F. Mittelbach, A. Samarlin, 『The LaTeX コンパニオン』，アスキー出版局，東京，1998：『美文書入門』の補足用図書．

[16] 中橋一朗，『解決!! LaTeX 2ε』，秀和システム，東京，2005：『美文書入門』の補足用図書．逆引きも便利で，かつ事例が豊富．

索引

訳者略歴

今野 廣一（こんの こういち）

1950年3月　岩手県釜石市生まれ.
1972年3月　茨城大学工学部金属工学科卒業.
1974年3月　北海道大学大学院修士課程（金属工学）修了
1974年4月　動力炉・核燃料開発事業団入社. 大洗工学センター燃料材料試験部および高速増殖炉開発本部にて核燃料・炉心材料, 事故模擬照射試験, 制御棒材料, 核燃料輸送容器の開発, 核物質会計（計量管理）. その後, 大洗工学センター燃料材料開発部および核燃料サイクル開発機構プルトニウム燃料センターにて燃料物性, 燃料体検査, 物質会計, 輸送容器許認可申請に従事. この間,
1975年10月～1976年3月：日本原子力研究所・原子炉研修所（一般課程）修了.
1982年7月～1983年7月：GE社 ARSD（Sunnyvale, CA）派遣；「もんじゅ」安全性照射試験の計画立案と評価解析.
1987年4月～1990年3月：（財）核物質管理センター情報管理部にて, 測定誤差分散伝播コード, 測定誤差評価プログラム開発と統計解析評価に従事.
2002年4月～2005年3月：宇宙開発事業団（NASDA/JAXA）安全・信頼性管理部の招聘開発部員として非破壊検査装置開発・ロケットエンジン等の工場監督・検査に従事.
2005年4月～2007年3月：（財）核物質管理センター六ヶ所保障措置センターにて再処理保障措置, 物質会計査察に従事.
2007年4月～2008年7月：日本原子力研究開発機構高速実験炉部にて保障措置査察対応および核物質計量管理業務に従事.
2008年8月～2016年3月：日本原燃（株）濃縮事業部にて, 核燃料取扱主任者としてウラン濃縮工場の安全管理に従事.

工学博士（原子力）, 核燃料取扱主任者, 第1種放射線取扱主任者, 原子炉主任技術者筆記試験合格, 一般計量士合格者, 非破壊試験技術者（RT, UT, PT: Level 3）, 中小企業診断士
専門分野；核燃料物性, 統計解析, 核物質会計, 保障措置, 品質管理, 品質工学

マンハッタン計画の科学と歴史

2018年11月30日　初版発行

著作者　Bruce Cameron Reed
訳　者　今　野　廣　一

発行所　丸善プラネット株式会社
〒101-0051　東京都千代田区神田神保町2-17
電　話（03）3512-8516
http://planet.maruzen.co.jp/

発売所　丸善出版株式会社
〒101-0051　東京都千代田区神田神保町2-17
電　話（03）3512-3256
https://www.maruzen-publishing.co.jp/

印刷／三美印刷株式会社・製本／株式会社 星共社

ISBN978-4-86345-400-2 C3042